4 6
517

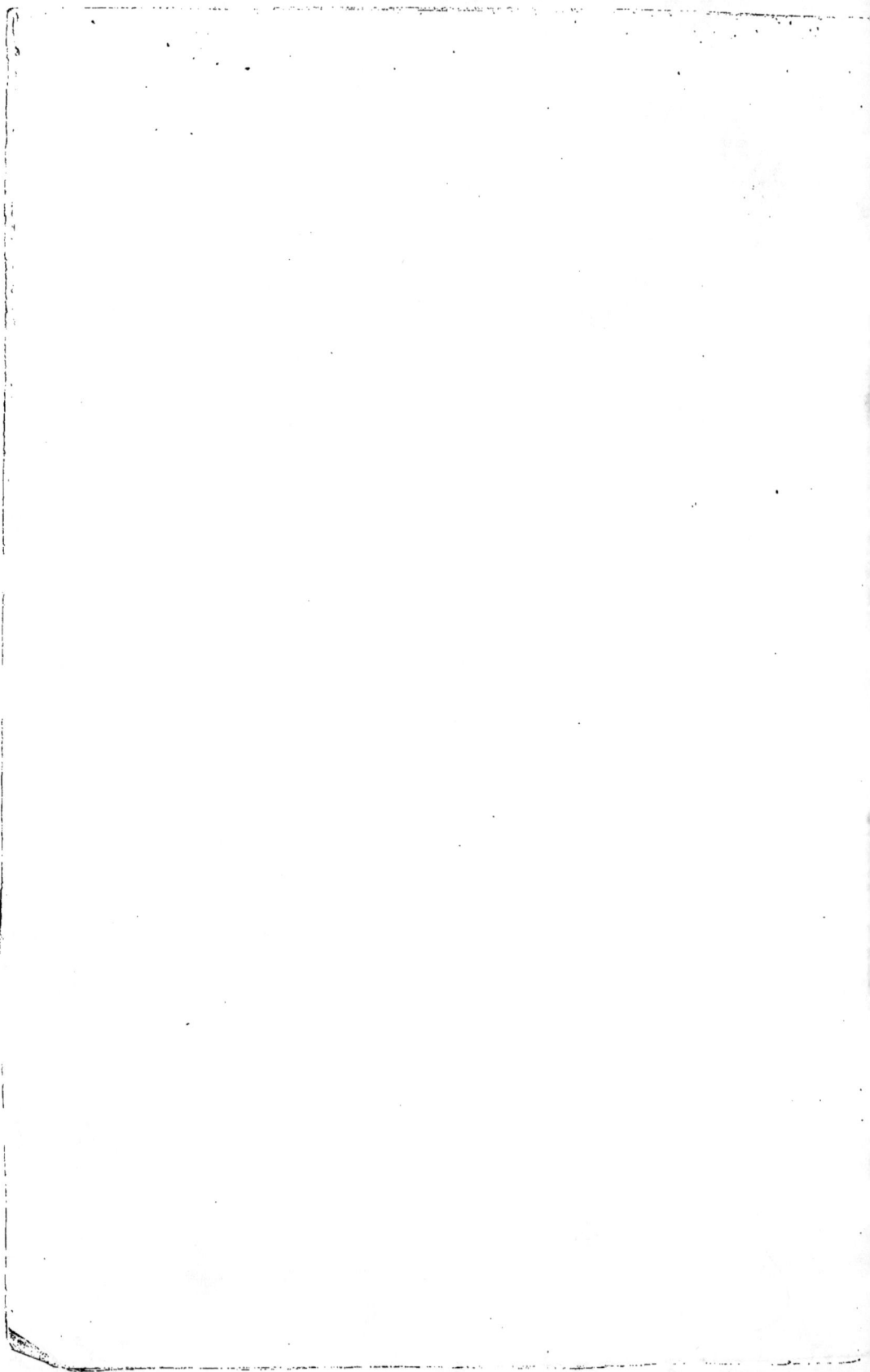

ORNITHOLOGIE

D'ANGOLA

OUVRAGE PUBLIÉ SOUS LES AUSPICES DU

MINISTÈRE DE LA MARINE ET DES COLONIES

PAR

J. V. BARBOZA DU BOCAGE

Professeur de zoologie à l'École Polytechnique, directeur du Muséum National de Lisbonne

LISBONNE

IMPRIMERIE NATIONALE

1881

ORNITHOLOGIE

D'ANGOLA

OUVRAGE PUBLIÉ SOUS LES AUSPICES DU

MINISTÈRE DE LA MARINE ET DES COLONIES

PAR

J. V. BARBOZA DU BOCAGE

Professeur de zoologie à l'École Polytechnique, directeur du Muséum National de Lisbonne

LISBONNE

IMPRIMERIE NATIONALE

1881

INTRODUCTION

A l'époque de la publication du « *System der Ornithologie West-Afri-ka's* » par le dr. Hartlaub, on ne possedait que des notions fort incomplètes sur la faune ornithologique de cette partie de l'Afrique occidentale, située entre les 5ᵉ et 18ᵉ parallèles, qu'on désigne généralement sous le nom de *Pays du Congo et d'Angola.* Le total des oiseaux observés dans cette région ne dépassait guère le chiffre de 90 espèces, et même pour arriver à ce chiffre il fallait ajouter aux espèces inscrites, sous le titre d'oiseaux du *Congo,* dans le tableau qui accompagne l'ouvrage de M. Hartlaub, plusieurs autres qui étaient alors considérées, à tort ou à raison, comme se trouvant soit à la côte de Loango soit en Angola.

Aujourd'hui on a pu déjà constater l'existence dans la même aire géographique de 700 espèces d'oiseaux, à peu-près, chiffre assez voisin de celui qui représentait en 1857 le total des oiseaux de l'Afrique occidentale (758 espèces).

Les rapides progrès, que l'ornithologie de cette partie de l'Afrique a pu réaliser dans ces derniers temps, sont la conséquence naturelle d'explorations zoologiques habilement conduites pendant plusieurs années et ayant pour théâtre un territoire assez étendu et vierge de toutes recherches scientifiques.

Jusqu'à 1857 un séjour de quelques semaines dans un petit nombre d'endroits isolés du littoral avait permis à quelques rares voyageurs, à Perrein, à l'infortuné Cranch, à Hendersson, d'y constater la présence de quelques oiseaux et d'y recueillir leurs dépouilles; mais les résultats de recherches faites à la hâte dans les localités les plus accessibles de la côte, précisément les plus pauvres en oiseaux, ne pouvaient être que fort insignifiants.

Les explorations modernes, au contraire, disposant de beaucoup de temps et embrassant des espaces beaucoup plus considérables, ont été extrêmement fructueuses. Il faut ajouter, toutefois, que le nombre des hardis pionniers de la science, à qui nous devons ces heureux résultats, est encore assez restreint.

Le premier nom que nous ayons à citer, par ordre chronologique, est celui d'un compatriote, Joaquim José Monteiro, l'auteur d'un ouvrage justement estimé sur les pays où il a passé les meilleures années de sa courte existence. De 1858 à 1865, partout où il se trouvait, Monteiro a su consacrer les rares loisirs que lui laissaient ses nombreuses occupations industrielles à l'étude de l'ornithologie locale. Les résultats de ses recherches examinés par M. Hartlaub ont été successivement publiés en 1860, 1862 et 1865 ; le nombre des espèces recueillies, d'abord à Ambriz et au Bembe, ensuite à Cambambe et Massangano, plus tard à Benguella, s'élève à 129, parmi lesquelles 11 nouvelles pour la science.

En 1863 et 1864 M. le capitaine Bayão, alors chef du district du Duque de Bragança, s'est occupé de recueillir un nombre assez considérable de représentants de la faune locale, dont il a généreusement disposé en faveur du Muséum de Lisbonne. Plus tard cet officier d'un mérite incontestable a encore enrichi nos collections avec les produits de ses recherches dans d'autres localités et notamment au Dondo sur les bords du Quanza. Dans le cours de cet ouvrage et dans plusieurs de nos publications plus anciennes, nous avons eu souvent l'occasion de citer le nom de M. Bayão, que nous signalons ici de nouveau à la reconnaissance de ceux qui s'intéressent à nos progrès scientifiques.

Vers la même époque, M. José d'Anchieta inaugurait à la côte de Cabinda et de Loango, qu'il parcourait jusqu'au Rio Quilo, ses travaux d'exploration zoologique auxquels il a consacré près de deux ans. Malheureusement la meilleure part du riche butin ramassé par M. d'Anchieta dans ce premier théâtre de ses brillants exploits n'a pas profité à la science ; au passage d'une rivière subitement grossie par des pluies torrentielles ces richesses ont disparu avec la barque qui les transportait. C'est au sud du Zaïre, dans l'ancien royaume d'Angola, que M. d'Anchieta s'est montré depuis 1866 l'un des plus habiles et des plus zélés naturalistes voyageurs de notre époque ; ses travaux, qu'il poursuit encore avec un inépuisable dévouement, embrassent déjà une aire considérable et comprennent plusieurs localités extrêmement intéressantes par leur situation et leurs conditions topographiques. Sur le littoral, M. d'Anchieta a déjà visité Barra do Dande, Loanda, Novo Redondo, Benguella, Catumbella, Mossamedes, Rio Coroca et Porto Alexandre ; dans l'intérieur, il a parcouru, au nord du Quanza, les districts de Cazengo, d'Ambaca et de Golungo-Alto jusqu'à une distance d'environ 125 milles de la côte : au sud du Quanza, après avoir visité à plusieurs reprises Capangombe, Huilla et Gambos, il a séjourné pen-

dant plusieurs mois au Humbe, sur le bord droit du Cunene, à Quillengues
et à Caconda, où il se trouve actuellement. Plus de 500 espèces, parmi
lesquelles 50 à peu-près nouvelles, ont été reconnues déjà, d'après les travaux de M. d'Anchieta, comme appartenant à la faune d'Angola, sans parler des autres branches de la zoologie qu'il a considérablement enrichi par
ses découvertes.

L'ornithologie de la côte de Loango a été dernièrement l'objet des recherches de MM. Lucan et Petit, établis depuis quelques années à Landana,
et du dr. Falkenstein, l'un des membres de l'expédition allemande envoyée
en 1873 à Chinchonxo. Les oiseaux recueillis par ces voyageurs ont été envoyés à Paris et à Berlin, et respectivement étudiés par MM. Sharpe et
Bouvier et par M. Reichenow; on a reconnu que ces collections contenaient
344 espèces distinctes, dont 20 nouvelles, et représentaient presque dans
leur ensemble la totalité des espèces observées jusqu'à présent dans la
côte de Loango, qui est de 350 espèces.

Après ces explorateurs, à qui l'on doit presque tout ce que l'on sait
actuellement de l'ornithologie d'Angola et de la côte de Loango, nous avons
à signaler quelques noms qui ont également droit à notre reconnaisance
quoique ayant coopéré d'une manière plus modeste dans l'œuvre commune.
Le voyageur hollandais Sala, le capitaine Sperling, M. O. Schütt et MM.
Capello et Ivens, ont contribué à la plus exacte connaissance de l'habitat
d'un certain nombre d'espèces et ajouté quelques formes nouvelles à la
liste des oiseaux de cette partie de l'Afrique. Un devoir de gratitude, bien
agréable à remplir, nous oblige encore à citer les noms de quelques géné-
reux donateurs, MM. Toulson, A. da Fonseca, Furtado d'Antas, A. P. de
Carvalho, J. A. de Sousa et A. Bouvier, qui par leurs offrandes nous ont
beaucoup aidé dans l'exécution de notre travail.

Le total de 698 espèces de la côte de Loango et d'Angola peut se dé-
composer de la manière suivante[1]:

Carinatae:

    Accipitres   59
    Psittaci   7
    Picariae   137
    Passeres   332
    Columbae   12
    Gallinae   20
    Grallae   89

[1] Il faut cependant remarquer que ce chiffre de 698 espèces comprend quelques espèces
douteuses ou dont l'habitat n'est pas encore suffisamment authentique.

La vaste aire géographique dont nous nous occupons admet naturellement plusieurs sous-divisions, établies d'après leurs différentes latitudes et al-
titudes. Nous avons d'abord au nord du Zaïre le territoire exploré de la
côte de Loango, qui forme une large bande sur le littoral. Le pays qui
s'étend du Zaïre au Cunene, auquel on donne généralement le nom d'Angola, nous semble pouvoir être reparti en deux grandes portions, l'une au
nord, l'autre au sud du Quanza ; mais chacune de ces grandes divisions
présente des différences fort caractéristiques suivant leur altitude, qui varie
avec la distance à la mer, différences déjà signalées par Welwitsch par
rapport à la végétation et non moins remarquables quand on les étudie
sous le point de vue de l'ornithologie.

En effet, le littoral d'Angola diffère considérablement d'aspect quand
on le compare à la côte de Loango. Dans celle-ci, comme en général sur
le littoral de l'Afrique occidentale, règnent des terrains fertiles, couverts
d'une végétation luxuriante, alternant avec des lagunes et des marécages,
tandis que la côte d'Angola, du Zaïre au Cunene, se fait remarquer par un
aspect désolant de stérilité, où des plages sablonneuses sans arbres et presque sans végétation se succèdent de l'une à l'autre extrémité. En avançant
de la côte vers l'intérieur, le terrain s'élève graduellement et présente
des conditions de plus en plus favorables au développement de la végétation et de la vie animale. Après la zone littorale, qui finit à 20 et même
à 40 ou 50 milles de la côte avec une élévation de 300 mètres au dessus
du niveau de la mer, se trouve la zone moyenne, qui commence à cette
altitude et termine à peu-près à une distance de 150 milles de la mer et
à une altitude d'environ 700 mètres ; cette zone, denommée par Welwitsch
la *région montagneuse,* est surtout caractérisée par la beauté de ses forêts.
Enfin une troisième zone, la *région des hauts-plateaux* de Welwitsch, vient
après la précédente et se confond à l'Est avec les hauts-plateaux de l'Afrique centrale. Cette zone douée d'un sol moins fertile, beaucoup plus pauvre
en arbres de haute futaie, se distingue par la variété de sa flore et est surtout abondante en arbustes et en plantes d'un petit port.

La zone littorale caractérisée par l'aridité du sol et la faiblesse de la végétation est aussi la plus pauvre en oiseaux; on y a à peine reconnu l'existence de 200 espèces tout au plus.

La zone moyenne ou montagneuse, où régnent de magnifiques forets, est plus favorisée: 257 espèces y ont été observées.

La zone des hauts-plateaux, distincte par ses prairies d'une verdure presque inaltérable et par la variété des formes végétales, est aussi la plus riche des trois en espèces ornithologiques; le nombre de celles-ci s'élève actuellement à 386.

Nous sommes loin de prétendre que ces chiffres puissent exprimer rigoureusement les rapports des trois zones en richesses ornithologiques. Par rapport à la zone littorale, la plus accessible et la mieux étudiée des trois, le chiffre 200 peut bien être regardé comme à peu-près exact; mais la zone moyenne et la zone des hauts-plateaux ne sont encore que bien imparfaitement connues, de vastes espaces existant au nord et au sud du Quanza, dans ces deux zones, absolument vierges de toute exploration zoologique. D'ultérieures recherches auront certainement beaucoup à ajouter aux 257 espèces de la zone montagneuse et aux 386 espèces des hauts-plateaux d'Angola.

La côte de Loango est bien plus riche en espèces que le littoral d'Angola; 350 espèces ont été recueillies depuis l'embouchure du Zaïre jusqu'à Rio Quilo sans sortir jamais des limites de la zone littorale. Dans ces 350 espèces il y en a à peine 67 communes au littoral d'Angola, tandis que 96 se trouvent aussi dans la zone montagneuse et 104 dans les hauts-plateaux d'Angola.

De nombreux points de contact existent entre l'ornithologie de notre aire géographique et celle de l'Afrique occidentale et australe, ces rapports étant, comme de raison, beaucoup plus intimes entre la côte de Loango et le Gabon d'un côté, et entre la partie méridionale d'Angola et la Cimbebasie de l'autre côté.

D'après M. Sclater, à qui l'on doit une classification généralement admise des régions zoologiques du globe, le territoire d'Angola formerait une sous-région distincte dans la grande région éthiopienne, et la côte de Loango appartiendrait à une autre sous-région, celle de l'Afrique occidentale, qui s'étend du Sénégal au Zaïre [1].

Il y a toujours beaucoup d'arbitraire dans ces divisions, surtout quand on est obligé de les établir un peu prématurément. Il nous semble in-

[1] M. Sclater divise la région éthiopienne en 7 sous-régions: 1 *Arabia*; 2 *North-eastern Africa*; 3 *South-eastern Africa*; 4 *South-Africa*; 5 *South-western Africa*; 6 *Western Africa*; 7 *Lemurian sub-région*.

contestable que la faune de la côte de Loango a beaucoup de rapports intimes avec celle du Gabon et que la zone littorale d'Angola a plus de points de contact avec l'Afrique australe; mais les deux zones intérieures, principalement la zone des hauts-plateaux, ne peuvent être confondues avec l'une ou l'autre des deux sous-régions éthiopiennes. Presque tous, sinon tous, les oiseaux dont on voudrait actuellement se servir pour caractériser la sous-région d'Angola, nous viennent précisément de la zone des hauts-plateaux.

Sans vouloir donner ici la liste complète de ces oiseaux, dont le nombre s'élèverait à plus de 50 espèces, nous désirons rappeler les noms de quelques uns des plus intéressants; *Coracias spatulata,* Trimen, *Halcyon pallidiventris,* Cab., *Pogonorhynchus leucogaster,* Boc., *Pog. frontatus,* Cab., *Stactolaema Anchietae,* Boc., *Buceros subquadratus,* Cab., *Tockus pallidirostris,* Boc., *Corythaix Schuetti,* Cab., *Caprimulgus Shelleyi,* Boc., *Nectarinia Oustaleti,* Boc., *N. Bocagei,* Shell., *Anthreptes Anchietae,* Boc., *Hirundo rufigula,* Boc., *H. nigrorufa,* Boc., *Fiscus Capelli,* Boc., *Nilaus affinis,* Boc., *Crateropus Hartlaubi,* Boc., *Neocichla gutturalis,* Boc., *Cossypha subrufescens,* Boc., *Cossypha barbata,* Finsch & Hartl., *Coss. Bocagei,* Finsch & Hartl., *Cisticola grandis,* Boc., *Sylvietta ruficapilla,* Boc., *Hylypsornis Salvadori,* Boc., *Lamprotornis purpurea,* Boc., *Lamprocolius sycobius,* Licht., *Sharpia angolensis,* Boc., *Penthetria Hartlaubi,* Boc., etc.

Ces oiseaux ont été recueillis, pour la plupart, à Quillengues et à Caconda par M. d'Anchieta; mais rien ne prouve que leurs habitats soient restreints à ces localités. Il y a, au contraire, tout lieu de croire qu'ils se trouvent largement répandus sur les hauts-plateaux du centre de l'Afrique, car on a déjà pu constater la présence de l'un ou de l'autre de ces oiseaux vers les confins orientaux de cette grande sous-région centrale.

Nos connaissances actuelles sur l'ornithologie d'Angola ne nous semblent donc favorables à l'établissement de la *sous-région du sud-ouest* proposée par l'illustre secrétaire de la Société Zoologique de Londres. La zone littorale du Zaïre au Cunene représenterait, selon nous, un trait d'union entre les deux sous-régions *australe* et *occidentale* admises par le même auteur, ou plutôt entre la sous-région australe et une autre sous-région établie aux dépens de la sous-région occidentale, laquelle aurait pour centre le Gabon. La zone montagneuse et celle des hauts-plateaux appartiendraient à une sous-région distincte, la *sous-région du centre de l'Afrique,* dont elles constitueraient une partie des frontières occidentales.

Ce sujet, que nous ne faisons qu'aborder ici, demande certainement à être traité avec plus de développement; mais nous n'osons pas aller plus loin. Aujourd'hui de nombreuses expéditions, plus ou moins scientifiques, cherchent de tous côtés à pénétrer dans le centre de l'Afrique et nous promettent pour un avenir prochain une ample moisson d'observations et de faits. Il faut donc savoir attendre dans l'intérêt même de la science.

Avant de conclure, nous désirons exprimer ici nos plus sincères remerciments à ceux de nos confrères qui ont bien voulu nous aider dans l'exécution de notre travail, en nous prêtant l'appui de leur expérience et en nous confiant d'intéressants matériaux de comparaison et d'étude. Leur modestie nous permettra de citer leurs noms glorieusement liés aux progrès importants que l'ornithologie de l'Afrique a pu accomplir dans notre siècle. Nos lecteurs auront deviné sans doute que nous voulons parler de MM. Jules Verreaux, Hartlaub, Finsch, Von Heuglin, Shelley, Sharpe, Bouvier, Reichenow, Gurney, Salvadori.

D'autres éminents zoologistes, MM. Peters, Sclater, O. Salvin, Elliot, von Pelzeln, Oustalet, ont également mis la meilleure grâce à éclaircir nos doutes toutes les fois que nous nous sommes adressé à eux.

Nous regrettons bien vivement que ces lignes ne puissent tomber sous les yeux de tous ceux qui nous ont si généreusement aidé de leurs lumières. Deux des illustres savants que nous avons nommés, dont les voyages, justement célèbres, ont beaucoup contribué à nous faire mieux connaître la faune de l'Afrique, Jules Verreaux et Theodor von Heuglin, sont malheureusement partis déjà pour leur dernier voyage, celui dont on ne revient jamais. Le souvenir de leur amitié et le regret de les avoir perdus nous acompagneront toujours.

Notre but en publiant ce livre a été de faire quelque chose d'utile. Puisse la sincérité de nos intentions désarmer la sévérité de la critique et nous faire pardonner les fautes que nous n'avons pas su éviter.

L'AUTEUR.

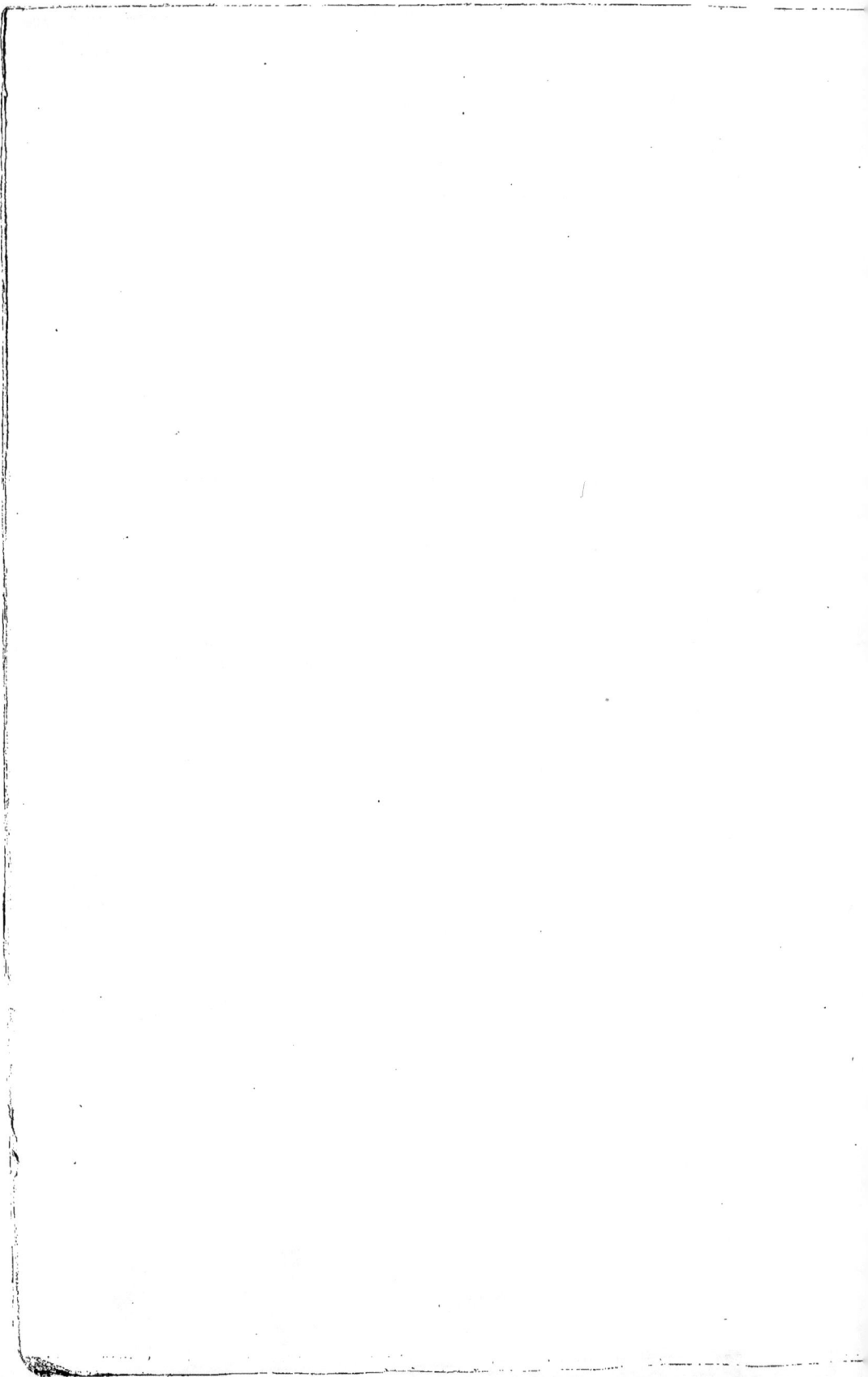

Le tableau ci-joint permettra de juger de la distribution géographique des espèces non seulement dans les pays du Congo et d'Angola, mais aussi dans les contrées limitrophes, le Gabon et la Cimbebasie.

| | | Gabon et Ogooué | Côte de Loango | Angola | | | | | | Cimbebasie | |
| | | | | R. du Nord | | | R. du Sud | | | | |
				Z. littorale	Z. montagneuse	Z. des hauts plateaux	Z. littorale	Z. montagneuse	Z. des hauts plateaux	Z. littorale	R. des Lacs
	ORDO I — ACCIPITRES										
	FAM. VULTURIDAE										
1	Pseudogyps africanus	—	—	—	—	—	—	—	*	—	—
2	Lophogyps occipitalis	*	—	—	—	—	*	—	*	*	*
3	Neophron percnopterus	—	—	—	—	—	*	—	—	*	—
	FAM. FALCONIDAE										
4	Gypogeranus serpentarius	—	—	—	—	—	—	*	*	*	*
5	Polyboroides typicus	*	*	—	—	—	—	*	*	—	—
6	Circus aeruginosus	—	—	—	—	—	*	*	*	—	—
7	C. ranivorus	—	—	—	—	—	—	—	*	*	*
8	Melierax polyzonus	—	—	—	—	—	—	—	*	*	*
9	M. gabar	—	—	—	—	—	—	—	*	*	*
10	M. niger	—	—	—	—	—	—	*	*	*	*
11	Scelospizias tachiro	—	—	—	—	—	—	*	*	*	—
12	Sc. polyzonoides	—	—	—	—	—	—	*	*	*	—
13	Sc. Toussenelli	*	*	—	—	—	—	—	—	—	—
14	Sc. zonarius?	—	*	—	—	—	—	—	—	—	—
15	Accipiter minullus	—	—	—	*	*	—	—	*	—	*
16	Buteo auguralis	—	—	—	—	*	—	—	*	—	—
17	B. augur	—	—	—	—	—	—	*	*	—	—
18	B. desertorum	—	—	—	—	—	—	—	*	—	*
19	Aquila rapax	—	—	—	—	—	—	—	*	*	—
20	Aquila Wahlbergi	—	—	—	—	—	—	—	*	—	—
21	Nisaëtus spilogaster	—	—	—	—	—	—	*	*	*	*
22	Lophotriorchis Lucani	—	*	—	—	—	—	—	—	—	—
23	Spizaëtus bellicosus	—	—	—	—	—	—	—	*	*	*
24	Sp. coronatus	*	*	—	*	—	—	—	—	—	—
25	Lophoaëtus occipitalis	*	*	—	*	—	—	—	—	—	—
26	Asturinula monogrammica	—	*	*	—	—	—	*	*	—	*
27	Circaëtus cinereus	—	—	—	—	—	—	*	*	—	—
28	C. thoracicus	—	—	—	—	—	—	*	*	—	—
29	C. cinerascens	—	—	*	—	—	—	—	—	—	—
30	Gypohierax angolensis	*	*	—	*	—	*	—	—	—	—

		Gabon et Ogôoué	Côte de Laongo	Angola						Cimbebasie	
				R. du Nord			R. du Sud				
				Z. littorale	Z. montagneuse	Z. des hauts plateaux	Z. littorale	Z. montagneuse	Z. des hauts plateaux	Z. littorale	R. des Lacs
31	Haliaëtus vocifer	*	*	—	—	—	—	—	*	—	*
32	Helotarsus ecaudatus	—	—	—	*	—	—	—	*	*	*
33	Milvus aegyptius	*	*	—	*	*	—	*	*	*	*
34	Milvus migrans	—	—	—	—	—	—	—	—	*	*
35	Machaeramphus Anderssoni	—	*	—	—	—	—	—	—	*	*
36	Elanus caeruleus	*	*	—	*	*	—	*	*	*	*
37	Pernis apivorus	—	*	—	—	—	—	—	—	—	—
38	Baza cuculoides	*	*	—	—	*	—	—	—	—	—
39	Falco communis	—	—	—	—	—	*	—	—	—	—
40	F. biarmicus	—	—	—	—	—	—	—	*	*	*
41	F. tanypterus	—	—	—	—	—	—	—	—	*	*
42	F. Cuvieri	—	*	—	—	—	—	—	—	—	—
43	F subbuteo	—	—	—	—	—	—	—	*	*	*
44	Cerchneis rupicola	—	*	*	*	—	—	*	*	*	*
45	C. cenchris	—	—	—	—	—	—	—	*	*	*
46	C. vespertina	—	—	—	—	—	—	—	*	*	*
47	C. ardesiaca	—	*	—	—	—	—	—	*	—	—
48	C. Dickersoni	—	—	—	—	—	—	—	*	—	—

FAM. STRIGIDAE

		Gabon et Ogôoué	Côte de Laongo	Z. littorale	Z. montagneuse	Z. des hauts plateaux	Z. littorale	Z. montagneuse	Z. des hauts plateaux	Z. littorale	R. des Lacs
49	Scotopelia Peli	*	*	—	*	—	—	—	—	—	—
50	Sc. Bouvieri	*	*	—	—	—	—	—	*	—	*
51	Bubo lacteus	—	—	—	—	—	—	—	*	*	*
52	B. maculosus	*	*	—	—	—	*	—	*	*	*
53	Scops leucotis	—	*	—	—	*	—	*	*	*	*
54	Sc. capensis	—	*	—	—	—	*	*	*	*	*
55	Glaucidium perlatum	—	—	*	*	*	*	*	*	—	*
56	Otus capensis	—	—	—	*	*	—	—	*	—	*
57	Syrnium nuchale	*	*	—	*	*	—	—	—	—	—
58	Stryx flammea	—	*	*	*	*	—	*	—	—	—
59	St. capensis	—	—	*	*	—	—	—	*	—	—

ORDO II — PSITTACI

FAM. PSITTACIDAE

		Gabon et Ogôoué	Côte de Laongo	Z. littorale	Z. montagneuse	Z. des hauts plateaux	Z. littorale	Z. montagneuse	Z. des hauts plateaux	Z. littorale	R. des Lacs
60	Psittacus erythacus	—	*	—	—	*	—	—	*	—	—
61	Pionias Rüpelli	*	—	—	—	—	*	*	*	*	—
62	P. Meyeri	—	—	—	*	*	—	*	*	*	*
63	P. Gulielmi	*	*	—	—	*	—	—	—	—	*
64	P. fuscicollis	*	*	—	—	*	—	—	*	*	*
65	Psittacula pullaria	*	*	—	*	—	—	—	—	—	*
66	Ps. roscicollis	—	—	—	—	—	*	*	*	*	*

		Gabon et Ogôoué	Côte de Loango	Angola						Cimbebasie	
				R. du Nord			R. du Sud				
				Z. littorale	Z. montagneuse	Z. des hauts plateaux	Z. littorale	Z. montagneuse	Z. des hauts plateaux	Z. littorale	R. des Lacs
	ORDO III — PICARIAE										
	FAM. PICIDAE										
67	Yunx pectoralis	—	*	—	—	—	—	—	—	—	—
68	Dendrobates immaculatus	—	*	—	—	—	—	—	—	—	—
68	D. goertan	*	*	—	—	—	—	—	—	—	—
70	D. africanus	*	*	—	*	—	—	—	—	—	—
71	D. namaquus	—	—	—	*	*	—	*	*	*	*
72	D. fulviscapus	—	*	—	*	*	*	*	*	*	—
73	D. Lafresnayei	*	*	—	*	*	—	*	—	—	—
74	D. Hartlaubi	—	—	—	*	—	*	—	*	*	—
75	D. congicus	—	*	—	—	—	—	—	—	—	—
76	Campethera chrysura	*	—	*	—	*	—	—	—	—	—
77	C. permista	—	*	—	—	—	—	—	—	—	—
78	C. Caroli	*	*	—	*	—	—	—	—	—	—
79	C. Brucei	—	—	—	*	—	—	*	—	*	—
80	C. Bennetti	—	—	—	—	—	—	*	*	—	*
	FAM. TROGONIDAE										
81	Hapaloderma narina	—	—	*	*	*	*	*	—	—	—
	FAM. CORACIIDAE										
82	Coracias garrula	—	*	—	—	—	—	—	—	*	*
83	C. naevia	—	—	*	—	*	—	*	*	*	*
84	C. caudata	—	—	*	—	*	—	—	*	*	*
85	C. spatulata	—	—	—	—	—	—	—	*	—	—
86	Eurystomus afer	*	*	*	*	—	—	—	*	—	—
	FAM. MEROPIDAE										
87	Merops apiaster	—	—	—	—	—	—	—	*	*	*
88	M. superciliosus	—	*	—	*	—	*	—	—	—	*
89	M. albicollis	*	*	—	—	—	—	—	—	—	—
90	M. cyanostictus	—	*	*	*	*	*	*	*	?	—
91	M. bicolor	*	*	—	—	—	—	—	—	—	—
92	M. nubicus	—	—	—	?	—	—	—	—	—	—
93	M. nubicoides	—	—	—	—	—	—	—	*	—	*
94	M. variegatus	*	*	—	—	—	—	*	—	—	—
95	M. Bullocki	—	*	—	—	—	—	—	—	—	—
96	M. Bullockoides	—	*	—	*	*	*	—	*	—	—
97	M. hirundinaceus	—	*	—	—	*	—	—	*	*	*
98	M. Breweri	*	*	—	—	—	—	—	—	—	—
99	Meropiscus gularis	*	*	—	*	—	—	—	—	—	—

| | Gabon et Ogôoué | Côte de Loango | Angola | | | | | | Cimbebasie | |
| | | | R. du Nord | | | R. du Sud | | | | |
			Z. littorale	Z. montagneuse	Z. des hauts plateaux	Z. littorale	Z. montagneuse	Z. des hauts plateaux	Z. littorale	R. des Lacs
	FAM. ALCEDINIDAE									
100	Alcedo semitorquata............	—	—	—	—	—	—	∗	—	?	—
101	A. quadribrachys..............	∗	∗	—	—	—	—	∗	—	—	—
102	Corythornis cyanostygma.......	∗	∗	∗	∗	—	∗	∗	∗	∗	∗
103	Ceryle rudis..................	∗	∗	∗	∗	∗	∗	∗	∗	∗	∗
104	C. maxima....................	∗	∗	∗	∗	—	—	∗	—	—	∗
105	C. Sharpei	∗	∗	∗	∗	—	—	∗	—	—	∗
106	Ispidina picta................	∗	∗	—	∗	—	∗	—	—	∗	—
107	Halcyon cyanoleuca	—	∗	—	∗	—	∗	—	∗	—	∗
108	H. senegalensis..............	∗	∗	∗	∗	—	∗	—	—	—	—
109	H. chelicutensis..............	—	∗	∗	∗	∗	∗	∗	∗	∗	—
110	H. cyanescens................	—	∗	—	∗	—	—	—	—	—	—
111	H. semicaerulea	—	?	—	—	—	—	—	—	—	—
112	H. pallidiventris.............	—	—	—	—	∗	∗	—	∗	—	—
113	H. orientalis.................	—	∗	—	—	—	—	—	∗	—	—
114	H. badia.....................	∗	∗	—	—	—	—	—	—	—	—
	FAM. CAPITONIDAE									
115	Pogonorhynchus bidentatus....	∗	∗	—	—	∗	—	—	—	—	—
116	P. dubius.....................	—	∗	—	—	—	—	—	—	—	—
117	P. Levaillanti................	—	∗	—	—	—	—	—	—	—	—
118	P. torquatus..................	—	—	—	∗	∗	—	∗	∗	—	—
119	P. leucomelas	—	—	∗	—	—	∗	—	∗	∗	∗
120	P. melanocephalus............	—	—	?	—	—	—	—	∗	∗	∗
121	P. leucogaster................	—	—	—	—	—	—	—	∗	—	—
122	P. frontatus	—	—	—	∗	—	—	—	—	—	—
123	Xylobucco scolopaceus	∗	∗	—	—	—	—	—	—	—	—
124	X. Duchaillui.................	∗	∗	—	—	—	—	—	—	—	—
125	Gymnobucco calvus............	∗	—	—	—	—	—	—	—	—	—
126	Barbatula chrysocoma.........	—	—	—	∗	—	—	∗	—	—	—
127	B. leucolaema................	∗	∗	—	—	—	—	—	—	—	—
128	B. atroflava..................	∗	∗	—	—	—	—	—	—	—	—
129	B. subsulphurea..............	∗	∗	—	—	—	—	—	—	—	—
130	Trachyphonus purpuratus......	∗	∗	—	—	—	—	—	—	—	—
131	T. cafer.....................	—	—	—	—	—	—	—	∗	—	—
132	Stactolaema Anchietae.........	—	—	—	—	—	—	—	∗	—	—
133	Tricholaema hirsuta	∗	∗	—	—	—	—	—	∗	—	—
	FAM. BUCEROTIDAE									
134	Bucorax cafer.................	—	—	—	—	?	—	—	∗	—	∗
135	Buceros atratus...............	∗	∗	—	—	∗	—	—	—	—	—
136	B. buccinator	—	—	—	—	∗	—	—	—	—	—
137	B. subquadratus..............	—	—	—	—	∗	—	—	—	—	—

| | | Gabon et Ogôoué | Côte de Loango | Angola | | | | | | Cimbe-basie | |
| | | | | R. du nord | | | R. du Sud | | | | |
				Z. littorale	Z. montagneuse	Z. des hauts plateaux	Z. littorale	Z. montagneuse	Z. des hauts plateaux	Z. littorale	R. des Lacs
138	B. albotibialis	—	*	—	—	—	—	—	—	—	—
139	B. Sharpei	*	*	—	*	—	—	—	—	—	—
140	B. albocristatus	*	*	—	—	—	—	—	—	—	—
141	Tockus melanoleucus	—	*	*	*	*	—	*	*	*	*
142	T. pallidirostris	—	—	—	—	—	—	—	*	*	*
143	T. nasutus	—	—	—	—	—	—	*	*	*	*
144	T. flavirostris	—	—	—	—	—	—	*	*	*	*
145	T. erythrorhynchus	—	*	—	—	—	*	*	*	*	*
146	T. Monteiri	—	*	—	—	—	*	—	—	*	*
147	T. fasciatus	*	*	—	—	—	—	—	—	—	—
148	T. Nagtglasi	*	*	—	—	—	—	—	—	—	—
149	T. camurus	*	*	—	—	—	—	—	—	—	—

FAM. UPUPIDAE

150	Upupa africana	—	*	—	—	—	—	—	—	—	—
151	U. africana major	—	—	—	—	*	*	*	*	*	*
152	Irrisor erythrorhynchus	—	—	—	*	—	—	*	*	—	*
153	Irrisor cyanomelas	—	—	*	—	—	*	*	*	*	*

FAM. COLIIDAE

154	Colius erythromelas	—	—	—	*	—	*	*	*	*	—
155	C. nigricollis	*	*	—	—	—	*	*	*	*	—
156	C. castanonotus	*	*	—	—	*	*	*	*	—	—
157	C. macrurus	—	—	?	—	—	—	—	—	—	—

FAM. MUSOPHAGIDAE

158	Corythaix erythrolopha	*	—	—	*	*	—	—	—	—	—
159	C. Livingstoni	—	—	—	*	*	—	*	*	—	—
160	C. Buffoni	—	*	—	—	—	—	*	*	—	—
161	C. persa	—	*	—	—	—	—	—	—	—	—
162	C. Meriani	*	*	—	—	—	—	—	—	—	—
163	C. Schuetti	*	*	—	—	—	—	—	—	—	—
164	Turacus giganteus	*	*	—	*	*	·	—	—	—	—
165	Musophaga Rossae	—	—	—	?	*	—	—	—	—	—
166	Schizorhis concolor	—	—	—	*	—	*	*	*	*	*

FAM. INDICATORIDAE

167	Indicator Sparrmani	—	—	—	—	—	—	—	*	—	—
168	I. major	—	—	—	—	—	—	—	*	—	—
169	I. minor	—	—	—	—	—	—	—	*	—	—
170	I. exilis	—	—	—	—	—	—	*	*	—	—
171	I. maculatus	*	*	—	—	—	—	—	—	—	—
172	Prodotiscus regulus	—	—	—	—	—	—	—	*	—	—

| | | Angola | | | | | | Cimbe-basie | |
| | | R. du Nord | | | R. du Sud | | | | |
	Gabon et Ogôoué	Côte de Loango	Z. littorale	Z. montagneuse	Z. des hauts plateaux	Z. littorale	Z. montagneuse	Z. des hauts plateaux	Z. littorale	R. des Lacs
FAM. CUCULIDAE										
173 Cuculus canorus...............	-	-	-	-	-	-	*	*	*	-
174 C. gularis....................	-	-	-	-	-	-	-	*	*	*
175 C. capensis...................	-	*	-	-	-	*	*	*	-	-
176 C. gabonensis.................	*	*	-	-	-	-	*	*	*	-
177 C. clamosus...................	-	-	-	*	-	-	*	*	*	-
178 Chrysococcyx cupreus..........	*	*	-	-	*	*	*	*	*	*
179 Ch. Klaasi....................	*	*	-	-	-	*	*	*	*	-
180 Ch. smaragdineus..............	*	-	-	*	-	-	*	-	-	-
181 Coccystes glandarius..........	-	*	-	-	-	-	*	*	*	-
182 C. jacobinus..................	-	*	-	-	-	-	*	*	*	-
183 C. afer.......................	-	-	-	-	-	*	-	*	*	-
184 Zanclostomus aeneus...........	*	*	-	*	-	-	*	-	-	-
185 Centropus senegalensis........	*	*	-	-	*	-	-	-	-	*
186 C. superciliosus..............	-	*	*	*	*	*	*	-	-	-
187 C. monachus...................	*	-	-	-	*	-	-	*	-	-
188 C. Anselli....................	-	*	-	-	-	-	-	-	-	-
189 C. nigrorufus.................	-	-	-	-	-	-	-	*	-	-
FAM. CAPRIMULGIDAE										
190 Caprimulgus Fossei............	*	*	*	-	*	*	-	*	-	-
191 C. rufigena...................	-	-	-	-	-	-	*	*	*	-
192 C. fulviventris...............	*	-	-	*	-	-	-	-	-	-
193 C. Shelleyi...................	-	-	-	-	*	-	-	-	-	*
194 Cosmetornis vexillarius.......	-	*	-	-	*	-	*	*	-	*
195 Macrodipteryx longipennis.....	-	*	-	-	-	-	-	-	-	-
196 Cypselus melba................	-	-	-	-	*	-	-	*	-	-
197 C. aequatorialis..............	-	-	-	-	*	-	-	-	-	-
198 C. Sharpei....................	-	*	-	-	-	-	-	-	-	-
199 C. Toulsoni...................	-	*	*	-	-	-	-	-	-	-
200 C. pallidus...................	-	-	-	*	-	-	*	*	-	-
201 C. Finschi....................	-	-	-	*	-	-	-	-	-	*
202 C. parvus.....................	*	*	-	*	-	-	-	-	-	*
203 Chaetura Sabinei..............	*	*	-	-	-	-	-	-	-	-

ORDO IV — PASSERES

FAM. NECTARINIIDAE

		Angola						Cimbe-basie	
204 Nectarinia angolensis.........	*	*	-	*	-	-	-	-	-	-
205 N. obscura...................	*	*	-	-	-	*	-	-	*	-
206 N. amethystina...............	-	-	-	-	-	-	-	-	-	-

| | | Gabon et l'Ogôoué | Côte de Loango | Angola | | | | | | Cimbebasie | |
| | | | | R. du Nord | | | R. du Sud | | | | |
				Z. littorale	Z. montagneuse	Z. des hauts plateaux	Z. littorale	Z. montagneuse	Z. des hauts plateaux	Z. littorale	R. des Lacs
207	N. fuliginosa	*	*	-	-	-	-	-	-	-	-
208	N. gutturalis	-	-	*	*	*	*	*	*	*	*
209	N. superba	*	*	-	*	-	-	-	-	-	-
210	N. Johannae	*	*	-	-	-	-	-	-	-	-
211	N. splendida	*	*	-	-	-	-	-	-	-	-
212	N. bifasciata	*	*	*	*	-	*	-	*	*	*
213	N. Bouvieri	-	*	-	-	-	-	-	-	-	-
214	N. Ludovicensis	-	-	-	-	-	-	*	-	-	-
215	N. chloropygia	*	*	-	*	*	-	-	-	-	-
216	N. intermedia	-	-	-	-	-	-	*	-	-	-
217	N. cyanocephala	*	*	-	*	-	-	-	-	-	-
218	N. Reichenbachii	*	*	-	-	-	-	-	-	-	-
219	N. talatala	-	-	-	-	-	-	*	*	-	*
220	N. Oustaleti	-	-	-	-	-	-	*	-	-	-
221	N. venusta	-	-	-	-	-	-	*	*	-	-
222	N. affinis	-	-	*	*	-	-	-	-	-	-
223	N. cuprea	*	*	-	-	-	-	-	-	-	-
224	N. chalcea	-	?	-	*	*	-	-	*	-	-
225	N. fusca	-	-	-	-	-	?	-	-	*	-
226	N. cyanolaema	*	-	-	*	-	-	-	-	-	-
227	N. hypodelos	*	*	-	-	-	-	-	-	-	-
228	N. tephrolaema	*	-	-	*	-	-	-	-	-	-
229	N. Bocagei	-	-	-	-	-	-	-	*	-	-
230	Anthreptes Longmari	-	-	-	-	-	-	-	*	-	-
231	Anthreptes Anchietae	-	-	-	-	-	-	-	*	-	-

FAM. HIRUNDINIDAE

232	Hirundo rustica	*	*	-	-	-	*	-	*	*	-
233	H. angolensis	-	-	*	-	*	*	-	*	-	*
234	H. Monteiri	-	*	-	*	*	-	*	*	-	*
235	H. senegalensis	-	*	-	-	-	-	-	-	-	-
236	H. cucullata	-	-	-	-	-	*	-	*	*	-
237	H. puella	-	*	-	*	-	-	-	*	-	-
238	H. Gordoni	*	-	-	*	-	-	-	-	-	-
239	H. albigularis	-	-	-	-	-	-	*	-	-	-
240	H. filifera	-	*	-	-	-	*	*	*	-	-
241	H. rufigula	-	-	-	-	-	-	-	*	-	-
242	H. nigrorufa	-	-	-	-	-	-	-	*	-	-
243	H. semirufa	-	*	*	-	-	-	-	-	-	-
244	H. dimidiata	-	-	-	-	-	-	-	*	*	*
245	H. griscopyga	-	-	-	-	-	-	*	-	-	-
246	Cotyle fuligula	-	-	-	-	-	*	*	-	*	-
247	C. cincta	-	*	-	-	-	-	-	*	-	-
248	Waldenia nigrita	*	*	-	-	-	-	-	-	-	-
249	Psalidoprocne Petiti	*	*	-	-	-	-	-	-	-	-

		Gabon et Ogôoué	Côte de Loango	Angola						Cimbebasie	
				R. du Nord			R. du Sud				
				Z. littorale	Z. montagneuse	Z. des hauts plateaux	Z. littoral	Z. montagneuse	Z. des hauts plateaux	Z. littorale	B. des Lacs
	FAM. MUSCICAPIDAE										
250	Artomyias fuliginosa	*	*	—	—	—	—	—	—	—	—
251	Bias musicus	*	*	—	—	—	—	—	—	—	—
252	Cassinia rubicunda	*	*	—	—	—	—	—	—	—	—
253	Hyliota violacea	*	—	—	—	—	—	—	*	—	—
254	Elminia longicauda	—	*	—	—	—	—	—	—	—	—
255	Elm. albicauda	—	—	—	—	—	—	—	*	—	—
256	Terpsiphone atrochalybea	—	*	—	—	—	—	—	—	—	—
257	T. tricolor	*	*	—	—	—	—	—	—	—	—
258	T. perspicillata	—	—	—	—	—	—	*	*	—	*
259	T. rufocineracea	*	*	—	*	*	*	—	—	—	—
260	T. melanogastra	*	*	—	*	—	—	—	—	—	—
261	Trochocercus nitens	*	*	—	—	—	—	—	—	—	—
262	Platystira melanoptera	*	*	—	—	—	—	—	—	—	—
263	P. mentalis	—	—	—	—	—	—	—	*	—	—
264	Lanioturdus torquatus	—	—	—	—	—	—	*	*	*	—
265	Batis senegalensis	—	*	—	—	—	—	—	—	—	—
266	B. molitor	—	—	—	—	—	—	*	*	—	—
267	B. pririt	*	—	—	—	—	*	—	*	*	*
268	B. minulla	—	—	—	—	—	—	*	—	—	—
269	Diaphorophya leucopygialis	*	—	—	*	*	—	—	—	—	—
270	Erythrocercus Maccalii	*	*	—	—	—	—	—	—	—	—
271	Muscicapa atricapilla	—	*	—	—	—	—	—	—	—	—
272	Butalis grisola	*	*	—	—	—	—	—	*	*	—
273	B. cinereola	—	—	—	—	—	—	*	—	—	—
274	B. Finschi	—	—	—	—	—	—	—	*	—	—
275	B. lugens	—	*	—	*	—	—	—	*	—	—
276	Alseonax minima	—	—	—	—	—	—	—	*	—	—
277	Ceblepyris pectoralis	—	—	—	—	—	—	—	*	—	*
278	Parisoma subcaerulcum	—	—	—	—	—	—	—	*	*	—
	FAM. CAMPEPHAGIDAE										
279	Campephaga nigra	*	*	—	—	*	—	*	*	—	—
280	C. azurea	*	—	—	—	—	—	—	—	—	—
281	Bradyornis diabolicus	—	—	—	—	—	—	—	*	—	—
282	B. mariquensis	—	—	—	—	—	—	*	*	*	—
283	B. murinus	—	—	—	—	*	—	—	—	—	—
284	Chloropeta natalensis	—	*	—	—	—	—	—	*	—	—
285	Chl. icterina	—	—	—	—	—	—	—	*	—	—
	FAM. DICRURIRAE										
286	Dicrurus divaricatus	—	—	—	—	*	—	—	*	—	—
287	D. coracinus	*	*	—	—	—	—	—	—	—	—

		Gabon et Ogôoué	Côte de Loango	Angola						Cimbebasie	
				R. du Nord			R. du Sud				
				Z. littorale	Z. montagneuse	Z. des hauts plateaux	Z. littorale	Z. montagneuse	Z. des hauts plateaux	Z. littorale	R. des Lacs
288	Fraseria ocreata.............	*	*	—	—	—	—	—	—	—	—
289	F. cinerascens...............	*	*	—	—	—	—	—	—	—	—
	FAM. LANIIDAE										
290	Enneoctonus collurio..........	—	—	—	—	—	—	*	*	*	*
291	Lanius minor................	—	—	—	—	—	—	—	*	*	—
292	Chaunonotus Sabinei..........	*	*	—	—	—	—	—	—	—	—
293	Fiscus collaris	—	—	—	—	—	*	—	*	*	—
294	F. Smithii	*	*	—	*	—	—	—	—	—	—
295	F. sub-coronatus	—	—	—	—	—	*	—	—	*	—
296	F. Capelli	—	—	—	—	*	—	—	—	—	—
297	F. Souzae..................	—	—	—	—	—	—	—	*	—	—
298	Eurocephalus anguitimens......	—	—	—	—	—	*	*	*	*	*
299	Urolestes melanoleucus	—	—	—	—	—	—	*	*	*	*
300	Nilaus brubru...............	—	—	—	—	—	—	—	—	*	—
301	N. affinis..................	—	—	—	—	—	—	—	—	*	—
302	Prionops talacoma............	—	—	*	*	—	—	*	*	—	*
303	P. Retzii	—	—	—	—	*	—	*	*	—	*
304	Telephonus erythropterus	—	—	—	*	*	—	—	*	*	—
305	T. trivirgatus...............	*	*	*	—	—	*	*	*	*	—
306	T. minutus.................	—	*	—	*	—	—	—	—	—	—
307	Laniarius atrococcineus........	—	—	—	—	—	—	*	*	*	*
308	Dyoscopus cubla.............	—	—	—	—	*	—	*	*	*	—
309	D. gambensis	—	*	—	—	—	—	—	—	—	—
310	D. tricolor	—	*	—	—	—	—	—	—	—	—
311	D. affinis..................	*	*	—	—	—	—	—	—	—	—
312	D. bicolor.................	*	*	—	—	—	—	—	—	—	—
313	D. major	*	*	—	*	*	*	*	—	—	*
314	D. neglectus...............	—	—	—	—	—	—	—	—	—	*
315	D. angolensis...............	—	—	—	*	—	—	—	—	—	—
316	Chlorophoneus bacbakiri.......	—	—	—	—	—	*	—	—	—	—
317	Chl. gutturalis	—	*	—	—	—	—	—	—	*	—
318	Chl. sulphureipectus	*	*	—	—	—	*	*	*	—	*
319	Meristes olivaceus............	—	—	—	—	*	—	*	*	—	—
320	M. Monteiri................	—	—	*	—	—	—	—	—	—	—
321	Nicator chloris..............	*	*	*	—	—	—	—	—	—	—
322	N. vireo...................	—	*	—	—	—	—	—	—	—	—
323	Neolestes torquatus...........	—	*	—	—	—	—	—	—	—	—
	FAM. ORIOLIDAE										
324	Oriolus notatus	—	—	—	—	*	—	*	*	*	—
325	O. larvatus................	—	—	—	*	*	—	*	*	*	—
326	O. nigripennis..............	*	*	—	—	*	—	—	—	—	—

| | | | Angola | | | | | | Cimbebasie | |
| | Gabon et Ogooue | Côte de Loango | R. du Nord | | | B. du Sud | | | | |
			Z. littorale	Z. montagneuse	Z. des hauts plateaux	Z. littoral	Z. montagneuse	Z. des hauts plateaux	Z. littorale	R. des Lacs
FAM. PITIDAE										
327 Pitta angolensis...............	–	*	–	*	–	–	–	–		
FAM. PYCNONOTIDAE										
328 Pycnonotus ashanteus..........	*	*	–	–	–	–	–	?	–	–
329 P. nigricans...............	–	–	–	–	–	*	*	–	*	*
330 P. tricolor................	–	*	–	*	*	–	*	*	*	*
331 Criniger flaviventris...........	–	–	–	–	–	*	*	*	*	–
332 Cr. leucopleurus..............	*	*	–	*	–	–	–	–	–	–
333 Cr. simplex	*	*	–	–	–	–	–	–	–	–
334 Cr. calurus................	*	*	–	–	–	–	–	–	–	–
335 Cr. notatus................	*	*	–	–	–	–	–	–	–	–
336 Cr. serinus................	*	*	–	–	–	–	–	–	–	–
337 Cr. Falkensteini..............	–	*	–	–	–	–	–	–	–	–
338 Cr. (Xenocichla) multicolor......	–	*	–	–	–	–	–	–	–	–
339 Phyllastrephus capensis.........	–	–	–	–	–	–	*	–	–	–
340 Ph. fulviventris.............	–	*	–	–	–	*	–	–	–	–
341 Andropadus virens.............	*	*	–	–	–	–	–	–	–	–
342 A. gracilirostris	*	*	–	–	–	–	–	–	–	–
343 A. minor..................	–	*	–	–	–	–	–	–	–	–
344 A. curvirostris..............	*	*	–	–	–	–	–	–	–	–
FAM. CRATEROPODIDAE										
345 Crateropus Jardinei............	–	–	–	–	–	–	–	*	*	–
346 C. hypostictus	–	*	–	–	*	–	–	–	–	–
347 C. melanops................	–	–	–	–	–	–	–	*	*	–
348 C. Hartlaubi................	–	–	–	*	–	–	–	*	–	–
349 C. gymnogenys..............	–	–	–	–	–	*	*	–	–	–
350 Neocichla gutturalis............	–	–	–	–	–	–	–	*	–	–
351 Cichladusa ruficauda	–	*	–	–	–	*	–	–	–	–
352 Chaetops pycnopygius...........	–	–	–	–	–	*	*	*	–	–
353 Napothera castanea	*	*	–	–	–	–	–	–	–	–
354 Trichastoma fulvescens..........	*	*	–	–	–	–	–	–	–	–
FAM. TURDIDAE										
355 Cossypha natalensis............	–	*	–	*	–	–	–	–	–	–
356 C. melanonota..............	–	*	–	–	–	–	–	–	–	–
357 C. subrufescens..............	–	*	–	*	*	–	–	*	–	–
358 C. Bocagei................	–	–	–	–	–	–	*	–	–	–
359 C. barbata................	–	–	–	–	–	–	–	*	–	–
360 Turdus strepitans..............	–	–	–	–	*	–	*	*	*	*
361 T. libonyanus	–	*	–	–	*	–	–	*	*	*

		Gabon et Ogôoué	Côte de Loango	Angola						Cimbe-basie	
				R. du Nord			R. du Sud				
				Z. littorale	Z. monta-gneuse	Z. des hauts plateaux	Z. littorale	Z. monta-gneuse	Z. des hauts plateaux	Z. littorale	R. des Lacs
362	T. icterorhynchus	*	*	—	—	—	—	—	—	—	—
363	Monticola brevipes	—	—	—	—	*	—	—	*	*	—
364	Myrmecocichla nigra	—	*	*	—	*	—	—	*	—	—
365	Saxicola Arnotti	—	—	—	—	—	—	—	*	—	—
366	S. monticola	—	—	—	—	—	*	—	—	—	—
367	S. leucomelaena	—	—	—	—	—	*	—	—	*	—
368	S. Galtoni	—	*	*	—	—	*	—	—	*	—
369	S. pileata	—	—	—	—	—	*	—	*	*	—
370	S. infuscata	—	—	—	—	—	*	—	—	*	—
371	Ruticilla phoenicura	—	*	—	—	—	—	—	—	—	—
372	Pratincola torquata	—	—	—	—	—	—	—	*	*	*
	FAM. SYLVIIDAE										
373	Ædon leucophrys	—	*	—	—	—	*	—	*	*	*
374	Drymoica superciliosa	—	—	—	—	—	—	—	*	—	—
375	D. affinis	—	*	—	—	—	—	—	—	*	—
376	D. melanorhyncha	—	*	—	—	—	—	—	—	—	—
377	D. tenella	—	*	—	—	—	?	—	—	—	—
378	D. leucopogon	*	*	—	—	—	—	—	—	—	—
379	Cysticola ruficapilla	*	*	*	—	*	—	—	—	—	—
380	C. Strangei	*	*	—	—	—	—	—	—	—	—
381	G. chiniana	—	—	—	—	—	—	—	*	*	—
382	C. angolensis	—	—	—	—	—	—	—	*	—	—
383	C. grandis	—	—	—	—	—	—	—	*	—	—
384	C. modesta	—	*	—	—	—	—	—	—	—	—
385	C. erythrops	—	*	—	—	—	—	—	—	—	—
386	C. ferruginea	—	*	—	—	—	—	—	—	—	—
387	C. Landanae	—	*	—	—	—	—	—	—	—	—
388	C. cursitans	*	*	—	—	—	—	—	—	—	—
389	C. brachyptera	—	*	—	—	—	—	—	—	—	—
390	C. naevia	*	*	—	—	—	—	—	—	—	—
391	Bradypterus sylvaticus	—	—	—	—	—	—	—	*	—	—
392	B. rufescens	—	*	—	—	—	—	—	—	—	—
393	Melocichla mentalis	—	*	—	—	—	—	—	*	—	—
394	M. pyrrhops?	—	*	—	—	—	—	—	—	—	—
395	Bacocerca virens	*	*	—	—	—	—	—	—	—	—
396	Stiphrornis alboterminata	—	*	—	—	—	—	—	—	—	—
397	Hylia prasina	*	*	—	—	—	—	—	—	—	—
398	Camaroptera brevicaudata	*	*	—	—	—	—	*	*	*	*
399	C. tincta	*	*	—	—	—	—	—	—	—	—
400	Sylviella rufescens	*	—	—	*	—	—	*	*	*	*
401	S. ruficapilla	—	—	—	—	—	—	—	*	—	—
402	Dryodromas caniceps	—	*	—	—	—	—	—	—	—	—
403	Eremomella flaviventris	—	—	—	—	—	—	—	*	*	*
404	Ægithalus flavifrons	*	—	—	—	—	—	—	*	—	—
405	Tricholais pulchra	—	—	—	—	—	—	—	*	—	—

| | | Gabon et Ogooué | Côte de Loango | Angola | | | | | | Cimbe-basie | |
| | | | | R. du nord | | | R. du Sud | | | | |
No.				Z. littorale	Z. montagneuse	Z. des hauts plateaux	Z. littorale	Z. montagneuse	Z. des hauts plateaux	Z. littorale	R. des Lacs
406	Acrocephalus fulvo-lateralis.....	—	*	—	—	—	—	—	—	—	—
407	A. schoenobaenus..............	—	*	—	—	—	—	—	—	—	—
408	Hypolais icterina.............	—	*	—	—	—	—	—	—	—	—
409	Phylloscopus trochilus..........	—	—	—	*	—	—	—	*	—	*
410	Sylvia hortensis..............	—	—	—	—	—	—	*	*	*	*
	FAM. PARIDAE										
411	Parus niger	—	—	—	*	*	—	—	*	*	*
412	P. leucopterus?..............	—	—	—	*	—	—	—	—	—	—
413	P. afer.....................	—	—	—	—	—	*	—	—	—	*
414	P. rufiventris...............	—	—	—	—	—	—	—	*	*	—
415	Zosterops senegalensis.........	—	—	—	—	—	—	*	*	—	*
	FAM. CERTHIIDAE										
416	Hylypsornis Salvadori..........	—	—	—	—	—	—	—	*	—	—
	FAM. MOTACILLIDAE										
417	Motacilla capensis	—	—	—	*	—	—	—	*	*	—
418	M. vidua....................	*	*	*	*	—	*	*	*	—	—
419	Budytes flava................	*	—	—	—	—	*	—	—	*	—
420	Anthus campestris............	—	—	—	—	—	—	—	*	*	—
421	A. pallescens................	—	—	—	—	—	—	—	*	—	—
422	A. erythronotus..............	—	—	—	—	*	—	—	*	*	—
423	A. Raalteni?.................	—	—	—	—	—	—	—	*	*	—
424	A. Gouldi?...................	*	*	—	*	—	*	—	—	—	—
425	A. lineiventris...............	—	—	—	—	*	—	—	—	—	—
426	Macronyx croceus.............	*	*	—	*	*	—	—	*	—	—
	FAM. BUPHAGIDAE										
427	Buphaga africana.............	*	—	—	*	—	*	*	*	—	—
	FAM. CORVIDAE										
428	Corvus scapulatus............	*	*	*	*	*	*	*	*	*	*
429	C. capensis..................	—	—	—	—	—	*	—	*	*	*
	FAM. STURNIDAE										
430	Dilophus carunculatus..........	—	—	—	*	*	*	*	*	*	*
	FAM. LAMPROTORNIDAE										
431	Lamprotornis Mewesi...........	—	—	—	—	—	—	—	*	—	*
432	L. Burchelli.................	—	—	—	—	—	—	—	*	—	*

		Gabon et Ogôoué	Côte de Loango	Angola						Cimbebasie	
				R. du Nord			R. du Sud				
				Z. littorale	Z. montagneuse	Z. des hauts plateaux	Z. littorale	Z. montagneuse	Z. des hauts plateaux	Z. littorale	R. des Lacs
433	L. purpurea	–	–	–	–	–	–	✳	✳	–	–
434	Lamprocolius splendidus	✳	✳	–	✳	–	–	✳	✳	–	–
435	L. Lessoni?	–	✳	–	–	–	–	–	–	–	–
436	L. sycobius	–	–	–	–	–	–	–	✳	–	–
437	L. acuticaudus	–	–	–	–	✳	–	–	✳	–	–
438	L. bispecularis	✳	✳	✳	–	✳	✳	✳	✳	–	–
439	L. chloropterus?	–	–	–	–	–	✳	–	–	–	–
440	Pholidauges Verreauxi	–	✳	–	✳	✳	–	✳	✳	✳	–
441	Amydrus caffer	–	–	–	–	–	✳	–	–	–	✳
442	Onychognatus Hartlaubi	–	✳	–	–	–	–	–	–	–	–
443	Myiopsar cryptopyrrhus	–	✳	–	–	–	–	–	–	–	–

FAM. PLOCEIDAE

		Gabon et Ogôoué	Côte de Loango	Z. littorale	Z. montagneuse	Z. des hauts plateaux	Z. littorale	Z. montagneuse	Z. des hauts plateaux	Z. littorale	R. des Lacs
444	Textor erythrorhynchus	–	–	–	✳	–	–	–	✳	✳	✳
445	Plocepasser mahali	–	–	–	–	–	–	✳	✳	✳	✳
446	Ploceus erythrops	–	–	–	✳	–	–	–	–	–	–
447	P. sanguinirostris	✳	✳	–	✳	–	–	–	–	–	–
448	Sporopipes squamifrons	–	✳	–	–	–	✳	–	✳	✳	✳
449	Nigrita canicapilla	✳	✳	–	✳	–	–	–	–	–	–
450	N. bicolor	✳	✳	–	–	–	–	–	–	–	–
451	N. fusconota	✳	✳	–	–	–	–	–	–	–	–
452	N. Lucieni	–	✳	–	–	–	–	–	–	–	–
453	Hyphantornis cincta	✳	✳	–	✳	–	✳	–	–	–	–
454	H. nigriceps	–	–	–	–	✳	–	✳	✳	–	–
455	H. velata	–	–	–	–	–	✳	✳	✳	–	–
456	H. intermedia	–	–	✳	✳	–	–	✳	–	✳	–
457	H. subpersonata	–	✳	–	–	–	–	–	✳	–	–
458	H. xanthops	–	?	–	✳	✳	–	✳	✳	–	–
459	H. aurantiigula	–	✳	–	✳	✳	–	✳	–	–	–
460	H. superciliosa	–	✳	–	–	–	–	–	✳	–	–
461	H. ocularia	–	–	–	✳	–	–	✳	✳	–	–
462	H. temporalis	–	–	–	–	–	–	✳	✳	–	–
463	H. Grayi	✳	✳	–	–	–	–	–	–	–	–
464	H. castaneo-fusca	✳	✳	–	–	–	–	–	–	–	–
465	H. fusco-castanea	–	✳	–	–	–	–	–	–	–	–
466	Sycobius cristatus	✳	✳	–	–	–	–	–	–	–	–
467	S. rubricollis	✳	✳	–	–	–	–	–	–	–	–
468	S. nigerrimus	✳	✳	–	–	–	–	–	–	–	–
469	S. nitens	✳	✳	–	–	–	–	–	–	–	–
470	S. rubriceps	–	–	–	–	–	–	✳	✳	–	–
471	Sharpia angolensis	–	–	–	–	–	–	–	✳	–	–
472	Sycobrotus amaurocephalus	–	–	–	–	✳	–	–	–	–	–
473	Euplectes Gierowi	–	–	–	–	✳	–	–	–	–	–
474	Euplectes oryx	–	–	–	✳	–	–	✳	✳	✳	✳
475	E. flammiceps	✳	✳	–	✳	✳	–	–	–	–	–
476	E. minor	–	–	–	✳	✳	–	–	✳	–	–

| | Galon et Ogooué | Côte de Laongo | Angola | | | | | | Cimbe-basie | |
| | | | R. du Nord | | | R. du Sud | | | | |
			Z. littorale	Z. monta-gneise	Z. des hauts plateaux	Z. littorale	Z. monta-gneise	Z. des hauts plateaux	Z. littorale	R. des Lacs
477 E. melanogaster	–	–	–	*	–	–	–	–	–	–
478 E. taha	–	–	–	–	–	–	–	*	*	*
479 E. aureus	–	–	–	*	–	–	–	–	–	–
480 Symplectes jonquillaceus	*	*	–	–	–	–	–	–	–	–
481 Penthetria macrura	*	*	–	*	*	–	–	–	–	–
482 P. Hartlaubi	*	*	–	*	*	–	–	*	–	–
483 P. albonotata	–	*	–	*	–	–	–	–	–	–
484 P. concolor	–	–	–	*	–	–	–	–	–	–
485 P. Bocagei	–	–	–	*	*	–	*	*	–	–
486 P. ardens	–	*	–	*	–	–	–	–	–	–
487 Vidua principalis	*	*	*	*	–	*	–	*	*	–
488 V. regia	–	–	–	–	–	*	–	*	–	–
489 V. paradisea	–	–	–	*	*	–	*	*	–	–
490 Chera progne	–	–	–	–	–	–	*	–	–	–
491 Hypochaera nitens	–	–	–	–	*	–	–	–	–	*
492 H. nigerrima?	–	–	–	*	–	–	–	–	–	–
493 Spermospiza guttata	*	*	–	–	–	–	–	–	–	–
494 Pyrenestes ostrinus	*	*	–	–	–	–	–	–	–	–
495 P. coccineus	*	*	–	–	–	–	–	–	–	–
496 P. capitalbus	–	*	–	–	–	–	–	–	–	–
497 Spermestes cucullata	*	*	–	*	–	*	–	*	–	–
498 S. poensis	*	–	–	*	–	–	–	–	–	–
499 Amadina erythrocephala	–	–	*	*	–	*	–	*	*	*
500 Ortygospiza polyzona	–	–	–	*	–	–	–	–	–	–
501 Uraeginthus granatinus	–	–	–	–	–	–	–	?	*	*
502 U. phoenicotis	–	*	*	–	–	*	*	–	–	–
503 Pytelia melba	–	–	*	–	–	*	*	–	*	–
504 P. afra	–	–	–	–	–	–	*	–	–	–
505 P. Monteiri	–	*	–	*	–	–	–	–	–	–
506 Estrelda astrild	*	*	*	–	*	*	*	*	–	*
507 E. melpoda	*	–	*	–	–	–	–	–	–	–
508 E. Perreini	–	*	–	–	–	–	–	–	–	–
509 E. subflava	–	–	–	–	*	–	–	–	–	–
510 E. Quartinia	–	–	–	–	–	–	*	*	–	–
511 E. Dufresneyi	–	–	–	–	–	?	–	–	–	–
512 Lagonosticta rubricata	–	*	–	–	–	–	–	–	–	–
513 L. minima	–	–	–	–	–	*	–	–	–	–

FAM. FRINGILLIDAE

514 Passer arcuatus	–	–	–	–	–	*	–	–	*	–
515 P. diffusus	–	*	*	–	*	*	–	*	*	*
516 P. Swainsonii	*	?	–	–	–	–	–	–	–	–
517 Xanthodira flavigula	–	–	–	–	–	–	–	*	–	–
518 Poliospiza tristriata	–	–	–	–	–	–	–	?	–	–
519 Crithagra angolensis	..	*	–	–	–	–	–	?	–	–
520 C. capistrata	–	*	–	*	–	–	–	–	–	–

		Gabon et Ogooue	Cité de Loango	Angola						Cimbebasie	
				R. du Nord			R. du Sud				
				Z. littorale	Z. montagneuse	Z. des hauts plateaux	Z. littorale	Z. montagneuse	Z. des hauts plateaux	Z. littorale	R. des Lacs
521	Crithagra chrysopyga	—	*	—	—	—	—	*	*	*	*
522	C. flaviventris	—	*	—	—	—	—	*	*	—	*
523	Buscrinus albigularis	—	—	—	—	—	*	—	—	—	—
	FAM. EMBERIZIDAE										
524	Fringillaria tahapisi	*	*	*	—	—	—	*	*	—	—
525	F. flaviventris	—	—	—	—	—	—	*	*	*	*
526	F. major (F. Cabanisi, Boc.)	—	—	—	*	—	—	—	*	—	—
	FAM. ALAUDIDAE										
527	Pyrrhulauda verticalis	—	*	*	*	—	—	—	—	*	—
528	Calandritis cinerea	—	—	—	*	*	—	—	—	*	—
529	C. Buckleyi	—	*	—	—	*	—	—	—	*	—
530	Alauda plebeja	—	*	—	—	—	—	—	—	—	—
531	Mirafra africana	—	—	—	—	—	—	*	—	—	—
532	M. apiata	—	*	—	—	—	—	*	*	—	—
533	M. angolensis	—	—	—	—	—	—	*	*	—	—
534	M. nigricans	—	—	—	—	—	—	*	—	—	—
535	Certhilauda semitorquata	—	—	—	—	*	—	—	—	*	—
	ORDO V — COLUMBAE										
	FAM. COLUMBIDAE										
536	Treron calva	*	*	*	*	*	*	*	*	—	*
537	Columba guineensis	—	—	—	—	—	*	*	*	*	*
538	C. arquatrix	—	—	—	*	—	—	*	—	—	—
539	Turtur semitorquatus	*	*	*	*	—	*	*	—	—	*
540	T. damarensis	—	—	—	—	*	*	*	*	*	*
541	T. capicola?	—	*	—	—	*	*	*	*	*	—
542	T. ambiguus	—	*	—	—	—	*	—	—	—	—
543	T. senegalensis	—	—	—	—	*	*	*	*	—	*
544	Chalcopelia afra	*	*	*	*	*	*	*	*	—	*
545	Ch. Brehmeri	*	*	—	—	—	—	—	—	—	—
546	Oena capensis	—	*	*	*	*	—	*	*	*	—
547	Peristera tympanistria	*	*	—	—	*	—	—	—	—	—
	ORDO VI — GALLINAE										
	FAM. PTEROCLIDAE										
548	Pterocles bicinctus	—	—	—	—	—	—	*	*	*	—
549	Pt. namaqua	—	—	—	—	—	*	—	—	*	—

		Gabon et Ogôoué	Côte de Loango	Angola						Cimbebasie	
				R. du Nord			R. du Sud				
				Z. littorale	Z. montagneuse	Z. des hauts plateaux	Z. littorale	Z. montagneuse	Z. des hauts plateaux	Z. littorale	R. des Lacs
	FAM. MELEAGRIDAE										
550	Numida coronata	—	—	—	—	—	*	*	*	*	*
551	N. cristata	—	—	—	—	—	—	*	—	—	—
552	Phasidus niger	*	*	—	—	—	—	—	—	—	—
	FAM. TETRAONIDAE										
553	Pternistes rubricollis	—	—	*	—	—	*	*	*	—	—
554	Pt. Lucani	—	*	—	—	—	—	*	*	—	—
555	Francolinus gariepensis	—	—	—	—	—	*	*	*	*	—
556	F. Hartlaubi	—	—	—	—	—	—	*	*	*	—
557	F. pileatus	—	—	—	—	—	—	*	*	*	—
558	F. Finschi	—	—	—	—	—	—	—	—	—	—
559	F. Schlegeli	—	—	—	—	*	—	—	—	—	—
560	F. squamatus	*	*	—	—	—	—	*	*	*	—
561	F. adspersus	—	—	—	—	—	—	—	—	—	—
562	F. Lathami	*	*	—	—	—	—	—	—	—	—
563	F. ashantensis?	—	*	—	—	—	—	—	—	—	—
564	F. Schuetti	—	—	—	—	*	—	—	—	—	*
565	Coturnix Delegorguei	—	—	—	?	*	*	*	—	—	*
566	C. communis	—	—	—	—	*	—	—	*	*	—
567	Turnix lepurana	—	*	—	—	—	*	—	—	—	—
	ORDO VII — GRALLAE										
	FAM. OTIDAE										
568	Otis kori	—	—	—	—	—	—	*	*	*	
569	O. caffra	—	—	—	—	—	—	*	*	*	—
570	O. melanogaster	—	*	*	—	*	—	*	*	*	—
571	O. ruficrista	—	—	*	*	—	—	*	—	—	*
572	O. Rüppelli	—	—	*	—	—	—	—	—	—	—
	FAM. CHARADRIIDAE										
573	Cursorius senegalensis	—	—	*	*	—	—	—	*	*	—
574	C. chalcopterus	—	—	—	—	*	—	*	*	*	*
575	C. cinctus	—	—	—	—	—	—	*	—	*	—
576	C. bisignatus	—	—	—	—	—	—	—	—	—	—
577	Glareola cinerea	*	*	—	—	—	—	—	—	—	—
578	G. pratincola	—	—	*	*	—	—	—	—	—	—
579	G. nuchalis	*	*	—	—	—	—	—	—	—	—
580	OEdicnemus vermiculatus	—	*	*	—	—	—	*	—	*	—
581	OEd. capensis	—	—	—	—	—	—	—	—	—	—

		Gabon et Ogôoué	Côte de Loango	Angola						Cumbebasie	
				R. du Sud			R. du Nord				
				Z. littorale	Z. montagneuse	Z. des hauts plateaux	Z. littorale	Z. montagneuse	Z. des hauts plateaux	Z. littorale	R. des Lacs
582	Chettusia inornata............	–	*	–	–	–	–	–	–	–	–
583	Hoplopterus speciosus.........	–	–	–	*	–	*	*	*	*	*
584	H. albiceps..................	*	*	–	–	–	–	*	*	*	*
585	Lobivanellus lateralis.........	–	–	–	–	*	*	*	*	*	*
586	Squatarola helvetica	–	*	–	–	–	*	–	–	*	–
587	Charadrius asiaticus...........	–	–	*	–	–	*	–	–	*	–
588	Ch. Geoffroyi................	–	–	–	–	–	*	–	–	–	–
589	Ægialitis hiaticula...........	*	*	–	–	–	–	–	–	*	–
590	Æg. pecuarius...............	*	*	–	–	–	*	–	–	*	–
591	Æg. marginatus..............	*	*	–	–	–	–	–	–	*	–
592	Æg. tricollaris..............	*	*	–	–	–	*	–	*	*	–
593	Strepsilas interpres..........	*	*	–	*	–	–	–	–	*	–

FAM. GRUIDAE

| 594 | Balearica regulorum........... | – | – | – | – | – | – | – | * | – | * |
| 595 | Laomedontia carunculata........ | – | – | – | – | – | – | – | * | * | * |

FAM. ARDEIDAE

596	Ardea goliath..................	*	*	–	–	–	–	–	*	–	*
597	A. purpurea...................	–	–	–	–	–	–	–	*	–	*
598	A. cinerea....................	–	*	*	–	*	*	–	*	*	–
599	A. melanocephala..............	*	*	–	–	–	*	–	*	*	–
600	A. ardesiaca..................	–	–	–	–	–	*	–	*	–	–
601	A. rufiventris.................	–	–	–	–	*	–	–	*	–	*
602	Herodias alba................	*	*	–	–	–	*	–	*	–	–
603	H. intermedia................	–	–	–	–	–	*	–	*	–	*
604	H. garzetta..................	–	*	*	–	–	*	–	*	*	*
605	Bubulcus ibis................	*	*	–	–	*	*	–	*	*	–
606	Ardeola comata......	–	*	–	–	–	*	–	*	*	*
607	Butorides atricapillus..........	*	*	*	–	–	*	–	*	–	*
608	Botaurus Sturmi...............	–	*	–	–	–	–	*	–	*	*
609	B. pusillus..................	*	*	–	–	*	*	–	*	*	*
610	Tigrisoma leucolophum.........	*	*	–	–	–	–	–	*	–	*
611	Nycticorax griseus	*	*	–	–	–	*	–	*	–	*
612	N. leuconotus	*	*	–	–	–	–	–	*	–	–

FAM. CICONIIDAE

613	Ciconia Abdimii	*	–	–	–	–	–	*	*	*	*
614	C. episcopus.................	*	*	–	–	–	–	–	*	*	*
615	Mycteria senegalensis..........	*	–	–	–	–	–	–	*	*	*
616	Leptoptilus crumenifer..........	*	–	–	–	?	–	–	*	*	*
617	Tantalus ibis................	*	*	–	–	–	*	–	*	*	*
618	Anastomus lamelligerus........	–	–	–	–	?	–	–	*	*	*

No.		Gabon et Ogôoué	Côte de Loango	Angola						Cimbebasie	
				R. du Nord			R. du Sud				
				Z. littorale	Z. montagneuse	Z. des hauts plateaux	Z. littorale	Z. montagneuse	Z. des hauts plateaux	Z. littorale	R. des Lacs
	FAM. PLATALEIDAE										
619	Platalea tenuirostris....	*	—	—	—	—	*	—	*	*	*
	FAM. SCOPIDAE										
620	Scopus umbretta..............	*	—	—	*	*	*	*	*	*	—
	FAM. IBIDAE										
621	Falcinellus igneus.............	—	—	—	—	—	—	—	*	—	—
622	Ibis aethiopica.................	*	—	—	—	—	*	—	*	—	*
623	Geronticus hagedash..........	*	*	—	—	—	—	—	—	—	*
	FAM. SCOLOPACIDAE										
624	Numenius arquatus............	—	*	—	—	—	*	—	—	*	—
625	N. madagascariensis?...........	—	—	*	—	—	—	—	—	—	—
626	N. phaeopus....................	*	*	—	—	—	—	—	—	*	—
627	Terekia cinerea................	—	*	—	—	—	—	—	—	*	—
628	Totanus canescens.............	*	*	—	*	—	*	—	*	*	*
629	T. stagnalis....................	—	*	—	—	—	—	—	*	*	—
630	T. calidris.....................	—	*	*	—	—	—	—	—	—	—
631	T. fuscus?.....................	—	*	*	—	—	—	—	—	—	—
632	T. glareola....................	*	*	—	—	—	*	—	*	*	—
633	T. ochropus....................	—	?	—	—	—	?	—	—	—	—
634	Actitis hypoleucus.............	*	*	—	—	—	*	—	*	*	—
635	Recurvirostra avocetta........	—	?	—	—	—	—	—	—	*	*
636	Himantopus autumnalis........	*	*	—	—	—	*	*	—	*	*
637	Machetes pugnax...............	*	—	—	—	—	*	—	*	*	*
638	Tringa subarquata.............	*	*	—	—	—	*	—	—	*	*
639	T. minuta.....................	*	—	—	—	—	*	—	—	*	*
640	Calidris arenaria..............	—	*	—	—	—	*	—	—	*	—
641	Gallinago major	—	—	—	—	*	—	—	—	—	*
642	G. nigripennis.................	—	—	—	—	—	—	—	*	—	—
643	Rhynchaea capensis.......... ...	*	*	—	*	—	*	*	*	*	*
	FAM. PARRIDAE										
644	Parra africana.................	*	*	*	—	—	*	—	*	*	*
	FAM. RALLIDAE										
645	Rallus coerulescens............	—	—	—	*	—	—	*	*	*
646	Ortygometra egregia...........	—	*	—	*	*	*	—	—	—	*
647	O. Bailloni....................	—	—	—	—	—	*	—	*	*

No.		Gaben et Ogooué	Côte de Loango	Angola						Cimbebasie	
				R. du nord			R. du Sud				
				Z. littorale	Z. montagneuse	Z. des hauts plateaux	Z. littorale	Z. montagneuse	Z. des hauts plateaux	Z. littorale	R. des Lacs
648	Limnocorax niger.............	*	*	-	*	*	*	*	*	*	*
649	Corethrura dimidiata...........	-	-	-	-	-	-	-	*	-	*
650	Gallinula chloropus............	-	-	-	-	-	*	-	*	*	-
651	G. angulata...................	-	*	-	*	*	-	-	*	*	-
652	Porphyrio smaragnotus........	-	-	-	*	-	*	-	-	*	*
653	P. Alleni	*	*	-	*	-	-	-	*	*	*
654	Fulica cristata................	-	-	-	-	-	*	-	-	*	*
	FAM. HELIORNITHIDAE										
655	Podica senegalensis............	*	*	-	-	-	-	-	-	-	-
656	P. Petersi....................	-	*	-	-	-	-	-	-	-	-

ORDO VIII — ODONTOGLOSSAE

FAM. PHAENICOPTERIDAE

No.											
657	Phoenicopterus erythraeus.......	*	-	-	-	-	*	-	-	*	*
658	Ph. minor....................	-	-	-	-	-	*	-	-	*	*

ORDO IX — ANSERES

FAM. ANATIDAE

No.											
659	Plectropterus gambensis........	-	-	-	-	-	-	-	*	-	*
660	Sarcidiornis africana...........	-	-	-	-	-	-	-	*	*	*
661	Chenalopex aegyptiacus.........	-	-	-	-	-	*	-	-	*	-
662	Nettapus auritus...............	*	-	-	-	-	-	-	*	*	*
663	Dendrocygna viduata...........	*	*	-	-	-	*	-	*	-	*
664	D. fulva.....................	-	*	-	-	-	*	-	-	-	*
665	Anas xanthorhyncha...........	-	*	-	-	-	-	-	*	*	*
666	Poecilonetta erythrorhyncha.....	-	-	-	-	-	*	-	-	*	*
667	Querquedula capensis...........	-	-	-	-	-	*	-	-	*	-
668	L. hottentota	-	-	-	-	-	*	-	-	*	*
669	L. Hartlaubi..................	*	*	-	-	-	-	-	-	-	-
670	Spatula capensis..............	-	-	-	-	-	*	-	-	*	-
671	Aythia capensis...............	-	-	-	-	-	*	-	*	*	*
672	Thalassornis leuconota..........	-	*	-	-	-	*	-	-	*	-

ORDO X — GAVIAE

No.											
673	Puffinus griseus...............	-	*	-	-	-	-	-	-	-	-
674	Daption capensis..........	*	-	*	-	-	*	-	-	*	-

		Gabon et Ogoouï	Côte de Loango	Angola						Cimbebasie	
				R. du Nord			R. du Sud				
				Z. littorale	Z. montaguense	Z. des hauts plateaux	Z. littorale	Z. montaguense	Z. des hauts plateaux	Z. littorale	R. des Lacs
675	Ossifraga gigantea	−	−	−	−	−	*	−	−	*	−
676	Stercorarius crepidatus	*	−	−	−	−	*	−	−	*	−
677	Larus phaeocephalus	−	−	−	−	−	−	−	*	*	*
678	L. vetula?	−	−	−	*	−	−	−	−	*	−
679	Sterna macroptera	−	*	−	−	−	*	−	−	*	−
680	St. maxima	*	*	*	−	−	−	−	−	*	−
681	St. cantiaca	*	*	−	−	−	*	−	−	*	−
682	St. balaenarum	−	*	−	−	−	−	−	−	*	−
683	Hydrochelidon nigra	−	*	−	−	−	*	−	−	*	−
684	H. hybrida	−	−	−	−	−	−	−	*	−	*
685	Anous stolidus	−	*	−	−	−	−	−	−	−	−
686	Rhyncops flavirostris	*	−	−	−	−	−	−	−	−	*

ORDO XI — STEGANOPODES

687	Plotus Levaillanti	*	*	*	*	−	*	−	*	−	*
688	Sula capensis	−	*	*	−	−	*	−	−	*	−
689	S. fiber	−	*	−	−	−	−	−	−	−	−
690	Graculus lucidus	*	−	*	−	−	*	−	−	*	−
691	G. africanus	*	−	−	−	−	*	−	*	*	*
692	Pelecanus rufescens	*	−	−	−	−	*	−	−	−	−
693	P. mitratus	−	−	−	−	−	−	−	*	*	−
694	P. Sharpei	−	−	−	*	*	−	−	−	−	−

ORDO XII — PYGOPODES

695	Podiceps nigricollis	−	−	−	−	−	*	−	−	*	−
696	P. minor	*	−	*	−	−	*	−	−	*	*

ORDO XIII — STRUTIONES

697	Struthio australis	−	−	−	−	−	−	−	−	*	*

ORDO I. ACCIPITRES

FAM. VULTURIDAE

1. Pseudogyps africanus

Tab. IX.

Syn. *Gyps africanus*, Salvad. Not. Stor. Accad. Torino, 7 mai, 1865, p. 133;
Bocage, Av. Afr. occ. Jorn. Sc. Lisboa, n.° XVII, 1874, p. 47.
Gyps leuconotus africanus, Heugl. Orn. N. O.–Afr. I. p. 6.
Pseudogyps africanus, Sharpe, Cat. Birds B. M. I. p. 12.

Diagn. Ad. *Supra dilute umbrino-fulvescens; subtus pallidior, fulvescente-griseus; jugulo intense rufo-fusco; scapularibus, interscapularibus et tectricibus alae fulvo marginatis; tergo, uropygio, supracaudalibus (partim) et subalaribus albis; supracaudalibus majoribus fuscis; remigibus primariis rectricibusque nigris, secundariis cinerascente-fuscis; pilei plumis setosis lanugineque colli albis; corona aucheniali decomposita albicante; rostro et ceromate nigricantibus; pedibus fusco-plumbeis; iride fusca.*

Long. tot. 880 m.; al. 600 m.; caud. 260 m.; rostr. a fr. 59 m.; tars. 93 m.; dig. med. sine ung. 98 m.

Juv. *Supra rufescente-fuscus, plumis striis scapalibus fulvis instructis; subtus magis fulvescens, striis plumarum latioribus albicantibus; subalaribus rufescente-fuscis, fulvo striatis; tergo et uropygio dorso concoloribus; coronae auchenialis plumis lanceolatis rufescentibus, albo-striatis; jugulo pallide fulvescente-fusco.*

Caract. Adulte. En dessus d'un gris-brun nuancé d'isabelle; en dessous d'un ton plus pâle se rapprochant davantage du grisâtre. Partie inférieure du dos, croupion et quelques unes des couvertures supérieures de la queue d'un blanc pur. Cette couleur règne également sur les flancs, le dessous de l'aile, à l'exception des plumes les plus extérieures, et les couvertures inférieures de la queue. Pennes caudales (au nombre de 12) et rémiges primaires noirâtres; rémiges secondaires d'une teinte plus foncée que les plumes du dos et lavées de gris. Le duvet blanc ou blanchâtre qui recouvre la tête et le cou laisse apercevoir la couleur de la peau, qui est d'une teinte terreuse. A la base du cou une collerette de plumes décomposées, blanches. Jabot d'un brun-roux foncé. Cire et bec noir-bleuâtre; pieds couleur de plomb; iris brun-foncé.

Le plumage du jeune se distingue de celui de l'adulte par ses teintes plus foncées et d'un ton différent, où domine le roux, et par de fortes stries fauves ou blanchâtres, qui occupent partout le centre des plumes. La collerette est composée de plumes plus longues et lancéolées d'un brun-roux strié d'isabelle. Les plumes du croupion et du dessous de l'aile ressemblent par leur coloration à celles du dos. Ainsi avec le progrès de l'âge les couleurs perdent en intensité et changent de nuance: le ton roux est remplacé par le fauve-isabelle; les stries s'effacent de manière à rendre plus uniforme la teinte générale du plumage; dans de certains endroits les changements sont encore plus accentués, comme au croupion, sur les flancs et sur les couvertures inférieures de l'aile, où le blanc pur remplace peu à peu les couleurs primitives.

A juger d'après les exemplaires que nous avons sous les yeux, les variations de couleur de la tache du jabot sont loin d'avoir la signification qu'on leur attribue, lorsqu'il s'agit de déterminer l'âge des individus. Chez deux de nos spécimens, mâle et femelle, à teintes pâles, à collerette de plumes décomposées d'un blanc pur, à croupion de cette même couleur, ayant enfin toute l'apparence d'adultes, le jabot est d'un brun-roux foncé se rapprochant de la couleur du chocolat. Un individu évidemment jeune, comme le démontre sa collerette formée de longues plumes lancéolées d'un roux strié d'isabelle, a le jabot teint de gris-brun clair, dont la nuance pâle contraste vivement avec le ton foncé, lavé de roux, de son plumage. On serait donc tenté de conclure que la tache du jabot, d'un gris-brun pâle chez le jeune, devient d'un brun-roux foncé à l'état adulte; mais deux autres individus de notre collection, de la même provenance et pris à la même époque de l'année, nous interdisent une telle conclusion. L'un d'eux est une femelle adulte, semblable par tous les caractères du plumage au mâle adulte que nous avons décrit, à teintes encore plus pâles et à stries plus effacées; et cependant son jabot est gris-brun clair, presque aussi pâle que celui du jeune. L'autre individu, une femelle dont le plumage et la collerette n'ont pas encore atteint les caractères de l'adulte, porte sur le jabot une tache d'un ton aussi foncé que les individus parfaitement adultes.

Habit. Nous avons reçu de M. d'Anchieta cinq individus provenant du *Ihumbe*, sur les bords du *Cunene:* un mâle adulte, deux femelles adultes et deux jeunes femelles. Ils ont été capturés en juillet, septembre et octobre 1874.

L'habitat de cette espèce est assez étendu. On a des preuves authentiques de son existence en Afrique orientale, au sud de l'Abyssinie et dans la région du Nil-blanc. M. Sharpe fait mention, dans son premier volume du catalogue des Oiseaux du Muséum britannique, d'un exemplaire du Sénégal, une jeune femelle, qui appartient aux collections de ce riche Musée. M. d'Anchieta l'a rencontré dernièrement dans le *Humbe*, vers les confins les plus méridionaux de nos possessions d'Afrique occidentale, non loin du territoire parcouru quelques années auparavant par le voyageur-naturaliste Andersson.

Selon M. d'Anchieta ce vautour est commun dans le Humbe, où il a également rencontré le *Gyps occipitalis*, mais celui-ci s'y montre moins souvent. Les indigènes appellent l'un et l'autre *Kubi*.

Andersson ne comprend pas le *G. africanus* parmi les six espèces de vautours dont il fait mention comme habitant le pays des Grands Namaquas et des Damaras; mais il y signale pour la première fois l'existence du *G. Kolbii*, qu'il dit avoir principalement remarqué dans le voisinage de la mer sur les rochers de Oosop, dans le cours inférieur de la rivière Sivakop [1]. Malheureusement les collections d'Andersson parvenues en Europe ne contenaient pas un seul individu de cette espèce; ce qui est d'autant plus à regretter, qu'on ne connaît pas un seul spécimen du *G. Kolbii* rapporté de cette partie de l'Afrique méridionale.

Sans vouloir contester l'autorité d'Andersson, nous nous demandons si ce vautour, qu'il a peut-être examiné trop superficiellement et dont il n'a pas conservé des dépouilles, ne serait pas plutôt le *G. africanus*.

L'extrême ressemblance que présentent, sous le rapport des couleurs, les individus adultes de ces deux espèces, l'absence de preuves matérielles en faveur de l'habitat attribué au *G. Kolbii*, la découverte du *G. africanus* dans le Humbe, l'imperfection de nos connaissances relativement à cette dernière espèce à l'époque du voyage d'Andersson, ce sont autant d'arguments en faveur de notre conjecture.

2. Lophogyps occipitalis

Syn. *Vultur occipitalis*, Burch. Trav. in Afr. II. p. 329; Boc. Av. Afr. occ.,
    Jorn. Sc. Lisb., n.° XII, 1871, p. 267; Gurney in Anderss. B. Damara, p. 4.
Gyps occipitalis, Heugl. Orn. N. O.–Afr., p. 12..
Lophogyps occipitalis, Sharpe, Cat. Birds B. M. I. p. 15.; Sharpe in Layard's
    Birds S.–Afr. p. 5.

Fig.—*Temminck, Pl. Col. pl.* 13.
    Rüppell, Atlas, p. 35, *tab.* 22.

Caract. Ad. Plumage en dessus et sur la poitrine brun-noirâtre, plus pâle à la partie inférieure du dos et au croupion; plumes du jabot, du ventre,

---

[1] V. Gurney. in Anderss. Birds of Damara. p. 5.

du dessous de la queue, des jambes et des tarses blanches; rémiges primaires et rectrices noires; rémiges secondaires internes blanches, les autres brunes lavées de gris; couvertures moyennes de l'aile bordées de blanc. Tête recouverte en dessus d'un duvet blanc-cendré, fort épais; cou nu en arrière, garni en avant et sur les côtés de lignes transversales de poils grisâtres. Collerette brun-foncé. Cire, peau nue de la face et du cou, et pieds jaune-livide; bec rouge; iris châtain (Anchieta) [1].

Dimens. ♂ ad. Long. tot. 770 m.; aile 630 m.; queue 280 m.; bec 64 m.; tars. 101 m.; doigt m. s. l'ong. 85 m.

Dans le jeune âge les couleurs sont moins foncées, le blanc des secondaires et des couvertures de l'aile est remplacé par du brun nuancé de gris, le dessus de la tête est teint de brun et le jabot de noirâtre.

Habit. Un seul individu envoyé du *Humbe* par M. d'Anchieta nous prouve l'existence de cette espèce, en compagnie de la précédente, sur les bords du *Cunene;* elle y est cependant moins commune. Nous n'avions pas encore reçu ce vautour d'aucune autre localité de nos vastes possessions d'Angola, mais le Muséum de Lisbonne possédait déjà trois individus de *Bissão.* Andersson le rencontra dans le pays des Grands Namaquas et au sudouest du Lac-Ngami. On a des preuves nombreuses de son existence dans l'Afrique orientale et méridionale.

Son nom indigène dans le Humbe est *Kubi.*

3. Neophron percnopterus

Syn. *Vultur percnopterus,* Linn. Syst. Nat. Ed. 13.ᵉ I. p. 123.
Neophron percnopterus, Boc. Av. Afr. occ. Jorn. Sc. Lisb. n.º II, 1867, p. 132; Heugl. Orn. N. O.-Afr. I, p. 13; Finsch & Hartl. Vög. Ost-Afr. p. 33; Gurney in Anderss. B. Damara, p. 1; Sharpe, Cat. Birds B. M. I. p. 17; Sharpe in Layard's B. South-Afr. p. 6.; Schlegel, Mus. Pays-Bas, Revue des Rapaces, Livr. 10ᵉ, p. 159.

Fig. *Levaillant, Ois. d'Afr.* I. p. 62, pl. 14.
Werner, Pl. Ois. d'Eur. pl. 6 et 7.

Caract. Ad. Plumage blanc, teint de roussâtre sur le dos et à la poitrine; rémiges primaires noires; secondaires brunes, nuancées de gris sur les

---

[1] Le marquis Antinori décrit différemment la coloration de ces parties. Voici comment il s'exprime: «Collo nudo, tinto de rosso violaceo; testa coperta da peluria bianco-nivea, folta, lanosa, allungata e acuminata sull'occipite. Becco rosso-coralino, scuro all'apice; piedi rosso-carnicini; iride brunastra».
Vide Antin. & Salvad. Ucc. del Mar rosso e dei Bogos, p. 12.

barbes externes; couvertures de l'aile de la couleur du dos, à l'exception des grandes couvertures, qui ressemblent aux rémiges secondaires. Peau nue de la tête et de la gorge, et cire d'un jaune vif; bec jaune à la base, brun vers l'extrémité; iris orange; pieds blanc-jaunâtre (Andersson).

Le jeune est brun, varié de taches plus claires; il a la face et la gorge couvertes d'un duvet grisâtre. La cire, le bec et les pieds ont des teintes plus sombres que chez l'adulte.

Dimens. ♂ ad. L. t. 705 m.; aile 510 m.; queue 260 m.; bec 71 m.; tars. 81 m.; doigt méd. s. l'ong. 65 m.

Habit. Nous n'avons jamais reçu cet oiseau d'Angola, mais le Muséum de Leyde possède un individu de Mossamedes, provenant du voyage de Sala en 1867[1]. Quoique très répandu sur le continent africain, on ne l'a pas encore rencontré sur la côte occidentale au nord de Mossamedes; mais il se trouve abondamment dans l'archipel de Cap Vert. Un individu de l'île Saint-Iago, un mâle adulte, existe depuis 1860 au Muséum de Lisbonne.

———————

Les observations faites jusqu'à ce jour n'accordent qu'un nombre très restreint d'espèces de vautours au vaste territoire africain, compris entre le *Rio Congo* et le *Cap Frio*, que nous désignons sous le nom d'Angola.

Le *Gyps africanus*, le *G. occipitalis* et le *Neophron percnopterus* sont les seules espèces qu'il nous est permis d'inscrire dans notre liste en nous appuyant sur des preuves authentiques; nous croyons cependant que d'ultérieures recherches permettront d'y ajouter plus tard quelques autres espèces. Dans des localités non trop éloignées des confins méridionaux des possessions portugaises d'Angola, le voyageur Andersson rencontra 6 espèces, *G. Kolbii, G. Rüppelli, G. auricularis, G. occipitalis, Neophron percnopterus* et *N. pileatus*, parmi lesquelles deux, *G. occipitalis* et *N. pileatus*, se trouvent également sur la côte occidentale au nord d'Angola, et une troisième, *N. percnopterus*, habite l'archipel de Cap-Vert. D'un autre côté, le *Gyps africanus*, que M. d'Anchieta a récemment découvert sur les bords du Cunene, visite le Sénégal, d'où a été rapporté un individu déposé actuellement au Muséum britannique. Ces faits établissent de bonnes présomptions en faveur d'une grande diffusion, plus grande que celle généralement admise, des espèces ornithologiques sur toute l'étendue du continent africain qui demeure au sud de l'Atlas. Pour obtenir les preuves de cette diffusion il faut attendre, surtout pour l'Afrique occidentale, que les investigations zoologiques puissent être portées loin de la côte vers les régions inhospitalières de l'intérieur.

[1] Schlegel, Mus. des Pays Bas, Livr. 10°. Rev. Rap. p. 139.

FAM. FALCONIDAE

4. Gypogeranus serpentarius

Syn. *Falco serpentarius*, Mill. Var. subj. N. II. pl. 18 A, B.
Gypogeranus serpentarius, Hartl. Orn. West-Afr. p. 17.; Heugl. Orn. N. O.-
   Afr. I. p. 78.; Boc. Av. Afr. occ. Jorn. Sc. Lisb. n.º VIII, 1870, p. 338.;
   Ibid. n.º XII, 1871, p. 269; Ibid. n.º XVII, 1874, p. 50.
Sagittarius serpentarius, Finsch & Hartl. Vög. Ost-Afr. p. 93.
Sagittarius secretarius, Gurney in Anderss. B. Damara, p. 34.
Serpentarius secretarius, Sharpe, Cat. Birds B. M. p. 45; Sharpe in Layard's
   B. S.-Afr. p. 8.; Antin. & Salvad. Ucc. dei Mar Rosso e dei Bogos, p. 35.

Fig. *Buffon*, Pl. enl. VIII. pl. 721.
   Levaill., Ois. d'Afr. I. p. 68, pl. 25.

Caract. Teinte générale d'un cendré-bleuâtre, plus pâle en dessous;
gorge et couvertures supérieures et inférieures de la queue blanches; croupion, ventre et jambes noirs, avec d'étroites raies transversales blanches. Rémiges et scapulaires noires, celles-ci terminées de blanc. Les deux pennes
médianes de la queue très longues, gris-cendré, portant à l'extrémité une
large bande noire bordée de blanc; chez un mâle adulte de *Bissao*, de la collection du Muséum de Lisbonne, ces plumes sont entièrement gris-cendré sans
aucun vestige de la bande noire terminée de blanc. Les rectrices latérales
cendrées, variées de noir et de blanc, traversées par deux larges bandes noires et terminées de blanc. Huppe occipitale formée de deux séries parallèles
de plumes alongées et spatulées, les supérieures noires, les inférieures cendrées. Cire, espace nu autour des yeux et base de la mandibule jaune-orange
vif; bec d'un rougeâtre pâle sur la pointe et brun à la base; pieds couleur de
chair-livide, recouverts d'écailles luisantes, irisées de blanc; iris jaune-rougeâtre (♂ ad. Anchieta).
   Chez une jeune femelle (de *Bissao*) le plumage est partout nuancé de brun
clair; sur la gorge et à la poitrine les plumes d'un brun terreux portent une
strie longitudinale médiane d'un blanc-fauve; les plumes du croupion, du ventre et des jambes sont brunes, rayées de fauve.
   Un autre individu, une jeune femelle du *Humbe*, diffère seulement du
précédent par ses teintes plus pâles. D'après les indications que nous fournit
M. d'Anchieta, la cire et la peau nue de la face étaient d'un jaune-livide terne, les pieds jaune-sale, le bec d'un brun de corne foncé à la pointe et d'une
teinte rougeâtre à la base de la mandibule, l'iris jaune-verdâtre.
   Les plumes de la huppe sont chez le jeune moins longues et plus larges.

Chez un mâle de *Benguella*, qui a vécu près de deux ans dans notre petite ménagerie, l'iris était d'un blanc légèrement bleuâtre, la cire et la face jaune vif, le bec brun de corne à la base et noirâtre vers la pointe, les tarses couleur de chair.

Dimens. Les exemplaires de notre collection diffèrent beaucoup entre eux sous le rapport de la taille et des proportions. Le plus petit est précisément le mâle de *Benguella*, que nous avons conservé quelque temps en captivité; les plus grands sont un individu de *Huilla*, qui porte sur l'étiquette la désignation de mâle adulte, et une femelle du *Cap* achetée depuis longtemps à la maison Verreaux de Paris. Nous donnons dans le tableau ci-après leurs dimensions.

Long. tot.	Aile	Pl. méd. de la queue	Bec	Tarse	
1ᵐ,22	0ᵐ,68	0ᵐ,70	0ᵐ,061	0ᵐ,29	♂ ad *Huilla*.
1ᵐ,17	—	0ᵐ,62	0ᵐ,049	0ᵐ,26	♂ ad. *Benguella*.
1ᵐ,18	0ᵐ,61	0ᵐ,63	0ᵐ,055	0ᵐ,27	♀ jeun. *Humbe*.
—	0ᵐ,65	0ᵐ,66	0ᵐ,060	0ᵐ,30	♀ ad. *Cap*.

Habit. Le premier individu qui nous soit parvenu de nos possessions d'Angola nous a été apporté vivant par M. Freitas Branco, en 1869, de l'intérieur de *Benguella;* d'autres individus nous ont été envoyés de *Huilla* et plus récemment du *Humbe* par M. d'Anchieta. L'espèce est connue dans cette dernière localité sous le nom de *Mukende*. A propos de ses mœurs, notre infatigable voyageur nous dit à peine que le Serpentaire mange des sauterelles et qu'il établit son nid, dans lequel on trouve généralement deux œufs, sur des arbres élevés.

5. Polyboroides typicus

Syn. *Polyboroides typicus*, Smith, S. Afr. Quart. Journ. ɪ. p. 107; Hartl. Orn. West–Afr. p. 2.; Finsch & Hartl. Vög. Ost–Afr. p. 95.; Boc. Av. Afr. occ. Jorn. Sc. Lisb. n.º xɪɪ, 1871, p. 269; ibid. n.º xɪv, 1873, p. 196; Sharpe, Cat. Birds B. M. ɪ. p. 48.; Sharpe in Layard's B. S. Afr. p. 9. *Polyboroides radiatus*, Heugl. Orn. N.–Ost–Afr. p. 76.

Fig. *Smith, Ill. Zool. S. Afr. Aves.* pl. 81 & 82.

Caract. Ad. Plumage cendré; croupion, ventre, couvertures supérieures et inférieures de la queue, et plumes des jambes rayées de noir et de blanc. Rémiges primaires noires; secondaires cendrées avec une large bande terminale noire, bordée de blanc; grandes couvertures de l'aile, tertiaires et scapulaires de la couleur du dos, marquées à l'extrémité d'un étroit trait noir liséré de blanc, et portant au-dessus de celui-ci une tache noire arrondie, plus ou moins développée. Queue noire, variée de blanc à son origine, traversée vers le milieu d'une large bande blanche marbrée de brun, et terminée de blanc. Cire et peau nue autour des yeux, ainsi que les pieds, jaunes; bec noirâtre avec la moitié basale de la mandibule jaune.

Dimens. Long. tot. 620 m.; aile 443 m.; queue 300 m.; bec 39 m.; tarse 91 m.; doigt m. s. ongl. 45.

Un individu jeune, que M. d'Anchieta nous a envoyé de *Gambos,* dans l'intérieur du district de Mossamedes, est partout d'un brun-roux tirant à couleur de chocolat, avec des bordures plus claires sur les plumes du manteau. Les plumes du vertex et de la gorge sont striées de noir, et les côtés de la tête d'un noir profond encadrant l'espace nu péri-orbitaire. Rémiges primaires brunes, secondaires d'un brun plus pâle, les unes et les autres barrées plus ou moins distinctement de noirâtre. Ventre, croupion, couvertures supérieures et inférieures de la queue, et plumes des jambes d'un brun-roux uniforme. Queue brune, variée de blanc à la base, traversée de trois bandes brun-noir d'inégale largeur et terminée de noirâtre. Cire, base de la mandibule et espace nu de la face jaune terne, pieds jaunes. Chez une femelle du *Humbe,* qui fait partie des derniers envois de M. d'Anchieta, la teinte du plumage est d'un cendré plus sombre que chez un mâle adulte de *Bissáo,* et nuancée de brun par places. La plupart des scapulaires portent une bande sous-terminale noire suivie d'un petit espace cendré, tandis que les autres ont à la même place une tache ronde. Le ventre, le croupion, les couvertures de la queue et les plumes des jambes sont rayées de noir et de blanc. La queue noire, terminée de blanc et traversée d'une large bande blanche marbrée de brun, présente au-dessus de celle-ci une seconde bande, plus étroite et moins distincte, de la même couleur. Cet individu se trouve évidemment en plumage de transition.

Habit. Les deux individus dont nous avons fait mention proviennent de *Gambos* et du *Humbe.* Dans cette dernière localité les indigènes l'appellent *Lucoi,* nom qu'ils emploient du reste pour désigner bien d'autres oiseaux de proie. Andersson ne paraît pas avoir rencontré cette espèce dans toute l'étendue du pays qu'il a parcouru, pas même dans les contrées plus rapprochées du *Cunene.* Dans l'Afrique occidentale, on a des preuves de son existence de la Sénégambie au Gabon; Ussher l'a découverte à la *Côte d'or;* nous possédons deux spécimens de *Bissáo.* Dans l'Afrique méridionale, elle habite la colonie du *Cap* et le *Natal,* et elle remonte par le *Zambeze* jusqu'à l'Afrique orientale, dans le *Sennaar,* le *Nil-blanc* et l'*Abyssinie.*

L'espèce de Madagascar, *Polyboroides radiatus,* est suffisamment distincte de celle-ci par sa coloration gris-perle et par sa taille plus petite.

Le *Gymnogenys Malzacii*, Verr.[1] ne peut plus être conservé comme distinct du *P. typicus* depuis que M. Gurney a constaté que c'est une femelle de cette espèce, provenant de Nubie et appartenant actuellement au Muséum de Norwich, qui a été décrite par Ed. et J. Verreaux sous un nom qu'il faut supprimer[2].

6. Circus aeruginosus

Syn. *Falco æruginosus*, Linn. Syst. Nat. Ed. 13.ᵉ ɪ. p. 130.
Circus æruginosus, Heugl. Orn. N. O.–Afr. p. 103.; Boc. Av. Afr. occ. Jorn. Sc. Lisb. n.° vɪɪɪ, 1870, p. 338; Ibid. n.° xɪɪɪ, 1872, p. 66; Shelley, Birds of Egypt, p. 181; Sharpe, Cat. Birds B. M. ɪ. p. 69; Sharpe in Layard's B. S.–Afr. p. 16.

Fig. *Buffon, Pl. enl.* ɪ. *pl.* 460 (mâle ad.) *et pl.* 624 (jeune).
Werner, Pl. d'Ois. Eur. pl. 37 (fem.).

Caract. Mâle ad. Tête, cou et poitrine roux-fauve, strié de brun-noir; dos et scapulaires brun-foncé avec du roux sur les bords de quelques plumes; ventre et cuisses roux-ferrugineux, variés de fauve isabelle et striés de brun; couvertures supérieures et inférieures de la queue cendrées, nuancées de blanc et de roux. Aile laissant voir le long de son bord externe une large bande gris-cendré, formée par les couvertures et les rémiges secondaires plus rapprochées de ce bord; les petites couvertures près du bord supérieur de l'aile roux-fauve tacheté de brun, formant une épaulette distincte; le reste du dessus de l'aile brun-foncé. Rémiges primaires externes noires, internes gris-cendré, les unes et les autres avec un espace blanc, vers la base, sur les barbes internes. Couvertures inférieures de l'aile d'un blanc-pur. Queue gris-cendré en dessus, blanc-grisâtre en dessous, avec les deux rectrices externes lavées de roux. Bec noirâtre, iris et pieds jaunes.

Dimens. Aile 380 m.; queue 235 m.; bec 33 m.; tarse 80 m.; doigt m. s. l'ongl. 39 m.

Le plumage d'un jeune mâle de *Huilla* est d'un brun-chocolat presque uniforme; les plumes du dessus de l'aile portent à leur extrémité un étroit liséré roussâtre, celles du ventre et des cuisses et les sous-caudales sont largement bordées de roux-ferrugineux. Front, gorge, nuque et une bande transversale au milieu de la poitrine fauve-isabelle. Rémiges primaires et secon-

[1] V. Rév. et Mag. de Zool. 1855, p. 349, pl. 13.
[2] V. Gurney – Notes on a «Catalogue of Accipitres in the British Museum» by R. B. Sharpe.— *Ibis* 1875, p. 221.

daires brunes; celles-là avec un espace blanc, lavé de roux à la base, sur les barbes internes. Petites couvertures supérieures de l'aile variées de roux; les inférieures brunes, tachetées de roux. Queue brun-pâle, terminée de roux et traversée de plusieurs bandes plus foncées, également distinctes à sa face inférieure, qui est d'un gris nuancé de roux. Bec noir, iris couleur de chocolat, pieds jaune-grisâtre (Anchieta). L. t. 520 m.; ail. 382 m.; queue 240 m.; bec 30 m.; tarse 80 m.; doigt m. s. l'ong. 39 m.

Chez une femelle, envoyée par M. d'Anchieta du *Rio Coroca*, le plumage est couleur de chocolat, à l'exception du dessus de la tête jusqu'en bas de la nuque et de la gorge, qui est d'un fauve-isabelle avec les baguettes des plumes noires. Les rémiges primaires et secondaires, toutes les couvertures de l'aile et les rectrices, en dessus, sont entièrement brunes. La face inférieure de la queue est d'un gris-brun sans aucun vestige de bandes. Bec noir, pieds jaune verdâtre, iris brun (Anchieta). L. t. 550 m.; aile 420 m.; queue 242 m.; bec 34 m.; tarse 90 m.; doigt m. s. l'ongl. 44 m.

M. Shlegel[1] cite, comme caractères distinctifs du *C. ranivorus* par rapport au *C. aeruginosus*, — «*doigts un peu plus courts, teintes moins foncées, queue offrant toujours 5 à 7 bandes foncées et ne se présentant jamais, ainsi que les ailes, teinte de gris*»; cependant la queue du jeune mâle de Huilla, dont nous avons donné ci-dessus la description, porte 5 bandes distinctes et régulières brunes sur un fond d'une teinte plus pâle. Cet exemplaire, qui présente tous les autres caractères de coloration du *C. aeruginosus*, a été examiné par notre regretté ami Jules Verreaux et rapporté par lui à cette espèce. Chez une femelle du *C. aeruginosus* de Portugal, déposée au Muséum de Lisbonne, la queue présente également quelques vestiges de bandes transversales, plus effacées cependant et moins complètes que chez le spécimen de Huilla.

Pour nous, la distinction entre ces deux espèces, en vérité très voisines, doit s'appuyer sur d'autres particularités de coloration et sur la diversité de la teinte générale de leur plumage.

Habit. *Huilla* et *Rio Coroca* sont, jusqu'à présent, les seules localités où M. d'Anchieta ait pu rencontrer cette espèce, qui paraît manquer absolument dans les régions de l'Afrique occidentale plus rapprochées de l'équateur. M. d'Anchieta ne l'a pas encore rencontrée au *Humbe;* elle a également échappé aux recherches du voyageur Andersson sur tout le vaste territoire qu'il a parcouru au sud du *Rio Cunene*. Le *C. aeruginosus* fait de rares apparitions dans la Colonie du Cap et dans le Transvaal; mais il vit à demeure dans l'Afrique orientale et septentrionale, habite l'Europe et appartient à une bonne partie du continent asiatique.

---

[1] Shlegel. *Mus. des Pays-Bas.* Circi, p. 11.

7. Circus ranivorus

Syn. *Falco ranivorus*, Daud. Tr. d'Orn. II. p. 170.
Circus ranivorus, Boc. Av. Af. occ. Jorn. Sc. Lisb., n.º v. 1868, p. 47; Finsch.
    & Hartl. Vög. Ost–Afr. p. 97; Gurney in Anderss. B. Damara. p. 34;
    Sharpe, Cat. Birds B. M. I. p. 71; Sharpe in Layard's B. S.–Afr. p. 14.

Fig. *Levaill. Ois. d'Afr.* I. *pl.* 23.

Caract. Ad. En dessus brun-terreux varié de blanc à la nuque, à la gorge et au cou, les plumes de ces régions étant brunes à l'extrémité et blanches sur une partie plus ou moins apparente de leur base, avec les baguettes brunes; en dessous brun-roux, tirant plus franchement au roux-ferrugineux sur le ventre, les cuisses et les sous-caudales. Rémiges brunes, avec les barbes internes blanches lavées de roux et variées de brun sur une grande étendue, à compter de la base. Petites couvertures près du bord supérieur de l'aile tachetées de roux, ainsi que les sus-caudales. Queue traversée de 5 bandes brunes; les deux rectrices médianes brunes barrées de brun foncé, les autres d'un roux-ferrugineux dans les intervalles des bandes; la plus extérieure de chaque côté sans bandes distinctes, à peine marbrée de brun sur les barbes internes.

Telles sont les caractères que nous rencontrons sur un individu du Cap, reçu en 1859 de la maison Verreaux et dont l'étiquette porte l'indication de ♀ adulte.

Deux individus, tous les deux femelles, que M. d'Anchieta nous a envoyés de *Huilla*, se trouvent dans un état de plumage moins avancé, que nous allons décrire en quelques mots:

Fond du plumage brun fortement strié de fauve et de roux, le brun occupant le centre des plumes et quelquefois aussi leurs bords; couvertures supérieures et inférieures de la queue, plumes du bas-ventre et des cuisses largement bordées de roux-ferrugineux. Petites couvertures du bord supérieur de l'aile fauve-isabelle, striées de brun; les autres couvertures brunes, bordées et terminées de roux. Sous-alaires blanc-fauve, marquées sur les baguettes de taches accuminées roux-ferrugineux. Rémiges et rectrices semblables à celles de l'individu du Cap précédemment décrit, mais les deux rectrices médianes également nuancées de roux dans les intervalles des bandes. Bec noirâtre, pieds jaunes, iris châtain (Anchieta).

Dimens: L. t. 490 m.; aile 360 m.; queue 228 m.; bec 30 m.; tarse 76 m.; doigt m. s. l'ong. 39 m.

Habit. Au contraire du précédent, le *C. ranivorus* est une espèce sédentaire et commune dans l'Afrique méridionale. Andersson avoue dans ses notes qu'il ne se rappele pas de l'avoir rencontré dans ses excursions à travers le pays des Damaras et des Grands-Namaquas; mais il ajoute, d'après M. Layard, que des spécimens de ce Busard ont été envoyés par M. Chapman de la région des Lacs. De ces faits cependant on ne doit pas conclure que cette espèce ne puisse se montrer, plus ou moins régulièrement, dans des endroits plus rapprochés de la côte occidentale; sa découverte à *Huilla* par M. d'Anchieta nous amène à supposer le contraire.

8. Melierax polyzonus

Syn. *Falco polyzonus,* Rüpp. Neue Wirb. p. 36, tab. 15.
Melierax musicus, Hartl. Orn. West-Afr. p. 12; Boc. Av. Afr. occ. Jorn. Sc.
   Lisb. n.º VIII, 1870, p. 338.
Astur polyzonus, Heugl. Orn. N. O.-Afr. p. 61.
Melierax polyzonus, Finsch & Hartl. Vög. Ost-Afr. p. 90; Gurney in Anderss.
   B. Dam. p. 27; Boc. Aves Afr. occ. Jorn. Sc. Lisb., n.º XVII, 1874, p.
   49; Sharpe, Cat. Birds B. M. I. p. 88; Sharpe in Layard's B. S. -Afr.
   p. 18.

Fig. *Rüppell, Neue Wirb. tab.* 15.

Caract. Ad. Tête, cou, poitrine et parties supérieures d'un cendré de plomb, plus pâle sur la gorge, la poitrine et les grandes couvertures des ailes. Lores couverts de poils roux-cannelle; région périophthalmique et auriculaire noirâtres. Couvertures supérieures et inférieures de la queue, plumes de l'abdomen et des cuisses barrées de brun-noirâtre et de blanc-gris; couvertures inférieures de l'aile blanches, traversées de bandes brunes plus étroites. Rémiges primaires brun-noir sur leur portion terminale, qui reste à découvert, le reste cendré, pointillées de blanc sur les barbes internes; secondaires d'un cendré plus uniforme et sans points blancs. Queue noire terminée de blanc; les deux rectrices médianes entièrement noires, celles qui les suivent immédiatement de chaque côté noires avec une étroite bordure blanche à l'extrémité, les autres terminées et tachetées de blanc, cette couleur occupant un espace successivement plus étendu de la 4e à la 1e rectrice, tant à leurs extrémités que sur leurs barbes, et s'arrangeant de manière à constituer trois ou quatre bandes blanches, plus ou moins complètes, sur les deux rectrices externes de chaque côté. Cire, pieds et iris rouge-vermillon; bec rouge à la base, le reste noirâtre (Anchieta).

Dimens. L. t. 520 m.; aile 312 m.; queue 220 m.; bec 33 m.; tarse 86 m.; doigt. med. s. l'ong. 40 m.

Les caractères ci-dessus ont été pris sur trois individus adultes, deux mâles et une femelle, envoyés par M. d'Anchieta de *Caconda* et du *Humbe*. Comparant ces individus à deux mâles adultes d'Abyssinie, l'un provenant du voyage de M. von Heuglin, l'autre de celui de Schimper, nous leur trouvons quelques différences qu'il ne sera peut-être pas inutile de signaler. D'abord le système de coloration n'est pas absolument identique, les individus d'Abyssinie ayant le dessus de la tête et le manteau d'une teinte plus foncée, ardoisée-noire, le cendré de la gorge et de la poitrine étant au contraire beaucoup plus pâle que chez nos individus. Les couvertures alaires et les rémiges secondaires sont gris-cendré pointillé de blanc, tandis que nos spécimens d'Angola les ont d'un cendré uniforme, à peine plus pâle que celui du dos. Enfin la queue, dont les deux rectrices médianes sont entièrement noires chez les uns et les autres, présente quelques différences quant à la distribution du blanc sur les rectrices latérales, cette couleur occupant chez les individus d'Abyssinie un espace plus étendu à l'extrémité de ces rectrices et constituant des bandes plus larges et plus complètes.

Pour nous, ces différences ne signifient que des changements dans la livrée de l'adulte en rapport avec l'âge. Nos trois individus d'Angola nous semblent d'un âge moins avancé que ceux d'Abyssinie, qui ont toute l'apparence de vieux mâles. Un autre spécimen du Muséum de Lisbonne, une femelle originaire de Nubie, acheté à la maison Verreaux, est identique à ceux d'Angola à deux exceptions près: 1°, les grandes couvertures alaires et les rémiges secondaires présentent le pointillé que nous remarquons sur les individus d'Abyssinie, mais moins distinct, car il est formé de points gris au lieu de blancs; 2°, les 3 rectrices externes portent des bandes blanches bien marquées et complètes. Nous y voyons un état du plumage intermédiaire aux deux autres.

Il faut ajouter que l'un de nos exemplaires de Caconda porte encore à l'aile et à la queue quelques plumes appartenant à la livrée du jeune.

La couleur de l'iris serait brune, même chez l'adulte, suivant plusieurs auteurs qui se sont occupés récemment de l'ornithologie de l'Afrique: *pulchre brunnea* (Finsch & Hartlaub); *pallide umbrina* (von Heuglin); *pale umber-brown* (Sharpe); *schön braun* (Brehm) ... Rüppell nous l'indique au contraire comme *rouge-carmin*, et Speke la décrit simplement *rouge*. M. d'Anchieta confirme les indications de ces derniers voyageurs, car nous lisons sur les étiquettes qui acompagnent les individus adultes d'Angola — *iris vermelho* (iris rouge-vermillon).

La livrée du jeune âge, telle que nous la rencontrons sur un individu de Caconda, mérite une description sommaire: Dessus et côtés de la tête et du cou striés de brun foncé et de fauve; le front blanchâtre; la région auriculaire brun-roux, striée de brun. Manteau brun avec les plumes, les couvertures des ailes surtout, à baguettes noires et bordées de roussâtre. Couvertures supérieures de la queue blanches, traversées de bandes étroites brun-roux lisérées des deux côtés de brun. Gorge blanche, striée de noirâtre; poitrine brun-

roux, variée de fauve et de blanc sur les bords des plumes et striée de noir
sur les baguettes; ventre, couvertures inférieures de la queue et cuisses traversées de bandes semblables à celles des sus-caudales. Sous-alaires blanches,
variées de taches anguleuses brun-roussâtre. Rémiges primaires brun-noir,
avec un grand espace blanc sur les barbes internes, traversées régulièrement
de bandes étroites noires; secondaires brun-clair, moins distinctement barrées
de brun-foncé. Queue en dessus barrée de noirâtre sur un fond brun-clair,
avec les deux rectrices externes terminées de blanc-fauve et nuancées de cette
couleur sur les intervalles des bandes noirâtres; en dessous blanc-fauve, barrée de brun. Iris jaune (Anchieta). Aile 322 m.; queue 224 m.; bec 31 m.;
tarse 90 m.; doig. méd. 40 m.

Habit. Le principal habitat de cette espèce est l'Afrique orientale:
elle a été rencontrée dans la Nubie méridionale, le Sennaar, l'Abyssinie, le
Nil-blanc et le Nil-bleu etc. On a acquis souvent des preuves authentiques de
son existence en Sénégambie, mais on ignore quelle est l'exacte distribution
de cette espèce sur l'Afrique occidentale. D'après les résultats obtenus par
M. d'Anchieta, qui confirment les observations d'Andersson, la limite inférieure
de sa dispersion sur cette partie du continent africain parait être la contrée
traversée par le *Cunene*, car le seul individu de cette espèce rencontré par
Andersson a été pris à *Elephant's Vley,* qui se trouve presque sur le parallèle
du *Humbe*, d'où nous avons reçu dernièrement un exemplaire. De *Caconda*,
plus rapprochée de l'équateur, nous avions reçu précédemment trois individus. *Kahahula* est le nom qu'on lui donne dans le Humbe.

Le *M. musicus* le remplace dans l'Afrique méridionale; et quoiqu'il soit
signalé par Andersson comme étant l'un des oiseaux de proie les plus communs, pendant toute l'année, dans le pays des Damaras et des Grands Namaquas, nous n'en avons pas reçu un seul exemplaire des lieux visités jusqu'à
présent par M. d'Anchieta. Dans notre 4e liste des oiseaux des possessions portugaises [1], nous avions fait mention des individus provenant de *Caconda* sous
le nom de *M. musicus,* faute de les avoir suffisamment examinés au moment
de cette publication.

Deux autres espèces ont été établies récemment sous les noms de *M. po-
liopterus* et *M. metabates* d'après deux individus *uniques,* l'un rapporté de *Rio
Umba* par Decken, l'autre rencontré à *Bahr-el-Abiad* par M. von Heuglin. Ces
deux espèces nous sont inconnues; mais, à juger d'après les descriptions qui
ont été publiées, leurs caractères différentiels, par rapport au *M. musicus* et
au *M. polyzonus,* rentrent dans la cathégorie de ceux qu'il est souvent permis
de regarder comme de simples variations individuelles.

V. Jorn. de sc. math., phys. e nat. Lisboa — n.º VIII, 1870, pag. 338.

9. Melierax gabar

Syn. *Falco gabar*, Daud. Tr. d'Orn. ii, p. 87.
Nisus gabar, Heugl. Orn. N. O.-Afr., p. 73; Finsch & Hartlaub, Vög. Ost-Afr.,
    p. 86; Boc. Av. Afr. occ. Jorn. Sc. Lisb. n.º xvi, 1873, p. 283.
Melierax gabar, Gurney in Anders. B. Dam. p. 28; Sharpe, Cat. Birds B. M. i.
    p. 90; Sharpe in Layard's B. S.-Afr., p. 19.

Fig. *Levaillant, Ois. d'Afr.* i. pl. 33.

Caract. Ad. En dessus cendré, légèrement teint de brunâtre, plus
foncé à la partie supérieure et latérale de la tête, tirant au noirâtre autour
des yeux; gorge et poitrine d'une nuance plus pâle; ventre, cuisses et dessous de l'aile blanc rayé transversalement de brun-cendré; sus et sous-caudales
blanc pur; couvertures supérieures de l'aile de la couleur du dos. Rémiges
primaires et secondaires cendrées sur les barbes externes, nuancées de brun
et barrées de noirâtre sur les barbes internes; en dessous blanches, barrées
de noirâtre. Les dernières rémiges primaires et les secondaires terminées de
blanc. Queue terminée de blanc, cendrée en dessus et blanche en dessous, et
traversée sur les deux faces de bandes noires, en général, au nombre de quatre; la face supérieure des deux rectrices latérales variée de blanc sur les
intervalles des bandes. Cire, région péri-ophthalmique et pieds rouges, nuancés de jaune; bec de cette même couleur à la base, le reste noir; iris rouge[1]
(Anchieta).

Dimens. ♂ ad. L. t. 330 m.; aile 200 m.; queue 145 m.; bec. 21 m.;
tarse 45 m.; d. m. s. l'ong. 31 m.
        ♀ ad. L. t. 365 m.; aile 220 m.; queue 160 m.; bec 22 m.;
tarse 51 m.; d. m. s. l'ong. 37 m.

Le plumage du jeune est strié de brun sur un fond roux-terreux à la partie supérieure et latérale de la tête et du cou, et à la poitrine; le dos brun
écaillé de roux, à l'exception des sus-caudales, qui sont blanches; gorge d'un
blanc-fauve strié de brun-noirâtre; ventre, cuisses et sous-caudales d'un blanc
lavé de fauve, traversés de bandes brun-roux. Couvertures supérieures de
l'aile blanches, variées de brun et de fauve. Rémiges primaires et secondaires
brunes, terminées de blanc, celles-ci sur un espace plus étendu; les unes et

---

[1] Il paraît que la couleur de l'iris varie dans cette espèce comme il arrive souvent chez
les oiseaux de proie, car l'étiquette d'un mâle parfaitement adulte, envoyé du Humbe par M.
d'Anchieta, porte — *Iris châtain*. Chez deux autres individus de la même localité, évidemment
moins adultes, l'iris du mâle était *rouge* et celui de la femelle *rouge-foncé*.

les autres barrées de brun-noirâtre. Queue ressemblant à celle de l'adulte, mais d'un brun plus foncé en dessus.

Habit. Le *M. gabar* se trouve parmi les oiseaux envoyés par M. d'Anchieta du *Humbe*, où notre infatigable voyageur le dit fort commun. Nous ne l'avons reçu jusqu'à présent d'aucune autre localité d'Angola; mais on possède des preuves de son existence en Afrique occidentale depuis *Serra-Leoa* jusqu'aux confins septentrionaux des possessions portugaises. Il habite l'Afrique orientale et méridionale, à l'exception des environs du Cap; Andersson l'a rencontré souvent dans le pays des Damaras et des Grands Namaquas et, vers l'intérieur, dans la région des Lacs.

Lucoi et *Kuatakuti* sont les noms indigènes qu'il porte dans le Humbe; mais M. d'Anchieta a le soin de nous avertir que ces noms lui sont communs avec bien d'autres oiseaux de proie.

10. Melierax niger

Syn. *Sparvius niger,* Bonn. & Vieill. Enc. Méth. iii. p. 1269.
Nisus niger, Heugl. Orn. N. O.–Afr., p. 74; Finsch & Hartl. Vög. Ost–Afr., p. 89; Boc. Av. Afr. occ. Jorn. Sc. Lisboa, n.º xii, 1871, p. 269; Ibid. n.º xiv, 1873, pag. 196.
Melierax niger, Gurney in Anderss. B. Damara p. 29; Sharpe, Cat. Birds B. M. i. p. 91; Sharpe in Layard's B. S.–Afr., p. 20.

Fig. *Vieill. et Oud. Galerie des Ois.* i. *pl.* 22.

Caract. Ad. Plumage tout noir, moins brillant et plus nuancé de brun-fuligineux chez la femelle. Rémiges primaires et secondaires brun-noirâtre sur les barbes externes et à l'extrémité, blanches et traversées de bandes noirâtres sur les barbes internes. Queue barrée de noir et de blanc, plus ou moins lavée de brun-cendré en dessus, et terminée de noir. Couvertures inférieures de l'aile noirâtres.

Relativement aux couleurs de la cire, des pieds et de l'iris, qui s'altèrent aussitôt après la mort, M. d'Anchieta ne nous fournit pas de renseignements uniformes. Sur l'étiquette d'une femelle nous lisons: «Cire rouge avec des taches foncées; tarse et doigts rouges nuancés de châtain». La couleur de l'iris ne s'y trouve pas indiquée.

Un autre individu, marqué comme femelle, mais que d'après ses dimensions nous croyons plutôt mâle, avait l'iris rouge-foncé, la cire et les pieds rouge-corail.

Chez un troisième individu femelle, l'iris était châtain, toujours d'après M.

d'Anchieta, la cire rouge de cuivre, le tarse et les doigts d'un rouge mélangé de jaune, avec des taches noires. Celles-ci s'y montrent encore bien distinctes sur un fond jaune sale.

Dimens. ♂ ad. L. t. 320 m.; aile 190 m.; queue 153 m.; bec 20 m.; tarse 46 m.; doigt m. 32 m.

♀ ad. L. t. 350 m.; aile 220 m.; queue 170 m.; bec 22 m.; tarse 49 m.; doigt m. 34 m.

Habit. *Huilla, Gambos* et *Humbe.*

Andersson l'a rencontré à *Okavango* seulement, où il le dit rare. M. d'Anchieta l'a tué sur les bords du *Rio Cunene,* au *Humbe,* et nous l'avons également reçu de ce voyageur des deux autres localités situées plus au nord.

11. Scelospizias tachiro

Syn. *Falco tachiro,* Daud. Tr. d'Orn. II. p. 90.
Nisus tachiro, Finsch & Hartl. Vög. Ost–Afr., p. 78; Blanf. Geol. & Zool. Abyss., p. 291.
Nisus unduliventer, Heugl. Orn. N. Ost–Afr., p. 67.
Micronisus zonarius, Boc. Av. Afr. occ. Jorn. Sc. Lisboa, n.° v, 1868, p. 40.
Accipiter tachiro, Gurney in Anderss. B. Damara, p. 29.
Astur tachiro, Sharpe, Cat. Birds B. M. I. p. 99; Sharpe in Layard's B. S.–Afr., p. 20.
Scelospizias tachiro, Gurney, Ibis, 1875, p. 361.

Fig. *Levaillant, Ois. d'Afr.* I. pl. 24 (jeune).
Temminck, Pl. Col. pl. 377 (imparf. ad.) et *pl.* 420 (jeune).
Des Murs, Icon. orn. pl. 61 (mâle ad.).

Caract. Ad. Plumage en dessus brun foncé, lavé de cendré surtout à la tête et au cou, varié de blanc à la nuque; en dessous blanc, orné de bandes transversales d'un roux-terne, à l'exception des couvertures inférieures de la queue, qui sont d'un blanc-pur. Les bandes des flancs sont d'un roux plus vif, celles des cuisses au contraire plus effacées. Gorge d'un blanc uniforme; côtés de la tête cendré clair. Rémiges primaires et secondaires brunes en dessus, d'un blanc grisâtre à leur face inférieure, traversées de bandes foncées sur les barbes internes. Rectrices brunes, terminées de blanc, barrées de trois larges bandes noirâtres; les deux rectrices médianes présentent dans les intervalles de ces bandes, sur les barbes internes, une tache blanche plus ou moins développée. Couvertures inférieures de l'aile blanches, barrées de brun

2

pâle. Cire, rebord des paupières, base des mâchoires et pieds jaune sale ; bec noirâtre ; iris jaune vif (Anchieta).

Dimens. L. t. 400 m.; aile 225 m.; queue 190 m.; bec 23 m.; tarse 63 m.; doigt m. 36 m.

Cette description a été prise sur un mâle adulte, provenant de *Biballa*, dans l'intérieur de Mossamedes. Un individu ♂ du *Natal,* que nous devons à l'obligeance de M. Sharpe, présente quelques différences qu'il importe de signaler : le dessus, y comprenant la tête et le cou, brun foncé ; le dessous blanc lavé de fauve et traversé de bandes un peu plus larges d'un brun foncé partout, même sur les flancs et les cuisses ; les sous-caudales portent encore quelques vestiges de bandes transversales ; la gorge est striée de brun sur un fond blanc-fauve. Un autre individu de *Knysna* nous permet de bien saisir la livrée du jeune, à peu-près comme elle se trouve représentée sur la pl. 24 de Levaillant : plumes du dessus brun-noir lisérées de roux-ardent ; celles du dessous d'un blanc tirant plus ou moins au roux, fortement striées de noir sur la gorge et marquées sur les autres parties de grosses taches rondes d'un brunnoir, plus petites sur les cuisses et plus séparées sur les sous-caudales ; la queue est en dessus brun-roux, sur les intervalles des bandes, et terminée de cette même couleur, en dessous grise lavée de roux.

L'âge parait apporter chez cette espèce des changements successifs, même dans le plumage de l'adulte. A mesure que les individus deviennent plus vieux, les teintes cendrées s'accentuent davantage sur la tête ; le brun des parties supérieures pâlit un peu ; les bandes acquièrent, à commencer par les flancs, un ton de plus en plus roux ; la gorge et les sous-caudales perdent toute trace de stries et de taches.

Habit. C'est seulement de *Biballa,* dans l'intérieur de Mossamedes, que nous avons reçu cette espèce. Nous devons donc la croire aussi rare dans les districts méridionaux d'Angola, qu'elle l'est, d'après le témoignage d'Andersson, dans le pays des Damaras.

Elle affectionne surtout, à ce qu'il paraît, l'Afrique méridionale-orientale ; mais il est impossible de bien fixer l'aire de son habitat tant qu'on n'aura décidé, en s'appuyant sur un plus grand nombre d'observations, si l'on doit maintenir au rang d'espèces, regarder comme des races géographiques distinctes, ou reléguer tout bonnement dans la synonymie du *Sc. tachiro,* le *Nisus unduliventer,* Rüpp. de l'Abyssinie, l'*Astur macroscelides,* Hartl., de la Côte d'Or, l'*A. tibialis,* Verr., du Sénégal, et l'*Accipiter castanilius,* Bp., regardé à tort, suivant M. Gurney [1], comme de la Nouvelle Grenade, originaire en réalité du Gabon.

[1] V. Gurney, Ibis, 1875, p. 362 et 363. D'après M. Gurney ce sont des races distinctes, à l'exception de *l'A. tibialis,* établi sur une femelle adulte du *N. unduliventer,* de Casamance.

12. Scelospizias polyzonoides

Syn. *Accipiter polyzonoides*, Smith. Ill. Zool. S. Afr. pl. 11; Gurney in An-
derss. B. Damara, p. 38.
Micronisus polyzonoides, Boc. Av. Afr. occ. Jorn. Sc. Lisb., n." VIII, 1870,
p. 338.
Nisus badius, Finsch & Hartl. Vög. Ost–Afr. p. 81.
Astur badius, Sub-sp. *Astur polyzonoides*, Sharpe, Cat. Birds B. M. I. p. 113;
Sharpe in Layard's B. S.–Afr. p. 22.
Scelospizias polyzonoides, Gurney, Ibis, 1875, p. 360.

Fig. *Smith, Ill. Zool. S. Afr. Aves, pl.* 11, (adulte).

Caract. Mâle ad. En dessus gris-cendré, varié de blanc à la nuque;
front et côtés de la tête gris pâle; gorge blanche. Parties inférieures blanches,
traversées de bandes étroites et rapprochées brun-roussâtre; celles des cuisses plus étroites et plus effacées. Sous-alaires et sous-caudales blanches; celles-là rayées de brun pâle. Portion non apparente des scapulaires largement
tachetée de blanc. Rémiges primaires brun-noir sur les barbes externes et à
l'extrémité, avec les barbes internes sur une grande étendue blanches, barrées
de brun; secondaires gris-cendré en dehors et à la pointe, barrées de brun,
sur un fond blanc, sur les barbes internes. Les deux pennes médianes de la
queue gris-cendré uniforme; les autres rectrices terminées de blanc, nuancées
de cendré sur les barbes externes et barrées de brun noir sur les barbes internes, avec les intervalles blancs plus ou moins lavés de gris. Les bandes sur
les rectrices sont au nombre de cinq, à l'exception de la rectrice externe, où
elles deviennent plus étroites et plus nombreuses. Cire et pieds jaunes; bec
noirâtre à l'exception de la base, qui est jaune; iris rouge clair (Anchieta).
La femelle, dont la taille est plus forte, a des teintes plus sombres en
dessus et les parties inférieures rayées de brun pâle. Pour tous les autres détails de coloration elle ressemble au mâle.
La livrée du jeune est caractérisée par la présence de stries d'un brun-
foncé sur les plumes de la gorge, et de taches en forme de larmes ou en cœur
d'un brun-roussâtre sur la poitrine et le ventre; les sous-caudales et les plumes des flancs et des cuisses portent aussi des taches en chevron. L'alonge-
ment des taches en travers, de manière à se juxtaposer formant des bandes
continues, marque la transition du jeune âge à l'âge adulte; ce changement
semble s'opérer de bas en haut, commençant par les cuisses, les flancs et le
bas-ventre, en même temps que les taches des sous-caudales s'effacent graduellement.

L'iris du jeune est jaune; celui de la femelle adulte rouge, comme chez le mâle (Anchieta).

Dimens. ♂ ad. L. t. 290 m.; aile 185 m.; queue 144 m.; bec 15 m.; tarse 40 m.; doigt m. 25 m.

♀ ad. L. t. 318 m.; aile 192 m.; queue 150 m.; bec 17 m.; tarse 43 m.; doigt m. 28 m.

jeune. L. t. 310 m.; aile 187 m.; queue 150 m.; bec 17 m.; tarse 44 m.; doigt m. 28 m.

Habit. Nous avons reçu plusieurs individus de *Huilla* et du *Ihumbe;* ceux de cette dernière localité portent les noms indigènes *Kuatakuti* et *Lucoi*, qui lui sont communs avec d'autres oiseaux de proie.

A juger d'après les matériaux dont nous pouvons disposer, nous partageons complètement l'avis de M. Gurney que le *Sc. polyzonoides* et le *Sc. brevipes* sont, parmi les races géographiques étroitement alliées au *Sc. badius*, celles qui ont des droits moins contestables au rang d'espèces. Le *Sc. sphenurus*, de l'Abyssinie, parfaitement identique à l'*A. brachydactylus*, Sw., de l'Afrique occidentale, est bien plus difficile à distinguer de leur congénère de l'Inde; cependant nous remarquons sur nos individus de l'Afrique orientale et occidentale que les bandes des régions inférieures, d'un roux-isabelle vif, formant par leur confluence une large tâche sur la poitrine, sont parfaitement rendues par la figure de Rüppell, tandis que nos exemplaires de l'Inde, rayés en dessous d'un roux plus pâle et plus terne, sont mieux représentés par la pl. col. 308, où Temminck a fait figurer son *Falco Dussumieri* adulte.

13. Accipiter minullus

Syn. *Falco minullus,* Daud. Tr. d'Orn. ii. p. 88.
Nisus minullus, Heugl. Orn. N. O.-Afr., p. 69; Finsch & Hartl. Vög. Ost–
    Afr., p. 85.
Accipiter minullus, Gurney in Anderss. B. Damara p. 31; Boc. Av. Afr. occ.
    Jorn. Sc. Lisb. n.° xvii, 1874, p. 34; Sharpe, Cat. Birds B. M. i. p. 140;
    Sharpe in Layard's B. S.-Afr. p. 23.

Fig. *Levaillant, Ois. d'Afr. i. pl. 34 (le jeune).*
    Bianconi, Spec. Zool. Moss. xviii, p. 318, tab. iii (adulte, fig. mauv.).

Caract. Ad. En dessus brun-noirâtre, plus foncé sur la tête et varié de blanc à la nuque; côtés de la tête et du cou cendrés; les plus longues des sous-caudales blanches ou terminées de blanc. En dessous blanc, rayé en travers de brun ; gorge, bas-ventre et sous-caudales d'un blanc pur ; les flancs nuancés par places de roux de rouille ; les cuisses rayées de brun. La portion basale des scapulaires, recouverte par leur superposition, porte au centre une large tache, souvent interrompue, blanche. Rémiges primaires et secondaires brunes, avec un grand espace blanc barré de brun sur les barbes internes. Queue en dessus brune, terminée de blanc et ornée de bandes noirâtres, avec les intervalles de ces bandes blancs sur les barbes internes ; en dessous d'un blanc grisâtre. Les bandes apparentes sur les deux faces de la queue sont au nombre de trois, à l'exception de la penne la plus extérieure, qui en porte 7 ou 8. Cire jaune-verdâtre ; pieds jaunes ; bec presque noir, à l'exception de la base de la mandibule, qui est jaune ; iris rouge (Anchieta).

Dimens. L. t. 270 m. ; aile 167 m. ; queue 122 m. ; bec 16 m. ; tarse 42 m. ; doigt m. 31 m.

Le seul exemplaire adulte que nous ayons reçu de M. Anchieta, celui qui nous a servi à cette description, porte l'indication de mâle, mais d'après ses dimensions nous le croyons plutôt femelle.

Deux autres individus, originaires du *Humbe* comme le premier, sont en livrée de jeunes. Leur plumage, d'un brun fuligineux en dessus, présente d'étroites bordures d'un roux foncé sur les plumes du manteau et les rémiges secondaires. Les parties inférieures, d'un blanc lavé de fauve, sont variées de taches brunes, ovales sur la poitrine et le ventre, en forme de cœur sur les couvertures inférieures de la queue ; sur les flancs et les cuisses ces taches ont déjà la forme de bandes transversales, et leur couleur varie du brun foncé au roux ferrugineux. Sur l'extrémité blanche des sous-caudales une tache noirâtre. Rémiges et rectrices à peu-près comme chez l'adulte, mais le blanc pur remplacé par une teinte roussâtre. Sous-alaires fauves avec des taches anguleuses noirâtres. Cire, base de la mandibule et pieds jaunes ; iris jaune pâle (Anchieta).

Habit. La seule localité d'où nous ayons reçu l'*A. minullus* c'est le *Humbe*, où il ne doit pas être rare ; mais M. Sharpe fait mention, dans son catalogue des oiseaux du Muséum britannique, d'un jeune individu de la même espèce, rapporté par M. Monteiro du *Golungo-Alto*, au nord du *Quanza*. Andersson l'a observé seulement dans la région des Lacs et dans le voisinage du fleuve Okavango. Cette espèce vit en l'Afrique méridionale et fait ses apparitions dans le *Zambeze*.

14. Buteo auguralis

Syn. *Buteo auguralis*, Salvad. Atti Soc. Ital. Sc. Nat. VIII. p. 377; Boc. Av.
  Afr. occ. Jorn. Sc. Lisb., n.° VIII, 1869, p. 336; Finsch, Tr. Z. S. VII, p.
  313; Sharpe, Cat. Birds B. M. I. p. 175 (note); Antin. & Salvad. Ann. Mus.
  Civ. di Genova IV, 1873, p. 387; Sharpe in Layard's B. S. Afr. p. 29.
Buteo Delalandii, Boc. Av. Afr. occ. Jorn. Sc. Lisb., n.° XI, 1867, p. 131.
Buteo anceps, Heugl. Orn. N. Ost-Afr. p. 93.

Fig. *Antin. et Salvad., Ann. Mus. Civ. di Genova, IV, pl. I.*

Caract. Jeune-mâle. Plumage en dessus brun, avec les bords des
plumes d'un roux-cannelle; front strié de blanc; une tache blanche, peu apparente, à la nuque. En dessous blanc, lavé de roux-ocracé; le menton et la
gorge sans taches; de chaque côté de la poitrine un large espace recouvert
de taches confluentes roux-brun; des taches isolées brunes, oblongues ou en
forme de cœur, sur la partie antérieure de l'abdomen et sur les flancs; le
reste des parties inférieures, y compris les plumes des cuisses et les sous-caudales, sans taches. Couvertures supérieures de la queue brunes, variées et
terminées de roux ardent. Rémiges primaires (incomplètement développées)
et secondaires brunes, barrées de noirâtre, avec les barbes internes blanches
sur un grand espace; les secondaires marquées, en général, de 5 ou 6 bandes incomplètes. Queue d'un roux-cannelle en dessus, nuancée de gris-blanchâtre en dessous et traversée de 8 bandes étroites brunes. Cire et pieds, à ce
qu'il paraît, jaunes; bec noirâtre. L. t. 430 m.; queue 180 m.; tarse 67 m.;
doigt m. s. l'ong. 31 m.

Tels sont les caractères que nous présente un jeune individu provenant
du *Duque de Bragança*, dans l'intérieur d'Angola au nord du Quanza, dont nous
avons publié la diagnose dans notre 4e *Liste des oiseaux des possessions portugaises d'Afrique occidentale* (loc. cit.).

Nous avons donné à la même occasion la description sommaire d'un individu adulte, amené vivant de Benguella par M. Freitas Branco, sur lequel
nous suivions avec intérêt les changements de couleurs du plumage; malheureusement par suite d'un accident cet individu a pu s'échapper de sa cage, de
sorte qu'il ne nous reste qu'à reproduire ici sa première diagnose:

Adulte. D'un brun noirâtre en dessus, varié de blanc à la nuque, avec
les plumes du manteau bordées de brun pâle; côtés de la tête et base du
cou variés de roux; front, menton et lores blancs; cou et poitrine de la couleur du dos; toute la région abdominale d'un blanc pur, variée de stries et de

taches en cœur noires; couvertures inférieures de l'aile blanches, tachetées de noir; rémiges noirâtres avec les barbes internes en partie blanches, les primaires noires vers l'extrémité, les secondaires barrées de noir; queue en dessus roux-cannelle, traversée d'une bande noire près de l'extrémité, en dessous nuancée de gris. Cire et pieds jaunes; iris blanc.

Nous n'avons pu prendre les dimensions de cet individu, mais sa taille nous a semblé sensiblement inférieure à celle du *B. augur*, ce qui nous a confirmé dans la supposition qu'il appartiendrait plutôt au *B. auguralis* dans son plumage parfait d'adulte.

Quant à un troisième individu, provenant de *Maconjo* par M. d'Anchieta, que nous avions cru devoir également rapporter à cette espèce, sa taille beaucoup plus forte nous inspire quelques doutes sur l'exactitude de cette détermination, d'autant plus que nous avons reçu plus tard, de cette même localité, un individu adulte appartenant évidemment au *B. augur*. L'individu en question est en effet de dimensions tellement supérieures à celles des individus décrits sous le nom de *B. auguralis*, que, malgré l'extrême ressemblance qu'il présente sous le rapport des couleurs avec l'individu jeune que nous avons décrit plus haut, nous ne pouvons affirmer qu'il ne soit plutôt le jeune du *B. augur* dans un état de plumage qui ne se trouve pas indiqué nulle part. Voici ses principaux caractères:

Plumage en dessus brun avec les plumes de la tête, du cou et du dos bordées de roux; couvertures des ailes bordées d'un brun pâle; front strié de blanc et nuque tachetée de cette couleur. En dessous blanc lavé de fauve; la gorge et les côtés de la poitrine largement striées de brun et nuancées de roux; des stries noirâtres sur les flancs, couvrant les tiges des plumes. Rémiges brun-foncé, avec un grand espace blanc sur les barbes internes, plus ou moins distinctement barrées de noir; les bandes des secondaires, en général, au nombre de six et incomplètes sur les barbes internes. Sus-caudales brunes, variées de blanc sur les barbes externes et terminées de roux. Queue en dessus roux-cannelle, avec un petit espace blanc à la base, marbrée irrégulièrement de brun près de l'extrémité, mais sans présenter de bandes distinctes, à l'exception des deux rectrices de chaque côté, où l'on aperçoit les vestiges de deux ou trois bandes; les bords internes des rectrices en partie blancs. Le dessous de la queue blanc, barré de gris et de roussâtre. Cire et pieds jaunes; bec noirâtre; iris rouge-orange (Anchieta). L. t. 520 m.; aile 395 m.; queue 290 m.; bec 37 m.; tarse 80 m.; doigt m. s. l'ong. 40 m.

Habit. Le jeune individu, qui appartient depuis 1867 aux collections du Muséum de Lisbonne, prouve l'existence de cette espèce au *Duque de Bragança*, dans l'intérieur d'Angola, au nord du *Quanza*. Nous n'oserions affirmer actuellement, avec autant d'assurance, qu'elle se trouve dans les districts plus méridionaux de Benguella et de Mossamedes; il faut attendre de nouveaux documents pour arriver à une conclusion décisive à cet égard.

Les autres exemplaires examinés par les divers auteurs qui se sont occupés de cette espèce, M.M. Finsch, Heuglin, Antinori et Salvadori, étaient
originaires de l'Afrique orientale.

15. Buteo augur

Syn. *Buteo augur*, Rüpp. Neue Wirb. Vög., p. 38, tab. 16; Heugl. Orn. N.
   O.-Afr., p. 92; Finsch & Hartl. Vög. Ost-Afr., p. 57; Boc. Av. Afr.
   occ. Jorn. Sc. Lisboa, n.° xii, 1871, p. 268; Sharpe, Cat. Birds B. M. i
   p. 175; Sharpe in Layard's B. South-Afr., p. 28.

Fig. *Rüpp. Neue Wirb. Vög. tab. 16 et 17.*

Caract. Ad. En dessus noir, en dessous blanc. Côtés de la tête,
du cou et de la poitrine de la couleur du dos; gorge blanche, striée de noir;
sus-caudales noires, tachetées de roux et de blanc. Rémiges primaires brunes,
lavées de gris en dehors, noires à l'extrémité, avec un grand espace blanc
sur les barbes internes, traversées de bandes noires plus ou moins distinctes;
secondaires grises avec l'extrémité noire, largement bordées de blanc en dedans, et ornées de bandes noirâtres, 9 en général, incomplètes sur les barbes
internes. Queue en dessus roux-cannelle uniforme, avec un espace blanc à la
base; en dessous d'une teinte plus pâle, lavée de gris. Cire et pieds jaunes;
bec noirâtre; iris couleur de café (Anchieta).

Dimens. L. t. 510 m.; aile 420 m.; queue 210 m.; bec 36 m.; tarse
78 m.; doigt m. 42 m.

Nous avons au Muséum de Lisbonne trois individus d'Abyssinie dont le
système de coloration est presque identique à celui qui vient d'être décrit:
chez deux de ces individus, la gorge, toute la poitrine et les côtés du cou sont
blancs; chez le troisième, la gorge seule est variée de noir, et la queue porte
une bande étroite sous-terminale noire.
   Un quatrième individu, également d'Abyssinie, un jeune en mue, a le fond
du plumage en dessus d'un brun terne, nuancé de roux sur les bords des
plumes, mais commence à prendre par places sur le dos et sur les ailes le ton
noir de l'adulte; le dessus de la tête est roux, strié de brun. En dessous blanc
lavé de fauve, avec les plumes des cuisses et du ventre et les sous-caudales
teintes de roux-cannelle. La gorge est striée de brun. Les rémiges ressemblent
à celles de l'adulte, mais elles sont brunes sans mélange de gris. La queue,
incomplètement développée, est en dessus d'un roux-cannelle uniforme; mais
elle garde encore deux rectrices de l'ancien plumage, à bords rongés, rayées

de noir sur un fond roux-pâle. Aile 420 m.; queue 190 m.; bec 35 m.; tarse 80 m.; doigt m. 42 m.

Suivant M. Sharpe, les individus très-vieux, mâles et femelles, porteraient une livrée toute noire; mais d'après ce que l'expérience nous apprend au sujet de plusieurs autres oiseaux de proie, parmi lesquels il faut compter un certain nombre d'espèces africaines, nous sommes plus disposé à regarder ces individus à plumage d'un noir uniforme comme des cas particuliers de mélanisme.

Habit. Jusqu'à présent, le *B. augur* était à bon droit regardé comme une espèce péculière à l'Abyssinie et aux contrées voisines de l'Afrique orientale. Les seuls individus qui prouvent l'existence de cette espèce sur les confins méridionaux d'Angola, sont précisément ceux que M. d'Anchieta nous a envoyés de *Capangombe* et *Huilla,* dans l'intérieur de Mossamedes. Andersson ne l'a pas rencontrée dans le vaste territoire qu'il a parcouru. Elle paraît absente de l'Afrique méridionale et n'a pas été signalée sur aucun autre point de l'Afrique occidentale.

16. Buteo desertorum

Syn. *Falco desertorum,* Daud. Tr. d'Orn. II, p. 164.
Buteo desertorum, Heugl. Orn. N. O.-Afr., pag. 90; Boc. Av. Afr. occ., n.º VIII, 1870, p. 337; Shelley, B. of Egypt, p. 201; Gurney in Anderss. B. Damara, p. 12; Sharpe, Cat. Birds B. M. I. p. 179; Sharpe in Layard's B S.-Afr., p. 30.
Buteo tachardus, Hartl. Orn. W.-Afr., p. 2.

Fig. *Levaillant, Ois. d'Afr.* I. pl. 17.
Levaill. jeune, Expl. sc. de l'Algér. pl. 3.
Jerdon, Ill. Ind. Orn. pl. 27.

Caract. Imparf. ad. En dessus brun pâle, les plumes bordées de roux avec les tiges noirâtres; le front strié de blanc et la nuque tachetée de cette couleur. En dessous blanc lavé de fauve, fortement strié de brun-roussâtre au devant du cou et à la poitrine; le ventre couvert de taches en cœur de la même teinte; une partie des couvertures inférieures de la queue avec une petite tache sous-terminale brun-roussâtre. Rémiges brunes, tirant au noir vers le bout, avec un grand espace blanc sur les barbes internes; les dernières primaires et secondaires plus ou moins distinctement barrées de brun. Couvertures inférieures de l'aile blanc-fauve, variées de brun-roux. Plumes des cuisses brun-roux, rayées en travers de fauve. Queue en dessus brun pâle, lavée de roussâtre. traversée de plusieurs bandes brunes, avec les intervalles en partie blancs sur les barbes internes; en dessous d'un gris-roussâtre, sur lequel se dessinent par transparence les bandes brunes. Cire et pieds jaune-verdâtre; iris jaune pâle (Anchieta).

Dimens. L. t. 500 m.; aile 350 m.; queue 200 m.; bec 34 m.; tarse 73 m.; doigt m. 34. m.

Var. fuliginosa.

♀ Ad. Partout d'un noir fuligineux uniforme; nuque variée de blanc. Rémiges d'un brun-noirâtre en dehors et à l'extrémité, avec les barbes internes en partie blanches, barrées de brun. Queue en dessus brun pâle, traversée de plusieurs bandes noires, dont la dernière est un peu plus large; en dessous nuancée de grisâtre. Cire, pieds et iris jaune-verdâtre (Anchieta).

Dimens. L. t. 510 m.; aile 370 m.; queue 210 m.; bec 33 m.; tarse 75 m.; doigt m. 34. m.

Habit. L'individu en plumage imparfait nous vient de *Caconda;* il porte sur l'étiquette le signe de mâle. L'autre, en plumage d'un noir fuligineux, a été pris à *Huilla* par M. d'Anchieta, qui nous a envoyé à la même occasion un troisième individu semblable au premier quant aux couleurs, mais dont les dimensions sont un peu plus fortes, ce qui nous le fait supposer femelle. Nous n'avons pas encore reçu cette espèce du *Humbe*, mais nous pensons qu'elle doit s'y rencontrer, car Andersson la dit *«not uncommon»* à *Ondonga*. Le *B. desertorum*, fort répandu dans l'Afrique méridionale et orientale, commun dans l'Afrique septentrionale, moins souvent découvert dans l'Afrique occidentale, est un des rares oiseaux de proie dont *l'habitat* comprend tout le vaste continent africain.

17. Aquila rapax

Syn. *Falco rapax*, Temm. Pl. col. pl. 455.
Aquila naevioides, Boc. Av. Afr. occ. Jorn. Sc. Lisboa, n.° XII, 1871, p. 267; Gurney in Anderss. B. Damara, p. 6.
Aquila rapax, Heugl. Orn. N. O.–Afr., p. 45; Finsch & Hartl, Vög. Ost–Afr., p. 44; Sharpe, Cat. Birds B. M. I. p. 242; Sharpe in Layard's B. S.–Afr., p. 35.

Fig. *Temminck*, Pl. col. pl. 455.
Lord Lilford, Ibis, 1865, *pl.* 5.

Caract. Mâle adulte. Tête, cou, dos, sus-caudales et cuisses roux-fauve, plus rembruni sur le dos; petites couvertures de l'aile roux-fauve, tachetées de brun ou de noir sur les bords; moyennes et grandes couvertures brunes, terminées de roussâtre. Poitrine, ventre et sous-caudales d'un roux plus pâle, tirant par places au café au lait; quelques stries noires sur les flancs. Scapulaires brun-noirâtre avec une strie médiane rousse, presque effacée sur les plus longues. Rémiges primaires noires, avec un large espace cendré et varié de brun sur les barbes internes; secondaires brun-noir en dehors, terminées de roussâtre et barrées de noir sur le fond cendré des barbes internes. Rectrices brunes, terminées de roussâtre, lavées de cendré et vermiculées de noir sur les barbes internes. Narines elliptiques, étroites. Cire et doigts jaune-verdâtre; bec noir vers la pointe, d'une teinte pâle bleuâtre à la base; iris jaune, strié de brun et bordé d'un cercle extérieur brun-roux (Anchieta).

Dimens. L. t. 680 m.; aile 520 m.; queue 270 m.; bec 62 m.; tarse 82 m.; doigt m. 56 m.

Chez un individu femelle de notre collection, d'une taille plus forte, la teinte générale du plumage est plus rembrunie, la tête est striée de noir, et les parties supérieures et inférieures, à l'exception du bas-ventre, portent de nombreuses taches noires; des bandes transversales cendrées, sur un fond noirâtre, sont bien visibles à la queue. La fig. de la pl. col. 455 nous donne une idée assez exacte des caractères de cet exemplaire.

L'*A. albicans*, Rüpp., que M. Schlegel semble regarder comme une variété propre aux montagnes de l'Abyssinie, représente pour la plupart des ornithologistes de notre époque le vieux de l'un et de l'autre sexe dans sa livrée définitive.

Quant à la livrée du jeune-âge, il y a encore des divergences d'opinion: M. Sharpe décrit le jeune comme étant — *above light tawny, rather pale and more ashy on the lesser wing-coverts and scapulars; lower back and rump tawny, the upper tail-coverts paler and more fulvous; under surface of body light tawny, paler on the throat, legs and under tail-coverts;* tandis que M. von Heuglin, qui a été à même de bien observer cette espèce, s'exprime en ces mots, — *Jun. obscure et saturate fuscus, tergaei plumis purpurascente nitidis; ex toto rufescente aut fulvescente-striatus; rectricibus nigricantibus, fasciis numerosis, parum conspicuis, canescentibus* [1].

En partant donc de la livrée du jeune, telle que la décrit M. von Heuglin, et suivant les changements du plumage jusqu'à leur terme définitif, on reconnait que les couleurs changent successivement de ton, passant du brun-foncé au brun-roux, de celui-ci au roux-fauve et au fauve-isabelle, les teintes plus pâles remplaçant peu à peu les autres, jusqu'à ce que l'on arrive à la coloration uniforme d'un blanc sale lavé de roussâtre, qui caractérise l'*A. albicans* [2].

[1] V. Heuglin loc. cit. p. 45.

M. Blanford écrit à ce sujet: «Le plumage varie du brun-foncé au roux, cette dernière couleur l'emportant chez les oiseaux adultes, surtout à la tête et à la partie supérieure du dos. Les oiseaux vieux sont blanchâtres *(A. albicans,* Rüpp.)». (Blanford, Geol. and Zool. of Abyssin. p. 295.)

[2] Un vieux mâle d'Abyssinie, du voyage de M. von Heuglin, dans notre collection, est d'un blanc sale partout, excepté à la tête et au cou, qui sont encore d'un roux-fauve; d'où nous pouvons conclure que ces parties sont les dernières à changer de couleur.

C'est dans leurs états intermédiaires de plumage qu'il serait possible de
confondre l'*A. rapax* avec l'*A. Adalberti*, si l'on n'accordait pas assez d'attention aux différences sensibles de taille et de proportions qu'elles nous présentent. Pour celle-ci, comme pour l'*A. rapax*, il y a en effet une époque pendant
laquelle dominent dans quelques parties du plumage des teintes claires, fauve-
isabelle ou café au lait; mais chez l'*A. Adalberti* le noir, propre du plumage définitif, commence alors à se montrer partout où il doit régner plus tard sans mélange d'autre couleur, et l'on découvre souvent, parmi les petites couvertures
des ailes, quelques plumes d'un blanc pur, qui font complètement défaut chez
les individus de l'autre espèce.

Habit. L'*A. rapax* nous à été envoyée de *Huilla* et du *Humbe*. Son
nom indigène, dans cette dernière localité, est *Lucoi*.

18. Aquila Wahlbergii

Syn. *Aquila Wahlbergii*, Sundev. OEfv. K. Akad. Stockh, 1850, p. 109.
Aquila Desmursi, Verr. in Hartl. Orn. W–Afr., p. 4; Boc. Av. Afr. occ. Jorn.
    Sc. Lisboa, n.° v, 1868, p. 47; Ibid. n.° xii, 1871, p. 267.
Aquila Wahlbergii, Finsch & Hartl. Vög. Ost–Afr., p. 51; Boc. Av. Afr. occ.
    Jorn. Sc. Lisboa, n.° xvi, 1873, p. 283; Ibid. n.° xvii, 1874, p. 32; Sharpe,
    Cat. Birds B. M., p. 245; Sharpe in Layard's B..S.–Afr., p. 36.

Fig. *Gurney, Trans. Zool. Soc. Lond. Vol. iv, 1862, pl. 77.*

Caract. Mâle ad. Coloration générale brune, plus pâle et tirant
au cendré sur la tête, d'un ton uniforme, se rapprochant de la couleur chocolat, sur les parties inférieures; une raie supraciliaire peu distincte noire; quelques plumes plus longues, légèrement spatulées et noires, forment une petite
huppe à la nuque; les plumes du dos et les couvertures alaires bordées d'une
teinte plus pâle, avec les tiges noirâtres. Rémiges primaires noires, avec un
grand espace brun clair sur les barbes internes; secondaires brun-noirâtre en
dehors, plus pâles en dedans. Rectrices noires en dessus, avec quelques reflets
pourprés; en dessous brunes, nuancées de gris et traversées de bandes presque effacées. Narines rondes. Cire et doigts jaune-pâle; bec noir; iris brun-clair
(Anchieta).

Dimens. L. t. 580 m.; aile 430 m.; queue 240 m.; bec 45 m.; tarse
70 m.; doigt m. 46 m.

Deux femelles adultes, de notre collection, sont partout d'un brun roussâtre uniforme, sans en excepter les plumes qui forment leur petite huppe occipitale; elles sont d'une taille plus forte que le mâle.

Chez les individus jeunes, ou imparfaitement adultes, la huppe occipitale manque complètement, et la queue montre très-distinctement sur les deux faces les nombreuses bandes dont elle est traversée.

M. Schlegel[1] réunit cette espèce à l'*A. rapax* et à l'*A. clanga*, Pall., et les comprend toutes sous ce dernier nom. Cette confusion provient très-probablement de ce que le savant directeur du Muséum de Leyde n'a pu examiner des individus parfaitement adultes de l'*A. Wahlbergii*.

Habit. M. d'Anchieta nous écrit que l'*A. Wahlbergii* est, de tous les oiseaux de proie, le plus vulgaire au *Humbe*, où elle se laisse voir en toute saison; pourtant Andersson ne la cite pas parmi les oiseaux rencontrés au pays des Damaras, ou observés durant ses voyages à *Ovampo* et *Ondonga* et aux bords du *Cunene*. Elle se trouve aussi abondamment à *Huilla*, d'où nous avons reçu plusieurs individus. Son existence en l'Afrique occidentale, au nord de l'équateur, a été depuis longtemps constatée, notamment à *Bissao*.

19. Nisaetus spilogaster

Syn. *Spizaetus spilogaster,* Dubus ap. Bp., Rev. et Mag. de Zool., 1850, p. 487; Heugl. Orn. N. O.–Afr., p. 57; Finsch & Hartl. Vög. Ost–Afr., p. 48; Boc. Av. Afr. occ. Jorn. Sc. Lisboa, n.° XIV, 1871, pag. 196. *Aquila Bonellii,* Boc. Av. Afr. occ. Jorn. Sc. Lisboa, n.° V, 1868, p. 39. *Pseudaetus spilogaster,* Gurney in Anderss. B. Damara, p. 7; Boc. Av. Afr. occ. Jorn. sc. Lisboa, n.° XVI, 1873, p. 283; Ibid., n.° XVII, 1874, p. 33. *Nisaetus spilogaster,* Sharpe, Cat. Birds B. M., I. p. 252; Sharpe in Layard's B. S.–Afr., p. 38.

Fig. *Muller, Nouv. Ois. d'Afr., livr.* I. *pl.* 1. *Gurney, Ibis,* 1862, *p.* 149. *pl.* 4 (jeune).

Caract. Ad. En dessus noir; en dessous blanc, strié de noir sur les côtés du cou, la poitrine et la partie antérieure de l'abdomen; quelques unes des sous-caudales portent une tache noire près de leur extrémité. Des taches ou des raies blanches sur la moitié basale des plumes du dos, des couvertures des ailes et des sus-caudales, ce qui donne au plumage un aspect uniforme, ou le fait paraître tacheté de blanc, suivant le degré d'usure de ces plumes. Couvertures inférieures de l'aile blanches, variées de noir. Rémiges primaires noirâtres, lavées de cendré en dehors, avec un grand espace blanc

[1] V. Schlegel—*Muséum des Pays-Bas,* 10° livr. *Revue des Rapaces,* p. 115.

sur les barbes internes; secondaires brunes, bordées de blanc en dedans, barrées et terminées de noir. Queue d'un gris-roussâtre, largement terminée de
noir et traversée de quatre bandes étroites et onduleuses de cette même couleur: en dessous blanche sur les intervalles des bandes. Cire et doigts jaune-
verdâtre: bec jaune livide à la base, brun vers la pointe: iris brun chez un
mâle, jaune chez deux femelles adultes (Anchieta).

Dimens. ♂ ad. L. t. 600 m.; aile 420 m.; queue 260 m.; bec 40 m.;
tarse 94 m.; doigt m. 53 m.

♀ ad. L. t. 650 m.; aile 460 m.; queue 290 m.; bec 48
m.; tarse 100 m.; doigt m. 56 m.

Jeune. Tête et cou roux de rouille strié de noir: manteau et couvertures
supérieures de la queue brun-foncé, plus pâle sur les bords des plumes. En dessous roux de rouille, très-vif sur les côtés du cou, la poitrine et la partie supérieure des cuisses, d'un ton pâle sur le reste des parties inférieures. De chaque
côté de la poitrine des stries brun-noir, étroites, sur les tiges des plumes. Queue
cendrée en dessus, terminée de blanchâtre et traversée de 7 à 8 bandes irrégulières noires. Cire et doigts jaune sale: bec brun de corne, plus foncé à la
pointe: iris jaune (Anchieta). Aile 420 m.; queue 270 m.; bec 43 m.; tarse
78 m.; doigt m. 53 m.

Cette espèce ressemble beaucoup, dans ces deux états de plumage, au *N.
fasciatus (A. Bonellii*, La Marm.). Nous nous sommes laissé tromper par cette
ressemblance la première fois que nous avons eu à déterminer un individu de
cette espèce provenant de Biballa[1]. Nous ayant aperçu plus tard de cette méprise, que d'autres ornithologistes, et des plus éminents, ont également à se
reprocher, nous l'avons réparée dans nos publications ultérieures.

La différence de taille, plus forte chez l'espèce d'Europe, peut aider à les
distinguer: mais c'est surtout en les comparant sous le rapport des couleurs,
qu'on parvient à obtenir des caractères différentiels d'une valeur incontestable. Ainsi le *N. spilogaster*, en plumage d'adulte, est en dessus d'un brun sombre, tirant au noir sur le dos, et plus ou moins tacheté de blanc; les flancs sont
à peine striés de noir, les cuisses d'un blanc pur, et la queue porte 4 bandes
ondulées noires, outre sa bande terminale: le *N. fasciatus* adulte est, au contraire, d'un brun plus pâle et terne sans taches blanches; ses flancs sont marqués de larges stries noires; les cuisses brunes tachetées ou barrées de blanc; la
queue est traversée de 5 à 7 bandes irrégulières et peu distinctes, sans compter le bande terminale, de sorte qu'elle est plutôt moirée que barrée de brun.

Les jeunes des deux espèces sont encore plus ressemblants que les adultes; mais nous remarquons chez ceux du *N. spilogaster* un brun plus foncé en
dessus et un roux plus vif en dessous, des stries moins nombreuses et plus

[1] V. *Jorn. Sc. de Lisboa*, n.° V., 1868., p. 39.

étroites sur les côtés de la poitrine et sur les flancs, des sous-alaires d'un roux uniforme, sans les taches noirâtres qui se montrent toujours chez l'espèce d'Europe ; enfin la queue, barrée de brun chez l'une et l'autre espèce, a chez le *N. spilogaster* des bandes plus distinctes et plus régulières[1].

Habit. M. d'Anchieta a rencontré le *N. spilogaster* à *Biballa* et à *Huilla*, dans l'intérieur de Mossamedes, à *Gambos* et au *Humbe;* il le dit commun dans ces derniers endroits, mais difficile à tuer. Sa nourriture consiste en reptiles, oiseaux et petits mammifères.

Cette espèce est largement répandue sur toute l'Afrique orientale et méridionale, mais elle est rare à la Colonie du Cap. On n'a pas des preuves authentiques de son existence en Afrique occidentale, au nord du parallèle de *Biballa.*

20. Spizaetus coronatus

Syn. *Falco coronatus,* Linn. Syst. Nat. I. ed. 13ᵉ, p. 448.
Spizaetus coronatus, Hartl. Orn. West–Afr., p. 5; Boc. Av. Afr. occ. Jorn. Sc. Lisboa, n.° VIII, 1870, p. 337; Sharpe, Cat. Birds B. M. I. p. 266; Sharpe in Layard's B. S.–Afr., p. 39.

Fig. *Levaillant, Ois. d'Afr.* I. *pl.* 3 (le jeune).
Smith. Ill. Zool. S.–Afr. pl. 40 (le jeune), *pl.* 41 (l'adulte).

Caract. Mâle ad. En dessus brun-noir ; les plumes du vertex et de la huppe bordées de brun clair ; bas du cou et côtés de la tête brun-roussâtre, ceux-ci striés de brun. Parties inférieures blanches, lavées de roux-cannelle et couvertes de grandes taches noires, distinctes sur la poitrine, confluentes et se réunissant de manière à constituer de larges bandes transversales sur tout l'abdomen et les couvertures inférieures de la queue : la gorge d'une teinte plus pâle et striée longitudinalement de noir : les cuisses d'un blanc nuancé de roussâtre et tachetées de noir. Couvertures inférieures de l'aile en partie roux-cannelle striées de noir, en partie blanches barrées de la même couleur. Sus-caudales noirâtres, barrées et terminées de blanc. Rémiges d'un brun-roux, plus pâle sur les barbes internes, traversées et terminées par des larges bandes noires. Queue noire, terminée de gris-roussâtre et traversée par trois bandes de la même couleur. Bec noirâtre ; doigts jaunes.

Dimens. L. t. 800 m.; aile 480 m.; queue 330 m.; bec 62 m.; tarse 91 m.; doigt méd. 55 m.

[1] Les rémiges de ces 2 espèces de *Nisaetus,* examinées en dessous sur des individus jeunes, sont barrées de brun. Ce caractère ne peut donc servir à les distinguer.

On doit à M. Gurney [1] la connaissance exacte de la livrée du jeune et de l'adulte chez cette espèce : grâce à cet ornithologiste distingué, on sait à présent que le plumage à teintes blanchâtres et uniformes en dessous, le seul connu de Levaillant, qui avait donné à cette espèce le nom de *Blanchard,* appartient au jeune-âge, contrairement à ce que prétendait A. Smith. Réciproquement, la livrée décrite et figurée par cet auteur comme celle du jeune caractérise en réalité l'adulte.

Habit. Un seul individu de cette espèce, celui décrit ci-dessus, nous est parvenu d'Angola. Nous le devons à la libéralité de M. Toulson, riche négociant de Loanda, aujourd'hui décédé, qui nous l'a envoyé en 1869 avec un individu du *Lophoaetus occipitalis.* Il les avait reçus, l'un et l'autre, de *Cazengo,* dans l'intérieur, au nord du *Quanza.* Le *S. coronatus* est nommé *Ingo* par les noirs de Cazengo.

21. Lophoaetus occipitalis

Syn. *Falco occipitalis,* Daud. Traité d'Orn. II. p. 41.
Spizaetus occipitalis, Hartl. Orn. West-Afr., p. 5; Hengl. Orn. N. O.–Afr., p. 57; Boc. Av. Afr. occ. Jorn. Sc. Lisboa, n.º VIII, 1870, p. 337; Finsch & Hartl. Vög. Ost–Afr., p. 50.
Lophoaetus occipitalis, Sharpe, Cat. Birds B. M. I. p. 274; Sharpe in Layard's B. S.–Afr., p. 41.

Fig. *Levaillant, Ois. d'Afr.* I. *pl.* 2.

Caract. Mâle ad. Plumage brun-noir. Une longue huppe occipitale de la même couleur. Plumes des cuisses noires avec de rares vestiges de raies transversales blanches ; celles des tarses blanchâtres. Rémiges primaires blanches sur la moitié basale, ensuite brun-roux barré de noir, et tirant au noir vers l'extrémité ; secondaires brunes, blanches en dedans, terminées et barrées de noir, à l'exception des deux dernières, qui sont d'un brun uniforme. Queue en dessus brun-noir, blanche à la base, coupée transversalement par trois bandes blanches, lavées de brun ; ces bandes sont en dessous d'un blanc pur. Bec noirâtre ; cire et doigts jaunes.

Dimens. L. t. 530 m.; aile 370 m.; queue 200 m.; bec 40 m.; tarse 100 m.; doigt m. 47 m.

Habit. Cet individu, le seul que nous ayons reçu de nos possessions

[1] V. Ibis, 1861, p. 129.

d'Afrique occidentale, a été pris à *Cazengo*, suivant les indications que M. Toulson nous a fournies à l'occasion de son envoi en 1869.

22. Asturinula monogrammica

Syn. *Falco monogrammicus*, Temm. Pl. Col. I. pl. 314.
Astur monogrammicus, Hartl. Beitr. Orn. W.–Afr., p. 15.
Micronisus monogrammicus, var. *meridionalis*, Hartl. Proc. Z. S. L., 1860,
    p. 109; Boc. Av. Afr. occ. Jorn. Sc. Lisboa, n.° II, 1867, p. 132; ibid., n.° IV,
    1867, p. 331; ibid., n.° V, 1868, p. 47.
Asturinula monogrammica, Finsch & Hartl. Vög. Ost.–Afr., p. 60; Sharpe,
    Cat. Birds B. M. I. p. 277; Sharpe in Layard's B. S.–Afr., p. 42.
Kaupifalco monogrammicus, Gurney in Anderss. B. Damara, p. 26.

Fig. *Temminck, Pl. Col. pl* 314.
    Swainson, B. West-Afr. I. pl. 4.

Caract. Ad. En dessus cendré-ardoisé, plus pâle sur la tête et les grandes couvertures alaires, tirant au noir sur le croupion; front et lores blanchâtres; gorge blanche, portant au centre une large strie longitudinale noire; poitrine cendrée, plus pâle que le dos; abdomen, flancs et cuisses rayées transversalement de blanc et de noirâtre; couvertures supérieures et inférieures de la queue blanches. Rémiges primaires brunes, barrées de noir, avec le bout et un grand espace sur les barbes internes blancs: secondaires cendrées, blanches en dedans et à l'extrémité, traversées de bandes brunes. Queue noirâtre, terminée de blanc, avec une bande transversale blanche sur l'union de ses deux tiers antérieurs au tiers postérieur, et portant souvent plus près de la base une deuxième bande blanche, plus ou moins interrompue. Cire et pieds rouges, variant de nuance depuis le rouge-corail jusqu'au rouge-safran: bec noirâtre, à l'exception de la base de la mandibule, qui est de la couleur de la cire: iris variable, brun-chocolat, rouge foncé et rouge-vermillon (Anchieta).

Dimens. ♂. L. t. 350 m.; aile 230 m.; queue 160 m.; bec 29 m.; tarse 48 m.; doigt méd. 11 m.

M. Hartlaub établit en 1860, d'après l'examen d'un individu d'Angola rapporté de l'Ambriz par M. Monteiro, une variété *meridionalis*, dont les caractères différentiels seraient: 1.° des bandes à l'abdomen et aux cuisses plus larges et d'un brun plus foncé; 2.° la bande transversale blanche de la queue plus étroite; 3.° la strie noire gutturale moins distincte. En comparant plusieurs individus que nous avons reçus d'Angola à un mâle adulte d'Afrique occidentale, acquis de la maison Verreaux de Paris, nous remarquons en effet

3

que chez celui-ci la bande blanche de la queue est sensiblement plus large que chez les autres ; mais quant aux deux autres caractères, ils sont loin d'être constants : parmi nos individus d'Angola il y en a deux, dont les bandes de l'abdomen et des cuisses sont aussi étroites et d'un ton aussi pâle que chez l'individu d'Afrique occidentale, et trois avec une strie gutturale très-développée et d'un noir assez profond. Ce n'est que chez des individus ayant toute l'apparence de jeunes, que cette strie se montre plus étroite et moins étendue, mais toujours distincte.

La différente largeur de la bande caudale serait donc, d'après nos observations, le seul caractère différentiel d'une certaine valeur, s'il était reconnu constant.

Habit. L'*A. monogrammica* est commune dans l'intérieur du district de Mossamedes ; M. d'Anchieta nous l'a envoyée à plusieurs reprises de *Capangombe* et de *Huilla,* mais elle ne se trouve pas dans ses derniers envois de *Gambos* et du *Humbe,* ce qui nous fait croire qu'elle devient plus rare vers le sud. Les collections d'Andersson ne contenaient qu'un seul exemplaire de cette espèce, tué à *Elephant's Vley,* au sud du fleuve *Okavango* [1], et déposé actuellement au Muséum de Norwich ; ce qui vient à l'appui de notre supposition.

A Capangombe les indigènes l'appellent *Caçongue.*

23. Circaetus cinereus

Syn. *Circaetus cinereus,* Vieill. N. Dict. H. N. xxiii, p. 445 ; Boc. Av. Afr. occ. Jorn. Sc. Lisboa, n.º v, 1868, p. 39 ; ibid. n.º xiv, 1871, p. 198 ; ibid. n.º xvii, 1874, p. 33 et p. 49 ; Heugl. Orn. N. O.–Afr., p. 85 ; Finsch & Hartl. (part.) Vög. Ost-Afr., p. 54 ; Sharpe (part.), Cat. Birds B. M. i. p. 282 ; Sharpe in Layard's B. S.–Afr., p. 43.

Fig. *Vieill. et Oud. Gal. Ois. pl.* 12.
     Rüppell, Neue Wirb. Vög. tab. 14.

Caract. Ad. Couleur générale brune, plus pâle et nuancée de roussâtre sur les parties inférieures ; plumes du dos et couvertures alaires d'un brun plus foncé au centre, à reflets pourpres, avec les tiges noires. Pas d'espace blanc à la base des plumes du dos et des régions inférieures. Sous-alaires brunes, à l'exception des plus longues qui sont grises. Rémiges primaires brun-noirâtre, largement bordées de blanc et marbrées de brun clair sur les barbes internes ; celles plus rapprochées du corps et les secondaires bru-

---

[1] Gurney loc. cit. p. 26.

nes, plus pâles en dedans sans aucun vestige de bandes transversales, terminées de blanchâtre. Couvertures supérieures et inférieures de la queue terminées de blanc et quelquefois avec des taches ou des bandes de cette couleur. Queue noirâtre, traversée de quatre bandes étroites grises bordées de
brun, terminée de blanc. Cire et pieds jaune sale; bec noirâtre; iris jaune vif,
tirant souvent au jaune-orange (Anchieta).

Ces caractères conviennent parfaitement à deux individus femelles, l'un
envoyé de *Maconjo*, l'autre du *Humbe*, dont voici les dimensions:

	Aile	Queue	Bec	Tarse	Doigt m.
♀ (Maconjo)..........	550 m.	295 m.	59 m.	96 m.	60 m.
♀ (Humbe)..........	590 m.	310 m.	62 m.	94 m.	61 m.

Deux autres individus mâles, que nous avons reçus plus récemment du
Humbe, quoique assez ressemblants à ceux qui viennent d'être décrits, présentent quelques différences qui méritent d'être signalées. Leur teinte générale est partout d'un brun plus pâle et plus nuancé de roussâtre, les plumes
du dos et des parties inférieures, au lieu de présenter une couleur brune uniforme, à peine plus pâle vers leur insertion, sans aucun espace blanc, sont au
contraire blanches sur une grande étendue à compter de la base, et celles du
ventre sont tachetées de blanc au centre et sur les bords de leur portion terminale, de manière que cette région est plus ou moins variée de blanc. Les
plumes de ces individus rognées sur leurs bords témoignent d'un long service.
Chez l'un d'eux l'iris était brun, chez l'autre jaune vif. Par leurs dimensions
ils sont inférieurs aux deux femelles, comme on peut juger par les chiffres
suivants:

	Aile	Queue	Bec	Tarse	Doigt m.
N.° 1377 ♂ (Humbe)..	540 m.	290 m.	59 m.	93 m.	59 m.
N.° 1669 ♂ (Humbe)..	530 m.	270 m.	57 m.	96 m.	60 m.

Les ornithologistes qui dans ces derniers temps se sont occupés davantage
de l'étude des oiseaux d'Afrique, ne se trouvent pas encore d'accord sur l'existence réelle des deux espèces, *C. thoracicus* et *C. cinereus*. MM. von Heuglin,
Finsch, Gurney et Schlegel se prononcent en faveur de leur distinction spécifique; mais M. Sharpe, dans son excellent *Catalogue des Oiseaux de proie du
Muséum britannique*, les réunit ensemble, à l'exemple de Jules Verreaux, sous
le nom de *Circaetus cinereus*. Pour M. Sharpe le type *thoracicus* serait la
livrée définitive de l'adulte; les individus à plumage d'un brun pâle lavé de

roussâtre, tachetés de blanc sur les parties inférieures, nous donneraient une idée exacte de la livrée du jeune; enfin ceux d'une coloration uniforme brun-foncé, non variés de blanc en dessous, d'après lesquels on décrit généralement le *C. cinereus*, se trouveraient dans un état intermédiaire de plumage, qu'il désigne sous le nom de « *mature* ».

Il faut avouer qu'on attend encore des preuves décisives en faveur de l'une ou de l'autre de ces opinions.

Le type *thoracicus* n'est bien connu qu'à l'état adulte; la livrée du jeune n'a jamais été décrite d'une manière satisfaisante et permettant de le bien distinguer du *C. cinereus*; on dit à peine que le *thoracicus* jeune est d'une teinte moins foncé que le *cinereus*.

M. Sharpe, de son côté, en admettant une espèce unique avec trois états de plumage différents — *la livrée du jeune*, brun-roussâtre pâle tacheté et barré de blanc sur le ventre, *la livrée intermédiaire*, d'un brun foncé sans taches blanches en dessous, *la livrée de l'adulte*, brun-noirâtre avec le ventre blanc, nous met dans l'impossibilité de comprendre les progrès du métachromatisme chez cette espèce, dont le premier plumage se rapprocherait davantage de la livrée de l'adulte que le plumage intermédiaire.

La coexistence de ces deux types dans les mêmes localités, démontrée par les exemplaires que nous avons reçus d'Angola, serait un argument de quelque importance en faveur de leur identité spécifique; mais, en même temps, les caractères différentiels dont on se sert pour séparer les deux espè-ces *(les différentes proportions des tarses et des doigts* chez l'un et l'autre type) se rencontrent d'une manière si constante sur nos exemplaires, qu'on reste, en présence de ce caractère distinctif, plus enclin à partager l'opinion favorable à la séparation des deux espèces. En effet, chez tous nos spécimens du type *cinereus* les tarses et surtout les doigts sont plus développés que chez ceux du type *thoracicus*, et cette différence est tellement prononcée qu'il suffit de les pla-cer les uns à côté des autres pour s'en apercevoir.

Nous avions pensé d'abord que les deux individus mâles du type *cinereus*, à teintes plus pâles et tachetés de blanc en dessous, pourraient bien être des jeunes du *C. thoracicus*, tandis que ceux à plumage brun foncé uniforme ap-partiendraient au *C. cinereus*; mais en examinant les tarses et les doigts des deux premiers individus, nous les trouvons aussi longs que ceux des derniers et sensiblement plus alongés que chez tous nos specimens du *C. thoracicus*.

Sans pouvoir donc rien ajouter de décisif sur cette question, nous avons pour cela même maintenu la séparation des deux espèces.

Habit. *Maconjo* et *Humbe*. M. d'Anchieta le dit fort commun au *Humbe* et s'y montrant durant toute l'année; notre voyageur a rencontré tou-jours des reptiles, serpents et batraciens, dans l'estomac des individus qu'il a tués. Le nom indigène de l'espèce à *Maconjo* est *Kingakiadiulo*, au *Humbe* on l'appele *Ankubi* et *Lucoi*.

24. Circaetus thoracicus

Syn. *Circaetus thoracicus,* Cuv. ap. Less. Traité d'orn., p. 48; Hartl. Orn.
West-Afr., p. 6 et 269; Heugl. Orn. N. O.-Afr., p. 84; Boc. Av. Afr.
occ. Jorn. Sc. Lisboa, n.° XII, 1871, p. 267; ibid., n.° XVI, 1873, p. 283.
Circaetus cinereus, (part.) Finsch & Hartl. Vög. Ost-Afr., p. 54; Sharpe, Cat.
Birds B. M. I. p. 282; Sharpe in Layard's B. S.-Afr., p. 43.
Circaetus pectoralis, Gurney in Anderss. B. Damara, p. 10.

Fig. *nulla.*

Caract. Ad. Plumage brun-noirâtre en dessus, légèrement nuancée de cendré sur le dos, avec les scapulaires et les couvertures des ailes terminées de blanc; cou et poitrine de la couleur du dos; la gorge striée de blanc;
le reste des parties inférieures blanches. Toutes les plumes brunes sont blanches à la base. Couvertures supérieures de la queue tachetées et terminées de
blanc. Rémiges primaires noirâtres, avec un grand espace blanc sur les barbes
internes; celles plus rapprochées du corps et les secondaires lavées de cendré, terminées de blanc et traversées de bandes noires. Sous-alaires entièrement blanches. Queue en dessus brun-cendré pâle, en dessous blanche, traversée de quatre bandes noires régulièrement espacées et avec une étroite
bordure terminale blanche. Cire et base du bec gris-bleuâtre; pieds livides ou
jaune-verdâtre; iris jaune vif (Anchieta).

Dimens.:

	Aile	Queue	Bec	Tarse	Doigt m.
♂ Adulte............	520 m.	270 m.	56 m.	90 m.	50 m.
♀ Adulte............	540 m.	290 m.	60 m.	93 m.	51 m.

La description ci-dessus est donnée d'après deux individus envoyés
par M. d'Anchieta, l'un pris au *Humbe,* l'autre à *Huilla,* le premier marqué
comme ♂, le second comme ♀. Celui-ci, tué en octobre ou novembre 1870, a
les plumes du dos et les couvertures alaires usées sur les bords, qui sont à
peine d'une teinte plus pâle; chez le mâle, tué en mars 1873, ces plumes
sont intactes et bordées de blanc.

Habit. *Huilla* et *Humbe.* M. d'Anchieta nous écrit qu'il est rare à
Huilla et se laisse voir plus souvent dans le *Humbe.*

25. Circaetus cinerascens

Syn. *Circaetus cinerascens,* Mull. Nauman. ıv. 1851, p. 27; Id. Nouv. Ois. d'Afrique, livr. 2ᵉ, pl. 6; Sharpe, Proc. Z. S. L., 1870, p. 149; id. Cat. B. Brit. Mus. ı. p. 285.
Circaetus melanotis, Verr. in Hartl. Orn. West–Afr., p. 7.
Circaetus zonurus, Souza, Cat. Accip. Mus. Lisboa, p. 25; Heugl. Orn. N. O.–Afr., p. 86, t. 3.

Fig. *Muller, Nouv. Ois. d'Afrique, livr. ıı. pl. 6 (jeune).*
Heuglin, Ibis, 1860, pl. 15 (ad.).
Heuglin, Orn. N. O.–Afr. pl. 3 (ad. et jeun.).

Caract. Ad. Plumage en dessus brun-foncé, nuancé de gris au centre des plumes et de brun-pâle sur leurs bords; front et joues blanchâtres; une raie noirâtre au dessus des yeux; plumes du croupion et sus-caudales avec un étroit liséré blanc à leurs extrémités. En dessous d'un brun plus pâle; la gorge blanchâtre; des raies étroites blanches, assez écartées et peu distinctes, sur l'abdomen; les cuisses brunes, barrées de blanc; les sous-caudales blanches, ornées de quelques bandes brunes. Sous-alaires blanches; les petites couvertures du bord de l'aile de cette même couleur. Rémiges brunes, avec une large bordure blanche en dedans, vers la base, et traversées de quelques bandes étroites noires. Queue blanche, traversée de deux larges bandes noirâtres, l'une terminale, l'autre au milieu, et portant à la base une troisième bande plus étroite de la même couleur, cachée par les couvertures. Bec jaune, noirâtre vers la pointe; cire, tour des yeux et pieds jaune-orange; iris jaune (Heuglin).

Dimens. L. t. 530 m.; aile 380 m.; queue 220 m.; bec 49 m.; tarse 75 m.; doigt m. 45 m.

Cette courte description est faite d'après un individu du Nil blanc, provenant du voyage de M. von Heuglin; il ne porte pas d'indication de sexe.

On admet généralement que la livrée du jeune est distincte de celle de l'adulte par ses teintes plus pâles, d'un ton blanchâtre en dessous, et par l'absence de bandes transversales blanches sur l'abdomen; ces bandes deviendraient, au contraire, bien distinctes dans les phases plus avancées du plumage, et ce serait même l'un des caractères plus marquants de l'état adulte. Les figures de l'adulte publiées par M. von Heuglin portent très distinctement ce caractère.

Il reste maintenant à décider si les individus à raies abdominales très étroites et presque effacées, comme celui que nous avons décrit ci-dessus, se trouvent dans un état de plumage intermédiaire (âge moyen), ou s'ils doivent être regardés plutôt comme le dernier terme de la livrée définitive.

Habit. Angola, *Rio Dande.*

Le *C. cinerascens* ne se trouve pas dans les nombreux envois de M. d'Anchieta, mais M. Monteiro a eu la bonne fortune d'apporter du *Dande* une femelle adulte, qui appartient actuellement aux collections du Muséum Britannique[1]. Probablement cette espèce ne se trouve à Angola que dans le territoire au nord du Quanza, et là-même son apparition doit être regardée comme accidentelle. Beaudoin l'a rencontrée abondamment à *Bissao,* le seul endroit de l'Afrique occidentale signalé depuis quelque temps dans l'habitat de cette espèce; il faut croire maintenant qu'elle s'y trouve plus largement répandue.

26. Gypohierax angolensis

Syn. *Falco angolensis,* Gm. Syst. Nat. i. p. 252.
Gypohierax angolensis, Hartl. Orn.West–Afr., p. 1 et p. 246; Boc. Av. Afr. occ.
Jorn. Sc. Lisboa, n.° viii, 1870, p. 336; Finsch & Hartl. Vög. Ost–Afr.,
p. 37; Sharpe, Cat. Birds B. M. i. p. 312; Sharpe in Layard's B. S.–Afr.,
p. 45.

Fig. *Gray, Gen. of Birds, pl. 4.*
Jard. et Selby, Ill. Orn. Ser. 2. pl. 13.

Caract. Ad. Plumage blanc, à l'exception des grandes couvertures des ailes et des scapulaires, qui sont noires. Une partie des scapulaires et des grandes couvertures des ailes variées de blanc sur les bords. Couvertures inférieures de l'aile blanches. Rémiges primaires blanches, noires au bout; secondaires noires. Queue noire, avec une large bande terminale blanche. Cire livide; portion nue de la face et pieds couleur de chair; bec bleuâtre à la base, le reste blanc; iris jaune.

Le jeune est brun partout où l'adulte est blanc.

Dimens. L. t. 550 m.; aile 440 m.; queue 220 m.; bec 60 m.; tarse 80 m.; doigt méd. 56.

Habit. Nous possédons un individu de cette espèce que M. Toulson nous envoya en 1869 de Loanda. Jusqu'à présent nous ne l'avons pas reçue de M. d'Anchieta, qui s'est plus particulièrement appliqué à explorer avec tant de profit pour la science les districts méridionaux d'Angola; mais M. Sala, voyageur hollandais, a pu obtenir en 1868, à *Catumbella,* un individu, que M. Monteiro a offert au Muséum Britannique[2]. Ce sont les limites les plus méridionaux qu'on puisse assigner actuellement à l'habitat du *Gypohierax angolensis.*

[1] V. Sharpe, Proc. Z. S. L. 1870 p. 149; Sharpe. Cat. B. Brit. Mus. I. p. 286.
[2] V. Sharpe in Layard's Birds S.–Afr.; p. 45.

Nous avons reçu cette espèce de Bissâo, mais nous n'avons aucune preuve de son existence dans l'archipel de Cap-vert, où le *Neophron percnopterus* est commun et a pu être confondu avec elle, observé à distance.

27. Haliaetus vocifer

Syn. *Falco vocifer*, Daud. Tr. d'Orn. II. p. 65.
Haliaetus vocifer, Hartl. Orn. West-Afr., p. 8; Heugl. Orn. N. O.-Afr., p. 53; Finsch & Hartl. Vög. Ost-Afr., p. 38; Boc. Av. Afr. occ. Jorn. Sc. Lisboa, n.° XIV, 1871, p. 198; ibid. n.° XVII, 1874, p. 49; Gurney in Anderss. B. Damara, p. 9; Sharpe, Cat. Birds B. M. I. p. 311; Sharpe in Layard's B. S.-Afr., p. 46.

Fig. *Levaillant, Ois. d'Afr.* I. *pl.* 4.
Des Murs, Icon. ornith. pl. 8.

Caract. Mâle ad. Tête, cou, poitrine, partie antérieure du dos et queue d'un blanc pur : croupion, sus-caudales et l'aile toute entière, à l'exception des petites couvertures voisines du bord supérieur, noir brillant à reflets verts ; le reste des parties inférieures et les petites couvertures du bord de l'aile roux-cannelle vif. Couvertures inférieures de l'aile de cette couleur. Cire et pieds jaune de soufre ; bec noir-bleuâtre ; iris châtain (Anchieta).

Dimens.

	Aile	Queue	Bec	Tarse	Doigt m.
♂	550 m.	230 m.	64 m.	90 m.	60 m.
♀	580 m.	240 m.	66 m.	93 m.	62 m.

Jeune. En dessus brun-noirâtre, strié de roux sur la tête et le cou, avec les plumes de la région interscapulaire, les couvertures alaires et les scapulaires terminées de cette couleur ; plumes de la partie postérieure du dos et du croupion et sus-caudales blanches à la base et brunes vers l'extrémité. En dessous blanc-fauve, marqué et strié de brun à la gorge, aux joues et sur les côtés du cou, fortement strié de brun-noir à la poitrine, varié de noirâtre au bas-ventre et aux sous-caudales. Plumes des cuisses brun-roussâtre varié de noir, avec les bases blanches. Couvertures inférieures de l'aile roux-fauve, variées de brun et de blanc, les plus longues brunes avec un grand espace blanc à la base. Rémiges primaires et secondaires brunes ; en dedans blanches, marbrées de brun. Queue blanche, lavée de gris et moirée de brun, avec une large bande terminale brune. Cire et pieds jaune-terreux ; bec noirâtre ; iris châtain (Anchieta).

Habit. M. d'Anchieta nous a envoyé quelques individus de cette espèce tués au *Humbe* et sur les bords du *Cunene*. Andersson l'a rencontrée souvent dans la région des Lacs, au nord du pays des Damaras, le long du fleuve *Okavango*. Elle est plus répandue sur la côte orientale ; on l'a trouvée au *Natal*, au *Transvaal*, au *Zambeze*, etc.

A Angola elle paraît vivre seulement sur les confins méridionaux de la Colonie portugaise, mais elle n'est pas étrangère à la côte occidentale, au nord de l'équateur, car le Musée de Leyde possède un individu rapporté du Sénégal[1].

Le *H. vocifer* jouit au Humbe des mêmes privilèges et immunités que le *Gallinazo* au Chili, non pas à cause des services qu'il puisse rendre à ses habitants, mais parce qu'il est considéré comme appartenant à la famille du Chef. L'indigène qui serait convaincu d'en avoir tué un, aurait à subir la peine d'homicide volontaire perpétré sur un parent du Chef. D'après ce que nous écrit M. d'Anchieta, les familles nobles de ce pays portent souvent le nom d'un mammifère, d'un oiseau, d'un reptile ou d'un insecte, auquel elles prétendent appartenir, sans toutefois en faire l'objet d'une véritable adoration. Cette adoption d'un animal vivant pour blason-héraldique, signalée pour la première fois par M. d'Anchieta chez les habitants de l'Afrique, fait naturellement songer aux *totems* des Peaux-rouges de l'Amérique du Nord, et établit un singulier rapprochement entre les mœurs de races si distinctes.

28. Helotarsus ecaudatus

Syn. *Falco ecaudatus,* Daud. Traité d'orn. II. p. 54.
Helotarsus ecaudatus, Hartl. Orn. W.-Afr., p. 7 ; Heugl. Orn. N. O.-Afr., p. 80 ; Boc. Av. Afr. occ. Jorn. Sc. Lisboa, n.° II, 1867, p. 132 ; ibid., n.° VIII, 1870, p. 337 ; ibid., n.° XIV, 1873, p. 196 ; ibid., n.° XVI, 1873, p. 283 ; ibid., n.° XVII, 1874, p. 49 ; Finsch & Hartl. Vög. Ost-Afr., p. 51 ; Gurney in Anderss. Birds Damara, p. 10 ; Sharpe, Cat. Birds B. M. I. p. 300 ; Sharpe in Layard's B. S.-Afr., p. 48.

Fig. *Levaillant, Ois. d'Afr. pls.* 7 & 8.
Heuglin, Orn. N. O.-Afr. pl. II. *fig.* 1 (adulte) *et fig.* 2 (var. fasciata).

Caract. Mâle ad. Tête et cou, couvertures de l'aile, scapulaires et tout le dessous du corps, à l'exception des sous-caudales, d'un noir brillant à reflets vert-bronze ; dos, sus et sous-caudales et queue d'un beau roux-

[1] V. Shlegel. Mus. des Pays-Bas. Aquilae, p. 17.

marron, plus vif sur le dos; petites couvertures des ailes cendré-brunâtre. Rémiges noires, nuancées de gris sur les barbes externes; secondaires d'un noir brillant à reflets vert-bronze. Couvertures inférieures de l'aile blanches. Cire, peau nue autour des yeux et pieds rouge-corail; bec orange, brun à la pointe; iris couleur de café (Anchieta).

Dimens. ♂. L. t. 560 m.; aile 561 m.; queue 120 m.; bec 62 m.; tarse 82 m.; doigt m. 67 m..

Le jeune est brun, avec les bordures des plumes roussâtres, plus foncé au dos et sur la poitrine, varié de taches isabelles sur la gorge, le bas-ventre et les couvertures inférieures de la queue. Sous-alaires brunes, variées de roux et d'isabelle. Rémiges primaires noirâtres, nuancées de gris en dehors. Queue brune. Cire et pieds jaune-verdâtre; bec couleur de corne, verdâtre à la base; iris châtain (Anchieta).

Chez quelques individus adultes, le roux est plus pâle et varié au dos de fauve-isabelle. Il y en a aussi dont les rémiges secondaires sont grises avec une large bande terminale noire, les couvertures moyennes de l'aile gris-cendré et les grandes couvertures plus ou moins nuancées de cette couleur. Cependant il faut remarquer que ces caractères ne se trouvent pas toujours ensemble sur le même individu: un de nos individus d'Angola a le dos marron-vif, les moyennes et grandes couvertures gris-cendré et les secondaires grises terminées de noir; un autre individu du Humbe a le dos fauve-isabelle, les grandes couvertures et les secondaires noires; enfin, chez un individu de Bissâo, le dos est fauve-isabelle, les moyennes couvertures et une partie des grandes gris-cendré, les secondaires grises terminées de noir.

La variété à dos varié d'isabelle (*H. leuconotus*, Rüppell) a été rencontrée partout où se trouve le *H. ecaudatus,* et cette circonstance favorise la supposition qu'elle puisse être une phase régulière du plumage, probablement la livrée du vieux mâle, comme l'insinue M. Sharpe. Nous croyons, d'après ce qui nous avons pu observer sur des individus vivants de cette espèce, que les rémiges secondaires, d'abord toutes noires, deviennent avec le progrès de l'âge grises, marquées d'une bande terminale noire. La variété *fasciata*, Heugl., reunissant l'un et l'autre caractère, représenterait donc le dernier terme des changements du plumage.

Habit. Le *Bateleur* de Levaillant est très-répandu sur la vaste région éthiopienne. Nous l'avons reçu de l'intérieur du district de *Loanda* par MM. Toulson et Freitas Branco, de *Gambos* et *Humbe* par M. d'Anchieta. Les indigènes de cette dernière localité l'appelent *Kombi* et éprouvent toujours en le voyant une grande crainte superstitieuse; ils sont persuadés qu'il suffit au *Kombi* de regarder en passant un jeune enfant dans les bras de sa mère pour le faire tomber dangereusement malade. M. d'Anchieta a trouvé des petits rongeurs dans l'estomac des individus qu'il a examinés.

Chez l'oiseau vivant, la couleur de la cire, de la partie nue de la face et des tarses change du jaune abricot au rouge-orangé et au rouge-corail, suivant le degré d'excitation de l'animal : ces parties reviennent à la couleur jaune aussitôt que l'oiseau est mort.

Le *H. ecaudatus* compte parmi les oiseaux de proie qu'on peut attirer en se servant comme appât de charognes en décomposition. Ce moyen, employé souvent par M. d'Anchieta pour obtenir le *Gyps occipitalis*, le *Gyps africanus*, l'*Aquila rapax*, le *Spizaetus spilogaster* et le *Milvus aegyptius*, lui a également servi pour cette espèce; mais il lui a moins souvent réussi avec d'autres oiseaux de proie diurnes, tels que *Polyboroides typicus*, *Circaetus cinereus* et les espèces des genres *Falco* et *Accipiter*.

29. Milvus aegyptius

Syn. *Falco aegyptius*, Gm. Syst. Nat. I. p. 261.
Milvus aegyptius, Boc. Av. Afr. occ. Jorn. Sc. Lisboa, n.º V, 1868, p. 39; Shelley.
B. Egypt., p. 196; Sharpe, Cat. Birds B. M. I. p. 321; Sharpe in Layard's
B. S.-Afr., p. 49.
Milvus parasiticus, Hartl. Orn. W-Afr., p. 10; Boc. Jorn. Sc. Lisboa, n.º VIII,
p. 198.
Milvus Forskahli, Heugl. Orn. N. O.-Afr., p. 98; Finsch & Hartl. Vög. Ost-
Afr., p. 63; Boc. Jorn. Sc. Lisboa, n.º XIV, p. 198.

Fig. *Levaillant, Ois. d'Afr.* I, pl. 22.
Savigny, Ois. d'Egypte, pl. 3, *fig.* 1.
Lesson, Traité d'Orn. pl. 14, *fig.* 1.

Caract. Ad. En dessus brun de tan, tête et cou d'une teinte cendrée nuancée de roux; les plumes avec les tiges noires et des bordures claires. Joues et gorge blanchâtres, striées de noir. En dessous roux-brunâtre à la poitrine et roux-ardent au ventre, aux cuisses et aux sous-caudales, avec des stries noires sur les tiges des plumes. Rémiges primaires noires, tirant au brun-clair et variées de brun sur les barbes internes; celles plus rapprochées du corps et les secondaires brunes, plus ou moins distinctement barrées de brun-foncé. Queue peu fourchue, brun-cendrée roussâtre en dessus, grise en dessous, barrée de brun et terminée de roussâtre. Cire, bec et pieds jaune vif; iris châtain (Anchieta).

Dimens. Long. tot. 520 m.; aile 430 m.; queue 220 m.; bec 37 m.; tarse 51 m.; doigt m. 38. m.

Le jeune est d'un brun plus foncé, varié de fauve et strié de noir; tête et cou striés de noir sur un fond roux-fauve: les plumes du dos et les couvertures alaires terminées de fauve; celles de la poitrine et du ventre bordées de brun avec le centre fauve, sur lequel se détachent fortement les stries noires qui couvrent les tiges; cuisses et sous-caudales roux-fauve, striées de noir. Les dernières rémiges primaires et les secondaires terminées de fauve. Queue brune, traversée de plusieurs bandes peu distinctes brun-foncé et terminée de roussâtre.

Habit. Le *M. aegyptius* est très-répandu sur tout le territoire d'Angola. M. d'Anchieta l'a rencontré dans toutes les localités qu'il a visitées non seulement dans les districts méridionaux *(Biballa, Quillengues, Caconda* et *Humbe)*, mais aussi à *Ambaca*, sous la latitude de Loanda: il est très-abondant au Humbe, où les indigènes l'appelent *Kikuambe*.

Nous n'avons pas encore reçu aucun spécimen de son congénère, le *M. ater*, rencontré par Andersson dans le pays des Damaras et des Grands Namaquas.

30. Elanus caeruleus

Syn. *Falco caeruleus,* Desf. Mém. Acad. R. des Scienc. de Paris, 1787, p. 503, pl. 15.
Elanus melanopterus, Hartl. Orn. West-Afr., p. 11; Heugl. Orn. N. O.-Afr., p. 100; Finsch & Hartl. Vög. Ost-Afr., p. 65; Boc. Av. poss. port. Afr. occ. Jorn. Sc. Lisboa, n.° v, p. 39, et p. 47; ibid. n.° viii, p. 337.
Elanus coeruleus, Gurney, in Anderss. B. Damara, p. 20; Sharpe, Cat. Birds B. M. i. p. 337; Sharpe in Layard's B. S.-Afr. p. 52.

Fig. *Levaillant, Ois. d'Afr.* i. pls. 36 et 37.
Werner, Atlas Ois. d'Eur. pl. 37.

Caract. Ad. En dessus gris-cendré, plus clair à la tête; joues, sous-alaires et parties inférieures d'un blanc pur; petites et moyennes couvertures des ailes d'un noir brillant. Paupières et une tache au-dessus de l'œil noires. Rémiges primaires gris-cendré, tirant au brun vers l'extrémité; secondaires d'un gris plus pâle, bordées de blanc en dedans. Rectrices blanches, à l'exception des deux médianes, qui sont ombrées de cendré, avec les tiges noires. Cire et pieds jaunes; bec noir; iris rouge (Anchieta).

Dimens. ♂ Long. t. 320 m.; aile 270 m.; queue 120 m.; bec 24 m.; tarse 31 m.; doigt m. 29 m.

La femelle est d'une taille un peu plus forte que le mâle.

Le jeune est en dessus brun-cendré, avec les plumes bordées de roux et terminées de fauve; le front blanc-roussâtre. En dessous blanc, nuancé et strié de roux sur la poitrine et le ventre. Petites et moyennes couvertures des ailes d'un noir plus terne et terminées d'un étroit liséré blanchâtre, qui se montre aussi à l'extrémité des rémiges et des grandes couvertures alaires. Queue nuancée de gris-cendré et terminée de blanc. Cire et doigts jaune pâle; bec noir; iris jaune d'or (Anchieta).

Habit. M. d'Anchieta nous a envoyé cette espèce de *Maconjo, Huilla* et *Ambaca*. M. Monteiro a rapporté du *Quanza* un exemplaire, qui existe au Muséum britannique. *Kahahula* est son nom indigène à Maconjo[1]. D'après M. d'Anchieta, le *Blac* est doué d'un grand courage et ne craint pas de se battre avec d'autres oiseaux de proie d'une taille supérieure à la sienne.

31. Falco communis

Syn. *Falco communis*, Gm. Syst. Nat. I, p. 270; Heugl. Orn. N. O.-Afr., p. 20; Boc. Av. poss. port. Afr. occ. Jorn. Sc. Lisboa, n.º XIII, p. 131; Sharpe, Cat. Birds B. M. I. p. 377; Sharpe in Layard's B. S.-Afr., p. 56.

Fig. *Buffon, Pl. enl. I. pl. 421.*
Werner, Atlas Ois. d'Eur. pl 21.

Caract. Ad. Plumage en dessus cendré-bleuâtre, barrée de noir, avec les tiges des plumes noires; tête et nuque tirant au noirâtre; joues noires et une large moustache de la même couleur se prolongeant sur les côtés du cou; gorge, partie antérieure et latérale du cou blanches; le reste des parties inférieures d'un blanc nuancé de fauve et de rose, faiblement strié de noir à la poitrine, avec l'abdomen, les sous-caudales et les cuisses marquées de raies transversales noires, souvent interrompues. Rémiges primaires et secondaires brun-noirâtre, lavées de cendré et barrées de blanc-roussâtre sur les barbes internes. Queue cendré-bleuâtre, barrée de noir et terminée de blanc. Cire et pied jaunes; bec noir bleuâtre; iris châtain (Anchieta).

Dimens.

	Aile	Queue	Bec	Tarse	Doigt m.
♂ imparf. adulte.....	325 m.	170 m.	30 m.	55 m.	54 m.
♀ adulte...........	360 m.	200 m.	35 m.	58 m.	55 m.

[1] Suivant M. Monteiro le *C. rupicola* porte à *Cambambe* le nom de *Kahahula* (V. Ibis 1862 p. 335).

Chez le jeune, le plumage est brun en dessus avec les bords des plumes roussâtres, en dessous blanc-roussâtre tacheté de brun; la queue est barrée de brun sur un fond roussâtre et terminée de cette couleur. Avec le progrès de l'âge, le cendré bleuâtre remplace le brun en dessus et sur la queue; les parties inférieures deviennent de plus en plus blanches, à peine nuancées de fauve; à la poitrine et au ventre les taches se réunissent en bandes transversales; la même chose arrive aux cuisses et aux sous-caudales, tandis que les taches de la partie antérieure et latérale du cou tendent à s'effacer ne formant plus que des stries étroites sur les tiges des plumes. La cire du jeune est livide; l'iris brun, plus foncé que chez l'adulte.

Habit. Nous avons reçu en 1872 une paire d'individus de cette espèce du *Rio Coroca*, au sud de Mossamedes. M. d'Anchieta nous informe qu'elle y est vulgaire.

D'après les dimensions que nous avons données ci-dessus, il ne peut rester aucun doute que nos deux individus appartiennent réellement au *F. communis*, et non pas au *F. minor*, rencontré par Andersson à *Objinere* et à *Ondonga*.

De cette dernière espèce ou race méridionale, aucun spécimen ne nous est pas encore parvenu des localités visitées par M. d'Anchieta.

32. Falco biarmicus

Syn. *Falco biarmicus*, Temm. Pl. col. i. pl. 324; Sharpe, Cat. Birds B. M. i. p. 391; Sharpe in Layard's B. S.–Afr., p. 58.
Falco cervicalis, Boc. Av. Afr. occ. Jorn. Sc. Lisboa, n.° xii, 1872, p. 268; ibid. n.° xvii, 1874, p. 49; Gurney in Anderss. B. Damara, p. 13.

Fig. *Temminck, Pl. col. pl.* 324.
Sharpe in Layard's Birds S.–Afr. pl. ii.

Caract. Ad. En dessus cendré-bleuâtre, tirant au noirâtre sur la région interscapulaire et les petites couvertures des ailes, barré de noir sur le dos, les sus-caudales, et les moyennes et grandes couvertures alaires; dessus de la tête et nuque d'un roux ardent, limité sur le front par un espace noir liséré de roussâtre, en bas de la nuque par une tache de cette couleur, de chaque côté par une bande noire se prolongeant depuis l'œil sur le cou; joues d'un roux plus pâle, marquées d'une étroite moustache noire; tour des yeux également noir. Régions inférieures d'un roux-isabelle uniforme; à peine quelques stries noires sur les cuisses. Sous-alaires blanc-isabelle, variées de petites taches et stries noires: les plus longues barrées de noir. Rémiges primaires brun-cendré, traversées sur les barbes internes de nombreuses bandes blanches nuancées de roux; secondaires de la couleur du dos, barrées de noir. Queue cendré-bleuâtre, terminée de blanc et barrée de noir-cendré. Cire, région péri-ophthalmique et pieds jaunes; bec noir-bleuâtre avec la base de la mandibule jaune; iris châtain (Anchieta).

Dimens.

	Aile	Queue	Bec	Tarse	Doigt m.
♂ ad...............	310 m.	160 m.	27 m.	48 m.	41 m.
♀ ad...............	370 m.	190 m.	32 m.	60 m.	49 m.

Le métachromatisme suit chez cette espèce à peu-près la même marche que chez le *F. communis,* avec cette différence importante que les taches brunes, très-développées sur les parties inférieures, chez les jeunes des deux espèces, finissent par disparaître complètement chez l'adulte du *F. biarmicus.* Un jeune mâle de notre collection d'Angola est en dessus brun-noirâtre avec des bordures roux pâle sur toutes les plumes; la tête et la nuque sont roux-isabelle, plus pâles que chez l'adulte, striées de noirâtre et nuancées de brun sur le front. Il est en dessous d'un blanc terne lavé de roussâtre, tacheté de brun foncé sur la poitrine et l'abdomen, strié de brun sur les cuisses, sans taches au bas-ventre et sur les couvertures inférieures de la queue. Rémiges primaires et secondaires brun-foncé, terminées de roussâtre et marquées de bandes de cette couleur sur les barbes internes. Queue brune, étroitement barrée de roux-pâle et largement terminée de roussâtre. Couvertures inférieures de l'aile brunes, tachetées et barrées de roussâtre. Cire, région périophthalmique et pieds jaune-verdâtre; bec noirâtre; iris brun (Anchieta).

Habit. Cette espèce est représentée dans notre collection par deux exemplaires provenant de *Huilla* et trois du *Humbe.* Dans cette dernière localité, où elle paraît abonder, elle est connue sous les noms de *Lucoi* et de de *Kuata-andimba,* ce dernier se traduisant, suivant M. d'Anchieta, par *attrape-lièvres.* Toutefois le lièvre n'est pas son aliment exclusif, car M. d'Anchieta a trouvé dans l'estomac de quelques uns des individus qu'il a pris des morceaux de tourterelles et d'autres oiseaux. Andersson fait mention, dans ses notes, du *F. biarmicus* comme se trouvant depuis la colonie du Cap jusqu'au fleuve *Okavango* et au *Lac Ngami,* et particulièrement commun dans le pays des *Petits Namaquas* et dans le voisinage de l'*Okavango.*

33. Falco subbuteo

Syn. *Falco subbuteo*, Linn. Syst. Nat. i. p. 127; Heugl. Orn. N. O.–Afr., p.
33; Sharpe, Cat. Birds B. M. p. 395; Sharpe in Layard's B. S.–Afr. p. 59.
Hypotriorchis subbuteo, Gurney in Anderss. B. Damara, p. 14; Boc. Av. Afr.
occ. Jorn. Sc. Lisboa, n.° xiv, 1873, p. 175.

Fig. *Werner, Atlas Ois. d'Eur. pl.* 14.
Sharpe et Dresser, B. Eur. pl. iv. *pl.*

Caract. Ad. Cendré de plomb en dessus, tirant au noirâtre sur
la tête; front et nuque variées de blanc; joues et moustaches noires; gorge,
devant et côtés du cou blancs, légèrement teints d'isabelle. En dessous blanc
nuancé de fauve, fortement strié de noirâtre sur la poitrine et l'abdomen; bas-
ventre, cuisses et sous-caudales fauve-isabelle. Sous-alaires blanches, lavées
de fauve et variées de noirâtre. Rémiges primaires brun-noir, barrées de roussâtre sur les barbes internes; secondaires brunes, nuancées de cendré. Rectrices brun-cendré; les deux intermédiaires d'une teinte uniforme, les autres traversées de nombreuses bandes roussâtres, plus ou moins distinctes, sur les
barbes internes. Cire, tour des yeux et pieds jaunes; bec bleuâtre, jaune à la
base; iris châtain (Anchieta).

Dimens. L. t. 320 m.; aile 265 m.; queue 150 m.; bec 18 m.;
tarse 33 m.; doigt méd. 31 m.

Habit. *Gambos.*

Cet individu, le seul d'Angola en notre possession, se fait remarquer par
les teintes très-pâles des cuisses et des couvertures inférieures de la queue,
les premières d'un fauve-isabelle, celles-ci blanches, à peine lavées d'isabelle.
Chez tous les individus d'Europe que nous avons pu examiner, ces parties sont
d'un roux-ardent.

Le *Hobereau* visite le pays des Damaras pendant la saison des pluies.
D'après les notes laissées par Andersson, il s'y montre en compagnie de mil-
liers d'individus d'*Erythropus vespertinus*, *Tinnunculus rupicolus*, *Milvus
migrans*, etc., dont l'apparition est presque simultanée. M. Gurney observe
qu'il se répand plus loin sur le territoire d'*Ovampo*, car on a trouvé dans les
collections d'Andersson un individu pris à *Ondonga*[1]. L'individu envoyé par
M. Anchieta prouve qu'il se fait voir accidentellement dans les contrées situées
au nord du *Cunene*.

[1] V. Gurney in Anderss. B. Damara, p. 15.

34. Cerchneis rupicola

Syn. *Falco rupicolus*, Daud. Traité d'Orn. II, p. 135.

Tinnunculus rupicolus. Monteiro, Ibis, 1862, p. 335; Boc. Av. Afr. occ. Jorn. Sc. Lisboa, n.º II, 1867, p. 132; ibid., n.º IV, p. 331; ibid., n.º VIII, p. 339; Gurney in Anderss., B. Damara, p. 18.

Cerchneis rupicola. Sharpe, Cat. Birds B. M., p. 429; Sharpe in Layard's B. S.-Afr., p. 62.

Fig. *Levaillant, Ois. d'Afr.* I. pl. 35.
 Sharpe, P. Z. S. 1874. p. 580. pl. LXVIII, fig. 1 et 2.

Caract. Mâle ad. Dessus et côtés de la tête et du cou cendré-bleuâtre, avec les tiges des plumes noires; front et lores roussâtres; dos et couvertures alaires roux vif, marquées de taches angulaires noires, plus nombreuses et plus développées sur les couvertures alaires et les scapulaires; croupion et sus-caudales cendré pâle, striés de noir sur les tiges. En dessous d'un roux moins vif, marqué de stries noires sur la poitrine et de petites taches ovales sur l'abdomen et les flancs; gorge, bas-ventre et sous-caudales d'un fauve pâle, sans taches. Sous-alaires blanches variées de petites taches noirâtres. Rémiges primaires brunes, lisérées de blanc à l'extrémité, barrées et bordées de blanc sur les barbes internes; secondaires de coloration variable, les plus externes semblables aux primaires, celles qui les suivent brunes tachetées ou barrées de brun et de blanc, les plus internes de la couleur du dos avec des bandes brunes, qui disparaissent presque entièrement sur les dernières. Queue cendré-bleuâtre pâle, portant à l'extrémité une large bande noire suivie d'un liséré blanc. Cire et tour des yeux jaunes; pieds jaune vif; bec jaunâtre à la base, bleu-noirâtre vers la pointe; iris brun-chocolat (Anchieta).

Dimens.

	L. t.	Aile	Queue	Bec	Tars.	Doig. m.
♂ ad........	350 m.	240 m.	160 m.	19 m.	41 m.	30 m.
♀ ad..	360 m.	250 m.	160 m.	20 m.	43 m.	31 m.

Deux individus mâles envoyés de Loanda diffèrent considérablement de tous les autres, rapportés des districts méridionaux d'Angola, par leurs teintes plus foncées (cendré de plomb sur la tête, roux-marron en dessus et en dessous) et par leur taille plus petite ; ils se rapprochent sous ce rapport de *C. ne-glecta*, Schleg., de l'archipel du Cap-Vert[1].

Dimens. L. t. 290 m.; aile 220 m.; queue 150 m.; bec 18 m.; tarse 39 m.; doigt m. 29 m.

Chez deux individus jeunes, l'un mâle, l'autre femelle, le dessus de la tête et du cou est d'un roux semblable à celui du dos et fortement strié de noir ; le manteau, le croupion et les sus-caudales sont barrées de noir ; la queue cendrée, nuancée de roussâtre et traversée de plusieurs bandes complètes noires, dont la dernière est la plus large, mais sans toutefois atteindre la largeur qu'elle a chez l'adulte.

La femelle adulte est généralement décrite comme ressemblant au jeune, ayant comme celui-ci la tête et le cou d'un roux vif strié de noir, mais avec la queue cendré, barrée de noir et terminée de blanc. Le fond cendré de la queue chez la femelle est l'un des caractères cités comme pouvant servir à mieux séparer cette espèce de celle d'Europe *(C. tinnunculus)*, dont la queue est barrée de noir sur un fond roux. Il est vrai que la découverte récente faite en Angleterre d'un individu femelle de cette dernière espèce à queue cendrée[2], amoindrit la valeur qu'on attribuait à un tel moyen de distinction ; cependant nous pensons qu'on ne doit pas se hâter à tirer des conclusions trop absolues d'un fait isolé et peut-être exceptionnel. Nous devons ajouter que parmi les nombreux individus de *C. rupicola* envoyés par M. d'Anchieta, il s'en trouve plusieurs, marqués comme femelles, ayant la tête et le cou d'un cendré bleuâtre strié de noir, et la queue de la même couleur avec une large bande sous-terminale noire, précédée d'autres plus étroites et plus ou moins complètes. La plupart de ces individus dépassent à peine les dimensions de ceux marqués comme mâles. M. d'Anchieta est d'ordinaire un observateur si exact et si consciencieux, qu'il nous est difficile d'admettre qu'il se soit mépris sur le sexe de tous ces individus ; et comme nous ne pouvons prendre la responsabilité d'un fait que nous n'avons pas vérifié, nous aimons mieux l'exposer tel qu'il se nous présente, en attendant le résultat de nouvelles observations.

Les différences les plus remarquables que nous constatons entre les mâles adultes de *C. rupicola* et *C. tinnunculus* consistent dans la diversité de leurs teintes, d'un roux plus pâle chez la dernière espèce, et dans l'efface-ment presque complet des moustaches noires chez la première.

Habit. *Loanda, Capangombe* et *Huilla*. On l'appele *Banro* à Capan-

---

[1] V. *Schlegel, Mus. des Pays-Bas, Revue Accipit.* p. 43.
[2] V. *Sharpe, On the females of the Common and South-African Kestrels.* P. Z. S. 1874 p. 580.

gombe et *Katebi* à Huilla. Il doit être commun dans cette dernière localité, à juger d'après le nombre d'individus que nous avons reçus. M. Monteiro [1] l'a rencontré à *Cambambe*, sur la rive gauche du Quanza, et aussi près de l'*Ambriz*. Le nom qu'il porte à Cambambe suivant M. Monteiro est *Cahahula* (M. d'Anchieta écrit *Kahahula*), usité dans d'autres endroits pour désigner le *F. biarmicus* et d'autres oiseaux de proie [2].

35. Cerchneis cenchris

Syn. *Falco cenchris*, Cuv. Regn. Anim. 1, p. 322; Heugl. Orn. N. O.-Afr., p. 43.
Tinnunculus cenchris, Gurney in Anderss. B. Damara, p. 17.
Cerchneis Naumanni, Sharpe, Cat. Birds B. M. 1, p. 435.
Cerchneis angolensis, Boc. Jorn. Sc. Lisboa, n.° XIX, 1876, p. 153.

Fig. *Werner, Atlas Ois. d'Eur. pl. 12.*
Gould, Birds Eur. 1, pl. 27.

Caract. Vieux mâle. Plumage d'un roux-ardent en dessus, plus pâle en dessous, sans stries ni taches; tête et cou en dessus et sur les côtés d'un cendré-bleuâtre uniforme; croupion, sus-caudales et queue gris-bleuâtre, celle-ci terminée par une large bande noire bordée de blanc; gorge, bas-ventre et couvertures inférieures de la queue d'un fauve-pâle; une partie des couvertures alaires et des rémiges secondaires d'un gris-bleuâtre, frangées de roux, formant une large bande transversale sur l'aile. Rémiges primaires brun-noirâtres, largement bordées de blanc sur les barbes internes. Cire et tour des yeux jaunes; bec jaune à la base, couleur du corne bleuâtre à la pointe; pieds jaune vif, iris brun (Anchieta).

Dimens. L. t. 320 m.; aile 250 m.; queue 155 m.; bec 20 m.; tarse 34.; doigt m. 22 m.

L'absence complète de taches noirâtres chez l'individu dont on vient de lire la description sommaire, nous l'avait fait prendre d'abord pour une espèce inédite, pour laquelle nous avions proposé le nom de *C. angolensis;* mais l'ayant soumis dernièrement à l'examen de deux ornithologistes d'une autorité incontestable, MM. Gurney et Sharpe, nous avons dû changer d'idée pour nous conformer à leur avis. En effet, sauf l'absence de taches sur les ré-

[1] V. Monteiro, Ibis, 1862, p. 835.
[2] M. Anchieta nous dit que ce mot signifie « ravisseur » dans le *dialecte bunda* du district de Loanda.

gions inférieures, il ressemble tellement au mâle adulte de *C. cenchris*, qu'il est plus sage d'attribuer à l'influence de l'âge, combinée peut-être avec celle du climat, la disparition complète des taches. Sous ce rapport cet individu se rapproche d'avantage de *C. pekinensis*, regardé par quelques ornithologistes comme une race asiatique de *C. cenchris ;* mais d'après les renseignements que M. Gurney a eu l'obligeance de nous transmettre, la bande grise-bleuâtre sur l'aile est chez celui-ci sensiblement plus large.

La femelle adulte de *C. cenchris* diffère beaucoup du mâle ; elle est barrée de brun-noirâtre sur un fond roux en dessus, et striée de la même couleur en dessous sur un fond plus pâle ; l'aile ne porte pas de bande grise. Le jeune mâle ressemble à la femelle.

Habit. Cet individu, capturé par M. d'Anchieta à *Huilla*, est jusqu'à présent le seul document qu'on puisse produire de l'existence de *C. cenchris* sur le territoire d'Angola. Andersson comprend cette espèce dans sa liste des oiseaux du pays des *Damaras*, mais il ajoute qu'elle y est rare et s'y montre à peine pendant la saison des pluies.

36. Cerchneis vespertina

Syn. *Falco vespertinus*, Linn. Syst. Nat. I. p. 129; Heugl. Orn. N. O.-Afr.
I. p. 39; Shelley B. Egypt., p. 193.
Erythropus vespertinus, Boc. Av. Afr. occ. Jorn. Sc. Lisboa, n.° v, 1868, p.
47; Gurney in Anderss. Birds Damara, p. 15.
Cerchneis vespertina, Sharpe, Cat. Birds B. M., p. 443: Sharpe in Layard's B.
S.-Afr. p. 65.

Fig. *Buffon, Pl. Enl.* I, *pl.* 431.
Sharpe and Dresser, B. Europe, Part I, *pl.*

Caract. Mâle ad. En dessus cendré-bleuâtre, plus foncé sur le dos et les couvertures alaires, tirant au noir sur la tête ; en dessous plus pâle, les tiges des plumes d'une teinte plus sombre ; bas-ventre, sous-caudales et cuisses d'un roux marron vif ; couvertures inférieures de l'aile de la couleur du dos. Rémiges primaires gris-argenté ; secondaires gris-cendré. Queue noire en dessus, nuancée de brun en dessous. Cire, tour des yeux et pieds rouge foncé ; bec noir-bleuâtre, jaune à la base ; iris châtain (Anchieta).

Dimens. L. t. 290 m.; aile 240 m.; queue 140 m.; bec 17 m.; tarse 27 m.; doigt m. 24 m.

La femelle a à peu-près la taille du mâle. Elle est d'un cendré-bleuâtre barré de noir sur le dos et les couvertures alaires, avec la tête et le cou roux; les régions inférieures d'un roux-fauve, plus pâle et mélangé de jaunâtre sur la gorge, le devant et les côtés du cou et les sous-caudales; lores et tour des yeux noirs; sous-alaires roux-fauve. Rémiges primaires brun-cendré, marquées de bandes gris-blanchâtre sur les barbes internes; secondaires cendré-bleuâtre, barrées de noir. Queue cendré-bleuâtre, terminée de roussâtre et barrée de noir; la dernière bande plus large que les autres. Cire et pieds jaunes; bec noirâtre, jaune à la base; iris chocolat (Anchieta).

Les jeunes ressemblent à la femelle; mais ils ont le dos cendré lavé de brun sans bandes transversales distinctes, les régions inférieures fortement striés de brun-roux à la poitrine et au ventre sur un fond isabelle, les couvertures inférieures de l'aile de cette couleur variées et barrées de brun-roux, la queue barrée de brun-noir sur un fond gris nuancé de roux. Cire et tour des yeux jaune-pâle; pieds jaunes nuancés de rouge; iris brun (Anchieta).

Habit. M. d'Anchieta nous envoya de *Huilla*, en 1868, une intéressante série d'individus de cette espèce. Elle y est commune, et connue sous le nom de *Kalebi*. Une autre espèce, *C. amurensis*, voisine de celle-ci, mais distincte par ses couvertures inférieures de l'aile d'un blanc pur, visite fréquemment le *Zambeze* et le *Natal*, et étend même ses migrations jusqu'au *pays des Damaras*, car les collections d'Andersson contenaient un petit nombre d'exemplaires sans indication précise de localité; cependant M. Anchieta ne l'a pas encore rencontrée dans les districts méridionaux d'Angola [1].

37. Cerchneis ardesiaca

Syn. *Falco ardosiacus*, Bon. & Vieill. Enc. Meth. i, p. 1238, Hartl. Orn. West.-Afr. p. 9; Heugl. Orn. N. O.-Afr. p. 34; Boc. Av.-Afr. occ. Jorn. Sc. Lisb. n.° xvi, 1873, p. 283.
Aesalon ardosiacus, Boc. Jorn. Sc. Lisb., n.° xvii, 1874, p. 34.
Cerchneis ardesiaca, Sharpe, Cat. Birds B. M. i, p. 446; Sharpe in Layard's B. S.-Afr. p. 67.

Fig. *Temminck*, Pl. Col. pl. 330.

Caract. Adulte. Plumage cendré-bleuâtre avec les tiges des plumes noires; gorge tirant au blanchâtre. Rémiges primaires noirâtres, marquées de bandes étroites blanches sur les barbes internes, remplacées chez les individus vieux par de petites taches; secondaires brunes nuancées de cendré, celles

[1] V. Gurney, in Andersson, B. Dam. p. 17; Ibis, 1868 p. 41 pl. ii; Sharpe, in Layard's B. S Afr. p. 66.

plus rapprochées du corps d'un cendré-bleuâtre. Couvertures inférieures de l'aile de la couleur du dos. Rectrices cendré-bleuâtre avec d'étroites bandes blanches sur les barbes internes, indistinctes sur les deux rectrices intermédiaires. Cire, tour des yeux et pieds jaunes; bec noir-bleuâtre, jaune à la base de la mandibule; iris châtain (Anchieta).

	L. t.	Aile	Queue	Bec	Tarse	Doigt m.
♂............	350 m.	230 m.	150 m.	25 m.	40 m.	35 m.
♀............	380 m.	250 m.	165 m.	25 m.	42 m.	37 m.

Le plumage du jeune est d'un cendré plus foncé, lavé partout de brunâtre. Avec l'âge il devient d'abord cendré de plomb et plus tard cendré-bleuâtre, plus ou moins pâle. Le jeune a la cire, le tour des yeux et les pieds d'un jaune verdâtre.

Habit. C'est seulement dans le *Humbe*, près des bords du *Cunene* et vers les confins méridionaux d'Angola, que M. d'Anchieta a pu rencontrer cette espèce; mais on l'a dernièrement découverte sur les bords du Quanza, d'après les renseignements qui nous sont transmis par notre ami M. Sharpe. Elle paraît manquer absolument dans l'Afrique méridionale: Andersson, qui s'est rapproché beaucoup du territoire exploré par M. d'Anchieta, ne l'a jamais aperçue. Son habitat comprend l'Afrique occidentale et l'Afrique orientale, ayant pour limites inférieures à l'ouest le *Cunene*.

38. Cerchneis Dickersoni

Syn. *Falco Dickinsonii*, Sclat. P. Z. S. 1864, p. 249; id. Ibis, 1864, p. 305, pl. VIII; Finsch & Hartl. Vög. Ost-Afr., p. 71.
Æsalon Dickinsonii, Boc. Av. Afr. occ. Jorn. Sc. Lisboa, n.° VIII, 1869, p. 337.
Cerchneis Dickersoni, Sharpe, Cat. Birds B. M. I, p. 447; Sharpe in Layard's B. S-Afr., p. 68.

Fig. *Sclater, Ibis,* 1864, *pl.* VIII.

Caract. Ad. Tête et cou d'un blanc grisâtre avec les tiges des plumes noires; dos et couvertures alaires brun-noirâtre légèrement nuancée de cendré, croupion et couvertures supérieures de la queue gris-blanchâtre. En dessous cendré, nuancé de brun à la poitrine et à l'abdomen, avec les cuisses et les sous-caudales d'un cendré plus pur. Rémiges primaires et secondaires brunes, barrées de blanc sur les barbes internes. Queue longue et arrondie, terminée de blanc, traversée de bandes blanches et noires d'égale largeur, à l'exception de la dernière qui est plus large. Cire, tour des yeux et pieds jaunes d'ocre ; iris brun (Anchieta).

Dimens. ♂ ad. L. t. 280 m.; aile 200 m.; queue 130 m.; bec 21 m.; tarse 35 m.; doigt m. 26 m.

Habit. Le seul individu que M. d'Anchieta nous a envoyé de cette espèce a été pris à *Caconda* en janvier 1869. Elle a été découverte au Zambeze par le dr. Dickerson et rencontrée plus tard dans cette même partie de l'Afrique, à laquelle elle semble appartenir plus spécialement, par le dr. Kirk.

FAM. STRIGIDAE

39. Scotopelia Peli

Syn. *Ketupa Peli,* Kaup, Contr. Orn., 1852, p. 117.
Scotopelia Peli, Hartl. Orn. West-Afr. p. 18; Sharpe in Layards B. S.-Afr., p. 69; Sharpe, Cat. Birds B. M. II. p. 10.

Fig. *Gurney, Ibis,* 1859, *pl.* xv.

Caract. Ad. En dessus roux-châtain, marqué de nombreuses bandes irrégulières noires, tirant au fauve sur la tête, où les bandes deviennent moins distinctes; couvertures et pennes des ailes châtain, barrées de noir exactement comme le dos; la face inférieure de l'aile nuancée de roux et ornée des mêmes bandes noires que la face supérieure; queue plus pâle que le dos, d'un roux-fauve, traversée de bandes noires; parties inférieures châtain clair, avec des taches cordiformes, souvent irrégulières; couvertures inférieures de l'aile roux-châtain, variées de taches et de raies noires, plus distinctes sur les rangs inférieurs; cire couleur de plomb bleuâtre; bec de la même couleur que la cire, mais d'une nuance plus foncée, excepté à la pointe; tarses blanc sale, nuancés de rose-bleuâtre; iris brun-noirâtre foncé. (Sharpe, loc. cit.)

Cette espèce, connue d'abord d'après des exemplaires rapportés de divers points de l'Afrique occidentale, de Sénégambie au Gabon, a été rencontrée plus tard au Zambeze, mais n'avait jamais été observée dans l'Afrique méridionale, ni sur la côte occidentale au sud de l'équateur. Quoique nous ne l'ayons pas reçue de M. Anchieta ni d'aucun de nos correspondants, nous n'hésitons pas à l'inscrire dans la liste des espèces d'Angola sous la responsabilité de notre ami M. Sharpe, qui l'a vue parmi d'autres oiseaux rapportés du *Quanza*.

La *Scotopelia Peli* est malheureusement une des espèces africaines qui ne se trouvent pas encore représentées dans les collections du Muséum de Lisbonne.

Les deux autres espèces de ce genre, récemment décrites par M. Sharpe sous les noms de *Scotopelia Usheri* (Ibis, 1871, p. 101, pl. 12) et de *Sc. Bouvieri* (Ibis, 1875, p. 261), l'une de Fanti, l'autre du Gabon, nous sont également inconnues.

40. Bubo lacteus

Syn. *Strix lactea*. Temm. Pl. Col. pl. 4.
Bubo lacteus, Hartl. Orn. West-Afr. p. 19; Heugl. Orn. N. O.-Afr., p. 112; Finsch & Hartl. Vög. Ost-Afr., p. 101; Sharpe in Layard's B. S.-Afr., p. 71; Sharpe, Cat. Birds B. Mus. II. p. 33.
Nyctaetus Verreauxi, Boc. Av. Afr. occ. Jorn. Sc. Lisboa, n.° VIII, 1870, p. 338.
Huhua Verreauxi, Gurney in Anderss. B. Damara, p. 41.

Fig. *Temminck, Pl. Col. pl. 4.*

Caract. Ad. Plumage en dessus délicatement tacheté et vermiculé de brun sur un fond gris-brun pâle; en dessous d'un ton plus blanchâtre, et marqué de stries ondulées plus distinctes, avec la gorge strié de brun. Disque facial blanchâtre largement cerclé de noir. Aigrettes terminées de brun-foncé. Lores garnis de vibrisses noires. Une bande blanche sur l'aile, formée par de larges taches de cette couleur sur les grandes couvertures des ailes: d'autres taches de la même couleur sur les barbes externes des scapulaires. Rémiges barrées de brun, avec les intervalles des bandes gris ou blancs, plus ou moins pointillés de brun; secondaires les plus rapprochées du corps de la couleur du dos. Rectrices moyennes brunes, vermiculées de brun-cendré, les autres distinctement barrées de brun, avec les intervalles des bandes blanchâtres sur les barbes internes, et terminées de blanc. Cire livide; bec jaunâtre; iris chocolat (Anchieta).

Dimens. ♀ adulte. L. t. 630 m.; aile 480 m.; queue 260 m.; bec 65 m.; tarse 80 m.; doigt m. 62 m.

Le plumage du jeune est distinctement marqué, tant en dessus qu'en dessous, de raies brunes plus larges et plus espacées; les couvertures alaires et les scapulaires sont rayées de brun sans aucun indice des taches blanches si remarquables chez l'adulte; le bec est brun de corne à la base et jaunâtre vers l'extrémité.

Habit. *Quillengues* et *Caconda,* dans l'intérieur de Benguella, sont les seuls endroits d'où M. d'Anchieta nous ait envoyé cette espèce.

41. Bubo maculosus

Syn. *Strix maculosa,* Vieill. & Oud. Gal. Ois. t. 23.
Bubo fasciolatus, Boc. Av. Afr. occ. Jorn. Lisbon n.° ii, 1867, p. 132.
Bubo maculosus, Hartl. Orn. West-Afr. p. 19; Heugl. Orn. N. O. Afr. p. 114:
 Finsch & Hartl. Vög. Ost.-Afr. p. 103; Boc. Jorn. Sc. Lisboa, n.° xii,
 1871, p. 269; ibid. n.° xvi, 1873, p. 283; ibid. n.° xvii, 1874, p. 50;
 Sharpe in Layard's B. S. Afr. p. 73; Sharpe, Cat. Birds B. M. ii, p. 30.

Fig. *Vieill. & Oud. Gal. Ois. t. 23.*
 Levaillant, Ois. d'Afr. i. pl. 39.
 Temminck, Pl. col. pl. 50.
 Ferret et Gallinier, Voy. Abyss. iii, p. 287, Atl. pl. 2.
 Lefebvre, Voy. Abyss. Ois. Atlas, pl. 4.

Caract. Ad. En dessus brun, varié et vermiculé de fauve et de blanc; brun-foncé sur la tête avec de petites taches blanches arrondies; marqué de taches plus grandes de cette couleur sur le bas du cou, la partie antérieure du dos, les scapulaires et les couvertures alaires; en dessous rayé de brun sur un fond blanchâtre et tacheté de brun-foncé sur les côtés de la poitrine; menton et une grande tache à la face antérieure du cou d'un blanc pur. Disque facial gris avec des raies concentriques brunes, bordé de brun. Aigrettes variées de brun et de gris, et terminées de brun. Rémiges et rectrices barrées de brun, avec les intervalles des bandes, gris ou blanc-fauve, plus ou moins tachetés et pointillés de brun. Bec noirâtre; iris jaune ou châtain (Anchieta).

Dimens.

	L. t	Aile	Queue	Bec	Tarse	Doigt m.
♂ adulte..............	460 m.	340 m.	195 m.	44 m.	62 m.	43 m.
♀ ad..............	480 m.	360 m.	205 m.	47 m.	65 m.	45 m.

La femelle, dont les dimensions sont à peine supérieures à celles du mâle, lui ressemble entièrement quant aux couleurs.

En comparant nos individus adultes d'Angola à un exemplaire que nous possédons du *B. Cinerascens* d'Abyssinie, nous arrivons à reconnaître entre

eux quelques légères différences: chez celui-ci les raies des régions inférieures sont moins accentuées et plus rapprochées, les taches blanches sur la tête
et le cou moins distinctes, le fond de ces parties moins foncé, le bec moins
fort et plus étroit. Toutefois ces différences s'effacent lorsque nous comparons
cet exemplaire à un individu d'Angola qui a toute l'apparence de jeune.

M. Gurney accorde une grande valeur, pouvant même servir comme
distinction générique, à la différente coloration de l'iris, brun chez les individus d'Abyssinie, jaune chez le *B. maculosus.* de l'Afrique australe. Malgré
tout notre respect pour l'incontestable autorité de l'éminent ornithologiste anglais, l'expérience acquise au sujet des variations de couleur de l'iris chez
les oiseaux de proie ne nous permet pas de baser sur ce caractère seul la
distinction des deux espèces, et nous hésitons d'autant plus à suivre l'opinion
de M. Gurney, que nous trouvons sur l'étiquette d'un mâle adulte du *B. maculosus,* reçu dernièrement du Humbe, l'indication «iris brun», écrite de la main
de M. d'Anchieta.

La pl. 50 de Temminck, généralement citée pour cette espèce, laisse
beaucoup à désirer comme couleurs et comme formes. Le *Choucouhou* de
Levaillant (Ois. d'Afr. i, pl. 39) a été probablement représenté d'après un exemplaire du *B. maculosus* très-détérioré par un long séjour dans l'alcool.

Habit. *Caconda, Huilla* et *Humbe.* Il porte dans cette dernière localité le nom de *Cimbi.* M. d'Anchieta nous apprend qu'il construit le nid dans
les trous des grands arbres et qu'il mange des insectes.

42. Scops leucotis

Syn. *Strix leucotis,* Temm. Pl. Col. pl. 16.
Scops leucotis, Hartl. Orn. West-Afr. p. 21; Boc. Av. Afr. occ. Jorn. Lis-
　　boa, n.º ii, 1867, p. 132; Ib. n.º iv, 1867, p. 331; Ib. n.º viii, 1870,
　　p. 308; Gurney in Anderss. Birds Damara, p. 40; Sharpe in Layard's B.
　　S-Afr., p. 74; Sharpe, Cat. Birds B. Mus. ii, p. 97.
Bubo leucotis, Finsch & Hartl. Vög. Ost-Afr., p. 106; Hengl. Orn. N. O. Afr.,
　　p. 115.

Fig. *Temminck, Pl. Col. pl.* 16.

Caract. Plumage brun-cendré clair, plus pâle en dessous, fortement strié de noir et finement vermiculé de brun, tirant au noir et pointillé
de blanc à la tête; de petites taches plus distinctes blanches sur les couvertures alaires; lores garnis de vibrisses blanches. Disque facial blanc, bordé de
noir; aigrettes longues, de la couleur du dos, terminées de noir. Une tache
blanche, plus ou moins apparente, au devant de la poitrine. Sous-alaires blan-

ches, striées de noir. Rémiges et rectrices brun-cendré, vermiculées de brun et traversées de bandes étroites brunes. Couvertures inférieures de la queue blanches; tarses blanchâtres avec de petites taches brunes. Bec jaunâtre pâle; iris jaune-orange (Anchieta).

Dimens. ♂ ad. L. t. 270 m.; aile 200 m.; queue 97 m.; bec 29 m.; tarse 33 m.; doigt m. 24 m.

La femelle ne diffère pas du male en dimensions ni en couleurs.

Habit. *Duque de Bragança, Ambaca* et *Rio Chimba* (Capangombe). Un individu de la première localité portait sur l'étiquette le nom indigène *Casseia*, un autre de *Rio Chimba* celui de *Cacóco*. Ces noms sont également donnés au *Scops capensis*.

43. Scops capensis

Syn. *Scops capensis*, Smith. S.-Afr. Quart. Journ. 1834, p. 314; Boc. Av. Afr. occ. Jorn. Sc. Lisboa, n.° v, 1868, p. 40; Ib. n.° viii, 1870, p. 338; Gurney in Anderss. B. Damara, p. 38; Sharpe in Layard's B. S.-Afr. p. 75.
Scops senegalensis, Strickl. & Sclat. B. Damara, Contr. Orn., 1852, p. 142; Boc. Av. Afr. occ. Jorn. Sc. Lisboa, n.° ii, 1867, p. 132, n.° xii, 1871, p. 269 et n.° xvi, 1873, p. 196; Sharpe, Cat. Birds B. Mus. ii. p. 52.
Ephialtes senegalensis, Finsch, Trans. Zool. Soc. vii, p. 210.

Fig. *Sharpe, Cat. Birds B. Mus. ii, pl. iii. fig.* 1.

Caract. Plumage gris-brunâtre nuancé de roux, strié et vermiculé de noir, varié de blanc et de brun; quelques taches plus grandes et plus distinctes blanches sur les grandes couvertures des ailes et les scapulaires; les stries du dessus de la tête et des régions inférieures plus larges et d'un noir plus profond. Aigrettes à fleur de tête de la couleur du dos. Sous-alaires blanches, lavées de roux et variées de brun. Rémiges primaires avec de grandes taches blanches sur les barbes externes et barrées de brun sur les internes. Sous-caudales blanches rayées de brun. Queue gris-brunâtre, pointillée de brun et rayée en travers de cette couleur. Tarses blancs tachetés de brun. Bec et doigts brun-terreux; iris jaune (Anchieta).

La 1e rémige est à peine plus longue que la 8e, la 2e égale à la 5e.

Dimens. ♂ ad. L. t. 180 m.; aile 140 m.; queue 65 m.; bec 17 m.; tarse 22 m.; doigt m. 17 m.

Les individus plus jeunes ou imparfaitement adultes sont plus nuancés de roux et ont l'iris jaune-verdâtre.

M. Gurney s'est prononcé récemment en faveur de la distinction du *Sc. capensis* par rapport à son congénère de l'Afrique occidentale, le *Sc. senegalensis*, mais sans faire mention de leurs caractères différentiels. Ne possédant pas d'individus originaires des localités particulièrement citées comme *habitat* de cette dernière espèce (Sénégal, Bissâo et Gabon), nous ne pouvons émettre aucun avis à cet égard. Tous nos individus d'Angola, quoique provenant de points assez éloignés, ne présentent pas des différences apréciables.

Habit. *Duque de Bragança* et *Pungo-Andongo*, au nord du Quanza; *Maconjo*, *Biballa*, *Gambos* et *Huilla*, dans l'intérieur de Mossamedes. Les étiquettes des exemplaires de *Gambos* portent, écrit de la main de M. d'Anchieta, le nom indigène *Cacôco*, remplacé sur l'étiquette d'un individu de *Biballa* par celui de *Muningo*.

44. Glaucidium perlatum

Syn. *Strix perlata*, Vieill. Enc. Meth. p. 1290.
Athene perlata, Hartl. Orn. West-Afr. p. 17; Boc. Av. Afr. occ. Jorn. Sc. Lisboa, n.° VIII, p. 338: ib. n.° XVII, 1874, p. 50; Gurney in Anderss. B. Dam. p. 37.
Noctua perlata, Hengl. Orn. N. O.-Afr. p. 120.
Carine perlata, Sharpe in Layard's B. S.-Afr. p. 77.
Glaucidium perlatum, Sharpe, Cat. Birds B. M. II. p. 209.

Fig. *Levaillant, Ois. d'Afr.* VI. pl. 284.

Caract. Ad. Plumage en dessus brun-olivâtre ou brun-marron, nuancé de roux sur la tête et varié de taches arrondies blanches, lisérées de noirâtre, plus petites et plus rapprochées sur la tête et le cou; au dessous de la nuque un demi-collier blanc et roux, bordé de noir. Parties inférieures blanc lavé de roussâtre, tachetées de roux sur la gorge et la poitrine, fortement striées de brun sur l'abdomen; sous-caudales blanches, sans taches. Joues blanchâtres. Remiges brun-olivâtre, marquées en dehors et en dedans de grandes taches blanc-fauve, régulièrement espacées. Queue longue de la couleur du dos, ornée de taches alongées blanches disposées en deux séries régulières sur chaque rectrice. Cire, bec et doigts jaune-verdâtre; iris jaune chez l'adulte, châtain chez le jeune (Anchieta).

Dimens. ♂ ad. L. t. 200 m.: aile 120 m.; queue 85 m.; bec 16 m.; tarse 21 m.; doigt m. 20 m.

Habit. Le *G. perlatum* se trouve fort répandu sur tous les districts d'Angola; nous l'avons reçu de *Loanda*, d'*Ambaca*, de *Quillengues*, dans l'intérieur de Benguella, de *Huilla* et dernièrement de *Kiulo* et du *Humbe* sur la rive droite du *Cunene*. M. d'Anchieta leur a trouvé souvent l'estomac rempli de coléoptères. Ce voyageur a également remarqué que cette chouette s'empare des ruches d'abeilles abandonnées pour y établir son nid. Son nom indigène à Kiulo est *Cahombo*.

45. Otus capensis

Syn. *Otus capensis*, Smith. S.-Afr. Quart. Journ. 2.ª ser., p. 306; Boc. Av. Afr. occ. Jorn. Sc. Lisboa, n.º v, 1868, p. 47.
Phasmaptinx capensis, Monteiro, Ibis, 1862, p. 336; Gurney in Anderss. B. Damara, p. 43.
Asio capensis, Sharpe in Layard's B. S.-Afr., p. 78; Sharpe, Cat. Birds B. Mus. II p. 239.

Fig. *Smith, Ill. S.-Afr. Zool. Aves, pl. 67.*

Caract. Parties supérieures et poitrine brun-rougeâtre avec de petites taches et vermiculations jaune-pâle sur le cou, les couvertures des ailes et les scapulaires. En dessous rayé de brun-roux et varié de blanc sur un fond jaune d'ocre, plus pâle sur le bas-ventre et les sous-caudales; celles-ci immaculées. Gorge rayé de jaune et de brun; disque facial jaunâtre bordée de brun, tour des yeux brun. Sous-alaires jaune d'ocre pâle, avec quelques taches brunes; les plus longues largement terminées de brun. Rémiges brunes barrées de roux-fauve, les secondaires terminées de blanc. Rectrices barrées de brun et de jaune d'ocre, les deux ou trois extérieures, de chaque côté, barrées de brun et de blanc et terminées de blanc. Plumes des tarses et poils des doigts blanc-jaunâtre. Bec noirâtre; iris brun foncé (Anchieta).

Dimens.

	L. t.	Aile	Queue	Bec	Tarse	Doigt m.
♂ ad	360 m.	280 m.	150 m.	34 m.	50 m.	26 m.
♀ ad	380 m.	305 m.	165 m.	36 m.	53 m.	29 m.

Habit. Nos deux spécimens ont été envoyés par M. Anchieta de *Huilla*, où l'espèce est commune et connue des habitants sous le nom de

Eculo. M. Monteiro l'a rencontrée dans les districts du nord, à *Cambambe*, et nous apprend qu'elle n'y est pas rare [1].

46. Syrnium nuchale

Syn. *Syrnium nuchale,* Sharpe, Ibis, 1870, p. 489; Proc. Z. S. L., 1871, p. 613; Ussher, Ibis, 1874, p. 46; Sharpe, Cat. Birds B. Mus. II. p. 265.

Fig. *nulla.*

Diagn. *S. affine S. Woodfordi, sed multo saturatius, collo postico fasciis latis albis notato, pectore saturate brunneo late albo-transfasciato.*

Telle est la diagnose donnée par M. Sharpe de cette espèce.

Suivant le même auteur, le *S. nuchale* remplace le *S. Woodfordi* dans l'Afrique occidentale, et il serait distinct de celui-ci par des teintes plus foncées et par l'absence presque complète de taches blanches et de vermiculations brunes sur les couvertures alaires et sur le dos.

En 1871, M. Sharpe publia (loc. cit.) la description d'un individu jeune, originaire de *Camarões,* rapporté par lui et par M. Gurney à cette espèce. Les caractères de cet individu s'accordent en effet assez bien avec ceux d'un exemplaire de *Fanti,* que M. Shelley nous a envoyé en cadeau. Chez cet individu le fond du plumage en dessus est d'un brun-noirâtre pâle; des bandes transversales blanches bordées de brun, régulièrement disposées sur la tête et le cou, et suivies d'autres plus larges sur le manteau, lui donnent un facies tout particulier; les parties inférieures, d'un fauve-pâle, sont ornées sur la poitrine et la partie antérieure du ventre de bandes égales à celles du dos, mais ces bandes disparaissent complètement sur le bas-ventre, les couvertures inférieures de la queue et les plumes des jambes.

Habit. Le *S. nuchale* habite *Fanti, Camarões* et le *Gabon.* A ces localités il faut ajouter encore *Gambia* et *Casamansa,* car très probablement les individus de ces provenances rapportés par quelques ornithologistes au *S. Woodfordi,* appartenaient en réalité à l'autre espèce.

Nous n'avons pas reçu ni l'une ni l'autre espèce d'Angola; mais M. Sharpe nous écrit qu'il a rencontré dernièrement le *S. nuchale* dans une collection d'oiseaux du *Quanza,* qui venait d'arriver en Angleterre.

[1] V. Monteiro, *Ibis,* 1862, p. 336.

47. Strix flammea

Syn. *Strix flammea,* Linn. Syst. Nat. I. p. 133; Hartl. Orn. West-Afr. p.
21; Monteiro, *Ibis,* 1862, p. 336; Boc. Av. Afr. occ. Jorn. Sc. Lisb., n.º II,
1867, p. 132; ib. n.º VIII, 1870, p. 338; ib. n.º XIV, 1873, p. 136;
Sharpe in Layard's B. S.-Afr. p. 82; Sharpe, Cat. Birds B. Mus. II. p. 291.
Strix affinis, Layard, B. S.-Afr. p. 43.
Strix poensis, Gurney in Anderss. B. Damara, p. 36.

Fig. *Buffon, Pl. Enl. pl. 440.*

Caract. Plumage en dessus gris-cendré pointillé de brun et largement varié de fauve-orange vif, orné de petites taches alongées mi-parties
noir et blanc; en dessous blanc, lavé de jaune d'ocre et parsemé de petites taches brunes. Disque facial blanc avec le tour des yeux roux-cannelle, bordé de
brun-roux. Rémiges traversées de bandes alternes fauve-orange et brun pointillé de gris, bordées de blanc sur les barbes internes. Sous-alaires de la couleur des parties inférieures, les plus longues terminées de brun-cendré pâle.
Queue barrée de brun sur un fond roux-fauve, plus ou moins ombré et pointillé de gris et de brun. Bec blanchâtre; iris brun-foncé.

Dimens.

	L. t.	Aile	Queue	Bec	Tarse	Doigt m.
♂ ad..........	310 m.	280 m.	120 m.	33 m.	64 m.	34 m.
♀ ad..........	335 m.	300 m.	130 m.	34 m.	68 m.	37 m.

M. Gurney considère spécifiquement distincts de la *St. flammea* d'Europe
les individus de l'Afrique australe, qu'il comprend avec ceux de l'Afrique occidentale sous le nom de *St. poensis,* Fraser, leur attribuant comme caractères
différentiels, des dimensions un peu plus fortes, la coloration des parties supérieures d'une teinte en général plus foncée et des petites taches brunes plus
nombreuses et plus disséminées sur les régions inférieures. Parmi nos individus d'Angola il s'en trouve un, originaire du *Bengo,* dont les teintes sont
réellement plus foncées comparativement au système de coloration que l'Effraie d'Europe présente habituellement; mais chez les autres les caractères
différentiels admis par M. Gurney ne se font pas remarquer: ils présentent les
mêmes variations de couleur que nous sommes habitués à rencontrer sur les
individus d'Europe.

A juger d'après un spécimen que nous possédons de l'ile St. Thomé, la

St. thomensis, Hartl., nous paraît bien distincte de la *St. flammea* par son disque facial complètement teint de roux-marron et par ses couleurs plus foncées partout, d'un brun-noirâtre pointillé de gris et varié de roux-orange en dessus, avec les parties inférieures nuancées de cette dernière couleur et parsemées de taches arrondies brunes.

Habit. L'Effraie, en portugais *Coruja,* se trouve largement répandue sur tous les districts d'Angola; nous possédons des exemplaires provenant de l'intérieur de *Loanda,* du *Bengo* (voyage du Dr. Welwitsch), d'*Ambaca,* de *Huilla* et de *Gambos.* Les indigènes du district de Loanda l'appellent *Côco* ou *Carôco.* Elle est considérée partout comme un oiseau de mauvais augure.

48. Strix capensis

Syn. *Strix capensis,* Smith, S.-Afr. Quart. Journ. Nov. ser. 1836; Boc. Av.
　　Afr. occ. Jorn. Sc. Lisboa, n.º ii, 1867, p. 133; Sharpe in Layard's B.
　　S.-Afr. p. 81; Sharpe, Cat. Birds B. Mus. ii, p. 307.
　　Strix punctata, Shelley, Ibis, 1875, p. 66.

Fig. *Smith, Ill. Zool. S.-Afr. Aves pl.* 45.

Caract. Mâle vieux. En dessus brun-rougeâtre foncé, varié de jaune au bas du cou et sur le bord de l'aile, avec quelques points blancs disséminés, plus distincts sur les couvertures de la queue. En dessous jaune-ocracé, varié de taches brunes, à l'exception des sous-caudales et des tarses. Disque facial blanc, teint de roux-marron bordé de brun, avec une tache brun-roux au-devant des yeux. Rémiges brun-rougeâtre pâle, gardant encore sur les barbes internes quelques vestiges de bandes plus foncées. Rectrices médianes de la couleur des rémiges; les plus externes lavées et pointillées de brun en dehors, d'un blanc pur sur les barbes internes; les intermédiaires d'un brun très pâle, avec trois bandes plus foncées incomplètes et peu apparentes. La queue est blanche en dessous.

Dimens. Aile 320 m.; queue 120 m.; tarse 78 m.; doigt m. 34 m.

Chez un individu de *Durban* (Afrique australe), que nous devons à l'obligeance de M. Shelley, les parties supérieures sont plus nettement marquées de taches angulaires blanches, les rémiges distinctement barrées de brun et la queue plus fortement nuancée et barrée de brun sur un fond blanc-sale, à l'exception des deux rectrices médianes, qui sont d'un brun uniforme et marquées de quelques petites taches blanches vers le bout.

Habit. Un individu de *Golungo-Alto*, provenant du voyage du dr. Welwitsch en 1854, est le seul document que nous puissions produire en faveur de l'existence de cette espèce dans les possessions portugaises d'Angola. M. d'Anchieta ne l'a pas rencontrée dans les districts méridionaux qu'il a visités, et elle n'est pas comprise dans la liste des espèces observées par Andersson sur le vaste territoire qu'il a exploré au sud du *Cunene*.

ORDO II. PSITTACI

FAM. PSITTACIDAE

49. Psittacus erythacus

Syn. *Psittacus erythacus*, Linn. Syst. Nat. I. p. 144; Hartl. Orn. West–Afr.
p. 166.; Finsch, Papag. II. p. 309; Heugl. Orn. N. O.-Afr. I. p. 745; Monteiro, Angola and Congo, I. p. 54.
Psittacus pulverulentus, Magyar László, Délafrik. Utazásai, 1849-57, I. p. 242.

Fig. *Buffon, Pl. enl. pl.* 311.
Levaillant, Perroquets, pls. 99 à 101.

Caract. Ad. Plumage cendré; joues blanches; rémiges noirâtres; rectrices et couvertures supérieures et inférieures de la queue d'un rouge foncé. Bec noirâtre; pieds pâles; iris variant du blanc au jaune pâle.

Dimens. Long. tot. 390 m.; aile 222 m.; queue 82 m.; bec 38 m.; tarse 21 m.

Habit. Ce perroquet, l'un des plus anciennement apprivoisés, est bien connu en Portugal sous le nom de «Perroquet d'Angola».

Lopes de Lima dans ces *Essais sur la statistique des possessions portugaises d'outremer*, cite ce perroquet comme l'un des oiseaux communs à Angola, mais sans donner des indications précises quant aux localités où il se trouve[1].

M. Monteiro est plus explicite; dans son ouvrage récemment publié sur Angola et le Congo, il nous apprend que cette espèce se laisse voir au Congo en bandes nombreuses, tandis qu'elle est inconnue au sud de cette ré-

---

[1] V. Lopes de Lima, *Ensaios sobre a estatística das possessões portuguezas do ultramar*, III, p. 20.

gion, si ce n'est à *Cassange*, où la variété rouge, appellée «Perroquet du Roi», n'est pas rare.

L'absence d'exemplaires de ce perroquet dans les collections d'oiseaux recueillis à Angola confirme ces renseignements de M. Monteiro; toutefois ce serait fort prématuré de vouloir fixer les limites méridionaux de son habitat d'après les résultats d'observations fort incomplètes. Nous avons quelque peine à croire que cette espèce, en s'éloignant de la côte à partir du Congo, ne dépasse pas le parallèle de *Cassange*, comme M. Monteiro semble l'insinuer, car Ladislas Magyar affirme l'avoir rencontrée à *Bihé*, dans l'intérieur de Benguella, trois degrés au sud de Cassange. Ce voyageur, dont les connaissances en ornithologie laissent beaucoup à désirer, emprunte à une espèce américaine le nom scientifique, *P. pulverulentus,* dont il se sert pour la désigner; mais d'après le resumé qu'il donne de ses caractères, il ne peut rester le moindre doute, comme l'a fort bien remarqué M. O. Finsch[2], que c'est bien du *P. erythacus* qu'il entend parler.

La variété à plumage rouge, ou tapiré de rouge, est beaucoup plus rare. Il paraît que tous les individus de cette variété que les noirs de l'intérieur apportent vivants à Loanda, viennent de localités très éloignées de la côte, telles que *Cassange* et *Lunda*. Nous avons eu l'occasion de voir à Lisbonne un de ces oiseaux, provenant de la dernière localité, chez un de nos amis qui a rempli pendant quelques années les fonctions de gouverneur général d'Angola.

50. Pionias Rüppelli

Syn. *Psittacus Rüppellii*, G. R. Gray, Proc. Z. S. L. 1848, p. 125, pl. 5; Hartl. Orn. West-Afr., p. 168; Monteiro, Proc. Z. S. L., 1865, p. 94.
Poeocephalus Rüppelli, Boc. Jorn. Sc. Lisb., n.° IV. 1867, p. 336; ibid. n.° XVII, 1874, p. 57.
Pionias Rüppelli, Finsch, Papag. II. p. 498.
Poicephalus Rüppelli, Gurney in Anderss. B. Damara, p. 214.

Fig. *G. R. Gray, Proc. Z. S. L. 1848, pl. 5.* (imparf. ad.)

Caract. Ad. Brun-olivâtre foncé, écaillé de gris sur la tête et nuancé de cette couleur sur les joues et les côtés du cou; croupion, bas-ventre et couvertures supérieures et inférieures de la queue d'un beau bleu de cobalt; petites couvertures de l'aile jaune-citron, formant une large épaulette; sous-alaires de cette même couleur; culottes jaune-orange; rémiges et rectrices de la couleur du dos. Bec et doigts noirâtres; iris châtain (Anchieta).

Dimens. L. t. 240 m.; aile 160 m.; queue 77 m.; bec 25 m.; tarse 16 m.

[1] V. Monteiro. Angola and the River Congo, I. p. 54.
[2] V. Finsch. Papag. II. p. 312.

Nous avons reçu des districts méridionaux d'Angola plusieurs individus de cette espèce, parmi lesquels il y en a, désignés comme mâles et femelles adultes, dont les couleurs sont parfaitement conformes à la description ci-dessus, ce qui nous porte à conclure, d'accord avec les observations d'Andersson, que la livrée d'adulte est commune aux deux sexes.

Chez d'autres individus, dont le croupion, le bas ventre et les couvertures de la queue sont teints de bleu de cobalt un peu moins vif, les épaulettes jaunes manquent entièrement, les culottes ne présentent pas aucune trace de jaune, et les sous-alaires sont à peine variées de cette couleur. Celle-ci est évidemment la livrée du jeune.

Enfin deux individus, mâle et femelle, nous présentent une troisième combinaison de couleurs plus difficile à bien interpréter: ils portent les larges épaulettes jaunes et les culottes jaune-orange de l'adulte, mais le bleu de cobalt du croupion et des couvertures de la queue leur fait défaut, les plumes de ces régions se montrant à peine nuancées de vert-olivâtre. Cet état du plumage, fidèlement représenté dans la figure de Gray, a été pris d'abord pour la livrée de la femelle adulte; mais cette supposition tombe devant les observations d'Andersson[1], confirmées par M. d'Anchieta, qui a constaté l'uniformité des couleurs chez les deux sexes. La seule alternative qui nous reste, c'est de regarder ces individus comme des cas particuliers, ou des variations accidentelles, de la livrée de transition.

Habit. Le *P. Rüppelli* a été rencontré par M. d'Anchieta à *Capangombe* et au *Humbe;* il porte dans la première de ces localités le nom de *Kissuanga,* dans la seconde celui de *Kissua.* M. Monteiro le comprend dans la liste des espèces qu'il a eu souvent l'occasion d'observer à *Novo Redondo* et à *Mossamedes*[2]; Andersson le dit commun dans le pays des Damaras[3].

51. Pionias Meyeri

Syn. *Psittacus Meyeri*, Rüpp. Atlas, p. 18, tab. 11.
Phaeocephalus xanthopterus, Heugl. Cab. Journ. 1862, p. 294.
Pionias Meyeri, Finsch, Papag. II. p. 494; Finsch & Hartl. Vög. Ost–Afr. p. 500; Heugl. Orn. N. O.–Afr., p. 743.
Poeocephalus Meyeri, Boc. Jorn. Sc. Lisboa, n.º v, 1868, p. 45; ibid. n.º VIII, 1870, p. 348.
Poicephalus Meyeri, Gurney in Anderss. B. Damara. p. 213.

Fig. *Rüppell, Atlas, Aves, tab.* 11.

Caract. Mâle ad. Brun-olivâtre; croupion et couvertures supérieu-

[1] V. Gurney, in Anderss. B. Damara, p. 215.
[2] V. Monteiro, Proc. Z. S., 1865, p. 94.
[3] Gurney in Anderss. B. Damara, p. 214.

res de la queue d'un beau vert nuancé de bleu de cobalt; abdomen, sous-caudales et cuisses vert tendre, variées de jaune, les sous-caudales surtout tirant à cette couleur; petites couvertures de l'aile et sous-alaires jaune-jonquille. Rémiges et rectrices brun-olivâtre, avec une étroite bordure plus pâle nuancée de vert. Bec et pieds noirâtres; iris couleur de chocolat, avec un cercle extérieur d'un rouge de brique (Anchieta).

Dimens. L. t. 230 m.; aile 155 m.; queue 75 m.; bec 23 m.; tarse. 16 m.

Chez un autre individu mâle, dont les épaulettes jaunes ne sont pas encore complètement développées, les plumes du dos sont bordées de vert, et les pennes des ailes et de la queue portent un liséré étroit de cette couleur.

Habit. Nos deux individus, les seuls connus comme originaires d'Angola, ont été pris par M. d'Anchieta, l'un à *Biballa*, l'autre à *Caconda*, dans l'intérieur de Mossamedes. Cette découverte prouve que ce perroquet, commun dans l'Afrique orientale et australe, se répand jusqu'à la partie méridionale d'Angola, sans cependant se rapprocher de la côte; mais ces visites doivent être rares, à juger par ce fait, que depuis 1870 pas un seul individu de cette espèce ne s'est retrouvé dans les nombreuses collections expédiées par M. d'Anchieta et recueillies sur une aire assez étendue, de Mossamedes au Humbe.

Cette espèce n'a jamais été observée au nord d'Angola; au sud des possessions portugaises elle habite, d'après Andersson, le pays des Damaras, la partie nord surtout, et la région des Lacs [1], plus rapprochée du Cunene.

52. Pionias Gulielmi

Syn. *Pionus Gulielmi*, Jard. Contr. Orn. p. 64.
Psittacus Guilielmi, Hartl. Orn. West-Afr., p. 164.
Psitt. Lecomtei, Verr. op. Hartl. Orn. West-Afr., p. 167.
Pococephalus Gulielmi, Boc. Av. Afr. occ. Jorn. Sc. Lisb. n.° II, 1868, p. 142; Ibid. n.° VIII, 1870, p. 348.
Pionias Gulielmi, Finsch, Papag. II, p. 480.

Fig. *Jardine, Contrib. Ornith. pl.* 14.

Caract. Mâle ad. Plumes du dos et couvertures des ailes brun-noirâtre, largement bordées de vert; tête et cou nuancés de cette couleur; une

[1] V. Gurney in Anderss. B. Damara, p. 214.

large tache rouge-orangé occupant le sinciput depuis le front jusqu'à derrière les yeux; lores noirs. En dessous vert, avec les bases des plumes brunes, nuancé de jaune sur le bas-ventre et les couvertures inférieures de la queue; bord de l'aile et partie inférieure des culottes rouge-safran. Rémiges et rectrices brunes, avec un liséré plus pâle sur les barbes externes. Bec rougeâtre sur les côtés de la mâchoire supérieure, le reste noirâtre.

Dimens. L. t. 280 m.; aile 200 m.; queue 90 m.; bec 40 m.; tarse 20 m.

Chez un individu marqué comme femelle, le rouge manque entièrement à la tête, au pli de l'aile et aux cuisses, mais les sous-alaires et quelques plumes des flancs sont variées de cette couleur; le front porte une étroite bande noirâtre.

Habit. *Angola,* au nord du Quanza dans les plateaux de l'intérieur. Deux individus, mâle et femelle, de *Sange,* dans le district de *Pungo-Andongo,* du voyage du dr. Welwitsch, et trois individus jeunes, envoyés de Loanda par M. Toulson, se trouvent dans nos collections. Dans une étiquette attachée aux deux premiers nous avons trouvé une petite note écrite de la main du dr. Welwitsch, constatant que ces oiseaux se nourrissaient à Sange des fruits d'un arbre inédit. Ce sont probablement les fruits du *Morus excelsa,* espèce décrite plus tard par Welwitsch, à propos des quels il écrivait: «Syncarpia numerosos passarum greges tanto pabulo sustentant[1]». Les trois individus envoyés par M. Toulson sont probablement originaires de la même contrée.

Ce perroquet semble appartenir exclusivement à l'Afrique occidentale; il a été observé à la côte de Guiné et au Congo.

53. Pionias fuscicollis

Syn. *Psittacus fuscicollis,* Kuhl, Consp. Psitt. p. 93.
Psittacus pachyrrhynhcus, Hartl. Orn. West-Afr., p. 167.
Poeocephalus magnirostris, Souancé, Rev. et Magaz. Zool. 1856, p. 216.
Poeocephalus fuscicollis, Boc. Av. Afr. occ. Jorn. Sc. Lisb. n.º xvi, 1873, p. 285.
Pionias fuscicollis, Finsch, Papag. ii. p. 473; Boc. Av. Afr. occ. Jorn. Sc. Lisb. n.º xvii, 1874, p. 41.

Fig. *Nulla.*

Caract. Ad. En dessus vert-olivâtre, avec le centre des plumes

---

[1] V. Welwitsch, *Sertum* angolense. Trans. Linn. Soc. L. Vol xxvii, p. 69.

brun lavé de jaune; partie inférieure du dos, croupion, couvertures supérieures et inférieures de la queue et ventre vert-pré, variés de jaune, avec la
base des plumes de cette dernière couleur. Tête, cou et poitrine d'un beau
gris-argenté, avec le centre des plumes légèrement teint d'olivâtre et les tiges
brunes; une large tache rouge-pâle, nuancée de gris, sur la tête, depuis le
front jusqu'à derrière les yeux; gorge, joues et côtés du cou légèrement teints
de rouge-sombre. Le bord de l'aile et les plumes inférieures des cuisses
rouge de minium. Rémiges et rectrices brunes, avec un étroit liséré plus pâle,
qui prend sur la plupart de ces pennes une teinte vert-olivâtre. Bec blanchâtre;
pieds couleur de plomb; iris châtain (Anchieta).

Dimens. L. t. 330 m.; aile 230 m.; queue 10 m.; bec 46 m.;
tarse 23 m.

Cette description sommaire est faite d'après un mâle adulte.

Un autre individu, désigné comme femelle, porte exactement la même
livrée, sans excepter le rouge au front, au bord de l'aile et aux cuisses; nous
y remarquons à peine que le gris-argenté de la tête, du cou et de la poitrine
est moins pur, plus mélangé d'olivâtre, et que la gorge et les joues sont plus
distinctement nuancées de rouge-sombre.

Chez une femelle plus jeune des teintes plus sombres, où le brun-olivâtre domine davantage, remplacent le gris-argenté; le front est, ainsi que les
joues et la gorge, nuancé de rouge-sombre; le pli de l'aile ne présente pas
aucun vestige de rouge, mais il y en a déjà aux dernières plumes des cuisses.

Enfin, un quatrième individu mâle se rapproche du mâle adulte quant à
la coloration gris-argenté de la tête, du cou et de la poitrine, mais le front
commence à peine à se nuancer de rouge, et quelques plumes de cette couleur se font remarquer au pli de l'aile et aux cuisses.

Indépendamment des dimensions du bec, les différences de coloration
nous semblent suffisantes pour bien distinguer le *P. fuscicollis* du *P. robustus.*
Les individus de cette dernière espèce, que nous avons pu examiner, ne présentent jamais le ton gris-argenté qui domine sur la tête, le cou et la poitrine
du *P. fuscicollis;* chez les adultes, les plumes de ces parties, largement bordées de jaune verdâtre sur un fond olivâtre, offrent un aspect tout différent.
On peut encore ajouter, comme caractère différentiel d'un facile emploi, le
différent mode de coloration du dos et des parties inférieures chez les deux
espèces: le *P. robustus* a les plumes du dos brun-noirâtre, bordées de vert,
et celles du ventre et les couvertures caudales vert-malachite, avec les bases
brun-olivâtre; tandis que chez le *P. fuscicollis* les plumes du dos ont le centre
olivâtre, et celles du ventre et les sous-caudales sont vert-pré, avec les bases
jaunes.

Habit. *Humbe.*

M. d'Anchieta nous écrit que le *P. fuscicollis*, nommé *Kissua* par les indigènes, se montre souvent au Humbe par bandes peu nombreuses; il se nourrit de fruits sylvestres, mais occasionne aussi des dégâts dans les plantations.

La découverte de cette espèce dans le Humbe est un fait intéressant pour la géographie zoologique, car cette espèce était regardée comme appartenant exclusivement à l'Afrique occidentale, de Sénégambie au Gabon.

Andersson ne fait pas mention de *P. fuscicollis;* mais il cite son congénère de l'Afrique méridionale, le *P. robustus*, comme très-abondant à *Ovaquenyama*, au nord du pays des Damaras, dans une contrée voisine du *Cunene* et du territoire exploré par M. d'Anchieta[1], et cependant cette dernière espèce ne figure pas dans les collections envoyées par notre intrépide voyageur. Nous ne serons pas fort surpris si l'on vient à reconnaître que le naturaliste suédois a pris l'une espèce pour l'autre.

54. Psittacula pullaria

Syn. *Psittacus pullarius*, Linn. Syst. Nat. p. 149.
Agapornis pullaria, Hartl. Orn. West-Afr. p. 168; Boc. Jorn. Sc. Lisboa, n.°
     II, 1867, p. 143; Heugl. Orn. N. O.-Afr. p. 748.
Agapornis xanthops, Heugl. Cab. Journ. f. Orn. 1863, p. 271.
Psittacula pullaria, Finsch, Papag. II, p. 636.

Fig. *Bourjot, Perroq. pl.* 90.

Caract. Ad. Plumage vert-pré, front, lores et gorge rouge-safran; croupion bleu de cobalt; couvertures supérieures et inférieures de la queue vert-jaunâtre. Sous-alaires noires, celles du bord de l'aile variées de bleu et de jaune. Rémiges brunes, nuancées de vert sur les barbes externes. Rectrices, à l'exception des deux médianes, d'un vert uniforme, rouges à la base, terminées de vert-jaunâtre, avec une bande noire séparant ces deux couleurs. Bec rouge-clair; iris brun.

Dimens. L. t. 130 m.; aile 92 m.; queue 41 m.; bec 15 m.

Chez la femelle le rouge de la tête est moins vif, plus orangé et moins étendu sur la gorge.

Habit. Nos deux individus, mâle et femelle, les seuls que nous ayons jamais reçus d'Angola, nous ont été envoyés de Loanda en 1866 par M. Toulson; nous les croyons originaires de l'intérieur, probablement de *Cazengo*, car d'autres oiseaux de cette provenance faisaient partie du même envoi.

[1] V. Gurney, in Anderss. B. Damara. p. 213.

Au nord d'Angola, cette espèce a été observée dans la Côte d'Or et dans les iles de Fernão do Pó et de Saint Thomé.

55. Psittacula roseicollis

Syn. *Psittacus roseicollis*, Vieill. N. Dict. H. N., xxv, p. 377.
Agapornis roseicollis, Boc. Jorn. Sc. Lisboa n.° ii, 1867, p. 336.
Psittacula roseicollis, Layard, B. S. Afr. p. 231; Finsch, Papag. ii p. 640;
Monteiro, Proc. Z. S. L. 1865, p. 94; Finsch & Hartl. Vög. Ost.–Afr.
p. 501; Gurney in Anderss. B. Damara, p. 216; Boc. Jorn. Sc. Lisboa,
n. xvi, 1873, p. 292.
Psittacula passerina, Magyar László, Délafrik. Utazasai, 1849–57, i. p. 242.

Fig. *Bourjot, Perroquets, pl.* 91.

Caract. Ad. Plumage vert-pré, tirant davantage au jaune en dessus; front et sourcils rouges; lores, joues et gorge d'un rose clair; croupion et couvertures supérieures de la queue bleu de cobalt. Couvertures inférieures de l'aile de la couleur de l'abdomen. Rémiges brunes, bordées de vert en dehors. Rectrices médianes vertes, les autres rouges à la base, largement terminées de vert-bleuâtre, avec une bande noire intermédiaire à ces deux couleurs sur les barbes internes. Bec jaunâtre; iris châtain.

Dimens. L. t. 178 m.; aile 104 m.; queue 47 m.; bec 21 m:

Habit. Nos spécimens sont originaires de *Catumbella*, de *Capangombe* et du *Humbe*. Suivant M. Monteiro, cette espèce est très commune de *Novo Redondo* à *Mossamedes*, où elle fait de grands dégats dans les champs de blé. M. Sharpe cite un individu de Catumbella rapporté par Sala en 1868[1].

Nos individus de Catumbella portent sur l'étiquette le nom indigène *Xiquengue*.

Andersson a rencontré cette espèce partout dans le pays des Damaras et des Grands Namaquas, à Okavango et aux environs du lac Ngami; elle aurait, d'après ce voyageur, l'habitude de s'approprier les nids d'autres oiseaux, spécialement ceux du *Philetaerus socius* et du *Plocepasser mahali*[2].

[1] V. Sharpe, Proc. Z. S. L. 1870, p. 146.
[2] V. Gurney in Anderss. B. Damara, p. 217.

ORDO III. PICARIAE

FAM. PICIDAE

56. Dendrobates immaculatus

Syn. *Dendrobates immaculatus,* Sw. B. West.–Afr. ii. p. 152; Sundev.
Consp. Av. Pic. p. 45.
Dendropicus immaculatus, Hartl. Orn. West–Afr. p. 180; Sharpe, Proc. Z.
S. L., 1873, p. 717.
Mesopicus immaculatus, Malh. Monogr. Picid. ii. p. 47.
Scolecotheres immaculatus, Cab. & Hein. Mus. Hein. iv. 1863, p. 135.

Fig. *Nulla.*

Caract. Ad. «Plumage olivâtre, sans tâches; en dessous gris,
nuancé d'olivâtre sur la poitrine; menton, joues et cou cendrés; dessus de la
tête et croupion rouges; rémiges et rectrices noirâtres, bordées d'olivâtre,
les rémiges tachetées de blanc vers la base des barbes internes; couvertures
inférieures de l'aile variées de blanc et de noir; bec noirâtre. Long. $7^3/_4$
pouces; bec $^9/_{10}$ p.; aile $4\,^3/_{10}$ p.; queue $3^1/_2$ p.» (Hartlaub)[1].

Cette espèce, dont la description originale est due à Swainson, n'est pas
généralement admise. Les ornithologistes qui se sont plus particulièrement
occupés de ce groupe difficile d'oiseaux, Malherbe, Sundevall, Cabanis et
Heine, ne trouvent pas des motifs suffisants pour séparer le *D. immaculatus,*
Sw. du *P. menstruus,* Scop. *(P. capensis,* Gm.). Sundevall non seulement se
déclare en faveur de leur identité spécifique, mais il ne craint pas même d'affirmer que l'espèce établie par Swainson sous un nouveau nom, d'après un
individu du Cap, ne se trouve pas dans l'Afrique occidentale[2].

Nous avons à opposer à cette assertion de Sundevall la récente découverte, dans une collection d'oiseaux que le capitaine Sperling a rapportée du
Congo, d'un individu cité par M. Sharpe sous le nom de *D. immaculatus*[3].
C'est précisément ce qui nous a déterminé à faire mention de cette espèce,
tout en reconnaissant que la question de son identité avec le *P. menstruus* a
besoin d'être approfondie.

[1] V. Hartl. Orn. West-Afr., p. 180.
[2] V. Sundevall. Consp. Av. Pic. p. 45.
[3] V. Sharpe, Proc. Z. S. L., 1873, p. 717.

57. Dendrobates namaquus

Syn. *Picus namaquus*, Licht. Sen., Cat. Hamb. p. 17; Sundev. Consp. Pic.
p. 42; Finsch & Hartl. Vög. Ost – Afr. p. 507.
Dendropicus biarmicus, Malh. Monogr. Picid. I. p. 193, Atl. pl. 42, fig. 4 à 7.
Dendrobates namaquus, Layard, B. S – Afr. p. 236; Boc. Jorn. Sc. Lisboa,
n.° IV, 1867, p. 336; ibid. n.° VIII, 1870, p. 348; ibid. n.° XVI, 1873,
p. 286; Sharpe, Proc. Z. S. L., 1871, p. 134.
Dendropicus namaquus, Sharpe Cat. Afr. B. p. 18; Boc. Jorn. Sc. Lisboa,
n.° XVII, 1874, p. 57.
Thripias namaquus, Gurney in Anderss. B. Damara p. 219.

Fig. *Levaillant, Ois. d'Afr.* VI. *pls.* 251 *et* 252.

Caract. Mâle ad. En dessus olivâtre, orné de bandelettes d'un blanc
jaunâtre; front et vertex noirs pointillés de blanc; occiput rouge; nuque d'un
noir profond; un grand espace blanc recouvrant les joues et les côtés du cou,
traversé derrière l'œil par une bande noire; une large moustache noire descendant de la base de la mandibule sur les côtés du cou; croupion et couvertures supérieures de la queue nuancés de jaune, celles-ci terminées de jaune-
orange. En dessous rayé en travers de brun-olivâtre et de blanc-cendré, à
l'exception de la gorge, qui est d'un blanc pur. Rémiges brun-olivâtre, marquées sur les bords de taches jaunâtres, avec les baguettes jaunes. Rectrices
tirant un peu plus au jaune, ornées sur les bords de bandelettes jaunâtres,
avec les tiges d'un jaune d'or. Sous-alaires rayées de blanc et de brun-olivacé.
Bec et pieds noirs; iris rouge (Anchieta).

Dimens. ♂ L. t. 245 m.; aile 136 m.; queue 80 m.; bec 32 m.;
tarse 18 m.

Chez la femelle, le dessus de la tête, du front à la nuque, est varié de
petites taches blanches sur un fond noir. Elle a l'iris rouge comme le mâle.

Habit. Ce Pic est assez répandu sur le territoire d'Angola. Sala l'a
rencontré à *Golungo-Alto;* M. d'Anchieta en a recueilli de nombreux spécimens à *Capangombe (Rio Chimba* et *Maconjo), Caconda* et *Humbe.* Suivant
ce voyageur, les indigènes de Capangombe et du Humbe l'appellent *Bangula;*
mais ce nom leur sert également à désigner d'autres espèces de Pics.

Andersson l'a observé dans les pays des Grands Namaquas et des Damaras jusqu'à la rivière *Okavango* et le *Lac Ngami;* il est plus abondant dans
ces dernières localités.

58. Dendrobates cardinalis

Syn. *Picus cardinalis,* Gm. Syst. Nat. I. p. 438; Sundev. Consp. Pic. p. 42.
Dendropicus fulviscapus, Malb. Monogr. Picid. I. p. 196, Atlas, pl. 43, fig.
    1-4, pl. 43 bis, fig. 1-4.
Picus flaviscapus, Monteiro, Proc. Z. S. L., 1865, p. 96.
Dendrobates fulviscapus, Layard, B. S. – Afr. p. 237; Boc. Jorn. Sc. Lisboa,
    n.° IV, 1867, p. 336; ibid. n.° V, 1868, p. 45; ibid. n.° |VIII, 1870, p.
    348.
Dendrobates cardinalis, Sharpe, Proc. Z. S. L., 1871, p. 135; ibid. 1873, p.
    716.
   Dendropicus cardinalis. Gurney in Anderss. B. Damara, p. 220; Boc. Jorn.
    Sc. Lisboa, n.° XVII, 1874, p. 57.

Fig. *Levaillant, Ois. d'Afr.* VI. *pl.* 253.

Caract. Mâle ad. Sinciput brun-terreux pâle; huppe occipitale
rouge, suivie d'un espace noir à la base du cou; dos, croupion et couvertures
supérieures de la queue rayées de jaunâtre sur un fond brun-olivâtre; croupion et sus-caudales plus fortement nuancés de jaune, celles-ci tirant au rouge
vers l'extrémité; gorge et joues blanches, la région auriculaire ombrée de
gris; une raie brune descendant de la base de la mandibule sur les côtés du
cou; couvertures supérieures de l'aile tachetées et rayées de blanc jaunâtre.
En dessous blanc strié de noirâtre, légèrement teint de jaune sur la poitrine
et le ventre; les stries de la poitrine plus fortes, celles du milieu du ventre
plus étroites et souvent effacées. Rémiges brunes, tachetées de blanc-jaunâtre sur les bords; les dernières secondaires traversées de bandes blanchâtres.
Rectrices barrées de brun et de blanc fauve. Les baguettes des rémiges et des
rectrices jaunes, celles des rémiges d'une teinte plus vive. Bec et pieds noirâtres, tirant à couleur de plomb; iris rouge sombre (Anchieta).
    Chez la femelle, le rouge sur la tête est remplacé par du noir.

Dimens. L. t. 168 m.; aile 97 m.; queue 53 m.; bec 17 m.; tarse
15 m.

    Le dessin des parties inférieures n'est pas identique dans tous nos exem-
plaires: la forme et le nombre des stries varie; elles sont tantôt plus grosses
et bien distinctes, non seulement à la poitrine, mais sur le ventre et les couvertures inférieures de la queue, tantôt plus étroites partout et presque effa-

cées sur le bas-ventre et les sous-caudales. Ces différences se font justement remarquer sur des individus de la même provenance et faisant partie du même envoi.

On serait tenté de rapporter quelques uns de nos individus au *D. Hartlaubi*, Malh., espèce tellement voisine du *D. cardinalis*, qu'il faut, suivant MM. Finsch et Hartlaub[1], un œil exercé pour les bien distinguer, car ses caractères différentiels consisteraient à peine dans la présence de stries moins larges à la poitrine et de traits longitudinaux à demi éteints sur le bas-ventre et les sous-caudales. Nous constatons, cependant, que ceux de nos individus mâles marqués de stries plus fortes et plus largement disséminées sur les régions inférieures ont toute l'apparence d'être plus jeunes que les autres, ce qui est surtout mis en évidence par la coloration de leurs couvertures supérieures de la queue, d'un jaune plus ou moins vif, mais sans aucun vestige de rouge ; et cette observation nous fait demander s'il ne serait plus rationnel de réunir les deux espèces sous une dénomination commune, ou plutôt de réleguer le *D. Hartlaubi* dans la synonymie du *D. cardinalis*.

M. Sharpe fait mention d'un individu du *D. Hartlaubi* rapporté de *Loanda* par M. Monteiro[2], et, suivant le même auteur, une femelle du *D. cardinalis* se trouverait parmi les oiseaux recueillis par Sala dans le *Golungo-Alto*. M. Gurney comprend l'une et l'autre espèce dans son ouvrage sur les oiseaux du pays des Damaras[3], la première sur l'autorité de MM. Finsch et Hartlaub, la seconde d'après un individu d'*Objimbinque* actuellement dans la collection de M. Sharpe. Il paraît donc que les deux formes, si difficiles à bien distinguer, habitent les mêmes lieux, ce qui établit une forte présomption en faveur de leur identité spécifique.

Habit. *Congo* (Sperling) ; *Golungo-Alto* (Sala) ; *Mossamedes* (Monteiro) ; *Ambaca, Capangombe, Biballa* et *Humbe* (Anchieta).

Il porte à Capangombe le nom de *Bangula*, dont les indigènes se servent en général pour désigner les Pics et qui, suivant M. d'Anchieta, signifie *forgeron*. Les étiquettes de quelques individus du Humbe portent aussi le nom indigène *Balambamba*.

[1] V. Finsch & Hartl. Vog. Ost Afr. p. 513.
[2] V. Sharpe, Proc. Z. S. L. 1869, p. 569.
[3] V. Gurney in Anderss. B. Damara, p. 220

59. Campethera chrysura

Syn. *Dendromus chrisurus*, Swains. B. West.-Afr. ii. p. 158; Hartl. Orn.
West-Afr. p. 181.
Picus chrysurus, Sundev. Consp. Pic. p. 64.
Ipagrus chrysurus, Cab. & Heine, Mus. Hein. iv. p. 128.
Campethera chrysura, Layard, B. S.-Afr. p. 238; Sharpe, Proc. Z. S. L.
1869, p. 570; ibid. Cat. Afric. B. p. 17.

Fig. *Malherbe, Monogr. Picid. Atlas pl. 94, fig. 4 à 6.*

Caract. Mâle ad. «Parties supérieures d'un brun olivâtre glacé de
gris, avec de nombreuses taches et des bandes transversales d'un blanc olivâtre; croupion et sous-caudales rayés de bandelettes vert-foncé et blanc-olivâtre; front et vertex piquetés de rouge sur un fond cendré; huppe occipitale
et moustaches rouges; sourcils blancs, piquetés de noir; joues d'un blanc
sale, traversées par une bande noire derrière l'œil. Devant du cou et poitrine
d'un blanc-olivâtre, avec de larges et de nombreuses mèches d'un noir profond; sur les cuisses ces mèches affectent une forme lancéolée, tandis que
sur les couvertures inférieures de la queue elles sont allongées et étranglées
au milieu; le milieu du ventre d'un blanc sale olivâtre avec de petites taches,
celles des flancs, assez étroites. Rémiges d'un brun-olivâtre avec de petites
taches d'un blanc-olivâtre sur les bords externes et de grands taches d'un
blanc-jaunâtre sur les barbes internes. Rectrices d'un brun-olivâtre foncé avec
environ six bandes d'un fauve-clair sur les deux bords; les tiges des rectrices
d'un beau jaune safran. Bec et pieds noirs. L. t. 215 m.; aile 115 à 120 m.;
queue 70 m.; bec 30 m.; tarse 20 m.» (Malherbe).
La femelle a le front et le vertex noirs pointillés de blanc, elle ne porte
pas des moustaches rouges.

Habit. Cette espèce nous est inconnue. Nous sommes cependant
autorisé à la comprendre dans notre liste d'après un exemplaire capturé en
1868 ou 1869 par M. Monteiro à *Rio Loge*, près de l'*Ambriz*, et déposé actuellement au Muséum britannique [1]. Elle avait été précédemment observée à
Galan et à *Casamansa*, sur les côtes de la Sénégambie et de la Guinée portugaise. Son apparition dans la partie septentrionale d'Angola doit être regardée en tout cas comme accidentelle.

V. Sharpe, Proc. Z. S. L. 1869, p. 570.

60. Campethera Brucei

Syn. *Chrysopicus Brucei*, Malh. Monog. Picid. ii. p. 170, Atl. pl. 93, fig. 1.
Picus Brucei, Sundev. Consp. Pic. p. 66.
Campethera Abingoni ♀, Strickl. & Sclat. Contr. Orn. 1852, p. 156.
Ipagrus Brucei, Gurney in Anderss. B. Damara p. 221.
Dendrobates Abingtoni, Boc. Jorn. Sc. Lisboa, n.º iv, 1867, p. 336.
Dendrobates Brucei, Boc. Jorn. Sc. Lisboa, n.º v. 1868, p. 45; ibid. n.º xiv.
    1873, p. 336; Sharpe, Proc. Z. S. L. 1871, p. 134.

Fig. *Malherbe, Monogr. Picid. Atlas, pl. 93, fig. 1.*

Caract. Mâle ad. En dessus varié et rayé de blanc et de jaunâtre
sur un fond brun-olivâtre, tirant au noir sur la base du cou ; croupion et sus-
caudales nuancés de jaune ; front et vertex variés de rouge sur un fond cendré ; occiput, nuque et moustaches rouges ; région auriculaire et côtés du cou
blancs. Gorge et poitrine noirâtres, avec les bords des plumes blancs ; le reste
des parties inférieures d'un blanc lavé de jaune ou de verdâtre, et varié de
taches noires étroites et alongées. Rémiges et rectrices brun-olivâtre avec les
tiges jaunes, marquées sur les bords de taches jaunâtres ; ces taches forment
sur les rectrices des bandes plus ou moins complètes. Bec et pieds noirs ; iris
rouge-sombre (Anchieta).

Dimens. L. t. 245 m.; aile 120 m.; queue 72 m.; bec 25 m.; tarse
16 m.

Chez la femelle, les moustaches rouges manquent ; le front et le sinciput
sont noirs, variés de points blancs.
Le mâle vieux a le dessus de la tête d'un roux plus uniforme, moins mélangé de cendré.
Trois individus d'Angola, que nous avons devant nous, un mâle et deux
femelles, diffèrent entre eux quant à la forme des taches de la poitrine et de
l'abdomen, et pas un de ces individus ne ressemble exactement à la fig. citée
de Malherbe. Le mâle et l'une des femelles ont les plumes de la gorge et de
la poitrine bordées de blanc, ce qui donne à ces parties un aspect écaillé,
tandis que chez l'autre femelle ces plumes sont noires avec une tache blanche
à l'extrémité ; l'abdomen de celle-ci porte de larges taches noires, en forme
de V, comme on voit sur la fig. de Malherbe, mais chez les deux autres indi-

vidus ces taches sont étroites et alongées. Nous pensons toutefois que c'est bien au *D. Brucei* qu'il faut les rapporter tous.

Habit. *Golungo-Alto* (Sala); *Rio Chimbo*, *Biballa* et *Gambos* (Anchieta).

Nom indigène *Bangula*.

D'après les notes laissées par Andersson, cette espèce n'est pas rare dans le pays des Damaras; M. Gurney ajoute que c'est le Pic qui se trouve plus largement représenté dans les collections envoyées par le voyageur suédois[1].

61. Campethera Bennetti

Syn. *Chrysoptilus Bennetti*, Smith, Rep. Exped. expl. Afr., 1836, p. 530.
Picus Bennetti, Sundev. Consp. Pic., p. 63.
Dendrobates nigrogularis, Boc. Jorn. Sc. Lisboa, n.° IV, 1867, p. 336; Ibid. n.° V, 1868, p. 45.
Ipagrus variolosus, Gurney in Anderss. B. Damara, p. 222.

Fig. *Malherbe*, *Monogr. Picid. Atlas pl.* 95 *fig.* 1 *et* 2 (mâle & femelle).

Caract. Mâle ad. Parties supérieures brun-olivâtre, glacées de jaune, avec des bandes et des taches d'un blanc jaunâtre; plumes du croupion et couvertures supérieures de la queue blanches, lavées de jaune, ornées de raies transversales brun-olivâtre; ces raies sont interrompues chez quelques individus, et se présentent alors constituées par des taches distinctes. Dessus de la tête, du front au bas de la nuque, et moustaches rouges. Joues et parties inférieures blanches, nuancées de jaune d'ocre; devant et côtés du cou, poitrine et flancs ornées de taches noires, très petites et linéaires sur la poitrine, plus grandes et arrondies sur les côtés du cou et les flancs; menton, bas-ventre et couvertures inférieures de la queue entièrement sans taches. Rémiges brun-olivâtre, marquées sur les bords de taches d'un blanc-jaunâtre; les dernières rémiges secondaires avec des raies de la même couleur. Rectrices brun-olivâtre nuancé de jaune, avec de nombreuses bandes pâles, en général peu distinctes, et le bout noirâtre. Les baguettes des rémiges et des rectrices d'un jaune vif. Bec et pieds noirâtres; iris rouge-sombre (Anchieta).

La femelle est parfaitement distincte du mâle, non seulement par l'absence

---

[1] V. Gurney, loc. cit., p. 221.

de moustaches rouges et par la différente coloration du dessus de la tête, noir tacheté de blanc, comme c'est le cas ordinaire chez les autres espèces du même genre, mais encore parce qu'elle porte une tache caractéristique noirâtre, couvrant le menton et s'étendant plus de deux centimètres sur la gorge, et une bande également noire de la narine à la région auriculaire, qui n'existent pas chez le mâle. Tous les autres détails de coloration son identiques chez les deux sexes; les taches de la poitrine sont toujours petites et linéaires, et parfois elles disparaissent du centre de la poitrine.

Dimens. L. t. 240 m.; aile 125 m.; queue 72 m.; bec 25 m.; tarse 23 m.

On admet généralement l'existence d'une espèce voisine de la *C. Bennetti*, mais distincte par les petites dimensions des taches de la poitrine et par la présence de taches, au lieu de bandes, sur le croupion et les couvertures supérieures de la queue. Cette espèce nommée par Strickland *C. Capricorni*, se trouve figurée sur la pl. 9 de l'Ibis, 1869.

En comparant nos individus d'Angola aux figures citées de *C. Bennetti* et *C. Capricorni*, figures assez conformes à leurs descriptions respectives, nous remarquons qu'ils se rapprochent davantage de *C. Capricorni* par les petites dimensions des taches qu'ils portent sur la poitrine, tandis que par rapport à l'autre caractère, celui tiré du dessin du croupion et des sous-caudales, ils ressemblent mieux à *C. Bennetti*. Cependant quelques uns de nos individus portent sur le croupion et les couvertures de la queue, comme nous en avons déjà fait la remarque, des taches brunes distinctes au lieu de raies transversales continues, et nous devons ajouter que ces différences de coloration semblent indépendantes du sexe et se présentent sur des individus provenant de la même localité et capturés à la même occasion; elles nous font plutôt l'effet d'être en rapport avec l'âge, car nous remarquons que chez les individus apparemment plus vieux, les taches de la poitrine sont plus petites et moins nombreuses, et les bandes du croupion plus nettement interrompues.

En présence de ces observations, nous nous avouons incapable de bien saisir les caractères différentiels de *C. Capricorni*.

Habit. *Capangombe* et *Huilla* (Anchieta).

M. Gurney fait mention d'un individu de cette espèce rencontré dans les collections envoyées par Andersson du pays des Damaras. D'après le nombre des individus que nous avons reçus de M. d'Anchieta, nous devons supposer qu'elle est commune dans l'intérieur de Mossamedes, surtout à *Maconjo* et *Rio Chimba*, localités que nous comprenons sous la désignation de Capangombe.

FAM. TROGONIDAE

62. Hapaloderma narina

Syn. *Trogon narina,* Vieill. N. Dict. H. N. vιιι, p. 318; Monteiro, Proc. Z.
S. L. 1865, p. 92; Hartl. Orn. West-Afr., p. 263; Finsch & Hartl. Vög.
Ost-Afr. p. 155; Heugl. Orn. N. O.-Afr. p. 176; Sharpe, Proc. Z. S. L.,
1871, p. 134.
Hapaloderma narina. Boc. Jorn. Sc. Lisboa, v, 1868, p. 40; Sharpe in Lay-
ard's B. S.-Afr. p. 106.

Fig. *Levaillant, Ois. d'Afrique,* v. *pl.* 228 *et* 229.
Levaill. Hist. Nat. Promer. et Guép., ιιι. *pl.* 10 *et* 11.

Caract. Mâle ad. Parties supérieures, gorge et poitrine d'un vert-
doré à reflets rouges de cuivre; abdomen et sous-caudales rouge-cramoisi;
cuisses noirâtres, variées de rose; petites couvertures de l'aile, en partie, de
la couleur du dos, les autres couvertures finement vermiculées de noir sur un
fond gris-perle. Sous-alaires brun-fuligineux. Rémiges de cette dernière couleur avec un espace blanc à la base, les primaires lisérées de blanc en dehors,
les secondaires avec les barbes internes grises vermiculées de noir. Rectrices
intermédiaires vert-bronze à reflets bleus d'acier, bordées de vert-doré; les
trois rectrices latérales largement terminées de blanc et variées de cette couleur sur une grande étendue de leurs barbes externes. Bec jaune-vif; pieds
noirâtres; iris brun (Anchieta).

Dimens. L. t. 280 m.; aile 130 m.; queue 165 m.; bec 18 m.;
tarse 14 m.

Les caractères ci-dessus sont indiqués d'après un mâle adulte envoyé de
Biballa par M. d'Anchieta. Chez un autre individu du même sexe, mais plus
jeune, de Capangombe, les régions inférieures sont d'un rouge moins vif, tirant davantage au rose, et le bec est jaune verdâtre.

Suivant M. Sharpe il se trouverait à la Côte d'Or un Couroucou d'une espèce différente, que cet auteur a nommée *H. Constantiae*[1].

Habit. *Biballa* et *Capangombe* (Anchieta); *Benguella* (Monteiro). M.
Sharpe fait mention d'un individu de *Cazengo,* envoyé par M. Hamilton (V. Ibis,
1872, p. 181).

---

[1] V. Sharpe. Ibis, 1872, p. 181. Les caractères differentiels cités à l'appui de cette distinction spécifique sont peut-être ceux du *H. narina,* très vieux.

Les individus de Bibalia portent sur l'étiquette les noms de *Kissai* et *Kinzamba-muxito*.

Cette espèce ne figure pas parmi les oiseaux rencontrés par Andersson au sud du *Cunene*.

FAM. CORACIIDAE

63. Coracias naevia

Syn. *Coracias naevia*, Daud. Trait. d'Orn. p. 258; Gurney in Anderss. B.
    Damara, p. 54; Sharpe in Layard's B. S.-Afr. p. 103.
Coracias pilosa, Hartl. Orn. West-Afr. p. 30; Sharpe, Proc. Z. S. L. 1869,
    p. 569; Heugl. Orn. N. O.-Afr. p. 173; Boc. Jorn. Sc. Lisboa, n.º viii,
    1870, p. 339; Ibid. n.º xvii, 1874, p. 35 et 50.

Fig. *Levaillant, Rolliers*, pl. 29.
    Reichenbach, Handb. Corac., pl. 433, fig. 3184.

Caract. Ad. Teinte générale en dessus olivâtre, nuancée de roux et de vert; front, raie surciliaire et une tache transversale sur la nuque blanches; croupion violet; couvertures supérieures de la queue bleues; dessus de l'aile richement varié de violet, de bleu d'outre-mer et de roux-canelle plus ou moins nuancé de violet. Régions inférieures roux-vineux, nuancées de violet et striées de blanc sur la tige des plumes; la teinte violette est plus distincte sur l'abdomen, et mélangée de bleu sur le bas ventre et les couvertures inférieures de la queue. Rémiges noires en dedans, largement bordées de bleu en dehors; les bordures des trois premières rémiges tirant au bleu de cobalt; un grand espace d'un roux-violet sur les barbes externes des secondaires, près de leur base. Rectrices bleu d'outre-mer en dessus, à l'exception des deux intermédiaires d'un vert-bronze. Bec noir; pieds jaune-olivâtre; iris châtain (Anchieta).

Dimens. L. t. 350 m.; aile 197 m.; queue 152 m.; bec 40 m.; tarse 24 m.; doigt m. s. l'o. 26 m.

Le jeune est en dessus d'un brun-olivâtre très légèrement teint de vert sur le dos, avec le croupion lavé de roux et les sus-caudales nuancées de bleu et terminées de vert; en dessous d'un ton plus sombre, tirant au roux sur le ventre et au violet-bleuâtre sur les couvertures inférieures de la queue, avec des stries blanches bien distinctes. Le dessus de l'aile, de la couleur du dos, présente un commencement d'épaulette d'un beau violet. Queue vert-bronze, à peine nuancée de bleu d'outre-mer sur la partie centrale des rectrices externes.

Habit. *Ambriz* (Monteiro); *Capangombe, Huilla* et *Humbe* (Anchieta).

M. d'Anchieta nous indique plusieurs noms employés par les indigènes du Humbe pour désigner cette espèce: *Ambeta, Cicoca* et *Kahanana*.

64. Coracias caudata

Syn. *Coracias Caudata,* Linn. Syst. Nat. I, p. 160; Hartl. Orn. West - Afr. p. 30; Monteiro, Proc. Z. S. L., 1860, p. 109; Boc. Jorn. Sc. Lisboa, n.º II, 1867, p. 134; Ibid. n.º VIII, 1870, p. 103; Ibid. n.º XIV, 1873, p. 196; Ibid. n.º XVI, 1873, p. 284; Ibid. n.º XVII, 1874, p. 35 et 50; Sharpe, Proc. Z. S. L. 1869, p. 569; Heugl. Orn. N. O. – Afr., p. 154; Gurney in Anderss. B. Damara, p. 53; Sharpe in Layard's B. S. – Afr., p. 104.

Fig. *Buffon, Pl. Enl. pl.* 88.
Des Murs, Icon. Orn. pl. 28 (adulte).

Caract. Ad. En dessus fauve-olivâtre, tirant au vert-pâle sur la tête et le cou; front et raie surciliaire blanc-fauve; région auriculaire d'un roux-vineux; croupion et sus-caudales bleu d'outre-mer, celles-ci nuancées de vert; petites couvertures alaires de la couleur du croupion, moyennes et grandes couvertures bleu d'aigue-marine, légèrement lavées de vert, à l'exception de celles plus rapprochées du corps, d'un fauve-olivâtre. En dessous bleu d'aigue-marine sur le ventre, avec la gorge et la poitrine d'un beau violet strié de blanc sur les tiges des plumes; le menton blanc. Couvertures inférieures de l'aile bleu d'aigue-marine. Rémiges de cette dernière couleur depuis leur origine jusqu'à vers la moitié de leur longueur, le reste, en dessus, d'un bleu foncé en dehors et d'un noir profond en dedans et à l'extrémité; la bordure externe de la première rémige tirant au bleu de cobalt. Les deux rectrices médianes olivâtres, les autres bleu d'aigue-marine, bordées de vert en dehors et terminées de bleu et de noir; la plus extérieure beaucoup plus longue, et noire sur toute l'étendue de sa portion effilée, qui dépasse les autres. Bec noir; tarse et doigts bruns; iris brun avec un anneau externe jaunâtre (Anchieta).

Dimens. L. t. 380 m.; aile 175 m.; queue, rect. ext. 210 m., rect. méd. 124 m.; bec 35 m.; tarse 22 m.: doig. méd. 22 m.

La femelle ressemble au mâle. Le jeune porte des couleurs plus sombres: chez un individu de notre collection la partie supérieure de la tête et du cou commencent à se nuancer de vert sur un fond brunâtre; les plumes du croupion et les sus-caudales, d'un vert terne, présentent à peine quelques bordures bleues; une partie seulement des petites couvertures de l'aile sont teintes de bleu, les autres couvertures sont d'un vert-bleuâtre nuancé de brun; le plastron qui couvre la poitrine et la face antérieure du cou, est d'un roux sombre, tirant à l'olivâtre, strié de blanc et varié de violet sur les bords de quelques plumes; enfin la queue est composée de rectrices de la même forme et d'égale longueur, les deux rectrices médianes olivâtres, les autres coloriées à peu-près comme chez l'adulte, mais sans bordures noir-et-bleu à l'extrémité.

Dimens. L. t. 380 m.; aile 175 m.; queue, rect. méd. 120 m.; rect. ext. 210 m.; bec 35 m.; tarse 22 m.; doigt méd. 22 m.

Habit. Cette espèce est très répandue sur le vaste territoire d'Angola: *Ambaca, Quillengues, Huilla, Gambos* et *Humbe,* tels sont les points d'où elle nous a été envoyée par M. d'Anchieta. M. Monteiro l'a rencontrée dans l'*Ambriz.*

Elle est connue dans le Humbe, suivant M. d'Anchieta, sous les noms de *Kubianganga* et *Ambela,* tandis que son nom indigène dans l'Ambriz, cité par M. Monteiro, est *Tacamantaca.*

Dans le pays des Damaras, où les deux Rolliers d'Angola sont communs, Andersson a rencontré une troisième espèce, le *C. Garrula* d'Europe, que l'on parviendra peut-être à découvrir plus tard dans la partie méridionale des possessions portugaises.

65. Eurystomus afer

Syn. *Coracias afra,* Lath. Ind. Orn. I, p. 172.
Eurystomus afer, Hartl. Orn. West-Afr. p. 28; Heugl. Orn. N. O.-Afr. p. 169; Sharpe, Proc. Z. S. L. 1869, p. 569; Boc. Jorn. Sc. Lisboa, VIII, 1870, p. 339; Sharpe in Layard's B. S.-Afr. p. 106; Sharpe, Proc. Z. S. L. 1873, p. 716.

Fig. *Levaillant, Rolliers, pl. 35.*

Caract. Ad. Plumage roux-marron, nuancé de violet sur les côtés de la tête et les régions inférieures; croupion et couvertures supérieures et inférieures de la queue bleu d'aigue-marine; petites couvertures rapprochées du bord de l'aile et une partie des grandes couvertures bleu d'outre-mer, le reste de la couleur du dos; couvertures inférieures de l'aile d'un violet varié de bleu. Rémiges noires en dedans et à l'extrémité, d'un bleu d'outre-mer en dehors, sur leurs faces supérieures. Rectrices bleu d'aigue-marine, avec une

large bande terminale noire nuancée de bleu ; les deux médianes brunes, teintes légèrement de bleu. Bec jaune ; pieds jaune-olivâtre ; iris brun-olivâtre
(Anchieta).

Dimens. L. t. 260 m. ; aile 180 m. ; queue 110 m. ; bec 24 m. ;
tarse 16 m. ; doigt m. 19 m.

Habit. Cette espèce doit être rare à Angola, surtout dans les districts
méridionaux, car nous ne l'avons pas encore reçue de M. d'Anchieta. L'exemplaire unique de notre collection nous a été envoyé de *Loanda* par M. Toulson.
M. Sharpe fait mention d'un individu capturé par M. Monteiro en mer, à proximité du *Mangue-Grande*, au sud du Zaïre, et d'un autre envoyé de cette
dernière localité par M. Sperling.

FAM. MEROPIDAE

66. Merops apiaster

Syn. *Merops apiaster,* Linn. Syst. Nat. I. p. 182 ; Hartl. Orn. West-Afr. p.
38 ; Heugl. Orn. N. O.-Afr. p. 196 ; Boc. Jorn. Sc. Lisboa, n.º VIII, 1870,
p. 340 ; Ibid. n.º XVII, 1874, p. 35 ; Gurney in Anderss. B. Damara p. 60 ;
Sharpe in Layard's B. S.-Afr. p. 96.

Fig. *Levaillant, Guépiers,* pl. 1 et 2.
Werner, Atlas, Ois. d'Eur. pl.

Caract. Ad. Parties supérieures roux-marron avec le bas du dos,
le croupion et les sus-caudales variées de jaune, de vert et de bleu ; front
nuancé de jaune et de bleu d'aigue-marine ; une bande noire en travers de
l'œil, de la base du bec à la région auriculaire ; petites couvertures de l'aile
et une partie des grandes couvertures, celles plus rapprochées du corps, d'un
vert-olivâtre, le reste d'un roux-marron. En dessous bleu d'aigue-marine avec
des tons verts plus prononcés sur la poitrine ; menton et gorge jaune d'or, suivi d'un demi-collier noir. Rémiges primaires nuancées de vert en dehors,
bordées de roussâtre-pâle en dedans, terminées de noir ; secondaires roux-canelle, avec une large bande terminale noire. Queue vert-olivâtre en dessus ;
les deux rectrices médianes beaucoup plus longues et effilées vers la pointe.
Couvertures inférieures de l'aile fauves. Bec noir ; pieds bruns ; iris rouge.

Dimens. L. t. (sans compter les filets de la queue) 260 m. ; aile

150 m.; queue (de la base à l'extrém. des rectr. lat.) 90 m.; tarse 11 m.;
doigt m. 15 m.

Les couleurs de la femelle sont moins vives. Chez les jeunes la tache
gutturale est blanche, à peine lavée de jaune, le demi-collier noir n'est pas encore apparent et les rectrices intermédiaires sont de la même forme et longueur que les latérales.

Habit. *Caconda, Humbe* (Anchieta). Nom indigène au Humbe *Kombua-kombo.*

Andersson a observé le Guêpier d'Europe dans les pays des Grands Namaquas et des Damaras, et à Ondonga; dans cette dernière localité il l'a trouvé
fort abondant pendant la saison des pluies. M. Sharpe fait mention d'un individu de cette espèce provenant du *Congo*, qui existe au Muséum britannique[1].
Nous avons reçu plusieurs individus du *Humbe*, ce qui nous fait croire qu'il y
est commun.

67. Merops superciliosus

Syn. *Merops superciliosus*, Linn. Syst. Nat. i. p. 183; Finsch & Hartl. Vög.
Ost-Afr. p. 178; Heugl. Orn. N. O.-Afr. p. 197; Gurney in Anderss. B.
Damara, p. 61; Sharpe, Proc. Z. S. L. 1870, p. 145; Sharpe in Layard's
B. S. Afr. p. 97.
Merops aegyptius et *M. Savignyi*, Boc. Jorn. Sc. Lisboa, n.° ii, 1867, p. 134;
Ibid. n.° vii, 1870, p. 339; ibid. n.° xiii, 1872, p. 66.
Merops aegyptius, Hartl. Orn. West-Afr. p. 38; Monteiro, Proc. Z. S. L.,
1865, p. 96; Shelley, B. of. Egypt. p. 170.

Fig. *Buffon, Pl. Enl., pl.* 259.
Reichenbach, Handb. Meropinae, pl. 443 *b, fig.* 3545-46 *et pl.* 444 *fig.*
3225-26.
Shelley, Birds of Egypt, pl. vii. *fig.* 1.

Caract. Ad. Plumage vert, d'un ton plus tendre sur le ventre et
les sous-caudales; front, sourcils et joues nuancées de bleu d'aigue-marine;
bande oculaire noire; gorge jaune; devant du cou roux-marron. Sous-alaires
roux fauve. Rémiges vert-olivâtre, bordées en dedans de roux et terminées de
noir. Queue verte en dessus, avec les deux rectrices médianes plus longues et
effilées. Bec noir; pieds noirâtres; iris rouge.

[1] V. Sharpe in Layard's B. S.-Afr. p. 97.

Dimens. L. t. 245 m.; aile 152 m.; queue 100 m.; rectr. méd.
159 m.; bec 40 m.; tarse 12 m.; doigt m. 16 m.

Chez les individus imparfaitement adultes les teintes vertes sont d'un ton
plus sombre, tirant à l'olivâtre ou nuancées de brun, surtout à la partie supérieure de la tête et du cou; le bleu d'aigue-marine du front et des joues est
remplacé par du blanc, la gorge est lavée de marron, avec quelques traces
de jaune ou de blanc sur le menton.

Habit. *Angola* (Toulson, Furtado d'Antas, Monteiro); *Cabinda* (Anchieta); *Catumbella* et *Benguella* (Sala et Anchieta); *Rio Coroca, Mossamedes*
(Anchieta). Suivant M. d'Anchieta son nom indigène à Benguella est *Lengué.*

Cette espèce doit se montrer moins fréquemment dans la partie la plus
méridionale de nos possessions d'Angola, surtout vers l'intérieur, car M. d'Anchieta ne semble pas l'avoir observée dans toute la vaste étendue qu'il a par-
couruc de *Capangombe* au *Cunene.* De son côté, Andersson ne l'a rencontrée
qu'une seule fois près du fleuve *Okavango.* Elle disparaît donc, ou devient fort
rare, là où le *Merops apiaster* se rencontre abondamment.

68. Merops albicollis

Syn. *Merops albicollis*, Vieill. N. Dict. II. X. xiv, p. 15; Hartl. Orn. West-
Afr. p. 39; Finsch & Hartl. Vög. Ost-Afr. p. 185; Heugl. Orn. N. O.-
Afr. p. 201; Sharpe, Cat. Afr. Birds p. 3.

Fig. *Levaillant, Guépiers. pl. 9.*
Reichenbach, Meropinae tab. 449 fig. 3246-47.

Caract. Ad. En dessus vert-jaunâtre, nuancé de roux sur la nuque, de roux et de bleu sur les ailes: croupion et sus-caudales d'un bleu pâle;
dessus de la tête noir; front et sourcils blancs; bande oculaire noire. En dessous blanc, légèrement nuancé de vert sur la poitrine et de bleu pâle sur les
couvertures inférieures de la queue; un large plastron au devant de la poitrine
noir, frangé de bleu sur son bord inférieur; la gorge d'un blanc pur. Rémiges
d'un roux pâle, terminées de noir et avec un étroit liséré vert sur leurs bords
externes. Rectrices d'un bleu pâle en dessus, avec les tiges rousses, grises en
dessous; les deux médianes beaucoup plus longues, effilées et noires sur toute
leur portion plus étroite. Bec noir; pieds rougeâtres; iris rouge.

Dimens. L. t. 205 m. ; aile 103 m. ; queue 85 m., (rect. méd. 170 m.); bec 33 m. ; tarse 11 m. ; doigt m. 13 m.[1]

Habit. Nous mentionons cette espèce d'après l'indication de M. Hartlaub, qui s'appuie sur le témoignage de Hendersson[2]. Les plus récents explorateurs d'Angola, Monteiro, d'Anchieta, Sala, Hamilton, ne l'ont jamais envoyée en Europe. Elle se montre de la Sénégambie au Gabon.

69. Merops bicolor

Syn. *Merops bicolor,* Daud. Ann. Mus. n. p. 140, pl. 62 fig. 1 ; Hartl. Orn. West-Afr. p. 41.
Merops malimbicus, Shaw, Nat. Misc. pl. 701 ; Sharpe, Cat. Afr. Birds, p. 3.

Fig. *Vieillot, Gal. Ois. pl.* 186.
Levaillant, Guépiers. pl. 5.
Reichenbach, Meropinae, tab. 452, *fig.* 3256–57.

Caract. Mâle ad. Front, tête et tout le dessus du corps gris-foncé, à l'exception du croupion nuancé de rose ; joues blanches ; région oculaire noire. En dessous d'un beau rose, les flancs lavés de brun, les cuisses brunes. Queue légèrement fourchue ; les rectrices en dessus rouge-brun, à tiges noires, échancrées vers leur extrémité, en dessous brun-noirâtre ; les deux médianes longues et pointues. Ailes longues ; petites tectrices gris-brun foncé, moyennes d'un brun beaucoup plus clair, scapulaires lavées de rouge ; rémiges primaires noires en dessus ; secondaires gris-foncé, terminées de noir, les plus rapprochées du corps d'un gris glacé de vert ; tarses et doigts brun clair.

Dimens. Aile 140 m.; queue 50 m.; rectrice médiane 120 m.; bec 43 m.; tarse 13 m.

Habit. Nous admettons cette espèce dans notre liste sur l'autorité de M. Hartlaub, qui en fait mention comme ayant été rapportée d'Angola par Perrein[3]. Elle manque aux collections du Muséum de Lisbonne. Dans l'indication sommaire de ses caractères nous avons suivi la description publiée par Jules Verreaux d'un mâle très-adulte du Gabon[4].

---

[1] Ces dimensions sont celles d'un mâle adulte de Sénégambie faisant partie de nos collections.
[2] V. Hartl. Orn. West-Afr. p. 39; Finsch & Hartl. Vog. Ost-Afr. p. 186.
[3] V. Hartl. loc. cit. p. 41.
[4] V. Revue et Magazin de Zool. 1851, p. 268.

70. Merops nubicus

Syn. *Merops nubicus*, Gm. Syst. Nat. ed. 13ᵉ p. 464; Hartl. Orn. West-Afr. p. 41; Boc. Jorn. Sc. Acad. Lisboa, II, 1867, p. 135; Heugl. Orn. N. O. Afr. p. 199; Finsch & Hartl. Vög. Ost-Afr. p. 182; Sharpe, Cat. Afr. B. p. 3.

Fig. *Buffon*, Pl. Enl. pl. 649.
Swainson, B. West-Afr. II. pl. 9.
Reichenbach, Meropinae, pl. 451, fig. 3254-55.

Caract. Ad. Plumage rouge, d'un ton plus foncé sur le dos et les ailes, tirant à couleur de rose au bas du cou et sur les régions inférieures; tête, joues et gorge d'un vert sombre nuancé de bleu de cobalt; couvertures supérieures et inférieures de la queue de cette dernière couleur; une bande oculaire noire. Rémiges et rectrices rouge foncé, terminées de noir, celles-ci bordées en dedans de brun, celles-là de roux pâle; les deux rectrices médianes beaucoup plus longues et effilées. Bec noir; pieds bruns; iris rouge.

Dimens. L. t. 250 m.; aile 147 m.; queue 103 m.; rect. méd. 175 m.; bec 37 m.; tarse 13 m.; doigt m. 16 m.

Habit. Suivant MM. Finsch & Hartlaub, ce guêpier aurait été rapporté d'Angola, et des individus de cette provenance, examinés par M. Hartlaub, se feraient remarquer, comme ceux de Bissao, par leur gorge d'une teinte plus sombre, presque noire[1]. Nous ignorons quelle est la localité d'Angola où l'espèce a pu être observée; mais en tout cas nous devons supposer qu'elle doit y être assez rare, car elle semble avoir échappé aux recherches des voyageurs qui dans ces derniers temps ont contribué davantage aux progrès de l'ornithologie de cette partie de l'Afrique. Les exemplaires que nous possédons d'Afrique occidentale sont originaires de *Bissao;* en les examinant sous une certaine lumière, leur gorge prend en effet un ton noirâtre.

M. Gurney comprend le *M. Nubicoides* de l'Afrique australe parmi les oiseaux du pays des Damaras, un individu de cette espèce ayant été observé par Andersson à une journée de distance du fleuve Okavango. La description détaillée du plumage de cet individu, laissée par Andersson, ne permet pas, suivant M. Gurney, le moindre doute à ce sujet[2]. Nous nous attendons donc à voir quelque jour signalée sa présence au nord du *Cunene.*

[1] V. Finsch & Hartl. loc. cit. p.
[2] V. Gurney in Anderss. B. Damara. p. 62.

71. Merops variegatus

Syn. *Merops variegatus*, Vieill. N. Dict. H. N. xiv. p. 25; Hartl. Orn.
West-Afr. p. 39; Finsch & Hartl. Vög. Ost-Afr. p. 191.
Merops erythropterus (pt.) Schleg. Mus. Pays-Bas, Merop. p. 11.
Merops Sonnini, Boc. Jorn. Sc. Lisboa, ii. 1867, p. 135.
M. angolensis, Sharpe, Cat. Afr. B. p. 3.

Fig. *Levaillant, Guépiers, pl.* 7.
Reichenbach, Merop. t. 446 *b, fig.* 3392-93, *tab.* 447, *fig.* 3237.

Caract. Ad. Plumage vert en dessus; une strie surciliaire, étroite
et peu distincte, bleu de cobalt; bande oculaire noire. En dessous d'un fauve
pâle, nuancé de jaune sur le ventre; gorge jaune, séparée de la poitrine d'un
roux-marron par une large bande bleu-foncé. Couvertures inférieures de l'aile
fauves. Rémiges fauve pâle, bordées de vert en dehors et terminées de noir.
Rectrices de la couleur des rémiges, avec une large bande terminale noire,
bordée de blanchâtre; les deux rectrices médianes entièrement vertes en
dessus. Bec noir; pieds noirâtres; iris rouge.

Dimens. L. t. 168 m.; aile 87 m.; queue 62 m.; bec 26 m.; tarse
9 m.; doigt m. 12 m.

Le collier bleu manque chez les jeunes.

Habit. Nous avons reçu un seul individu de cette espèce pris par
M. d'Anchieta à *Loango*, au nord du *Congo*. Ce nom a été changé en celui de
Loanda, par suite d'une faute typographique, dans le premier de nos articles
sur les oiseaux d'Angola[1].

Un Guêpier ♂ de *Capangombe*, qui se trouve inscript sous le nom de
M. Sonnini dans notre 2e liste[2], appartient à une autre espèce, le *M. erythropterus*.
Le *M. variegatus* a été rapporté de plusieurs localités de l'Afrique occidentale, parmi lesquelles il faut compter *Molembo;* mais jusqu'à présent on
n'a pas des preuves authentiques de son existence au sud du Congo.

[1] V. Jorn. Acad. Sc. Lisboa, ii, 1867, p. 135.
[2] V. Jorn. Acad. Sc. Lisboa, iv, 1867, p. 332.

72. Merops erythropterus

Syn. *Merops erythropterus*, Gm. Syst. Nat. 1. p. 464; Hartl. Orn. West-
     Afr. p. 40; Monteiro, Ibis, 1862, p. 334; id. Proc. Z. S. L., 1865, p. 96;
     Boc. Jorn. Sc. Lisboa, VIII. 1870, p. 340; ibid. XVII. 1874, p. 50; Heugl.
     Orn. N. O.-Afr. p. 208.
Merops collaris, Hartl. Orn. West-Afr. p. 40.
M. minutus, Finsch & Hartl. Vög. West-Afr. p. 188.
Melitophagus pusillus, Gurney in Anderss. B. Damara, p. 62.
M. pusillus, Sharpe Proc. Z. S. L. 1873, p. 716; id. in Layard's B. S. Afr. p.
     100.

Fig. *Levaillant, Guépiers pl.* 17.
     Reichenbach, Merop. tab. 447, *fig.* 3240–41.

Caract. Ad. Semblable au *M. variegatus* quant aux couleurs, mais
plus petit et avec une bande pectorale noire, au lieu de bleue, à peine lisérée
en dessus de cette couleur. Le front est nuancé, chez quelques individus, de
bleu de cobalt; l'iris rouge.

Dimens. L. t. 160 m.; aile 79 m.; queue 67 m.; bec 24 m.; tarse
8 m.; doigt m. 11 m.

Habit. *Zaire* (Sperling); *Angola* et *Benguella* (Monteiro); *Ambaca,
Dombe, Capangombe, Huilla* et *Humbe* (Anchieta).

Ce guêpier est connu à Angola sous des noms différents suivant les localités. D'après M. Monteiro les indigènes de Massangano l'appelent *Caguerre-a-
fele*[1]; les exemplaires envoyés par M. d'Anchieta portent d'autres noms, ceux
de Capangombe *Sumbo*, qui lui est commun avec plusieurs martin-pêcheurs,
ceux du Dombe *Kacciabinongo*, enfin ceux du Humbe *Lengua* et *Kalumgumba*.
Partout M. d'Anchieta les a rencontrés en abondance; l'estomac des individus
qu'il a examinés contenait toujours des insectes diptères.

Andersson a observé ce petit guêpier sur le vaste territoire qui demeure
au nord du pays des Damaras; il l'a rencontré toujours dans le voisinage de
l'eau.

[1] V. Ibis, 1862, p. 334.

73. Merops bullockoides

Syn. *Merops bullockoides*, Smith S.-Afr. Quart. Journ. 1834; Hartl. Orn.
West-Afr. p. 263; Boc. Jorn. Acad. Sc. Lisboa II, 1867, p. 135; ibid.
v. 1868, p. 48; ibid. XVII, 1874, p. 35; Sharpe, Cat. Afr. Birds p. 4.

Fig. *Smith, Illustr. S.-Afr. Zool. Ornith. pl. 9.*
Sharpe in Layard's B. S.-Afr. pl. IV. fig. 1.

Caract. Plumage vert de pré en dessus, roux-cannelle pâle en dessous; front, vertex, menton et une bande étroite au dessous de l'œil d'un blanc
légèrement nuancé de roux et de bleu; bande oculaire noire; nuque, partie
supérieure et côtés du cou roux-cannelle; une large tache à la gorge écarlate;
couvertures supérieures et inférieures de la queue bleu d'outre-mer. Sous-
alaires roux-cannelle. Rémiges vertes; les primaires bordées de brun clair en
dedans et de noir à la pointe; les secondaires largement terminées de noir,
et nuancées de bleu sur les barbes externes. Queue égale, d'un vert plus foncé que le dos; les rectrices latérales avec des bordures noires en dedans. Bec
noir; pieds noirâtres; iris rouge (Anchieta).

Dimens. L. t. 245 m.; aile 115 m.; queue 96 m.; bec 35 m.; tarse
11 m.; doigt. m. 12 m.

Habit. *Angola* (Welwitsch); *Huilla, Humbe* (Anchieta).

L'individu de Huilla porte sur l'étiquette, écrit de la main de M. d'Anchieta, le nom indigène *Teanconge;* celui du Humbe porte le même nom que
les individus du *Mérops apiaster* d'égale provenance, *Kombua-kombo.*
Cette espèce n'a pas été observée par Andersson au sud du *Cunene.*

74. Merops hirundinaceus

Syn. *Merops hirundinaceus*, Vieill. N. Dict. H. N. p. 21; Hartl. Orn. West.
Afr. p. 40; Monteiro, Proc. Z. S. L. 1865, p. 96; Boc. Jorn. Sc. Lisboa,
II, 1867, p. 135; ibid. XVII, 1874, p. 50; Finsch & Hartl. Vög. Ost-Afr.
p. 193; Heugl. Orn. N. O.-Afr. p. 210; Sharpe in Layard's B. S.-Afr. p.
101.
Dicrocercus hirundinaceus, Gurney in Anderss. B. Damara, p. 63.

Fig. *Levaillant, Guépiers, pl. 8.*
Swainson, B rds West-Afr. II, pl. 10.
Reichenbach, Merop. tab. 446, fig. 3235-36.

Caract. Ad. Plumage vert-pré: front et lores nuancés de bleu de cobalt; croupion, bas-ventre, couvertures supérieures et inférieures de la queue bleu de cobalt; gorge jaune d'or, bordée d'un collier bleu d'outre-mer. Rémiges roux-marron, liserées de vert sur les barbes externes, et terminées de noir. Queue fourchue; les deux rectrices médianes d'un bleu pâle en dessus, les autres noirâtres, nuancées en dessus de vert et de bleu, et terminées de noir-et-blanc sur les barbes internes. Bec et pieds noirs; iris rouge.

Dimens. L. t. 210 m.; aile 93 m.; queue (rectr. ext.) 140 m.; bec 24 m.; tarse 9 m.; doigt m. 12 m.

La femelle a des teintes plus pâles; elle ne porte pas de bleu au front. Le jeune est d'un vert presque uniforme, sans tache jaune ni collier bleu à la gorge; plus tard le jaune commence à se montrer sur la gorge, accompagné d'un collier bleu incomplet, en même temps que les couvertures de la queue se nuancent de bleu de cobalt. Cette couleur se montre au front quand l'oiseau prend sa livrée définitive.

Habit. Cette espèce a été observée par M. Monteiro à *Benguella*; nous l'avons reçue du *Humbe* par M. d'Anchieta. D'après Andersson ce serait le plus commun de tous les guêpiers du pays des Damaras; il se trouverait également dans le pays des Grands Namaquas et dans la région des Lacs.

75. Meropiscus gularis

Syn. *Merops gularis*, Shaw, Nat. Miscell. tab. 337.
Meropiscus gularis, Sundev. Öfv. Vetensk. Acad. Förhandl. 1849, p. 162; Hartl. Orn. West-Afr. p. 42; Sharpe, Cat. Afr. Birds, p. 4; Gurney in Anderss. B. Damara, p.

Fig. *Gray, Genera of Birds, pl.* 30.
Reichenbach, Merop., tab. 452, *fig.* 3258-59.

Caract. Ad. Plumage noir, glacé de vert-bronze; front, sourcils, croupion, couvertures de la queue et bas-ventre bleu d'aigue-marine; gorge d'un rouge éclatant; poitrine variée de taches alongées bleu d'aigue-marine. Dessus de l'aile de la couleur du dos; les grandes couvertures plus rapprochées du corp liserées de bleu sur leurs barbes externes. Rémiges roux-marron, terminées et bordées en dehors de noir, les plus externes tout noires. Queue d'un noir brillant en dessus; les deux rectrices médianes bordées de bleu pâle. Bec et pieds noirs; iris rouge.

Dimens. L. t. 185 m.; aile 93 m.; queue 71 m.; bec 30 m.; tarse 9 m.; doigt m. 12 m.

La livrée du jeune se fait remarquer par l'absence de bleu au front et de rouge à la gorge ; le bas ventre, le croupion et les couvertures de la queue sont à peine teintes de bleu pâle.

Habit. Nous devons à l'obligeance de M. A. da Fonseca un individu jeune de cette espèce rare provenant de *Cazengo*. C'est le seul que nous ayons reçu d'Angola, et le seul document authentique qui existe de la présence de l'espèce en dedans des limites de notre colonie.

Les caractères de l'adulte, résumés dans notre diagnose, nous ont été fournis par un exemplaire magnifique du *Gabon*, acquis depuis longtemps de la maison Verreaux de Paris.

FAM. ALCEDINIDAE

76. Alcedo semitorquata

Syn. *Alcedo semitorquata*, Swains. Zool. Ill. pl. 151 ; Hartl., Orn. West-Afr. p. 34 ; Boc. Jorn. Sc. Lisboa, IV, 1867, p. 332 ; Heugl. Orn. N. O.-Afr. p. 179 ; Finsch & Hartl, Vög. Ost-Afr. p. 859 ; Gurney in Anderss. B. Damara, p. 58 ; Sharpe in Layard's B. S.-Afr. p. 107.

Fig. *Rüppell, System Uebers, t. 7.*
   Sharpe, Monogr. Alcedinidae, pl. 7.

Caract. Ad. Dessus de la tête et du cou rayé en travers de bleu de cobalt sur un fond bleu d'outre-mer ; côtés de la tête et du cou de cette dernière couleur ; dos et sus-caudales bleu de cobalt ; couvertures alaires d'un bleu à reflets verts, ornés à l'extrémité de taches bleu de cobalt ; la gorge, une petite tache sur les lores, une autre plus grande et alongée de chaque côté du cou d'un blanc légèrement teint de fauve ; le reste des régions inférieures d'un fauve-orangé, plus ou moins vif, avec une grande tache anguleuse bleue de chaque côté de la poitrine, formant un collier interrompu. Rémiges noires, bordées de blanc en dedans et de bleu en dehors. Rectrices bleues d'outre-mer en dessus, noires en dessous. Bec noir ; pieds rouges ; iris châtain (Anchieta).

Dimens. L. t. 193 m.; aile 90 m.; queue 50 m.; bec 45 m.; tarse 9 m.; doigt méd. 15 m.

Habit. *Maconjo, Capangombe*. Nom indig. *Sumbo*.

77. Corythornis cyanostigma

Syn. *Alcedo cyanostigma*, Rüpp. Neue Wirb. pl. 24.
Corythornis cyanostigma, Sharpe. Monogr. Alced. Introd. p. vi; id Proc. Z. S.
  L. 1869, p. 568; Heugl. Orn. N. O.-Afr. p. 182; Gurney in Anderss. B.
  Damara p. 60; Sharpe in Layard's B. S.-Afr. p. 108.
Alcedo cristata, Hartl. Orn. West-Afr. p. 36.
Corythornis cristata, Boc. Jorn. Sc. Lisboa, n.º iv, 1867, p. 332; Sharpe,
  Monogr. Alced. p. 35.

Fig. *Rüppell, Neue Wirb, pl.* 24 (jeune).
  Sharpe, Monogr. Alcedinidae, pl. 11 (ad. & jeune).

Caract. Ad. Tête ornée d'une huppe composée de longues plumes
d'un vert malachite rayées de noir; une large raie surciliaire, le dessus du
cou, le dos, les ailes et la queue d'un beau bleu d'outre-mer; lores, joues,
côtés du cou et régions inférieures roux-marron clair, à l'exception de la gorge, du milieu du ventre et d'une tache de chaque côté de la base du cou, qui
sont d'un blanc plus ou moins pur. Rémiges brunes, bordées de fauve en dedans; les barbes externes des rémiges secondaires nuancées de bleu en dessus. Bec et pieds rouge-corail; iris châtain (Anchieta).

Dimens. L. t. 135 m.; aile 57 m.; queue 27 m.; bec 32 m.; tarse
8 m.; doigt m. 12 m.

  Les jeunes ont le dos et les ailes d'un brun-noirâtre glacé de bleu et tacheté de bleu de cobalt; le roux des parties inférieures est remplacé, surtout
à la poitrine, par du brun sombre varié de noirâtre; les joues portent ces mêmes couleurs; le bec est noir et les pieds brunâtres.
  La couleur de la huppe sert à distinguer *C. cyanostigma* de *C. coeruleo-*
cephala; mais indépendamment de ce caractère, d'une application difficile
lorsqu'il s'agit d'individus jeunes, les dimensions relatives du bec chez les
deux espèces fournissent un excellent moyen de distinction. Chez tous les individus de *C. cyanostigma* que nous avons pu examiner, le bec est sensiblement moins long et plus étroit que chez ceux de *C. coeruleocephala.*

Habit. *Rio Quanza* et *Benguella* (Monteiro); *Capangombe* (Anchieta).

  Le Muséum de Leyde possède un individu de *Mossamedes* provenant du
voyage de Sala[1].

——————
[1] V. Schlegel. Mus. des Pays Bas, 11ᵉ Livr. p. 6.

Nom indigène à Capangombe *Sumbo*.

Andersson a rencontré cette espèce dans les contrées au nord du pays des *Damaras*, qu'il a visitées.

78. Ceryle rudis

Syn. *Alcedo rudis*, Linn. Syst. Nat. i, p. 181.
Ceryle rudis, Hartl. Orn. West-Afr. p. 37; Boc. Jorn. Sc. Lisboa, ii, 1867, p.
134; ibid. iv, 1869, p. 332; ibid. xiii, 1872, p. 66; ibid. xiv, 1873, p.
196; Sharpe, Monogr. Alced. pl. 19; Heugl. Orn. N. O.-Afr. p. 185;
Finsch & Hartl. Vög. Ost-Afr. p. 175; Gurney in Anderss. B. Damara, p.
59; Sharpe in Layard's B. S.-Afr. p. 110.

Fig. *Buffon, Pl. Enl. pls.* 62 & 716.
Sharpe, Monogr. Alced. pl. 19 (mâle & fem.).

Caract. Mâle ad. Dessus de la tête et joues noires, striées de blanc; lores, raie surciliaire, se reunissant sur la nuque à celle de l'autre côté, et un large collier à la base du cou de cette dernière couleur; le reste des parties supérieures variées et barrées de noir et de blanc. Parties inférieures d'un blanc lustré, parfois teint de rose, avec deux colliers noirs sur la poitrine, dont le supérieur est de beaucoup le plus large. Rémiges blanches à la base et terminées de blanc, le reste noir. Rectrices blanches avec une bande noire près de l'extrémité; cette bande, interrompue sur les rectrices latérales, est entière et de plus en plus large sur les autres. Bec et pieds noirs; iris châtain (Anchieta).

Dimens. L. t. 290 m.; aile 135 m.; queue 76 m.; bec 63 m.; tarse 10 m.; doigt m. 14 m.

La femelle porte un seul collier noir à la poitrine. Le jeune a un seul collier, interrompu au milieu.

Habit. Cette espèce se trouve représentée au Muséum de Lisbonne par de nombreux exemplaires; deux individus de *Loanda*, l'un provenant du voyage de Sa Majesté le Roi D. Louis, l'autre de celui de Welwitsch; un autre du *Duque de Bragança*, par M. Bayão; enfin une longue suite d'individus envoyés de presque toutes les localités visitées par M. d'Anchieta, *Barra do Dande, Rio Coroca, Capangombe, Gambos* et *Ihumbe*.

Nom indigène *Sumbo*.

MM. Monteiro et Sala ont rapporté également des individus de *C. rudis* d'Angola, et particulièrement de *Loanda*. Andersson comprend cette espèce dans la liste de celles qu'il a observées dans le pays des *Grands-Namaquas*.

7

79. Ceryle maxima

Syn. *Alcedo maxima*, Pall. Spec. zool., fasc. vi, p. 14.
Ceryle maxima, Hartl. Orn. West-Afr., p. 34; Monteiro: Ibis, 1862, p. 333,
   Boc. Jorn. Sc. Lisboa, n.° viii, 1870, p. 339; ibid. n.° xiv, p. 189;
   Finsch & Hartl. Vög. Ost-Afr., p. 173; Heugl. Orn. N. O.-Afr., p. 186;
   Sharpe, Monograph. Alced. pl. 20; Gurney in Anderss. B. Damara, p. 59;
   Sharpe, Proc. Z. S. L. 1870, p. 149; id. in Layard's B. S.-Afr., p. 111.

Fig. *Buffon, Pl. Enl. pl. 679 (♂ jeune).*
   Sharpe, Monogr. Alcedinidae, pl. 20 (♂ & ♀ ad.).

Caract. Mâle ad. Plumage en dessus d'un noir-cendré, tirant au
noir lustré sur la tête, varié de taches blanches, très petites et rares sur le
milieu du dos, plus grandes et nombreuses au croupion, aux couvertures de
la queue et sur les ailes, étroites et alongées sur la huppe; côtés de la tête
noirs, variés et striés de blanc. En dessous barré de noir-cendré et de blanc
sur l'abdomen et les sous-caudales, avec la poitrine et la face antérieure du
cou roux-marron; la gorge blanche, encadrée de taches noires. Couvertures
inférieures de l'aile blanches, variées et barrées de noir. Rémiges et rectrices
d'un noir à reflets verdâtres, ornées de taches sur les barbes externes et internes. Bec noir; pieds brun-olivâtre; iris châtain (Anchieta).

Dimens. L. t. 420 m.; aile 210 m.; queue 120 m.; bec 75 m.;
tarse 14 m.; doigt m. 25 m.

Par son système de coloration cet individu, originaire de *Rio Chimba*,
se rapproche de *C. Sharpii*, Gould; comparé à deux individus mâles de *C. maxima*, l'un de l'Afrique australe, l'autre d'Abyssinie, il en diffère précisément
par des caractères qui, se trouvant plus accentués sur un mâle vieux du Gabon,
ont servi à établir le *C. Sharpii*. On serait donc tenté de conclure en faveur
de l'identité des deux espèces.

Une femelle adulte de *Huilla* ressemble tout-à-fait aux femelles de *C. maxima*, provenant de diverses localités, qui existent dans notre collection: elle
est d'un roux-marron en dessous, avec la gorge blanche et un plastron à la
poitrine varié de noir sur un fond blanc.

Deux individus jeunes, mâle et femelle, portent une livrée identique à
celle de la femelle adulte, à une exception près: les taches de la poitrine d'un
noir profond sont bordées de roux. La seule différence que nous remarquons
entre ces deux individus, c'est que le jeune mâle a un espace blanc plus considérable au dessous du plastron noir et roux de la poitrine.

Les variations du plumage de cette espèce par rapport au sexe et à l'âge ont été fort exactement appréciées par M. Gurney[1].

Habit. *Angola* (Toulson); *Rio Dande* (Sala); *R. Quanza* (Monteiro); *R. Chimba, Huilla, R. Cunene* (Anchieta).

80. Ispidina picta

Syn. *Todus pictus*, Bodd. Tabl. Pl. Enl. p. 49.
Alcedo cyanotis, Hartl. Orn. West–Afr., p. 35; Boc. Jorn. Sc. Lisboa, n.° II, 1867, p. 134;
Ispidina picta, Sharpe, Proc. Z. S. L., 1869. p. 568; id. Monogr. Alcedinidae pl. 51.

Fig. *Gray & Mitch., Genera of Birds*, I, pl. 28.
Sharpe, Monogr. Alcedinidae, pl. 51.

Caract. Ad. Dessus de la tête noir, rayé transversalement de bleu d'outre-mer; dos, ailes et couvertures supérieures de la queue bleu d'outre-mer sur un fond noir; lores, raie surciliaire, joues et un collier au-dessous de la nuque roux-cannelle nuancé de violet. Régions inférieures roux-orange, plus vif sur les flancs; la gorge d'un blanc pur. Sous-alaires roux-orangé. Rémiges brun-noir, bordées de roux en dedans; les secondaires avec un étroit liséré bleu sur les barbes externes. Rectrices brun-noir, nuancées de bleu en dessus. Bec et pieds rouge-corail; iris brun.

Dimens. L. t. 107 m.; aile 55 m.; queue 24 m.; bec 25 m.; tarse 6 m.; doigt m. 9 m.

Chez des individus jeunes ou imparfaitement adultes, le dos est noir barré de bleu d'outre-mer, les couvertures supérieures de la queue sont nuancées de bleu de cobalt et le bec brun-rougeâtre, plus pâle sur les bords des mâchoires.

Habit. *Molembo* (Perrein); *Cabinda* (Anchieta); *R. Quanza* (Monteiro); *Angola* (Gujon — *fide Sharpei*).

Jusqu'à présent on n'a pas de preuves authentiques de l'existence de cette espèce dans les districts méridionaux d'Angola qui demeurent au sud du *Quanza*.

[1] V. *Ibis*, 1859. p. 244.

81. Halcyon cyanoleuca

Syn. *Alcedo cyanoleuca*, Vieill., N. Dict. H. N. t. 19. p. 401.
Halcyon cyanoleuca, Hartl Orn. West–Afr., p. 31; Monteiro, Proc. Z. S. L.,
    1865, p. 94; Finsch & Hartl. Vög. Ost–Afr., p. 185. (Note) et p. 859;
    Sharpe, Monogr. Alced. pl. 69; Gurney in Anderss. B. Damara, p. 56;
    Boc. Jorn. Sc. Lisboa, n.° XVII, 1874, p. 34: Sharpe in Layard's B. S.–Afr.,
    p. 120.

Fig. *Sharpe, Monogr. Alcedinidae*, pl. 69.

Caract. Mâle ad. En dessus d'un beau bleu d'aigue-marine, nuancé
de cendré sur le front; une courte raie surciliaire blanche; une tache noire
se prolongeant de la base du bec sur l'œil jusqu'à la région temporale, où
elle termine en pointe. Couvertures inférieures de l'aile blanches. Parties inférieures blanches, teintes légèrement de bleu sur la poitrine. Rémiges noires,
bordées de bleu d'aigue-marine en dehors, avec un espace blanc à la base sur
les barbes internes. Queue en dessus bleue d'aigue-marine, en dessous noire.
Bec rouge dans sa moitié supérieure, la mandibule noire; pieds noirs; iris châtain (Anchieta).

Dimens. L. t. 240 m.; aile 117 m.; queue 68 m.; bec 44 m.; tarse
13 m.; doigt m. 17 m.

Chez une autre femelle plus jeune, la poitrine et le ventre sont délicatement sablés de brun, et le dessus de la tête est d'un brun-cendré plus apparent avec les baguettes des plumes d'une teinte foncée.

Habit. *Angola* (Temminck)[1]; *Benguella* (Monteiro); *Humbe* (Anchieta).

Non indigène — *Sumbo*.
Andersson a observé ce Martin-pêcheur à Ondonga, où il serait fort abondant.

---

[1] V. Temminck, Catal. system. p. 215.

82. Halcyon senegalensis

Syn. *Alcedo senegalensis*, Linn. Syst. Nat. i, p. 180.
Halcyon senegalensis, Hartl. Orn. West-Afr., p. 31; Boc. Jorn. Sc. Lisboa,
    n.° ii, 1867, p. 134; Sharpe, Proc. Z. S. L. 1869, p. 568; Finsch & Hartl.
    Vög. Ost-Afr., p. 157: Sharpe, Alcedinidae, pl. 70; id. Proc. Z. S. L. 1873,
    p. 716; id. in Layard's B. S.-Afr., p. 121.
Dacelo senegalensis, Heugl. Orn. N. O.-Afr., p. 191.

Fig. *Buffon, Pl. Enl. pl. 594.*
    Sharpe, Monograph. Alcedin. pl. 70.

Caract. Cette espèce est presque identique à la précédente quant
aux couleurs. Elle en diffère cependant par la coloration du dessus de la tête,
plus fortement nuancée de brun-cendré, et par la forme de la tache oculaire,
qui ne se prolonge pas en pointe derrière l'œil; sa taille est un peu moindre,
comme on peut en juger par les dimensions suivantes prises sur un individu
adulte:

Dimens. L. t. 215 m.; aile 107 m.; queue 62 m.; bec 42 m.; tarse
12 m.; doigt m. 16 m.

Habit. *Cabinda* (Anchieta, Sperling); *Angola* (Furtado d'Antas); *Ambriz* et *Quanza* (Monteiro); *Rio Dande, Catumbella* (Sala); *Catumbella* (Anchieta).

83. Halcyon chelicutensis

Syn. *Alcedo chelicuti*, Stanley, Salt's. Trav. in Abyss. App. p. 56.
Halcyon striolata, Hartl. Orn. West-Afr., p. 31; Boc. Jorn. Sc. Lisboa, n.° ii,
    1867, p. 134; ibid. n.° iv, 1867, p. 331; ibid. n.° v, 1868, p. 40: ibid.
    n.° viii, 1870, p. 339.
Halcyon chelicutensis, Finsch & Hartl. Vög. Ost-Afr., p. 192; Sharpe, Proc.
    Z. S. L. 1869, p. 569; Sharpe, Mon. Alced. pl. 67; Gurney in Anderss.
    B. Damara p. 57; id. Sharpe, Proc. Z. S. L. 1873, p. 716; in Layard's
    B. S.-Afr., p. 117.
Dacelo tschelicutensis, Heugl. Orn. N. O.-Afr., p. 192.

Fig. *Rüppell, Atlas, t. 28. fig. b.*
    Sharpe, Monogr. Alcedinidae, pl. 67.

Caract. Ad. Tête brun-cendré, fortement striée de brun; une large
bande noirâtre traversant l'œil et se réunissant sur la nuque à celle du côté

opposé; front, un collier à la base du cou et régions inférieures d'un blanc
lavé de fauve, avec des stries noires sur les flancs. Manteau brun, varié de blanc
sur les couvertures des ailes; dos inférieur, croupion et sus-caudales bleu de
cobalt. Couvertures inférieures de l'aile blanches, à l'exception de celles qui
recouvrent les primaires, d'un brun-noirâtre. Rémiges brun-foncé avec un
espace blanc à la base, nuancées de vert sur les barbes externes. Rectrices
en dessus vert-terne, en dessous brun-cendré. Bec rouge sombre, noirâtre vers
la pointe; pieds rougeâtres; iris brun (Anchieta).

Dimens. L. t. 180 à 190 m.; aile 90 m.; queue 50 m.; bec 34 m.;
tarse 12 m.; doigt m. 16 m.

Chez les individus jeunes les parties inférieures sont plus distinctement
lavées de fauve, et les plumes de la poitrine et d'une partie du ventre striées
et bordées de brun; le vert des rémiges est plus effacé.

Les dimensions de nos exemplaires d'Angola sont supérieures à celles de
tous les individus d'Afrique orientale qui existent au Muséum de Lisbonne; ce
qui confirme l'exactitude de la remarque faite par M. Sharpe que les individus
d'Angola atteignent presque la taille des individus de l'Afrique australe, dont
on a voulu faire une espèce à part, le *H. damarensis.*

Habit. *Angola* (Toulson et Furtado d'Antas); *Rio Zaire* (Sperling);
Ambriz et *Rio Quanza* (Monteiro); *Pungo-Andongo, Ambaca, Quillengues,
Capangombe* (Anchieta).

Nom indigène, à Capangombe, *Sumbo.*

Andersson a trouvé cette espèce fort répandue dans le pays des Damaras
et dans le territoire adjacent au nord; mais nous ne l'avons pas reçue des localités visitées par M. d'Anchieta depuis *Capangombe* jusqu'aux bords du
Cunene.

84. Halcion semicaerulea

Syn. *Alcedo semicoerulea*, Forsk. Descr. Anim. p. 2.
Halcyon semicaerulea, Hartl. Orn. West-Afr., p. 33; Monteiro, Proc. Z. S. L.
     1865, p. 94; Boc. Jorn. Sc. Lisboa, n.° II, 1867, p. 134; ibid. n.° XIV,
     1873, p. 196; ibid. n.° XVI, 1873, p. 292; Finsch & Hartl. Vög. Ost-Afr.,
     p. 160; Heugl. Orn. N. O.-Afr., p. 190; Sharpe, Monogr. Alced. p. 171,
     pl. 64; Gurney in Anderss. B. Damara p. 57; Sharpe in Layard's. B.
     S.-Afr., p. 114.

Fig. *Rüppell, Neue Wirbelth. t.* 24. *fig.* 1.
     Sharpe, Monogr. Alcedinidae, pl. 64 (ad. et jeune).

Caract. Ad. Tête, cou et poitrine d'un cendré pâle, plus foncé sur
la tête et strié de brun sur les tiges des plumes; lores noirs; gorge blanche;

manteau d'un noir lustré; partie postérieure du dos, croupion et sus-caudales bleu de cobalt; ventre et sous-caudales roux-marron, plus ou moins vif. Sous-alaires de cette même couleur. Rémiges noires avec un grand espace blanc à la base, nuancées de bleu de cobalt sur les barbes externes. Rectrices en dessus bleu de cobalt lisérées de noir, en dessous noires. Bec et pieds rouges; iris brun (Anchieta).

Dimens. L. t. 205 m.; aile 104 m.; queue 60 m.; bec 40 m.; tarse 12 m.; doigt m. s. l'ongl. 15.

La livrée de l'adulte est commune aux deux sexes. Chez les individus jeunes les teintes sont plus sombres et plus effacées: le dessus de la tête et du cou est d'un cendré fortement mélangé de brun, le dos et les couvertures alaires d'un brun-noirâtre, le bleu du dos et des rémiges d'un ton verdâtre.

Nous remarquons chez les individus adultes provenant du *Humbe* que les régions inférieures sont moins richement coloriées que chez ceux d'autres localités plus septentrionales.

M. Sharpe regarde l'*H. erythrogastra*, de l'archipel de Cap-Vert, comme spécifiquement distincte de l'*H. semicoerulea* par sa taille un peu plus forte et par ses couleurs en même temps plus pures et plus vives. Nous sommes arrivé exactement aux mêmes résultats en comparant plusieurs exemplaires de la première espèce, originaires de l'île de Saint-Iago, avec de nombreux individus de la seconde, non seulement d'Angola, mais de Gorée et d'autres provenances: chez l'*H. erythrogastra* adulte la tête, le cou et la poitrine présentent une coloration d'un blanc pur, à peine légèrement cendré sur la tête, qu'on ne rencontre jamais chez les adultes de l'autre espèce; le bec est non seulement plus long, mais sensiblement plus fort, et les dimensions de toutes les parties dépassent en général celles de l'*H. semicoerulea*, à l'exception des ailes qui sont proportionnellement plus courtes.

Habit. *Angola* (Capello et Furtado d'Antas); *Benguella* (Monteiro); *Cupangombe, Gambos* et *Humbe* (Anchieta).

Nom indigène, *Sumbo.*

Suivant M. d'Anchieta cette espèce est partout moins commune que la plupart de ses congénères; elle se nourrit d'insectes, surtout de diptères, et de petits lézards.

85. Halcyon malimbica

Syn. *Alcedo malimbica*, Shaw, Gen. Zool. VIII, p. 66.
Halcyon cinereifrons, Hartl. West-Afr., p. 32; Monteiro, Proc. Z. S. L. 1860,
     p. 110; Boc. Jorn. Sc. Lisboa, n.° VIII, 1870, p. 339.
Halcyon malimbica, Sharpe, Monogr. Alced. pl. 72; id. in Layard's B. S.-Afr.,
     p. 121.

Fig. *Vieill. & Oud., Galer. des Ois. pl. 187.*
     Sharpe, Monogr. Alcedinidae, pl. 72.

Caract. Adulte. Parties supérieures d'un beau bleu de cobalt, à l'exception des scapulaires et couvertures supérieures de l'aile, qui sont d'un noir lustré; front nuancé de brun-cendré, le vertex de la couleur du dos; une bande noire de la base du bec à la région auriculaire, traversant l'œil; côtés du cou et poitrine bleu de cobalt; le reste des parties inférieures blanches. Rémiges noires avec un espace blanc à la base sur les barbes internes, nuancées de bleu en dehors. Mâchoire supérieure rouge, noire à la pointe et sur les bords, l'inférieure entièrement noire; pieds rouges.

Dimens. L. t. 260 m.; aile 115 m.; queue 80 m.; bec 50 m.; tarse 14 m.; doigt m. 19.

Ces caractères nous sont donnés par un individu d'Angola, envoyé par M. Toulson sans aucune indication précise de sexe ni de provenance; il reproduit fidèlement les caractères de coloration d'un des individus figurés sur la planche 72 de M. Sharpe et que cet auteur regarde comme très-vieux.

Habit. *Angola* (Perrein, Toulson); *Bembe* (Monteiro).

Les indigènes du Bembe, suivant M. Monteiro, l'appellent *Telampuica*[1].
    M. Schlegel, dans sa dernière publication sur les collections du Muséum des Pays-Bas[2], maintient la séparation de *H. cinereifrons* et *H. malimbica*, s'appuyant sur des différences de taille et de coloration et sur leur différent habitat, la première étant originaire de Sénégambie, la seconde de la Côte d'Or, du Congo et d'Angola. Nous n'avons pas à notre disposition des éléments de comparaison suffisants pour pouvoir nous prononcer sur cette question; tout ce que nous pouvons affirmer, c'est que l'individu unique que nous possédons d'Angola présente les caractères de coloration attribués par M. Schlegel à *Dacelo malimbica*.

[1] V. Hartlaub & Monteiro, Proc. Z. S. L. 1860, p. 110.
[2] V. Schlegel, Mus. des Pays-Bas, 11e livrais. *Alcedinidae*. p. 20.

FAM. CAPITONIDAE

86. Pogonorhynchus bidentatus

Syn. *Bucco bidentatus*, Shaw, Nat. Misc. pl. 393.
Pogonias bidentatus, Hartl. Orn. West-Afr., p. 170; Boc. Jorn. Acad. Sc. Lisboa, n.° II, 1867, p. 143; ibid., n.° VIII, 1870, p. 348.
Pogonorhynchus bidentatus, Heugl. N. O.-Afr., p. 753: Marsh. Monogr. Capit. p. 11, pl. 6.

Fig. *Levaillant, Barbus, pl. A* (b jeune).
Marshall, Monogr. Capit. pl. 6 (l'adulte.

Caract. Ad. Parties supérieures d'un noir lustré à reflets bleus; front strié de rouge; une bande transversale de cette couleur sur l'aile, formée par les extrémités des grandes couvertures; une bande longitudinale au milieu du dos et une large tache sur les flancs d'un blanc pur; menton, cuisses, côtés du ventre et sous-caudales d'un noir bleuâtre; le reste des parties inférieures, ainsi que les joues et les côtés du cou, rouges. Rémiges brunes glacées de noir-bleu brillant sur les barbes externes; rectrices de la couleur du dos. Bec jaunâtre, muni de deux dents sur les bords de la mâchoire supérieure; tour des yeux jaune orangé; pieds brunâtres; iris jaune-verdâtre (Anchieta).

Dimens. L. t. 230 m.; aile 107 m.; queue 83 m.; bec 34 m.; tarse 25 m.

La femelle ressemble au mâle, mais le jeune porte une livrée tellement distincte qu'on a pu le prendre pour une espèce à part *(B. Levaillantii)*.

Chez lui le sinciput est d'un rouge vif; le reste de la tête, le dessus et les côtés du cou d'un brun roussâtre, qui prend un ton plus foncé sur le dos et les couvertures alaires; les parties inférieures sont blanches, nuancées de rose terne sur le milieu du ventre, avec les cuisses et un espace sur les côtés du bas-ventre noirs; les couvertures supérieures de la queue et les rectrices noires. Pas de vestiges de blanc au milieu du dos.

Habit. *Duque de Bragança* (Bayão); *Pungo-Andongo, Ambaca* (Anchieta).

Le *P. bidentatus* ne paraît pas s'écarter beaucoup dans l'Afrique occidentale des régions équatoriales; on ne l'a pas observé dans les districts méridionaux d'Angola, au sud du Quanza, ni aux pays des Grands-Namaquas et des Damaras.

87. Pogonorhynchus torquatus

Syn. *Bucco torquatus*, Dumont Dict. Sc. Nat. IV, p. 56.
Pogonias personatus, Boc. Jorn. Ac. Sc. Lisboa, n.º v, 1868, p. 45 et 49.
Laimodon nigrithorax, Boc. Jorn. Acad. Sc. Lisboa, n.º VIII, 1870, p. 348.
Pogonorhynchus torquatus, Fiusch & Hartl. Vög. Ost.–Afr., p. 503; Heugl. Orn.
N. O.–Afr., p. 756. Marsh. Monogr. Capit. p. 19, pl. 10.

Fig. *Temminck*, *Pl. Col. pl.* 201.
Marshall, *Monogr. Capiton. pl.* 10.

Caract. Ad. Front, côtés de la tête et gorge rouges, ressortant d'un
fond noir lustré qui couvre le cou et la poitrine; dos et couvertures alaires
d'un cendré pâle, nuancé de jaune-souffre et marqué de points et de petits
traits bruns; croupion tirant davantage au jaune-souffre; ventre et sous-
caudales de cette couleur, plus mélangée de blanc sur les flancs. Rémiges
d'un brun fuligineux, lisérées en dehors de jaune-soufre et en dedans de
blanchâtre. Queue noirâtre. Bec noir; pieds brun-foncé; iris rouge de brique
(Anchieta).

Dimens. L. t. 180 m.; aile 91 m.; queue 60 m.; bec 22 m.; tarse
20 m.

Habit. Cette espèce se trouve assez répandue à Angola; M. d'Anchieta
nous l'a envoyée de plusieurs localités, *Pungo-Andongo, Caconda, Maconjo,
Biballa* et *Huilla*. Presque toujours nous avons reçu deux ou trois individus
à la fois, ce qui nous la fait supposer commune partout.

Nos individus portent sur leurs étiquettes un nom indigène différent
suivant les localités: ceux de Pungo-Andongo, *Kibandabunzi*, ceux de Biballa
et Maconjo, *Kixibacôle*, ceux de Huilla, *Tungula*.

On doit exclusivement à M. d'Anchieta la découverte de cette espèce à
Angola. Andersson ne l'a pas rencontrée dans le territoire, au sud des possessions portugaises, qu'il a parcouru.

88. Pogonorhynchus leucomelas

Syn. *Bucco leucomelas*, Bodd. Tabl. Pl. Enl.
Laimodon unidentatus. Boc. Jorn. Acad. Sc. Lisboa, n.º VIII, 1870, p. 348.
Pogonias leucomelas, Mont. Proc. Z. S. L. 1865, p. 95; Boc. Jorn. Acad. Sc.
Lisboa, n.º XIX, 1876, p. 151.
Pogonorhynchus leucomelas, Marsh. Monogr. Capit. p. 23, p. 12; Gurney in
Anderss. B. Damara, p. 217.

Fig. *Buffon, Pl. Enl. pl.* 688, *fig.* 1.
Marshall, Monogr. Capiton. pl. 12.

Caract. Ad. Fond du plumage en dessus noir varié de taches jaune-soufre; le croupion presque entièrement de cette couleur; les scapulaires bordées de blanc; le sinciput rouge; une large bande surciliaire, d'abord jaune-soufre, ensuite blanche, se prolongeant sur les côtés de la nuque; au dessous de cette bande, au travers de l'œil, une bande noire. Un large plastron noir couvrant la gorge et la partie antérieure de la poitrine, et séparé du noir de la tête par un espace blanc; le reste des parties inférieures blanches, tirant au jaunâtre sur le ventre. Rémiges et rectrices brunes lisérées de jaune. Bec noir; pieds noirâtres; iris châtain (Anchieta).

Dimens. L. t. 150 m.; aile 85 m.; queue 51 m.; bec 16 m.; tarse 20 m.

Habit. *Angola* (Toulson); *Benguella* (Monteiro); *Rio Coroca* et *Humbe* (Anchieta). Observé par Andersson au nord du pays des *Grands Namaquas* jusqu'au fleuve *Okavango,* et aussi près du *Lac Ngami;* moins abondant à *Objimbinque.*

Suivant M. d'Anchieta, le *P. leucomelas* se nourrit de fruits sylvestres.

89. Pogonorhynchus melanocephalus

Syn. *Pogonias melanocephalus*, Rüpp. Atlas, p. 41, tab. 28, fig. a.
Pogonias bifrenatus, Hartl. Orn. West–Afr., p. 171.
Pogonorhynchus melanocephalus, Marsh. Monogr. Capit. p. 31, pl. 15; Heugl.
Orn. N. O.-Afr., p. 758.

Fig. *Rüppell, Atlas, tab.* 28, *fig. a.*
Marshall, Monogr. Capiton. pl. 15.

Caract. Ad. Tête, cou et partie antérieure de la poitrine noires: une large bande au-dessus de l'œil et une autre s'étendant de la base de la mandibule vers la base du cou, blanches; dos et dessus de l'aile noirâtres, variés de jaune-soufre; abdomen et sous-caudales blanches. Rémiges et rectrices brunes avec des bordures jaunes sur les barbes externes. Bec et pieds noirs; iris châtain.

Dimens. L. t. 122 m.; aile 69 m.; queue 39 m.; bec 17 m.; tarse 21 m. (Heugl.).

Habit. M. Hartlaub fait mention de cette espèce comme ayant été observée à Angola par Henderson[1]; mais elle n'y a pas été retrouvée par les voyageurs qui se sont occupés plus récemment de recherches ornithologiques dans cette contrée.

90. Xilobucco scolopaceus

Syn. *Xylobucco scolopaceus*, Bp. Consp. Av. I, p. 141; Boc. Jorn. Acad. Sc.
     Lisboa, n.° II, 1867, p. 143; Marsh. Monogr. Capit. p. 115, pl. 47; Sharpe,
     Cat. Afric. Birds, p. 15.
Barbatula scolopacea, Hartl. Orn. West-Afr., p. 174.

Fig. *Marshall, Monogr. Capit. pl.* 47.

Caract. Ad. Brun-noirâtre en dessus, varié de jaune; les taches sur le dos, d'un jaune plus vif, se réunissent en bandes transversales; couvertures alaires bordées de jaune. En dessous blanc, teint de verdâtre à la poitrine et de jaune sur le ventre et les couvertures inférieures de la queue. Rémiges d'un brun-noirâtre; les primaires bordées de blanc en dedans; les secondaires lisérées de jaune sur les barbes externes. Rectrices de la couleur des rémiges avec un étroit liséré jaune. Bec noir; pieds noirâtres; iris jaune.

Dimens. L. t. 109 m.; aile 54 m.; queue 30 m.; bec 15 m.; tarse 14 m.

Habit. *Rio Quilo (Cabinda);* un seul individu rapporté en 1865 par M. d'Anchieta de son excursion à Cabinda et Loango. Ce petit barbu a été observé à plusieurs reprises en Afrique occidentale, de la Côte d'Or au Gabon; on doit à M. d'Anchieta d'avoir constaté son existence dans la proximité du Congo.

[1] V. Hartlaub. Orn. West-Afr., p. 171.

91. Barbatula chrysocoma

Syn. *Bucco chrysocomus*, Temm. Pl. Col. pl. 536, fig. 2.
Barbatula chrysocoma, Hartl. Orn. West–Afr., p. 173; Boc. Jorn. Acad. Sc.
    Lisboa, n.º v, 1868, p. 45; Marsh. Monogr. Capit. p. 119, pl. 49, fig. 2;
    Sharpe, Cat. Afric. Birds, p. 16.
Megalaema chrysocoma, Heugl. N. O.-Afr., p. 760.

Fig. *Temminck, Pl. Col, pl. 536, fig. 2.*
    Marshall, Monogr. Capit. pl. 49, fig. 2.

Caract. Ad. Plumage noir en dessus, strié de blanc sur le cou, le
dos et les scapulaires, de jaune-souffre sur le croupion et les sus-caudales;
une tache frontale jaune-d'or, bordée de noir en avant et sur les côtés; les
joues marquées de trois raies noires sur un fond blanc, l'une traversant l'œil,
l'autre passant au-dessous de l'œil et se dilatant sur la région auriculaire, la
troisième partant de la base de la mandibule et formant une petite moustache.
Parties inférieures blanches, légèrement teintes de jaune verdâtre sur la gorge
et de jaune d'ocre sur la poitrine et le ventre. Couvertures alaires et rémiges
noirâtres, bordées de jaune d'or; rectrices de la même couleur avec un étroit
liséré jaune pâle. Bec et pieds noirs; iris châtain (Anchieta).

Dimens. L. t. 110 m.; aile 61 m.; queue 35 m.; bec 12 m.; tarse
14 m.

Habit. *Biballa* et *Caconda* (Anchieta).

92. Trachyphonus cafer

Syn. *Picus cafer*, Vieill. N. Dict. H. N. xxvi, p. 102.
Trachyphonus cafer, Hartl. Orn. West–Afr., p. 176; Boc. Jorn. Acad. Sc. Lisboa,
    n.º viii, 1870, p. 348; Sharpe, Cat. Afric. Birds p. 16; Marshall, Monogr.
    Capit. p. 139, pl. 56.

Fig. *Levaillant, Promerops pl. 32.*
    Marshall, Monogr. Capit. pl. 56.

Caract. Ad. Sinciput, côtés de la tête et gorge jaune-jonquille
écaillé de rouge; une tache blanche terminée de noir couvrant les tempes;
huppe occipitale, nuque, face supérieure du cou, dos et un large collier au-

devant de la poitrine d'un noir à reflets bleus; le plastron sur le jabot varié
de quelques taches couleur de lilas et frangé de blanc en arrière; croupion
et régions inférieures jaune-jonquille; la poitrine striée de rouge; flancs noirs;
couvertures supérieures de la queue rouge-écarlate. Les premiers rangs des
petites couvertures alaires d'un blanc pur, les autres de la couleur du dos, en
partie terminées de blanc. Rémiges d'un brun-noirâtre, marquées de taches
blanches sur le bord externe et bordées de blanc en dedans; les dernières
secondaires terminées de cette couleur. Queue d'un noir lustré, avec les
rectrices terminées de blanc et marquées sur les bords de taches blanches;
celles des barbes internes plus larges. Bec jaunâtre, noir à la pointe; pieds
noirâtres; peau nue autour des yeux et iris rouge-vineux (Anchieta).

Dimens. L. t. 195 m.; aile 110 m.; queue 95 m.; bec 23 m.; tarse
28 m.

Habit. *Ihvilla.*

Un individu mâle, reçu en 1868 de cette localité par M. d'Anchieta,
prouve que cette espèce, propre à l'Afrique orientale-australe (Tete, Transvaal,
Natal, Colonie du Cap), peut se montrer de temps en temps dans des localités
rapprochées de la côte occidentale. Nous ne trouvons nulle part mention de
cette espèce comme ayant été observée à Angola, et les collections de M. d'Anchieta ne contiennent qu'un seul exemplaire; ce qui nous porte à conclure
que ses apparitions doivent y être fort rares. On ne l'a pas rencontrée au nord
du Congo, ni au sud du Cunene.

93. Stactolaema Anchietae

Syn. *Buccanodon Anchietae,* Boc. Proc. Z. S. L. 1869, p. 436, pl. 29; id.
  Jorn. Acad. Sc. Lisboa, n.° VIII, 1870, p. 348.
Stactolaema Anchietae, Marsh. Proc. Z. S. L. 1870, p. 118 et 119, fig. 1; id.
  Monogr. Capit. p. 181, pl. 73.

Fig. *Bocage, Proc. Z. S. L. 1869, pl. 29.*
  Marshall, Monogr. Capit. pl. 73.

Caract. Ad. Plumage d'un brun-roux foncé; tête et gorge jaune-
soufre; nuque, face supérieure et latérales du cou, et poitrine d'un noir
brillant, la poitrine striée de jaune-soufre, les autres parties variées de petites
taches blanches; strie surciliaire et joues blanches; bas-ventre et couvertures
inférieures de la queue d'un blanc légèrement teint de fauve. Ailes tirant au
noir, avec quelques reflets vert-olivâtre; les rémiges secondaires lisérées de

blanc grisâtre sur les barbes externes. Queue en dessus brune, glacée de cendré, en dessous grise. Bec et pieds noirs; iris brun-rougeâtre (Anchieta).

Dimens. L. t. 166 m.; aile 94 m.; queue 56 m.; bec 18 m.; tarse 20 m.

Habit. *Caconda.*

Nous avons reçu en 1869 quatre individus de cette espèce, tous portant la désignation de mâles, envoyés par M. d'Anchieta de Caconda, dans l'intérieur de Benguella. Nous avons disposé d'un de nos types en faveur de notre ami M. Sharpe, les autres appartiennent aux collections du Muséum de Lisbonne.

FAM. BUCEROTIDAE

94. Bucorax cafer

Syn. *Buceros carunculatus cafer,* Schleg. Mus. des Pays-Bas, Bucer. p. 20. *Bucorax cafer,* Boc. Proc. Z. S. L. 1873, p. 698; id. Jorn. Acad. Sc. Lisboa, n.º XVI, 1873, p. 284: ibid. n.º XVII, 1874, p. 57; ibid. n.º XIX, 1876, p. 149; Sharpe in Layard's Birds S.-Afr., p. 122. *Bucorax abyssinicus,* Boc. Jorn. Acad. Sc. Lisboa, n.º VIII, 1870, p. 347. *Bucorvus abyssinicus,* Gurney in Anders. B. Damara, p. 205. *Bucorvus Leadbeateri,* Vig. ap. Gray, Hand-L. II, p. 131. *Tmetoceros abyssinicus,* (part.) Heugl. Orn. N. O.-Afr., p. 731; Finsch & Hartl. Vög. Ost-Afr., p. 480.

Fig. *Bocage, Proc. Z. S. L. 1873, p. 699 à 701, fig. 2, 5 et 6[1].*

Caract. Mâle ad. Noir à reflets bronzés sur le dos, les ailes et la queue, avec les rémiges primaires blanches; plumes occipitales alongées, formant une huppe peu distincte; bec arqué, noir, sans aucun vestige de plaque rouge à la base de la machoire supérieure; casque de la couleur du bec, simple, comprimé, tronqué obliquement à son extrémité antérieure, sans sillons profonds, limité supérieurement par un bord étroit légèrement bombé; peau nue autour des yeux et à la gorge, et poche gutturale jaune-orangé, tirant plus ou moins au rouge, présentant quelquefois des taches symétriques d'un bleu-noirâtre; pieds noirs; iris d'un jaune-verdâtre pâle.

Dimens. L. t. 112 centim.; aile 60 centim.; queue 36 centim.; bec (a rictu) 21 centim.; tarse 12,6 centim.; doigt m. 5,6 centim.

[1] Ces figures représentent la tête du *B. cafer* à ⅔ de grandeur naturelle et non pas à ½.

Chez les jeunes la teinte générale du plumage est d'un brun-roussâtre
terne; les rémiges primaires présentent quelques taches brunes vers l'extrémité; le bec est plus court et blanchâtre; le casque noir, petit, très comprimé,
se confondant en bas avec le bec, et à bord supérieur tranchant; le tour des
yeux et la peau nue de la gorge d'un gris verdâtre. La poche gutturale manque complètement.

Nous avons sous les yeux une belle suite de neuf individus, différents de
sèxe et d'âge, d'après lesquels nous pensons pouvoir établir avec confiance
les caractères de l'espèce maintenant la séparation proposée par M. Schlegel..
Chez tous ceux de nos individus que nous regardons à bon droit comme
adultes, d'après les dimensions de toutes leurs parties, l'état de leur plumage,
le développement de leur poche gutturale, etc., le casque présente toujours
la même forme et se montre parfaitement distinct de celui du *B. abyssinicus;*
pas un seul de ces individus ne porte à la base de la machoire supérieure la
plaque rouge qui ne fait jamais défaut chez les adultes de cette dernière espèce,
et qu'on observe même chez des individus d'Abyssinie dont le casque garde
encore la forme du premier âge.

En constatant de telles différences, nous devons naturellement conclure
que les individus des districts méridionaux d'Angola appartiennent à une
espèce distincte du *B. abyssinicus;* et cette conviction restera dans notre esprit
tant que nous n'aurons pas l'occasion de voir un individu de cette même provenance avec tous les caractères propres de l'adulte originaire d'Abyssinie.

Nous nous sommes déjà assez longuement occupé de ce sujet pour n'avoir
pas a y revenir à présent [1].

Habit. Nos individus du *B. cafer*, envoyés par M. d'Anchieta, sont
originaires de *Quillengues* et du *Humbe.*

M. d'Anchieta nous apprend que ce Calao se montre d'ordinaire en bandes
peu nombreuses et qu'il se nourrit de coléoptères et d'autres insectes; il niche
dans des trous d'arbres et pond deux œufs.

Les indigènes du Humbe ont deux noms différents, *Mucungungo* et *Ina-
quendi,* pour désigner l'adulte et le jeune; ils ont remarqué, quand ces oiseaux
sont à terre, que les jeunes marchent derrière les adultes, à une certaine
distance, s'emparant à peine de ce qui échappe à la voracité de leurs ainés,
et, interprétant ces faits à leur manière, ils prétendent que les jeunes sont
les esclaves des adultes et comme tels obligés de les suivre et de se conten-
ter avec les restes de leurs repas.

M. Monteiro fait mention du *B. abyssinicus,* dans une de ses premières
publications sur l'ornithologie d'Angola [2], comme habitant *Pungo-Andongo,*

[1] V. Proc. Z. S. L. 1873, p. 698.
[2] V. Monteiro, *Ibis,* 1862, p. 338.

où il serait connu des naturels sous le nom de *Engungoashito*, et dans son dernier ouvrage, «Angola and River Congo», il consacre encore quelques pages à ce curieux oiseau[1]. Nous ignorons cependant si le Calao désigné par M. Monteiro sous le nom de *B. abyssinicus* ressemble à l'espèce de la partie méridionale d'Angola et de l'Afrique australe, ou s'il n'est pas plutôt identique au Calao de Sénégambie et de la Côte d'Or *(B. carunculatus guineensis*, Schleg.), qui ne nous semble pas avoir des caractères différentiels suffisants pour qu'il soit permis de le séparer de l'espèce d'Abyssinie[2].

Le Calao rencontré par Andersson à Ondonga et Okavango, au nord du pays des Damaras, doit être rapporté sans doute au *B. cafer*.

Partout en Afrique les Calaos inspirent aux populations indigènes des craintes superstitieuses; mais c'est surtout le Bucorax qui paraît jouir au plus haut degré des priviléges attachés à des attributs surnaturels: sa vie y est mieux respectée que la vie humaine.

95. Buceros atratus

Syn. *Buceros atratus*, Temm. Pl. Col. pl. 558; Hartl. Orn. West–Afr., p. 162; Boc. Jorn. Acad. Sc. Lisboa n.º II, 1867, p. 142; ibid. n.º VIII, 1870, p. 347.

Fig. *Temminck, Pl. Col., pl.* 558 *(mâle).*

Caract. Mâle ad. Plumage tout noir à reflets pourprés et bronzés, à l'exception seulement des extrémités des quatre rectrices latérales, d'un blanc pur; huppe occipitale formée de longues plumes à barbes décomposées; bec arqué, noir, muni d'un casque très élevé et renflé; peau nue autour des yeux et poche gutturale, à ce qu'il paraît, d'un bleu-noirâtre.

Dimens. L. t. 920 m.; aile 440 m.; queue 350 m.; bec 200 m.; tarse 54 m.; doigt m. 61 m.

La femelle diffère tellement du mâle qu'on pourrait bien la prendre pour

---

[1] V. Monteiro, Angola and River Congo, II, p. 70 et suiv.

[2] Nous avons la tête avec une partie du cou, en bon état de conservation, d'un *Bucorax* jeune de *Cacheu* (Côte de la Guinée portugaise), qu'il nous est impossible de séparer du *B. abyssinicus:* le casque a la forme qui lui est ordinaire chez les individus jeunes de cette espèce, il est comprimé et fermé par devant; le bec porte déjà à sa base la plaque rouge, plus petite que chez les adultes du *B. abyssinicus*, mais bien distincte; le bec et le casque sont noirs, la peau nue autour des yeux et à la gorge d'un bleu-noirâtre. L'examen de cet individu nous raffermit dans notre opinion en faveur de la séparation des deux espèces, l'une se répandant de l'Afrique orientale à l'Afrique occidentale, l'autre exclusive de l'Afrique australe. Nous voyons avec plaisir que M. Sharpe partage notre manière de voir à ce sujet. (V. Sharpe in Layard's B. S.–Afr., p. 122.)

une espèce à part: son casque est plus petit et d'une forme différente; les plumes de la tête et du cou d'un roux marron au lieu de noir; la poche gutturale beaucoup moins étendue. Sa taille est sensiblement inférieure à celle du mâle, comme on pourra bien juger par les chiffres suivants: L. t. 840 m.; aile 390 m.; queue 310 m.; bec 170 m.; tarse 49 m.; doigt m. 55 m.

Habit. M. d'Anchieta nous apporta en 1865 de *Cabinda* la mâchoire supérieure d'un mâle de cette espèce. Deux individus, mâle et femelle adultes, envoyés par M. Toulson en 1869, appartiennent aux collections du notre Muséum National; ceux-ci sont originaires de *Cazengo* [1].

96. Buceros Sharpii

Syn. *Buceros Sharpii*, Elliot, Ibis, 1873, p. 177; Boc. Proc. Z. S. L. 1873, p. 702.
Buceros fistulator, Cass. Proc. Acad. N. Sc. Philad. 1859, p. 139; Sharpe Proc. Z. S. L. 1871, p. 134; id. Cat. Afric. Birds, p. 8.

Fig. *nulla*.

Caract. Mâle ad. Tête ornée d'une longue huppe pendante, cou, poitrine, dos, couvertures alaires et rémiges primaires d'un noir lustré à reflets verts de bronze; abdomen, croupion et couvertures supérieures et inférieures de la queue d'un blanc pur. Rémiges secondaires blanches, à l'exception des deux ou trois dernières d'un noir brillant; les autres portent quelquefois à leur base des taches irrégulières noires. Les deux rectrices intermédiaires noires à reflets verts; les autres blanches; celles de la 4e paire variées de noir sur leurs barbes externes, près de la base. Bec légèrement arqué, surmonté d'une carène arrondie, distincte et sillonnée en travers à son origine, comprimée et se confondant antérieurement avec le culmen de la machoire; la mandibule rugueuse dans sa portion basale avec des traces de sillons obliques presque effacées; une tache d'un blanc jaunâtre sur la machoire supérieure au-dessous de la narine, une autre plus petite de la même couleur à la base de la mandibule; l'extrémité du bec blanchâtre, le reste brun-noir. Peau nue autour des yeux, à ce qu'il paraît, noirâtre; pieds brun-olivâtre.

Dimens. L. t. 580 m.; aile 280 m.; queue 220 m.; bec 120 m.; tarse 43 m.; doigt m. 36 m.

---

[1] Par suite d'une erreur typographique ces 2 exemplaires figurent sur notre 4e liste des oiseaux d'Afrique occidentale comme originaires de *Cassange*. V. Jorn. Sc. Lisboa, VIII, 1870. p. 347.

Habit. M. Sharpe cite sous le nom de *B. fistulator* un individu de cette espèce envoyé de *Cazengo* par M. Hamilton [1]; c'est précisément l'individu d'après lequel M. Elliot a établi le *B. Sharpii*[2].

L'individu décrit ci-dessus est un mâle adulte du Gabon, acquis en 1871 de la maison Verreaux de Paris, et portant sur l'étiquette le nom de *B. fistulator*, Cass., écrit de la main de Jules Verreaux.

Comme nous avons eu déjà l'occasion d'en faire la remarque [3], Cassin nous semble avoir confondu, sous le nom de *B. fistulator*, deux espèces distinctes par leurs couleurs et par leur taille; celle de plus fortes dimensions a reçue de M. Elliot le nom que nous adoptons.

Fort heureusement le Muséum de Lisbonne possède des représentants de ces deux types; ce qui nous a permis de les comparer, et d'arriver par leur comparaison aux mêmes résultats que M. Elliot. En effet, deux individus étiquettés como originaires d'Afrique occidentale, mais sans indication de localité ni de sexe, présentent tous les caractères indiqués dans la première diagnose du *B. fistulator* publiée par Cassin en 1850 [4], de même que les caractères de l'individu décrit par cet auteur en 1859 [5] comme le ♂ adulte de cette espèce, se retrouvent sur notre exemplaire du Gabon. A l'appui de notre manière de voir nous allons présenter ici la description sommaire du vrai *B. fistulator*, Cass.

Plumage d'un noir lustré à reflets verts de bronze, avec l'abdomen, le croupion, les couvertures supérieures et inférieures de la queue, les extrémités des rémiges secondaires et les quatre rectrices latérales d'un blanc pur. Bec légèrement arqué sans carène distincte; la mâchoire supérieure marquée en travers sur sa moitié basale de plusieurs sillons profonds; la base de la mandibule renflée et portant trois ou quatre plis obliques séparés par de sillons profonds; la base du bec et le culmen de la mâchoire sont d'un brun-noirâtre, le reste blanc-jaunâtre. Chez l'un de nos individus les plumes du dessus de la tête et de la huppe ont le centre gris; tous les deux ont les joues striées de gris et le menton varié de blanc. L. t. 440 m.; aile 250 m.; queue 190 m.; bec 85 m.; tarse 37 m.; doigt m. 31 m.

Cassin, en rapportant les deux types à une seule espèce, partait de la supposition que les individus à petite taille, ayant servi à sa première description, étaient exclusivement des femelles ou des jeunes. Une telle hypothèse n'est pas absolument impossible; mais tant qu'on n'aura pas de preuves irrécusables en sa faveur, il vaut mieux accorder à des caractères différentiels importants toute la valeur qu'ils paraissent en avoir.

[1] V. Sharpe, Proc. Z. S. L. 1871. p. 134.
[2] V. Elliot, Ibis, 1873, p. 177.
[3] V. Bocage, Proc. Z. S. L. 1873, p. 702.
[4] V. Cassin, Proc. Acad. Nat. Sc. Philad. 1850, p. 68.
[5] V. Cassin. Proc. Acad. Nat. Sc. Philad. 1859, p. 139.

97. Tockus melanoleucus

Syn. *Buceros melanoleucus*, Licht. Cat. Rer. nat. rar. Hamb. p. 8; Hartl.
Orn. West.-Afr., p. 163; Finsch & Hartl. Vög. Ost-Afr., p. 485; Heugl.
Orn. N. O.-Afr., p. 720.
Tockus melanoleucus, Boc. Jorn. Acad. Sc. Lisboa, n.º ii, 1867, p. 142, ibid.
n.º v, 1868, p. 45; ibid., n.º viii, 1870, p. 347; ibid., n.º xvii, 1874, p.
40; Sharpe, Proc. Z. S. L. 1870, p. 149; id. in Layard's B. S.-Afr., p.
127; Gurney in Anderss. B. Damara, p. 208.

Fig. *Levaillant, Ois. d'Afrique, V, pls.* 234 *et* 235.

Caract. Ad. En dessus, ainsi que les ailes et la queue, d'un brun-
noir à reflets verdâtres avec les bords des plumes d'un ton plus pâle; des
stries blanches sur les côtés de la tête formant une bande plus ou moins
distincte; gorge et poitrine de la couleur du dos; le reste des parties inférieures
blanches. Rémiges secondaires avec un liséré pâle sur les barbes externes et
à l'extrémité. Les deux rectrices médianes d'un brun-noir uniforme, les autres
avec une tache blanche à l'extrémité, qui disparaît quelquefois sur la rectrice
externe. Bec rouge, orné sur la base d'une bande blanchâtre et surmonté
d'une carène qui finit brusquement à une distance plus ou moins grande de
l'extrémité de la mâchoire; espace nu autour des yeux et à la base de la
mandibule d'une teinte noirâtre; pieds noirâtres; iris jaune.

La femelle est identique au mâle quant aux couleurs, mais d'une taille
beaucoup plus petite.

Dimens. ♂ L. t. 540 à 550 m.; aile 270 m.; queue 250 m.; bec
90 m.; tarse 34 m.; doigt m. 30 m.
♀ L. t. 480 m.; aile 230 m.; queue 200 m.; bec 77 m.;
tarse 29 m.; doigt m. 27 m.

Chez les jeunes les teintes des régions supérieures sont plus pâles, le
blanc de l'abdomen est nuancé de brun et la carène qui surmonte la mâchoire
supérieure moins distincte.

Habit. Cette espèce est très répandue à Angola. Sala l'a rencontrée
dans le *Rio Dande*, Welwitsch dans le *Golungo-alto*. Nous l'avons reçue par
M. d'Anchieta de *Pungo-Andongo*, de *Biballa* et du *Humbe*, et par M. Toulson
de l'intérieur de *Loanda*.

Un exemplaire de cette espèce pris à *Ovampo* a été rencontré dans les
collections d'Andersson; dans l'appendice à l'ouvrage de Chapman elle vient
citée comme se trouvant au pays des Damaras.

Les indigènes de Pungo-Andongo et du Humbe l'appelent *Sunguiandondo*, nom commun à plusieurs de ses congénères. M. d'Anchieta nous écrit que ce Calao vit de baies et de fruits, surtout de ceux d'une espèce de *Ficus*.

98. Tockus pallidirostris

Syn. *Buceros pallidirostris*, Finsch & Hartl. Vög. Ost–Afr., p. 871.
Tockus melanoleucus (part.), Sharpe in Layard's B. S.-Afr., p. 128.

Fig. *nulla.*

Caract. Mâle ad. Plumage d'un brun pâle uniforme sur le dos, tirant au noirâtre sur les ailes, avec de larges bordures blanches sur les rémiges secondaires et les couvertures alaires, d'un cendré clair sur la tête et le cou ; le vertex strié et varié de noir ; sur les côtés de la tête une large bande blanche commençant au dessus de l'œil et se prolongeant sur la huppe occipitale ; la poitrine d'un cendré légèrement nuancé de brun, striée de cette couleur sur les tiges des plumes ; le ventre blanc. Rémiges primaires et rectrices noirâtres, celles-ci glacées de vert et terminées de blanc ; les deux rectrices intermédiaires portent aussi à l'extrémité une petite tache blanche. Bec jaunâtre, surmonté d'une carène comprimée à arête supérieure tranchante, et présentant sur la mâchoire supérieure un sillon profond parallèle au bord de la mâchoire ; la mandibule marquée à la base de cinq à six sillons courbes, à concavité antérieure ; pieds noirâtres ; iris rouge de brique.

Dimens. L. t. 550 m. ; aile 262 m. ; queue 260 m. ; bec 86 m. ; tarse 37 m. ; doigt m. 29.

Habit. L'exemplaire unique décrit par M. M. Finsch et Hartlaub en 1870 dans son remarquable ouvrage sur les oiseaux d'Afrique orientale, est originaire de *Caconda*, d'où nous l'avions reçu par M. d'Anchieta.

M. Sharpe le considère comme une simple variété à bec plus pâle du *T. melanoleucus*, auquel il ressemble beaucoup. Nous serions disposé à suivre son avis, si la couleur du bec était le seul caractère différentiel pouvant servir de base à la distinction spécifique ; mais en comparant cet individu à plusieurs exemplaires du *T. melanoleucus* provenant de diverses localités, nous constatons des différences suffisantes pour donner raison à M. M. Finsch et Hartlaub du moment qu'elles seront reconnues constantes. Ces différences se trouvent indiquées dans notre courte description ; elles consistent dans le ton général du plumage, dans quelques particularités de coloration et dans la conformation du bec. Il nous semble donc que ce qu'il y a de mieux à faire, c'est de

maintenir provisoirement cette espèce en attendant de nouvelles et plus con-
cluantes observations.

99. Tockus nasutus

Syn. *Buceros nasutus,* Linn. Syst. Nat. 1, p. 154; Hartl. Orn. West-Afr., p.
164; Finsch & Hartl. Vög. Ost-Afr., p. 486; Heugl. Orn. N. O.-Afr.,
p. 723.
Tockus epirhinus, Sundev. Oefvers. Vetensk. Akad. Forhlandl. 1850, p. 108.
Tockus nasutus, Gurney in Anderss. B. Damara, p. 206; Sharpe in Layard's
B. S.-Afr., p. 133.

Fig. *Levaillant, Ois. d'Afrique, V, pl. 236 et 237.*

Caract. Tête, cou et partie antérieure de la poitrine d'un cendré
d'ardoise strié de brun-noir; une large raie surciliaire blanche se réunissant
sur la nuque à celle du coté opposé; dos brun pâle marqué d'une bande longitudinale blanche; couvertures de l'aile brun-noirâtre avec de larges bordures
blanches; ventre et sous-caudales blanches; flancs nuancés de brun. Rémiges
primaires brunes, bordées de blanc en dedans vers la base; secondaires noirâtres lisérées et terminées de blanc. Les deux rectrices médianes noirâtres avec
un étroit liséré blanc; les autres noires, terminées de blanc et bordées de
cette couleur sur les barbes internes près de la base. Bec noir avec une tache
triangulaire blanc-jaunâtre sur la base de la mâchoire et des plis obliques de
la même couleur sur les côtés de la mandibule; pieds brun-olivâtre; iris brun
(Anchieta).

Dimens. L. t. 470 m.; aile 225 m.; queue 200 m.; bec 85 m.; tarse
39 m.; doigt m. 27 m.

Le bec de la femelle est rouge; la mâchoire supérieure porte à la base
un espace blanc-jaunâtre plus étendu; la mandibule est en partie noire vers
la base.

Habit. M. d'Anchieta nous a envoyé de *Huilla* un seul exemplaire
de cette espèce, dont l'existence à Angola n'avait jamais été signalée. Notre
individu, marqué sur l'étiquette comme ♂ adulte, porte sur le bec une carène
distincte, tronquée en avant *(B. epirhinus,* Sundev.).

Ce Calao est fort répandu dans l'Afrique australe: Andersson l'a observé
au pays des Damaras et dans la région des Lacs, plus rapprochée du Cunene:
mais il ne figure pas dans les collections envoyées par M. d'Anchieta du Humbe,
près des bords de ce fleuve.

100. Tockus flavirostris

Syn. *Buceros flavirostris*, Rüpp. Neue Wirb. p. 6. tab. 2, fig. 1; Finsch &
Hartl. Vög. Ost-Afr., p. 490; Heugl. Orn. N. O.-Afr., p. 725.
Tockus elegans, Hartl. Proc. Z. S. L. 1865, p. 86, pl. 4; Mont., ibid. p. 91;
Boc. Jorn. Sc. Lisboa, n.º iv, 1867, p. 335; ibid. n.º viii, 1870, p. 347.
Tockus flavirostis, Boc. Jorn. Sc. Lisboa, xii, p. 270; Gurney in Anderss. B.
Damara, p. 210; Sharpe in Layard's B. S.-Afr., p. 130.

Fig. *Rüppell, Neue Wirb. tab. 2, fig. 1.*
Hartlaub, Proc. Z. S. L. 1865, pl. 4.

Caract. Ad. Face supérieure du corps noirâtre à l'exception du milieu du dos d'un blanc pur; dessus de la tête cendré; lores blancs ainsi qu'une
large bande surciliaire s'étendant jusqu'à la nuque; joues striées de blanc sur
un fond cendré; plumes du cou et de la partie antérieure de la poitrine blanches,
bordées de noir; le reste du plumage en dessous blanc. Couvertures supérieures
de l'aile variées de grandes taches blanches près de leurs extrémités. Rémiges
primaires noires marquées, en général, d'une bande blanche incomplète et
irrégulière; secondaires externes blanches avec un grand espace noir vers
la base, celles plus rapprochées du corps brunes bordées de blanc. Les quatre
rectrices intermédiaires noires; les autres largement terminées de blanc et
traversées vers le milieu d'une bande de cette couleur, dont les dimensions
vont toujours en augmentant de la 3º à la 1º rectrice. Bec surmonté d'une
carène très comprimée jaune-vif, avec les bords et la pointe d'un rouge-brun;
la mâchoire supérieure porte souvent une strie de cette couleur, parallèle au
bord de la carène. Pieds noirâtres; peau nue autour des yeux et à la base de
la mandibule rougeâtre; iris jaune (Anchieta).

Dimens. ♂ L. t. 500 m.; aile 195 m.; queue 215 m.; bec 95 m.;
tarse 44 m.; doigt m. 29 m.

Chez le jeune le bec est plus court, à carène moins distincte; il est brun
de corne à la base et brun-noirâtre sur les bords des mâchoires et à la pointe.
Chez d'autres individus plus rapprochés de l'état adulte le bec se présente déjà
colorié en jaune.

Habit. C'est à *Benguella* que ce Calao a été d'abord rencontré par
M. Monteiro; il s'y trouve surtout, d'après ce voyageur, sur la zone littorale.
Il a été observé dans l'intérieur de Mossamedes par M. d'Anchieta, à qui nous
devons plusieurs individus recueillis à *Maconjo*, à *Capangombe* et à *Huilla*.
Son nom indigène à Capangombe est *Sunguiandondo*.

Andersson le comprend parmi les espèces qui se trouvent au pays des Damaras et le cite comme le plus commun des Calaos qui habitent le centre et la partie méridionale de cette contrée.

On peut consulter sur les mœurs de cette espèce les notes publiées par M. Monteiro et Andersson[1].

101. Tockus erythrorhynchus

Syn. *Buceros erythrorhynchus*, Temm. Pl. Col. texte livr. 36, esp. 19e; Hartl. Orn. West – Afr., p. 165; Finsch & Hartl. Vög. Ost – Afr., p. 491; Heugl. Orn. N. O.-Afr., p. 727.
Buceros rufirostris, Sundev. Oefvers. Vetensk. Akad. Forhandl. 1850, p. 108.
Tockus erythrorhynchus, Boc. Jorn. Acad. Sc. Lisboa, n.° II, 1867, p. 142; ibid. n.° IV, 1867, p. 385; ibid. n.° VIII, 1870, p. 348; ibid. n.° XVII, 1874, p. 57, Gurney in Anderss. B. Damara, p. 211; Sharpe, in Layard's B. S.-Afr., p. 131.

Fig. *Buffon*, Pl. Enl. pl. 260.
Levaillant, Oiseaux d'Afrique, V, pl. 238.

Caract. Ad. En dessus brun-noirâtre, tirant au noir sur le croupion et les couvertures supérieures de la queue, avec une bande longitudinale blanche sur le dos; tête et cou cendré-ardoise, le vertex varié de noir, les joues et les côtés du cou striés de blanc; de larges sourcils blancs se réunissant en arrière sur l'extrémité de la huppe occipitale; parties inférieures blanches. Couvertures de l'aile avec une tache terminale blanche; quelques unes des grandes couvertures entièrement de cette couleur. Rémiges primaires et les secondaires plus prochaines noires, ornées d'une bande incomplète blanche; secondaires intermédiaires blanches, plus ou moins nuancées de noir vers la base; les plus internes brunes. Les quatre rectrices médianes noires; celles de la 3e paire noires, terminées de blanc; les autres blanches, variées de noir vers la base. Bec rouge avec un petit espace jaunâtre à la base; la base de la mandibule noirâtre; tour des yeux et peau nue de la gorge couleur de chair légèrement teint de rose; pieds noirâtres; iris châtain (Anchieta).
Chez les individus plus jeunes il y a moins de blanc sur tout le plumage; la face antérieure du cou et la poitrine sont variées de brun-cendré; les deux rectrices externes de chaque côté portent un espace plus étendu noir à la base et une bande de cette couleur vers leur tiers terminal; les rémiges secondaires qui, généralement au nombre de trois, sont blanches chez l'adulte, ont un espace plus ou moins grand noir vers la base. Le bec du jeune est plus largement

---

[1] V. Monteiro, Proc. Z. S. L. 1865, p. 91; Gurney in Anderss. B. Damara, p. 210.

teint de jaunâtre à la base, et la mandibule est nuancée de noir jusqu'à près de la pointe.

Dimens. ♂ L. t. 470 m.; aile 190 m.; queue 210 m.; bec 78 m. tarse 40 m.; doigt m. 26 m.

♀ L. t. 440 m.; aile 175 m.; queue 190 m.; bec 60 m.; tarse 38 m.; doigt m. 52 m.

On ne possède pas encore une figure suffisamment exacte de cette espèce. Il y a trop de blanc sur celle de Buffon, fort mal dessinée du reste; celle de Levaillant, généralement regardée comme devant représenter le jeune, laisse beaucoup à désirer, le ton bleu de la tête et des régions inférieures est un pur effet de la phantaisie du peintre.

Habit. *Cabinda* (Anchieta); *Benguella* (Mus. de Bremen); *Capangombe, Huilla, Kiulo* et *Humbe* (Anchieta).

Andersson l'a rencontré abondamment à *Ondonga* et près du fleuve *Okavango;* il en a reçu des exemplaires du *Lac Ngami*, et l'a observé dans le pays des Damaras, à *Objimbinque* et à *Schemelens Hope.*

Quelques individus de Capangombe et du Humbe, envoyés par M. d'Anchieta, portent sur l'étiquette le nom indigène *Sunguiandondo;* les noirs de Kiulo l'appelent *Kiçumbiandondo.*

102. Tockus Monteiri

Syn. *Tockus Monteiri*, Hartl. Proc. Z. S. L. 1865, p. 87, pl. 5; Sharpe, Proc. Z. S. L. 1870, p. 144; id. in Layard's, B. S.–Afr., p. 129; Gurney in Anderss. B. Damara, p. 208.

Fig. *Hartlaub, Proc. Z. S. L. 1865, pl.* 5.

Caract. Ad. En dessus brun-cendré, tirant au noirâtre sur le croupion; tête, cou et partie antérieure de la poitrine d'un cendré d'ardoise; joues et côtés de la huppe occipitale striés de blanc; vertex varié de noir; abdomen et couvertures inférieures de la queue d'un blanc pur; couvertures de l'aile de la couleur du dos, variées de taches rondes blanches cerclées de noir, les grandes couvertures terminées de blanc. Rémiges primaires noires marquées de deux taches blanches sur les barbes externes, l'une à l'extrémité, l'autre à un tiers de la base; secondaires blanches, à l'exception des plus internes d'un brun-cendré. Les quatre rectrices intermédiaires noires; les autres blanches avec un espace noir sur les barbes externes, près de la base. Bec

simple, sans casque, d'un rouge foncé, nuancé de blanchâtre à la base; la mâchoire supérieure parcourue sur toute sa longueur par quatre sillons profonds.
Iris châtain (Andersson).

Dimens. «L. t. circa $19'''$; rostr. a fr. $4\frac{1}{4}''$; alse $7''$ $9'''$; caud. $8\frac{1}{2}''$;
tarse $1\frac{1}{2}''$ (Hartl.)»

«L. t. $23''$; al. $9''$; caud. $9''.5$; tarse $1\frac{1}{2}$ (Sharpe).

Dans l'énumeration des caractères principaux de l'espèce nous nous sommes attaché surtout à la description de M. Sharpe. La description originale de
M. Hartlaub diffère de celle-ci sous quelques rapports; mais ces divergences,
qui n'ont rien d'essentiel, sont probablement le résultat des changements que
l'âge et le sexe apportent dans le plumage. Ce qui nous confirme davantage
dans cette idée, c'est que les dimensions attribuées à l'espèce par M. Hartlaub
sont sensiblement inférieures à celles indiquées par M. Sharpe; et ce désaccord s'explique très bien en admettant que le sexe des individus observés
par chacun de ces auteurs était différent.

Habit. C'est M. Monteiro qui a découvert ce Calao à *Benguella*, où il
est fort commun. La description originale publiée por M. Hartlaub en 1865 a
été faite d'après les individus rapportés par M. Monteiro. Plus tard, en 1870,
M. Sharpe a eu l'occasion de rencontrer cette espèce parmi d'autres oiseaux
collectionnés par M. Sala à *Catumbella* dans les derniers mois de 1868. Notre
intrépide voyageur M. d'Anchieta ne paraît pas l'avoir observée pendant son
court séjour dans le district de Benguella; elle manque également à ses collections recueillies dans l'intérieur de Mossamedes, de *Huilla* au *Humbe*,
jusqu'aux bords du Cunene[1]. Elle habite cependant le pays des Damaras, ce
qui nous porte à croire qu'elle doit se montrer aussi, plus ou moins fréquemment, dans les localités intermédiaires visitées par M. d'Anchieta.

A propos des mœurs de cette espèce et du *T. elegans* (T. flavirostris), M.
Monteiro nous raconte, dans son dernier ouvrage *Angola and the Congo*, que,
suivant les indigènes de Benguella pour lesquels ces oiseaux sont doués de
pouvoirs surnaturels, c'est le mâle qui a tous les charges de l'incubation et qui
reste enfermé dans le nid par la femelle jusqu'à l'éclosion des œufs. Ce voyageur ajoute que l'extrême maigreur du mâle et l'état déplorable de son plumage

[1] Andersson dit que ce Calao n'est pas fort abondant dans le pays des Damaras. Il a pu
trouver quatorze mâles et sept femelles; ce qui lui permit d'établir les dimensions suivantes
pour d'un et l'autre sexe:

♂ L. t. $23''$ $3'''$; aile $8''$ $10'''$; queue $9''$ $4'''$; bec $4''$ $10'''$; tarse $2''$ $1'''$.
♀ L. t. $21''$; aile $7''$ $8'''$; queue $8''$ $8'''$; bec $3''$ $10'''$; tarse $2''$.

V. Gurney in Anderss. B. Damara, p. 209.

au moment où la femelle le fait sortir du nid ont frappé tellement l'attention des indigènes, qu'ils font souvent allusion à cet oiseau dans ses proverbes ou locutions familières; ainsi ils auraient l'habitude de dire, quand ils rencontrent quelqu'un maigre et déguenillé, «il ressemble au Calao, quand on le fait sortir du nid».

103. Tockus fasciatus

Syn. *Buceros fasciatus*, Shaw, Gen. Zool. VIII. p. 34; Hartl., Orn. West-Afr., p. 163; Schleg. Mus. Pays-Bas, Bucer., p. 12.

Fig. *Levaillant, Ois. d'Afrique, V, pl. 233* (adulte).

Caract. Ad. Noir à reflets verdâtres, avec l'abdomen et les sous-caudales blanches; les quatre rectrices intermédiaires et la plus extérieure, de chaque côté, noires, les autres blanches; bec arqué, muni d'une carène, jaune-blanchâtre à la base et rouge-brun vers la pointe, avec deux raies d'un rouge-foncée de chaque côté de la mâchoire supérieure; le bord inférieur de la mandibule d'un rouge-brun; les pieds noirâtres.

Dimens. L. t. à peu-près 22"; bec 4" (Hartl.)

Habit. *Angola* (Mus. de Leyde; Schlegel).

Cette espèce nous est inconnue. Nous l'ajoutons à notre liste sous la responsabilité de M. Schlegel, qui fait mention d'un individu d'Angola déposé au Muséum de Leyde. Si ce Calao se trouve réellement à Angola, il faut croire qu'il y est fort rare, car pas un seul des modernes explorateurs, auxquels nous devons la plus exacte connaissance des richesses ornithologiques de cette vaste région, ne paraît pas l'avoir observé. D'après tout ce que l'on sait de cette espèce, elle semble originaire de l'Afrique occidentale-équatoriale; c'est donc dans les districts d'Angola au nord du Quanza qu'elle doit probablement se montrer, plus ou moins régulièrement.

[1] Monteiro. *Angola and River Congo*, II. pag. 202.

FAM. UPUPIDAE

104. Upupa africana

Syn. *Upupa africana*, Bechst. Uebersetz. iv. p. 172; Finsch & Hartl. Vög.
Ost-Afr. p. 200; Heugl. Orn. N. O.-Afr. p. 213; Boc. Jorn. Acad. Sc.
Lisboa, n.° xii, 1871, p. 270; ibid. n.° xvii, 1874, p. 50; Sharpe in
Layard's B. S.-Afr., p. 134.
Upupa capensis, Boc. Jorn. Acad. Sc. Lisboa, n.° v, 1868, p. 40.
Upupa decorata, Hartl. Proc. Z. S. L., 1865, p. 86; Monteiro, Proc. Z. S. L.,
1865, p. 94; Finsch & Hartl., Vög. Ost.-Afr. (note) p. 201.
Upupa minor. Gurney in Anderss. B. Damara, p. 64.

Fig. *Vieillot, Ois. dorés, pl. 2.*
Reichenbach, Handb. Scansor. tab. 595, *fig.* 4035.

Caract. Ad. Plumage d'un beau roux-cannelle vif, à peine plus pâle
sur le ventre, avec les couvertures inférieures de la queue blanches légèrement lavées de roux; les plumes de la huppe largement terminées d'un noir
brillant; scapulaires et milieu du dos barrés de noir et de blanc-roussâtre;
croupion blanc; sous-caudales noires; petites couvertures de l'aile roux-cannelle, les autres couvertures noires barrées de blanc-roussâtre. Rémiges entièrement noires, à reflets vert-bronze; secondaires blanches, avec une large
bande terminale noire traversée d'une bandelette blanche, qui sur la première
rémige occupe seulement les barbes internes et sur la deuxième se trouve interrompue au centre; les trois dernières secondaires noires, largement bordées en dehors de roussâtre et marquées au centre d'une large tache de cette
couleur, dont le dessin est variable. Queue traversée près de la base d'une
bande blanche qui se prolonge, de plus en plus étroite, sur le bord extérieur
de chaque rectrice latérale jusqu'à l'extrémité. Bec noirâtre, d'un brun pâle
à la base; pieds brun-roussâtre; iris châtain (Anchieta).

Dimens. L. t. 260 m.; aile 140 m.; queue 100 m.; bec 56 m.; tarse
20 m.; doigt m. 19 m.

Nous rapportons à l'*U. africana* deux individus adultes, l'un envoyé du
Humbe par M. Anchieta, l'autre reçu d'Angola sans désignation de localité,
mais problablement originaire de *Benguella*, d'après les quels nous avons pré-
senté la caractéristique de l'espèce; nous pensons que les caractères énumérés ci-dessus justifient l'exactitude de notre détermination. Deux autres individus, l'un recueilli à *Biballa* par M. Anchieta, l'autre reçu en compagnie de

celui dont la provenance est incertaine, se font remarquer par une taille moins forte et par quelques particularités de coloration. Chez eux le roux est d'un ton plus pâle, se rapprochant de la couleur de l'*U. epops*, et le blanc des bandes du dessus de l'aile et du dos, du croupion et des sous-caudales est d'une teinte plus pure, sans mélange de roux; par la coloration des rémiges primaires et de la queue, et par l'absence de tout vestige de blanc sur les plumes de la huppe ils ressemblent aux précédents; mais ils s'en distinguent, et en même temps ils diffèrent entre eux, par le mode de coloration des rémiges secondaires: l'un a l'espace blanc de la base des sept premières secondaires traversé de deux bandes noires; chez l'autre individu, celui de *Biballa*, ces bandes n'existent pas sur les cinq premières secondaires, mais sur les sixième et septième la bande inférieure se trouve remplacée par une tache noire qui occupe les barbes externes dans toute leur largeur. Nous remarquons en outre que l'individu dont les secondaires sont barrées de noir à la base, porte de larges stries brunes bien distinctes sur les régions inférieures à compter de la poitrine, tandis que chez l'autre ces stries sont très-effacées et n'existent que sur les flancs.

Malgré ces différences de coloration nous pensons que ces individus appartiennent également à l'*U. africana*, dont ils représenteraient la livrée du premier âge et la livrée de transition.

Le premier de ces individus rappelle exactement par tous ses caractères l'*U. decorata*, Hartl, établie d'après un individu unique rapporté par M. Monteiro de *Benguella*, individu en livrée de jeune, comme M. Hartlaub l'a reconnu [1]. Il est le plus jeune de nos quatre spécimens; après lui vient, dans un état de plumage un peu plus avancé, l'individu de *Biballa*, chez lequel les taches brunes des parties inférieures sont presque effacées et les bandes noires des rémiges secondaires entièrement disparues de toutes ces rémiges à l'exception des sixième et septième, qui en portent des vestiges; enfin, les deux individus adultes, dont les caractères sont parfaitement d'accord avec ceux de l'*U. africana*, représentent en effet cette espèce dans sa livrée définitive. Chez l'un d'eux nous découvrons une tache noire sur la portion basale de la septième secondaire de chaque côté, ce qui vient à l'appui de notre manière de voir.

C'est par suite de cet examen comparatif que nous nous sommes permis d'inscrire l'*U. decorata*, Hartl, dans la synonimie de l'*U. africana*.

Habit. Suivant M. Monteiro cette espèce se trouve abondamment à *Benguella*, d'où nous croyons originaires deux de nos exemplaires; Mr. d'Anchieta en a recueilli un individu à *Biballa*, dans l'intérieur de Mossamedes, et un autre au *Humbe*. Elle est commune dans le *Lac-Ngami* et dans le *pays des Damaras*, surtout pendant la saison des pluies, et fort répandue dans l'Afrique australe de la *Colonie du Cap* au *Zambeze*.

V. Hartl. Proc. Z. S. L. 1865, pag. 86.

105. Irrisor erythrorhynchus

Syn. *Upupa erythrorhynchus*, Lath. Ind. Orn., p. 280, tab. 34.
Irrisor senegalensis, Hartl. Orn. West–Afr., p. 43; Boc. Jorn. Acad. Sc. Lisboa,
n.° VIII, 1870, p. 340.
Irrisor erythrorhynchus, Monteiro, Ibis, 1862, p. 334; Finsch & Hartl. Vög.
Ost–Afr., p. 202; Heugl. Orn. N. O.–Afr., p. 214; Boc. Jorn. Acad. Sc.
Lisboa, n.° XII, 1871, p. 270; ibid. n.° XVII, 1874, p. 35; Gurney in An-
derss. B. Damara, p. 65; Sharpe in Layard's B. S.–Afr., p. 137.

Fig. *Levaillant, Promer. pls.* 1 à 3.
Reichenbach, Handb. Scansor. tab. 597, *fig.* 4041.

Caract. Plumage brillant, vert-doré sur la tête, le cou, le dos et la
poitrine, avec des reflets bleus d'acier plus prononcés sur la tête et la gorge
petites couvertures des ailes bleues d'acier à reflets rouges de cuivre et violets; croupion, couvertures de la queue, rémiges et rectrices d'un bleu d'acier
à reflets violets; bas ventre et cuisses d'un noir mat; rémiges primaires marquées d'une bande blanche; rectrices, à l'exception des intermédiaires, ornées
d'une tache irrégulière blanche près de l'extrémité. Bec et pieds rouge-corail;
iris châtain (Anchieta).

Dimens. L. t. 420 m.; aile 152 m.; queue 232 m.; bec 50 m.; tarse
22 m.; doigt m. 17 m.

Chez la femelle la taille est plus petite et le bec plus court. Le plumage
du jeune est noir, à peine glacé de vert; le bec est noirâtre.

Habit. L'*Irrisor erythrorhynchus*, observé du Sénégal au Gabon, est
aussi fort répandu sur le territoire d'Angola; il dépasse les confins méridionaux des possessions portugaises et atteint le pays des Damaras, où il a été
observé par Andersson.

Au nord du Quanza, Sala en a recueilli des spécimens dans le *Rio Dande*,
et Monteiro à *Massangano*. M. d'Anchieta nous a envoyé plusieurs individus
pris dans les districts de Benguella et de Mossamedes, à *Quillengues, Capangombe, Ihuilla* et *Humbe*.
Suivant M. Monteiro cette espèce est connue des naturels de Massangano
sous le nom de *Quiquengo;* les étiquettes de nos individus du Humbe portent
le nom indigène *Kassio*.

106. Irrisor cyanomelas

Syn. *Falcinellus cyanomelas*, Vieill. N. D. Hist. Nat. xxviii, p. 165.
Irrisor cyanomelas, Monteiro, Proc. Z. S. L., 1865, p. 94; Scharpe, Proc. Z.
S. L. 1869, p. 567; Boc. Jorn. Sc. Lisboa, n.° xii, 1871, p. 270; Ibid.
n.° xvii, 1874, p. 35; Ibid. xix, 1876, p. 151; Finsch & Hartl. Vög.
Ost.-Afr., p. 209; Heugl. Orn. N. O.-Afr., p. 217; Gurney in Anderss.
B. Damara, p. 67; Sharpe in Layard's B. S.-Afr., p. 138.

Fig. *Levaillant, Promer. pls. 5 et 6.*
Reichenbach, Handb. Scansor. tab. 600, fig. 4048—49.

Caract. Mâle ad. Plumage brillant, d'un bleu-violet en dessus, tirant au vert en dessous; une petite tache blanche sur l'aile, peu apparente,
formée par une partie des couvertures des primaires; rémiges primaires vertes à reflets bleus, marquées d'une tache carré blanche sur les barbes internes; rectrices de la couleur des rémiges, avec des reflets violacés plus prononcés, l'extérieure tachetée de blanc près du bout. Bec très-arqué, noir; pieds
noirs; iris châtain (Anchieta).

Dimens. L. t. 270 m.; aile 114 m.; queue 135 m.; bec 50 m.; tarse
19 m.; doigt m. 16 m.

La femelle diffère du mâle non seulement par la taille, qui est plus petite, mais aussi par la forme du bec, qui est moins arqué, et par ses couleurs;
les joues, les côtés du cou et les régions inférieures sont d'un brun de chocolat, tirant au noirâtre sur le bas-ventre et les couvertures inférieures de la
queue; les rémiges primaires d'une teinte moins brillante portent à l'extrémité
un large espace brunâtre, et les quatre ou cinq dernières sont variées de blanc
sur les barbes externes; les trois premières rectrices de chaque côté ont du
blanc près de leur bout.
Le mâle jeune ressemble à la femelle.

Habit. *Rio Quanza* et *Benguella* (Monteiro); *Capangombe* et *Humbe*
(Anchieta).

Suivant M. d'Anchieta, cette espèce est moins commune dans le Humbe
que la précédente; elle recherche le voisinage de l'eau et niche dans les trous
des arbres. Andersson la rencontra partout non seulement dans les pays des
Grands Namaquas et des Damaras, mais encore près du fleuve Okavango et
du lac Ngami.
Dans l'Afrique occidentale au nord d'Angola, le Sénégal est la seule localité
comprise, sur l'autorité de Vieillot, dans l'habitat de l'*I. cyanomelas*.

FAM. COLIIDAE

107. Colius erythromelas

Syn. *Colius erythromelon*, Vieill. N. D. Hist. Nat. vii, p. 378; Sharpe, Cat.
   Afr. Birds, p. 12; Gurney in Anderss. B. Damara, p. 203.
Colius indicus, Boc. Jorn. Acad. Sc. Lisboa n.º iv, 1867, p. 335.
Colius erythromelas, Finsch & Hartl. Vög. Ost-Afr. p. 469; Boc. Jorn. Acad.
   Sc. Lisboa, n.º xii, 1871, p. 270.
Colius capensis, Layard, Birds S.–Afr., p. 222.
Colius quiriwa, Heugl. Orn. N. O.–Afr., p. 715.

Fig. *Levaillant, Ois. d'Afr.* vi, *pl.* 258.

Caract. Ad. Huppé. Plumage en dessus gris-verdâtre, nuancé
d'un roux-vineux ; bas du dos et croupion gris pâle, nuancé de vert-glauque ;
parties inférieures d'un roux-vineux, plus prononcé sur la poitrine, tirant au
gris sur la gorge et le bas ventre. Rémiges roux-brunâtre, glacées de gris-verdâtre sur barbes externes et largement bordées de roux en dedans. Queue
gris-verdâtre, d'un ton plus foncé vers l'extrémité. Tour des yeux rouge ; pieds
cramoisi-rose ; bec rougeâtre à la base, le reste noir ; iris châtain avec un
cercle extérieur gris (Anchieta).

Dimens. L. t. 355 m.; aile 95 m.; queue 220 m.; bec 14 m.; tarse
22 m.; doigt m. 19 m.

Ces dimensions sont prises sur deux individus de Capangombe ; nos individus de Benguella et du Humbe sont sensiblement plus petits.

Habit. *Angola* (Furtado d'Antas) ; *Benguella, Capangombe* et *Humbe* (Anchieta).

Les indigènes de Capangombe l'appellent *Mokende-kende.*

Le *C. erythromelas,* commun dans l'Afrique méridionale, se répand par
le pays des Damaras jusqu'aux districts méridionaux d'Angola, mais il ne s'est
pas encore laissé voir au nord du Quanza.

108. Colius nigricollis

Syn. *Colius nigricollis*, Vieill. N. D. Hist. Nat. vii, p. 378; Hartl. Orn. West-Afr., p. 155; Schlegel, Mus. Pays-Bas, Cuculi, p. 81; Sharpe, Proc. Z. S. L. 1873, p. 717.

Fig. *Levaillant, Ois. d'Afr.* vi. *pl.* 259.

Caract. Ad. En dessus d'un brun uniforme, plus foncé sur les ailes; front, lores et gorge noires; huppe d'un gris-vineux pâle; côtés du cou et parties inférieures d'un brun-vineux clair, rayés de brun; bas ventre et couvertures inférieures de la queue roussâtres, sans raies. Rémiges et rectrices brunes, les premières bordées de roux en dedans. Mâchoire supérieure noire, mandibule jaunâtre; pieds rouges.

Le *Colius nigricollis* ne se trouve pas dans les collections du Muséum de Lisbonne. Nous ne l'avons jamais reçu de nos correspondants d'Angola, et les voyageurs étrangers qui dans ces derniers temps ont visité notre colonie semblent confirmer par leur silence qu'il n'y existe point. Cependant il a des droits incontestables à être compris dans notre liste, car M. Sharpe en a rencontré quelques exemplaires dans une collection d'oiseaux rapportée du Congo par le Capitaine Sperling[1], et l'un des types de l'espèce, qui appartient au Museum de Leyde, est originaire de Molembo, d'où il a été rapporté par Perrein[2]. Cet exemplaire est probablement l'un des deux individus acquis dans le temps par Levaillant et dont il avait disposé en faveur de son ami Temminck[3].

109. Colius castanonotus

Syn. *Colius castanotus*, Ed. & Jules Verreaux, Rev. et Mag. Zool., 1855, p. 351; Hartl. Orn. West.-Afr., p. 155; Monteiro, Ibis, 1862, p. 333; Boc. Jorn. Acad. Sc. Lisboa, n.º ii, 1867, p. 141; ibid., n.º iv, 1867, p. 335; ibid., n.º v, 1868, p. 44; Sharpe, Cat. Birds, p. 11.

Fig. *Proc. Z. S. L.*, 1876, *pl.* 35.

Caract. Ad. Front, joues et menton noirs, pointillés de gris; parties supérieures et huppe d'un gris-brun lavé de roux-vineux, plus terne sur les ailes; bas du dos et croupion roux-marron foncé, bordés de blanc-fauve sur les

[1] V. Sharpe, Proc. Z. S. L. 1873 p. 717.
[2] V. Schlegel, Mus. des Pays-Bas, Cuculi, p. 81.
[3] V. Levaillant, Ois d'Afr. VI, p. 33.

9

côtés; en dessous d'un blanc-fauve, tirant à cendré pâle sur la face antérieure du cou. Rémiges et rectrices d'une nuance plus foncée que le dos, celles-là largement bordées de roux sur les barbes internes; les deux rectrices externes bordées de blanc-fauve; le dessous de la queue roux-vineux. Mâchoire noire, avec une tache jaunâtre sur le culmen; mandibule jaunâtre, noire à la base; pieds rouge-corail; iris jaune-verdâtre (Anchieta).

Dimens. L. t. 350 m.; aile 108 m.; queue 238 m.; bec 15 m.; tarse 23 m.; doigt m. 21 m.

Les individus marqués comme femelles ont, en général, la taille plus petite et les couleurs plus pâles.

Habit. *Duque de Bragança* (Bayão); *Pungo-Andongo, Benguella* et *Capangombe* (Anchieta); *Angola* (Furtado d'Antas).

Le nom qu'il reçoit des indigènes varie suivant les localités; au Duque de Bragança c'est *Mucóricóri*, à Benguella *Xipipi;* quelques exemplaires de Capangombe portent sur l'étiquette *Mukendekende*.

L'espèce a été décrite par Verreaux d'après des exemplaires rapportés du Gabon. Elle est assez répandue à Angola, au nord et au sud du Quanza, mais M. d'Anchieta ne paraît pas l'avoir observée dans les plateaux plus élevés de l'intérieur, ni au sud du parallèle de Mossamedes. Dans l'état actuel de nos connaissances, elle doit être considérée comme étrangère à l'Afrique australe.

110. Colius macrurus

Syn. *Lanius macrurus*, Linn. Syst. Nat. I, p. 134.
Colius senegalensis, Hartl. Orn. West-Afr., p. 155.
Colius macrourus, Heugl. Orn. N. O.-Afr. p. 712; Sharpe, Cat. Afr. Birds, p. 12.

Fig. *Buffon, Pl. Enl. pl. 282, fig. 2.*
Gray, Genera of Birds, pl. 95 (fig. opt.)

Caract. Ad. En dessus d'un gris-vineux; le front lavé de roux; la nuque d'un beau bleu céleste; le bas du dos et le croupion tirant au gris-bleuâtre, à peine nuancés de fauve; en dessous d'une teinte plus pâle, roux-vineux sur la poitrine et fauve sur les couvertures inférieures de la queue. Rémiges brun-noirâtre, bordées de gris en dehors et de roux en dedans. Rectrices en dessus d'un gris-bleuâtre dans leur moitié basale, le reste d'un brun foncé. Tour des yeux et base de la mâchoire rouges: partie antérieure de la mâchoire noirâtre ; mandibule noire ; pieds couleur de rose ; iris rouge (von Heuglin).

Dimens. L. t. 340 m.; aile 95 m.

Habit. Le voyageur Henderson, cité par M. Hartlaub, est la seule autorité qu'on puisse invoquer en faveur de l'existence de cette espèce à Angola ; sans vouloir mettre en doute l'exactitude d'une telle assertion, nous l'acceptons conditionnellement, en attendant qu'elle soit confirmée par de nouvelles observations.

M. Hartlaub a également compris le pays des Damaras dans l'habitat de cette espèce, se rapportant à la détermination faite par M. M. Sclater et Strickland d'un individu envoyé par Andersson ; mais M. Gurney qui a récemment examiné cet individu au Museum de Zoologie de Cambridge, a reconnu qu'il appartient au *C. erythromelas.*

C'est dans l'Afrique occidentale, au nord d'Angola, de la Sénégambie au Gabon, que le *C. macrurus* a été souvent rencontré. Dans l'Afrique orientale il possède, suivant M. von Heuglin, une aire d'habitation assez étendue, qui comprend la Nubie méridionale, le pays des Bogos, une partie de l'Abyssinie, le Sennaar et le Kordofan.

FAM. MUSOPHAGIDAE

111. Corythaix erythrolopha

Syn. *Upaethus erythrolophus,* Viell. Encyclop. Meth. p. 1298.
Corythaix erythrolopha. Hartl. Orn. West-Afr., p. 158 ; Boc. Jorn. Acad. Sc. Lisboa, n.° II, 1867, p. 142 ; ibid., n.° VIII, 1870, p. 347 ; ibid., n.° XII, 1871, p. 270 ; Heugl. Orn. N. O.-Afr., p. 705 ; Sharpe, Proc. Z. S. L. 1871, p. 134 ; id. in Layard's B. S.-Afr., p. 144.
Corythaix paulina, Monteiro, Ibis, 1862, p. 338.

Fig. *Temminck, Pl. Col. pl. 23.*

Caract. Ad. Parties supérieures d'un vert métallique à reflets dorés ; croupion, couvertures supérieures et dessus de la queue verts à reflets bleus d'acier ; dessus de la tête et huppe occipitale rouges, d'une teinte plus pâle sur celle-ci, dont quelques plumes sont terminées de blanc ; côtés de la tête et menton blancs ; gorge, poitrine et partie antérieure du ventre vert-pré ; basventre, cuisses et couvertures inférieures de la queue noirâtres. Rémiges primaires d'un rouge éclatant, bordées et terminées de noir, avec les tiges noires; la première rémige toute noire; secondaires rouges, lisérées de noir, avec un espace noir, nuancé de vert-doré, vers la base; celles plus rapprochées du corps de la couleur des couvertures alaires. Bec jaune; pieds noirs; iris rougeâtre.

Dimens. L. t. 380 m.; aile 180 m.; queue 190 m.; bec culm. 21 m.; tarse 38 m.; doigt m. 33 m.

Habit. *Angola* (A. P. de Carvalho, Balsemão, Capello, Toulson); *Pungo-Andongo* (Anchieta); *Cazengo* (A. da Fonseca).

MM. Monteiro et Hamilton observèrent cette espèce à *Pungo-Andongo*, *Massangano* et *Cazengo*[1]. Le premier de ces voyageurs la rencontra assez abondamment dans l'intérieur de *Novo-Redondo* chez les *Celis*, tribu de nègres cannibales; suivant lui elle vit aussi à *Bihé*, où elle est plus commune que le *Corythaix Livingstoni*[2]. Elle ne semble pas dépasser beaucoup ces limites vers le sud.

Le *C. erythrolopha* et ses congénères son généralement connus à Angola sous le nom d'*Andua*.

112. Corythaix Livinsgtoni

Syn. *Turacus Livinsgtonii*, Gray, Proc. Z. S. L. 1864, p. 44.
Corythaix Livinsgtonii, Monteiro, Proc. Z. S. L., 1865, p. 92; Boc. Jorn. Acad.
Sc. Lisboa, n.º II, 1867, p. 142; ibid., n.º IV, 1867, p. 335; ibid.,
n.º VIII, 1870, p. 347; Finsch & Hartl. Vög. Ost-Afr., p. 476, pl. 8;
Sharpe in Layard's B. S.–Afr., p. 143.

Fig. *Finsch & Hartlaub, Vög. Ost.- Afr. pl. 8.*

Caract. Ad. Plumage vert-pré; tête garnie d'une huppe à plumes longues et effilées de la même couleur, terminées de blanc; la nuque variée de blanc; dos et dessus de l'aile à reflets métalliques vert-doré; croupion et queue à reflets bleus d'acier; bas-ventre, cuisses et couvertures inférieures de la queue noirâtres, légèrement nuancées de vert-pâle. Rémiges rouge-éclatant, bordées de noir, comme chez le *C. erythrolopha*; les secondaires internes vert-doré. Bec et tour des yeux rouges; un espace noir au devant et au-dessous de l'œil, liséré de blanc à son bord inférieur et précédé d'une tache blanche sur les lores; pieds noirs; iris brun (Anchieta).

---

[1] V. Monteiro, Ibis, 1862, p. 338; Sharpe, Proc. Z. S. L. 1871, p. 134.
[2] V. Monteiro, Proc. Z. S. L. 1865, p. 92.

Dimens. ♂ L. t. 390 m.; aile 180 m.; queue 190 m.; bec 16 m.; tarse 37 m.; doigt m. 33. m.

Habit. L'intérieur de *Novo-Redondo,* le pays des *Celis, Bihé* (Monteiro), *Capangombe* et *Huilla* (Anchieta).

113. Turacus giganteus

Syn. *Musophaga gigantea,* Vieill. Enc. Meth., p. 1205.
Turacus giganteus, Hartl. Orn. West-Afr., p. 159; Boc. Jorn. Acad. Sc. Lisboa, n.° II, 1867, p. 142; ibid., n.° VIII, 1870, p. 347; ibid., n.° XII, 1871, p. 270; Heugl. Orn. N. O. -Afr., p. 705.
T. cristatus, Sharpe Proc. Z. S. L. 1871, p. 134.

Fig. *Levaillant, Promer. et Guep.* III. *pl.* 19.

Caract. Ad. Plumage bleu tirant légèrement au vert; tête ornée d'une huppe droite, noire; front nuancé de bleu; menton blanchâtre; poitrine vert-pré; bas-ventre, cuisses et sous-caudales roux-marron vif. Rémiges bleues, de la couleur du dos. Les quatre rectrices intermédiaires de cette même couleur, traversées près de l'extrémité d'une large bande noire; cette bande terminale se trouve également sur les autres rectrices, mais elle y est précédée d'un grand espace jaune-verdâtre sale. Bec jaune, nuancé de rouge à la pointe et sur les bords; pieds noirâtres.

Dimens. L. t. 720 m.; aile 350 m.; queue 390 m.; bec 44 m.; tarse 55.; doigt m. 51 m.

Habit. *Angola* (Furtado d'Antas, Hamilton); *Cazengo* (Toulson, A. da Fonseca). Nom indigène : *Barococo* ou *Borococo.*

114. Musophaga Rossae

Syn. *Musophaga Rossae,* Gould, Jard. Contr. Orn. 1851, p. 137; pl. 81; Hartl. Orn. West-Afr., p. 160; Gould, Proc. Z. S. L. 1871, p. 1; Sharpe, Proc. Z. S. L. 1871, p. 134.

Fig. *Jardine, Contrib. Orn.* 1851, *pl.* 81 (tête et rémiges).

Caract. Plumage bleu à reflets pourpres; tête ornée d'une huppe de plumes décomposées, rouge; rémiges primaires et une partie des secondaires rouges, bordées et terminées de noir ; queue, en dessus, de la couleur du dos. Bec et tour des yeux jaune pâle ; pieds noirâtres ; iris brun.

Dimens. L. t. 18 pouc. ; bec *(a rictu)* 1 p. 2 l. ; aile 8 p. ; tarse 1 p. 6 l. (Hartlaub).

Habit. Cette espèce, décrite en 1851 d'après un individu unique d'origine inconnue, a été récemment découverte par M. Hamilton à Angola, probablement dans le district de *Cazengo*. Sur la liste publié par M. Sharpe des oiseaux récoltés à Angola par M. Hamilton [1] on ne trouve pas l'indication précise de la localité où ce voyageur aurait pris le seul spécimen de *M. Rossae* faisant partie de sa collection ; mais dans une petite introduction, M. Sharpe a eu le soin de consigner les renseignements transmis par M. Price au sujet de l'habitat des oiseaux envoyés par M. Hamilton. Les voici : «M. Hamilton m'écrit qu'il a tué un grand nombre de ces oiseaux dans les immédiations du fleuve *Lucala* et quelques uns près de *Cazengo*. Il a également pris des oiseaux et des papillons dans le voisinage de *Golungo-Alto* [1] ».

115. Schizorhis concolor

Syn. *Corythaix concolor*, Smith, S.-Afr. Quart. Journ. 2.ª ser. p. 48.
Schizorhis concolor, Hartl. & Mont. Proc. Z. S. L. 1865, p. 88 et 91 ; Boc. Jorn. Acad. Sc. Lisboa, n.º IV, 1867, p. 335 ; ibid., n.º VIII, 1870, p. 347 ; ibid. n.º XIX, 1876, p. 151 ; Gurney in Anderss. B. Damara, p. 204 ; Sharpe in Layard's B. S.-Afr., p. 144.

Fig. *Smith. Illustr. S.-Afr. Zool. Aves, pl. 2.*

Caract. Ad. Plumage d'un cendré pâle, légèrement nuancé de brun ; tête surmontée d'une huppe de longues plumes à barbes décomposées d'un cendré clair sans mélange de brun ; gorge et partie antérieure de la poitrine lavées de vert ; rémiges et rectrices brun-cendré, tirant au brun vers leurs extrémités. Bec et pieds noirs ; iris gris de lin (Anchieta).

Dimens. L. t. 460 m. ; aile 230 m. ; queue 250 m. ; bec 25 m. ; tarse 37 m. ; doigt m. 38 m.

Les deux sexes ne diffèrent pas quant aux couleurs, mais la femelle est plus petite.

[1] V. Sharpe. Proc. Z. S. L. 1871, p. 130.

Habit. *Golungo-Alto* (Sala); *Benguella* et *Mossamedes* (Monteiro); *Dombe, Capangombe, Huilla* et *Humbe* (Anchieta).

Nom indigène au Dombe — *Guere*, au Humbe — *Kuele*.

M. Hartlaub a remarqué quelques différences dans la teinte du plumage chez les individus de Benguella par rapport à ceux du Natal, la coloration générale des premiers étant d'un ton cendré plus pâle, moins mélangé de brun, la tête d'un gris blanchâtre, la huppe d'un gris-cendré pâle[1]. Nous sommes arrivé aux mêmes résultats en comparant nos exemplaires d'Angola à des individus de l'Afrique australe.

FAM. INDICATORIDAE

116. Indicator Sparrmanni

Syn. *Indicator Sparrmanni*, Steph. Gen. Zool. ix. p. 138; Heugl. Orn. N. O.-Afr., p. 767; Finsch, Coll. Jesse, Trans. Z. S. vii. 1870, p. 286; Sharpe, Cat. Afr. Birds, p. 14; id. Rouley's Ornith. Miscell. iii, 1876, p. 201.
Indicator albirostris, Hartl. Orn. West-Afr., p. 184; Boc. Jorn. Sc. Lisboa, n.° xiv, 1873, p. 197.

Fig. *Temminck, Pl. Col. pl.* 367.

Caract. ♂ Ad. Brun-cendré en dessus; les plumes du croupion et les couvertures supérieures de la queue blanches sur les bords et brunes au centre; une tache d'un jaune vif près du bord cubital de l'aile; couvertures alaires brun-foncé avec des bordures blanches; une tache d'un gris-blanchâtre sur la région temporale; joues, menton et une partie de la gorge d'un noir profond; partie inférieure de la gorge et poitrine grises; abdomen et sous-caudales d'un blanc plus ou moins pur; les flancs striés de brun. Rémiges brunes, lisérées en dehors de gris. Les deux rectrices médianes brunes; les deux immédiates de chaque côté brunes, largement bordées de blanc sur les barbes internes; les autres blanches, terminées de brun. Sous-alaires blanches, variées de quelques petites taches brunes. Bec blanc d'ivoire; pieds noirâtres; iris jaune-ambre (Anchieta).

Chez un autre individu de la même localité, marqué comme femelle, la tache cubitale est plus étroite et d'un jaune plus pâle; le dessus de la tête et la poitrine sont nuancés de jaune-verdâtre; le menton et la partie supérieure

---

[1] V. Hartl. Proc. Z. S. L. 1867. p. 88.

de la gorge variés de blanc et de jaune sur un fond noir; les couvertures
alaires portent, au lieu d'une large bordure blanche, un étroit liséré jaune;
le bec, à ce qu'il paraît, est d'un brun-noirâtre. Par tous les autres détails de
coloration cet individu ressemble au précédent.

Dimens. ♂ Ad. L. t. 190 m.; aile 115 m.; queue 88 m.; bec 14 m.;
tarse 18 m.; doigt m. 17 m.

Habit. Nos deux individus, les seuls découverts jusqu'à présent à
Angola, ont été pris par M. d'Anchieta aux *Gambos,* localité située sur le che-
min que mène de *Huilla* au *Humbe.* Cette espèce vit en Afrique occidentale, au
nord de l'équateur; elle a été reçue de Gambie et de Casamance. Son apparition dans la partie méridionale d'Angola est un fait isolé et purement accidentel.

117. Indicator major

Syn. *Indicator major,* Steph. Gen. Zool. IX. 1. t. 27, fig. 1; Hartl. Orn.
West-Afr., p. 183; Heugl. Orn. N. O.-Afr., p. 770; Gurney in Anderss.
B. Damara, p. 224; Sharpe in Rouley's Orn. Misc. Part. III, p. 204; Sharpe
in Layard's B. S.-Afr., p. 168.

Fig. *Levaillant, Ois. d'Afr.* v. *pl.* 241, *fig.* 1.

Caract. Ad. En dessus d'un brun pâle; le sinciput recouvert d'une
teinte jaune-olivâtre, qui se laisse voir aussi, mais moins distinctement, sur le
dos et les petites couvertures alaires; croupion blanc; les couvertures médianes du dessus de la queue de cette même couleur, les latérales brunes, en
partie, avec les barbes internes blanches; régions inférieures et couvertures
inférieures de l'aile blanches; la gorge et le poitrine teintes de jaune. Rémiges brunes, lisérées de jaune-olivâtre en dehors et bordées de blanchâtre en
dedans. Les deux rectrices médianes entièrement brunes, les deux immédiates de chaque côté brunes avec une bordure blanche sur les barbes internes,
les autres blanches terminées de brun et avec un espace brun sur la base, qui
occupe surtout les barbes internes. Bec noirâtre; pieds bruns; espace nu autour des yeux d'un rouge livide; iris olivâtre (Anchieta).

Dimens. L. t. 195 m.; aile 110 m.; queue 70 m.; bec 13 m.;
tarse 16 m.

Habit. Deux individus, mâle et femelle, envoyés récemment du

Humbe par M. d'Anchieta, sont les premiers spécimens de cette espèce recueillis dans les possessions portugaises d'Angola. Leur nom indigène est *Sequi*. Ils se ressemblent complètement.

Cet oiseau vit dans l'Afrique australe, mais il n'avait jamais été observé à
l'ouest de la Colonie du Cap ; il ne figure pas dans le liste des espèces rencon-
trées par Andersson.

Nous lisons dans les notes qui acompagnent le dernier envoi de M.
d'Anchieta que l'estomac de ces individus contenait des cellules de gâteaux
d'abeilles.

D'après M. Heuglin l'iris serait chez cette espèce d'un rouge pâle *(dilute
coccinea)*; mais M. d'Anchieta a eu le soin de marquer sur les étiquettes la
couleur de l'iris de nos deux individus comme étant d'un olivâtre légèrement
foncé.

118. Indicator minor

Syn. *Indicator minor*, Steph. Gen. Zool. ix. 1. p. 140; Hartl. Orn. West-
Afr., p. 196; Finsch & Hartl. Vög. Ost-Afr., p. 515; Heugl. Orn. N. O.-
Afr., p. 771; Gurney in Layard's B. Damara, p. 223; Sharpe in Rouley's
Orn. Misc. iii., p. 194; Sharpe in Layard's B. S.-Afr., p. 169.
? *Melignotes conirostris*, Cass. Proc. Ac. Phil. 1856, p. 156; ibid., 1859, pl. 2.

Fig. *Levaillant, Ois. d'Afr.* v. pl. 242.
Temminck, Pl. Col. pl. 542, *fig.* 1.

Caract. Ad. Parties supérieures brunes, tirant au grisâtre sur la
tête et le cou, avec les plumes du dos et du croupion, les couvertures supérieures de la queue et celles de l'aile largement teintes sur les bords de jaune-
olivâtre ; en dessous gris-brunâtre pâle, avec le menton, le milieu du ventre
et les sous-caudales d'un blanc presque pur ; des stries brunes sur les baguettes des plumes de la partie postérieure des flancs. Une petite tache noirâtre
au-dessous de l'œil sur la joue, faisant moustache. Rémiges brunes lisérées
de jaune-olivâtre en dehors et de blanchâtre en dedans. Les quatre rectrices
médianes brun-foncé, bordées en dedans de gris ; le reste blanches, terminées
de brun pâle et portant à la base une tache brune dont les dimensions vont en
décroissant de la quatrième à la première rectrice. Bec brun-noir ; tarse et doigts
brun-ardoisé ; iris châtain (Anchieta).

Dimens. ♀ Ad. L. t. 155 m.; aile 83 m.; queue 62 m.; bec 10 m.
tarse 13 m.

Habit. C'est aussi dans le dernier envoi d'oiseaux du *Humbe* par M. d'Anchieta que nous avons eu la bonne chance de rencontrer l'exemplaire, jusqu'à présent unique, qui peut servir à démontrer l'existence de cette espèce au nord du *Cunene*. D'après cela même, elle y doit être rare. Au sud du *Cunene* Andersson l'avait déjà observée dans les pays des Grands Namaquas et des Damaras.

Les individus recueillis au nord du *Congo* (Gabon, Cap de Lopo Gonçalves et Caama) ont été rapportés par Verreaux et par Cassin à une espèce différente (*I. occidentalis*, Verr., *Melignotes conirostris*, Cass.). Elle nous est inconnue; mais d'après la figure publiée par Cassin et les descriptions que nous avons pu consulter, nous n'arrivons pas à la bien distinguer de l'*I. minor*.

FAM. CUCULIDAE

119. Cuculus canorus

Syn. *Cuculus canorus*, Linn. Syst. Nat. I. p. 168; Hartl. West-Afr., p. 266; Boc. Jorn. Sc. Lisboa, n.º v, 1868, p. 145; Heugl. Orn. N. O.–Afr., p. 779; Gurney in Anderss. B. Damara, p. 227; Sharpe, Proc. Z. S. L. 1873, p. 580; id. in Layard's B. S.–Afr., p. 147.

Fig. *Levaillant, Ois. d'Afr.* v. *pls.* 202 *et* 203.

Caract. Ad. Tête, cou, poitrine et régions supérieures d'un cendré-bleuâtre, plus foncé sur les ailes, d'une teinte plus pâle sur la gorge et la poitrine; ventre et sous-caudales rayés en travers de noirâtre sur un fond blanc, les raies des sous-caudales plus espacées. Rémiges brunes, barrées de blanc sur les barbes internes. Rectrices d'une noirâtre lustré, terminées de blanc et marquées, le long des baquettes et sur les bords des barbes internes, de plusieurs taches blanches. Bec noirâtre avec l'angle des mâchoires et un petit espace à la base de la mandibule d'un jaune-vif; tour des yeux, pieds et iris jaunes.

Dimens. L. t. 330 m.; aile 230 m.; queue 190 m.; bec 22 m.; tarse 23 m.

Habit. Deux individus envoyés de *Biballa* par M. d'Anchieta prouvent que le Coucou d'Europe atteint dans ses migrations régulières les districts méridionaux d'Angola. Andersson l'a rencontré plus au sud, dans le pays des Damaras.

Sur l'étiquette de nos individus de Biballa nous trouvons écrit de la main de M. d'Anchieta: «nom indigène *Kinkanga*».

120. Cuculus gularis

Syn. *Cuculus gularis*, Steph. Gen. Zool. IX. pt. I. p. 83, pl. 17; Gurney in Anderss. B. Damara, p. 228; Sharpe, Proc. Z. S. L., 1873, p. 585; Boc. Jorn. Sc. Lisboa, n.º XVII, 1874, p. 41; Sharpe in Layard's B. S.-Afr., p. 148.

Fig. *Levaillant, Ois. d'Afr.* v, *pls.* 200 *et* 201 (ad. et jeune).

Caract. Ad. Parties supérieures d'un cendré-bleuâtre, plus foncé sur les ailes; gorge et poitrine d'une teinte plus pâle, gris-bleuâtre; le reste des parties inférieures blanches, rayées de bandelettes noirâtres. Rémiges brunes, barrées de blanc sur les barbes internes. Rectrices noirâtres, nuancées de cendré vers la base, marquées de taches blanches le long des baguettes; ces taches deviennent de plus en plus développées sur les rectrices latérales, et sur les rectrices externes forment des bandes presque complètes. Mâchoire supérieure noirâtre avec un espace à la base, comprenant les narines, d'un jaune-verdâtre; mandibule presque en entier de cette couleur avec l'extrémité noire; pieds jaune vif; tour des yeux et iris jaune pâle (Anchieta).

Dimens. L. t. 320 m.; aile 216 m.; queue 170 m.; bec 21 m.; tarse 22 m.

Comme l'a fort bien remarqué M. Gurney, le caractère le plus constant et dont on puisse mieux se servir pour distinguer cette espèce de la précédente nous est fourni par la coloration de la moitié supérieure du bec, d'un noirâtre presque uniforme chez le *C. canorus*, à l'exception d'une petite ligne jaune sur les bords, présentant chez le *C. gularis* un large espace jaune en dessus où s'ouvrent les narines. Ce caractère est bien apparent chez tous nos spécimens adultes de cette dernière espèce.

Un autre caractère distinctif, qu'ils présentent également, consiste dans le développement considérable des taches blanches sur les rectrices externes. M. Sharpe a donné les figures de ces rectrices chez le *C. canorus* et le *C. gularis* de manière à faire bien ressortir ces différences de coloration[1].

[1] V. Sharpe. Proc. Z. S. L. 1873 p. 587.

Les difficultés sont plus grandes lorsqu'il s'agit de distinguer les jeunes de ces deux espèces, car le bec est alors chez les uns et les autres d'un brun-noirâtre ; nous remarquons à peine que les jeunes *C. gularis* ont plus de blanc sur les pennes de la queue.

Habit. Nous avons reçu du *Humbe*, par M. d'Anchieta, plusieurs individus du *C. gularis*, différents d'âge et de sexe, ce que nous fait supposer qu'il y doit être commun. Andersson le cite comme observé au pays des *Damaras* et à *Ovampo*.

M. Sharpe a rapporté dernièrement à une troisième espèce, *C. aurantiiros-tris*, le Coucou de l'Afrique occidentale (Sénégambie), identique au *C. gularis* sous tous les rapports à l'exception de la couleur du bec, qui est d'un jaune-orangé partout où l'on voit le jaune-verdâtre chez le *C. gularis* [1]. A juger d'après la description publiée par M. Heuglin, le Coucou de l'Afrique orientale appartiendrait au *C. aurantiirostris* [2].

121. Cuculus capensis

Syn. *Cuculus capensis*, Gm. Syst. Nat. i, p. 410 ; Boc. Jorn. Sc. Lisboa, n.°
    xii, 1871, p. 271 ; Heugl. Orn. N. O.–Afr., p. 783.
Cuculus rubiculus, Hartl. Orn. West-Afr. p. 190 ; Monteiro. Proc. Z. S. L. 1865,
    p. 92.
Cuculus solitarius, Sharpe, Proc. Z. S. L. 1873, p. 582.

Fig. *Levaillant, Ois. d'Afr.* v, *pl.* 206.

Caract. Ad. Plumage en dessus couleur d'ardoise à reflets bronzés, glacé de gris sur la tête, le croupion et les couvertures supérieures de la queue ; gorge d'un cendré pâle ; partie antérieure du cou et de la poitrine roux-ferru-gineux rayé de brun ; le reste des parties inférieures d'un blanc légèrement nuancé de roux ; le ventre orné de bandelettes transversales noires très-écar-tées. Rémiges brunes, les primaires barrées de blanc sur les barbes internes, les secondaires avec un espace blanc à la base. Rectrices d'un noir brillant à reflets verts, terminées de blanc et marquées le long des baguettes de trois taches de cette couleur. Bec noirâtre avec l'angle des machoires et la base de la mandibule jaunes ; pieds jaune-orange ; iris roux-châtain (Anchieta).

[1] V. Sharpe. Proc. Z. S. T. 1873, p. 585.
[2] V. Heugl. Orn. N. O. Afr., p. 781.

Dimens. L. t. 290 m.; aile 176 m.; queue 130 m.; bec 19 m.; tarse 21 m.

Habit. Ce Coucou, bien distinct par ses teintes foncées sur le dos et par le roux-ferrugineux de la poitrine de ses deux congénères, *C. canorus* et *C. gularis,* visite l'intérieur de Mossamedes; l'individu décrit ci-dessus, un mâle adulte, a été pris par M. d'Anchieta à *Maconjo* (Capangombe). M. Monteiro l'a rencontré à *Novo Redondo,* dans la zone littorale.

Cette espèce ne se trouve pas comprise dans la liste des oiseaux observés par Andersson au sud du Cunene.

122. Cuculus clamosus

Syn. *Cuculus clamosus,* Lath. Ind. Orn. Supp., p. xxx; Boc. Jorn. Acad. Sc. Lisboa, n.º ii, 1867, p. 46; Heugl. Orn. N. O.-Afr., p. 784; Gurney in Anderss. B. Damara, p. 226; Sharpe, Proc. Z. S. L. 1873, p. 587; id. in Layard's B. S.-Afr., p. 150.
Coccystes serratus (part.) Sharp. Cat. Afr., p. 13.
Oxylophus serratus, Gurney in Anderss. B. Damara, p. 226.

Fig. *Levaillant, Ois. d'Afr. pls.* 204 *et* 205 (ad et jeune).

Caract. Ad. Noir à reflets vert-bronze en dessus, d'une teinte plus terne, tirant au brun-noirâtre, en dessous; quelques unes des couvertures inférieures de la queue terminées de blanchâtre. Rémiges brunes, barrées de blanc sur la base des barbes internes; les secondaires les plus rapprochées du corps, ainsi que la queue, de la couleur du dos, mais les rectrices terminées de blanc et tirant au brun sur les barbes internes. Bec noir; pieds jaunâtres; iris châtain foncé (Anchieta).

Dimens. L. t. 310 m.; aile 175 m.; queue 150 m.; bec 19 m.; tarse 17 m.

Habit. L'unique localité d'Angola que nous pouvons inscrire dans l'habitat de cette espèce, c'est *Biballa,* dans l'intérieur de Mossamedes, d'où nous avons reçu deux exemplaires en mauvais état. Nous pensons, cependant, que ce Coucou appartient à la zone méridionale d'Angola et doit se rencontrer de l'intérieur de Mossamedes au Pays des Damaras, car Andersson l'a observé aux environs du fleuve *Okavango,* au *Lac Ngami* et à *Objembinque.*

123. Chrysococcyx smaragdineus

Syn. *Chalcites smaragdineus*, Sw. B. West.-Afr. ii, p. 191; Monteiro, Proc.
    Z. S. L., 1860, p. 112.
Chrysococcyx smaragdineus, Hartl. Orn. West-Afr. p. 191; Heugl. Orn. N. O.-
    Afr. p. 774.
Chrysococcyx intermedius, Verr. Rev. et Mag. Zool. 1851, p. 259; Hartl. Orn.
    West-Afr., p. 191; Boc. Jorn. Acad. Sc. Lisboa, n.º ii, 1867, p. 143.

Fig. *Vieill. & Oud. Gal. des Ois. pl. 42.*

Caract. Mâle ad. Plumage d'un vert-doré brillant, paraissant formé
d'écailles métalliques; ventre, cuisses et sous-caudales jaune vif; ailes et queue
de la couleur du dos, les rémiges primaires bordées de blanc en dedans, la
rectrice extérieure terminée de blanc et ornée de bandes, en général incomplètes, de cette couleur, les deux immédiates à peine terminées de blanc, les
autres sans taches. Bec d'un gris-verdâtre, tirant au noir vers la pointe et sur
les bords; tour de l'œil et pieds d'un cendré olivâtre; iris brun, quelquefois
gris (Heuglin).

Dimens. L. t. 230 m.; aile 109 m.; queue 120 m.; bec 15 m.;
tarse 18 m.

La femelle diffère considérablement du mâle : sur un fond d'un vert-métallique elle est barrée de roux en dessus et de blanc en dessous.

Habit. Un seul individu de cette espèce nous est parvenu jusqu'à
présent d'Angola. M. Toulson, qui nous l'a envoyé en 1866 conservé en alcool,
nous écrivait à cette époque qu'il l'avait reçu de l'intérieur. Il est fort probable qu'il soit originaire d'*Encoge* ou de ses environs, au nord du Quanza,
car c'est de cette localité que M. Monteiro a reçu un individu vivant dont il a
fait mention dans sa première liste d'oiseaux d'Angola, publiée en 1860 [1].

M. d'Anchieta n'a pas observé cette espèce dans les districts méridionaux
d'Angola; Andersson croyait qu'elle devait visiter le pays des Damaras pendant la saison des pluies, mais il n'en a jamais pu se procurer un spécimen
dans cette contrée [2].

[1] V. Monteiro, Proc. Z. S. T., 1860, p. 112.
[2] V. Gurney, in Anderss. B. Damara, p. 229.

124. Chrysococcyx cupreus

Syn. *Cuculus cupreus*, Bodd. Tabl. Pl. enl. p. 40.

Chalcites auratus, Monteiro, Ibis, 1862, p. 337.

Chrysococcyx auratus, Hartl. Orn. West–Afr., p. 190; Boc. Jorn. Acad. Sc.
  Lisboa, n.° II, 1867, p. 143; ibid., n.° VIII, 1870, p. 349.

Chrysococcyx cupreus, Finsch & Hartl. Vög. Ost.–Afr., p. 522; Heugl. Orn.
  N.-O. Afr., p. 776; Shelley, Birds Egypt, p. 163; Boc. Jorn. Acad. Sc. Lisboa, n.° XIV, 1873, p. 197; ibid., n.° XVII, 1874, p. 41; ibid., n.° XIX,
  1876, p. 151; Gurney in Anderss. B. Damara, p. 228; Sharpe, Proc. Z.
  S. L., 1873, p. 591; id. in Layard's B. S.–Afr., p. 153.

Fig. *Buffon, Pl. Enl. pl.* 657.
    Levaillant, Ois. d'Afr. V, *pls.* 210 *et* 211.

Caract. Mâle. ad. Plumage en dessus vert-doré à reflets cuivrés ;
raie surciliaire et une strie longitudinale au milieu de la tête blanches ; couvertures supérieures de l'aile de la couleur du dos, en partie variées de blanc.
Rémiges primaires noirâtres, glacées de vert-doré sur les barbes externes,
faiblement lisérées de blanc en dehors, et barrées de blanc sur les barbes internes ; secondaires de la couleur du dos, marquées de taches blanches sur
les bords, celles plus rapprochées du corps sans taches. Parties inférieures
blanches, ornées sur les flancs, les cuisses et les sous-caudales de bandes transversales vert-doré. Sous-alaires barrées de blanc et de vert-doré. Queue vert-
doré à reflets bleus, terminée de blanc ; les rectrices intermédiaires sans taches ni bordures blanches ; la plus extérieure ornée de taches oblongues blanches, de chaque côté de la tige ; les autres, à compter de celle-ci, portant des
taches de plus en plus petites et seulement sur les barbes internes. Bec noirâtre, avec la base de la mandibule rougeâtre ; pieds noirâtres ; tour des yeux
et iris rouges (Anchieta).

Dimens. L. t. 210 m. ; aile 116 m. ; queue 87 m. ; bec 15 m. ; tarse
18 m.

Un de nos individus, en plumage de la première année, est en dessus
d'un roux-cannelle, nuancé de vert-doré sur le dos et le croupion, avec les
sus-caudales plus distinctement ornées de bandes de cette couleur ; les couvertures alaires roux-canelle, barrées de vert-doré et en partie variées de
blanc ; régions inférieures blanches tachetées de noirâtre sur la gorge et au
devant de la poitrine. barrées sur les flancs et les côtés du ventre d'un brun-
noir à reflets verts peu distincts ; sous caudales blanches variées au centre
de taches vert-doré. Rémiges primaires et secondaires roux-cannelle, barrées

de brun-noir légèrement glacé de vert-doré. Rectrices rousses, barrées et variées de vert-doré, à l'exception de la plus extérieure, qui est noire, nuancée de vert, avec une bordure terminale blanche et des taches alternes de cette couleur sur les barbes internes et externes ; les deuxième et troisième rectrices sont à peine variées de blanc et de noir sur les barbes internes, vers leurs extrémités. Bec, à ce qu'il paraît, d'un jaune-rougeâtre. L. t. 160 m.; aile 94 m.; queue (incomplètement développée) 59 m.

Chez un autre individu d'un âge plus avancé, les dos et les ailes sont distinctement ornés de bandelettes vert-doré sur un fond roux-cannelle ; les taches des parties inférieures, aussi bien que celles des rectrices et des rémiges, présentent des reflets d'un vert-métallique plus prononcés. D'après M. d'Anchieta, le bec de cet individu serait d'un blanc-roussâtre et l'iris rougeâtre.

La livrée des individus marqués comme femelles adultes est identique à celle des mâles adultes.

Habit. *Angola* (Toulson et Furtado d'Antas); *Benguella* (Monteiro) ; *Catumbella* (Sala) ; *Maconjo, Gambos* et *Humbe* (Anchieta).

Les exemplaires du Humbe portent sur leurs étiquettes deux noms indigènes différents, *Kambuaaka* et *Kachibo*.

Au nord d'Angola, le *Coucou doré* a été observé de la Sénégambie à la Côte d'Or ; à l'extrême opposé, Andersson le cite comme n'étant pas rare dans le pays des Petits Namaquas, mais plus difficile à rencontrer au nord du fleuve Orange [1]. M. d'Anchieta nous informe qu'il est abondant dans le Humbe.

125. Chrysococcyx Klaasi

Syn. *Cuculus Klaasi*, Steph. Gen. Zool. IX. P. I., p. 129.
Chrysococcyx Claasi, Hartl. Orn. West-Afr. p. 190; Heuglin, Orn. N. O.-Afr., p. 778.
Chrysococcyx Klaasi, Boc. Jorn. Acad. Sc. Lisboa, n.° v, 1868, p. 46; ibid., n.° XVII, 1874, p. 41; Finsch & Hartl. Vög. Ost-Afr., p. 520; Gurney in Anderss. B. Damara, p. 229 ; Sharpe, Proc. Z. S. L. 1873, p. 592; id. in Layard's B. S-Afr., p. 155.

Fig. *Levaillant, Ois. d'Afr.* V. *pl.* 212.
Swainson, Birds West-Afr. II. *pl.* 21.

Caract. Ad. Parties supérieures et côtés de la tête, du cou et de la poitrine d'un vert métallique à reflets d'or et de cuivre ; raie surciliaire blan-

[1] V. Gurney, in Anderss. B. Damara, p. 238.

che; parties inférieures d'un blanc pur; les flancs barrés de noir sur les individus imparfaitement adultes; parfois les sous-caudales ornées de bandelettes d'un vert-doré et les cuisses striées de la même couleur. Rémiges primaires et secondaires de la couleur du dos en dehors et vers l'extrémité, noires barrées de blanc en dedans; les dernières secondaires d'un vert-métallique uniforme. Les quatre rectrices intermédiaires vert-doré; les autres blanches, avec une tache vert-doré près de l'extrémité sur les barbes externes et deux ou trois bandes de la même couleur sur les barbes internes. Bec noirâtre avec la base de la mandibule rougeâtre; pieds olivâtres; iris brun (Anchieta).

Dimens. L. t. 180 m.; aile 108 m.; queue 86 m. ; bec 13 m.

Habit. Les individus envoyés par M. d'Anchieta ont été pris à *Biballa* et dans le *Humbe;* dans la première localité son nom indigène est *Katendi.*

L'espèce a été observée en Afrique occidentale de la Sénégambie à la Côte d'Or; au sud d'Angola, Andersson l'a aperçue une seule fois dans le pays des Damaras[1].

126. Coccystes glandarius

Syn. *Cuculus glandarius,* Linn., Syst. Nat. I., p. 169.
Oxylophus glandarius, Hartl., West-Afr., p. 188; Boc., Jorn. Acad. Sc. Lisboa, n.º XII, 1871, p. 271; ibid., n.º XVI, 1873, p. 286; ibid., n.º XVIII, 1876, p. 151.
Coccystes glandarius, Finsch & Hartl., Vög. Ost–Afr., p. 518; Heugl., Orn. N. O.–Afr., 786; Gurney in Anderss. B. Damara, p. 225; Boc., Jorn. Acad. Sc. Lisboa, n.º XVII, 1874, p. 41; Sharpe in Layard's B. S. Afr., p. 157.

Fig. *Temminck, Pl. Col. pl.* 414.
Dresser, Birds Eur. Part XXVIII, *pl.*

Caract. Ad. En dessus gris-brun, nuancé d'olivâtre; plumes du dessus de la tête et de la huppe grises avec les baguettes noirâtres; couvertures alaires et rémiges secondaires de la couleur du dos, terminées de blanc; en dessous blanc, lavé de fauve-jaunâtre sur les côtés du cou, la gorge et le devant de la poitrine. Rémiges primaires gris-brun, lisérées de blanc à l'extrémité et nuancées de roux sur les barbes internes. Rectrices noirâtres avec une grande tache terminale blanche, à l'exception des deux médianes, qui sont de la couleur du dos et portent au bout un étroit liséré blanchâtre. Bec brun de corne foncé avec la base de la mandibule rougeâtre; pieds olivâtres; iris brun.

[1] V. Gurney in Anderss. B. Damara, p. 229.

Dimens. L. t. 400 m.; aile 205 m.; queue, 220 m.; bec 27 m.; tarse 33 m.

Chez le jeune de l'année, d'un brun plus foncé en dessus, la huppe est plus courte et noire ainsi que le dessus de la tête; les ailes sont tachetées de roussâtre au lieu de blanc; le fauve de la gorge et de la poitrine est d'un ton roux plus prononcé, et les régions inférieures roussâtres; les rémiges d'un roux vif, sauf à la pointe.

Habit. *Capangombe, Huilla* et *Humbe* (Anchieta).

Les indigènes du Humbe l'appelent *Kahombe* et *Tulo;* ce dernier nom, d'après M. d'Anchieta, serait formé par onomatopée de son chant. L'estomac des individus examinés par notre voyageur contenait des insectes coleoptères et orthoptères, et des araignées.

Le *C. glandarius* a été observé dans l'Afrique occidentale en plusieurs endroits de la côte, de la Sénégambie à la Côte d'Or; mais à Angola il ne s'est montré jusqu'à présent que sur les hauts-plateaux de l'intérieur de Mossamedes et vers la région du Cunene. C'est à M. d'Anchieta qu'on doit sa découverte dans ces lieux, qu'il fréquente pendant la saison des pluies. Au sud du Cunene Andersson l'a rencontré à la même époque de l'année, dans le pays des Damaras et dans les environs du fleuve Okavango.

127. Coccystes jacobinus

Syn. *Cuculus jacobinus,* Bodd. Tabl. Pl. Enl., p. 53.
Oxylophus serratus (foem.), Hartl., Orn. West-Afr., p. 267; Boc., Jorn. Acad.
   Sc. Lisboa, n.° v, 1868, p. 46.
Oxylophus jacobinus, Heugl., Orn. N. O.-Afr., p. 788; Boc., Jorn. Acad. Sc.
   Lisboa, n.° xii, 1871, p. 271; ibid., n.° xiv, 1873, p. 197; ibid., n.° xvii,
   1874, p. 41; ibid., n.° xix, 1876, p. 151; Gurney in Anderss. B. Damara,
   p. 225; Sharpe, Proc. Z. S. L., 1873, p. 598; id. in Layard's B. S.-Afr.,
   p. 158.

Fig. *Buffon, Pl. Enl., vi. pl.* 872.
   Levaillant, Ois. d'Afr. v. pl. 208.

Caract. Ad. Plumage en dessus d'un noir brillant à reflets vert-de-bronze et bleu-violet; tête ornée d'une longue huppe de la même couleur; joues noires; un miroir blanc sur l'aile, formé par la réunion des bandes de cette couleur qui existent sur la base des rémiges primaires; en dessous blanc, lavé de jaunâtre sur la gorge et la poitrine, et nuancé de gris sur les couvertures inférieures de la queue. Rémiges primaires brunes, traversées d'une bande blanche à la base. Rectrices de la couleur du dos, terminées de blanc. Bec et pieds noirs; iris brun (Anchieta).

Dimens. L. t. 350 m.; aile 169 m.; queue 200 m.; bec 20 m.; tarse 29 m.

Le jeune est facile à reconnaître par ses teintes d'un brun terne et par sa huppe, beaucoup plus courte et formée de plumes larges et arrondies au bout.

Habit. Le *C. jacobinus*, observé pour la première fois à Angola par M. d'Anchieta, visite les mêmes localités que le précédent et s'y montre à la même époque de l'année. Notre hardi voyageur nous a envoyé à plusieures reprises des individus de cette espèce recueillis à *Capangombe*, *Huilla*, *Gambos* et *Humbe*. Sur les étiquettes des exemplaires de Capangombe nous lisons: «nom indigène *Kampurulla*»: les spécimens du Humbe portent deux noms différents, *Kanbuhahaka* et *Kilambelavula*.

Cette espèce se répand sur une aire énorme, qui comprend la vaste région éthiopienne et encore une bonne partie, presque la totalité, de la région indienne. L'uniformité de caractères des individus provenant de l'Afrique et de l'Inde, ainsi que la distinction spécifique du *C. jacobinus* par rapport au *C. serratus*, dont il était généralement regardé comme la femelle, sont aujourdhui des faits parfaitement constatés.

128. Zanclostomus aeneus

Syn. *Cuculus aereus*, Vieill., N. D. Hist. Nat. VIII, p. 229.
Zanclostomus aeneus, Hartl., Orn. West–Afr., p. 187; Layard, Birds S.–Afr., p. 247; Finsch & Hartl., Vög. Ost–Afr., p. 525; Heugl., Orn. N. O.–Afr., p. 792.
Zanclostomus aeneus, Monteiro, Proc. Z. S. L., 1860, p. 112.
Ceuthmochares aeneus, Sharpe, Proc. Z. S. L., 1873, p. 611.

Fig. *Levaillant, Ois. d'Afr. v. pl. 215.*
Sharpe in Layard's B. S.–Afr. pl. 5, fig. 2.

Caract. Ad. Parties supérieures, ailes et queue d'un vert-bronzé à reflets bleus-violacés; tête et cou gris-cendré; en dessous d'un gris pâle sur la gorge et la poitrine, avec le menton blanc et le ventre d'un cendré noirâtre;

sous-caudales de la couleur du dos. Bec jaune ; pieds noirs ; iris rouge, suivant Ayres et Fraser, d'un blanc-argenté, suivant M. Hartlaub.

Dimens. L. t. 310 m. ; aile 115 m. ; queue 196 m. ; bec 27 m. ; tarse 27 m.

M. Schlegel sépare spécifiquement, sous le nom de *Phaenicophäes flavirostris*, les individus de l'Afrique occidentale de ceux de l'Afrique australe, auxquels il attribue exclusivement le nom de *Ph. aereus* (Vieill.) [1]. M. Sharpe est du même avis quant à la distinction des deux espèces, mais il maintient avec raison le nom spécifique *aereus*, de Vieillot, à l'espèce de l'Afrique occidentale [2].

Ces deux formes typiques se trouvent représentées au Muséum de Lisbonne, le *Z. aereus* par un individu adulte du Gabon, d'après lequel nous avons donné ci-dessus la diagnose de l'espèce, et l'espèce de l'Afrique australe par deux individus de Durban, que nous devons à la libéralité de M. Shelley. Ceux-ci ont les parties supérieures, les ailes et la queue d'un vert foncé à reflets dorés ; la gorge et la poitrine nuancées de fauve sur un fond gris ; le dessus de la tête d'un gris plus pâle que le *Z. aereus ;* le bec plus long et moins courbé ; la taille et les dimensions de toutes les parties sensiblement supérieures, comme il sera facile de constater d'après les chiffres suivants : L. t. 360 m. ; aile 132 m. ; queue 220 m. ; bec 29 m. ; tarse 29 m. Nous rencontrons donc chez nos individus les différences de coloration et de taille très-exactement indiquées par MM. Schlegel et Sharpe, et d'après lesquelles ces auteurs se sont prononcés pour la séparation des deux espèces.

Habit. *Molembo,* au nord du Congo (Perrein) ; Angola, dans l'intérieur (Monteiro).

L'individu primitivement décrit et figuré par Levaillant était originaire de Molembo ; c'est d'après cet individu que Vieillot a établi l'espèce sous le nom de *Z. aereus.*

On doit à M. Monteiro la découverte de cette espèce dans le territoire d'Angola au sud du Congo ; un exemplaire du *Z. aeneus* faisait partie d'une collection d'oiseaux dont il a publié la liste dans les Proceedings Z. S. L. 1860, p. 112. Dans cette publication M. Monteiro n'indique pas la localité précise où il l'aurait pris, nous y lisons à peine «found only in the interior». Toutefois, comme tous ces oiseaux ont été recueillis durant le voyage de M. Monteiro de l'*Ambriz* au *Bembe*, on peut conjecturer sans crainte de se tromper que cette intéressante capture aurait eu lieu dans la dernière localité ou dans sa proximité.

[1] V. Schlegel, Mus. des Pays-Bas, Cuculi, p. 50.
[2] V. Sharpe, Proc. Z. S. L. 1873, pp. 609 à 611.

Il n'a jamais été observé dans les districts méridionaux d'Angola, au sud du Quanza, actuellement les mieux explorés.

L'espèce australe, *Z. australis,* Sharpe, se trouve au Natal, au pays des Caffres, au Zambeze et à Madagascar; mais elle ne semble pas atteindre le sud-ouest du continent africain, car les explorateurs des pays des Namaquas et du pays des Damaras ne l'ont jamais rencontrée.

129. Centropus senegalensis

Syn. *Cuculus senegalensis,* Linn., Syst. Nat. i., p. 169.
Centropus senegalensis, Hartl , Orn. West–Afr., p. 187 ; Finsch & Hartl., Vög.
  Ost–Afr., p. 526 ; Heugl., Orn. N. O.–Afr., p. 796 ; Gurney in Anderss. B.
  Damara, p. 224 ; Sharpe, Proc. Z. S. L., 1873, p. 618.
Centropus monachus (pl.', Schlegel, Mus. Pays-Bas, Cuculi, p. 72.

Fig. *Levaillant, Ois. d'Afr.* v. pl. 219.
  Shelley, Birds of Egypt, pl. 6.

Caract. Fem. Ad. Tête et cou, en dessus et sur les côtés, noirâtres à reflets vert-bronze; dos et couvertures alaires roux-cannelle, plus ou moins nuancés d'olivâtre ; croupion, sus-caudales et queue d'un noir-olivâtre à reflets vert-bronze ; couvertures inférieures de l'aile, en partie, fauves, nuancées de roux ; régions inférieures d'un fauve pâle, tirant au blanc sur le milieu du ventre. Rémiges roux-cannelle, largement terminées de brun-olivâtre. Bec et pieds noirs ; iris rouge-cramoisi.

Dimens. L. t. 390 m.; aile 175 m.; queue 205 m.; bec 28 m.; tarse 39 m.

Habit. Nous avons reçu une femelle du *C. senegalensis* par M. d'Anchieta, qui l'a tuée à *Ambaca.* Il n'avait jamais été rencontré sur les possessions portugaises d'Angola, et l'exemplaire envoyé par M. d'Anchieta reste la seule preuve authentique de cet habitat. Il y doit être rare, et, pour le moment, il semble ne pas dépasser le Quanza vers le sud. Au nord d'Angola l'existence de cette espèce avait été déjà constatée de la Sénégambie au Cap de Lopo Gonçalves (Cap Lopez des cartes françaises et anglaises). Elle ne s'est jamais montrée sur le vaste territoire compris entre le Quanza et la Colonie du Cap.

130. Centropus superciliosus

Syn. *Centropus superciliosus*, Hempr. & Ehr. Symb. Phys. Aves, fol. r; Monteiro, Proc. Z. S. L., 1865, p. 91; Boc., Jorn. Acad. sc. Lisboa, n.° II, 1867, p. 143; ibid., n.° IV, 1867, p. 337; ibid., n.° VIII, 1870, p. 349; ibid., n.° XII, 1871, p. 271.; Heugl., Orn. N. O.-Afr., p. 797; Sharpe, Proc. Z. S. L., 1873, p. 620.
Centropus senegalensis, Finsch & Hartl., Vög. Ost-Afr., p. 526.
Centropus monachus, (pt.) Schlegel, Mus. des Pays-Bas, Cuculi, p. 72.

Fig. *Rüppell, Neue Wirbelth. tab. 21, fig. 1.*

Caract. Dessus de la tête et joues noirâtres; une large strie supraciliaire d'un blanc-jaunâtre; nuque et partie supérieure du cou striées de cette couleur sur un fond noirâtre; dos et scapulaires d'un roux légèrement nuancé de brun; couvertures supérieures de l'aile roux-cannelle; sur les tiges de toutes ces plumes une strie blanchâtre bordée de noir; bas du dos noirâtre et rayé de fauve; croupion et sous-caudales noires rayés de gris; queue brun-noir lustré de vert, avec un étroit liséré blanc à l'extrémité de chaque rectrice. Parties inférieures fauve-blanchâtre; la gorge blanche; la partie antérieure du cou variée de stries blanches bordées de noir, comme celles du dos; les flancs et les couvertures inférieures de la queue rayées de noirâtre. Rémiges roux-cannelle; les dernières secondaires ombrées de brun, les autres nuancées de cette couleur vers l'extrémité. Bec noir; pieds brun-olivâtre; iris rouge-cramoisi (Anchieta).

Dimens.

♂ L. t. 400 m.; aile 160 m.; queue 205 m.; bec 31 m.; tarse 38 m.
♀ L. t. 430 m.; aile 174 m.; queue 215 m.; bec 35 m.; tarse 40 m.

Habit. Le *C. superciliosus* se trouve assez répandu sur le territoire d'Angola, au nord et au sud du Quanza; voici les localités où il a pu être observé: *Duque de Bragança* (Bayão); *Ambaca* et *Capangombe* (Anchieta); *Rio Dande* et *Catumbella* (Sala); *Benguella* (Monteiro). Les noirs du Duque de Bragança l'appelent *Mucuco-a-tumba*; ceux d'Ambaca et de Capangombe, *Mucuco*.

131. Centropus monachus

Syn. *Centropus monachus*, Rüpp., Neue Wirbelth., p. 57, tab. 21, fig. 2;
Hartl., Orn. West–Afr., p. 187; Boc., Jorn. Acad. Sc. Lisboa, n.º VIII, 1870,
p. 348; ibid., n.º XII, 1871, p. 271; Finsch, Trans. Z. S. L. VII, 1870, p.
284; Heugl., Orn. N. O. – Afr., p. 793; Sharpe, Proc. Z. S. L., 1873,
p. 620.

Fig. *Rüppell, Neue Wirbelth. tab. 21. fig. 2.*

Caract. Ad. Dessus et côtés de la tête et du cou d'un noir à reflets
bleu-violet; dos roux nuancé d'olivâtre; croupion, sus-caudales et queue d'un
brun-noirâtre lustré de vert-bronze; couvertures alaires et rémiges roux-cannelle, celles-ci terminées d'olivâtre; les couvertures de l'aile plus rapprochées
du corps, les scapulaires et les dernières rémiges secondaires brun-olivâtre.
Sous-alaires roux-cannelle. Parties inférieures d'un blanc lavé de fauve-isabelle très-pâle; les flancs d'une teinte plus vive. Les baguettes des plumes po-
lies et luisantes. Bec et pieds noirs; iris rouge-cramoisi (Anchieta).

Dimens. ♂ L. t. 460 m.; aile 220 m.; queue 240 m.; bec 37 m.;
tarse 52 m.

Chez un individu jeune en mue, de Caconda, dont la queue est encore
incomplètement développée, la tête présente déjà les reflets bleu-violets de
l'adulte, mais le dos, les couvertures alaires et une partie des rémiges secondaires sont rayés de noirâtre sur un fond roux; le croupion et les couvertures
supérieures de la queue, d'un brun-olivâtre, sont traversées d'étroites bandelettes fauves; la mandibule est d'un brun de corne pâle.

Une femelle de Huilla porte une livrée identique à celle du mâle adulte,
précédemment décrit, à l'exception du croupion et des couvertures supérieures de la queue, qui sont rayés de fauve au lieu de présenter un brun-olivâtre uniforme; toutefois les raies des suscaudales sont déjà fort effacées.

L'étroit liséré blanc qui termine les rectrices disparaît facilement par
suite de l'usure; pas un seul de nos individus ne le présente plus.

Les dimensions de nos spécimens d'Angola dépassent d'une manière sensible celles des individus originaires de l'Afrique orientale qui existent au Muséum de Lisbonne; et ces résultats de notre examen se trouvent d'accord avec
les chiffres publiés par quelques auteurs d'après des individus de cette partie
de l'Afrique, comme on pourra juger par le tableau ci-après:

	Aile	Queue	Bec	Tarse
a. ♂ ad. Huilla	220 m.	241 m.	37 m.	52 m.
b. ♀ ad. Huilla............	223 m.	246 m.	37 m.	53 m.
c. ♀ ad.¹ (Bahr-el-abiad)..	174 m.	200 m.	33 m.	47 m.
d. ad.² (Nil-blanc)........	173 m.	198 m.	31 m.	43 m.
(D'après Rüppell)³........	194 m.	199 m.	32 m.	47 m.
(D'après Finsch)⁴........	201 m.	220 m.	32 m.	45 m.
(D'après Heuglin)⁵........	183 à 198 m.	198 à 221 m.	47? m.	48 à 50 m.

Habit. M. d'Anchieta, à qui l'on doit la découverte de cette espèce à Angola, ne l'a rencontrée que sur les hauts plateaux de *Caconda* et *Huilla* dans l'intérieur de Mossamedes; tandis que le *C. superciliosus* a été observé par différents voyageurs sur une aire beaucoup plus étendue, comprenant la région littorale et les plateaux de moyenne altitude. Il paraît donc que l'opposition signalée par M. Blanford entre les mœurs du *C. monachus* et du *C. superciliosus*⁶ en Abyssinie, se maintient sur la côte occidentale, au moins sur le territoire d'Angola.

FAM. CAPRIMULGIDAE

132. Caprimulgus Fossei

Syn. *Caprimulgus Fossii*, Verr. ap. Hartl., Orn. West-Afr., p. 23; Boc., Av. Afr. occ., Jorn. Acad. Sc. Lisboa, n.º II, 1867, p. 150; Sharpe, Cat. p. 2.
Caprimulgus Sp.? Monteiro, Ibis, 1862, p. 336.
Caprimulgus Welwitschii, Boc., Jorn. Acad. Sc. Lisb., n.º II, 1867, p. 133.
Caprimulgus Fossei, Finsch & Hartl., Vög. Ost-Afr., p. 123, tab. 1.

Fig. *Finsch & Hartl. Vög. Ost.-Afr. tab. 1.*

Caract. Plumage en dessus gris rayé et pointillé de brun, varié de noir sur la tête, de noirâtre et de fauve sur les couvertures des ailes et les scapulaires; trois bandes blanches, plus ou moins distinctes, sur l'aile, formées par les bordures terminales des petites et grandes couvertures et par les ré-

---

¹ Cet exemplaire provient du voyage de M. von Heuglin.
² Exemplaire provenant du voyage de Brun-Rollet, offert par le Muséum de Turin.
³ V. Rüppell, Neue Wirbelth., p. 57.
⁴ V. Finsch, *B. from Abyss. & Bogos*, Trans. Z. S. L. VII, 1870, p. 285.
⁵ V. Heugl. Orn. N. O. Afr., p. 793.
⁶ V. Blanford, Geol. & Zool. Abyss., pp. 314 et 315.

miges secondaires ; à la base du cou un demi-collier roux, varié de brun ; joues rousses, striées de brun. En dessous fauve, varié et rayé irrégulièrement de brun sur la gorge et la poitrine, orné sur l'abdomen de bandelettes brunes regulières et écartées ; bas-ventre et sous-caudales d'un fauve pâle ; une large tache blanche de chaque côté de la gorge. Rémiges primaires brunes ; les cinq premières traversées d'une bande blanche, qui occupe seulement les barbes internes sur la première rémige. Queue barrée de noirâtre sur un fond brun pâle vermiculé de brun ; les deux rectrices médianes d'une teinte grise plus prononcée, et traversées de baudes moins nombreuses et plus étroites ; la dernière rectrice de chaque côté blanche sur les barbes externes et terminée de blanc.

Dimens. L. t. 230 m. : aile 162 m. ; queue 114 m. ; bec 10 m. ; tarse 17 m. ; doigt m. 18 m.

Ces caractères nous sont fournis par un individu de Benguella. Chez un autre individu des environs de Loanda, les bordures terminales des couvertures alaires et des secondaires sont fauves, au lieu d'être blanches, et les taches des primaires sont rousses sur les barbes externes des deuxième, troisième et quatrième rémiges, et entièrement de cette couleur sur le cinquième ; enfin les barbes externes et l'extrémité de la rectrice extérieure sont nuancées de roux.

Deux autres individus, reçus d'Angola par M. Furtado d'Antas, quoique plus petits, ressemblent aux précédents quant aux couleurs. Chez l'un d'eux les taches des rémiges sont tout-à-fait blanches, chez l'autre elles sont blanches au centre et entourées de roux sur un espace d'autant plus grand, que la rémige est plus éloignée du bord de l'aile ; celle-ci a les couvertures alaires et les secondaires terminées de fauve.

De l'examen de tous ces individus nous pensons pouvoir conclure que l'âge fait successivement changer de roux en blanc les taches de certaines parties du plumage, de sorte que la présence de taches blanches sur l'aile et sur les rémiges est l'indice certain de l'âge adulte. On prétend que chez la femelle adulte les taches des rémiges gardent toujours, au moins sur les barbes externes, leur teinte rousse primitive ; mais nous avons à opposer à une telle assertion que notre exemplaire de Benguella, dont les rémiges sont barrées de blanc, porte sur l'étiquette la désignation de femelle, écrite de la main de M. d'Anchieta.

Habit. Environs de *Loanda*, près de *Cacuaco* (Welwitsch) ; *Benguella* (Anchieta). Les indigènes de cette dernière localité l'appellent *Ximbamba*. Ce nom ressemble assez à celui de *Lumbamba*, que les indigènes de Cambambe donnent, suivant M. Monteiro, à une espèce de *Caprimulgus*, rapportée par lui avec doute au *C. rufigena*[1]; il nous semble plus probable que ce soit plutôt le *C. Fossei*.

133. Caprimulgus rufigena

Syn. *Caprimulgus rufigena,* Smith Ill. Z. S.-Afr. Aves, pl. 100; Hartl., Orn. West.-Afr., p. 22; Gurney in Anderss. B. Damara, p. 44; Sharpe in Layard's B. S.-Afr., p. 85; Sharpe, Proc. Z. S. L., 1873, p. 717.

Fig. *Smith, Ill. Zool. S. Afr. Aves, pl. 100.*

Caract. Distinct du *C. Fossei* par quelques détails dans la coloration des ailes et de la queue: pas de bandes blanches sur l'aile; les quatre premières rémiges, au lieu des cinq premières, traversées d'une bande blanche; une tache blanche à l'extrémité de la première et de la deuxième rectrice de chaque côté.

Cette espèce nous est inconnue. C'est seulement sous l'autorité de M. Hartlaub que nous la comprenons dans l'énumeration des espèces d'Angola. M. Sharpe rapporte avec hésitation à cette espèce un individu faisant partie d'une collection d'oiseaux envoyée récemment du Zaire par M. Sperling. Quoique nous ne l'ayons jamais reçue de nos correspondants, son existence au pays des Damaras et même plus au nord, à *Ondonga,* constatée par Andersson, nous porte à croire qu'elle doit visiter plus ou moins régulièrement les districts méridionaux d'Angola.

Nous nous trouvons exactement dans la même position à l'égard d'une autre espèce considérée inédite par M. Hartlaub et décrite par lui en 1860, d'après un individu rapporté du *Bembe,* au nord du fleuve Ambriz, par M. Monteiro. Cette espèce, nommée par Hartlaub *C. fulviventris,* nous est à peine connue par la diagnose de cet auteur, que nous allons reproduire:

C. fulviventris: Supra in fundo laete fulvo-rufescente nigricante fasciolatus et vermiculatus; maculis pilei medii subtriquetris nigerrimis, pulchre conspicuis; alae parte dorso proxima simili modo notata; remigibus nigris, macula alba ut in congeneribus notatis; tertiariis alarumque tectricibus fulvo nigroque variegatis; rectricibus 4 mediis obscurius nigro rufoque variegatis et irregulariter fasciatis, binis externis pro maxima parte albis, tertia parte basali unicolore nigra; gutture in fundo laete fulvo nigro fasciato; macula gulari et vitta brevi triangulari albis; pectore et abdomine laete fulvis, unicoloribus, subalaribus et subcaudalibus laete fulvis; vibrissis rictalibus brevibus, debilibus, rostri apice nigro. Long 8 1/2 ", alae 5 " 7 ''', caudae 3 1/2 ", rostr. a fr. 5 '. (Hartlaub)[2].

[1] V. Monteiro, Ibis, 1862, p. 336.
[2] V. Proc. Z. S. L. 1860, p. 109.

134. Cosmetornis vexillarius

Syn. *Semeiophorus vexillarius,* Gould., Icon. Av. rar. ii, tab. 3.; Boc., Jorn.
Acad. Sc. Lisboa, n.° v, 1868, p. 40.
Macrodipteryx vexillarius, Hartl. Proc. Z. S. L. 1867, p. 821; Finsch & Hartl.,
Vög. Ost.-Afr., p. 120; Heugl., Orn. N. O.-Afr., p. 134.
Cosmetornis Burtoni, Gray, Ann. & Magaz. N. H. 1862, x, p. 445.
Cosmetornis vexillarius, Gurney in Anderss. B. Damara, p. 45; Sharpe in
Layard's B. S.-Afr., p. 89.

Fig. *Gould, Icon. Av. rar.* ii, *tab.* 3.
Sclater, Ibis, 1864, *p.* 114, *pl.* 2.

Caract. Mâle ad. En dessus brun-roux, ponctué de fauve; le vertex
fortement tacheté de noir; un demi-collier roux à la base du cou; couvertures
de l'aile et scapulaires tachetées et vermiculées de roux. Gorge d'un blanc pur;
poitrine varié de roux et rayée de brun; abdomen rayé de brun sur un fond
grisâtre; couvertures inférieures de la queue blanches. Rémiges primaires brunes, traversées d'une bande blanche près de la base et terminées de blanc; la
première rémige blanche sur la partie moyenne de son bord externe et sans
liséré blanc à l'extrémité; les septième et huitième plus longues que les précédentes; la neuvième extrêmement longue, blanche sur une étendue plus ou
moins considérable, à compter de la base, brune vers l'extrémité, avec la tige
blanche en dessus. Secondaires brunes, irrégulièrement barrées de roux, terminées de blanc. Rectrices traversées de six bandes brunes sur un fond roux-
fauve irrégulièrement tacheté de brun. Pieds et bec brun pâle; iris châtain-
rougeâtre (Anchieta).

Dimens. L. t. 280 m.; aile 230 m.; queue 130 m.; bec 10 m.;
tarse 24 m.; doigt m. 19 m. Chez un mâle adulte de *Biballa,* la neuvième
rémige mesure cinquante neuf centimètres, la septième est à peine plus longue que la première, la huitième dépasse la première de sept centimètres.

Habit. Nous possédons un seul individu, un mâle adulte, envoyé de
Biballa, dans l'intérieur de Mossamedes, par M. d'Anchieta. Elle y est connue
sous le nom de *Lumbamba.* M. Sclater fait mention d'un individu capturé en
mer, près de la côte d'Angola [1], et envoyé en Angleterre par le consul anglais
à Loanda, M. Gabriel.

Si, comme nous le pensons, *C. Burtoni,* Gray, n'est pas spécifiquement
distinct du *C. vexillarius,* cette espèce possède un habitat très étendu: car

[1] V. Sclater, Ibis, 1864, p. 114.

elle a été rencontrée à l'île *Fernão do Pó*, à *Angola*, au páys des *Damaras*, au *Zambeze*, à *Quelimane*, à *Bongo* et à *Madagascar*. Presque partout elle est rare et ne se fait voir que par petites bandes; mais le dr. Kirk la dit commune dans une partie des possessions portugaises du *Zambeze*, et très-commune dans le territoire du *Lac Nyassa* et à *Chibisa*. Il faut donc croire que cette partie de l'Afrique orientale est sa véritable patrie.

135. Macrodipteryx Sperlingi

Syn. *Macrodipteryx Sperlingi*, Sharpe, Proc. Z. S. L., 1873, p. 626; ibid. 1873, p. 716.

Fig. *nulla.*

Caract. Semblable au *M. longipennis*, mais d'une taille beaucoup plus forte et différemment colorié sur les ailes et là queue. La première rémige porte seulement trois larges bandes rousses et une tache de cette couleur près du bout, sur les barbes internes; la rectrice externe n'a, en dehors, que six larges bandes d'un gris-blanchâtre. L. t. 9.5 pouces, aile 7.9 p., queue 5.4 p., tarsus 0,8 p. (Sharpe, loc. cit.).

Habit. L'exemplaire unique, dont M. Sharpe a publié la description ci-dessus transcrite, provient de la baie de *Molembo*[1], au nord du Zaire, où il a été pris par M. Sperling. Cet individu ne portait pas à l'époque de sa capture les longues plumes caractéristiques du genre; mais, malgré cela, M. Sharpe pense qu'il doit lui être rapporté.

FAM. CYPSELIDAE

136. Cypselus melba

Syn. *Hirundo melba*, Linn., Syst. Nat. 1, p. 345.
Cypselus melba, Sharpe, Cat.-Afr. B., p. 3; Heugl., Orn. N. O.-Afr., p. 140; Boc., Av. Afr. occ., Jorn. Acad. Sc. Lisboa, n.° xii, 1871, p. 270; Sharpe in Layard's B. S.-Afr., p. 95.
Cypselus gutturalis, Gurney, in Anderss. B. Damara, p. 47.

Fig. *Levaillant, Ois. d'Afr.* pl. 243.
Werner, Atl. Ois. d'Eur. pl.

Caract. D'un brun-gris uniforme, avec la gorge et le milieu du ven-

___
[1] Ce nom se trouve remplacé sur les cartes anglaises et allemandes par ceux de *Malimba* et *Malemba*.

tre d'un blanc pur; plumes des tarses, rémiges et rectrices de la couleur du dos. Bec et doigts brun-noirâtres; iris châtain foncé.

Dimens. L. t. 215 m.; aile 2133 m.; queue 86 m.; bec 9 m.; tarse 13 m.; doigt m. 10 m.

Chez les individus jeunes les plumes sont lisérées de gris.

Habit. *Huilla.* Nous possédons un seul exemplaire de cette localité, envoyé par M. d'Anchieta.

Cette espèce, étrangère, à ce qu'il paraît, à toute la partie de l'Afrique occidentale située au nord d'Angola, est assez répandue sur l'Afrique méridionale. Andersson l'a rencontrée dans le pays des Damaras; et sa présence à Huilla, constatée par M. d'Anchieta, prouve qu'elle se rapproche encore davantage des régions équatoriales.

137. Cypselus aequatorialis

Syn. *Cypselus aequatorialis,* Mull. Nauman., 1851, IX, p. 27; Sclater, Cypselidae, Proc. Z. S., 1865, p. 598; Boc., Av.-Afr. occ., Jorn. Acad. Sc. Lisboa, n.° XII, 1871, p. 269.
Cypselus Rüppellii, Heugl., Orn. N. O.–Afr., p. 141.

Fig. *Muller, Nouv. Ois. d'Afr.,* pl. 7.

Caract. Plumage brun, avec des reflets métalliques d'un vert-olivâtre sur le dos et les ailes; plus pâle en dessous, avec le menton gris et les plumes de la gorge et de l'abdomen lisérées de gris. Rémiges primaires brunnoirâtre; secondaires et rectrices brun-olivâtre. Sous-caudales brunes, bordées de gris.

Dimens. L. t. 210 m.; aile 200 m.; queue, rect. ext. 85 m., rect. méd. 55 m.

Habit. Nous ignorons le sexe de l'individu décrit ci-dessus et la localité où il a été pris, mais il vient certainement d'Angola, car il faisait partie d'une intéressante collection d'oiseaux de cette provenance, offerte en 1871 par M. Furtado d'Antas au Muséum de Lisbonne. Par ces dimensions et par les bordures grises de ses plumes il a toute l'apparence d'un individu imparfaitement adulte.

138. Cypselus Toulsoni

Syn. *Cypselus.* Nov. sp.? Boc., Jorn. Acad. Sc. Lisboa, n.° VIII, 1870, p. 339.
C. Toulsoni, Boc. in litt.

Diagn. *Minor quam* C. apus; *capite juguloque pallide brunneis,
fronte pallidiori, gula vix albicante; interscapulio, tergo, pectore abdomineque nigricantibus, nitore nonnullo chalybeo; alis caudaque fuscis viride-ni-
tentibus; rosto nigro; pedibus nigricantibus.*

Caract. Plus petit que le *C. apus,* d'un brun noirâtre à reflets bleus
sur le dos et les parties inférieures; tête et cou d'un brun clair uniforme, plus
pâle et tirant au gris-blanchâtre sur la gorge; ailes et queue brunes à reflets
verdâtres; bec noir; pieds noirâtres.

Dimens. L. t. 140 m.; aile 154 m.; queue, rect. ext. 55 m., rect.
méd. 43. m.

Habit. *Loanda.* Un seul individu envoyé en 1870 par M. Toulson.

Par ses caractères cet individu se rapproche de *C. apus* et *C. unicolor,*
sans qu'il nous soit possible de l'identifier à l'une ou à l'autre de ces espèces.
On s'expose presque toujours, nous le savons bien, à de cruelles déceptions en
voulant établir de nouvelles espèces sur des individus uniques; mais dans l'intérêt même de la vérité il est quelquefois impossible d'en agir autrement. Ses
teintes d'un brun pâle et mat sur la tête et le cou, et l'infériorité de sa taille
nous semblent de bonnes raisons à invoquer en faveur de sa distinction spécifique.

139. Cypselus pallidus

Syn. *Cypselus pallidus,* Shelley, Ibis, 1870, p. 445; id., Birds of Egypt.,
p. 172; Sharpe in Layard's B. S. – Afr., p. 92.
Cypselus sp? Boc., Av. – Afr. occ., Jorn. Acad. Sc. Lisb., n.° IV, 1867, p. 331.
Cypselus opus, Boc., Av. Afr. occ., Jorn. Acad. Sc. Lisboa, n.° V, 1868, p. 40.

Fig. *Dresser, Birds Eur. Parts.* XXXV *et* XXXVI, *pl.*

Caract. Coloration générale brun-cendré pâle avec les bords des
plumes d'une teinte plus claire; gorge blanchâtre; une petite tâche au-devant
de l'œil et surcils noirâtres; ailes et queue d'une teinte plus sombre que le dos,

avec des reflets variant du bleu au vert sous l'incidence de la lumière. Long. tot. 150 m.; aile 160 m.; queue (incomplet. develop.) 62 m.

Tels sont les caractères que nous présentent deux individus de *Capangombe*.

Ces individus ressemblent mieux au *C. pallidus*, représenté dans nos collections par des exemplaires d'Egypte, qu'au *C. apus*, dont les couleurs sont plus foncées, même chez les individus jeunes.

M. Sharpe rapporte également au *C. pallidus* un individu de *Benguella*, que le Muséum britannique a reçu de M. Monteiro, remarquable par ses teintes pâles, mais à coloration uniforme, sans bordures claires aux plumes ni tache bien distincte à la gorge.

En attendant que de nouveaux matériaux nous permettent d'arriver à un résultat décisif, nous inscrivons provisoirement ces individus sons le nom de *C. pallidus*.

Habit. *Benguella* (Monteiro) et *Capangombe* (Anchieta). Les indigènes de cette dernière localité l'appellent *Kapiapia*.

140. Cypselus Finschi

Syn. ? *Cypselus horus*, Finsch & Hartl. MSS. ap. Heugl., Orn. N.-O. Afr., p. 146.
Cypselus affinis, Boc. (nec Gray), Jorn. Sc. Acad. Lisboa, n.° XII, p. 269.

Fig. *nulla*.

Caract. Plumage noir-fuligineux, avec des reflets verts et bleus sur le dos et les couvertures alaires; tête et cou d'un brun pâle; croupion d'un blanc pur; une large tache blanche sur la gorge depuis le menton jusqu'à la poitrine; les plumes latérales de la partie inférieure des flancs également blanches: une raie surciliaire blanchâtre peu distincte; queue médiocrement fourchue brun-noirâtre avec des reflets verts: rémiges de la même couleur; la première rémige faiblement lisérée de gris sur le bord externe. Bec et doigts noirâtres.

Dimens. L. t. (de l'extrémité du bec au bout de la queue) 140 m.; aile 152 m.: queue, rect. ext. 60 m., rect. méd. 46 m.; bec 7 m.; tarse 9 m.

Habit. *Angola*.

Nous devons à l'obligeance de M. Furtado d'Antas l'individu unique que
nous possédons de cette espèce. Il est intermédiaire par sa taille aux *C. caffer*
et *C. affinis,* auxquels il ressemble également par ses couleurs. Par la forme
de la queue il se rapproche davantage du premier; mais il ne l'a pas aussi
longue ni aussi fourchue.

La diagnose publiée par Heuglin du *C. horus,* convient assez bien à notre
exemplaire, et c'est d'après cet accord présumé dans leurs couleurs et dans
leurs dimensions que nous l'avions d'abord inscrit sous le nom de *C. affinis,*
auquel Heuglin rapporte comme variété le *C. horus.* Nous reconnaissons maintenant, en le comparant à des individus du *C. affinis,* qu'il en diffère considérablement par sa taille plus forte et par la disposition fourchue de sa queue;
et en présence de telles différences nous n'osons plus l'assimiler au *C. horus,*
qui nous est inconnu, quoique les dimensions attribuées à cette espèce s'accordent bien avec celles de notre individu et tout ce qui nous savons des caractères
de son plumage ne s'oppose pas à notre première idée. En attendant l'oppor-
tunité d'éclaircir nos doutes, nous plaçons cette espèce sous le patronage d'un
nom cher à l'Ornithologie africaine dans l'espoir qu'il puisse lui être conservé.

141. Cypselus parvus

Syn. *Cypselus parvus,* Licht. Doubl. Cat. Mus. Bcol., p. 58; Finsch & Hartl.,
Vög. Ost - Afr., p. 131; Heugl., Orn. N. O. – Afr., p. 144; Boc., Av. - Afr.
occ., Jorn. Sc. Lisboa, n.° XII, 1871, p. 269; Sharpe in Layard's B. S. -
Afr., p. 94.
Cypselus ambrosiacus, Hartl. Orn. West - Afr. p. 24.

Fig. *Temminck, Pl. Col., pl.* 460, *fig.* 2.

Caract. Brun-cendré pâle, plus sombre sur la tête et le dos, tirant
au blanchâtre sur la gorge, avec quelques reflets verts sur les ailes et la queue.
Celle-ci longue et très fourchue.

Dimens. L. t. 160 m.; aile 130 m.; queue, rect. ext. 97 m., rect.
méd. 39 m.

Habit. *Angola.* Un seul individu, par M. Furtado d'Antas, sans indication précise de localité.

Cette espèce vit dans l'Afrique occidentale; elle est commune dans la
Côte d'Or. Suivant Andersson elle est abondante à *Ondonga,* au nord du pays

des Damaras; mais nous la croyons rare à Angola, surtout dans les districts méridionaux, ne l'ayant jamais rencontrée dans les collections envoyées par M. d'Anchieta. Ses fréquentes apparitions sur la côte de Loango, au nord du Zaïre, nous portent à supposer qu'elle doit se montrer souvent dans le territoire limitrophe, qui est limité au sud par le Quanza. La plupart des espèces faisant partie de la collection offerte par M. Furtado d'Antas appartiennent en effet à cette région, quoiqu'il soit à regretter que les exemplaires ne portent pas aucune indication constatant leur provenance.

ORDO IV. PASSERES

FAM. NECTARINIIDAE

142. Nectarinia angolensis

Syn. *Cinnyris angolensis*, Less., Tr. d'Orn., p. 298; Sharpe & Bouvier, Bull. S. Z. France, 1, p. 304.
Nectarinia angolensis, Hartl., Orn. West.-Afr., pp. 45 et 270; Monteiro & Hartl., Proc. Z. S. L., 1860, p. 110.

Fig. *Jardine, Ill. Ornith., pl. 48.*
Reichenbach, Scansoriae, tab. 568, fig. 3:875.

Caract. Mâle ad. Plumage d'un brun-noirâtre sericieux; un bandeau sur le front d'un noir de velours, suivi d'une tache sur le vertex d'un vert métallique bordé de violet; lores et menton noirs; gorge d'un vert-doré avec une bordure d'un violet éclatant liséré de rouge. Bec et pieds noirs.

Dimens. Aile 65 m.; queue 44 m.; bec 22 m.

Cette espèce nous est inconnue. La diagnose ci-dessus contient à peine le résumé de ses caractères d'après la description publiée par Ed. et Jules Verraux dans la Revue et Magasin de Zoologie, 1851, pag. 313.

Habit. Lesson publia dans son Traité d'Ornithologie la diagnose de cette espèce d'après un individu rapporté par Perrein de son voyage à la côte d'Angola; le type de Lesson doit exister dans le Muséum de Paris, car Pucheran le cite dans les études qu'il publia en 1852 sur les types peu connus de ce riche Musée [1].

Depuis le voyage de Perrein la *N. angolensis* n'a été observée qu'une seule fois sur le territoire d'Angola; c'est M. Monteiro qui a eu la bonne chance de la rencontrer dans le *Bembe*, au nord du Quanza, vers l'intérieur [2].

Elle se trouve à *Fernão do Pó*, au *Niger*, au *Gabon* et au *Congo*.

[1] V. Pucheran, Revue et Magasin de Zoologie, 1863, p. 486.
[2] V. Monteiro & Hartl., Proc. Z. S. L. 1860, p. 110.

143. Nectarinia amethystina

Syn. *Certhia amethystina*, Shaw, Gen. Zool., VIII, p. 195.
Nectarinia amethystina, Hartl., Orn. West.-Afr., p. 44; Boc., Jorn. Acad. Sc.
    Lisboa, n.° VIII, 1870, p. 340.
Cinnyris amethystina, Shelley, Monogr. Cinnyridae, Part I, pl.

Fig. *Levaillant, Ois. d'Afr.* VI, *pl.* 294.
    Shelley, Monogr. Cinnyridae, Part I, *pl.*

Caract. Mâle ad. Plumage d'un noir-pourpre velouté, tirant au
marron sur les ailes et la queue; dessus de la tête d'un vert-doré métallique;
dos et croupion d'un violet chatoyant à reflets bleus; une tache vers le pli de
l'aile bleu d'acier. Bec et pieds noirs; iris châtain (Anchieta).

Dimens. L. t. 142 m.; aile 71 m.; queue 50 m.; bec 25 m.; tarse
16 m.

La femelle est d'un gris-brun olivâtre en dessus, avec la gorge noire et les
parties inférieures tachetées de noirâtre sur un fond gris-olivacé.

Habit. Parmi les oiseaux recueillis en 1869 par M. d'Anchieta à *Caconda*, dans l'intérieur de Benguella, se trouvent deux mâles adultes de cette
espèce.

144. Nectarinia fuliginosa

Syn. *Certhia fuliginosa*, Shaw, Gen. Zool., VIII, p. 195.
Nectarinia fuliginosa, Hartl., Orn. West.-Afr., p. 43; Boc., Jorn. Acad. Sc.
    Lisboa, n.° II, p. 135; Reichenow, Corr. Afrik. Gesellsch., n.° 10.
    1874, p. 179.
Cinnyris fuliginosa, Sharpe & Bouvier, Bull. S. Z. France, I, p. 42.

Fig. *Vieill. & Oud., Ois. dor., pl.* 21.
    Reichenbach, Scansorinae, tab. 580, *fig.* 3:947—8.

Caract. Mâle ad. Coloration générale d'un brun-marron velouté,
plus pâle sur la tête, le cou et la partie antérieure du dos, tirant au brun fuligineux sur le ventre: front, gorge, petites couvertures du pli de l'aile et sus-
caudales d'un violet éclatant; une touffe de plumes jaunes de chaque côté de
la poitrine; ailes et queue d'un brun-noir. Bec et pieds noirs; iris brun-foncé
(Anchieta).

Dimens. L. t. 135 m.; aile 68 m.; queue 48 m.; bec 20 m.; tarse
18 m.

La femelle diffère du mâle par des couleurs sombres d'un brun-olivâtre en dessus ; elle est en dessous striée de cette couleur sur un fond jaunâtre, à l'exception de la gorge, qui est brune variée de jaune. Les taches violettes qui rehaussent le plumage du mâle lui manquent entièrement.

Habit. Cette espèce découverte au *Congo* par Perrein, y a été retrouvée en 1864 par M. d'Anchieta, et plus récemment, par MM. Falkenstein et L. Petit. On ne l'a pas encore rencontrée au sud du Zaire.

145. Nectarinia gutturalis

Syn. *Certhia gutturalis*, Linn., Syst. Nat. I, p. 186.
Nectarinia gutturalis, Hartl., Proc. Z. S. L., 1867, p. 824 ; Finsch & Hartl., Vög. Ost–Afr., p. 216 ; Sharpe, Proc. Z. S. L., 1869, p. 566 ; Boc., Jorn. Acad. Sc. Lisboa, n.º xix, 1876, p. 151 ; Gurney in Anderss. B. Damara, p. 73.
Nectarinia natalensis, Monteiro, Proc. Z. S. L., 1865, p. 96 ; Boc., Jorn. Acad. Sc. Lisboa, n.º ii, 1867, p. 135 ; ibid., n.º iv, 1867, p. 332 ; ibid., n.º v, 1867, p. 41 ; Sperling, Ibis, 1868, p. 289.

Fig. *Levaillant, Ois. d'Afr.* vi, *pl.* 295, *fig.* 2.

Caract. Mâle ad. Plumage d'un brun-noirâtre velouté, avec les ailes et la queue d'un ton à peine plus pâle tirant au brun marron ; sinciput, menton et moustaches d'un vert-doré ; une tache d'un beau violet vers le pli de l'aile ; gorge et poitrine d'un rouge éclatant avec d'étroites raies transversales, plus ou moins distinctes, d'un vert métallique à reflets bleus et violets. Bec et pieds noirs ; iris châtain (Anchieta).

Dimens. L. t. 145 m. ; aile 74 m. ; queue 49 m. ; bec 25 m. ; tarse 19 m.

La femelle et le jeune sont d'un brun-olivâtre en dessus, d'un gris jaunâtre varié et nuancé de brun en dessous, avec le menton brun-foncé, la gorge et la poitrine rayées transversalement de brun et de gris-jaunâtre, les ailes et la queue brunes.

Deux individus du *Quanza* nous permettent de bien saisir l'ordre dans lequel s'opèrent les changements de couleurs jusqu'à la livrée définitive du mâle : le plastron guttural rouge rayé de vert s'y montre déjà dans tout l'éclat de ses couleurs, tandis que la coloration des parties supérieures est à peine plus rembrunie sans l'aspect velouté de l'adulte, et l'abdomen garde encore le teinte d'un gris-jaunâtre propre au jeune ; on n'y découvre pas le plus léger indice de vert-doré sur le front, ni de violet au pli de l'aile.

Habit. Cette espèce se trouve largement répandue sur tous les districts d'Angola. Elle a été observée à *Loanda* (Welwitsch), dans le voisinage du *Quanza* (Monteiro), à *Benguella* (Monteiro), à *Capangombe,* dans les *Gambos* et au *Humbe* (Anchieta). Andersson l'a rencontrée dans le pays des Damaras.

On connaît actuellement trois espèces très-voisines de la *N. gutturalis* et souvent confondues avec elle, mais suffisamment distinctes par des caractères constants et par leurs différents habitats: 1.º *N. senegalensis*, Linn., qui se trouve sur le côte occidentale, de la Sénégambie à la Côte d'Or, y compris l'île du Prince, plus petite que la *N. gutturalis,* avec les ailes et la queue d'un brun-terreux clair et sans la tache violette sur le pli de l'aile; 2.º *N. cruentata*, Rüpp., de l'Afrique orientale, qui diffère surtout de la *N. gutturalis* par la couleur du menton, d'un noir profond au lieu de vert doré; 3.º *N. acik,* Antin., découverte dans le territoire de Djur (Afrique centrale) par le Marquis Antinori, des dimensions de la *N. senegalensis* et à peu-près des mêmes couleurs, sans la tache violette sur le pli de l'aile, mais avec les ailes et la queue d'un brun plus foncé se rapprochant de la couleur du dos.

La *N. gutturalis* est connue des indigènes de *Capangombe* sous le nom de *Mariapindo,* et porte au *Humbe* le nom de *Kanzole.* M. d'Anchieta, qui a eu l'occasion de la voir dans cette dernière localité en bandes de plusieurs individus, nous écrit qu'il s'est souvent oublié à les contempler attiré en même temps par l'éclat de leur plumage et par la douceur et la variété de leur chant.

146. Nectarinia superba

Syn. *Cinnyris superbus,* Vieill., Encyclop., p. 597; Verreaux, Rev. et Mag. Zool. 1851, p. 317; Shelley, Monogr. Cinnyridae, Part II, pl.; Sharpe & Bouvier, Bull. S. Z. France I, p. 41.

Nectarinia superba, Hartl. Orn. West-Afr., p. p. 45 et 270; Sharpe, Ibis, 1870, p. 52; id., Proc. Z. S. L., 1871, p. 133.

Fig. *Vieillot et Oudart, Ois. dor., pl. 22.*
  Shelley, Monogr. Cinnyridae, Part II, pl.

Caract. Mâle ad. Plumage en dessus, y compris les petites couvertures des ailes, d'un beau vert-doré à reflets bleus sur le vertex; gorge et partie antérieure de la poitrine d'un violet-pourpre du plus bel effet; l'abdomen nuancé de rouge-sanguin sur un fond noir de velours. Ailes et queue d'un noir lustré. Bec et pieds noirs; iris brun-noir.

Dimens. L. t. 140 m.; aile 70 m.; queue 48 m.; bec 29 m.; tarse 19 m.

Habit. La *N. superba* découverte au *Congo* par Perrein y a été récemment retrouvée par M. L. Petit. Dans une petite collection d'oiseaux recueillis par M. Hamilton dans le nord d'Angola *(Cazengo et Golungo-Alto)*, M.
Sharpe a trouvé deux mâles de cette espèce, les seuls connus de cette provenance.

147. Nectarinia Johannae

Syn. *Cinnyris Johannae*, Verr. Rev. et Mag. Zool., 1851, p. 314; Shelley,
Monogr. Cinnyridae, Part II, pl; Sharpe & Bouvier, Bull. S. Z. France I,
1877, pl.
Nectarinia Johannae, Hartl., Orn. West-Afr., p. 45.
Nectarinia fasciata, Hartl., Orn. West.-Afr., p. 47.

Fig. *Shelley, Monogr. Cinnyridae, Part II, pl.*

Caract. Mâle ad. Parties supérieures, avec les petites et moyennes
couvertures des ailes, joues, côtés du cou et gorge d'un vert doré à reflets
métalliques; poitrine et partie antérieure de l'abdomen d'un rouge-sanguin;
un large collier bleu à reflets violets séparant le vert de la gorge du rouge de
la poitrine; flancs, bas-ventre et sous-caudales noirs; touffes axillaires jaune de
soufre; grandes couvertures alaires et rémiges d'un brun noirâtre; rectrices
noires lisérées de vert métallique. Bec et pieds noirs; iris brun.

Dimens. L. t. 112 m.; aile 63 m.; queue 35 m.; bec 26 m.; tarse
15 m.

La femelle, d'un brun-olivâtre en dessus, a les parties inférieures blanchâtres lavées de jaune, avec l'abdomen plus fortement nuancé de cette couleur;
la poitrine, les flancs et les sous-caudales variés de grosses stries d'un brun-
olivâtre; une strie supraciliaire jaune bien distincte; rémiges d'un brun-foncé
bordées d'olivâtre; rectrices noires, lisérées d'olivâtre, les plus extérieures
terminées de blanc sale.

Habit. De *Serra-Leôa* au *Congo*. Dans cette dernière contrée elle vient
d'être decouverte par MM. Petit et Lucan. Les collections de ces deux zélés
naturalistes parvenues récemment en Europe contenaient trois autres espèces
de *Nectarinia*, dont l'existence au Congo n'avait jamais été signalée: *N. obscura*, Jard., *N. Reichenbachi*, Hartl. et *N. verticalis*, Reich.[1] Ces espèces
manquent aux collections du Muséum de Lisbonne.

[1] V. Sharpe & Bouvier, Études d'ornithologie africaine, Bull. S. Z. France I, 1877, p. 304.

148. Nectarinia splendida

Syn. *Certhia splendida,* Shaw, Gen. Zool., viii, p. 191.
Nectarinia splendida, Hartl. Orn. West–Afr., p. 46.
Nectarinia splendens, Boc., Jorn. Acad. Sc. Lisboa, n.º ii, 1867, p. 135.

Fig. *Levaillant, Ois. d'Afr.* vi, *pl.* 295, *fig.* 1.

Caract. Mâle ad. En dessus, avec les petites couvertures des ailes et les sus-caudales, d'un beau vert métallique à reflets bleus et dorés; la tête, le cou et la partie antérieure de la poitrine d'un violet éclatant, suivi sur la poitrine d'une large ceinture rayée de rouge et de vert à reflets violets; le reste des parties inférieures noires à l'exception des couvertures inférieures de la queue, qui sont de la couleur du dos; une petite touffe de plumes jaune-souffre sur la région axillaire. Ailes et queue d'un noir velouté; les rectrices bordées en dehors de vert-doré. Bec et pieds noirs.

Dimens. L. t. 136 m.; aile 70 m.; queue 48 m.; bec 19 m.; tarse 18 m.

M. Hartlaub décrit la femelle, d'après Vieillot, comme étant brune en dessus, grisâtre en dessous, avec les ailes et la queue d'un brun-olivâtre.

Habit. Vieillot donne pour patrie à cette espèce le royaume du *Congo* et de *Cacongo,* probablement d'après des individus rapportés par Perrein de son voyage aux possessions portugaises de la côte occidentale d'Afrique. M. Hartlaub cite également un individu du *Congo* déposé au Muséum de Berlin.

Dans notre 1e liste des oiseaux d'Afrique occidentale [1] nous avions fait mention d'un individu adulte de *N. splendida,* de *Loanda,* comme provenant du voyage de Sa Majesté le Roi D. Luiz; mais plus tard nous avons reconnu que cet individu, quoique faisant partie de la collection ornithologique du Roi D. Pedro V, n'avait pas l'origine que nous lui avions attribuée; il est au contraire de provenance inconnue.

Nous nous attendons cependant à voir annoncer un jour ou l'autre sa découverte à Angola, surtout dans les districts du nord, car elle se trouve répandue du *Sénégal* au *Congo.*

[1] V. loc. cit. Jorn. Acad. Sc. Lisboa, n.º ii, 1867, p. 135.

149. Nectarinia bifasciata

Syn. *Certhia bifasciata*, Shaw, Gen. Zool., VIII, p. 198.
Nectarinia Jardinei, Verr. in Hartl. Orn. West-Afr., pp. 47 et 270; Monteiro,
    Proc. Z. S. L., 1865, p. 96; Boc., Jorn. Acad. Sc. Lisboa, n.º II, 1867,
    pp. 135 et 153; ibid., n.º VIII, 1870, p. 340; Sharpe, Proc. Z. S. L.,
    1869, p. 566; ibid., 1873, p. 717; Richenow, Corr. Afrik. Gesellsch.,
    n.º 10, p. 179.
Cinnyris bifasciata. Shelley, Monogr. Cinnyridae, Part I, pl.; Sharpe & Bou-
    vier, Bull. S. Z. France I, p. 41.

Fig. *Viell. & Oud., Ois. dorés, pl. 24.*
    Shelley, Mon. Cinnyridae, Part I, pl.

Caract. Mâle ad. Parties supérieures, petites et moyennes couvertures des ailes, et toute la gorge d'un vert-doré avec quelques reflets cuivrés
sur la tête et le dos; sur la partie antérieure de la poitrine une bande étroite
d'un bleu d'acier, suivie d'une autre plus large rouge, séparant le vert-doré
de la gorge du noir qui couvre les régions inférieures. Rémiges et grandes
couvertures des ailes noirâtres; rectrices d'un noir lustré de bleu. Bec et pieds
noirs; iris brun-foncé.

Dimens. L. t. 115 m.; aile 58 m.; queue 40 m.; bec 20 m.; tarse
17 m.

La femelle est d'un brun-olivâtre pâle en dessus, et d'un blanc-jaunâtre
en dessous tirant au jaune pur sur le milieu du ventre; les rémiges et les
grandes couvertures alaires d'un brun foncé avec des bordures plus claires;
les rectrices noires lisérées de vert-olivâtre, les deux paires externes terminés
et bordées de brun-pâle.

M. Shelley nous semble avoir parfaitement raison lorsqu'il rapporte l'espèce du Gabon décrite par J. Verreaux sous le nom de *N. Jardinei* à la *N. bifasciata*, Shaw (= *N. nitens*, Vieill.), établie originairement d'après des individus de l'Afrique occidentale, et réserve en même temps à l'espèce de l'Afrique
australe, *N. bifasciata*, Auct., le nom spécifique *mariquensis* qui lui a été
donné par Smith. Le même auteur sépare de la *N. bifasciata*, sous de nouveaux
noms spécifiques, *C. microrhynchus* et *C. osiris*, les individus du Zanzibar et
de l'Abyssinie, qui étaient généralement considérés comme devant appartenir
à la *N. Jardinei*: la première de ces espèces se ferait remarquer par la pe-
titesse de sa taille et la brièveté relative de son bec, l'autre à peu-près de la
même taille que l'espèce d'Afrique occidentale s'en distinguerait par de légères différences de coloration, telles que des reflets d'un vert d'émeraude sur
la tête et des reflets cuivrés sur la gorge. Les deux nouvelles espèces proposées
par M. Shelley nous sont inconnues.

Habit. L'aire d'habitation de cette espèce paraît avoir pour limites le *Gabon* au nord et *Benguella* au sud. Au *Congo*, la *N. bifasciata* a été découverte par Perrein et trouvée dernièrement par Sperling, le Dr. Falkenstein et M. L. Petit. M. Monteiro en a recueilli des spécimens à *Calumbo* près du *Quanza* et à *Benguella;* nous possédons des individus pris à *Loanda* par Welwitsch, au *Dombe* et à *Benguella* par M. d'Anchieta. Le nom indigène dans les deux dernières localités est *Kanjonjo.*

M. Shelley[1] décrit sous le nom de *C. Bouvieri* une espèce nouvelle, très voisine de celle-ci, envoyée récemment da *Landana* (Congo) par M. L. Petit. Voici la diagnose publiée par M. Shelley:

«♂ ad. *Similis C. bifasciato, sed magis cuprescens; fronte et loris violaceis chalybeo lavatis; mento sordide nigro; abdomine fumoso-brunneo; fasciis pectoralibus flavis scarlatino mixtis, fascia pectorali non metallica rubra angustiori et saturatiore distinguendus.*

150. Nectarinia Ludovicensis

Syn. *Nectarinia Ludovicensis.* Boc., Jorn. Acad. Sc. Lisboa, n.° v, 1868, p. 41.

Fig. *nulla.*

Caract. Mâle ad. Parties supérieures avec la gorge et la partie antérieure de la poitrine d'un vert métallique à reflets fortement cuivrés, une bande étroite d'un bleu d'acier poli, sans reflets violets, bordant le vert-cuivré de la gorge et suivie d'une large ceinture d'un rouge éclatant; le ventre et les sous-caudales cendrées; des touffes axillaires jaunes; les couvertures supérieures de la queue d'un bleu d'acier. Rémiges brunes; rectrices d'un brun-noirâtre.

Dimens. L. t. 116 m.: aile 63 m.; queue 49 m.; bec 20 m.; tarse 17 m.

Tels sont les caractères que nous présente un individu envoyé de *Biballa*, dans l'intérieur de Mossamedes, par M. d'Anchieta. Il ressemble beaucoup par son système de coloration au mâle adulte de la *N. afra*, mais il n'y a pas entre eux une parfaite identité de couleurs, car les reflets cuivrés que nous remarquons sur le plumage de notre individu, ne se laissent pas voir distinctement sur les individus de cette espèce avec lesquels nous l'avons comparé. Nous constatons en outre que le bleu d'acier qui borde le vert-cuivré de la

[1] V. Shelley, Monogr. Cinnyridae, Part. III.

gorge et couvre les sus-caudales, ne présente pas sur l'individu d'Angola les reflets violets qui sont bien prononcés sur les mâles adultes de la *N. afra* provenants de l'Afrique australe. Le bec du premier est aussi plus court et la taille moins forte.

A cause de ces différences, et en attendant leur confirmation, nous penchons à croire que la *N. Ludovicensis* doit garder vis-à-vis de la *N. afra* la même position qu'on veut bien accorder à la *N. bifasciata* vis-à-vis de la *N. mariquensis*, à la *N. hypodelos* par rapport à la *N. collaris*, etc.

M. Anchieta nous envoya de *Biballa* à la même occasion un autre individu, dont toutes les dimensions s'accordent assez bien avec celles du mâle que nous avons décrit, mais parfaitement distinct de lui par ses couleurs sans éclat, d'un gris-brun en dessous, glacé d'olivâtre sur le dos et le croupion, d'un gris pâle en dessous, tirant au blanc sur le menton et les couvertures inférieures de la queue, avec des fascicules axillaires jaunes. C'est probablement la femelle de cette espèce ou le jeune dans sa première livrée.

Habit. *Biballa* (Anchieta). Le nom indigène du mâle adulte marqué sur l'étiquette est *Kanjoi*, celui de l'autre individu *Kinbinja*.

151. Nectarinia chloropygia

Syn. *Nectarinia chloropygia*, Jard. Ann. et Mag., N. H. x, 1842, p. 188; Hartl., Orn. West-Afr., p. 47; Sharpe, Proc. Z. S. L., 1871, p. 133; Richenow, Corr. Afrik. Gesellsch, n.° 10, p. 179.
Cinnyris chloropygius, Shelley, Mon. Cinnyridae, Part II, pl.; Sharpe & Bouvier S. Z. France I, p. 41.

Fig. *Jard. & Selby, Ill. Orn. N. S. pl. 50.*
Shelley, Monogr. Cinnyridae, Part II, pl.

Caract. Mâle ad. Plumage en dessus d'un vert-doré à reflets légèrement cuivrés sur la tête; les couvertures supérieures de la queue de la couleur du dos; gorge et partie antérieure de la poitrine d'un vert-doré tirant au bleu d'acier sur les plumes qui se trouvent en contact avec une bande rouge disposé au travers de la poitrine; le reste des parties inférieures brun-cendré nuancé d'olivâtre; grosses touffes axillaires jaune-jonquille. Rémiges et grandes couvertures alaires d'un brun-noirâtre; rectrices noires, bordées en dehors de vert-métallique. Bec et pieds noirs.

Dimens. L. t. 93 m.; aile 50 m.; queue 38 m.; bec 18 m.; tarse 16 m.

La femelle est olivâtre en dessus, jaune-pâle en dessous avec la gorge blanchâtre, les rémiges brunes lisérées de jaune-olivâtre et les rectrices noirâtres bordées de vert-olivâtre.

Habit. Cette espèce habite la côte occidentale de l'Afrique, du Sénégal à Angola. Elle paraît commune au *Congo*, où le dr. Falkenstein et M. L. Petit l'ont rencontrée. Au sud du *Zaire* elle se trouve sur les districts d'Angola qui demeurent au nord du *Quanza*, mais elle y doit être plus rare, car M. Hamilton est le seul voyageur qui l'ait signalée dans le territoire traversé par la rivière Lucala.

152. Nectarinia cyanocephala

Syn. *Certhia cyanocephala*, Shaw, Gen. Zool., VIII, p. 203.
Nectarinia cyanocephala, Hartl., Orn. West-Afr., pp. 49 et 271; Mont. & Hartl., Proc. Z. S. L., 1860, p. 110; Richenow, Corr. Afrik. Gesellsch., n.° 10, 1874, p. 179.
Cinnyris cyanocephalus, Sharpe & Bouvier, Bull. S. Z. France I, p. 41.

Fig. *Swainson, B. West-Afr.* II, pl. 16.
Reichenbach, Scansoriae, tab. 573, *fig.* 3:905—6.

Caract. Mâle ad. En dessus d'un vert-olivâtre lavé de jaune; la tête, le cou, la gorge et la partie antérieure de la poitrine d'un vert-métallique à reflets bleus d'acier, plus prononcés sur le plastron guttural; le reste des parties inférieures d'un cendré brunâtre; touffes axillaires jaune-paille. Rémiges et rectrices brunes, lisérées en dehors de jaune-olivâtre. Bec et pieds noirs.

Dimens. L. t. 130 m.; aile 65 m.; queue 48 m.; bec 22 m.; tarse 17 m.

La femelle a le dessus de la tête et du cou vert-olivâtre comme le dos, et toutes les parties inférieures d'un gris-pâle nuancé de jaunâtre; les côtés de la tête sont pointillés de brun sur un fond gris jaunâtre.

Habit. La *N. cyanocephala,* qui est répandue du Sénégal au Congo, figure dans une liste d'oiseaux recueillis par M. Monteiro dans le *Bembe;* elle n'a jamais été observée au sud du *Quanza*.

MM. Petit et Falkenstein en ont envoyé des individus du *Congo;* c'est aussi au *Congo* que Perrein doit avoir recueilli les individus décrits par Vieillot, à juger d'après les indications de cet ornithologiste sur l'habitat de l'espèce[1].

Notre description est faite d'après deux individus, mâle et femelle, de la *Côte d'Or.*

[1] V. Vieillot. N. Dict. II. N. 31. art. *Soui-manga,* p. 513.

153. Nectarinia talatala

Syn. *Nectarinia talatala*, Smith, App. Rep. Expl. S.-Afr., p. 58; Gurney in
    Anderss. B. Damara, p. 72; Boc., Jorn. Acad. Sc. Lisboa, n.º XVII, 1874,
    p. 35; ibid., n.º XIX, 1876, p. 151.
Nectarinia Anderssoni, Strikl. & Sclat., Cont. Orn., 1852, p. 153.
Nectarinia sp., Boc., Jorn. Acad. Sc. Lisboa, n.º IV, 1867, p. 332.
Cinnyris talatala, Shelley, Monogr. Cinnyridae, Part II, pl.

Fig. *Sharpe in Layard's, B. S.-Afr. Part III, pl. 7.*
    Shelley, Monogr. Cinnyridae, Part II, pl.

Caract. Mâle ad. Plumage vert-doré, tirant au bleu d'acier sur le
front, les petites couvertures des ailes et les sus-caudales; la gorge d'un vert-
doré, avec des reflets bleus sur le menton et passant au bleu-violet vers la
partie antérieure de la poitrine; une bande transversale noire, plus étroite
au milieu, séparant le violet de la poitrine du blanc-grisâtre des parties inférieures; touffes axillaires jaune-soufre. Rémiges brunes, lisérées en dehors
de gris; rectrices d'un noir-bleu bordées de vert-doré sur les barbes externes.
Bec et pieds noirs: iris châtain (Anchieta).

Dimens. L. t. 114 m.; aile 57 m.; queue 47 m.; bec 20 m.; tarse
17 m.

La femelle et le jeune mâle sont d'un brun-pâle en dessus, et d'un blanc
lavé de gris en dessous, avec les ailes et la queue brunes, les bords et les extrémités des rectrices d'une teinte plus pâle.

Chez le mâle en livrée de transition c'est la gorge qui commence à se
nuancer de vert-métallique.

Habit. *Capangombe* et *Humbe* (Anchieta).

Cette espèce habite l'Afrique australe, à l'exclusion de la colonie du Cap;
elle est répandue sur les pays des *Grands Namaquas* et des *Damaras*, où l'a
rencontrée Andersson, et atteint, sans se rapprocher de la côte, les districts
méridionaux d'Angola. M. d'Anchieta en a rencontré au *Humbe* des bandes
nombreuses de cette *Nectarinia*, mais à *Capangombe* elle devient beaucoup
plus rare. Les indigènes de cette dernière localité lui donnent le même nom
dont ils se servent en général pour les autres espèces de cette famille, *Mariapindo*.

154. Nectarinia venusta

Syn. *Certhia venusta,* Shaw, Nat. Misc., pl. 369.
Nectarinia venusta, Hartl., Orn. West-Afr., p. 48; Boc., Jorn. Acad.
Sc. Lisboa, n.° v, 1868, p. 41.

Fig. *Shaw, Nat. Misc. pl. 369.*
Vieill. & Oud. Ois. dorés, pl. 79.

Caract. Mâle ad. D'un vert-métallique en dessus et sur la gorge,
avec le menton noir, le front et le devant de la poitrine d'un beau bleu à re-
flets-violets; les couvertures supérieures de la queue d'un bleu d'acier; au
dessous du violet de la gorge une bande transversale noire; l'abdomen et les
sous-caudales d'un jaune-jonquille; touffes axillaires orange et jaune. Rémiges
et grandes couvertures des ailes brunes avec un liséré pâle sur les bords externes; rectrices d'un noir-bleu bordées en dehors de vert-métallique. Bec et
pieds noirs.

Dimens. L. t. 110 m.; aile 54 m.; queue 40 m.; bec 17 m.; tarse
15 m.

Habit. M. d'Anchieta nous envoya, en 1868, de *Biballa* un mâle
adulte, dont les principaux caractères sont ceux énumérés dans la diagnose
de l'espèce. Nous avons trouvé dans le même envoi un autre individu à couleurs ternes, brun-cendré en dessus et gris lavé de jaune en dessous, que
nous avons pris pour la femelle de cette espèce; elle est d'une taille un peu
plus forte, mais a le bec plus court et plus faible. Si nous ne nous trompons
pas, ce sont les premiers individus de *N. venusta* recueillis au sud du *Gabon;*
au nord de cette région elle a été observée jusqu'au Sénégal.

155. Nectarinia cuprea

Syn. *Certhia cuprea,* Shaw, Gen. Zool. Part viii, p. 201.
Nectarinia cuprea, Hartl., Orn. West-Afr., pp. 48 et 270; Heugl., Orn. N. O.
-Afr., p. 231; Reichenow, Corr. Afrik. Gesellsch., n.° x, 1874, p. 179.
Cinnyris cupreus, Sharpe & Bouvier, Bull. S. Z. France i, p. 42.

Fig. *Vieillot & Oud., Ois. dorés, pls. 23 et 27.*
Reichenbach, Scansoriae, tab. 571, fig. 3894 — 5.

Caract. Mâle ad. Plumage d'un rouge de cuivre éclatant à reflets
dorés sur la tête et la gorge, et à reflets d'un beau violet sur le dos, les couvertures alaires et le haut de la poitrine; les couvertures supérieures de la

queue de la couleur du dos; abdomen et sous-caudales d'un noir velouté. Rémiges brunes; les secondaires et les grandes couvertures alaires d'une teinte plus foncée et légèrement lustrées de vert. Les rectrices en dessus noires, nuancés de bleu-violacé et lisérées en dehors de vert-métallique. Pieds, bec et iris noirs.

Dimens. L. t. 109.; aile 60 m.; queue 45 m.; bec 18 m.; tarse 15 m.

Ces dimensions nous sont données par un mâle adulte du *Gabon;* deux individus de *Fanti,* du même sexe et en livrée d'adulte, sont sensiblement plus petits.

Chez un autre individu de cette dernière provenance, en plumage de transition, les parties supérieures, d'un gris-olivâtre, présentent à peine quelques taches disséminées d'un *rouge de cuivre* à reflets dorés ou violets, suivant la région où elles se trouvent ; sur le milieu de la gorge brille sur un fond gris-jaunâtre une tache allongée rouge de cuivre à reflets dorés, s'étendant du menton à la poitrine; l'abdomen est noir varié sur les flancs de grandes taches d'un gris-jaunâtre. Les ailes et la queue comme chez l'adulte. D'après cet échantillon on peut se faire une idée exacte de la livrée du jeune.

Habit. L'individu décrit par Vieillot sous le nom de *C. tricolor* était originaire de *Molembo* sur la côte du *Congo*[1]. Le dr. Falkenstein et M. L. Petit ont aussi rencontré cette espèce sur la côte de *Loango.* Elle se répand vers le nord jusqu'au Sénégal.

156. Nectarinia chalcea

Syn. *Nectarinia chalcea,* Hartl., Ibis, 1862, p. 341; Boc., Jorn. Acad. Sc. Lisboa, n.° 11, 1867, p. 135; Sharpe, Proc. Z. S. L., 1873, p. 717.

Fig. *nulla.*

Caract. Très semblable à la *N. cuprea,* dont elle diffère cependant par l'absence presque complète des reflets d'un rouge-violet, si caractéristiques du plumage de cette espèce, remplacées en grande partie chez la *N. chalcea,* par des reflets d'un ton plus doré et tirant au vert sur la tête et le dos; le bec de celle-ci est un peu plus long et plus fort.

Dimens. L. t. 122 m.; aile 58 m.; queue 40 m.; bec 19 m.; tarse 18 m.

[1] V. Vieillot, N. Dict. H. N., vol. 31, p. 514.

Habit. Angola: *Cambambe* (Monteiro); *Duque de Bragança* (Bayão); *Golungo Alto?* (Welwitsch).

Un individu envoyé de *Cabinda* (Congo) par Sperling a été rapporté par M. Sharpe à cette espèce.

Les caractères des deux individus d'Angola, de la collection du Muséum de Lisbonne, l'un envoyé du *Duque de Bragança* par M. Bayão, l'autre recueilli probablement dans le *Golungo Alto* par Welwitsch, s'accordent assez bien avec le type de l'espèce pris à *Cambambe* pour M. Monteiro; mais nous devons ajouter que l'un et l'autre laissent beaucoup à désirer comme état de conservation et nous inspirent des doutes quant à leur coloration véritable.

Si l'on ajoute à ces deux individus d'Angola celui décrit par M. Hartlaub et l'individu de *Cabinda* examiné par M. Sharpe, on arrive au total de quatre individus de cette espèce parvenus jusqu'à présent en Europe.

157. Nectarinia fusca

Syn. *Cinnyris fuscus*, Vieill., N. Dict. H. N., vol. 31, p. 506.
Nectarinia fusca, Hartl., Orn. West-Afr. p. 51; Layard, B. S-Afr., p. 79; Gurney in Anderss. B. Damara, p. 71; Shelley, Monogr. Cinnyridae, Part III.

Fig. Levaillant, Ois. d'Afrique, Part VI, pl. 296, fig. 1.
Shelley, Monogr. Cinnyridae, Part III, pl.

Caract. Mâle ad. Plumage brun à reflets bronzés et violets peu éclatans sur la tête, le cou et les couvertures alaires, plus prononcés sur la gorge et la poitrine; les ailes et la queue d'un brun-noir; l'abdomen et les sous-caudales blanches; des touffes axillaires jaune-orange. Bec, pieds et iris noirs.

Dimens. L. t. 100 m.; aile 57 m.; queue 39 m.; bec 20 m.; tarse 17 m.

Habit. M. Hartlaub cite un individu d'*Angola* faisant partie des collections du Muséum de Paris [1]; mais nous ignorons si l'exactitude de cette provenance a été dûment constatée. Cette espèce quoique fort répandue en Afrique australe, dans les pays des *Grands* et *Petits Namaquas* et des *Damaras*, comme Levaillant, Wahlberg et Andersson l'ont reconnu, n'a été rencontrée par M. d'Anchieta au *Humbe* ni dans le vaste territoire de l'intérieur de Mossamedes, qu'il a parcouru et dans lequel il a séjourné pendant plusieurs mois. Elle a également échappée aux recherches de tous les autres voyageurs qui se sont occupés de l'ornithologie d'Angola.

[1] V. Hartlaub, Orn. West-Afr., p. 51.

158. Nectarinia cyanolaema

Syn. *Nectarinia cyanolaema,* Jard. Contr. Orn. 1851, p. 154; Hartl., Orn. West-Afr., p. 51; Mont. & Hartl., Proc. Z. S. L., 1860, p. 110; Sharpe, Proc. Z. S. L. 1871, p. 133.

Fig. *Shelley, Monogr. Cinnyridae, Part* III, *pl.*

Caract. Mâle ad. En dessus d'un cendré-noirâtre, avec le front et le vertex d'un bleu d'indigo à reflets métalliques; une tache ovale de cette même couleur couvrant le menton et la gorge jusqu'à la partie antérieure de la poitrine; le reste des parties inférieures brun-cendré, plus pâle sur le bas-ventre et les couvertures inférieures de la queue; ailes et queue brunes; touffes axillaires jaune-soufre. Bec et pieds noirs.

Dimens. L. t. 136 m.; aile 69 m.; queue 62 m.; bec 19 m.; tarse 16 m.

La femelle est en dessus d'un brun-olivâtre, tirant davantage au jaune sur le croupion; les parties inférieures d'un gris-brunâtre avec les flancs, le bas-ventre et les sous-caudales d'un jaune-olivâtre; les rémiges et les rectrices brunes, bordées de vert-jaunâtre.

Cette espèce nous est inconnue. Nous donnons les caractères des deux sexes d'après les figures publiées par M. Shelley.

Habit. La *N. cyanolaema* a été trouvée à Angola, dans l'intérieur, d'abord au *Bembe* par M. Monteiro, ensuite au *Cazengo* par M. Hamilton.

Les individus ayant servi à l'établissement de l'espèce avaient été rapportés par Fraser de *Fernão do Pô.* Elle se trouve au *Gabon;* mais jusqu'à présent on n'a pu la découvrir au *Congo.*

159. Nectarinia hypodelos

Syn. *Nectarinia hypodilus,* Jard. Contr. Orn., 1851, p. 153.
Nectarinia hypodelos, Hartl., Orn. West-Afr., p. 51; Boc., Jorn. Acad. Sc. Lisboa, n.º II, 1867, p. 135.
Nectarinia subcollaris, Hartl., Orn. West-Afr., pp. 52 et 271; Sharpe, Proc. Z. S. L. 1873, p. 717.
Anthodiaeta hypodila, Shelley, Mon. Cinnyridae, Part I, texte.
Cinnyris hypodilus, Sharpe & Bouv., Bull. S. Z. France I, p. 41.

Fig. *Reichenbach, Scansoriae, tab.* 590; *fig.* 4007-8.

Caract. Mâle ad. Plumage en dessus d'un vert-doré; les petites et moyennes couvertures de l'aile de cette même couleur ainsi que la gorge et la partie antérieure de la poitrine ; un étroit collier pectoral bleu d'acier à reflets violets séparant le vert-métallique de la gorge du jaune-jonquille qui régne sur l'abdomen ; les flancs nuancés d'olivâtre ; des touffes axillaires jaunes. Rémiges et grandes couvertures des ailes brunes, bordées sur les barbes externes d'un jaune-verdâtre sans aucun éclat métallique ; rectrices noires bordées en dehors de vert-doré. Bec et pieds noirs ; iris noirâtre.

Dimens. L. t. 96 m. ; aile 54 m. ; queue 35 m. ; bec 15 m. ; tarse 16 m.

La femelle adulte serait, d'après M. Shelley, à peine distincte du mâle par la coloration de la gorge et de la poitrine, d'un jaune-jonquille comme le ventre, et le jeune ressemblerait à la femelle. Nous avons en effet un individu de *Fanti* sous cette livrée, mais présentant déjà sur la gorge quelques taches d'un vert métallique, ce qui nous le fait regarder plutôt comme un mâle en plumage de transition. Un autre individu de notre collection, également de *Fanti,* marqué comme femelle sur l'étiquette, a les parties supérieures d'un vert-olivâtre et le dessous du corps d'un gris-blanchâtre à peine lavé de jaune ; d'où nous pensons pouvoir conclure que la première livrée est chez cette espèce composée de couleurs sans éclat, comme c'est la règle générale dans cette famille.

Les dimensions d'un mâle adulte d'Angola sont supérieures à celles de nos individus de la Côte d'Or.

Habit. Le Muséum de Lisbonne possède un seul individu d'Angola envoyé de Loanda par M. Toulson. Sperling et M. L. Petit ont trouvé cette espèce au Congo. Elle habite une aire assez étendue du Sénégal à Angola.

160. Nectarinia tephrolaema

Syn. *Nectarinia tephrolaema,* Jard. & Fras., Contr. Orn. 1852, p. 59 ; Hartl., Orn. West-Afr., p. 51 ; Sharpe, Cat. Afric. Birds, p. 41.
Anthodiaeta tephrolaema, Shelley, Monogr. Cinnyridae, Part i, texte.

Fig. *nulla.*

Caract. Parties supérieures, avec les petites et moyennes couvertures des ailes d'un vert-doré ; la partie postérieure du dos, les sus-caudales et les bordures des rémiges et des rectrices d'un jaune-olivâtre ; les côtés de la tête d'un vert-doré avec un petit espace noir au devant de l'œil ; gorge et côtés du cou également d'un vert-doré ; un étroit collier orange au-devant de la poitrine ; la poitrine, au-dessous de ce collier, d'un gris-cendré, le reste des

12

parties inférieures d'un jaune-olivâtre; touffes axillaires d'un jaune-vif. Bec noir; pieds bruns; iris brun-foncé.

Dimens. L. t. 84 m.; aile 55 m.; queue 33 m.; bec 13 m.; tarse 15 m.

La femelle adulte est olivâtre en dessus, tirant légèrement au jaune sur le croupion, et d'un olivâtre lavé de jaune en dessous; les rémiges et les rectrices sont brunes, les premières bordées d'olivâtre, celles-ci bordées et terminées de brun-pâle.

Le jeune mâle ressemble à la femelle.

Cette espèce nous est inconnue; nous nous sommes servi pour la caractériser des descriptions publiées par M. Shelley.

Habit. Suivant M. Hartlaub des individus originaires d'*Angola* se trouveraient dans la magnifique collection que notre regretté ami Jules Verreaux avait réussi à former avec tant de persévérance. M. Shelley cite également un individu de la même provenance dans la collection de M. Sharpe, recueilli au *Bembe* par M. Monteiro.

Cette espèce se trouve à *Fernão do Pó* et au *Gabon*.

Aux espèces précédentes il faut encore ajouter trois *Nectariniae* décrites par Vieillot d'après des individus rapportés par Perrein de son voyage au Congo et à la côte d'Angola, mais qu'on n'a jamais pu retrouver depuis cette époque ni dans ces possessions portugaises, ni ailleurs.

Voici les noms de ces espèces et leurs caractères différentiels d'après les descriptions publiées par Vieillot:

Nectarinia rubescens, (Vieill.), Encycl., p. 593, id. N. Dict. H. N., vol. 31, p. 506; Hartl., Orn. West-Afr., p. 49.

Fig. *nulla*.

Caract. Front d'un vert-doré, qui se change en bleu éclatant vers le sommet de la tête; le *capistrum* et le *lorum* noirs. Des reflets mordorés sur les ailes et la queue; un riche mordoré velouté domine sur toutes les parties supérieures; la gorge et le devant du cou d'un vert-doré très brillant, bordé de bleu vers le bas de cette dernière partie; la poitrine, le ventre et les couvertures inférieures de la queue d'un noir de velours; le bec et les pieds noirs.

Taille de la *N. fuliginosa*.

N. erythothorax (Vieill.), Encycl., p. 534; id., N. Dict. H. N., vol. 31, p. 507; Hartl., Orn. West Afr., p. 46.

Fig. *nulla.*

Caract. Front et le dessus de la tête d'un riche vert-doré, entouré près de l'occiput d'une bande qui prend un ton jaunâtre; le dessus du cou, les scapulaires et les couvertures des ailes d'un noir de velours à reflets violets: la gorge, le dos et le croupion d'un violet éclatant; la poitrine et le ventre d'un rouge rembruni; le bas-ventre gris; les ailes et la queue d'un brun-noirâtre, bordé de violet sur les rectrices; le bec et les pieds noirs.

N. Perreini (Vieill.), Encycl., p. 595; id., N. Dict. H. N., vol. 31, p. 508; Hartl., Orn. West-Afr., p. 47.

Fig. *nulla.*

Caract. Un riche vert-doré à reflets règne sur toutes les parties supérieures, les ailes et la queue; le reste du plumage est d'un noir de velours; le bec et les pieds d'un noir mat; la queue est échancrée.

Nous ne comprenons pas parmi les espèces d'Angola la *N. Hartlaubii*, Verr. décrite par Hartlaub d'après les specimens types de la collection de Jules Verreaux, qu'on croyait originaires d'Angola. On ne possède aucune preuve authentique de l'existence de cette espèce à Angola, et tout ce que l'on sait au sujet de son habitat c'est qu'elle vit à *l'île du Prince* et qu'elle n'y est pas rare. Le dr. Dohrn à qui l'on doit cette découverte met avec raison en doute son existence à Angola, attribuant cette fausse origine à une de ces méprises si fréquentes et si faciles à expliquer lorsqu'il s'agit de la provenance d'espèces d'Afrique occidentale, car les batiments qui les apportent en Europe touchent à plusieurs endroits et les collections ramenées de points différents se trouvent souvent confondues à leur arrivée. (V. Dohrn, Synopsis of the Birds of ilha do Principe, Proc. Z. S. L. 1866, p. 326).

FAM. HIRUNDINIDAE

161. Hirundo rustica

Syn. *H. rustica*, Linn., Syst. Nat., Part I, p. 343; Hartl., Orn.West-Afr., p. 26; Finsch & Hartl., Vög. Ost.-Afr., p. 134; Heugl., Orn. N. O-Afr., p. 151; Sharpe, Proc. Z. S. L. 1870, p. 306; Gurney in Anderss. B. Damara, p. 50; Sharpe & Bouvier, Bull. Soc. Zool. de France I, 1876, p. 37.

Fig. *Dresser, Birds of Europe, Part* XXXVII, *pl.*

Caract. Ad. Parties supérieures et un large collier au devant de la poitrine d'un noir brillant à reflets bleus d'acier et violets; front et gorge roux-marron: bas de la poitrine, abdomen et sous-caudales blanc-roussâtre.

Queue très fourchue, noire; les rectrices, à l'exception des deux médianes, avec une tache blanche sur les barbes internes. Iris et bec noirs; pieds noirâtres.

Dimens. L. t. 180 m.; aile 130 m.; queue, rect. ext. 105 m.; rect. méd. 46 m.; bec 8 m.; tarse 11 m.

Habit. Jusqu'à présent les preuves authentiques de l'existence de notre hirondelle de cheminé sur le territoire d'Angola, compris entre le Zaire et le Cunene, nous font complétement défaut; mais elle visite le Congo, car deux individus rapportés dernièrement de *Landana* et *Chinchonxo* par M. L. Petit ont été reconnus par MM. Sharpe et Bouvier comme appartenant à l'*H. rustica*. Nous avons ainsi de bonnes raisons pour supposer que l'espèce citée par Cranch, dans son Appendice au Voyage de Tuckey [1], sous le nom de *H. Savignii*, appartient en réalité à l'espèce d'Europe.

Andersson dit dans ses notes que l'*H. rustica* est assez commune dans les pays des Damaras et des Grands Namaquas pendant la saison des pluies, et qu'elle visite en bandes nombreuses la baie de Walvisch et quelques autres localités voisines de la côte [2].

162. Hirundo angolensis

Syn. *Hirundo angolensis*, Boc., Jorn. Ac. Sc. Lisboa, n.° v, 1868, p. 47; ibid., n.° viii, 1870, p. 339; Sharpe, Proc. Z. S. L., 1869, p. 567, pl. 43; ibid., 1869, p. 567; ibid., 1870, p. 307.

Fig. *Sharpe, Proc. Z. S. L. 1867, pl. 43.*

Caract. Ad. Parties supérieures d'un noir brillant à reflets bleus et violets; front, gorge et partie antérieure de la poitrine d'un beau roux-marron, suivi immédiatement d'un collier de la couleur du dos, étroit et souvent interrompu au centre; le reste de la surface inférieure d'un gris-brunâtre, plus pâle au milieu du ventre; les couvertures inférieures de la queue bordées de blanchâtre et parfois marquées près de l'extrémité d'une petite tache noire. Rémiges et rectrices de la couleur du dos à reflets verts et pourpres; les rectrices latérales plus longues et effilées, les deux médianes unicolores, les autres marquées sur les barbes internes d'une tache quadrangulaire blanche. Couvertures inférieures de l'aile d'un brun fuligineux. Bec et pieds noirs; iris châtain (Anchieta).

[1] V. Tuckey, Narrative of an Expedition to explore the River Zaire, App. n.° iv, p. 407.
[2] V. Gurney in Anderss. B. Damara, p. 51.

Dimens. L. t. 140 m.; aile 120 m.; queue, rect. ext. 60 m., rect. méd. 43 m.; bec 7 m.; tarse 9 m.

Cette hirondelle est sans doute très voisine de l'*H. lucida*, Verr., de Gambie ; mais la couleur de l'abdomen, des sous-alaires et des sous-caudales, d'un blanc pur chez la dernière espèce, ne permet pas de les confondre.

Habit. *Pungo-Andongo, Ambaca* et *Huilla* (Anchieta). M. Monteiro a pris dans l'*Ambriz*, en mars et avril 1869, deux individus de cette espèce [1]. Elle n'a pas été observée au sud du *Cunene*.

Nom indigène *Piapia* (Angola — Anchieta).

163. Hirundo Monteiri

Syn. *Hirundo Monteiri*, Hartl., Ibis, 1862, p. 340, pl. 11 ; Boc., Jorn. Acad. Sc. Lisboa, n.° v, 1868, p. 40; ibid., n.° viii, 1870, p. 339; ibid., n.° xii, 1871, p. 274 ; ibid., n.° xvi, 1873, p. 283; ibid., n.° xvii, 1876, p. 151; Finsch & Hartl., Vög. Ost-Afr., p. 139; Sharpe, Proc. Z. S. L. 1870, p. 316; Gurney in Anderss. B. Damara, p. 49; Sharpe & Bouvier, Bull. S. Z. France, i, 1876, p. 38.

Fig. *Hartlaub, Ibis, 1862, pl. 11.*

Caract. Ad. En dessus d'un noir-bleu lustré de violet ; côtés du cou, croupion et couvertures supérieures de la queue, poitrine et abdomen d'un roux-cannelle vif; lores, espace au-dessus et derrière l'œil et gorge d'un blanc légèrement teint de fauve ; sous-alaires de cette couleur. Rémiges noires à reflets vert de bronze. Queue fourchue d'un noir lustré moins brillant que le dos; les trois rectrices latérales marquées d'une large tache blanche. Quelques unes des sous-caudales portent vers le bout de grandes taches d'un noir bleu. Bec et pieds noirs; iris châtain foncé (Anchieta).

Dimens. L. t. 230 m.; aile 150 m.; queue, rect. ext. 128 m., rect. méd. 49 m.; bec 10 m.; tarse 17 m.

L'existence de taches blanches sur les pennes latérales de la queue sert à bien distinguer cette espèce de l'*H. senegalensis ;* chez celle-ci le roux des côtés du cou s'élargit vers la nuque, de manière à y dessiner un collier presque complet, mais ce caractère est moins constant et surtout moins facile à constater.

---

[1] V. Sharpe, Proc. Z. S. L. 1869, p. 567.

Habit. L'*H. Monteiri* est fort répandue en Angola. M. Monteiro l'a découverte à *Massangano* et *Cambambe*; M. d'Anchieta l'a observée à *Ambaca*, au nord du Quanza, à *Biballa* et *Capangombe*, dans l'intérieur de Mossamedes, et au *Humbe* tout près du Cunene; au sud de ce fleuve, Andersson en a recueilli des spécimens dans le *pays des Damaras*. Sur la côte orientale Kirk l'a trouvée au *Zambeze*.

Suivant M. d'Anchieta les indigènes de quelques localités d'Angola donnent à cette espèce le nom de *Piapia*, dont ils se servent en général pour désigner les hirondelles qui se montrent habituellement dans ces parages.

164. Hirundo senegalensis

Syn. *Hirundo senegalensis*, Linn., Syt. Nat. I, p. 345; Hartl., Orn. West-Afr., p. 27; Sharpe, Proc. Z. S. L., 1870, p. 316; Reichenow, Corr. Afrik. Gesellsch., n.° 10, 1874, p. 178; Sharpe & Bouvier, Bull. S. Z. France I, 1876, p. 37.

Fig. Swainson, B. West-Afr. II, pl. 6.
　　　Gould, B. of Europe, pl. 55.

Caract. A peine distincte de l'*H. Monteiri* par la coloration de la queue d'un noir uniforme, sans aucun vestige de taches sur les rectrices latérales; l'espace noir en bas de la nuque un peu plus étroit.

Dimens. L. t. 220 m.; aile 145 m.; queue, rect. ext. 121 m., rect. méd. 53 m.; bec 11 m.; tarse 16 m.

Habit. Cette espèce paraît remplacer l'*H. Monteiri* dans l'Afrique occidentale au nord du *Zaire*; elle est fort répandue du Sénégal au Congo. Dans cette partie des possessions portugaises elle a été dernièrement rencontrée par le dr. Falkenstein sur la *côte de Loango* et par M. L. Petit à *Landana* et *Chinchonxo*[1].

165. Hirundo Gordoni

Syn. *Hirundo Gordoni*, Jardine, Contr. to Orn., 1851, p. 151; Hartl., Orn. West-Afr., p. 27; Sharpe, Proc. Z. S. L., 1870, p. 317.

Fig. *nulla.*

Caract. Ad. Parties supérieures noires à reflets bleus d'acier sur le dos, et verts sur les ailes et la queue; croupion et sus-caudales roux-

[1] V. Reichenow, Corr. Africk Gesellsch., n.° 10, p. 178; Sharpe et Bouvier, Bull. S. Z. France I, p. 37.

cannelle ; toutes les parties inférieures de cette couleur, mais d'un ton plus pâle sur la gorge et la poitrine. Queue très-fourchue ; les trois rectrices de chaque côté marquées d'une tache blanche sur les barbes internes. Bec noir ; pieds noirâtres.

Dimens. L. t. 190 m. ; aile 115 m. : queue, rect. ext. 100 m., rect. méd. 50 m. ; bec 7 m. ; tarse 12 m.

Habit. Nous possédons un seul individu rapporté d'Angola par M. Welwitsch ; malheureusement l'étiquette ne porte aucune indication quant à la localité où il aurait été pris. C'est le premier et, jusqu'à présent, l'unique exemplaire recueilli au sud du *Zaire*. L'*H. semirufa*, Sund., la remplace dans l'Afrique australe.

L'*H. Gordoni* ne figure pas encore parmi les oiseaux observés dans le *Congo*. D'après les données authentiques dont on pouvait disposer, les limites extrèmes de son habitat dans l'Afrique occidentale étaient la *Gambie* et le *Gabon ;* mais la découverte de Welwitsch vient changer ces idées.

Comme parmi les oiseaux de la petite collection rapportée par Welwitsch, ceux dont l'étiquette porte l'indication de l'habitat sont tous originaires de localités situées au nord du *Quanza*, nous croyons ne pas nous tromper en attribuant la même origine à notre exemplaire de l'*H. Gordoni*.

166. Hirundo cucullata

Syn. *Hirundo cucullata*, Bodd. Tabl. Pl. Enl. p. 45 ; Sharpe, Proc. Z. S. L., 1870, p. 318 ; Heugl., Orn. N.-O. Afr., p. 162 ; Gurney in Anderss. B. Damara, p. 50.
Hirundo capensis, Gm. Syst. Nat. I., p. 1019 ; Boc., Jorn. Acad. Sc. Lisboa, n.° v, 1868, p. 47.

Fig. *Buffon, Pl. Enl. pl. 723, fig. 2.*

Caract. Ad. Dessus de la tête d'un roux-marron, plus pâle vers la nuque ; croupion et sus-caudales roux-cannelle ; dos noir à reflets bleus d'acier. Ailes et queue noires lustrées de reflets verdâtres ; les trois rectrices externes marquées d'une tache quadrangulaire blanche sur les barbes internes. Parties inférieures blanches lavées de fauve et marquées d'une strie noire sur les tiges des plumes. Sous-alaires d'un blanc roussâtre. Bec noir ; pieds noirâtres ; iris châtain (Anchieta).

Dimens. L. t. 200 m. ; aile 123 m. ; queue, rect. ext. 105 m., rect. méd. 53 m. ; bec 8 m. ; tarse 13 m.

Habit. *Mossamedes* (Sala) ; *Rio Coroca* et *Huilla* (Anchieta).

Andersson rencontra cette espèce dans le pays des Damaras, mais contre notre attente, nous ne l'avons pas trouvée parmi les oiseaux que M. d'Anchieta nous a envoyés du *Humbe.* L'individu qui figure sous ce nom dans une de nos récentes publications au sujet des résultats de l'exploration du Humbe par M. d'Anchieta[1], appartient à une espèce distincte, l'*H. puella*, qui se montre plus exclusivement dans les régions équatoriales de l'Afrique occidentale et orientale, tandis que l'*H. cucullata* est justement regardée comme propre à l'Afrique australe.

167. Hirundo puella

Syn. *Hirundo puella*, Temm. Faun. Jap. Aves, p. 33; Heugl., Orn. N.-O. Afr., p. 160; Finsch & Hartl., Vög. Ost–Afr., p. 140; Sharpe, Proc. Z. S. L., 1870, p. 319; Boc., Jorn. Acad. Sc. Lisboa, n.° xii, 1871, p. 274; Reichenow, Corresp. Afrik. Gesellsch., n.° 10, 1874, p. 178; Sharpe & Bouvier., Bull. S. Z. France i, 1876, p. 38.
Hirundo striolata, Monteiro, Proc. Z. S. L. 1865, p. 95.

Fig. *Ferret et Gallinier, Voy. en Abyss., pl.* 10.
Rüppell, Syst. Uebers., tab. 6.

Caract. Ad. Dessus de la tête et du cou, croupion et couvertures supérieures de la queue d'un roux-cannelle pâle; dos noir-bleu à reflets d'acier poli; ailes et queue noires à reflets bleus et verts, les trois ou quatre rectrices latérales marquées d'une tache blanche sur les barbes internes. Parties inférieures blanches fortement striées de noir; les flancs lavés de roux; les sous-caudales et les sous-alaires à peine marquées d'un trait noir sur la tige, celles-ci nuancées de roux. Bec et pieds noirs; iris châtain.

Dimens. L. t. 175 m.; aile 110 m.; queue, rect. ext. 100 m., rect. méd. 46 m.; bec 7 m.; tarse 12 m.

Ressemble à l'*H. cucullata*, mais il est facile de le bien distinguer de cette espèce par sa taille plus petite et par le dessin des parties inférieures couvertes de stries noires beaucoup plus grosses. Le roux de la tête d'un ton foncé, tirant au marron, chez l'*H. cucullata*, est au contraire d'une teinte pâle chez l'*H. puella*.

Habit. Cette espèce est assez répandue sur les territoires du Congo et d'Angola. Dans la première de ces régions elle a été observée par le dr. Fal-

---

[1] V. Bocage, Jorn. Sc. Acad. Lisboa, n.° xvii. 1874. p. 35.

kenstein et par M. L. Petit; nous possédons des individus recueillis à Angola depuis le nord du *Quanza* jusqu'au *Humbe* sur les bords du *Cunene*. L'individu envoyé par M. d'Anchieta de cette dernière localité, que nous avions cité dans une de nos publications sous le nom de *H. cucullata*, par suite d'un examen trop superficiel, appartient en réalité à l'*H. puella*[1].

Tous nos individus d'Angola comparés à un individu adulte de *Fanti* lui sont sensiblement supérieurs en dimensions[2]; chèz celui-ci le roux des parties inférieures et des sous-alaires est plus vif.

Nom indigène au Humbe *Piapia*.

168. Hirundo albigularis

Syn. *Hirundo albigularis*, Strickl., Contr. Orn., 1849, p. 17, pl. 15; Layard, Birds S.-Afr., p. 55; Sharpe, Proc. Z. S. L., 1870, p. 308.

Fig. *Strickland, Contrib. Ornith., pl.* 15.

Caract. D'un noir bleu à reflets d'acier poli en dessus; une grande tache sur le front d'un roux-marron; gorge et partie antérieure de la poitrine blanches, légèrement lavées de roux; un collier complet de la couleur du dos séparant le blanc de la gorge du brun-cendré qui couvre les parties inférieures; les sous-caudales d'un cendré pâle, bordées de blanchâtre et marquées d'un trait brun sur les tiges. Couvertures inférieures de l'aile d'un blanc sale. Rémiges noires à reflets verts et bleus; les barbes internes des dernières cubitales d'un gris-blanchâtre avec les bords noirs. Queue très fourchue de la couleur du dos; les rectrices marquées, à l'exception des deux médianes, d'une tache quadrangulaire blanche sur les barbes internes près de l'extrémité. Bec et pieds noirs.

Dimens. L. t. 158 m.; aile 126 m.; queue, rect. ext. 68 m., rect. méd. 42 m.; bec 9 m.; tarse 12 m.

Habit. *Angola*.

L'individu unique dont nous avons donné ci-dessus les principaux caractères faisait partie d'une collection d'oiseaux recueillis sur divers points d'Angola, que nous devons à la libéralité de M. Furtado d'Antas; nous igno-

[1] V. Jorn. Sc. Acad. Lisboa, xvii, 1874, p. 35, n.º 6.
[2] Voici les dimensions de l'individu de Fanti. L. t. 150 m.; aile 100 m.; queue, rectr. ext. 69, rect. méd. 40 m.; bec 6 m.; tarse 11 m.

rons le lieu exact de sa provenance. Il ressemble à l'*H. albigularis* autant qu'il nous est permis de juger d'après les descriptions et la figure que nous avons pu consulter; mais il n'y a pas une parfaite identité quant à la coloration des parties inférieures, d'un cendré-brunâtre chez l'individu d'Angola, blanches ou d'un blanc terne chez l'espèce de Strickland, suivant les auteurs. Notre répugnance à augmenter le nombre des espèces nominales ou mal caractérisées nous décide à inscrire l'individu d'Angola sous le nom de l'*H. albigularis*, dans la supposition que les différences de coloration dont nous venons de parler soient le résultat de l'influence de la saison ou de l'âge.

L'*H. albigularis* n'avait été rencontrée que dans la colonie du Cap et le Natal; une autre espèce, l'*H. aethiopica*, à peine distincte de celle-ci par sa taille plus petite et son collier interrompu, appartient à l'Afrique orientale; si la différence de coloration que nous avons signalée était reconnue constante chez les individus d'Afrique occidentale, il faudrait alors établir pour eux une espèce nouvelle, qu'on pourrait nommer *H. ambigua*.

169. Hirundo filifera

Syn. *Hirundo filifera*, Steph., Gen. Zool., n.º XIII, p. 78; Heugl., Orn. N.-O. Afr., p. 155; Finsch & Hartl., Vög. Ost-Afr., p. 141; Sharpe, Proc. Z. S. L., 1870, p. 312; Boc., Jorn. Acad. Sc. Lisboa, n.º XIV, 1873, p. 197.
Hirundo Smithii, Hartl., Orn. West-Afr., p. 26.
H. Anchietae, Boc., Jorn. Acad. Sc. Lisboa, n.º II, 1867, p. 150; ibid., n.º IV, 1867, p. 331.

Fig. *Latham, Gen. Hist. tab.* 113.

Caract. Adulte. Dessus de la tête, du front à la nuque, roux-marron; lores et joues d'un noir profond; parties supérieures, ailes et queue, une tache de chaque côté de la poitrine et une bande étroite sur la région anale d'un noir-bleu à reflets d'acier; parties inférieures et sous-alaires blanches, la gorge et la poitrine teintes légèrement de rose ou de fauve. Queue très fourchue; la rectrice extérieure beaucoup plus longue et effilée; les quatre latérales avec une tache blanche sur les barbes internes. Bec et pieds noirs; iris chocolat (Anchieta).

Dimens. L. t. 185 m.; aile 115 m.; queue, rect. ext. 104 m., rect. méd. 33 m.; bec 8 m.; tarse 9 m.

Habit. *Benguella, Capangombe* et *Gambos* (Anchieta). Sur les étiquettes des individus de Benguella vient indiqué le nom indigène - *Kapiapia*.

Elle a été rencontrée au *Congo* à l'occasion du voyage de Tuckey et se trouve comprise dans la liste publiée par Cranch sous le nom de *H. Smithii*, mais les plus récents explorateurs de cette région, MM. L. Petit et Falkenstein, ne semblent pas l'avoir observée.

L'*H. filifera* est fort répandue sur le continent africain, car des spécimens recueillis de *Casamansa* à *Mossamedes* et de *Dongola* au *Zambeze* sont déjà parvenus en Europe; elle appartient en outre au petit nombre d'espèces africaines qui sont communes à l'Asie.

170. Cotyle fuligula

Syn. *Hirundo fuligula*, Licht. in Forst. Descr. Anim., p. 55.
Cotyle fuligula, Hartl., Orn. West–Afr., p. 28; Boc., Jorn. Acad. Sc. Lisboa, n.º v, 1868, p. 40; ibid., n.º xiii, 1872, p. 67; Heugl., Orn. N.-O. Afr., p. 164; Sharpe, Proc. Z. S. L., 1870, p. 299; Gurney in Anderss. B. Damara, p. 52.

Fig. *Levaillant, Ois. d'Afrique, v, pl. 246.*

Caract. Ad. En dessus d'un brun-cendré nuancée d'olivâtre, plus pâle sur le croupion et les sus-caudales, d'un ton plus rembruni sur les ailes; front et joues brun foncé; en dessous fauve, d'une teinte pure sur la gorge et la poitrine, melangé de brun sur l'abdomen; les sous-caudales brunes, bordées de fauve; les couvertures inférieures de l'aile de cette dernière couleur. Rémiges et rectrices brunes; celles-ci, à l'exception des deux médianes et de la plus extérieure,[1] marquées sur les barbes internes d'une tache blanche ronde. Bec et pied noirs; iris châtain (Anchieta).

Dimens. L. t. 145 m.; aile 126 m.; queue 54 m.; bec 9 m.; tarse 11 m.

Habit. *Angola* (Henderson); *Biballa* et *Rio Coroca*, dans l'intérieur de Mossamedes (Anchieta).

Non indigène — *Kapiapia.*
Andersson l'a observée dans le pays des Damaras et des Grands Namaquas.
La *C. fuligula* n'a pas été trouvée en Afrique occidentale au nord du *Zaire.* M. L. Petit envoya dernièrement du Congo un individu d'une autre espèce d'une

[1] Chez tous les individus d'Angola la rectrice latérale ne porte pas de tache blanche, d'où nous concluons que l'absence de cette tache est la règle.

taille plus forte et portant un large collier blanc sur la poitrine, *C. cincta*, répandue en Afrique orientale et australe[1], et qui avait été déjà rencontrée à l'île du Prince et sur la rivière Volta.

171. Waldenia nigrita

Syn. *Hirundo nigrita*, Gray, Gen. of B., pl. 20.
Atticora nigrita, Hartl., Orn. West-Afr., p. 25.
Waldenia nigrita, Sharpe, Proc. Z. S. L., 1870, p. 303 ; Sharpe & Bouvier, Bull.
S. Z. France I, 1876, p. 38.

Fig. *Gray, Genera of Birds, pl. 20.*

Caract. Ad. Plumage d'un bleu-noir à reflets pourpres ; une tache blanche sur la gorge ; queue en dessus noire lustrée de bleu, les quatre rectrices intermédiaires de cette couleur, les autres avec un espace blanc sur les barbes internes. Bec noir ; pieds noirâtres.

Dimens. L. t. 113 m. ; aile 108 m. ; queue 40 m. ; bec 8 m. ; tarse 9 m.

Habit. Cette espèce, observée en l'Afrique occidentale de la *Côte d'Or* au *Gabon*, vient d'être rencontrée au *Congo* par M. L. Petit.

172. Psalidoprocne Petiti

Syn. *Psalidoprocne Petiti*, Sharpe & Bouvier, Bull. S. Z. France,'I, 1876, p. 38, pl. 2.

Caract. Mâle ad. Plumage d'un noir de suie légèrement bronzé ; les couvertures inférieures de l'aile blanches ; la queue toute noire et très-fourchue.

Dimens. L. t. 150 m. ; aile 98 m. ; queue 75 m. ; bec 6,5 m. ; tarse 8 m.

La femelle est plus petite et à teintes plus pâles ; elle a les sous-alaires grises et ne porte pas de denticulations sur les barbes externes de la première rémige.

Habit. Le *Congo*, d'où elle a été envoyée par M. L. Petit. Nous la connaissons à peine d'après la description et la figure publiées par M. M. Sharpe et Bouvier (loc. cit.).

[1] V. Sharpe & Bouvier, Bull. S. Z. France, I, 1876, p. 38.

FAM. MUSCICAPIDAE

173. Bias musicus

Syn. *Platyrhynchus musicus*, Vieill., N. Dict. H. N., xxvii, p. 15.
Bias musicus, Hartl., Orn. West-Afr., p. 92; Finsch & Hartl., Vög. Ost-Afr.,
p. 313, tab. iii, fig. 2 et 3.; Reichenow, Journ. f. Orn., 1877, p. 22.

Fig. *Finsch & Hartl., Vög. Ost-Afr., tab. iii, fig. 2 et 3* (mâle et fem.)

Caract. Mâle ad. La tête ornée d'une huppe de longues plumes
noires; tout le plumage de cette couleur lustrée de violet, à l'exception de
l'abdomen et des couvertures inférieures de la queue, qui sont blancs; un
petit miroir blanc sur l'aile. Bec noir; pieds jaune-citron; iris jaune.

Dimens. L. t. 148 m.; aile 88 m.; queue 50 m.; bec. 20 m.; tarse
20 m.

La femelle est en dessus d'un roux-ardent, tirant au brun sur la tête et
la nuque; en dessous d'un blanc-fauve, plus fortement nuancé de roux sur
les flancs et la poitrine. Rémiges et rectrices de la couleur du dos; les rémiges
primaires largement terminées de noir.

Habit. La description originale de l'espèce par Vieillot a été faite
d'après un individu rapporté par Perrein de *Molembo* (Congo). Le *Bias musicus* a été souvent rencontré au Gabon, mais ne s'est jamais montré au sud
du *Zaire*. Le dr. Falkenstein l'a recueilli sur le côte de Loango.

174. Cassinia rubicunda

Syn. *Cassinia rubicunda*, Hartl., Rev. et Magaz. Zool., 1860, p. 82; Sharpe
& Bouvier, Bull. S. Z. France i, 1877, p. 307; Reichenow, Journ. f. Orn.,
1877, p. 22.

Fig. *Sharpe, Ibis, 1870, pl. 2, fig. 1.*

Caract. Adulte. D'un brun-roussâtre en dessus, tirant au brun-cendré sur la tête et au roux-ardent sur le bas du dos, le croupion et les couvertures supérieures de la queue; en dessous plus pâle, d'un roux fauve, avec
la gorge variée de blanc et les sous-caudales rousses; les rémiges brunes,

bordées de roux en dehors, vers la base, et marquées, à l'exception des deux
premières, d'une tache roussâtre sur les barbes internes; les 4 rectrices médianes brunes, les autres d'un roux pâle avec les tiges rousses; bec noirâtre,
pieds pâles.

Dimens. L. t. 186 m.; aile 100 m.; queue 88 m.; bec 11 m. à
12 m.; tarse 18 m.

Nous connaissons à peine cette espèce d'après la diagnose publiée par
Hartlaub, que nous reproduisons ci-dessus.

Habit. La *Cassinia rubicunda*, découverte d'abord au Gabon par
l'intrépide voyageur Du Chaillu, vient d'être recueillie au Congo au nord de
l'embouchure du Zaire par MM. L. Petit et Falkenstein. Elle n'a pas encore été
observée sur le territoire d'Angola.

175. Hyliota violacea

Syn. *Hyliota violacea*, Verr., Rev. et Mag. Zool., 1851, p. 308; Hartl., Orn.
West-Afr., p. 98; Boc., Jorn. Acad. Sc. Lisboa, n.º VIII, 1870, p. 343.

Fig. *nulla*.

Caract. Mâle ad. Toutes les parties supérieures d'un noir-bleu à reflets d'acier et violacés; une large bande blanche sur l'aile formée par les
moyennes et grandes couvertures et par les bordures externes des dernières
rémiges secondaires; en dessous blanc lavé de fauve, la poitrine plus fortement teinte de cette couleur; sous-caudales d'un blanc pur. Rémiges de la couleur du dos en dehors; noirâtres, bordées de blanchâtre sur les barbes internes. Bec brun foncé dans sa moitié supérieure, la mandibule plus pâle; tarses
et doigts noirâtres; iris chocolat (Anchieta).

Dimens. L. t. 190 m.; aile 74 m.; queue 52 m.; bec 11 m.; tarse
18 m.

Habit. *Caconda*. Un seul individu mâle envoyé par M. d'Anchieta.

Les reflets violacés de son plumage et le croupion de la couleur du dos
viennent à l'appui de notre détermination spécifique. L'*H. flavigastra* ne se
trouve pas dans nos collections; mais Swainson et M. Hartlaub affirment qu'elle
a le croupion blanc et le plumage d'un noir-bleu, caractères suffisants pour
qu'il ne soit permis de confondre les deux espèces congénères, s'ils n'étaient
pas contestés. Or von Heuglin soutient que le croupion est chez l'*H. flavigas-*

tra, au lieu de blanc, d'un noir bleu à reflets d'acier «*uropygio chalibaeo-nigro, nec albo*»; de sorte que c'est surtout d'après la teinte générale du plumage que nous avons eu à nous prononcer.

176. Elminia longicauda

Syn. *Myiagra longicauda*, Sw., Monogr. Flycatch., p. 210, pl. 25.
Elminia longicauda, Hartl., Orn. West-Afr., p. 93; Sharpe & Bouvier, Bull. S.
  Z. France I, 1876, p. 45.

Fig. *Swainson, Monogr. Flycatch. pl. 25.*

Caract. Mâle ad. Plumage d'un bleu clair, plus pâle et légèrement nuancé de gris en dessous; queue très longue et étagée; rémiges et rectrices d'un bleu clair en dehors et noirâtres sur les barbes internes, à l'exception des deux rectrices médianes d'un bleu clair uniforme. Bec noir, garni sur la base de longs poils; pieds noirs.

Dimens. L. t. 160 m.; aile 66 m.; queue, rect. méd. 89 m.; bec 10 m.; tarse 15 m.

La femelle est en dessus brunâtre, lavée de gris-clair; en dessous blanche, nuancée de cendré.

Habit. Des exemplaires de cette espèce ont été rapportés de la côte occidentale d'Afrique depuis le *Sénégal* jusqu'au *Zaire*. M. L. Petit en a envoyé un individu du *Congo*. On le n'a pas observée sur le territoire d'Angola ni dans l'Afrique australe.

177. Terpsiphone cristata

Syn. *Muscicapa cristata*, Linn., Syst. Nat. I, p. 938.
Tchitrea cristata, Hartl., Orn. West-Afr., p. 89; Boc., Jorn. Acad. Sc. Lishoa,
  n.° V, 1868, p. 42; ibid., n.° VIII, 1870, p. 343; ibid., n.° XVII, 1874,
  p. 36; ibid., n.° XX, 1876, p. 256.
Terpsiphone cristata, Finsch & Hartl., Vög. Ost-Afr., p. 304; Heugl., Orn.
  N.-O. Afr., p. 446.
Tchitrea viridis, Gurney in Anderss. B. Damara, p. 130.
Terpsiphone viridis. Sharpe, Proc. Z. S. L., 1871, p. 133.

Fig. *Levaillant, Ois. d'Afrique III. pl. 142.*

Caract. Mâle ad. Les plumes du dessus de la tête allongées et formant une huppe très-distincte. La tête toute entière, la gorge et la partie an-

térieure du cou jusqu'à la poitrine d'un beau noir-bleu à reflets d'acier poli;
le reste des parties supérieures, avec les couvertures alaires et les rectrices,
dont les deux médianes sont extrêmement allongées, d'un roux-cannelle vif; en
dessous d'un cendré bleuâtre sur l'abdomen; le crissum et les couvertures inférieures de la queue blanches. Les couvertures inférieures de l'aile de cette
même couleur. Les rémiges d'un roux-cannelle en dehors et brunes sur les
barbes internes; les primaires bordées en dedans de roux-pâle et les secondaires de roux-vif; les dernières de celles-ci roux-cannelle, à peine marquées
d'un trait noirâtre sur la tige. Cercle palpébral membraneux très-développé
bleu-violacé; bec et pied bleuâtres; iris châtain (Anchieta).

Dimens. L. t. 190 m.; aile 84 m.; queue, rectr. ext. 81 m., rect.
méd. 270 à 320 m.; bec 13 m.; tarse 16 m.

Chez la femelle la huppe est moins apparente; la queue est étagée, les
rectrices médianes dépassant à peine les autres de quelques millimètres; le
bas de la gorge et la poitrine sont d'un cendré-bleuâtre comme l'abdomen.

Le jeune mâle en première plumage ressemble à la femelle: il a la
tête et la gorge d'un cendré-bleuâtre, l'abdomen de cette même couleur,
le *crissum* et les sous-caudales d'un blanc lavé de roux, les sous-alaires
blanches, le cercle palpébral et la huppe peu distincts. A mesure qu'il se rapproche de l'état adulte les plumes du dessus de la tête se nuancent de bleu
d'acier poli; puis cette couleur envahit le menton et la gorge, et le roux des
sous-caudales devient de plus en plus pâle jusqu'à se changer en blanc. La
queue porte les deux rectrices médianes très allongées bien avant que le bleu
métallique de la huppe et du dessus de la tête se soit étendu à la gorge et à
la poitrine.

Habit. *Quanza; Cazengo* (Hamilton); *Novo Redondo* (Henderson);
Biballa, Caconda et *Humbe* (Anchieta).

Le nom que lui donnent les indigènes d'Angola varie suivant les localités: à Biballa — *Catambuixe*, au Humbe — *Mucombia*.

Andersson rencontra cette espèce au nord du pays des Damaras, dans les
environs du fleuve *Okavango* et du *Lac Ngami*, et à *Elephant's Vley*.

On n'a jamais observé cette espèce au nord du Zaire. Elle y est remplacée par une autre espèce, la *T. melampyra*, Verr., qui nous semble représenter à peine une phase du plumage de la *T. melanogastra*.

178. Terpsiphone melanogastra

Syn. *Muscipeta melanogastra*, Sw., B. of West - Afr., Part II, p. 55.
Tchitrea melanogastra, Hartl., Orn. West - Afr., p. 90.
Tchitrea melampyra, Verr. ap. Hartl., Orn. West - Afr., p. 90; Hartl. & Mont.,
    Proc. Z. S. L., 1860, p. 111; Sharpe, Proc. Z. S. L., 1873, p. 717; Sharpe
    & Bouvier, Bull. S. Z. France I, pag. 45.
Muscipeta speciosa et M. *Du Chaillui*, Cassin, Journ. Acad. Sc. Philad., n.° IV,
    1858-60, pp. 323 et 324, pl. 50.

Fig. *Ferret et Gallinier, Voy. en Abyssinie, Atlas, pl. 8.*
    Cassin, Journ. Acad. Sc. Philad., n.° IV, pl. 50.

Caract. Mâle ad. en plumage parfait. Tête, distinctement huppée, gorge, cou et poitrine d'un noir-bleu à reflets d'acier poli; dos, couvertures alaires et sus-caudales d'un blanc pur; abdomen d'un cendré-ardoisé; crissum et sous-caudales blancs. Rémiges primaires et couvertures du bord de l'aile noires; secondaires noires, largement bordées de blanc en dehors et avec un étroit liséré blanc en dedans; les dernières blanches, marquées d'un trait noir sur la tige et bordées de noir sur les barbes internes. Rectrices blanches, les deux médianes très-alongées, avec la tige noire sur une étendue plus ou moins grande à compter de la base; les autres avec la tige et les bords noirs. Cercle palpébral membraneux d'un bleu-violacé: bec et pieds bleuâtres.

Dimens. L. t. 190 m.; aile 86 m.; queue, rect. ext. 85 m., rect. méd. 276 m.; bec 13 m.; tarse 16 m.

Nous avons pu suivre sur une belle suite d'individus de l'Afrique orientale *(Abyssinie, Bahr-el-abiad, Nil-blanc)* les changements successifs du plumage chez cette intéressante espèce à partir du jeune âge. Le plus jeune de nos individus est marqué comme femelle; il est d'un roux-pâle en dessus sans aucun vestige de bande alaire blanche, avec le vertex cendré à peine nuancé de bleu, le reste de la tête, le cou et les parties inférieures d'un cendré-pâle, et les sous-caudales lavées de roux. La queue est d'un roux identique à celui du dos.

Après celui-ci il faut citer un jeune mâle, d'un roux-cannelle en dessus et cendré-ardoisé en dessous, avec la tête et la gorge bleu d'acier et les sous-caudales grises lavées de roux. La queue d'un roux-ardent porte deux plumes médianes qui dépassent les autres à peine de 10 millimètres. Cet état du plumage est identique à celui de deux mâles d'Afrique occidentale (Gabon et Bissâo), que nous avions reçu de la maison Verreaux de Paris sous le nom de *T. melampyra;* la seule différence que nous constatons c'est que les deux plumes médianes sont chez ces individus beaucoup plus longues.

13

Une phase plus avancée du plumage nous est présentée par un mâle du Nil-Blanc, très semblable aux précédents, mais portant déjà sur l'aile une bande blanche longitudinale formée par les bords d'une partie des couvertures alaires et des rémiges secondaires.

Enfin chez un cinquième individu le plumage touche presque à l'état parfait ou définitif: le dos est blanc, les rectrices médianes et quelques unes des latérales sont de cette même couleur avec les tiges noires; mais les parties inférieures conservent encore leur coloration d'un cendré foncé, et deux rectrices de chaque côté sont marquées, sur un fond roux-cannelle, d'une bande longitudinale blanche, qui suit le côté externe de la tige.

Habit. La *T. melanogastra*, observée par plusieurs voyageurs dans l'Afrique orientale, appartient aussi à l'Afrique occidentale. Du Chaillu en a recueilli de nombreux spécimens au Gabon; Sperling et L. Petit l'ont envoyée du Congo. Parmi les oiseaux rapportés du *Bembe* par M. Monteiro, dont la liste des espèces déterminées par M. Hartlaub a été publiée dans les Proceedings de la Société Zoologique de Londres, 1860, se trouvait un individu de cette espèce, qui y a été inscrite sous le nom de *T. melampyra*. Cette heureuse capture est la seule preuve matérielle qu'on possède de l'existence de cette espèce sur le territoire d'Angola; et cependant M. Monteiro dit qu'elle est commune dans les ravins boisés des environs du Bembe et connue des indigènes sous le nom de *Engundobeoli anfinda* [1].

Le récent voyage du Dr. Falkenstein à la côte de Loango vient d'ajouter trois espèces de *Terpsiphone*, dont une nouvelle, à l'ornithologie du Congo [2].

. La nouvelle espèce a reçu de M. Cabanis le nom de *T. rufocineracea* [3]. Elle a été établie d'après deux individus dont les caractères, autant qu'il nous est permis de juger par la courte description du savant ornithologiste de Berlin, s'accordent assez bien avec ceux de nos individus jeunes de *T. melanogastra*.

Les deux autres espèces étaient déjà connues comme appartenant à l'Afri-

---

[1] L'individu de l'île *St. Thomé* que nous avions désigné sous le nom de *T. melampyra* dans notre première liste des Oiseaux d'Afrique occidentale (Jorn. Sc. Lisboa, n.º II, 1867, p. 137), appartient à une autre espèce; nous le regardons à présent comme la femelle de la *T. atrochalybea*. Voici sa diagnose:

Supra cimamomeo-rufa, pileo subcristato chalybeo-nigro, torque nuchali et capitis lateribus cinerascentibus; subtus cinerascente-alba, abdomine rufescente, tectricibus caudae inferioribus rufis; remigibus fuscis, secundariis et tertiariis rufo-marginatis; rectricibus rufis, versus apicem fusco adumbratis; rostro pallido, apice nigro; pedibus nigricantibus. L. t. 159 m.; al. 76 m.; caud. 83 m.; rostr. 12 m.; tars. 18 m.

En comparant le plumage des 2 sexes chez *T. atrochalybea* et *T. corvina*, Newt., on remarque qu'il y a un parfait parallélisme entre ces deux espèces.

[2] V. Reichenow, Journ. f., Orn., 1877, p. 22.

[3] V. Cabanis, Journ. f. Orn., 1875, p. 236.

que occidentale : l'une, *T. tricolor*, avait été découverte par Fraser à *Fernão do Pó* ; l'autre, *T. atrochalybea*, se trouve à *Fernão do Pó* et à l'île *St. Thomé.* Nous l'avions reçue depuis longtemps de cette dernière localité.

179. Trochocercus nitens

Syn. *Trochocercus nitens*, Cassin, Proc. Acad. Sc. Philad., 1859, p. 50 ; id. Journ. Acad. Sc. Philad., 1860, p. 325, pl. 50, fig. 4 ; Sharpe & Bouvier, Bull. S. Z. France, i, 1876, p. 45.

Fig. *Cassin, Journ. Acad. Sc. Philad.,* 1860, *pl.* 50, *fig.* 4.

Caract. Mâle ad. Tête, cou, poitrine et toutes les parties supérieures avec les ailes et la queue d'un noir-bleu à reflets d'acier ; l'abdomen et les couvertures inférieures de la queue d'un gris-pâle, tirant au blanc vers la poitrine. Bec et pieds bleuâtres.

Dimens. L. t. 140 m. : aile 63 m. : queue 75 m.

Chez la femelle toutes les parties supérieures sont d'un cendré obscur à l'exception du dessus de la tête, d'un noir-bleu lustré ; les ailes et la queue d'un cendré noirâtre : l'abdomen et les sous-caudales d'un gris-cendré ; la gorge et la poitrine d'un cendré foncé. Ses dimensions sont inférieures à celles du mâle.

Cette espèce nous est inconnue : nous en donnons les caractères d'après la description publiée par Cassin.

Habit. Découvert d'abord au Gabon par Du Chaillu dans le voisinage de la rivière *Camma*, le *T. nitens* vient d'être rencontré au *Congo* par M. L. Petit.

180. Platystira melanoptera

Syn. *Muscicapa melanoptera*, Gen., Syst. Nat., Part i, p. 939. *Platystira melanoptera*, Hartl , Orn. West-Afr., pp. 93 et 272. *Platystira cyanea*, Sharpe, Ibis, 1873, p. 157 ; Sharpe & Bouvier, Bull. S. Z. France i, 1876, p. 45 ; Reichenow, Journ. f. Orn., 1877, p. 22.

Fig. *Jardine & Selby, Illustr. Ornith., pl.* ix, *fig.* 1 et 2 (mâle et fem.).

Caract. Mâle ad. Front, dessus de la tête et du cou et manteau d'un noir lustré de bleu : les plumes du croupion, longues et décomposées, nuancées de gris; une bande transversale blanche sur l'aile, suivie d'une autre longitudinale et plus étroite de la même couleur, la première formée par les moyennes et grandes couvertures, la seconde par les bordures des dernières rémiges secondaires. En dessous blanc, à l'exception d'un large collier au devant de la poitrine de la couleur du dos; les cuisses noires, variées de blanc. Rémiges primaires noires, bordées de blanc en dedans et lisérées de gris en dehors. Queue d'un noir à reflets bleus; la première rectrice bordée de blanc. Caroncule supra-orbitaire rouge; bec et pieds noirs.

Dimens. L. t. 123 m.; aile 64 m.; queue 52 m.; bec 15 m.; tarse 17 m.

La femelle a les parties supérieures fortement nuancées de cendré et la gorge roux-marron suivi d'une bande étroite noire; le menton blanc.

Habit. Cette espèce est répandue de la *Sénégambie* au *Gabon;* dernièrement M. L. Petit l'a découverte au *Congo*.

181. Platystira albifrons

Syn. *Platystira melanoptera*, Sharpe, Proc. Z. S. L., 1869, p. 566.
Platystira albifrons, Sharpe, Ibis, 1873, p. 159.

Fig. *nulla.*

Caract. Nous connaissons à peine cette espèce d'après la courte diagnose publiée par M. Sharpe, que nous allons transcrire.

«*Similar to P. cyanea* (P. melanoptera, Gm.), *but a little more glossy blue-black, and distinguished by its white forehead. Total length 4,8 inches, culmen 0,6, wing 2,35, tail 2, tarsus 0,75.*»

La femelle doit probablement ressembler à celle de la *P. melanoptera*.

Habit. Le type de l'espèce a été pris par M. Monteiro à *Rio Loge* (Ambriz) sur la région littorale, au nord de Loanda. M. Sharpe fait mention d'un autre individu rapporté également d'Angola par M. Monteiro, mais sans préciser la localité où ce voyageur l'aurait recueilli.

La *P. albifrons,* si ses caractères différentiels étaient reconnus constants, remplacerait donc à Angola la *P. melanoptera*.

182. Lanioturdus torquatus

Syn. *Lanioturdus torquatus*, Waterh. App. Alex. Exp. int. Afr., p. 264; Boc.,
　　Jorn. Acad. Sc. Lisboa, n.° v, 1868, p. 42; ibid., n.° xvii, 1874, p. 55;
　　Sharpe, Ibis., 1873, p. 170.
Platystira torquata, Gurney in Anderss. B. Damara, p. 132.

Fig. *Ch. Bonaparte, Rev. et Mag. Zool.*, 1857, *pl.* 5.

Caract. Ad. Dessus et côtés de la tête et face supérieure du cou
d'un noir-bleu brillant; le front, une courte raie supraciliaire ne dépassant
pas l'œil, une tache arrondie à la nuque, la gorge, le milieu de l'abdomen et
les sous-caudales d'un blanc pur; dos, poitrine et flancs d'un cendré bleuâtre;
un collier noir au-devant de la poitrine; croupion de la couleur du dos, marqué
de taches arrondies blanches; couvertures supérieures de la queue noirâtres;
cuisses blanches variées de noir. Dessus de l'aile d'un noir-bleu avec une large
bande blanche formée par les extrémités des grandes couvertures internes.
Rémiges noires, avec un grand espace blanc à la base et bordées de blanc à
l'extrémité. Rectrices blanches; les deux intermédiaires marquées près du
bout d'une tache alongée irrégulière noire. Sous-alaires noires, les plus longues terminées de blanc; une touffe de plumes axillaires blanches. Bec noir;
pieds noirâtres; iris variant du jaune-verdâtre au jaune-vif (Anchieta).

Dimens. L. t. 150 m.; aile 86 m.; queue 45 m.; bec 16 m.; tarse
26 m.

Les individus marqués comme femelles ne diffèrent pas des mâles par
aucune particularité de coloration.

Chez les jeunes le dessus de la tête et les ailes sont d'un noir terne.

Habit. *Capangombe* et *Humbe* (Anchieta). Dans la première localité
le nom indigène est *Sequi*, dans la seconde *Bixacorimbo*.

Andersson rencontra cet oiseau dans le pays des Damaras, dans sa partie
méridionale, et près de la rivière Omaruru reunis par paires pendant les mois
d'octobre et novembre.

183. Batis molitor

Syn. *Batis molitor*, Sharpe, Ibis, 1873, p. 167.
Platystira molitor, Boc., Jorn. Acad. Sc. Lisboa, n.º XVII, 1874, pp. 36 et 55.

Fig. *Sharpe in Layard's, B. S.-Afr., pl. X, fig. 1. (femelle).*

Caract. Mâle ad. Plumage en dessus d'un cendré-bleuâtre, d'un ton
plus pur sur la tête et plus rembruni sur le dos; une large bande noire couvrant les côtés de la tête, de la base du bec à la région auriculaire, et se prolongeant plus étroite vers la nuque; au milieu de celle-ci une tache blanche
bien distincte; une raie supraciliaire blanche au-dessus de la bande oculaire
noire, partant du front et terminant derrière l'œil; le croupion varié de blanc
et de noir; les couvertures supérieures de la queue de cette dernière couleur
ainsi que les scapulaires et les petites couvertures des ailes; les moyennes et
les grandes couvertures en partie blanches formant sur l'aile une bande de
cette couleur. Les parties inférieures blanches; un large collier d'un noir-bril-
lant à la poitrine; les flancs nuancés de noir; les sous-caudales et les cuisses
noires. Rémiges noires; les primaires avec un étroit liséré blanc en dehors,
les secondaires largement bordées de blanc. Rectrices d'un noir brillant; les
deux paires externes bordées et terminées de blanc, les autres à peine lisérées
de blanc à l'extrémité.

Dimens. L. t. 118 m.; aile 57 m.; queue 45 m.; bec 11 m.; tarse
17 m.

La femelle se distingue du mâle par son collier roux-cannelle, au lieu de
noir, et par une tache de la même couleur à la gorge. Elle a à peu-près la
même taille.

Habit. Nous avons reçu du *Humbe* par M. d'Anchieta trois individus
de cette espèce, un mâle et deux femelles [1]; les indigènes de cette localité
l'appelent *Catita-angolo*.

Cette espèce habite l'Afrique australe et se répand vers les deux côtes.
M. Sharpe a pu examiner des spécimens rapportés du Natal et de Tette, ainsi
que de la partie nord du pays des Damaras; le *Humbe* sur les bords du Cunene
est jusqu'à présent la limite extrème de son habitat du côté de l'Afrique occidentale.

[1] Les dimensions de ces individus sont un peu inférieures à celles indiquées par M.
Sharpe (loc. cit. p. 167); mais d'après la couleur roux-cannelle du collier et de la tache gulaire chez les femelles c'est à la *B. molitor* qu'ils nous semblent devoir appartenir.

184. Batis pririt

Syn. *Muscicapa pririt*, Vieill., N. Dict. H. N. xxi, p. 486.
Platystira affinis, Wahlb. Öfv. Akad. Förhand., Stockolm, 1855, p. 214.
Platysteira senegalensis, Monteiro, Proc. Z. S. L., 1865, p. 95.
Batis pririt, Sharpe, Ibis, 1873, p. 168.

Fig. *Levaillant, Ois. d'Afrique, iv, pl. 161 (mâle et fem.)*
Sharpe in Layard's, B. S.-Afr., pl. x, fig. 2 et 3.

Caract. Mâle ad. Livrée identique à celle de l'espèce précédente; taille un peu plus petite.

La femelle adulte serait plus facile à distinguer de celle de *B. molitor*, quoique ayant comme celle-ci une tache rousse à la gorge et un collier de cette couleur à la poitrine, à cause de la teinte particulière de ce roux, qui est plus pâle et tirant à l'ocracé; le blanc de la face antérieure du cou est nuancé de cette couleur.

Cette espèce nous est inconnue; nous présentons l'indication sommaire de ses caractères d'après M. Sharpe, qui du reste se trouve parfaitement d'accord avec Levaillant, Vieillot et Wahlberg.

Habit. L'unique document qui prouve l'existence de cette espèce dans le territoire d'Angola c'est un individu, sans désignation de sexe, recueilli par M. Monteiro à *Benguella*. M. Hartlaub l'avait rapporté à une autre espèce *B. senegalensis*; mais M. Sharpe, qui l'a examiné plus tard, le considère identique à l'espèce découverte par Levaillant dans le pays des Damaras et des Grands Namaquas.

185. Batis minulla

Tab. III.

Syn. *Platystira pririt*, Boc., Jorn. Acad. Sc. Lisboa, n.° v, 1868, p. 43.
Platystira minulla, Boc., Jorn. Acad. Sc. Lisboa, n.° xvii, 1874, p. 37; Sharpe & Bouvier, Bull. S. Z. France i, 1876, p. 308.

Diagn. ♂ *Supra schistaceo-cinereus, verticis plumis nigro-striolatis, uropygio albo nigroque vario; fronte, stria supraciliari brevi et macula nuchali valde conspicua albis; fascia per ocula et torque lato pectorale nitide nigris; fascia super alam transversa alba; remigibus nigricantibus, secundariis late albo-marginatis; subtus albus; hypocondriis nigro-maculatis, tibialibus nigris, subalaribus nigris albo-variis; supracaudalibus rectricibusque*

nitide nigris; rectricibus $^2/_2$ *extimis pogonio externo et apice albo-limbatis;
rostro nigro; pedibus nigricantibus; iride flavissima.*

♀ *Pileo magis cinerascente; gula alba, torque pectorali lato rufo-cinnamonico.*

Caract. Mâle ad. En dessus d'un cendré-ardoisé, strié de noir sur
la tête et varié de blanc et de noir sur le croupion; front, strie supraciliaire
peu apparente et une tache bien distincte sur la nuque d'un blanc pur; bande
oculaire noire, se prolongeant vers la nuque. Parties inférieures blanches; un
large collier d'un noir lustré de bleu sur la poitrine; les flancs variés de noir,
les cuisses noires. Petites couvertures de l'aile noires; moyennes et grandes
couvertures noires à la base et blanches vers l'extrémité, formant une large
bande blanche. Une partie des sous-alaires noires forment une tache centrale
de cette couleur, le reste blanches. Rémiges noirâtres; les primaires avec un
étroit liséré blanc en dehors; les secondaires bordées de blanc. Couvertures
supérieures de la queue et queue d'un noir brillant; les deux rectrices externes de chaque côté bordées et terminées de blanc. Bec noir; pieds noirâtres;
iris jaune-vif (Anchieta).

Dimens. L. t. 96 m.; aile 51 m.; queue 38 m.; bec 10 m.; tarse
15 m.

La femelle est en dessus d'un cendré plus pâle, surtout à la tête; elle n'a
pas de tache gulaire, mais porte à la poitrine un collier roux-cannelle.

Nous ne pensons pas qu'on puisse confondre cette espèce avec la *Platystira minima*, Verr.: elle en diffère non seulement par sa taille un peu plus
forte, mais aussi par quelques détails de coloration tels que la tache blanche à
la nuque et le collier d'un noir brillant à la poitrine, chez le mâle. L'espèce du
Gabon n'a pas de tache à la nuque, et le collier du mâle est d'un noir-grisâ-
tre pâle.

Habit. Nous possédons trois individus de cette espèce, un mâle et
deux femelles. Deux de nos individus (mâle et femelle) ont été recueillis par
M. Anchieta à *Biballa*; sur leurs étiquetes se trouve indiqué le nom indigène —
Kaloqueio. L'autre femelle, dont nous ignorons la provenance exacte, faisait
partie d'une collection d'oiseaux d'Angola que nous devons à la générosité de
M. Furtado d'Antas.

MM. Sharpe et Bouvier ont rencontré un individu de cette espèce dans
une collection d'oiseaux envoyée du Congo par le dr. Lucan: il avait été pris
à *Chiloango*.

186. Diaphorophya leucopygialis

Syn. *Platystira leucopygialis*, Fraser, Proc. Z. S. Lond., 1842, p. 142; Hartl.,
   Orn. West–Afr., p. 95; Sharpe, Proc. Z. S. Lond., 1871, p. 133.
Diaphorophya castanea, Sharpe, Ibis, 1873, p. 172.

Fig. *Fraser, Zool. typica, pl. 34, fig. 1 (mâle) et fig. 2 (fem.)*

Caract. Mâle ad. Dessus de la tête, manteau et un collier sur la poitrine d'un noir lustré de bleu; joues, scapulaires, croupion, gorge et abdomen
d'un blanc pur; sus-caudales et queue noires; rémiges noires avec un espace
blanc sur les barbes internes près de la base, les secondaires lisérées en dehors de blanc. Caroncule supra-orbitaire rouge; bec noir; pieds noirâtres; iris
jaune.

Dimens. L. t. 90 m.; aile 56 m.; queue 22 m.; bec 11 m.;
tarse 15 m.

La femelle diffère tellement du mâle par ses couleurs qu'on a pu la prendre pour une autre espèce. Elle est d'un roux-marron en dessus, avec la
partie supérieure de la tête d'un cendre-bleuâtre et le croupion cendré varié
de blanc; les joues, la gorge et la poitrine roux-marron; une petite tache
blanche au dessus de l'œil; l'abdomen blanc tirant au gris sur les flancs;
les rémiges brunes bordées en dehors de roux-marron; la queue d'un brun-
noirâtre.

Le jeune ressemble à la femelle, mais chez lui les parties coloriées en
roux-marron sont variées de noir.

Habit. M. Sharpe fait mention (loc. cit.) d'un individu de cette espèce envoyé d'Angola par M. Hamilton, le premier qu'on ait observé au sud
du Gabon. La provenance exacte de cet individu ne s'y trouve pas indiquée;
mais d'après les renseignements recueillis par M. Sharpe, la plupart des
oiseaux envoyés par M. Hamilton seraient originaires de la contrée traversée
par la rivière *Lucalla* et quelques uns de *Golungo-Alto*. Ces localités se trouvent au nord du *Quanza*.

Le dr. Falkenstein l'a trouvée sur la côte de Loango.

187. Muscicapa atricapilla

Syn. *Muscicapa atricapilla*, Linn., Syst. Nat. I, p. 226; Sharpe & Bouvier, Bull.
S. Z. France I, 1877, p. 308.

Fig. *Werner, Atl. Ois. d'Europe, pl.*
Shelley, Birds of Europe, Parts xxiv, xxv & xxvi, *pl.*

Caract. Mâle ad. en été. En dessus, d'un noir profond, avec une
petite tache au front et les grandes et moyennes couvertures de l'aile blanches; en dessous d'un blanc pur; les rémiges et les rectrices latérales d'une
teinte plus pâle et bordées de blanc en dehors; iris, bec et pieds noirs.

Dimens. L. t. 130 m.; aile 76 m.; queue 55 m.; bec 11 m.;
tarse 17 m.

La livrée de la femelle adulte a des teintes plus pâles brunes en dessus,
et le blanc des parties inférieures est lavé de brunâtre.
En hiver le plumage chez les deux sexes est nuancé de gris en dessus et
d'un blanc terne en dessous.

Habit. Un individu de cette espèce, un jeune en plumage d'hiver,
faisait partie, suivant MM. Sharpe et Bouvier, d'un envoi d'oiseaux recueillis à
Landana (Congo) par MM. Petit et Lucan. C'est, si nous ne nous trompons
pas, le premier individu de cette espèce observé dans les régions sous-équa-
toriales de l'Afrique occidentale.

188. Muscicapa cinereola

Syn. *Muscicapa cinereola*, Finsch & Hartl., Vög. Ost-Afr., p. 302; Boc., Jorn.
Acad. Sc. Lisboa, n.º viii, 1870, p. 343; ibid., n.º xvii, 1874, p. 55;
Heugl., Orn. N.-O. Afr., p. 437.
Muscicapa modesta, Boc., Jorn. Acad. Sc. Lisboa, n.º v, 1868, p. 43

Fig. *Finsch & Hartl., Vög. Ost-Afr. tab.*, iv, *fig.* 1.

Caract. Ad. Plumage d'un gris-bleuâtre légèrement teint de brun;
plus pâle en dessous, d'un blanchâtre sale, avec le milieu de l'abdomen et
les sous-caudales d'un blanc pur; lores et cercle palpebral blancs; ailes et
queue d'un brun-grisâtre; les rémiges primaires avec un liséré blanchâtre en
dehors et bordées de cette couleur sur les barbes internes, vers la base; les
secondaires bordées et terminées de blanc; les rectrices latérales avec une

étroite bordure blanche à l'extrémité. Sous-alaires blanches. Bec brun avec la base de la mandibule jaunâtre ; pieds couleur d'ardoise ; iris brun (Anchieta).

Dimens. L. t. 145 m. ; aile 75 m. ; queue 60 m. ; bec 11 m. ; tarse 18 m.

Habit. *Biballa* et *Humbe* (Anchieta). Dans la première localité son nom indigène est *Katiété*, dans la seconde *Kapiapia*.

Andersson ne l'a pas envoyée du pays des Damaras. Elle habite l'Afrique centrale, car d'après MM. Finsch et Hartlaub le capitaine Speke l'aurait récucillie à *l'saramo*.

189. Muscicapa lugens

Syn. *Muscicapa lugens*, Hartl., Proc. Z. S. L., 1860, p. 110.
Muscicapa cinereola (part.), Heugl., Orn. N.-O. Afr., p. 437.

Fig. *nulla*.

Caract. Ad. «Plumage cendré, plus pâle en dessous, avec le milieu du ventre, le crissum et les sous-caudales d'un blanc pur ; couvertures inférieures de l'aile cendrées ; *la gorge légèrement striée de brun ;* les ailes et la queue d'un brun-noirâtre ; *les tiges des plumes du dessus de la tête noires ;* les petites couvertures des ailes et les scapulaires noires, avec des bordures cendrées peu distinctes ; bec noir ; pieds bruns. L. t. 5 $1/2''$; bec 6''' ; aile 2'' 8''' ; queu 2'' 3''' ; tarse 6 $1/2'''$ (Hartlaub).»
Heuglin comprend cette espèce dans la synonimie de le précédente ; mais MM. Finsch et Hartlaub, qui ont pu les comparer, les considérent distinctes surtout à cause des tiges noires des plumes de vertex et des stries foncées sur la gorge, qui existent chez le B. *lugens* et ne se trouvent point chez la B. *cinereola*.

Habit. *Bembe,* dans l'intérieur d'Angola au nord du Quanza, où M. Monteiro a recueilli le type de espèce. On ne l'a pu rencontrer dans aucune autre localité d'Angola, mais le dr. Falkenstein l'a recueillie sur la côte de Loango.

M. Hartlaub cite un individu de cette espèce, déposé au muséum de Stutgard, originaire de l'intérieur de l'Afrique australe.
Les indigènes du *Bembe,* suivant M. Monteiro, donnent à cet oiseau un nom assez long, *Engumbeashedioco.*

190. Parisoma subcaeruleum

Syn. *Sylvia subcaerulea*, Vieill., N. Dict. H. N. xi, p. 188.
Parisoma subcaeruleum, Gurney in Anderss. B. Damara, p. 77; Boc., Jorn. Acad.
Sc. Lisboa, n.° xvii, 1874, p. 51; ibid., n.° xix, 1876, p. 151; ibid.,
n.° xx, 1876, p. 253.

Fig. *Levaillant, Ois. d'Afrique* iv, *pl. 126, fig. 1.*

Caract. En dessus d'un cendré-bleuâtre légèrement nuancé de
brun; plus pâle en dessous, tirant au blanchâtre sur le milieu du ventre et
sur la gorge, qui est variée de taches allongées noires; le crissun et les sous-
caudales roux-cannelle; les flancs cendrés. Couvertures inférieures de l'aile
d'un cendré-ardoisé, variées de blanc. Rémiges brun-pâle, bordées de blanc
en dedans. Queue arrondie avec les rectrices intermédiaires toutes noires; les
rectrices latérales de la même couleur, mais terminées de blanc, et cet espace blanc d'autant plus étendu que la rectrice est plus extérieure. Bec et pieds
noirâtres; iris variable, gris-perle, jaune pâle ou châtain (Anchieta).

Dimens. L. t. 145 m.; aile 63 m.; queue 70 m.; bec 11 m.; tarse
20 m.

La femelle ressemble au mâle.

Habit. *Humbe*, où les indigènes l'appellent *Mudiankeno* et *Tubiké*
(Anchieta).

Andersson cite cette espèce comme assez commune sur le territoire des
Damaras et des Grands Namaquas. Elle doit aussi se montrer souvent au Humbe, car nous en avons trouvé des spécimens dans tous les envois faits par M.
d'Anchieta de cette localité. On ne l'a pas encore capturée au nord de la région du Cunene.

D'après les observations de M. d'Anchieta cet oiseau se nourrit exclusivement d'insectes et d'arachnides.

191. Ceblepyris pectoralis

Syn. *Graucalus pectoralis*, Jard. & Selby, Illustr. Orn., pl. 57.
Campephaga pectoralis et *C. frenata*, Hartl., Journ. f. Orn., 1865, p. 158.
Ceblepyris pectoralis, Heugl., Orn. N.-O. Afr., p. 418; Boc., Jorn. Acad. Sc.
    Lisboa, n.° VIII, 1870, p. 343; Gurney in Anderss. B. Damara, p. 134.
Campephaga Anderssoni, Sharpe, Proc. Z. S. L., 1870, p. 69, pl. 4.

Fig. *Jardine & Selby, Illustr. Orn., pl. 57 (le mâle).*
Sharpe. Proc. Z. S. L., 1870, pl. IV. (la femelle).

Caract. Mâle ad. Parties supérieures d'un cendré-bleuâtre; front
et tour des yeux blancs; lores noirâtres; en dessous blanc, avec la gorge et
les côtés de la poitrine d'un cendré-ardoisé. Rémiges noires, les primaires lisérées de cendré en dehors, les sécondaires plus largement bordées de cette
couleur, celles plus rapprochées du corps cendrées sur les barbes externes.
Trois rectrices de chaque côté noires, les intermédiaires noirâtres. Bec et pieds
noirs; iris brun (Anchieta).

Dimens. L. t. 240 m.; aile 143 m.; queue, 119 m.; bec 23 m.;
tarse 22 m.

La femelle a des teintes plus pâles; sa gorge est d'un gris-blanchâtre et
la partie antérieure du cou cendrée.

Chez le jeune le plumage d'un cendré-pâle est varié en dessus de taches
noires, en forme de croissant, bordées de blanc; la gorge et la partie antérieure du cou sont grises et le reste des parties inférieures blanches, mais
chaque plume porte vers l'extrémité une petite tache noirâtre en cœur ou en
fer de lance. Les rémiges sont bordées de blanc et les rectrices terminées de
cette couleur.

Habit. Un seul individu de cette espèce nous est parvenu d'Angola;
c'est un jeune mâle en livrée de transition, que M. d'Anchieta a pris à *Caconda*, dans l'intérieur de Benguella.

Le *C. pectoralis*, quoique assez répandu dans l'Afrique occidentale, ne
fait que de rares apparitions au sud du Zaire. On doit à M. d'Anchieta sa découverte sur le territoire d'Angola. Dans le pays des Damaras il doit être encore plus rare, car parmi les nombreux oiseaux récueillis par Andersson on n'a
pu trouver qu'un seul individu de cette espèce, une femelle décrite d'abord
par M. Sharpe sous le nom de *C. Anderssoni*, mais rapportée plus tard par le
même auteur au *C. pectoralis*.

FAM. CAMPEPHAGIDAE

192. Campephaga nigra

Syn. *Campephaga nigra*, Vieill., N. Dict. H. N. x, p. 50; Hartl., Orn. West-
Afr., p. 99; Gurney in Anderss. B. Damara, p. 133; Boc., Jorn. Acad.
Sc. Lisboa, n.° v, 1868, p. 43; ibid., n.° xvii, 1874, p. 37.
Campephaga xanthornoides, Boc., Jorn. Acad. Sc. Lisboa, n.° v, 1868, p. 43.
Campephaga phaenicea, ♀ Boc., Jorn. Acad. Sc. Lisboa, n.° v, 1868, p. 43;
ibid., n.° viii, 1870, p. 343.
Ceblepyris melanoxantha, Licht. Verz. Doubl. Mus. Berlim, p. 51.
Lanicterus, sp. nova? Salvad. & Antin, Cat. Ucc. del Mar rosso e dei Bogos,
p. 439.
Lanicterus niger, Boc., Jorn. Acad. Sc. Lisboa, n.° xx, 1876, p. 254.

Fig. *Levaillant, Ois. d'Afrique* iv, pls. 164 *et* 165 (jeune et mâle).

Caract. Adulte. D'un noir brillant partout à reflets bleus et verts;
rémiges en dessus d'un brun noirâtre sur les barbes internes, en dessous d'un
brun-grisâtre légèrement teint de jaune; queue en dessus de la couleur du
dos, en dessous noire. Un rebord charnu couvrant la commissure du bec, à ce
qu'il paraît, d'un jaune rougeâtre. Couvertures inférieures de l'aile de la couleur du dos. Bec et pieds noirs; iris brun-chocolat (Anchieta).

Dimens. L. t. 214 m.; aile 107 m.; queue 106 m.; bec 12 m.; tarse
19 m.

Tels sont les caractères d'un individu marqué comme mâle adulte, que
M. d'Anchieta nous a envoyé de *Biballa,* dans l'intérieur de Mossamedes.

Un autre individu du même sexe et faisant partie du même envoi ressemble au précédent par sa coloration noire lustrée de bleu d'acier, mais il porte
sur le pli de l'aile une tache jaune-jonquille formée par quelques-unes des
petites couvertures. Les rémiges primaires sont chez lui bordées de jaune en
dedans et les couvertures inférieures de l'aile plus rapprochées du bord terminées de cette couleur.

D'autres individus en notre possession envoyés de *Biballa* et *Caconda*
rappelent exactement l'*Echenilleur jaune* de Vieillot, figuré sur la planche 164
de Levaillant et généralement regardé comme le jeune de la *C. nigra*. Ces individus diffèrent à peine entre eux d'après la teinte générale de leur plumage,
plus ou moins lavé de jaune, et la couleur plus ou moins foncée de leurs raies
transversales. Les individus à teintes grisâtres moins mélangées de jaune et
moins distinctement rayés de noir portent le signe de mâles, et sont probable-

ment des mâles jeunes; ceux à plumage jaunâtre et à raies plus nombreuses et plus noires se trouvent marqués comme femelles. Voici les caractères principaux d'un de ces derniers individus:

Tête et cou d'un brun-cendré nuancé d'olivâtre; une tache d'un blanc sale sur les lores, se prolongeant en une raie surciliaire peu apparente; dos, croupion et sus-caudales d'un gris lavé de jaune-vif et rayé de brun-noir; couvertures des ailes et scapulaires rayées de noir et bordées de jaune; rémiges d'un brun-noirâtre avec les bords jaunes; les dernières primaires et les secondaires terminées de jaune; en dessous d'un blanc nuancé de jaune et rayé de noir, les raies de l'abdomen plus larges et plus espacés que celles du dos; la queue brune, avec les trois rectrices externes bordées et terminées de jaune.

Dans cet état du plumage il nous semble impossible de distinguer cette espèce de la femelle et du jeune de la *C. phaenicea*.

Tous les individus, dont nous ayons connaissance, à plumage noir, avec ou sans épaulettes jaunes, recueillis dans diverses localités de l'Afrique et parvenus en Europe acompagnés de l'indication de leur sexe, se trouvent être des mâles adultes. Nous pouvons citer: un mâle sans épaulettes pris par Andersson dans le pays des Damaras[1]; un mâle à épaulettes envoyé par Ayres du *Natal*[2]; un mâle à épaulettes recueilli a *Ansaba* par le Marquis Antinori[3]; enfin deux mâles, l'un à épaulettes et l'autre tout noir, que nous avons reçus de M. d'Anchieta, tous les deux de *Biballa*. Ces faits, que nous tenons pour authentiques, nous amenent à conclure que la livrée noire appartient au mâle et que la femelle porte chez cette espèce, comme chez la *C. phaenicea*, une livrée jaune rayée de noir, semblable à celle du jeune, mais plus lavée de jaune. Pour nous l'épaulette jaune tendrait à disparaître avec l'âge; les vieux mâles ne la porteraient plus. Ce qui nous induit à le supposer, c'est que chez notre individu à épaulettes quelques unes des petites couvertures jaunes commencent à se teindre de noir sur les bords. Nous croyons de même que chez la *C. phaenicea* le mâle porte d'abord des épaulettes jaunes, plus étendues et d'un jaune-orange, qui deviennent plus tard rouges, mais gardent toujours la couleur primitive sur une étendue plus ou moins grande vers la base des petites couvertures[4].

Nous reconnaissons que l'état actuel de nos connaissances ne nous permet pas de formuler que de simples conjectures; mas ces conjectures ne se trouvent pas en désaccord avec les faits les mieux avérés, et elles nous permettent d'établir chez deux espèces congénères, *C. phaenicea* et *C. nigra*, un par-

[1] V. Gurney, Ibis, 1864, p. 350.
[2] V. Gurney, Ibis, 1868, pag. 45.
[3] V. Salvadori & Antinori, Ann. Mus. Civ. Genova, 1873, p. 76.
[4] M. Ussher regarde les individus à épaulettes jaune-orange *(C. xanthornoides,* Less.) comme des vieux mâles de *C. phaenicea;* nous sommes d'accord quant a l'identité spécifique, mais nous croyons plus probable que le changement de jaune en rouge soit le dernier terme du metachromatisme. V. Ibis. 1874, p. 65.

fait parallélisme dans les phases de leur développement, ce qui nous semble parfaitement naturel.

Pour M. Hartlaub les individus à plumage tout noir seraient, contre l'assertion positive de Levaillant et de plusieurs autres voyageurs, des femelles adultes, et ceux à épaulettes jaunes *(C. melanoxantha, Licht.)* des mâles[1]. M. O. Finsch, que nous avons consulté sur ce difficile sujet, se montre enclin à croire que l'épaulette jaune est le caractéristique de la femelle adulte. Nous pensons cependant, sauf le respect dû à de telles autorités, que notre hypothèse a en sa faveur une plus grande somme de probabilités.

Habit. *Biballa, Caconda* et *Humbe* (Anchieta). De *Biballa* nous avons reçu trois individus compris dans le même envoi : un mâle à plumage tout noir, un autre mâle à plumage noir avec épaulettes jaunes et une femelle à plumage rayé de noir et lavé de jaune. Chacun de ces individus vient accompagné d'un nom indigène différent, *Melombe, Bimbe* et *Temboandangui.*

Les individus que M. d'Anchieta nous a envoyés de *Caconda* et du *Humbe* portent tous la livrée rayée de noir ou de brun sur un fond gris plus ou moins lavé de jaune, qui appartient au jeune-âge et à la femelle ; ceux plus lavés de jaune sont marqués comme femelles. Ceux de *Humbe* portent le nom indigène *Xicocole.*

La *C. nigra* appartient à l'Afrique australe ; elle se répand à l'ouest jusqu'au parallèle de Benguella ; à l'est elle atteint dans sa dispersion le pays des Bogos, au nord de l'Abyssinie.

193. Melaenornis ater

Syn. *Bradyornis ater,* Sundev., Oef. Vetensk. Akad. Förh., 1850, p. 105 ; Boc., Jorn. Acad. Sc. Lisboa, n.° xvii, 1874, p. 55.
Bradyornis pammelaena, Finsch & Hartl., Vög. Ost–Afr., p. 320.
Melanopepla pammelaena, Gurney in Anderss., B. Damara, p. 128.

Fig. *nulla.*

Caract. Mâle ad. Tout le plumage noir lustré de bleu d'acier, avec les plumes du dessus de la tête allongées formant une petite huppe ; rémiges primaires moins brillantes et tirant au brun ; queue longue, légèrement arrondie, de la couleur du dos en dessus ; sous-alaires d'un noir-bleu. Bec et pieds noirs ; iris brun (Anchieta).

[1] V. Hartlaub, Journ. für Ornith., 1864, pag. 173.

Dimens. L. t. 202 m.; aile 117 m.; queue 94 m.; bec 14 m.; tarse 23 m.

La femelle diffère du mâle par ses teintes plus ternes, surtout en dessous où elle est d'un brun-noirâtre: les rémiges primaires sont d'un brun plus pâle.

Le jeune en premier plumage est brun, varié en dessus de petites taches anguleuses fauves sur l'extrémité des plumes, et avec les plumes des parties inférieures largement bordées de fauve.

Habit. *Caconda*, dans l'intérieur de Benguella, et *Kiulo* près du *Humbe* (Anchieta). Sur l'étiquette d'un individu de cette dernière localité nous trouvons le nom indigène *Mungando*.

MM. Finsch et Hartlaub citent deux individus du pays des Damaras envoyés par Andersson.

Nous possédons deux individus de l'Afrique australe, l'un de *Durban*, l'autre d'*Eland-Post*, en tout semblables à nos individus d'Angola, mais plus petits; cette même observation avait déjà été faite par MM. Finsch et Hartlaub après comparaison des individus de Damara avec ceux d'autres provenances plus méridionales.

La *Sylvia pammelaena*, Stanley, de l'Abyssinie, serait identique, suivant les auteurs que nous venons de citer, à l'espèce qui nous occupe; mais après avoir consulté la description originale de la première espèce, nous n'y trouvons pas des preuves suffisantes en faveur d'une telle opinion, d'autant plus que l'espèce d'Abyssinie et des contrées du nordest de l'Afrique est déclarée par Heuglin identique à la *M. edolioides*, Sw., de l'Afrique occidentale.

194. Bradyornis mariquensis

Syn. *Bradyornis mariquensis*, Smith, Illustr. S.-Afr. Zool. Aves, pl. 113; Finsch & Hartl., Vög. Ost-Afr., p. 322; Heugl., Orn. N.-O. Afr., p. 431; Gurney in Anderss., B. Damara, p. 128; Boc., Jorn. Acad. Sc. Lisboa, n.° xvii, 1874, p. 54.

Fig. *Smith, Illustr. S.-Afr. Zool. Aves, pl. 113.*

Caract. Mâle ad. D'un gris-brun lavé de roussâtre en dessus, avec le bas du dos, le croupion et les sous-caudales tirant davantage au roux; en dessous blanc, nuancé de roussâtre sur les côtés de la poitrine et les flancs; lores et tour des yeux blanc-roussâtre; couvertures alaires et rémiges d'un brun sombre, bordées de roussâtre, les primaires à peine lisérées de cette couleur; rectrices de la couleur des rémiges primaires et comme elles lisérées

14

du roussâtre; couvertures inférieures des ailes blanches. Bec et pieds noirs: iris châtain (Anchieta).

Dimens. L. t. 170 m.; aile 86 m.; queue 79 m.; bec 12 m.; tarse 22 m.

Habit. Commun dans le *Humbe,* où les indigènes l'appelent *Katena.*

Andersson le dit aussi fort répandu et commun dans les pays des Grands-Namaquas et des Damaras. Il vit dans la colonie du Cap, le Natal et le Transvaal. A l'exception du *Humbe,* on n'a pu encore rencontrer cette espèce dans aucune autre localité d'Angola, d'où l'on serait tenté de conclure contre la probabilité de son existence en Afrique occidentale au nord de l'équateur, si MM. Finsch et Hartlaub n'avaient pas examiné un individu de *Casamansa* qu'ils rapportent à cette espèce[1].

Nos exemplaires du Humbe s'écartent un peu de la fig. de Smith par leur teinte générale d'un roux plus accentué.

195. Bradyornis murinus

Syn. *Bradyornis murinus,* Finsch & Hartl., Vög. Ost-Afr., p. 866; Boc., Jorn. Acad. Sc. Lisboa, n.º VIII, 1870, p. 340.

Fig. *nulla.*

Caract. Mâle ad. Plumage en dessus d'un brun-terreux légèrement nuancée de gris; les couvertures alaires et les rémiges d'un brun-noirâtre, avec des bordures d'un roux-pâle, fort étroites sur les primaires; une raie étroite de la base du bec à l'œil et le cercle palpebral d'un blanc roussâtre; parties inférieures d'un gris-terreux pâle, avec la gorge et le milieu de l'abdomen blancs; sous-caudales blanches lavées de roussâtre; sous-alaires variées de brun et de roussâtre. Rectrices d'un brun plus pâle que les rémiges, lisérées de roussâtre. Bec et pieds noirs; iris châtain (Anchieta).

Dimens. L. t. 180 m.; aile 102 m.; queue 78 m.; bec 13 m.; tarse 23 m.

Habit. Un seul individu, le type de la description publiée par MM. Finsch et Hartlaub, nous a été envoyé en 1869 de *Caconda* par M. Anchieta. Nous ne l'avons plus retrouvé dans aucun des nombreux envois que notre hardi voyageur nous a fait de l'intérieur de Benguella et de Mossamedes.

----

[1] V. Finsch & Hartl. Op. cit. p. 322.

FAM. DICRURIDAE

196. Dicrurus divaricatus

Syn. *Dicrurus divaricatus*, Licht. Verz. Doubl. Mus. Berlin, p. 52; Hartl., Orn. West–Afr., p. 100; Boc., Jorn. Acad. Sc. Lisboa, n.° IV, 1867, p. 333; ibid., n.° VIII, 1870, p. 343; ibid., n.° XIV, 1873, p. 197; ibid., n.° XVII, 1874, p. 54; Finsch & Hartl., Vög. Ost–Afr., p. 323; Heugl. Orn. N.-O. Afr., p. 622.

Fig. *Hemp. & Ehrb., Symb. Phys. Zool.. fol.* S, *tab.* VIII, *fig.* 3 (le jeune).

Caract. Adulte. Plumage d'un noir-bleu à reflets d'acier; rémiges primaires en dessus brunes avec un étroit liséré d'un noir-bleu sur les bords externes, en dessous d'un gris-blanchâtre luisant; queue longue, fourchue, de la couleur du dos en dessus, brun-noirâtre en dessous. Bec et pieds noirs; iris rouge (Anchieta).

Dimens. L. t. 320 m.; aile 130 m.; queue 120 m.; bec 19 m.; tarse 20 m.

Chez des individus plus jeunes le plumage est moins lustré de reflets verts et bleus métalliques, les plumes de l'abdomen et les couvertures du dessous de la queue sont largement bordées de blanc, et la couleur des rémiges en dessous est d'un brun pâle à peine nuancé de gris. L'iris de ces individus serait, suivant M. d'Anchieta, d'un rouge de brique.

Habit. *Dombe, Capangombe, Gambos* et *Humbe.*

M. Gurney rapporte au *D. musicus* l'espèce abondamment rencontrée par Andersson au sud du Cunene, en ajoutant que les individus du pays des Damaras lui semblent un peu plus petits que ceux de la colonie du Cap. Nos individus d'Angola présentent la même différence de taille par rapport à un individu adulte du Cap faisant partie des collections du muséum de Lisbonne; mais c'est précisément par suite de cette infériorité de taille que nous nous permettons de les inscrire sous le nom de *D. divaricatus*, sans trop nous préoccuper que celui-ci soit porté au rang d'espèce ou à peine considéré comme une race géographique du *D. musicus*.

Dans les collections d'oiseaux récemment envoyées du Congo par MM. Petit et Lucan, MM. Sharpe et Bouvier ont reconnu une autre espèce de *Dicru-*

rus, le *D. modestus*, Hartl.[1]; mais M. Reichenow considérant le *D. modestus* identique au *D. coracinus*, Verr., inscrit sous ce dernier nom l'espèce du Congo[2]. Nous avons sous les yeux l'un des individus du Congo envoyé par MM. Petit et Lucan, qui vient de nous être communiqué par M. Bouvier, et nous constatons en effet sa parfaite identité avec un individu du *D. coracinus*, du Gabon, de notre collection; toutefois la description du *D. modestus* de l'île du Prince, publiée par M. Hartlaub[3], lui attribue des dimensions tellement au dessus de celles que nous présentent nos individus du *D. coracinus*, que nous devons hésiter à nous prononcer en faveur de l'assimilation proposée par M. Reichenow. Voici du reste les chiffres indiquées par M. Hartlaub et les notres em millimètres:

	L. t.	Aile	Queue	Bec	Tarse
D. modestus (Ile du Prince)	277 m.	155 m.	179 m.	24 m.	32 m.
D. coracinus (Gabon)....	235 m.	130 m.	113 m.	20 m.	19 m.
D. coracinus (Congo)	240 m.	130 m.	120 m.	20 m.	18 m.

197. Fraseria ocreata

Syn. *Tephrodornis ocreatus*, Strickl., Proc. Z. S. L., 1844, p. 102; Reichenow, Journ. f. Ornith., 1877, p. 23.
Fraseria ocreata, Hartl. Orn. West-Afr., p. 102.

Fig. *Fraser, Zool. typica, pl.* 36.

Caract. Plumage en dessus brun-cendré, tirant au noirâtre sur la tête, les ailes et la queue; les rémiges et les rectrices lisérées de cendré en dehors; régions inférieures d'un blanc sale, avec les plumes de la gorge et de la poitrine bordées de cendré; sous-alaires de cette dernière couleur bordées de blanc; bec noir; pieds couleur de plomb; iris châtain.

Dimens. (D'après Hartlaub) L. t. 180 m.; aile 92 m.; queue 81 m.; bec 17 m.; tarse 23 m.

Habit. Cet oiseau a été observé à *Fanti*, à *Fernão do Pó* et au *Gabon;* dernièrement le Dr. Falkenstein l'a recueilli au *Congo*.

[1] V. Bull., Soc. Zool. France I, 5ᵉ et 6ᵉ partie, 1877, p. 309.
[2] Reichenow, Journ. f. Orn., 1877 (extr.), p. 24.
[3] Hartlaub, Beitr. Orn. West-Afr., 1850, p. 50; id., Orn. West-Afr., p. 101.

198. Fraseria cinerascens

Syn. *Stiphrornis cinerascens*, Temm. ap. Hartl., Orn. West.-Afr., p. 102.
Fraseria cinerascens, Hartl., Orn. West-Afr., p. 102.
Tephrodornis cinerascens, Reichenow, Journ. f. Ornith., 1877, p. 23.

Fig. *nulla.*

Caract. Plus petite que la précédente; cendrée en dessus; la tête, les ailes et la queue d'une teinte plus rembrunie; une petite tâche blanche au-dessus de l'œil; lores noirs; parties inférieures blanches, avec les plumes de la gorge et de la poitrine bordées de cendré, et les flancs de cette couleur; sous-alaires blanches; bec noir; pieds couleur de plomb.

Dimens. (D'après Hartlaub.) L. t. 155 m.; aile 75 m.; queue 54 m.; bec 14 m.; tarse 17 m.

Habit. Le type de l'espèce, déposé au Muséum de Leyde, avait été découvert à *Achanti* par Pel. Un individu mâle figure dans la liste des oiseaux rapportés de *Loango* par le Dr. Falkenstein, que M. Reichenow vient de publier dans le journal de Cabanis.

FAM. LANIIDAE

199. Enneoctonus collurio

Syn. *Lanius collurio*, Linn., Syst. Nat., I, p. 136; Finsch & Hartl., Vög. Ost-Afr., p. 331; Heugl., Orn. N. O.-Afr. p. 474; Boc., Jorn. Acad. Sc. Lisboa, n.° XX, 1876, p. 254.
Enneoctonus Anderssonii, Strick. & Scl., Cont. Orn., 1852, p. 145.
Enneoctonus collurio, Boc., Jorn. Acad. Sc. Lisboa, n.° V, 1868, p. 43; ibid., n.° VIII, 1870, p. 344; ibid., n.° XVII, 1874, p. 37; ibid., n.° XIX, 1876, p. 152.

Fig. *Levaill. Ois. d'Afrique*, II, *pl.* 64.
 Sharpe & Dress, B. of Europe, Part IV, *pl.*

Caract. Mâle ad. Parties supérieures d'un cendré-bleuâtre avec le dos roux-marron; une bande-frontale étroite, lores et région auriculaire noirs; en dessous d'un blanc pur à la gorge, sur le milieu du ventre et les sous-caudales, le reste nuancé de rose-vineux; petites couvertures alaires de la cou-

leur du dos, moyennes et grandes couvertures et rémiges secondaires noirâtres bordées en dehors de roux-marron; rémiges primaires noires avec un
étroit liséré roux; les deux rectrices médianes noires, les autres blanches à
la base et noires vers l'extrémité, l'étendue de cet espace noir devenant successivement plus petite sur les rectrices latérales, la plus extérieure bordée
de blanc au bout. Iris châtain; bec noirâtre avec la base de la mâchoire couleur de corne; pieds noirâtres.

Dimens. L. t. 190 m.; aile 92 m.; queue 80 m.; bec 16 m.; tarse
22 m.

La femelle diffère beaucoup du mâle: elle est en dessus d'un roux-marron plus ou moins nuancé de gris; en dessous d'un blanc lavé de roussâtre,
la poitrine et les flancs marqués de traits bruns en croissant; front et lores
blanchâtres; région auriculaire roux-marron; rémiges brunes; rectrices brun-
roussâtre, tirant au brun-foncé vers la pointe et avec une bordure terminale
blanchâtre.

Le jeune ressemble à la femelle; mais chez lui la tête, le dos, les couvertures alaires, les rémiges secondaires et le queue portent, aussi bien que
les parties inférieures, un dessin compliqué formé de traits et de vermiculations d'un brun foncé.

Habit. Cette espèce paraît occuper sur le territoire d'Angola une
aire plus étendue que le *L. minor.* M. d'Anchieta l'a observée à *Biballa, Quillengues* et *Caconda,* vers le 14ᵉ degré de latitude méridionale, et au *Humbe*
sur les bords du Cunene; il est commun partout.

Noms indigènes: à Biballa *Kitiapi,* au Humbe *Kissanda-suala.* Ce dernier
nom lui serait donné à cause de l'habitude qu'il a de répandre les feuilles sè-
ches accumulées sur le sol pour y chercher des insectes.

200. Lanius minor

Syn. *Lanius minor,* Gen., Syst. Nat. 1, p. 308; Heugl., Orn N. O.– Afr.,
p. 476; Gurney in Anderss. B. Damara, p. 134; Boc., Jorn. Acad. Sc.
Lisboa, n.° XIX, 1876, p. 152; ibid., n.° XX, 1876, p. 253.

Fig. *Sharpe & Dresser, B. of Europe, Part* XIII, *pl.*

Caract. Mâle ad. En dessus d'un cendré-bleuâtre; en dessous blanc,
lavé de rose-vineux sur la poitrine, l'abdomen et les flancs; front, joues et
région auriculaire d'un noir profond; couvertures de l'aile noires; rémiges de
la même couleur, les primaires traversées d'une bande blanche formant un

miroir distinct, les secondaires terminées de blanc; rectrices médianes noires; les deux paires qui les suivent de chaque côté noires, terminées de blanc; la paire immédiate blanche avec une tache noire vers l'extrémité; les deux paires extérieures entièrement blanches. Sous-alaires d'un blanc-grisâtre, les plus longues brunâtres. Bec et pieds noirs; iris châtain (Anchieta).

Dimens. L. t. 200 m.; aile 113 m.; queue 87 m.; bec 16 m.; tarse 25 m.

Chez la femelle les couleurs sont plus ternes, cendré-brunâtre en dessus et blanc lavé de fauve en dessous; des taches noires sur le front au lieu d'une bande complète noire; les couvertures alaires et les rémiges brunes.

Le jeune a des teintes encore plus pâles; le front est d'un brun-cendré pâle comme le reste de la tête.

Habit. Tous nos exemplaires d'Angola ont été recueillis au *Humbe* par M. d'Anchieta pendant les mois de novembre et décembre 1875. Au nord de cette localité le *L. minor* n'a jamais été observé. Andersson le dit très commun dans le pays des Damaras pendant la saison des pluies.

L'estomac des individus tués par M. d'Anchieta contenait toujours des insectes coléoptères et orthoptères.

201. Fiscus collaris

Syn. *Lanius collaris*, Linn., Syst. Nat., Part i, p. 135.
Collurio Smithii, Boc., Jorn. Acad. Sc. Lisboa, n.° viii, 1870, p. 343.
Fiscus collaris, Gurney in Anderss. B. Damara, p. 136.

Fig *Levaillant, Ois. d'Afrique* ii, pls. 61 et 62.

Caract. Ad. Plumage d'un brun-noirâtre en dessus, blanc en dessous; scapulaires blanches formant une large épaulette; plumes du croupion et couvertures supérieures de la queue grises (en partie blanches chez les vieux individus); rémiges noirâtres, les primaires traversées d'une bande blanche, les secondaires terminées de blanc à l'extrémité; rectrices médianes noires, les autres blanches à la base et terminées de blanc, la plus extérieure presque entièrement blanche. Sous-alaires variées de blanc et de noir. Bec et pieds noirs; iris brun (Anchieta).

Dimens. L. t. 234 m.; aile 96 m.; queue 120 m.; bec. 17 m.; tarse 23 m.

Cette espèce ressemble beaucoup au *F. humeralis* de l'Afrique orientale et au *F. Smithii*, qui habite les régions équatoriales de l'Afrique occidentale : nous n'arrivons à le distinguer du premier que par ses dimensions un peu plus fortes ; elle diffère du *F. Smithii* non seulement par sa taille, mais aussi par la couleur du dos et des ailes, qui est chez celui-ci d'un noir lustré de bleu[1].

La femelle, à juger d'après les individus que nous avons reçus avec cette désignation, serait identique au mâle. Le jeune porte une livrée rayée de brun sur un fond brun-roussâtre en dessus et blanc lavé de roux en dessous ; la gorge et le bas-ventre ne présentent pas des raies ; les scapulaires et les couvertures alaires ressemblent aux plumes du dos ; les rémiges secondaires sont largement bordées de roux ; une tache auriculaire, d'un brun-roussâtre, tranche sur le reste du plumage.

Nous avons remarqué que la rectrice extérieure devient de plus en plus blanche avec le progrès de l'âge ; chez des individus ayant toute l'apparence de parfaitement adultes cette rectrice est toute blanche, à l'exception d'un trait longitudinal noir qui couvre la tige sur une partie de sa longueur.

Habit. *Ambaca* et *Caconda* (Anchieta).

Le *F. collaris* doit être rare à Angola, car M. d'Anchieta est le seul voyageur qui l'y ait rencontré.

M. Monteiro comprend parmi les oiseaux qu'il a recueillis dans le voisinage du Quanza une autre espèce, le *F. Smithii*, avec lequel nous avions d'abord confondu les trois spécimens envoyés par M. d'Anchieta. Deux de ces individus sont originaires d'Ambaca, localité qui ne se trouve pas fort éloignée des lieux visités par M. Monteiro.

202. Fiscus Smithii

Syn. *Collurio Smithii*, Frns., Proc. Z. S. L., 1843, p. 16; Hartl., Orn. West-Afr., p. 103; Monteiro, Ibis, 1862, p. 337.

Lanius Smithii, Heugl., Orn. N. O.-Afr., p. 487; Sharpe, Proc. Z. S. L., 1873, p. 717; Reichenow, Corr. Afrik. Gesellsch, n.° 10, 1874, p. 179; Sharpe & Bouvier, Bull. S. Z. France I, 1876, p. 308.

Fig. *nulla.*

Caract. Ad. Semblable an *F. collaris*, mais plus petit et d'un beau noir lustré de bleu sur les parties supérieures, les ailes et la queue.

---

[1] Les dimensions attribuées par Heuglin à chacune de ces espèces nous semblent fort au-dessus de la réalité. Voici celles que nous présentent les individus qui existent au Muséum de Lisbonne :

F. humeralis	Abyssinie	♂	Aile 90 m.;	queue 120 m;	bec 15 m.;	tarse 23.
F. Smithii	Fanti	♂	Aile 83 m.;	queue 117 m.;	bec 15 m.;	tarse 22.
F. Smithii	Gabon	♀	Aile 84 m.;	queue 115 m.;	bec 16 m.;	tarse 23.

Dimens. L. t. 205 m.; aile 83 m.; queue 117 m.; bec 11 m.; tarse 22 m.

Habit. Le *F. Smithii* se trouve répandu en Afrique occidentale de la Côte d'Or au Congo. M. Monteiro le cite au nombre des espèces qu'il a prises pendant son séjour à *Massangano* et à *Cambambe*, à la proximité du Quanza.

203. Fiscus subcoronatus

Syn. *Lanius subcoronatus*, Smith, Ill. S.-Afr. Zool. Aves, pl. 68; Layard,
  B. S.-Afr., p. 157; Boc., Jorn. Acad. Sc. Lisboa, n.º XIII, 1872, p. 67;
  Chapman, Trav. in S.-Afr. App., p. 393.
Fiscus collaris, Gurney in Anderss. B. Damara, p. 138.

Fig. *Smith, Ill. S.-Afr. Zool. Aves, pl.* 68.

Caract. Mâle ad. En dessus d'un brun-noirâtre nuancé de cendré, en dessous blanc légèrement teint de rose; front blanc se prolongeant dans une bande supraciliaire de la même couleur; scapulaires blanches; croupion et couvertures supérieures de la queue d'un blanc nuancé de gris; rémiges primaires noirâtres traversées vers la base d'un bande blanche apparente; secondaires bordées de blanc à la pointe; rectrices médianes noires, les autres blanches à la base et terminées de blanc, la plus extérieure presque entièrement blanche. Bec et pieds noirs; iris brun (Anchieta).

Dimens. L. t. 225 m.; aile 92 m.; queue 110 m.; bec 17 m.; tarse 24 m.

Chez la femelle les parties supérieures, avec les ailes et la queue, sont d'un brun terne sans aucune nuance de gris; les flancs sont variés de roux.
Le jeune est rayé de brun; il ressemble à celui du *F. collaris*, qui se trouve bien représenté sur la pl. 62 de Levaillant, mais dans un état de plumage déjà un peu avancé. Une raie supraciliaire, peu apparente, d'un blanc roussâtre sert cependant à le distinguer de celui-ci.

Habit. Le *F. subcoronatus* a été découvert par Smith à *Latakoo*, et plus tard Layard l'a reçu de Kuruman, localités voisines dans le centre de l'Afrique méridionale à peu-près sous le 27º degré de latitude. Andersson l'a rencontré fort répandu dans le nord du pays des Grands Namaquas et dans le pays des Damaras, ce qui nous faisait supposer qu'il se montrerait également vers les bords du Cunene; et cependant c'est à peine sur la région littorale, près de l'embouchure de la rivière *Coroca*, au sud de Mossamedes, que M. d'Anchieta a eu la bonne chance de recueillir les trois individus de notre collection, une femelle adulte et deux jeunes. Cette espèce n'a jamais été observée sur aucun autre point du territoire d'Angola.

204. Eurocephalus anguitimens

Syn. *Eurocephalus anguitimens*, Smith, Cat. S. Afr. Mus. p. 27; Monteiro, Proc. Z. S. L., 1865, p. 93; Boc., Jorn. Acad. Sc. Lisboa, n.° IV, 1867, p. 333; ibid., n.° XVII, 1874, pp. 38 et 55; ibid., n.° XX, 1876, p. 253; Sharpe, Proc. Z. S. L., 1870, p. 143; Gurney in Anderss. B. Damara, p. 140.

Fig. *Gray, Genera of Birds*, pl. 71, fig. 4 *(la tête)* [1].

Caract. Ad. Le dessus de la tête jusqu'au bas de la nuque blanc; les parties inférieures de cette même couleur, à l'exception du bas-ventre et des couvertures inférieures de la queue d'un brun pâle; dos, croupion et sus-caudales brun pâle; une bande d'un brun-noirâtre couvre les joues et s'élargit sur la région auriculaire; ailes et queue d'un brun plus foncé que le dos; les rectrices sans aucun espace blanc à la base. Bec et pieds noirs; iris brun.

Dimens. L. t. 245 m.; aile 136 m.; queue 102 m.; bec 17 m.; tarse 24 m.

Habit. Les districts méridionaux d'Angola. M. Monteiro l'a trouvé fort commun à *Benguella;* il se montre également à *Catumbella* (Sala), à *Capangombe* et au *Humbe* (Anchieta).

Nos individus de Capangombe portent le nom indigène — *Kitecuria*, ceux du Humbe — *Engombe*.

Suivant les notes d'Andersson publiées par M. Gurney, cette espèce est assez commune dans le pays des Damaras et sur le territoire adjacent sans excepter la région des lacs.

---

[1] Bonaparte et Gray citent une planche de Smith (ill. S.-Afr. Zool. Aves) qui ne se trouve point dans cette ouvrage. V. Bp., *Conspect. Av.*, I, p. 365 et Gray, *Hand-List*, I, p. 395. La fig. de Rüppell (Syst. ueb. Vög. N. O.-Afr., pl. 27) représente l'espèce d'Abyssinie, que Bonaparte a été le premier à considérer distincte et qu'il a nommée *E. Rüppellii*, V. Rev. & Mag., Zool., 1853, p. 440.

205. Urolestes melanoleucus

Syn. *Lanius melanoleucus*, Jard. & Selby, Ill. Orn. III, pl. 115.
· *Urolestes cissoides*, Boc., Jorn. Acad. Sc. Lisboa, n.° v, 1868, p. 48; ibid.,
    n.° VIII, 1868, p. 345.
Urolestes melanoleucus, Finsch & Hartl., Vög. Ost-Afr., p. 335; Gurney in
    Anderss. B. Damara, p. 138; Boc., Jorn. Acad. Sc. Lisboa, n.° XIV, 1873,
    p. 199; ibid., n.° XVII, 1874, p. 55; ibid., n.° XIX, 1876, p. 152; ibid.,
    n.° XX, 1876, p. 253.

Fig. *Jard. & Selby, Ill. Orn. III, pl. 115.*

Caract. Ad. Plumage d'un noir brillant, tirant au brun sur les joues,
les côtés du cou et la poitrine; bas du dos et croupion blancs; une large épaulette de cette couleur formée par les scapulaires; ailes et queue, très étagée,
noires; les rémiges primaires avec la moitié basale et l'extrémité blanches,
les secondaires et les rectrices terminées de blanc. Sous-alaires de la couleur
du dos. Bec et pieds noirs; iris brun (Anchieta).

Dimens. L. t. 415 m.; aile 140 m.; queue 280 m.; bec 18 m.; tarse 33 m.

Les jeunes ont un plumage terne tirant au brun-chocolat.

Habit. M. d'Anchieta a pu se procurer un grand nombre d'individus
de l'*U. melanoleucus* en plusieurs localités au sud du parallèle de Benguella.
Nous en avons reçu des spécimens de *Quillengues, Huilla, Gambos* et *Humbe*.
Au nord de Benguella cette espèce n'a pas été observée par M. Monteiro ni
par aucun autre voyageur. Andersson l'a rencontrée souvent dans le pays des
Damaras dans sa partie centrale et vers le voisinage du Lac Ngami. C'est
aussi dans la région des lacs que Chapman l'a trouvée plus répandue.

M. d'Anchieta nous écrit que les nids de l'*U. melanoleucus* ne sont pas
inférieurs à ceux des grands oiseaux de proie et qu'ils se trouvent sur les arbres. Sa nourriture consiste en insectes.

206. Nilaus brubru

Syn. *Lanius brubru*, Lath., Ind. Orn. Suppl., II.
Nilaus brubru, Hartl., Orn. West-Afr., p. 106; Finsch & Hartl., Vög. Ost-
Afr., p. 333; Heugl., Orn. N. O.-Afr., p. 467; Gurney in Anderss. B. Damara, p. 139; Boc., Jorn. Acad. Sc. Lisboa, n.° XVII, 1874, pp. 38 et 55;
ibid., n.° XX, 1876, p. 253.

Fig. *Levaillant, Ois. d'Afr.* II, *pl.* 71.

Caract. Ad. Parties supérieures d'un noir brillant, le dos varié de
blanc; une large raie supraciliaire blanche de la base du bec à la nuque; une
bande alaire également blanche formée par une partie des moyennes couvertures et par les bords externes de trois rémiges secondaires; parties inférieures blanches lavées de roux de rouille sur les côtés de la poitrine et les
flancs; rémiges primaires noires avec un étroit liséré blanc sur les bords externes; rectrices noires, les deux médianes entièrement de cette couleur, les
autres terminées de blanc, et les deux ou trois latérales bordées de blanc sur
les barbes externes. Bec et pieds noirs; iris châtain.

Dimens. L. t. 152 m.; aile 85 m.; queue 60 m.; bec 15 m.; tarse
19 m.

Chez les individus en plumage imparfait les parties supérieures sont d'un
brun-noirâtre terne et le blanc des taches du dos et de la bande alaire se montre plus ou moins lavé de roux. Ce qui caractérise surtout la première livrée
c'est la présence de raies transversales brunes, étroites et assez espacées, sur
les parties inférieures; sur les flancs et les côtés de la poitrine domine une
teinte cendrée très peu mélangée de roux; les taches de la tête et du dos sont
d'un blanc-fauve.

Habit. M. d'Anchieta nous a envoyé plusieurs individus du *Humbe*,
et un seul, en premier plumage, de *Huilla*. Cet oiseau se trouve largement
répandu au sud du *Cunene* depuis la rivière *Okavango* au nord, jusqu'au *Lac
Ngami* à l'est et la rivière *Orange* au sud. Il n'a jamais été observé dans les
possessions portugaises d'Angola et du Congo au nord du parallèle de Mossamedes, mais MM. Finsch & Hartlaub citent un individu du *Sénégal*, appartenant
au Muséum de Berlin, et un autre de *Casamansa*, déposé au Muséum de Bremen[4].

Les étiquettes de nos individus du Humbe portent les notes suivantes:
nom indigène *Kandilanakiuna;* nourriture insectes coléoptères.

---

[1] V. Finsch & Hartl., Vög. Ost-Afr., p. 335.

207. Prionops talacoma

Syn. *Prionops talacoma*, Smith, Rep. S. Afr. Exp., p. 45; Finsch & Hartl., Vög. Ost-Afr., p. 365; Sharpe, Proc. Z. S. L., 1870, p. 148; Gurney in Anderss. B. Damara, p. 141; Boc., Jorn. Acad. Sc. Lisboa, n.° XVI, 1873, p. 292; ibid., n.° XVII, 1874, pp. 38 et 55; ibid., n.° XX, 1876, p. 253.

Fig. *Smith, Ill. S.-Afr. Zool. Aves, pl. 5.*

Caract. Mâle ad. Tête, cou et parties supérieures d'un blanc nuancé de cendré sur le vertex et de rose sur la poitrine et l'abdomen; dos, ailes et queue d'un noir lustré de bleu d'acier; une tache cendré-noirâtre couvrant la région auriculaire; une bande blanche sur l'aile, formée par une partie des couvertures alaires et par les bords externes de trois rémiges secondaires; rémiges primaires, à l'exception de la plus extérieure, marquées sur les barbes internes d'une large bande blanche; les secondaires terminées de blanc; les rectrices terminées de blanc, la plus extérieure presque entièrement de cette couleur, l'immédiate avec les barbes externes blanches. Bec noir; caroncule palpebrale et iris d'un jaune-jonquille; pieds jaune-safran (Anchieta).

Dimens. L. t. 192 m.; aile 112 m.; queue 93 m.; bec 17 m.; tarse 19 m.

La femelle adulte porte les mêmes couleurs. Les jeunes sont faciles à distinguer par leur tête fortement nuancée de brun-cendré et par leurs teintes d'un brun-noirâtre remplaçant partout le noir de l'adulte.

Habit. *Rio Dande* (Sala); *Capangombe, Huilla* et *Humbe* (Anchieta).

Le *P. talacoma* n'a jamais été observé au nord du Zaire; vers le sud de nos possessions africaines il se répand au delà du Cunene; mais, suivant Andersson, il ne dépasserait pas le 20° degré de latitude. Smith le découvrit à *Latakoo*, dans le centre de l'Afrique méridionale, à peu-près sur le 25° parallèle; Kirk et Chapman le rencontrèrent sur la côte orientale dans le Zambeze.

Il serait connu au Humbe, d'après M. d'Anchieta, sous le nom de *Kambimba*.

208. Prionops Retzii

Syn. *Prionops Retzii*, Wahlb., Oefv. K. Vetensk. Akad. Förh., 1856, p. 174;
Boc., Jorn. Acad. Sc. Lisboa, n.° VIII, 1870, p. 344; ibid., n.° XVII, 1874,
p. 38 et 55; ibid., n.° XIX, 1876, p. 152; Finsch & Hartl., Vög. Ost–Afr.,
p. 366; Gurney in Anderss. B. Damara, p. 142.
Prionops tricolor, Gray, Ann. et Mag. N. H., XIV, 1864, p. 376.

Fig. *nulla.*

Caract. Mâle ad. Tête et cou jusqu'à la partie supérieure du dos,
gorge, poitrine et abdomen d'un noir à reflets bleus et verts; le reste des
parties supérieures d'un brun-cendré légèrement lustré de vert; crissum et
couvertures inférieures de la queue blanc-pur; rémiges noirâtres à reflets
verts, marquées de la 2° à la 10° d'une bande blanche sur les barbes internes; rectrices noires lustrées de vert avec les extrémités blanches, à l'exception des deux médianes; sous-alaires de la couleur de la poitrine. Cercle palpebral caronculeux d'un rouge vif; bec rouge-orangé, tirant au jaune vers la
pointe; pieds rouge-corail; iris jaune (Anchieta).

Dimens. L. t. 225 à 230 m.; aile 136 m.; queue 100 m.; bec 20
m.; tarse 21 m.

La femelle ressemble au mâle. Un individu jeune de notre collection est
d'un brun-cendré uniforme avec les rémiges et les rectrices noirâtres; le blanc
se trouve distribué sur son plumage de la même sorte que chez l'adulte; et,
d'après les notes que nous trouvons sur l'étiquette, l'iris serait jaune, le bec
noirâtre avec la base de la mâchoire jaune-pâle et les pieds d'un rouge-orangé.

Habit. M. d'Anchieta rencontra d'abord cette espèce à *Caconda*,
mais en recueillit plus tard quelques spécimens à *Maconjo* et au *Humbe*. Elle
est surtout abondante dans cette dernière localité.

Andersson l'observa seulement à quelques jours de voyage du fleuve
Okavango, au nord du pays des Damaras.

Sur les étiquettes des exemplaires du Humbe nous trouvons deux noms
indigènes différents — *Kanjuéle* et *Banvo*.

Les deux espèces de *Prionops* qui se trouvent à Angola se nourrissent
d'insectes.

209. Telephonus erythropterus

Syn. *Lanius erythropterus*, Shaw, Gen. Zool. VIII, p. 307.
Telephonus erythropterus, Hartl., Orn. West-Afr., p. 106; Monteiro, Ibis, 1862,
     p. 335; Boc., Jorn. Acad. Sc. Lisboa, n.° II, 1867, p. 137; ibid., n.° VIII,
     1870, p. 343; Heugl., Orn. N. O.–Afr., p. 468; Finsch & Hartl., Vög. Ost-
     Afr., p. 336; Reichenow, Corr. Afr. Gesellsch. Berlin, n.° 10, p. 178.
Telephonus senegalus, Hartl., Orn. West–Afr., p. 105.
Pomatorhyncus erythropterus, Gurney in Anderss. B. Damara, p. 149.

Fig. *Buffon, Pl. enl., pl. 297, fig. 1.*
     Sharpe & Dress, B. of Europe, Part XII, pl.

Caract. Ad. D'un brun-roussâtre en dessus, tirant au brun-cendré
sur le croupion et les couvertures supérieures de la queue; dessus de la tête,
du front à la nuque, d'un noir brillant; un large sourcil blanc lavé de fauve,
séparant le noir du dessus de la tête d'une bande de cette même couleur qui
traverse l'œil; gorge blanche; le reste des parties inférieures blanches, nuancées de gris sur la poitrine et les flancs, lavées de fauve sur le milieu de l'abdomen, les cuisses et les sous-caudales; couvertures de l'aile roux-cannelle;
scapulaires et rémiges noires bordées de roux-cannelle; rectrices noires terminées de blanc, à l'exception des deux médianes, qui sont cendrées et rayées
en travers de brun; sous-alaires roux-pâle, le bord de l'aile blanc. Bec noir;
pieds couleur d'ardoise; iris brun ou brun-roussâtre (Anchieta).

Dimens. L. t. 235 m.; aile 86 m.; queue 100 m.; bec 21 m.; tarse
29 m.

Habit. *Congo* (Falkenstein); *Angola, Ambaca* et *Caconda* (Anchieta);
Cambambe (Monteiro). Dans cette dernière localité il serait connu des indigènes, suivant M. Monteiro, sous le nom de *Quioco*.

Andersson le rencontra seulement dans le nord du pays des Damaras. Sa
distribution géographique dans l'Afrique australe est à étudier de nouveau si,
comme l'affirme M. Layard, il a été souvent confondu avec le *T. longirostris*,
qui serait le vrai *Tschagra* de Levaillant.

210. Telephonus trivirgatus

Syn. *Telephonus trivirgatus*, Smith, Ill. S.-Afr. Zool. Aves, pl. 94; Hartl.,
Orn. West-Afr., p. 105; Hartl. & Monteiro, Proc. Z. S. L., 1865, pp. 88
et 93; Boc., Jorn. Acad. Sc. Lisboa, n.º IV, 1867, p. 333; ibid., n.º V,
1868, p. 43; ibid., n.º XVII, 1874, p. 56; ibid., n.º XIX, 1876, p. 152;
ibid., n.º XXI, 1877, p. 67; Reichenow, Journ. f. Orn. (extr.) 1877, p. 23.
Pomatorhynchus trivirgatus, Gurney in Anderss. B. Damara, p. 151.

Fig. *Smith, Ill. S.-Afr. Zool. Aves, pl. 94.*

Caract. Ad. Brun-cendré légèrement nuancée de roux en dessus,
avec le croupion d'un cendré plus pur; en dessous fauve, avec la gorge blanche et les flancs cendrés; une large bande supraciliaire fauve bordée en dessus et en dessous de noir; couvertures alaires roux-cannelle; scapulaires et
rémiges noires bordées de roux-cannelle; rectrices noires terminées de blanc,
les deux médianes cendrées rayées de brun; sous-alaires fauves, le bord de
l'aile blanchâtre. Bec noir; pieds noirâtres; iris brun-chocolat (Anchieta).

Dimens. L. t. 210 m.; aile 78 m.; queue 90 m.; bec 18 m.; tarse
27 m.

Parmi nos spécimens d'Angola il en a dont le bec est d'un brun de corne,
plus pâle sur les bords; nous les regardons comme imparfaitement adultes.

Habit. Le *T. trivirgatus* se trouve fort répandu en Angola: nous
avons des individus de *Loanda* et des bords de la rivière *Bengo*, du voyage
de Welwitsch; M. d'Anchieta nous l'a envoyé de *Capangombe, Caconda, Quillengues, Huilla, Kiulo* et *Humbe;* M. Monteiro le rencontra abondamment à
Benguella. Il doit être commun partout, car les individus que nous avons reçu
de ces diverses provenances portent presque toujours sur leurs étiquettes
l'indication du nom indigène en usage dans chaque endroit: à Capangombe
Embolio et *Kissandassuela*, au Humbe et à Quillengues *Himba*, à Kiulo *Mai-
umbella.*

Au sud du Cunene Andersson le rencontra dans le pays des Damaras; ce
voyageur dit qu'il n'est pas rare dans la partie méridionale de cette région.

211. Telephonus minutus

Tab. IV

Syn. *Telephonus minutus*, Hartl., Proc. Z. S. L., 1858, p. 292; Reichenow,
   Corr. Afrik. Gesellsch., n.° 10, 1874, p. 179; Sharpe & Bouvier, Bull. S.
   Z. France I, p. 308.
Telephonus Anchietae, Boc., Jorn. Acad. Sc. Lisboa, n.° VIII, 1870, p. 344.

Caract. Mâle ad. Dessus de la tête et lorums d'un noir brillant; dos
et couvertures alaires roux-cannelle; gorge et région auriculaire tirant au
blanchâtre; côtés du cou et croupion d'une teinte fauve, qui règne également
sur les parties inférieures; sus-caudales noires; rémiges roux-cannelle sur
les barbes externes, noires et bordées de roux pâle en dedans; les dernières
secondaires de la couleur du dos; rectrices noires terminées de blanc-fauve, la
plus extérieure avec les barbes externes de cette couleur; sous-alaires et bord
de l'aile d'un fauve pâle. Bec noirâtre, plus pâle sur les bords et vers la base
de la mandibule; pieds noirâtres; iris d'un brun-pâle (Anchieta).

Dimens. L. t. 190 m.; aile 77 m.; queue 81 m.; bec 19 m.; tarse
16 m.

Un autre individu, capturé à la même occasion, mais marqué comme femelle, présente quelques différences de coloration: le dessus de la tête est tacheté de blanc et de roux sur un fond d'un noir terne; une large bande blanchâtre au dessus de l'œil s'étendant depuis le front jusqu'aux côtés de la nuque; le dos, au lieu d'un roux-cannelle uniforme, est varié de petites taches
allongées noires, qui occupent le centre des plumes; les rémiges secondaires,
même les plus rapprochées du corps, ont toujours du noir au milieu; les rectrices portent au bout un plus grand espace fauve.

Chez un autre individu, en première livrée, les parties supérieures sont
d'un fauve pâle varié de brun sur le dos. Il a le dessus de la tête brun-noirâtre avec un grand espace blanc au centre, et porte une bande supraciliaire
blanche assez distincte. Les parties inférieures sont, au lieu de fauves, d'un
blanc sale lavé de cette couleur; la gorge et le cou blancs.

Les caractères de ces deux individus se trouvent mieux d'accord avec
ceux attribués par M. Hartlaub à son *T. minutus*, dont les étroits rapports
avec l'espèce que nous avions décrite sous le nom de *T. Anchietae* nous avaient
frappé lors de notre première publication sur ce sujet. A présent que MM.
Sharpe et Bouvier ont pu faire des observations semblables aux nôtres[1], l'iden-

---

[1] V. Sharpe & Bouv., Bull. S. Z. France I, p. 308.

tité spécifique de *L. minutus* et *L. Anchietae* nous semble suffisamment constatée.

Habit. Le *T. minutus* se trouve au *Congo* et à *Angola*. M. d'Anchieta en a recueilli l'individu en premier plumage sur la côte de *Loango*, où le dr. Falkenstein et M. L. Petit ont également rencontré cette espèce. Nos deux individus adultes, mâle et femelle, nous ont été envoyés par M. d'Anchieta de *Pungo-Andongo*. Son nom indigène est *Gundo*.

Cette espèce ne s'est jamais montrée au sud du *Quanza*.

212. Laniarius atrococcineus

Syn. *Lanius atrococcineus*, Burch., Zool. Journ. 1, pl. 28.
Laniarius atrococcineus, Finsch & Hartl., Vög. Ost-Afr., p. 353; Gurney in Anderss. B. Damara, p. 144; Boc., Jorn. Acad. Sc. Lisboa, n.º xii, 1871, p. 273; ibid., n.º xiv, 1873, p. 197; ibid., n.º xvii, 1874, p. 38; ibid., n.º xx, 1876, p. 254.

Fig. *Swains.*, *Zool. Illustr. N. S.*, pl. 76.

Caract. Ad. En dessus noir à reflets bleus d'acier; croupion de la couleur du dos, varié de taches arrondies blanches peu apparentes; en dessous d'un rouge éclatant; une bande blanche sur l'aile, formée par une partie des petites et moyennes couvertures et par les bords externes de trois rémiges secondaires; rémiges et rectrices noires lustrées de bleu; sous-caudales noires. Bec et pieds noirs; iris brun-rougeâtre (Anchieta).

Dimens. L. t. 240 m.; aile 98 m.; queue 110 m.; bec 19 m.; tarse 22 m.

Habit. *Ihuilla, Gambos, Kiulo* et *Humbe* (Anchieta).

Le *L. atrococcineus*, découvert par M. d'Anchieta dans l'intérieur de Mossamedes, est commun dans le voisinage du *Cunene*. Au sud de ce fleuve, Andersson l'a trouvé fort répandu dans les pays des Damaras et des Grands Namaquas et, plus à l'intérieur, dans la contrée des Lacs.

Kisseba-andua est son nom indigène au *Humbe;* les naturels de *Kiulo* l'appelent *Etungula*.

Le plumage des jeunes est rayé de brun sur un fond cendré, en dessus et en dessous; deux individus en mue envoyés de *Gambos,* laissent voir au dos, à la gorge et au milieu de l'abdomen des échantillons de leur première livrée.

213. Dryoscopus cubla

Syn. *Lanius cubla*, Shaw, Gen. Zool. VII, p. 328.
Laniarius cubla, Finsch & Hartl., Vög. Ost-Afr., p. 345; Boc., Jorn. Acad.
Sc. Lisboa, n.º XVII, 1874, p. 56.
Dryoscopus cubla, Boc., Jorn. Acad. Sc. Lisboa, n.º V, 1868, p. 44; ibid.,
n.º XVII, 1874, p. 38; ibid., n.º XIX, 1876, p. 151; ibid., n.º XX, 1876,
p. 253; ibid., n.º XXI, 1877, p. 67; Gurney in Anderss. B. Damara,
p. 146.
Dryoscopus sp., Boc., Jorn. Acad. Sc. Lisboa, n.º XIII, 1872, p. 67; ibid.,
n.º XIV, 1873, p. 197.

Fig. *Levaillant, Ois. d'Afrique* II, *pl.* 72.

Caract. Mâle ad. En dessus d'un noir brillant, avec le bas du dos
et le croupion d'un blanc pur; cercle palpébral noir; parties inférieures blanches nuancées de gris; une bande blanche oblique sur l'aile formée par une
partie des scapulaires; couvertures alaires bordées de blanc; rémiges et rectrices noires, celles-là avec un étroit liséré blanc en dehors, celles-ci terminées de cette couleur; sous-alaires blanches. Bec noir; pieds d'un cendré-olivâtre; iris rouge vif ou rouge-orangé (Anchieta).

Dimens. L. t. 160 à 170 m.; aile 82 m.; queue 68 m.; bec 17 m.;
tarse 22 m.

Chez quelques individus marqués comme femelles, le croupion est nuancé de gris et l'abdomen lavé légèrement de fauve.

D'autres individus recueillis dans les mêmes localités présentent les caractères suivants: dessus de la tête noir avec le front varié de gris; dos bruncendré; croupion cendré; joues d'un gris-blanchâtre sale; cercle palpébral
blanc; rémiges brunes largement bordées de blanc; rectrices intermédiaires
noires avec une bordure étroite blanche à l'extrémité, les latérales brunes,
bordées et terminées de blanc; bec bleuâtre avec les bords d'une teinte plus
pâle et transparents; iris rouge. Nous les regardons comme des jeunes du *D.
cubla*.

Habit. M. d'Anchieta l'a rencontré d'abord à *Capangombe* et ensuite
dans presque tous les endroits de l'intérieur où il a fait un plus long séjour,
Quillengues, Gambos et *Humbe*. A juger d'après le nombre d'individus que
nous avons reçus de ces localités, il y doit être partout assez commun. Les
noms indigènes que notre zélé voyageur a eu le soin de marquer sur les étiquettes sont aussi fort nombreux: *Kissuala* et *Kikundi* (Capangombe), *Kassalacatoto* et *Nangombeiomapupo* (Humbe), *Kiriamahuco* (Quillengues).

Le *D. cubla* n'a jamais été observé au nord du parallèle de Benguella. Andersson l'a rencontré au sud du Cunene dans le pays des Damaras. Il se trouve au Natal, à Moçambique et dans le Zambeze; on prétend même qu'il remonte jusqu'au Zanzibar.

M. Reichenow cite parmi les oiseaux capturés au *Congo* par le dr. Falkenstein le *D. gambensis*, distinct de l'espèce d'Angola par une taille plus forte, par un bec plus long et par la teinte grise du croupion chez les adultes [1].

214. Dryoscopus major

Syn. *Telephonus major*, Hartl., Rev. Zool., 1848, p. 108.
Dryoscopus major, Hartl., Orn. West–Afr., p. 103; Boc., Jorn. Acad. Sc. Lisboa, n.° xxiii, 1875, p. 102; Sharpe & Bouv., Bull. S. Z. France i, p. 46.
Laniarius major, Finsch & Hartl., Vög. Ost–Afr., p. 344 (note), Reichenow, Corr. Afrik. Gesellsch., n.° x, 1874, p. 178.
Dryoscopus guttatus, Hartl., Proc. Z. S. L., 1868, p. 86; Boc., Jorn. Acad. Sc. Lisboa, n.° ii, 1867, p. 138; ibid., n.° iv, 1867, p. 333; ibid., n.° v, 1868, p. 43; Finsch & Hartl., Vög. Ost–Afr., p. 346 (note).
Dryoscopus sticturus, Sharpe & Bouv., Bull. Z. France i, p. 46.

Fig. *Hartlaub, Beitr. Ornith. West–Afr., tab.* v.

Caract. Ad. D'un noir brillant à reflets d'acier en dessus; parties inférieures d'un blanc pur ou lavées légèrement de rose et de fauve; plumes du croupion décomposées, d'un gris-ardoisé, terminées de noir et ornées près de l'extrémité d'une tache arrondie blanche; une bande blanche oblique sur l'aile formée par le dernier rang des moyennes couvertures et par une partie des grandes couvertures, suivie d'une bande longitudinale de la même couleur constituée par les bords externes de deux rémiges secondaires (sixième et septième); le reste des couvertures alaires, les rémiges et la queue de la couleur du dos; les rectrices latérales entièrement noires dans le plumage définitif; sous-alaires blanches, bord de l'aile noir. Bec et pieds noirs; iris brun foncé (Anchieta).

Dimens. L. t. 230 m.; aile 98 m.; queue 97 m.; bec 23 m.; tarse 35 m.

La femelle ressemble au mâle; la livrée du jeune nous est inconnue.

[1] V. Reichenow, Die Ornith. Samml. d. deutsch. Exped. nach d. Loango-Küste, Journ. f. Ornith., 1877, p. 24.

Les caractères ci-dessus conviennent parfaitement à un grand nombre d'individus de notre collection originaires de localités diverses, mais qui appartiennent à la zone littorale: *Fanti, Loango, Cabinda, Benguella, Capangombe*. Comparés aux individus de le Côte d'Or et du Congo, nos individus d'Angola en diffèrent à peine par les dimensions de leurs becs, un peu plus courts. La taille varie chez des individus de la même localité. Les taches blanches du croupion se trouvent bien distinctes chez les individus en plumage parfait d'adulte; elles se font remarquer indifféremment chez des exemplaires de Fanti, de Cabinda et d'Angola. La coloration des parties inférieures varie du blanc pur au blanc lavé de rose ou de fauve, et ces variations nous semblent surtout en rapport avec la saison. Il nous semble donc qu'il n'y a pas des motifs suffisants pour séparer les individus d'Angola, sous un nom spécifique distinct, *D. guttatus*, Hartl., de ceux d'Afrique occidentale.

Deux individus recueillis par M. d'Anchieta sur les hauts plateaux de *Pungo-Andongo* et *Ambaca*, dans l'intérieur d'Angola, sont identiques sous tous les rapports au *D. major*, sauf la présence d'un étroit liséré blanc sur le tiers terminal des barbes externes de la rectrice latérale. Si ce caractère était reconnu constant et d'accord avec l'habitat, il faudrait sans doute regarder ces individus comme appartenant à une espèce distincte. Nous les avons provisoirement inscrits dans les catalogues du Muséum de Lisbonne sous le nom de *D. Finschi*.

MM. Sharpe et Bouvier, ayant remarqué dans une collection d'oiseaux envoyée du Congo par M. L. Petit, parmi des exemplaires du *D. major*, deux individus dont les rectrices latérales portaient de petites taches blanches à l'extrémité, ont cru devoir les rapporter au *D. sticturus*, Finsch & Hartl. Nous regrettons beaucoup n'avoir pu les examiner; mais si, comme nous le pensons, il n'y a chez ces oiseaux que deux rémiges secondaires bordées de blanc, nous penchons à croire qu'il s'agit tout bonnement d'individus du *D. major* dont le plumage n'aurait pas encore atteint son état définitif. Les raisons sur lesquelles s'appuie notre manière de voir seront mieux comprises après la connaissance de quelques faits, dont nous aurons à rendre compte à propos d'une autre espèce de *Dryoscopus*, confondue jusqu'ici avec le *D. major*, que nous pensons pouvoir établir à part sous le nom de *D. neglectus*.

Habit. *Congo* (Anchieta, L. Petit, Falkenstein); *Angola* (Furtado d'Antas); *Benguella* (Monteiro, Anchieta); *Capangombe* (Anchieta).

Noms indigènes: *Sequi, Gongo* (Capangombe); *Kikacia* (Biballa).

M. d'Anchieta nous dit qu'il a toujours rencontré des débris d'insectes dans l'estomac des individus de cette espèce et, en général, des Laniidae.

215. Dryoscopus neglectus

Syn. *Dryoscopus major* (part.), Sharpe, Cat. Afr. B., p. 47; Boc., Jorn. Acad.
Sc. Lisboa, n.º xɪv, 1873, p. 197; ibid., n.º xvɪɪ, 1874, p. 38; ibid.,
n.º xx, 1876, p. 254.
Laniarius major, Gurney in Anderss., B. Damara, p. 145.
Laniarius sticturus, Finsch & Hartl., Vög. Ost-Afr., p. 342, tab. v, fig. 1;
Gurney in Anderss., B. Damara, p. 146; Boc., Jorn. Acad. Sc. Lisboa,
n.º xvɪɪɪ, 1875, p. 104; ibid., n.º xxɪ, 1877, p. 67.
Dryoscopus sp., Boc., Jorn. Acad. Sc. Lisboa, n.º xvɪɪɪ, 1875, p. 104.

Fig. *Finsch & Hartl., Vög. Ost-Afr., tab. v, fig. 1.*

Caract. Ad. Semblable au *D. major*, mais plus grand, à bec moins
fort et avec trois rémiges secondaires, au lieu de deux, bordées de blanc;
parties inférieures d'un blanc pur ou légèrement teint de rose et de fauve;
queue toute noire dans le plumage parfait; une ou deux rectrices latérales
terminées de blanc chez des individus moins' âgés. Bec et tarses noirs; iris
brun (Anchieta).

Dimens. L. t. 245 m.; aile 107 m.; queue 108 m.; bec 22 m.; tarse
34 m.

Nous rapportons à cette espèce une nombreuse suite d'individus recueillis à *Quillengues*, *Gambos* et *Humbe* dans l'intérieur du district de Mossamedes.
Chez tous ces individus la bande longitudinale sur l'aile est formée par les bordures externes de trois rémiges secondaires (cinquième, sixième et septième);
mais nous distingons parmi eux: 1º des individus parfaitement conformes à notre description dont les rectrices latérales sont entièrement noires; 2º des individus portant à l'extrémité des couvertures alaires et des plumes du croupion
et du dessus de la queue des bordures roussâtres plus ou moins distinctes, et
laissant voir à l'extrémité de la rectrice la plus extérieure une petite tache
blanche; 3º des individus qui ressemblent aux précédents par l'aspect général
de leur plumage, mais ayant deux rectrices latérales, au lieu d'une, terminées
de blanc, cette couleur occupant sur la plus extérieure un espace plus grand
(*D. sticturus*, F. & H.).

Tous ces individus appartiennent, selon nous, à une seule espèce, les
différences qu'ils nous présentent n'étant que le résultat de l'âge: les individus dans tout l'éclat de leur plumage définitif ont toutes les rectrices noires,
tandis que ceux dont le plumage garde encore quelques vestiges de la première livrée ont la rectrice externe ou les deux rectrices de chaque côté tachées
de blanc à leurs pointes. Chez d'autres espèces voisines de celle-ci, les mêmes

faits se produisent: nous avons sous les yeux des individus en plumage impar-fait du *L. rufiventris* et du *L. atrococcineus* dont les rectrices latérales por-tent à l'extrémité une petite tache d'un blanc-roussâtre. Il peut arriver sans doute que ces marques restent plus ou moins distinctes chez des individus dont le plumage a déjà acquis tous les caractères de l'adulte, et c'est précise-ment ce que nous remarquons sur un de nos individus du Humbe.

Pour séparer le *D. neglectus* du *D. major*, nous accordons une importance décisive au nombre des rémiges secondaires dont les bords extérieurs blancs forment la bande longitudinale de l'aile; il y en a trois chez la première es-pèce, deux chez la seconde [1]. D'autres espèces de Laniidae nous présentent les mêmes caractères différentiels: chez tous les individus du *L. atrococcineus* de notre collection nous comptons trois rémiges secondaires à bordure exté-rieure blanche, tandis que ceux du *L. rufiventris* n'en ont que deux.

L'identité du *D. neglectus* et *D. sticturus*, Finsch & Hartl, nous semble au contraire ressortir clairement de la comparaison de ceux de nos individus dont les rectrices latérales sont terminées de blanc, avec la description et la figure du *D. sticturus*. Nous hésitons cependant à maintenir le nom spécifique proposé par les deux savants ornithologistes allemands, parce qu'il exprime un caractère qui n'appartient pas, selon nous, à l'adulte en plumage parfait.

M. Gurney, en examinant deux oiseaux recueillis par Andersson au Cu-nene et près du Lac Ngami, qu'il pensait devoir rapporter au *D. major*, avait déjà remarqué que chez l'un d'eux la rectrice latérale portait une petite tache blanche à la pointe. Ces individus sont sans doute identiques à ceux que M. d'An-chieta a pris au *Humbe*, sur le bord du Cunene opposé à celui visité par An-dersson, et l'observation de M. Gurney confirme les nôtres [2].

Habit. *Quillengues*, *Gambos* et *Humbe* (Anchieta); bords du *Cune-ne* et *Lac Ngami* (Andersson, Chapman).

Noms indigènes: au Humbe, *Kilangalangimba*; à Quillengues, *Gorototo*.

––––––––––

Aux espèces précédentes il faut encore ajouter *Dryoscopus angolensis*, découvert en 1859 par M. Monteiro au *Bembe*, dans l'intérieur d'Angola au nord du Quanza. Cette espèce nous est inconnue; tout ce que nous avons de mieux à faire c'est de transcrire textuellement la diagnose publiée par M. Hartlaub.

[1] Dans sa description originale du *L. major*, publiée dans la *Revue Zoologique*, 1848, p. 113, M. Hartlaub attribue à cette espèce *deux rémiges secondaires bordées de blanc*. Le mê-me auteur porte, il est vrai, ce nombre à *trois* dans son Ornithologie de l'Afrique occiden-tale, 1857, p. 111; mais dernièrement il a rétabli la première indication. V. Finsch & Hartl. Vog. Ost.-Afr. p. 343 (note)

[2] V. Gurney in Anderss. B. Damara, p. 146.

«DRYOSCOPUS ANGOLENSIS, Hartlaub: *Supra obscure cinereus, uropygio pallidiore; remigibus fuscis, cinerascente marginatis; pileo toto, nucha colloque postico nigerrimis, nitore chalybeo, plumulis pilei sericeis, brevissimis; rectricibus obsolete fuscescentibus, mediis potius cinerascentibus, scapis supra nigris, subtus albis; subtus pallide cinerascens, gutture et subalaribus albis; rostro nigro; pedibus fuscis: iride obscure caerulea.* Long. circa 7 ³/₄''; rost. a fr. 8 ¹/₂'''; alae 3'' 2'''; caud. 3''; tarsi 9 ¹/₂'''.

Depuis le voyage de M. Monteiro le *D. angolensis* n'a plus été retrouvé à Angola ni ailleurs. Son nom indigène au Bembe serait *Entuecula*.

M. Reichenow[1] cite parmi les espèces envoyés du Congo par le dr. Falkenstein le *D. leucorhynchus*, Hartl., le *D. bicolor*, Verr., et une espèce nouvelle, *D. tricolor*, Cab. & Reichw, dont la diagnose n'a pas encore été publiée.

Le *D. bicolor* établi par Verreaux d'après des individus rapportés du Gabon, nous semble assez difficile à distinguer du *D. aethiopicus*. Il ressemble aussi au *D. major*, dont il reproduit tous les détails de coloration, à l'exception de la bande longitudinale blanche formée par les bordures externes de deux rémiges secondaires.

216. Chlorophoneus bacbakiri

Syn. *Laniarius bacbakiri*, Vieill., N. Dict. H. N. 13, p. 298; Monteiro, Proc. Z. S. L., 1865, p. 93; Boc., Jorn. Acad. Sc. Lisboa, n.° XIII, 1873, p. 67. *Telophorus gutturalis*, Gurney in Anderss., B. Damara, p. 147.

Fig. *Levaillant, Ois. d'Afr.* II, pl. 67.

Caract. Ad. Dessus de la tête et du cou cendré, nuancé de vert-olivâtre; dos et ailes de cette dernière couleur; une raie jaune commençant sur la base du bec et finissant au-dessus de l'œil; parties inférieures jaune-jonquille, ornées sur la poitrine d'un large plastron noir, dont les branches latérales étroites se prolongent encadrant la gorge jusqu'aux lores; les flancs d'une teinte plus pâle et lavés de cendré. Rémiges avec les barbes externes de la couleur du dos et les internes brunes; rectrices médianes brunes nuancés de vert olivâtre, les autres noires avec un espace de plus en plus grand à l'extrémité jaune. Sous-alaires cendrées; celles du bord de l'aile jaunes. Bec noir; pieds couleur d'ardoise; iris brun-rougeâtre (Anchieta).

Dimens. L. t. 230 m.; aile 94 m.; queue 93 m.; bec 21 m.; tarse 30 m.

Chez un individu jeune de notre collection la raie surcilliaire ne se mon-

---

[1] V. Reichenow, Journ. f. Orn., 1877, p. 24.

tre pas ni le hausse-col noir; la gorge et la poitrine sont d'un blanc-grisâtre; le reste des parties inférieures est jaune.

Habit. M. Monteiro comprend le *Chl. Bacbakiri* dans sa liste d'oiseaux de *Benguella* publiée en 1865. En 1872 M. d'Anchieta nous envoya cinq individus pris à *Rio Coroca*, au sud de Mossamedes, sur la région littorale. Ce sont les seules preuves qu'on puisse produire de l'existence de cette espèce au nord du *Cunene*. Andersson en a rencontré quelques individus, disséminés et en petit nombre, dans le pays des Damaras. C'est dans la Colonie du Cap qu'elle devient très commune.

217. Chlorophoneus gutturalis

Syn. *Lanius gutturalis*, Daud., Ann. Mus. III, p. 144, pl. 15.
Laniarius gutturalis, Hartl., Orn. West–Afr., p. 108; Sharpe & Bouvier, Bull.
    S. Z. France I, 1876, p. 46.

Fig. *Vieill. & Oud., Gal. des Ois.*, pl. 143.
    Levaillant, Ois. d'Afr. VI, pl. 286.

Caract. Mâle ad. Plumage vert-olivâtre, d'une teinte plus pâle en dessous; front jaune; gorge d'un beau rouge, entourée d'une bande noire qui part de l'angle du bec et forme sur la poitrine une espèce de hausse-col; celui-ci bordé de jaune et de rouge; milieu du ventre d'un rouge rembruni tirant au marron; sous-caudales rouges. Bec noir; pieds bruns; iris jaune. L. t. 8″; aile 3″ 2‴; queue 3″.

La femelle ne porte pas de hausse-col noir.

Cette espèce manque aux collections du Muséum de Lisbonne. La diagnose que nous présentons est à peine le résumé de la description originale de Daudin.

Habit. Le *Chl. gutturalis* habite le Congo: Perrein le découvrit à *Molembo*, et tout récemment M. L. Petit le rencontra à *Landana*.

Les limites de son aire d'habitation sont encore à déterminer; mais il paraît qu'il ne se répand pas au sud du Zaïre, car on ne l'a jamais recueilli sur le territoire d'Angola.

Une autre espèce, le *Chl. quadricolor* Cass., distincte par sa taille plus petite et par quelques légers détails de coloration, vit dans les contrées orientales de l'Afrique australe et notamment au Natal[1].

---

[1] Gray fait mention dans son *Hand-List* d'un individu du *Telephonus viridis*, Vieill. (= *Lanius gutturalis* Daud.) du *Port-Natal*, faisant partie des collections du British-Muséum; mais il doit y avoir sans doute quelque méprise. V. Gray Hand list, I. p. 398.

218. Chlorophoneus sulphureipectus

Syn. *Tchagra sulphureopectus*, Less., Tr. d'Orn., p. 373.
Laniarius chrysogaster, Hartl., Orn. West–Afr., p. 107; Boc., Jorn. Acad. Sc.
    Lisboa, n.° IV, 1867, p. 333; ibid., n.° V, 1868, p. 43; ibid., n.° VIII,
    1870, p. 343.
Laniarius sulphureipectus, Finsch & Hartl., Vög. Ost–Afr., p. 356; Sharpe
    & Bouvier, Bull. S. Z. France I, p. 46.
Laniarius modestus, Boc., Jorn. Acad. Sc. Lisboa, n.° II, 1867, p. 151.
Malaconotus similis, Boc., Jorn. Acad. Sc. Lisboa, n.° XVII, 1874, p. 56; ibid.,
    n.° XV, 1876, 253.
Chlorophoneus similis, Gurney in Anderss., B. Damara, p. 148.

Fig. *Swainson, B. West–Afr. I, pl. 25 (adulte).*
    Smith, Ill. S.–Afr. Zool. Aves, pl. 46 (jeune).

Caract. Mâle ad. Dessus de la tête et du cou et partie antérieure du dos d'un cendré-bleuâtre; le reste des parties supérieures, avec les ailes et la queue, d'un vert-olivâtre nuancé de jaune; front, bande supraciliaire et régions inférieures d'un beau jaune-jonquille; la poitrine plus ou moins lavée d'orange. Les rémiges primaires d'un vert-olivâtre sur les barbes externes, noirâtres et largement bordées de jaune en dedans; les rectrices, à l'exception des deux médianes, terminées de jaune. Bec et pieds noirs; iris brun.

Dimens. L. t. 190.; aile 90 m.; queue 90 m.; bec 14 m.; tarse 26 m.

Les couleurs de la femelle sont moins vives; elle est plus faiblement nuancée d'orange à la poitrine. Le jeune a des teintes encore plus ternes. Parmi nos mâles adultes il y en a dont les couvertures alaires et les rémiges portent à l'extrémité une bordure jaune, tandis que ce caractère fait complètement défaut chez d'autres; nous pensons que ceux-ci sont les plus âgés.

Habit. *Landana* (L. Petit); *Benguella* (Monteiro); *Capangombe* et *Humbe* (Anchieta).

Le *Chl. sulphureipectus* est un des oiseaux les plus largement répandus en Afrique : il a été observé sur la côte occidentale depuis le Sénégal jusqu'au Cunene; dans l'Afrique australe, dans les contrées voisines du Lac Ngami et au Natal; en remontant la côte orientale on le trouve au Transvaal, au Zambèze, dans l'Abyssinie et dans le pays des Bogos.

219. Meristes olivaceus

Syn. *Lanius olivaceus*, Vieill., N. Dict. H. N. 26, p. 135.
Laniarius icterus, Hartl., Orn. West–Afr., p. 110; Sharpe, Proc. Z. S. L.,
    1870, p. 148.
Meristes olivaceus, Finsch & Hartl., Vög. Ost–Afr., p. 361; Boc., Jorn. Acad.
    Sc. Lisboa, n.º xix, 1876, p. 253.

Fig. *Levaillant, Ois. d'Afrique* vi, *pl.* 285.
    Sharpe, Proc. Z. S. L., 1870, *pl.* 13, *fig.* 2.

Caract. Ad. En dessus d'un vert-olivâtre pâle avec la tête et le cou
cendrés ; les sus-caudales bordées de jaune ; en dessous jaune-jonquille, nuancé chez quelques individus de roux-orangé sur la poitrine ; une tache blanche
entre la base du bec et l'œil ; les couvertures alaires et les dernières rémiges
de la couleur du dos, et marquées à l'extrémité d'une tache jaune-blanchâtre ;
rémiges primaires avec les barbes externes vert-olivâtre à la base et jaunes
vers l'extrémité, d'un brun-noirâtre en dedans et bordées de jaune pâle. Rectrices vert-olivâtre en dessus, nuancées de jaune en dessous, terminées de
jaune-pâle. Sous-alaires jaunes. Bec et pieds noirs ; iris orange (Anchieta).

Dimens. L. t. 250 m.; aile 118 m.; queue 112 m.; bec 30 m.; tarse
37 m.

Habit. *Capangombe* et *Humbe* (Anchieta).

M. Sharpe a établi une deuxième espèce de *Meristes, M. Monteirii,* d'après
un individu rapporté du *Rio Dande,* au nord de *Loanda,* par Sala [1]. Cette espèce nouvelle serait distincte du *M. olivaceus* par ses dimensions un peu plus
fortes et surtout par ses sourcils blancs. Chez six individus d'Angola que nous
avons devant nous, tout l'espace compris entre la base du bec et l'œil est blanc
et le tour des yeux est plus ou moins de cette couleur, mais il n'y a pas de
raie surciliaire distincte. Ces exemplaires ressemblent parfaitement à deux
individus du *M. olivaceus,* l'un d'Abyssinie, l'autre de l'Afrique centrale (pays
des Niam-Niam), qui se trouvent dans nos collections. Du reste les caractères
spécifiques attribués au *M. Monteirii* demandent confirmation.

[1] V. Sharpe, Proc. Z. S. L. 1870, p. 148. pl. 13. fig. 1.

220. Neolestes torquatus

Syn. *Neolestes torquatus*, Cab., Journ. f. Orn., 1875, p. 237, tab. 1; Sharpe
& Bouv., Bull. S. Z. France 1, 1877, p. 308; Reichenow, Journ. f. Orn.,
1877, p. 24.

Fig. *Cabanis, Journ. f. Orn.*, 1875, *tab.* 1.

Caract. Ad. Dessus de la tête et du cou cendré; le reste des parties supérieures d'un vert-olivâtre, plus rembruni sur le dos, tirant un peu au
jaunâtre sur les couvertures alaires; rémiges et rectrices brunes, lavées de
vert-olivâtre et lisérées de jaune; en dessous blanc-cendré, légèrement teint
de fauve, avec un large collier noir sur la poitrine, encadrant l'espace blanc
de la gorge et se prolongeant par une bande étroite au-dessus de la région
auriculaire et de l'œil jusqu'à la base du bec; sous-alaires, bord de l'aile et
cuisses jaune-vif. Bec et pieds noirâtres.

Dimens. L. t. 155 m.; aile 71 m.; queue 64 m.; bec 12 m.; tarse
21 m.

Habit. On doit au dr. Falkenstein la découverte de cette espèce
au *Congo*, où MM. Petit et Lucan l'ont également rencontrée.

M. Reichenow[1] cite encore parmi les espèces observées à *Chinchonxo*
(Congo) par le dr. Falkenstein le *Nicator chloris* (Val.) et le *N. vireo*, Cab. La
description et la figure de ce dernier viennent d'être publiées dans le Journal
f. Ornithologie, 1876, p. 333, tab. 2.

FAM. ORIOLIDAE

221. Oriolus notatus

Syn. *Oriolus notatus*, Ptrs., Journ. f. Orn., 1868, p. 132; Finsch & Hartl.,
Vög. Ost-Afr., p. 291; Sharpe, Ibis, 1870, p. 218; Gurney in An-
derss., B. Damara, p. 124; Boc., Jorn. Acad. Sc. Lisboa, n.° xiv, 1873,
p. 199; ibid. n.° xvi, 1873, p. 292; ibid. n.° xx, 1876, p. 252.
Oriolus auratus (part.) Layards, B. S.-Afr., p. 136.
Oriolus bicolor, Monteiro, Proc. Z. S. L., 1865, p. 93.
Oriolus galbula (juv.) Boc., Jorn. Acad. Sc. Lisboa, n.° v, 1868, p. 42.
Oriolus Anderssoni, Boc., Jorn. Acad. Sc. Lisboa, n.° viii, 1869, p. 342.

Fig. *Sharpe, Ibis,* 1870, *pl.* 7, *fig.* 2.

Caract. Mâle ad. Plumage jaune d'or; une bande oculaire d'un noir
profond; petites et moyennes couvertures de l'aile de la couleur du dos; gran-

---

[1] V. Reichenow, Journ. f. Ornith, 1877, p. 24.

des couvertures et couvertures des primaires noires, largement bordées et terminées de jaune; celles-ci forment sur l'aile un petit miroir jaune. Rémiges noires, les primaires lisérées en dehors de gris-jaunâtre, les secondaires avec de larges bordures jaunes. Les deux rectrices médianes noires, terminées de jaune; les quatre extérieures de chaque côté jaunes, avec les tiges noires vers la base; les autres jaunes, avec un espace plus ou moins étendu noir sur les barbes internes. Bec d'un rouge-brunâtre; pieds couleur de plomb; iris rouge-vif (Anchieta).

Dimens. L. t. 230 m.; aile 142 m.; queue 89 m.; bec 27 m.; tarse 23 m.

Chez la femelle les couleurs sont moins brillantes. Elle est d'un jaune lavé d'olivâtre en dessus, avec les sus-caudales et les régions inférieures jaune-jonquille; sur la gorge d'étroites stries brunes couvrent les tiges des plumes; la bande oculaire d'un noirâtre terne; les petites couvertures alaires de la couleur du dos, mais le dernier rang des moyennes couvertures et les grandes couvertures noires, largement bordées de jaune-olivâtre; un petit miroir sur l'aile d'un jaune pâle, formé par les extrémités des couvertures des primaires. Rémiges d'un noir moins profond que chez le mâle; les primaires terminées et lisérées de blanchâtre, les secondaires bordées de jaune-olivâtre. Les deux rectrices médianes vert-olivâtre, rembrunies et tirant au noirâtre vers le bout, qui porte une étroite bordure jaune; celles qui les suivent de chaque côté d'un noir profond avec un espace jaune, de plus en plus grand, à l'extrémité et une bordure interne, de plus en plus large, de la même couleur; chez la rectrice latérale les barbes externes seules sont noires. Bec, pieds et iris comme chez le mâle adulte.

Le jeune est d'un vert-olivâtre en dessus avec des stries ou des taches brun-noirâtre au centre des plumes; le croupion lavé de jaune et les sus-caudales jaune-pâle; strie oculaire noirâtre peu distincte; en dessous gris sur la gorge et la poitrine avec de fortes stries noires; l'abdomen et les flancs lavés de jaune et variés de stries noires plus étroites; le crissum et les couvertures inférieures de la queue d'un beau jaune-jonquille, sans taches; petites couvertures de l'aile de la couleur du dos; moyennes et grandes couvertures et couvertures des primaires noirâtres, bordées de jaune pâle. Rémiges noirâtres, les primaires lisérées de gris, les secondaires de jaune. Rectrices d'un brun-noir, lavées de vert-olivâtre, les quatre médianes avec une petite bordure terminale jaune, les autres portant en dedans une bordure, de plus en plus large, jaune, et à l'extrémité une etache de cette couleur, qui occupe un espace successivement plus grand sur les barbes internes. Bec et pieds noirs; iris brunâtre (Anchieta).

Le jeune ressemble à l'*O. galbula* dans le même état de plumage, mais il est toujours facile de le distinguer par ses dimensions plus restreintes, par les bordures jaunes des couvertures alaires et par le mode différent de la distribution du jaune sur les rectrices latérales.

Habit. *Biballa, Quillengues, Caconda, Gambos* et *Humbe* (Anchieta) ; *Benguella* (Monteiro).

Noms indigènes : à Biballa, *Kimuxóco ;* au Humbe, *Dicole ;* à Quillengues, *Cupio.*

M. d'Anchieta a trouvé dans l'estomac des individus qu'il a pu examiner des graines et restes de fruits mélangés à des debris d'insectes.

Cette espèce ne paraît pas se trouver au nord du parallèle de Benguella ; mais elle est répandue sur le pays des Damaras, surtout dans la partie septentrionale.

222. Oriolus larvatus

Syn. *Oriolus larvatus,* Licht. Verz. Doubl. Mus. Berlin, p. 20 ; Hartl., Orn. West-Afr., p. 81 ; Monteiro, Ibis, 1862, pp. 335 et 341 ; id., Proc. Z. S. L., 1865, p. 93 ; Boc., Jorn. Acad. Sc. Lisboa, n.° VIII, 1870, p. 342 ; ibid., n.° XXI, 1877, p. 67 ; Finsch & Hartl., Vög. Ost-Afr., p. 291 ; Sharpe, Ibis, 1870, p. 223.
Oriolus Rolleti, Salvad. Atti. R. Acad. Torino, VII, p. 151 ; Heugl., Orn. N.-O. Afr., p. 404.

Fig. *Levaillant, Ois. d'Afrique* VI, *pl.* 261.

Caract. La tête toute entière et un plastron guttural d'un noir brillant ; région cervicale, croupion, sus-caudales et parties inférieures d'un beau jaune-jonquille ; dos, scapulaires et couvertures des ailes d'un jaune teint d'olivâtre ; un petit miroir blanc sur l'aile formé par les couvertures des primaires ; primaires noires lisérées en dehors de blanc-grisâtre ; des bordures plus larges de cette couleur sur les barbes externes des secondaires, lavées de jaunâtre sur les dernières. Les quatre rectrices médianes de la couleur du dos, celles de la 2° paire avec une bordure terminale jaune précédée d'un espace noir plus ou moins distinct ; chez les autres rectrices, à compter de celle-ci, le jaune et le noir occupent des espaces de plus en plus grands, de sorte que la rectrice latérale est mi-partie noir et jaune. Bec rouge-brunâtre ; pieds couleur d'ardoise ; iris rouge.

Dimens. La taille varie beaucoup chez nos individus d'Angola. Voici les dimensions extrèmes prises sur deux individus, l'un de *Huilla,* l'autre de *Capangombe:*

L. t. 240 m. ; aile 142 m. ; queue 90 m. ; bec. 25 m. ; tarse 24 m.
L. t. 220 m. ; aile 128 m. ; queue 83 m. ; bec 22 m. ; tarse 23 m.

Chez le jeune, le dos et les couvertures alaires d'un vert-olivâtre sont striés de brun; la tête est en dessus variée de noir et de jaune-olivâtre; les joues et la région auriculaire d'un noir profond; la gorge tachetée et striée de noir sur un fond jaune; le bec noir.

Habit. *Rio Dande* (Sala); *Massangano* (Monteiro); *Benguella* (Monteiro); *Capangombe, Caconda, Quillengues, Huilla* et *Humbe* (Anchieta).

Par ses dimensions les individus d'Angola nous semblent intermédiaires à ceux d'Abyssinie *(O. Rolleti)* et de l'Afrique australe *(O. larvatus)*. Nous remarquons sous ce rapport des différences bien sensibles chez les individus d'Angola, et ces différences se montrent en général d'accord avec la distribution géographique, la taille paraissant augmenter à mesure que l'espèce s'éloigne de l'équateur et de la côte.

Suivant M. d'Anchieta, l' *O. larvatus* construit d'ordinaire son nid sur les plus hautes branches des arbres. Le même voyageur rencontra souvent dans l'estomac des individus qu'il a pu examiner des débris d'insectes. Les indigènes du *Humbe* l'appellent *Cupio*.

223. Oriolus nigripennis

Syn. *Oriolus nigripennis*, Verr., Journ. f. Orn., 1855, p. 105; Hartl., Orn. West-Afr., p. 82; Sharpe, Ibis, 1870, p. 228; Sharpe & Bouvier, Bull. S. Z. France, I, p. 309; Reichenow, Journ. f. Orn. 1877, p. 26.

Fig. *Sharpe, Ibis, 1870, pl. 7, fig. 1.*

Caract. Ad. Semblable à l'*O. larvatus,* mais facile à distinguer de celui-ci par sa taille plus petite et par l'absence de miroir blanc sur l'aile; les couvertures des primaires noires, à peine lisérées de jaune-olivâtre; les rémiges secondaires largement bordées de la même couleur; la teinte du dos tirant davantage au vert et d'un ton plus vif.

Dimens. (D'après deux individus adultes de *Fanti*: L. t. 190 m.; aile 108 m.; queue 76 m.; bec 20 m.; tarse 21 m.

Habit. Cette espèce était connue comme habitant l'Afrique occidentale de la *Côte d'Or* au *Gabon;* dans ces derniers temps elle a été rencontrée au Congo, mais on ne l'a pas encore aperçue au sud du Zaïre.

FAM. PITTIDAE

224. Pitta angolensis

Syn. *Pitta angolensis*, Vieill., N. D. Hist. Nat., IV, p. 356; Hartl., Orn. West-
Afr., p. 74; Boc., Jorn. Acad. Sc. Lisboa, n.º II, 1867, p. 136; Sharpe,
Cat. Afr. Birds, p. 20; Ussher, Orn. Gold-Coast, Ibis, 1874, p. 56; Sharpe
& Bouvier, Bull. S. Z. France I, 1876, p. 45.
Pitta Pulih, Fraser, Proc. Z. S. L., 1842, p. 190.

Fig. *Desmurs, Icon. Orn., pl.* 46 (mâle ad.).
Elliot, Monogr. Pittidae, pl. 4 (mâle ad.).

Caract. Ad. Tête noire en dessus et sur les côtés, avec une large
raie supraciliaire fauve; manteau d'un vert-bronze, lustré de quelques reflets
métalliques; les couvertures de l'aile, les dernières rémiges secondaires et
les sus-caudales terminées de bleu de cobalt; les petites couvertures du pli de
l'aile entièrement de cette couleur; gorge blanche lavée de rose; poitrine et
partie antérieure de l'abdomen, ainsi que les cuisses, d'un fauve-ocracé
légèrement glacé de vert; bas-ventre et couvertures inférieures de la queue
d'un rouge pâle. Rémiges noires, tirant au gris-roussâtre vers l'extrémité; les
primaires, de la 3e à la 6e, marquées d'une tache blanche vers le milieu formant sur l'aile un miroir apparent de cette couleur. Queue noire. Bec et
pieds rouges (Fraser).

Dimens. L. t. 170 m.; aile 115 m.; queue 40 m.; bec 18 m.; tarse
35 m.

Cette diagnose contient le résumé des caractères indiqués par Vieillot et
Desmurs d'après un individu rapporté d'Angola par Perrein, et conservé depuis
1804 dans les collections du Muséum de Paris; elle concorde dans les détails
avec les figures publiées par Desmurs et M. Elliot.

Le Muséum de Lisbonne possède à peine un individu de cette espèce,
dont l'état de conservation laisse beaucoup à désirer, également originaire de
l'intérieur d'Angola; il faisait partie du cabinet d'histoire naturelle du Roi
D. Pedro V, dont les riches collections ont été incorporées par généreuse détermination de son auguste frère, le Roi D. Louis, dans notre Muséum national.

Les teintes de notre exemplaire sont sensiblement altérées par suite d'un
long séjour dans l'alcool avant d'être monté [1]. Il a le bec et les pieds jaunes,
ce qui nous permet de supposer, avec Fraser, que ces parties étaient rouges

en vie. D'après Vieillot le bec de l'adulte serait noir ou noirâtre ; cette indication a été reproduite par MM. Hartlaub et Elliot dans ses descriptions, mais, par une singulière contradiction, la figure publiée par ce dernier auteur représente le bec d'un rouge-carné, à peine plus sombre que la teinte des pieds.

Habit. C'est d'Angola que Perrein rapporta le type de cette espèce rare, décrite originairement par Vieillot, mais on ignore le lieu précis où il aurait été recueilli. Quant à l'individu, également d'Angola, qui appartient au Muséum de Lisbonne, nous trouvons à peine ces indications sur l'étiquette qui l'acompagne : « de l'intérieur d'Angola, par M. Gomes Roberto, 1861».

Nous nous rappelons d'avoir entendu à Welwitsch que cet oiseau se trouvait dans l'intérieur d'Angola vers *Pungo-Andongo* et *Sange*, au nord du *Quanza,* mais qu'il était assez difficile de le découvrir et surtout de le tuer. Les districts méridionaux d'Angola, plus minucieusement explorés par M. d'Anchieta dans ces dernières années, ne semblent pas posséder cette espèce.

M. L. Petit l'a envoyée dernièrement de *Landana,* sur la côte de Loango.

FAM. PYCNONOTIDAE

225. Pycnonotus ashanteus

Syn. *Ixos ashanteus,* Bp., Consp. Av., ı, p. 266; Hartl., Orn. West-Afr., p. 88; Boc., Jorn. Acad. Sc. Lisboa, n.º ıı, 1867, p. 137.
Pycnonotus ashanteus, Finsch & Hartl., Vög. Ost-Afr., p. 299.
Pycnonotus gabonensis, Sharpe, Proc. Z. S. L., 1871, p. 132, pl. 7, fig. 1,

Fig. *Sharpe, Proc. Z. S. L., 1871, pl. 7, fig. 1.*

Caract. Adulte. Plumage brun; la tête d'une teinte plus foncée; la gorge et la poitrine de la couleur du dos; le ventre blanc, mais les flancs nuancés de brun; les couvertures inférieures de la queue blanches, lavées de jaune-soufre; rémiges et rectrices brunes; cercle palpébral noir; bec et pieds noirs.

Dimens. L. t. 195 m.; aile 96 m.; queue 87 m.; bec 16 m.; tarse 21 m.

Habit. Un individu rapporté en 1865 de *Rio Quilo,* sur la côte de Loango, par M. d'Anchieta appartient évidemment à cette espèce, comme il sera facile de juger d'après le résumé ci-dessus de ses caractères.

16

Les voyageurs qui se sont occupés dernièrement de recherches ornithologiques dans cette contrée, MM. Falkenstein et Petit, ne semblent pas y avoir trouvé le *P. ashanteus*, dont l'existence en Afrique occidentale avait été déjà constatée de *Casamansa* au *Gabon*. Les collections envoyées par ces naturalistes et examinées par MM. Reichenow, Sharpe et Bouvier ne contenaient que des individus du *P. tricolor*, espèce qui se trouve fort répandue sur le territoire d'Angola au sud du Zaïre. Nous devons à l'obligeance de M. Bouvier deux individus, mâle et femelle, recueillis à *Landana* par M. Petit, et nous trouvons en effet qu'ils s'écartent de notre individu de *Rio Quilo* par leur taille plus petite et par la coloration de leurs sous-caudales d'un jaune-soufre plus uniforme, quoique assez pâle.

Dans les collections envoyées d'Angola par M. d'Anchieta nous trouvons un individu de *Caconda*, dans l'intérieur de Benguella, dont tous les détails de coloration s'accordent avec ceux de l'individu de *Rio Quilo*, sans excepter les sous-caudales en partie blanches et lavées de jaune-soufre : toutefois un autre individu de la même localité et faisant partie du même envoi appartient sans doute au *P. tricolor*.

226. Pycnonotus nigricans

Syn. *Turdus nigricans*, Vieill., N. Dict. H. N. 20, p. 253.
Pycnonotus nigricans, Layard, B. S-Afr., p. 138; Heugl., (part.) Orn. N.-O. Afr., p. 338; Finsch & Hartl., Vög. Ost-Afr., p. 297; Sharpe, Proc. Z. S. L. 1871, p. 131; Gurney in Anderss. B. Damara, p. 120.
Pycnonotus tricolor, Sharpe (part.) in Layard's B. S-Afr. p. 208.
Ixos tricolor, Boc., Jorn. Acad. Sc. Lisboa, n.º II, 1867, p. 153; ibid., n.º IV, 1867, p. 333.

Fig. *Levaillant, Ois. d'Afrique*, III, *pl.* 106, *fig.* 1.

Caract. Mâle adulte. D'un brun pâle, légèrement cendré, en dessus; tête et gorge d'une teinte noirâtre, presque noire; la poitrine d'un brun plus foncé que le dos, avec les plumes bordées de cendré; le reste des parties inférieures blanches, lavées de brun sur les flancs; les sous-caudales d'un jaune-jonquille; ailes et queue brunes, celle-ci d'un brun plus foncé; cercle palpébral rouge-orangé; bec et pieds noirs; iris rouge foncé (Anchieta).

Dimens. L. t. 190 m.; aile 93 m.; queue 87 m.; bec 15 m.: tarse 21 m.

Parmi les nombreux individus du genre *Pycnonotus* envoyés d'Angola par M. d'Anchieta, il n'y a que deux dont les caractères s'accordent avec ceux de notre diagnose. Chez tous les autres, la tête est d'un brun à peine plus foncé que le dos, le cercle palpébral noir et les sous-caudales d'un jaune plus pâle ou couleur de soufre. Par l'ensemble de ces caractères tous ces individus doivent être rapportés au *P. tricolor*, Hartl.

En comparant ces individus aux deux premiers, nous partageons naturellement les mêmes doutes qui se sont présentées à l'esprit de mon ami M. Sharpe et de M. Reichenow. Les caractères différentiels du *P. nigricans*, coloration noire de la tête, caroncules palpébrales rouges ou orangées, iris rouge, sous-caudales d'un jaune plus vif, ne seront-ils plutôt les caractères distinctifs du mâle en plumage de nôces? Une telle hypothèse a sans doute en sa faveur une certaine somme de probabilités; mais avant de nous décider pour l'affirmative, nous attendons qu'elle se trouve confirmée par des faits plus nombreux et plus concordants.

S'il y a en effet une seule espèce, les individus à tête noire *(P. nigricans)* doivent se montrer partout où se trouvent les individus à tête brune *(P. tricolor)*; et c'est précisément ce qui n'arrive pas à Angola et au Congo, si l'on juge d'après les collections reçues de ces vastes régions. Les individus recueillis au nord du Zaïre par le dr. Falkenstein et par M. Petit, ceux envoyés de *Cambambe* et *Massangano* par M. Monteiro, et une nombreuse suite d'individus recueillis par M. d'Anchieta sur des points divers et très écartés, depuis les bords du *Cunene* jusqu'au *Zaïre*, tous ces individus portent les caractères du *P. tricolor*; il n'y a que ceux pris isolément à *Benguella* et à *Maconjo* (Capangombe), qui ressemblent au *P. nigricans*. En tout cas, même s'il était reconnu nécessaire de réunir les deux espèces, il faudrait sans doute conserver à l'espèce qui en résulterait le nom de *P. nigricans*, comme le plus ancien. La description et la figure de Levaillant ne permettent pas aucun doute quant aux caractères de l'oiseau que le célèbre voyageur découvrit dans le pays des Namaquas.

Habit. *Benguella* et *Maconjo* sont les seuls endroits où M. d'Anchieta ait pu rencontrer le *P. nigricans*. Chez nos deux individus le cercle palpébral d'un jaune-rougeâtre est encore bien distinct. Nous ignorons la date de la capture de l'individu de *Benguella*, mais celui de *Maconjo* porte sur l'étiquette «avril 1870», ce qui semble confirmer l'opinion de ceux qui regardent ce caractère comme variant chez l'adulte avec la saison et, peut-être, avec le sexe. Nous possédons en effet deux individus de l'Afrique australe *(Durban)* avec tous les caractères du *P. nigricans*, mais dont le cercle palpébral est distinctement noir, comme chez tous nos individus d'Angola qui portent la livrée du *P. tricolor*.

Cet oiseau porte à Benguella le nom de *Xakanguere*, et à Capangombe celui de *Kitecuria*.

Suivant M. Gurney c'est à *Objimbinque*, dans le pays des Damaras, que le voyageur Andersson recueillit trois individus ayant tous les caractères du

Picnonotus nigricans; deux autres spécimens envoyés par lui en Europe et pris à *Ovaquenyama* et à *Ondonga,* localités plus rapprochées du Cunene, ressembleraient mieux au *P. tricolor.* Il faut cependant observer que ceux-là ont été capturés dans les mois de juin, juillet et septembre, et ceux-ci en janvier 1867 [1].

227. Pycnonotus tricolor

Syn. *Ixos tricolor,* Hartl., Ibis, 1862, p. 341; Boc., Jorn. Acad. Sc. Lisboa, n.º II, 1867, p. 137; ibid., n.º VIII, 1873, p. 343.
Ixos aureiventris, Hartl., Journ. f. Orn., 1861, p. 166.
Pycnonotus tricolor, Sharpe, Proc. Z. S. L., 1871, p. 132; Finsch & Hartl., Vög. Ost-Afr., p. 299; Gurney in Anderss. B. Damara, p. 120; Boc., Jorn. Acad. Sc. Lisboa, n.º XVII, 1874, p. 43; ibid, n.º XXI, 1877, p. 67; Sharpe & Bouv., Bull. S. Z. France, 1876, p. 44; Reichenow, Journ. f. Orn., 1877, p. 25.

Fig. *Sharpe. Proc. Z. S. L.,* 1871, *pl. 7, fig. 2.*

Caract. Plumage brun-terreux en dessous et sur la poitrine, d'un brun plus foncé sur la tête et la gorge; ventre blanc; flancs brunâtres; couvertures inférieures de la queue d'un jaune-soufre plus ou moins vif; ailes de la couleur du dos, la queue un peu plus rembrunie; cercle palpébral noir, ainsi que le bec et les pieds; iris brun (Anchieta).

Dimens. L. t. 195 m.; aile 91 m.; queue 87 m.; bec 15 à 16 m; tarse 21 m.

Les couleurs se maintiennent constantes chez tous nos individus; la taille au contraire est assez variable. Chez un individu d'Ambaca, marqué comme mâle, nous trouvons—200 m. long. tot., 101 m. long. de l'aile et 93 m. long. de la queue.

Nous nous sommes déjà prononcé quant à l'opinion des ornithologistes qui regardent le *P. tricolor* comme le jeune du *P. nigricans;* pour la partager nous attendons seulement des observations plus complètes et plus décisives.

Habit. De nombreux spécimens de cette espèce, que nous acceptons à titre provisoire, nous ont été envoyés d'un grand nombre de localités d'Angola: *Pungo-Andongo* et *Ambaca* au nord du Quanza, *Caconda* et *Quillengues,* dans l'intérieur de Benguella, et *Humbe* sur les bords du Cunene. Outre ces individus, provenant des recherches de M. d'Anchieta, nous possédons

[1] V. Gurney in Anderss. B. Damara, p. 120.

quelques individus d'Angola, sans désignation de localité, envoyés par M. Toulson. Les spécimens ayant servi à établir l'espèce ont été rapportés de *Massangano* et *Cambambe* par M. Monteiro; M. Sharpe cite des individus capturés par Hamilton à *Cazengo*.

Sur la côte de *Loango* le dr. Falkenstein l'a rencontré à *Chinchonxo*, M. L. Petit à *Chinchonxo* et à *Landana*.

Nos exemplaires du Humbe portent le nom indigène *Kulotete*.

Le *P. capensis* nous semble suffisamment distinct du *P. tricolor* par la teinte brune uniforme des parties inférieures, qui s'éclaircit à peine sur le milieu du ventre sans devenir jamais blanche, et par la coloration de la tête, qui est identique à celle du dos et ne présente pas un ton aussi rembruni que chez le *P. tricolor*.

228. Criniger flaviventris

Syn. *Tricophorus flaviventris*, Smith, Ill. S.-Afr. Zool. Aves, pl. 59; Boc., Jorn. Acad. Sc. Lisboa, n.º v, 1868, p. 42.
Criniger flaviventris, Sharpe, Proc. Z. S. L., 1871, p. 130; Boc., Jorn. Acad. Sc. Lisboa, n.º xvii, 1874, p. 53; Gurney in Anderss. B. Damara, p. 121; Sharpe in Layard's B. S-Afr., p. 203.

Fig. *Smith, Ill. S-Afr. Zool. Aves, pl.* 59.

Caract. Adulte. Plumage en dessus brun-olivâtre nuancé de vert-jaunâtre; le dessus de la tête tirant davantage au brun; parties inférieures d'un jaune-citron, plus pâle sur la gorge, qui est légèrement ombrée d'olivâtre chez les individus jeunes; rémiges brunes avec les barbes externes lavées de vert-jaunâtre; les rectrices glacées en dessus de cette couleur et en dessous de jaune. Bec et pieds bruns; iris rouge-brun (Anchieta).

Dimens. L. t. 230 m.; aile 103 m.; queue 100 m.; bec 19 m.; tarse 23 m.

Habit. *Benguella, Capangombe, Quillengues* et *Humbe* (Anchieta). M. Sharpe cite un individu de cette espèce rapporté d'Angola par M. Monteiro, mais dont il ne nous indique pas la provenance exacte[1].

Cet oiseau ne paraît pas se répandre au nord de Benguella. Smith l'a dé-

___

[1] V. Sharpe, Proc. Z. S. L., 1871, p. 130. L'exemplaire en question aurait été pris très probablement à Benguella.

couvert dans l'Afrique australe dans le voisinage du Port Natal, et Andersson s'en est procuré deux spécimens dans le nord du pays des Damaras, à *Ova-quenyama*.

Noms indigènes: à Benguella, *Brunjanja;* à Capangombe, *Dicole*; au Humbe, *Çoleçole*.

Dans une petite collection d'oiseaux d'Angola, que nous avons reçu en 1871 de M. Furtado d'Antas, se trouvait un oiseau qui ressemble sous tous les rapports à nos individus du *C. flaviventris*, sauf la taille, qui est beaucoup plus petite, et la coloration des parties inférieures d'un jaune plus vif, se rapprochant de la teinte du jonquille; le haut de la poitrine est chez lui fortement nuancé d'olivàtre. Par tous ces caractères il nous a semblé identique au *C. (Trichophorus) xanthogaster*, Cass[1]. Nous hésitons maintenant à l'inscrire sous ce nom, parce que l'espèce de Cassin et notre oiseau nous semblent représenter à peine une variété locale, plus petite, du *C. flaviventris*. Nous ignorons la provenance exacte de notre individu; celui décrit par Cassin avait été pris par Du Chaillu au *Gabon*.

229. Criniger leucopleurus

Syn. *Phyllostrophus leucopleurus*, Cass., Proc. Acad. Philad., 1855, p. 328; Hartl., Orn. West–Afr., p. 89.

Trichophorus nivosus, Temm. ap. Hartl., Orn. West–Afr., p. 84; Boc., Jorn. Acad. Sc. Lisboa, n.º II, 1867, p. 137.

Criniger nivosus, Reichenow, Journ. f. Orn., 1877, p. 21.

Fig. *nulla.*

Caract. Adulte. D'un brun-marron légèrement teint d'olivàtre en dessus; le front et les joues ponctués de blanc; une raie supraciliaire peu distincte de cette couleur; le menton blanc; la gorge et la partie supérieure de la poitrine d'un cendré-olivàtre, marquées de stries blanches sur les tiges des plumes; le reste des parties inférieures et les couvertures inférieures de l'aile blanches, nuancées de jaune. Ailes et queue de la couleur du dos; les rémiges bordées en dedans de blanchàtre, les quatre rectrices latérales largement terminées de blanc pur. Bec brun avec la mandibule plus pàle; pieds couleur de plomb.

Dimens. L. t. 230 m.; aile 107 m.; queue 110 m.; bec 21 m.; tarse 24 m.

---

[1] V. Cassin, Proc. Acad. Philad., 1855, p. 327. Voici les dimensions de cet individu: L. t. 200 m.; aile 91 m.; queue 90.; bec 17.; tarse 21 m.

Habit. Cette espèce, répandue en Afrique occidentale de *Casamansa* au *Gabon*, paraît avoir pour limites méridionales le *Zaire*. M. d'Anchieta l'a découverte en 1865 à *Rio Quilo* sur la côte de *Loango*, le dr. Falkenstein vient de la rencontrer à *Chinchonxo*.

230. Phyllastrephus capensis

Syn. *Phyllastrephus capensis*, Swains., Nat. Hist. Birds II, p. 229; Gurney in Anderss., B. Damara, p. 120; Boc., Jorn. Acad. Sc. Lisboa, n.º XVII, 1874, p. 53; ibid, n.º XX, 1876, p. 252.

Fig. *Levaillant, Ois. d'Afrique*, III, *pl.* 112, *fig.* 1.

Caract. Adulte. Parties supérieures d'un brun-roux; gorge et milieu de l'abdomen d'un blanc pur; poitrine, flancs et sous-caudales brun-cendré, les dernières légèrement teintes de roussâtre. Rémiges primaires brunes, avec un étroit liséré pâle en dehors et une large bordure blanchâtre sur les barbes internes; les secondaires et les couvertures alaires de la couleur du dos. Couvertures inférieures de l'aile d'un blanc-roussâtre sali de brun. Queue d'un brun-marron uniforme. Bec couleur de corne, la mandibule d'une teinte plus claire; tarses foncés, d'une teinte bleuâtre; iris châtain (Anchieta).

Dimens. L. t. 220 m.; aile 93 m.; queue 101 m.; bec 20 m.; tarse 23 m.

La taille varie beaucoup; parmi nos individus d'Angola il y en a qui sont loin d'atteindre ces dimensions.

Habit. Le *P. capensis* est propre de l'Afrique australe. Andersson et Chapman l'ont rencontré dans la région des Lacs, d'où il se répand jusqu'aux confins méridionaux de nos possessions d'Angola. Nous l'avons reçu seulement du *Humbe*, sur les bords du *Cunene*, par M. d'Anchieta, et nous ne pensons pas qu'il ait été observé ailleurs. Au *Humbe* il ne doit être rare, car nous en avons reçu des spécimens à plusieurs reprises. Ces exemplaires portent sur leurs étiquettes deux noms indigènes différents: *Utena* et *Caxexe*.

Dans l'intérieur de Mossamedes, à *Biballa* et *Rio Chimba*, M. d'Anchieta recueillit en 1868 deux individus que nous avions d'abord rapportés au *P. capensis*, malgré quelques différences de coloration, et que nous nous proposons de mieux étudier plus tard. Ces individus appartiennent en effet à une espèce distincte par ses caractères et par son habitat du *P. capensis*, le *P. fulviventris*, décrit récemment par M. Cabanis d'après des individus capturés sur la côte de *Loango*.

231. Phyllastrephus fulviventris

Syn. *Phyllastrephus fulviventris*, Cabanis, Journ. f. Orn., 1876, p. 92;
Sharpe & Bouv., Bull. S. Z. France, I, p. 44; Reichenow, Journ. f. Orn.,
1877, p. 26.
Phyllastrephus capensis, Boc., Jorn. Acad. Sc. Lisboa, n.º v, 1868, p. 42.

Fig. *nulla.*

Caract. Adulte. Parties supérieures d'un brun-olivâtre, à l'exception
de la tête, où domine une teinte brun-foncée, et des sus-caudales et de la queue
d'un roux-marron vif; la gorge d'un blanc pur; le reste des parties inférieures
blanches, lavées de jaune et de fauve, avec la partie antérieure et les côtés de
la poitrine et les flancs ombrées de brun; le crissum et les couvertures inférieures de la queue teintes de fauve, au lieu de jaune. Les couvertures inférieures de l'aile blanches, lavées de jaune. Un cercle palpébral complet blanc.
Bec couleur de corne, la mandibule plus pâle; pieds pâles, couleur de chair;
iris brun-rouge pâle (Anchieta).

Dimens. L. t. 200 m.: aile 93 m.; queue 97 m.; bec 21 m.; tarse
23 m.

Cette espèce est sans doute voisine du *P. capensis*, mais en les comparant on arrive facilement à saisir des différences suffisantes pour les séparer;
celles que nous avons surtout à signaler sont: la teinte olivâtre du dos, au lieu
de brun-roux; la coloration jaune du ventre et des sous-alaires, dont on n'aperçoit aucun vestige chez le *P. capensis*. La couleur des pieds claire et jaunâtre
chez les individus morts du *P. fulviventris*, est au contraire d'une teinte brune
foncée ou couleur de plomb chez les individus de l'espèce du Cap.

Habit. *Côte de Loango* (Falkenstein et Petit); *Bibatia* et *Rio Chimba*,
dans l'intérieur de Mossamedes (Anchieta). Tels sont les endroits où cette
espèce a été jusqu'à présent observée; mais elle doit au moins se répandre
dans les localités intermédiaires depuis le Zaire jusqu'au parallèle de Mossamedes.

Suivant M. Anchieta cet oiseau aurait deux noms indigènes à Capangombe,
Katele (rio Chimba) et *Kipoto* (Biballa).

232. Andropadus virens

Syn. *Andropadus virens*, Cass., Proc. Acad. Philad., 1857, p. 34; Hartl., Orn. West-Afr., p. 264; Sharpe & Bouv., Bull. S. Z. France, I, p. 45; Reichenow, Journ. f. Ornith., 1877, p. 25.

Fig. *nulla.*

Caract. Adulte. En dessus brun-olivâtre, tirant au brun-marron sur le croupion et les couvertures supérieures de la queue; en dessous cendré, lavé de vert-jaunâtre, avec le milieu du ventre jaune-soufre. Rémiges et rectrices brun-marron, celles-là liserées de gris-verdâtre en dehors et bordées de blanc en dedans. Couvertures inférieures de l'aile d'un jaune pâle. Bec d'un brun-foncé; pieds brunâtres; iris châtain.

Dimens. L. t. 165 m.; aile 77 m.; queue 72 m.; bec 12 m.; tarse 18 m.

Habit. Le dr. Falkenstein et M. L. Petit ont trouvé tout récemment sur la côte de Loango cette espèce, dont la première connaissance date du voyage de Du Chaillu au Gabon. Nous devons à l'obligeance de M. Bouvier l'individu qui nous a fourni les caractères de notre diagnose; il faisait partie des collections envoyées de *Landana* par M. Petit.

Les recherches des deux voyageurs que nous venons de citer confirment l'importance du rôle que le fleuve *Zaire* joue dans la distribution des espèces sur cette partie du continent africain. Sans nous occuper pour le moment que des espèces de la famille des *Pycnonotidae*, nous trouvons dans les listes publiées par M. Reichenow et par MM. Sharpe & Bouvier l'indication de plusieurs oiseaux à ajouter aux précédents, qu'on n'a jamais pu observer au sud du grand fleuve africain, dont les affluents sont encore inconnus. Ce sont: *Criniger simplex* (Temm.), *C. flavicollis* (Sw.), *C. notatus* (Cass.), *Mascrophenus flavicans*, Cass. et *Criniger Falkensteini*, Reich., cité par MM. Sharpe et Bouvier comme appartenant au genre *Andropadus*[1].

[1] V. Reichenow, Corr. Afrik. Gesellsch., n.° 10, 1874, p. 179; id. Journ. f. Ornith., 1877, p. 25; Sharpe & Bouv., Bull. S. Z. France I, 1876, p. 44 et 305.

FAM. CRATEROPODIDAE

233. Crateropus Jardinei

Syn. *Crateropus Jardinei,* Smith, Rep. of Exp., 1836, p. 45; id., Ill. S-Afr. Zool. Aves, pl. 6; Finsch & Hartl., Vög. Ost-Afr., p. 289; Heugl., Orn. N. O-Afr., p. 394; Boc., Jorn. Acad. Sc. Lisboa, n.º XII, 1871, p. 272; Gurney in Anderss. B. Damara, p. 123; Sharpe in Layard's, B. S-Afr. p. 212.

Crateropus affinis, Boc., Proc. Z. S. L., 1869, p. 436; id., Jorn. Acad. Sc. Lisboa, n.º VIII, 1870, p. 342.

Fig. *Smith, Ill. S-Afr. Zool. Aves, pl. 6.*

Caract. Adulte. Plumage en dessus brun-cendré nuancé d'olivâtre; les plumes du vertex d'un brun-foncé au centre, bordées et terminées de gris; celles du cou et de la partie antérieure du dos marquées à l'extrémité d'une petite tache grise; les sus-caudales d'un brun plus pâle et plus mélangé de gris; espace entre la base du bec et l'œil noirâtre; gorge, poitrine et partie antérieure de l'abdomen variées, sur un fond brun-cendré pâle, de taches longitudinales blanches, très distinctes sur la partie terminale de chaque plume; bas-ventre et sous-caudales d'une teinte uniforme cendré-roussâtre. Ailes et queue d'une teinte plus foncé que le dos; les rémiges bordées de fauve sur les barbes internes; les rectrices plus rembrunies, noirâtres vers le bout, et laissant apercevoir des raies transversales foncées sous l'incidence de la lumière. Sous-alaires fauves. Bec noir; pieds noirâtres; iris rouge.

Dimens. L. t. 235 m.; aile 105 m.; queue 110 m.; bec 20 m.; tarse 30 m.

Habit. *Quillengues* et *Huilla* (Anchieta). En Angola le *C. Jardinei* n'a jamais été observé au nord du parallèle de Benguella, ni dans la zone littorale. Andersson le trouva dans la région du *Cunene,* et nous possédons un des individus de cette espèce envoyés en Europe par ce voyageur; il est parfaitement identique à ceux d'Angola.

Dans le *Zambeze* le dr. Kirk a découvert un *Crateropus* très voisin de celui-ci, mais plus petit, que M. Sharpe vient de décrire sous le nom de *C. Kirkei*[1]. Dans la côte de *Loango* le dr. Falkenstein a tout récemment recueilli des spécimens d'un oiseau que MM. Cabanis et Reichenow regardent comme intermédiaire, quant aux couleurs, aux *C. Jardinei* et *C. plebejus,* et inférieur à l'un

[1] V. Sharpe in Layards. B. S-Afr, p. 213.

et l'autre en dimensions; ces auteurs l'ont nommé *C. hypostictus*[1]. Ces oiseaux nous sont inconnus; mais en comparant leurs descriptions, nous n'y trouvons rien qui s'oppose à ce qu'ils appartiennent à une seule espèce.

234. Crateropus melanops

Syn. *Crateropus melanops*, Hartl., Proc. Z. S. L., 1866, p. 435; Finsch & Hartl., Vög. Ost-Afr., p. 290; Heugl., Orn. N. O-Afr., p. 394; Gurney in Anderss. B. Damara, p. 123; Boc., Jorn. Acad. Sc. Lisboa, n.º xvii, 1874, p. 53; Sharpe in Layard's, B. S-Afr., p. 214.

Fig. *Hartlaub, Proc. Z. S. L., 1866, pl. 37.*

Caract. Adulte. En dessus brun-roussâtre, avec les bords des plumes de cette dernière couleur; le croupion d'une teinte plus pâle; les plumes du vertex et des côtés de la tête d'un gris-bleuâtre, terminées d'une petite tache blanche; lorums et espace compris entre les branches de la mandibule d'un noir profond; gorge et poitrine brunes avec les bords des plumes gris ou roussâtres; sur l'abdomen la couleur brune se fond successivement dans une teinte plus claire d'un fauve sale. Rémiges d'un brun foncé, plus pâles sur les bords externes; les couvertures de l'aile et les secondaires d'un brun-roussâtre. Rectrices noirâtres. Couvertures inférieures de l'aile brunes. Bec noir; pieds noirâtres; iris jaune (Anchieta).

Dimens. L. t. 265 m.; aile 117 m.; queue 122 m.; bec 23 m.; tarse 36 m.

Habit. Le premier exemplaire connu de cette espèce, ayant servi à la description du dr. Hartlaub, était originaire du pays des Damaras; il faisait partie des collections envoyées en Europe par Andersson en 1866. C'est dans la partie nord de cette région que le voyageur suédois a trouvé cet oiseau plus abondant. Ces indications de Andersson se trouvent confirmées par les observations de M. d'Anchieta, qui l'a rencontré seulement dans les confins méridionaux de nos possessions d'Angola, à *Kiulo* et au *Humbe*, sur les bords du Cunene.

L'habitat de cette espèce serait donc fort restreint d'après nos données actuelles; il comprendrait une aire limitée au nord par le Cunène et au sud par le 20° parallèle, et s'étendant à l'est jusqu'au Lac Ngami.

Le nom indigène inscrit sur les étiquettes des individus de Kiulo est *Numbela*.

[1] V. Reichenow, Journ. f. Ornith., 1877, p. 25; Cab. & Reichenow, Journ. f. Ornith., 1877, p. 103.

235. Crateropus Hartlaubi

Tab. I. Fig. 1

Syn. *Crateropus Hartlaubi*, Boc., Jorn. Acad. Sc. Lisboa, n.° v, 1868, p. 48;
ibid., n.° viii, 1870, p. 342; ibid., n.° xii, 1872, p. 272; ibid., n.° xiv,
1873, p. 197; ibid., n.° xxi, 1877, p. 67; Finsch & Hartl., Vög. Ost-Afr.,
p. 865; Gurney in Anderss. B. Damara, p. 124; Sharpe in Layard's B.
S.-Afr., p. 214.
Crateropus senex, Finsch & Hartl., Vög. Ost-Afr., p. 290.

Caract. Adulte. Plumage d'un brun roussâtre, chaque plume largement bordée d'une teinte plus pâle; celles du vertex d'un brun foncé au centre et bordées de gris; une raie supraciliaire peu distincte grise; espace entre la base du bec et l'œil noirâtre; croupion blanc; couvertures supérieures
de la queue d'un gris terne; plumes de la gorge et de la poitrine d'un brun
plus pâle que celles du dos, bordées de gris et marquées sur la tige d'un trait
noirâtre; le reste des parties inférieures d'un blanc plus ou moins lavé de
fauve avec des taches brunes sur l'abdomen; les couvertures inférieures de
la queue sans taches. Ailes et queue plus rembrunies que le dos; les rémiges
liserées en dehors de roux et bordées de fauve sur les barbes internes. Couvertures inférieures de l'aile d'un fauve pâle. Bec noir; pieds brun-foncé; iris
rouge (Anchieta).

Dimens. L. t. 255 m.; aile 115 m.; queue, 115 m.; bec 20 m.;
tarse 36 m.

La femelle ressemble parfaitement au mâle en dimensions et en couleurs.

Habit. M. d'Anchieta, à qui l'on doit la découverte de cette espèce,
la rencontra d'abord à *Huilla*, ensuite à *Quillengues, Caconda* et *Gambos.*
D'après MM. Gurney et Sharpe, deux individus parvenus en Europe dans les
collections du voyageur Andersson appartiennent au *C. Hartlaubi*[1]; ces deux
spécimens auraient été recueillis sur les bords du *Cunene* le 25 juin 1867, à
peu près à la même époque où M. d'Anchieta s'emparait dans l'intérieur de
Mossamedes du premier individu que nous avons décrit.

M. d'Anchieta nous indique plusieurs noms indigènes; pour les individus
de Huilla *Eoioi*, pour ceux de Quillengues *Musosa, Gangaire* et *Quicengue-
cengue.* Ce voyageur nous écrit que cet oiseau mange des insectes et que son
chant consiste dans la répétition du son *ke.*

[1] V. Gurney in Anderss. B. Damara. p. 124; Sharpe in Layard's, B. S. Afr., p. 214.

236. Crateropus gymnogenys

Syn. *Crateropus gymnogenys*, Hartl., Proc. Z. S. L., 1865, p. 86; Boc., Jorn. Acad. Sc. Lisboa, n.º IV, 1867, p. 333; ibid., n.º XII, 1872, p. 272; ibid., n.º XIV, 1873, p. 197.
Aethocichla gymnogenys, Sharpe in Layard's B. S-Afr., p. 215.

Fig. *nulla.*

Caract. Mâle adulte. Partie supérieure de la tête, croupion et régions inférieures d'un blanc légèrement teint de jaune; dessus et côtes du cou d'un roux-fauve; dos et couvertures alaires roux-marron foncé, avec les bords des plumes roussâtres; couvertures supérieures de la queue grises nuancées de brun; sous-alaires fauves. Rémiges et rectrices brun-marron foncé; celles-là bordées en dedans de fauve. Lores, joues et région auriculaire nues et, à ce qu'il paraît, noires. Bec noir; pieds noirâtres; iris jaune-pâle (Anchieta).

Dimens. L. t. 250 m.; aile 112 m.; queue 105 m.; bec 23 m.; tarse 32 m.

Les individus imparfaitement adultes ont sur le devant du cou et de la poitrine des bandes transversales d'un brun-roussâtre pâle, qui disparaissent plus tard.

Habit. On doit à M. Monteiro la découverte de cette espèce; il la rencontra abondamment à *Benguella* et à *Novo Redondo* pendant son séjour dans ces localités en 1862 et 1863. Plus tard M. d'Anchieta en recueillit quelques individus à *Capangombe* et à *Gambos,* dans l'intérieur de Mossamedes. Ce sont les seuls renseignements qu'on possède actuellement sur l'habitat du *C. gymnogenys.*

237. Neocichla gutturalis [1]

Tab. I. Fig. 1.

Syn. *Crateropus gutturalis.* Boc., Jorn. Acad. Sc. Lisboa, n.º XII, 1871, p. 272.
Neocichla gutturalis, Sharpe in Layard's, B. S-Afr., p. 215.

Caract. Adulte. Tête et cou d'un gris-cendré pâle; un trait noir de la base du bec à l'œil; dos et scapulaires bruns, largement bordés de fauve;

[1] CHAR. GEN. *Rostrum grypanium, compressum, a basi deflexum, apice subaculo utrinque vix inciso; nares nudae operculo superiore cutaneo semi-clausae; vibrissae parvae, tenues*

croupion et couvertures supérieures de la queue d'un gris lavé de jaune ; gorge de la couleur de la tête, mais plus pâle, marquée d'une tache allongée noire qui descend vers la poitrine ; le reste des parties inférieures et les sous-alaires blanches lavées de fauve, tirant au blanc sur le milieu du ventre et les sous-caudales ; petites couvertures de l'aile d'un noir brillant ; moyennes et grandes couvertures brunes, bordées de roussâtre. Rémiges primaires d'un noir brillant sur les barbes externes, tirant au brun et bordées de blanc en dedans, et d'un brun-pâle bordé de roussâtre à l'extrémité ; secondaires avec de larges bordures extérieures blanches, qui forment sur l'aile une bande très distincte de cette couleur, à l'exception de celles plus rapprochées du corps d'un brun-terreux et bordées de roussâtre. Réctrices, les deux intermédiaires exceptées, d'un noir à reflets bronzés portant à l'extrémité une tache blanche, dont les dimensions vont en diminuant de dehors en dedans ; les deux médianes brunes. Bec noir ; pieds d'un brun pâle sur les tarses avec les doigts d'un brun-olivâtre ; iris jaune d'or (Anchieta).

Dimens. L. t. 210 m. ; aile 108 m. ; queue 88 m. ; bec 18 m. ; tarse 30 m.

Habit. Le seul individu connu de cette espèce a été capturé à *Huilla* en 1871 par M. d'Anchieta. Nous l'avions d'abord rapporté au genre *Crateropus*, tout en reconnaissant la nécessité d'en établir pour lui un genre à part, ce que M. Sharpe vient d'accomplir [1].

Quoique voisin des genres *Crateropus* et *Cichladusa* cet oiseau s'écarte en effet de l'un et de l'autre par la conformation de l'aile et la différente proportionalité de ses rémiges ; il a cependant les tarses scutellés comme le *Crateropus*. La caractéristique que nous présentons du genre *Neocichla* permettra de bien apprécier les différences qui le séparent des deux autres.

Nous pensons que l'apparition de cet oiseau à Huilla doit être plutôt regardée comme accidentelle. L'aire précise d'habitation de cette espèce nous semble encore à découvrir. Elle appartient peut-être à ces régions inexplorées de l'Afrique centrale, qui gardent encore cachée dans l'ombre mystérieuse qui les environne la solution des plus intéressants problèmes de la géographie moderne.

---

pedes robusti, tarsi scutati ; ala brevis, remige prima parva tertiam partem longitudinis secundae non attingente, secunda quintam aequante et cubitalibus valde longiore, tertia et quarta majoribus ; cauda rotundata vel potius gradata.

[1] V. Sharpe in Layard's B. S.-Afr., p. 215.

238. Cichladusa ruficauda

Syn. *Bradyornis ruficauda*, Verr. ap. Hartl., Orn. West-Afr., p. 66 ; Boc.,
Jorn. Acad. Sc. Lisboa, n.º II, 1867, p. 150.
Cichladusa ruficauda, Heugl., Orn. N. 0-Afr., p. 373; Finsch & Hartl., Vög.
Ost-Afr., p. 286; Sharpe in Layard's, B. S-Afr., p. 230: Sharpe & Bouv.,
Bull. S. Z. France I, p. 45.

Fig. *nulla.*

Caract. Adulte. En dessus d'un roux qui varie de ton suivant les régions, rembruni sur le vertex et les ailes, tirant un peu au cendré à la partie
antérieure du dos, très-vif et ardent sur la partie postérieure du dos, le croupion, les sous-caudales et la queue; les joues et les côtés du cou, la poitrine
et l'abdomen d'un cendré sale ; la gorge, le milieu du ventre et les sous-caudales d'un blanc lavé de fauve ; les sous-alaires de cette couleur. Rémiges
brunes avec les barbes extérieures d'un roux-brunâtre ; les dernières secondaires de la couleur du dos. Bec noir ; tarses brun-pâle ; doigts noirâtres ; iris
châtain.

Dimens. L. t. 185 m.; aile 90 m.; queue 87 m.; bec 17 m.; tarse
25 m.

Le mâle et la femelle se ressemblent.

Habit. *Angola*, sans indication précise de la localité (Furtado d'Antas) ;
Benguella et *Quillengues* (Anchieta) ; *Landana* et *Chinchonxo*, dans la côte de
Loango (L. Petit). Cette espèce se trouve également au *Gabon*, où elle fut
d'abord remarquée.

Suivant M. d'Anchieta cet oiseau est abondant à *Benguella* et à *Quillengues :*
les indigènes de la première localité l'appellent *Kitoni*, ceux de Quillengues
Kitole. Il se nourrit d'insectes.

239. Chaetops pycnopygius

Syn. *Sphenæacus pycnopygius*, Strickl. & Sclat., Contrib. Orn., 1852, p. 148.
Drymoica Anchietae, Boc., Jorn. Acad. Sc. Lisboa, n.° v, 1868, p. 41.
Chaetops Grayi, Sharpe, Proc. Z. S. L., 1869, p. 164.
Chaetops pycnopygius, Sharpe, Cat. Afr. B., p. 25; Gurney in Anderss. B. Damara, p. 117; Sharpe in Layard's, B. S-Afr., p. 218; Boc.; Jorn. Acad. Sc. Lisboa, n.° xxi, 1877, p.

Fig. *Sharpe, Proc. Z. S. L., 1869, pl. 14.*

Caract. Adulte. Plumage en dessus varié de taches longitudinales brun-noir sur un fond gris-roussâtre; le croupion et les couvertures supérieures de la queue d'un roux ardent; une large raie supraciliaire, commençant à la base de la mâchoire supérieure, et le cercle palpébral d'un blanc pur; en dessous d'un blanc à peine teint de fauve sur la gorge, la poitrine et le milieu de l'abdomen, le reste d'un roux ardent comme le croupion; de chaque côté de la gorge une bande longitudinale noire, qui commence à la base de la mandibule; le devant de la poitrine tacheté de la même couleur. Rémiges brunes lisérées de roux; réctrices d'une brun noirâtre, laissant apercevoir des raies plus foncées sous l'incidence de la lumière, et terminées de blanc roussâtre. Bec noirâtre, la mandibule d'une teinte de corne pâle; pieds bruns-olivâtre; iris châtain.

Dimens. L. t. 185 m.; aile 64 m.; queue 75 m.; bec 16 m.; tarse 24 m.

La femelle ne diffère pas en coloration ni en dimensions du mâle.

Habit. Andersson découvrit cette espèce en 1852 dans le pays des Damaras à l'occasion de son premier voyage: un seul individu envoyé alors en Europe, et aujourd'hui déposé au Muséum de Cambridge, fut décrit par Strickland & Sclater sous le nom de *Sphenæacus pycnopigius*. Le même voyageur la rencontra plus tard en 1866, quand il visita une seconde fois les mêmes lieux. En 1867 M. d'Anchieta s'est procuré cet oiseau à *Capangombe*, dans l'intérieur de Mossamedes, et l'année dernière il nous en a envoyé trois individus de *Quillengues*.

L'individu de Benguella portait sur l'étiquette le nom indigène *Kakiria-kiria*; ceux de Quillengues, *Elequete*. À propos des mœurs de cet oiseau, M. d'Anchieta nous dit qu'il fait la guerre aux insectes et construit le nid dans les fentes des rochers.

FAM. TURDIDAE

240. Cossypha natalensis

Syn. *Cossypha natalensis*, Smith, Ill. S.–Afr. Zool. Aves, pl. 60; Mont.
& Hartl., Proc. Z. S. L., 1860, p. 110; Boc., Jorn. Acad. Sc. Lisboa, n.º v,
1868, p. 42; Sharpe & Bouv., Bull. S. Z. France I, p. 43; Sharpe in
Layard's B. S.–Afr., p. 223.
Bessornis natalensis, Reichenow, Journ. f. Orn., 1877, p. 30.

Fig. *Smith, Ill. S.–Afr. Zool. Aves, pl.* 60.

Caract. Adulte. En dessus d'un ardoisé-bleuâtre, nuancé de roux sur
la partie antérieure du dos; dessus de la tête et nuque d'un roux-ferrugineux
rembruni; croupion et couvertures supérieures de la queue d'un roux-orangé;
joues et toutes les parties inférieures de cette dernière couleur, avec le menton et le milieu du ventre d'une teinte plus pâle. Couvertures alaires et rémiges d'un gris-bleu sur les barbes externes et noires en dedans. Queue roux-
orangé, à l'exception des deux rectrices intermédiaires noirâtres; la rectrice
extérieure bordée de noir en dehors. Bec brun; pieds couleur de chair; iris
brun-foncé.

Dimens. L. t. 170 m.; aile 90 m.; queue 78 m.; bec 12 m.; tarse
26 m.

Suivant M. Gurney l'oiseau représenté sur la pl. 60 de Smith serait à
peine le jeune-âge de *C. bicolor* [1]; mais il y a entre les deux espèces des différences de taille et de coloration bien tranchées qui ne permettent pas de les
confondre. Le figure de *C. natalensis* publiée par Smith laisse beaucoup
à désirer; chez tous les individus que nous avons pu examiner les couleurs
sont plus vives en dessous, et les deux rectrices intermédiaires d'un brun-noirâtre, au lieu de gris-bleu.

Habit. *Cazengo*, au nord du Quanza, et *Biballa*, dans l'intérieur de
Mossamedes, sont les seuls endroits d'Angola d'où nous ayons reçu des spécimens de cette espèce. M. Monteiro l'avait déjà rencontrée dans le *Bembe*, où
elle serait connue sous le nom de *Taranganga* [2]. L'individu de Biballa porte
sur l'étiquette le nom indigène *Maxoxolo*, écrit de la main de M. d'Anchieta.

Dans ces derniers temps le dr. Falkenstein et M. L. Petit ont recueilli au
Congo des individus de cette espèce.

[1] V. Gurney, Ibis, 1862, p. 152 et Ibis, 1868, p. 158.
[2] V. Monteiro, Proc. Z. S. L., 1860, p. 110.

241. Cossypha Heuglini

Syn. *Cossypha Heuglini*, Hartl., Journ. f. Orn., 1866, p. 36; Finsch & Hartl.,
Vög. Ost.-Afr., p. 283; Boc., Jorn. Acad. Sc. Lisboa, n.° VIII, 1870,
p. 342; ibid., n.° XXI, 1877, p. 68; Sharpe, Proc. Z. S. L., 1873, p. 717;
Sharpe & Bouv., Bull. S. Z. France I, p. 43; Sharpe in Layard's B. S.-Afr.,
p. 227.
Cossypha subrufescens, Boc., Proc. Z. S. L., 1869, p. 436.
Bessornis intermedia, Cab., B. von der Decken, Reis. in Ost.-Afr., p. 22, taf. XII.
Bessornis Heuglini, Heugl., Orn. N. O.-Afr., p. 374, tab. XIII.

Fig. *Heuglin, Orn., N. O.-Afr., tab.* XIII.
     Cabanis, Baron v. d. Decken, Reisen in Afr., tab. XII.

Caract. *Adulte.* En dessus d'un ardoisé-bleuâtre légèrement lavé
de roux-olivâtre sur le manteau; la tête noire en dessus et sur les côtés, avec
une large raie supraciliaire blanche, qui se prolonge depuis la base du bec
jusqu'aux côtés de la nuque; croupion, sus-caudales, côtés du cou, sous-alaires et régions inférieures d'un beau roux-orangé, plus pâle sur le milieu du
ventre. Rémiges noirâtres bordées en dehors de gris-bleuâtre; les dernières
secondaires lavées avec les barbes externes lavées de cette couleur. Les deux rectrices intermédiaires noires, les autres d'un roux-orangé vif, la plus extérieure
bordée de noirâtre en dehors. Bec noir; pieds noirâtres; iris brun.

Dimens. L. t. 205 m.; aile 102 m.; queue 97 m.; bec 17 m.; tarse
31 m.

Chez un de nos individus, imparfaitement adulte, les couvertures alaires
sont marquées à l'extrémité de petites taches triangulaires d'un roux-orangé,
et la coloration des parties inférieures est d'une teinte plus pâle; deux autres
individus, mâle et femelle, en plumage d'adultes, ont la 5ᵉ rectrice de chaque
côté avec les barbes externes et l'extrémité noirâtres.

Habit. *Caconda* et *Quillengues*, dans l'intérieur de Benguella (Anchieta). M. Sharpe cite deux exemplaires également d'Angola, qu'il a pu observer, mais sans indiquer leur provenance exacte [1]. Le capitaine Sperling a
découvert cette espèce au Congo, où MM. L. Petit et Falkenstein l'ont plus
récemment recueillie. M. d'Anchieta ne l'a jamais remarquée au sud du parallèle de *Benguella*, et elle a aussi échappé aux recherches du voyageur Andersson, ce qui nous permet de croire qu'elle a un habitat assez restreint en

[1] V. Sharpe in Layard's B. S., Afr. p. 227.

Afrique occidentale. Sur la côte opposée, elle a pu être observée dans quelques endroits de l'Afrique tropicale.

Nos individus de *Quillengues* portent sur leurs étiquettes les noms indigènes *Quilone* et *Quiandamuchito*.

242. Cossypha Bocagei

Tab. II

Syn. *Cossypha Bocagei*, Finsch & Hartl., Vög. Ost.-Afr., p. 284 note); Boc., Jorn. Acad. Sc. Lisboa, n.º VIII, 1870, p. 351; Sharpe in Layard's B. S.-Afr., p. 225.

Cossypha n. sp., Boc., Jorn. Acad. Sc. Lisboa, n.º V, 1868, p. 42.

Diagn. Ad. *Supra olivascente-rufa, pileo cinereo-plumbeo, capitis lateribus, uropygio et tectricibus superioribus caudae laete rufis; loris nigris; stria supraciliari brevi alba; subtus fulvescente-rufa, gula crissoque dilutioribus, abdomine medio albo; tectricibus alae dorso concoloribus; remigibus primariis fuscis cinerascente extus fimbriatis, secundariis pogonio externo olivascente-rufo lavatis; rectricibus rufis. Rostro nigro; pedibus et iride fuscis.*

L. t. 162 m.; alae 82 m.; caudae 66 m.; rostri a fr. 14 m.; tarsi 25 m.

Caract. Ad. En dessus d'un roux terne mélangé d'olivâtre; le vertex, du front à la nuque, d'un cendré de plomb; une courte strie surciliaire blanche; lorums noirs; joues, croupion et couvertures supérieures de la queue d'un roux ardent; parties inférieures d'un roux-fauve, plus pâle sur la gorge et les sous-caudales, avec le milieu du ventre blanc. Couvertures alaires de la couleur du dos, ainsi que les barbes externes des rémiges secondaires; rémiges primaires noirâtres bordées en dehors de cendré. Queue, incomplète, d'un roux-ardent en dessus, plus pâle en dessous, les rectrices latérales sans aucune bordure brune. Bec noir; pieds brunâtres; iris brun.

Dimens. L. t. 162 m.; aile 82 m.; queue 66 m.; bec 14 m.; tarse 25 m.

Habit. Cette espèce a été décrite par MM. Finsch et Hartlaub d'après un individu, jusqu'à présent unique, rencontré à *Biballa*, dans l'intérieur de Mossamedes, par M. d'Anchieta, à qui l'on doit tant de précieuses découvertes.

La coloration de la queue, d'un roux uniforme, permet de bien distinguer cette espèce de toutes ses congénères, et surtout de la *C. Isabellae*, de *Camarões*, qui doit lui ressembler en général par son système de coloration, à juger d'après la description originale de cette dernière espèce publiée par Gray [1]. MM. Finsch et Hartlaub ont été les premiers à signaler la ressemblance de ces deux espèces.

La *C. Bocagei* serait connue des indigènes de Biballa sous le même nom que la *C. natalensis*, celui de *Maxoxolo*.

243. Cossypha barbata

Tab. II

Syn. *Cossypha barbata*, Finsch & Hartl., Vög. Ost.-Afr., p. 864; Boc., Jorn. Acad. Sc. Lisboa, n.º VIII, 1870, p. 342; Sharpe in Layard's B. S.-Afr., p. 226.

Diagn. Ad. *Supra cinerescente-brunnea; fronte rufescente; uropygio tectricibusque caudae superioribus rufis; superciliis brevibus albis nigro marginatis; periophthalmis albis; loris nigris; regione parotica rufo-fusca; subtus fulvescente-rufa; gutture albo, stria mystacali lata cinerascente-fusca utrinque longitudinaliter ornato; abdomine medio albo. Campterio alae albo nigroque vario; remigibus primariis fuscis albo limbatis, 4ᵃ et sequentibus versus basin albis, speculum alarem parvum formantibus; subalaribus albis nigro maculatis. Rectricibus duabus intermediis cinerascente-fuscis, sequentibus nigris albo apicatis, reliquis gradatim magis et magis albo terminatis, externis fere omnino albis. Rostro nigricante, basi mandibulae cornea; pedibus dilute carneis; iride fusca.*

L. t. 175 m.; alae 82 m.; caudae 68 m.; rostri a fr. 16 m.; tarsi 26 m.

Caract. En dessus d'un brun cendré, qui prend un ton bleuâtre plus prononcé sur les couvertures alaires; croupion et sus-caudales d'un roux-ferrugineux; espace entre le bec et l'œil noir; une courte raie surciliaire blanche bordée de noir; cercle palpébral blanc; région parotidienne roux-brunâtre. En dessous d'un roux-fauve, plus pâle sur les couvertures inférieures de la queue; la gorge et le milieu du ventre d'un blanc pur; de chaque côté de la

---

[1] V. G. R. Gray, Descr. of a few West-African Birds, Ann. & Mag. of. N. H. X. 2ᵉ sér. 1862 p. 443. D'après M. Gray chez la *C. Isabellae* les 4 rectrices intermédiaires sont noires, la première de chaque côté est bordée de noir en dehors et terminée de la même couleur, et les trois rectrices qui se trouvent après celle-ci ont l'extrémité noire.

gorge une large bande d'un cendré-noirâtre descendant de la base de la mandibule jusqu'à la poitrine. Petites couvertures du pli de l'aile variées de blanc et de noir; rémiges brun-noirâtre, les primaires lisérées de blanc et, à compter de la 4e, avec un espace blanc à la base, qui forme un petit miroir distinct sur l'aile. Les deux rectrices médianes d'un cendré-brunâtre, celles qui les suivent noires et marquées à l'extrémité d'une petite tache blanche, les autres noires à la base avec un espace de plus en plus grand vers le bout, les plus extérieures presque entièrement blanches. Bec noirâtre avec la base de la mandibule couleur de corne; pieds pâles, tirant à couleur de chair; iris brun.

Dimens. L. t. 175 m.; aile 82 m.; queue 68 m.; bec 16 m.; tarse 26 m.

Habit. Cette curieuse espèce, qui par son système de coloration se rapproche de l'*Aedon poena*, nous paraît avoir un habitat assez restreint: elle est connue à peine d'après trois individus recueillis par M. d'Anchieta à *Caconda* et à *Quillengues,* dans l'intérieur de Benguella. Le type de l'espèce est un individu mâle de la première localité que nous avions envoyé en communication à MM. Finsch et Hartlaub. Notre description a été faite d'après un individu de *Quillengues,* en parfait plumage d'adulte, que nous avons rencontré dans le dernier envoi de notre intrépide voyageur.

Suivant M. d'Anchieta les noirs de Quillengues donnent à cet oiseau le nom de *Quiepele.*

Aux espèces précédentes nous avons encore à ajouter une cinquième espèce observée au *Congo* par le dr. Falkenstein. M. Reichenow l'avait d'abord regardée comme identique à *C. albicapilla,* Sw. (=*C. verticalis,* Hartl.) [1]; mais M. Cabanis l'a plus tard décrite comme nouvelle sous le nom de *C. melanonota* [2]. Voici d'après cet auteur le résumé de ses caractères différentiels: «D'une taille plus forte et à teintes plus foncées en dessus que la *C. verticalis*; les plumes du dos et les couvertures alaires noires à peine bordées de gris-bleu; une bande blanche plus étroite sur le vertex; le front noir. L. t. 7 ³/₄ à 8 ¹/₄; bec 16 à 17 m.; aile 95 à 106 m.; queue 85 à 102 n.; tarse 27 à 30 m.»

Nous retrouvons tous ces caractères chez un individu de notre collection, reçu en 1855 du Muséum de Paris et provenant de l'Abyssinie. Si ces différences étaient reconnues constantes chez les individus du Congo et de l'Afrique orientale, ce qui nous semble probable d'après les observations de Heuglin sur ce sujet [3], il serait peut-être juste de restituer à cette espèce le nom de *C. monacha,* qui lui avait été imposé par le regretté ornithologiste de Stuttgart.

[1] V. Reichenow, corresp. der Afrik. Gesellschaft n.° 10, 1874, p. 177.
[2] V. Cabanis, Journ. f. Ornith., 1875, p. 235; Reichenow, Journ. f. Ornith., 1877, p. 30.
[3] V. Heuglin. Orn. N. O-Afr., p. 377.

Dans notre première publication sur les oiseaux des possessions portugaises de l'Afrique occidentale nous avons fait mention d'un individu de la *C. albicapilla*, Vieill., d'Angola [1]. Cet individu faisait partie des collections ornithologiques du cabinet du Roi D. Pedro V, actuellement déposées au Muséum de Lisbonne, et porte en effet une étiquette contenant ces mots — «*Angola*, off. par M. Ant. J. d'Oliveira» ; toutefois nous ne sommes pas bien sûr de l'exactitude d'une telle provenance, d'autant plus que cette espèce a échappée jusqu'à présent aux recherches de tous les voyageurs qui se sont occupés récemment de l'ornithologie d'Angola et du Congo.

244. Turdus strepitans

Syn. *Turdus strepitans*, Smith., Ill. S.-Afr. Zool. Aves, pl. 37; Boc., Jorn. Acad. Sc. Lisboa, n.º VIII, 1869, p. 341; ibid., n.º XII, 1871, p. 271; ibid., n.º XVII, 1874, p. 53; ibid., n.º XX, 1876, p. 252; ibid., n.º XXI, 1877, p. 68; Finsch, Trans. Z. S. L., 1869, p. 241.
T. letsitsirupa, Gurney in Anderss. B. Damara, p. 114; Sharpe in Layard's B. S. Afr., p. 198.

Fig. *Smith. Ill. S.-Afr. Zool Aves, p. 37.*

Caract. Adulte. En dessus d'un gris plus ou moins nuancé de brun, avec les tiges des plumes marquées d'une teinte plus foncée; en dessous d'un blanc presque pur, à peine lavé par places de fauve, varié sur la poitrine et l'abdomen, à l'exception du bas-ventre et des couvertures inférieures de la queue, de grandes taches pyriformes bien distinctes; espace entre le bec et l'œil, raie surciliaire étroite et cercle palpébral d'un blanc lavé de fauve; une tache de la même couleur largement encadrée de noir sur la région parotidienne. Sous-alaires d'un fauve ocracé pâle. Rémiges et rectrices brun-foncé; celles-là avec les barbes internes d'un fauve ocracé depuis la base jusqu'à plus de la moitié de la rémige; les dernières secondaires brunes. Bec long et fort, avec la moitié supérieure brune et la mandibule jaune à pointe brune; pieds d'un jaune sale: iris châtain (Anchieta).

La 2e rémige égale à la 4e, la 3e les dépassant à peine en longueur.

Dimens. L. t. 230 m.; aile 132 m.; queue 70 m.; bec 24 m.; tarse 34 m.

Cette espèce a été regardée par quelques auteurs, notamment par Bonaparte et le dr. Hartlaub, comme identique au *T. semiensis*, Rüpp.; mais von

[1] V. Bocage, Jorn. Acad. Sc. Lisbon.. n.º II. 1867, p. 137.

Heuglin et MM. Finsch et Sharpe sont d'un avis contraire que nous n'hésitons pas à partager après avoir comparé avec beaucoup d'attention un individu d'Abyssinie avec nos individus d'Angola. Chez le premier *(T. semiensis)* les régions inférieures présentent un fond plus uniforme d'une teinte plus vive fauve-ocracée, tandis que ces régions sont chez le *T. strepitans* d'un blanc presque pur à peine nuancé par places, et très légèrement, de fauve pâle ; les taches sur la poitrine et l'abdomen sont chez celui-ci d'un noir plus profond, plus distinctes ou moins confluentes et d'une forme plus allongée ; le fauve des sous-alaires et des rémiges est d'un ton ocracé plus ardent chez le *T. semiensis*, mais l'espace que cette couleur occupe sur les rémiges primaires du *T. strepitans* est plus étendu.

Habit. Le *T. strepitans* est fort répandu et assez commun dans les districts méridionaux d'Angola ; M. d'Anchieta en a recueilli des spécimens dans plusieurs localités, *Capangombe, Huilla, Quillengues, Kiulo* et *Humbe*. On ne l'a jamais observé au nord du parallèle de Benguella, mais dans l'Afrique australe il s'est fait remarquer dans le pays des Damaras et au Natal.

Noms indigènes: *Endaxikirape* (Quillengues), *Kukenckene* et *Quinangalundo* (Humbe).

245. Turdus Verreauxi

Syn. *Turdus Verreauxi,* Boc., Jorn. Acad. Sc. Lisboa, n.º VIII, 1870, p. 341 ; Sharpe in Layard's B. S.-Afr., p. 202.
? *T. simensis,* Sundev., Ofvers. Vet. Akad. Förhandl. Stock., 1849, p. 157 ; Hartl., Orn. West-Afr., p. 74.

Fig. *nulla.*

Caract. Plus petit que le *T. strepitans*. En dessus d'un gris-roussâtre avec des taches triangulaires fauves sur l'extrémité des grandes couvertures alaires ; en dessous d'un blanc lavé de fauve, tirant au blanc pur sur le milieu du ventre et les couvertures inférieures de la queue, varié sur la gorge et la poitrine de taches triangulaires, presque arrondies, d'un brun-noirâtre ; les plumes des flancs d'un fauve-ocracé bordées de brun ; sous-alaires de la même couleur, mais d'un ton plus vif et sans taches. Rémiges primaires brunes, bordées de fauve pâle sur les barbes internes ; queue de la couleur du dos, un peu plus rembrunie, laissant apercevoir sous l'incidence de la lumière des bandes étroites plus foncées. Une petite raie supraciliaire étroite et peu distincte d'un blanc-fauve ; cercle palpébral brunâtre ; tache auriculaire striée de brun sur un fond gris-fauve. Bec couleur de corne ; pieds, à ce qu'il paraît, d'un jaune sale; iris brun-clair (Anchieta). La 2e rémige égale à la 6e et beaucoup plus courte que la 3e, qui est la plus longue.

Dimens. L. t. 220 m.; aile 115 m.; queue 90 m.; bec 20 m.; tarse 27 m.

Par son système de coloration l'individu unique que nous possédons de cette espèce se rapproche sans doute du *T. strepitans*, Smith, et surtout du *T. semiensis*, Rüpp., tout en se maintenant distinct de l'un et de l'autre par plusieurs caractères différentiels; tels sont: l'infériorité de sa taille; la différente proportionalité des rémiges primaires; la longueur relative beaucoup plus considérable de sa queue; et de nombreux détails de coloration, parmi lesquels nous avons à citer comme les plus importants, la distribution du fauve sur les bords internes des rémiges primaires, au lieu d'occuper les barbes internes dans toute leur largeur, et le dessin des parties inférieures bien différent de ce que l'on remarque chez les deux autres espèces.

Sundevall a décrit sous la désignation de *T. semiensis*, Rüpp., mais en la faisant suivre d'un point d'interrogation, un individu jeune recueilli par Afzelius à *Serra Leoa*, d'après lequel le dr. Hartlaub a cru pouvoir comprendre l'espèce de Rüppell parmi les oiseaux d'Afrique occidentale; nous pensons cependant que l'individu de *Serra Leoa* doit ressembler mieux au *T. Verreauxi*, et nous serions même fort disposé à les croire identiques, si dans la courte description de Sundevall ne se rencontrait pas la phrase «gastraco albo, guttis thoracis magnis, crebris, subtriangularibus fusco-griseis», qui ne peut pas être rigoureusement appliquée à notre individu d'Angola. Pour tous les autres détails de coloration et pour les dimensions ils nous semblent peu d'accord. D'après Sundevall, les couvertures alaires de l'individu de Serra Leoa seraient marquées de stries fauves se dilatant vers l'extrémité, ce qui est un signe évident de ce qu'il se ne se trouvait pas encore en livrée parfaite d'adulte; chez notre individu il y a aussi des petites taches fauves sur l'extrémité de quelques unes des grandes couvertures, mais des grandes couvertures seulement, d'où nous concluons qu'il n'est pas tout-à-fait adulte.

Habit. Le type de l'espèce et son unique représentant nous a été envoyé de *Caconda* en 1869 par M. d'Anchieta, qui l'a marqué sur l'étiquette comme mâle. D'après l'état de son plumage nous le regardons comme imparfaitement adulte.

---

[1] V. Sundevall, loc. cit., pp. 157 et 159; Hartl., Orn. West Afr., p. 173.

246. Turdus icterorhynchus

Syn. *Turdus icterorhynchus,* Pr. Wurt., Icon. ined. tab. 34; Heugl., Orn. N.
O.-Afr., p. 383; Cabanis, Journ. f. Orn., 1870, p. 238; Sharpe & Bouvier,
Bull. S. Z. France 1, p. 43.
Turdus pelios, Hartl., Orn. West-Afr., p. 75; Finsch, Coll. Jesse, Trans. Z.
S. L., 1869, p. 242.
? *T. libonyanus,* Reichenow, Journ. f. Orn., 1877, p. 30.

Fig. *Heuglin, Orn. N. O.-Afr., tab.* xiv, *fig.* 1.

Caract. Adulte. Plumage d'un gris-brun nuancé d'olivâtre en dessus; devant du cou et poitrine d'une teinte plus pâle; la gorge blanche ou blanchâtre et marquée de stries brunes; les flancs et les sous-alaires d'un fauve-
ocracé, qui prend sur quelques individus un ton plus ardent; milieu du ventre
et sous-caudales blanches. Rémiges brunes, lavées de gris sur les barbes externes et bordées de fauve en dedans; rectrices brun-grisâtre, plus ou moins
distinctement traversées de raies plus foncées. Bec et pieds jaunes; ceux-ci
d'une teinte verdâtre; iris brun. La 2e rémige est plus courte que la 6e; la 3e
la plus longue.

Dimens. L. t. 215 m.; aile 114 m.; queue 82 m.; bec 21 m.;
tarse 30 m.

Confondue avec le *T. pelios,* Bp., de l'Asie centrale, par tous les auteurs
qui se sont occupés de l'ornithologie africaine et par Bonaparte lui-même, cette
espèce vient d'être rétablie par le dr. Cabanis sous le nom qu'elle avait reçu
du Prince de Wurtemberg. Un individu du véritable *T. pelios* rapporté de
l'*Amur* par M. Dybowsky a fourni à M. Cabanis l'occasion de faire cette recti-
fication. D'après le savant ornithologiste de Berlin, le *T. pelios* ressemble par
ses couleurs au *T. icterorhynchus,* mais il est d'un gris plus prononcé; le bec
au lieu d'être d'un jaune uniforme, est d'un brun foncé sur la moitié supérieure; la queue est beaucoup plus courte et les proportions des rémiges primaires sont tout-à-fait différentes et mieux d'accord avec ce que l'on trouve chez
les Merles asiatiques: la 2e rémige est égale à la 5e, les 3e et 4e étant les plus
longues, tandis que chez le *T. icterorhynchus* la 2e rémige est égale ou plus
courte que la 7e[1]. M. Cabanis a cependant le soin d'ajouter que n'ayant examiné qu'un seul individu en plumage de la première année, il peut toujours

[1] Chez tous les individus de *T. icterorhynchus* de notre collection, au nombre de quatre, la proportionalité des rémiges primaires est un peu différente, la 2e rémige beaucoup
plus courte que la 6e est toujours un peu plus longue que la 7e.

rester des doutes quant à l'authenticité de l'espèce créée par Bonaparte, parcequ'il peut arriver qu'on vienne à découvrir plus tard que cet oiseau est le jeune d'une autre espèce, peut-être du *T. unicolor*, Gould.

Habit. Le *T. icterorhynchus* était connu comme appartenant en même temps à l'Afrique occidentale, de la *Sénégambie* au *Gabon*, et à l'Afrique orientale, *Senaar, Kordofan, Nil-Blanc*, etc. Dernièrement M. L. Petit l'a recueilli à *Chinchonxo* sur la côte de Loango.

M. Reichenow rapporte au *T. libonyanus*, Smith, un individu envoyé aussi de la côte de Loango par le dr. Falkenstein; en attendant que cette détermination spécifique nous soit confirmée, nous penchons à croire que cet individu doit plutôt appartenir au *T. icterorhynchus*[1].

247. Turdus libonyanus

Syn. *Merula libonyana*, Smith, Rep. of Exped. App., 1836, p. 45.
Turdus libonyanus, Finsch & Hartl., Vög. Ost.-Afr., p. 280; Heugl., Orn. N.
   O.-Afr., p. 384; Gurney in Anderss. B. Damara, p. 115; Sharpe in
   Layard's B. S.-Afr., p. 199.

Fig. *Smith, Ill. S.-Afr. Zool. Aves, p.* 38.

Caract. Adulte. Gris-olivâtre en dessus; une raie surciliaire blanchâtre étroite et peu distincte; gorge blanche, légèrement nuancé de fauve et bordée de chaque côté d'une série longitudinale de taches noirâtres; la poitrine grise lavée de fauve; les flancs d'un fauve-ocracé, qui envahit plus ou moins les parties inférieures; le milieu du ventre et les sous-caudales d'un blanc pur; sous-alaires fauve-ocracé. Rémiges brunes, lisérées de gris en dehors et bordées de fauve-pâle sur les barbes internes. Queue plus rembrunie que le dos, rayée en travers de brun. Bec jaune; pieds jaune-sale; iris châtain (Anchieta). Le 2e rémige égale à la 6e; les 3e et 4e les plus longues.

Dimens. L. t. 230 m.; aile 116 m.; queue 88 m.; bec 18 m.; tarse 22 m.

[1] Voici ce que M. Reichenow vient de nous écrire à propos de cet individu:
«The specimen collected by dr. Falkenstein, which I have determinated as *T. libonyanus*, is a young bird and in a very bad state, so that I can not make out surely wat of the very allied species it may be.»
M. Reichenow nous informe en outre que les individus du *T. icterorhynchus* recueillis par lui à *Camaroës* et au *Gabon* présentent des couleurs plus foncées en dessus que ceux d'Abyssinie. Nous observons la même différence de coloration chez deux individus du Gabon; mais un individu de Gambie ne la présente pas aussi distinctement.

Cette espèce ressemble beaucoup au *T. icterorhynchus*, mais d'après nos observations il nous semble possible de les bien distinguer par quelques caractères d'une certaine valeur : la coloration du *T. libonyanus* est en dessus d'un gris plus pur et moins rembruni ; il a des sourcils d'une teinte pâle toujours plus distincts ; sa gorge au lieu d'être striée de brun, est blanche et bordée de chaque côté d'une série assez étendue de taches noirâtres ; la 2e rémige est chez lui relativement plus longue.

Telles sont les différences dont nous pouvons nous rendre compte en comparant nos individus des deux espèces.

Habit. M. d'Anchieta vient de capturer pendant sa dernière visite à *Quillengues* (mars 1877) deux individus du *T. libonyanus*. C'est la première fois que cet oiseau a été remarqué au nord du *Cunene*. Dans le pays des Damaras Andersson ne l'a rencontré qu'une seule fois, à *Ombongo*, dans l'intérieur, au nord du Lac Ngami.

Cette espèce remplace le *T. icterorhynchus* dans l'Afrique australe, mais elle y semble être partout assez rare.

248. Monticola brevipes

Syn. *Monticola brevipes*, Waterh. in Alex., Exp. int., Afr. II, p. 263 ; Strickl. & Sclat., Contr. orn. 1852, p. 147 ; Hartl., Orn. West-Afr., p. 271 ; Gurney in Anderss. B. Damara, p. 116 ; Sharpe in Layard's B. S.-Afr., p. 221.
Petrocincla brevipes, Boc., Jorn. Acad. Sc. Lisboa, n.° VIII, 1870, p. 342.

Fig. *nulla.*

Caract. Ad. Dos, cou et gorge d'un beau cendré-bleuâtre ; dessus de la tête d'un gris pâle, tirant plus ou moins au blanc ; lorums et région auriculaire noirs ; croupion et sus-caudales, ainsi que le reste des régions inférieures, d'un roux-orangé vif ; petites couvertures de l'aile et scapulaires de la couleur du dos ; moyennes et grandes couvertures et rémiges noires, lisérées en dehors et à l'extrémité de gris-bleuâtre. Les deux rectrices médianes noires, les autres roux-orangé, les plus latérales portant une étroite bordure noire, vers le bout, sur une petite étendue des barbes externes. Bec et pieds noirs ; iris châtain (Anchieta).

Dimens. L. t. 165 m. ; aile 108 m. ; queue 65 m. ; bec 21 m. ; tarse 25 m.

Les caractères de notre diagnose nous ont été fournis par un individu recueilli dans les pays des Damaras par Andersson, que nous devons à l'obligeance de M. Sharpe. Un individu en premier plumage, capturé à *Caconda* par M. d'Anchieta, est en dessus rayé de noirâtre sur un fond gris-roussâtre, et en dessous blanc lavé de fauve, moins distinctement marqué de petites raies noirâtres, et présentant déjà à la poitrine et sur les flancs quelques plumes d'un roux-orangé; les couvertures alaires et les rémiges d'un brun pâle sont bordées de gris; les couvertures supérieures de la queue et les rectrices sont ornées de lignes irrégulières et de vermiculations noires sur un fonds roux ardent. Le bec est noirâtre et les pieds d'un brun pâle.

Habit. Le seul individu recueilli au nord du *Cunene* est précisément celui que nous venons de décrire envoyé par M. d'Anchieta en 1869 de *Caconda*, dans l'intérieur de Benguella. Au sud du *Cunene* Andersson, et avant lui sir J. Alexander, ont observé cette espèce dans le pays des Damaras et particulièrement à *Objimbinque*.

249. Myrmecocichla nigra

Syn. *OEnanthe nigra*, Vieill., N. Dict. U. N. xxi, p. 431.
Myrmecocichla nigra, Hartl., Orn. West-Afr., p. 65; Boc., Jorn. Acad. Sc. Lisboa, n.° viii, 1870, p. 340; Reichenow, Jouru. f. Orn., 1877, p. 30.

Fig. *Levaillant, Ois. d'Afr.*, iv pl. 189.

Caract. Mâle ad. Plumage noir, tirant un peu au brun sur les ailes et la queue; petites et moyennes couvertures de l'aile blanches, lavées légèrement de rose. Bec et pieds noirs; iris brun.

Dimens. L. t. 150 m.; aile 98 m.; queue 62 m.; bec 15 m.; tarse 30 m.

Suivant M. Hartlaub l'épaulette blanche serait moins distincte chez la femelle.

Habit. Nous possédons un seul individu de cette espèce provenant d'Angola; il nous a été envoyé par M. d'Anchieta d'*Ambaca*, au nord du Quanza; mais M. Reichenow nous apprend que le dr. Falkenstein l'a recueilli à *Loanda*. M. Hartlaub cite un individu du Congo déposé au Muséum de Leyde. D'après les résultats des plus récentes investigations, le Congo et les districts du nord d'Angola paraissent être les contrées exclusivement habitées par la *M. nigra*.

250. Saxicola Arnotti

Syn. *Saxicola Arnotti*, Tristr. Ibis, 1849, p. 206, pl. vi; Boc., Jorn. Acad.
Sc. Lisboa, n.° viii, 1870, p. 340; Blanford & Dresser, Proc. Z. S. L., 1874,
p. 233; Sharpe in Layards B. S.-Afr., p. 245.

Fig. *Tristram, Ibis*, 1869, *pl.* vi.

Caract. Mâle ad. Tout le plumage d'un noir brillant, à l'exception
d'une large épaulette blanche formée par les couvertures alaires et d'une raie
supraciliaire de la même couleur, qui s'étend depuis la base du bec jusqu'à
derrière l'œil. Bec et pieds noirs; iris châtain (Anchieta).

Dimens. L. t. 175 m.; aile 107 m.; queue 76 m.; bec 17 m.; tarse
29 m.

M. Sharpe croit que chez le mâle en plumage parfait d'adulte le dessus
de la tête doit probablement être d'un blanc pur [1]; mais l'aspect du plumage
de l'individu que nous avons reçu d'Angola ne confirme en rien une telle supposition.

Habit. M. d'Anchieta nous a envoyé de *Caconda*, dans l'intérieur
de Benguella, un mâle adulte de cette espèce. Un autre individu rapporté également de Benguella par M. Monteiro existe actuellement au Muséum britannique [2]. Ces deux spécimens et celui d'Afrique australe sur lequel a été établie l'espèce sont les seuls connus jusqu'à présent.

251. Saxicola monticola

Syn. *Œnanthe monticola*, Vieill. N. Dict. H. N. xxi, p. 434.
Dromolaea monticola, Boc., Jorn. Acad. Sc. Lisboa, n.° 1867, p. 151.
Domolaea aequatorialis, ♂, Hartl. Journ. f. Orn., 1861, p. 112; Boc., Jorn.
Acad. Sc. Lisboa, n.° xiii, 1872, p. 66.
Saxicola monticola, Blanf. & Dress., Proc. Z. S. L., 1874, p. 232; Sharpe in
Layard's B. S.-Afr., p. 246.

Fig. *Levaillant, Ois. d'Afr.*, iv *pl.* 184 *fig.* 2.

Caract. Ad. Plumage noir, à l'exception des petites et moyennes
couvertures alaires, du croupion, des sus-caudales et de la partie postérieure

[1] V. Sharpe in Layard's B. S., Afr., p. 245.
[2] V. Sharpe, loc. cit., p. 245.

de l'abdomen, d'un blanc pur ; une étroite raie supraciliaire de cette couleur depuis la base du bec jusqu'à derrière l'œil ; rémiges et grandes couvertures des ailes d'un noir plus rembruni ; les deux rectrices intermédiaires noires, les autres avec un espace blanc à la base, plus étendu sur les barbes externes, dont les dimensions vont successivement en augmentant de la 5ᵉ à la 1ᵉ rectrice ; celle-ci chez quelques individus blanche, mais en général presque entièrement blanche, portant à peine une tache triangulaire noire sur les barbes internes et une bordure noire sur les barbes externes vers l'extrémité. Bec et pieds noirs ; iris brun (Anchieta).

Dimens. L. t. 170 m.; aile 105 m.; queue 70 m.; bec 16 m.; tarse 30 m.

Les variations du plumage chez cette espèce par rapport au sexe et à l'âge sont encore loin d'être bien connues. Pour MM. Blanford et Dresser la livrée de la femelle adulte serait identique à celle du mâle, sauf la teinte générale du plumage plus rembrunie. M. Hartlaub décrit la femelle comme identique au mâle, mais d'un noir moins brillant et ayant le dessus de la tête teint de cendré ; dans ce cas, *S. griseiceps*, Blanf. & Dress., qui est fort probablement à peine un état moins avancé du plumage du *S. leucomelaena*, serait la femelle adulte du *S. monticola*. Enfin M. Sharpe, sans se prononcer d'une manière décisive et tout en maintenant la séparation de *S. monticola* et *S. leucomelaena*, est cependant d'avis que, s'il s'agissait d'une seule espèce, les individus à tête blanche seraient plutôt des mâles. Nous possédons : 1° un individu à tête noire et un autre à tête blanche, tous les deux marqués comme mâles et recueillis au *Dombe ;* 2° un individu à tête noire, et deux à tête blanche, mais d'un blanc lavé de cendré, envoyés tous ensemble de *Rio Coroca*, au sud de Mossamedes, le premier donné comme mâle ainsi que l'un de ceux-ci, l'autre portant la marque de femelle. En présence de ces indications contradictoires nous éprouvons les mêmes embarras que nos devanciers.

La circonstance que des individus à tête noire et à tête blanche ont été rencontrés ensemble plaide en faveur de leur identité spécifique ; et nous n'hésiterions pas à nous prononcer dans ce sens si nous pouvions être parfaitement sûr que les individus à tête noire et à tête blanche appartiennent réellement à des sexes distincts. En attendant, nous aimons mieux maintenir les deux espèces telles comme elles sont généralement admises.

Habit. C'est sur la région littorale de Benguella et de Mossamedes, au *Dombe* et à *Rio Coroca*, que M. d'Anchieta s'est procuré nos deux spécimens adultes de *S. monticola*, portant tous les deux, comme nous l'avons dit, le signe de mâles. Cette espèce porterait au *Dombe*, le nom indigène de *Kaniamalango*.

252. Saxicola leucomelaena

Syn. *Saxicola leucomelaena*, Burch., Trav. in S-Afr. ɪ, p. 335 (note); Blanf.
& Dress., Proc. Z. S. L. 1874, p. 233; Gurney in Anderss. B. Damara, p.
109; Sharpe in Layard's B. S.-Afr., p. 247.
Dromolaea albipileata, Boc., Jorn. Acad. Sc. Lisboa, n.° ɪɪ, 1867, p. 151.
Dromolaea aequatorialis ♀, Hartl., Journ. f. Orn., 1861, p. 112.
Saxicola griseiceps, Blanf. & Dress., Proc. Z. S. L., 1874, p. 233.

Fig. *Blanford ♂ Dresser, Proc. Z. S. L.*, 1874, *pl.* xxxvɪɪ, *figs.* 1 *et* 2.
Blanf. ♂ Dress. ibid., pl. xxxvɪɪ *fig.* 3.

Caract. Ad. Plumage identique à celui de *S. monticola*, à l'exception du dessus de la tête, qui est d'un blanc pur ou d'un blanc lavé de cendré.

Dimens. Celles de *S. monticola*.

Habit. *Dombe* et *Rio Coroca*. Nos trois individus, dont un a la tête cendrée et le plumage d'un brun noirâtre, ont été pris et envoyés ensemble avec des individus de *S. monticola*. L'espèce porte au Dombe le même nom que celle-ci.

253. Saxicola Galtoni

Syn. *Erythropygia Galtoni*, Strickl., Contr. to Ornith., 1852, p. 147.
Saxicola familiaris, Boc., Jorn. Acad. Sc. Lisboa, n.° ɪv, 1867, p. 338; Gurney in Anderss. B. Damara, p. 130.
Saxicola Galtoni, Blanf & Dress., Proc. Z. S. L., 1874, p. 237.
Saxicola Falkensteini, Cab., Journ. f. Orn, 1875, p. 235; Reichenow, ibid., 1877, p. 30.

Fig. *nulla*.

Caract. Ad. En dessus d'un cendré-brun avec le croupion et les couvertures supérieures de la queue d'un roux de rouille; parties inférieures d'une teinte beaucoup plus pâle, tirant au blanchâtre sur la gorge et le milieu du ventre, avec les couvertures inférieures de la queue lavées de roux; couvertures de l'aile et rémiges brunes, celles-là et les rémiges secondaires bordées de gris-roussâtre, les primaires à peine lisérées de cette couleur; une large tache brun-roux sur le région auriculaire; couvertures inférieures de l'aile roussâtres; les deux rémiges intermédiaires noirâtres, lisérées de roussâtre, les autres d'un roux-ferrugineux avec un espace noirâtre à l'extrémité portant un étroit liséré roussâtre, la plus extérieure noirâtre sur une partie plus ou moins étendue des barbes externes. Bec et pieds noirs; iris brun.

Dimens. L. t. 144 m.; aile 82 m.; queue 62 m.; bec 16 m.; tarse 24 m.

Nous avons sous les yeux deux individus d'Angola. L'un, marqué comme mâle et pris aux environs de Loanda, a des dimensions plus fortes et des teintes beaucoup plus rembrunies; il présente tous les caractères attribués à *S. Galtoni*. Chez l'autre dominent, au contraire, les teintes grisâtres, et il est sensiblement plus petit, comme on peut juger par les chiffres suivants: L. t. 135 m.; aile 76 m.; queue 57 m.; bec 15 m.; tarse 22 m. Celui-ci, envoyé de *Benguella* par M. d'Anchieta, ressemble mieux à *S. Falkensteini*, espèce que M. Cabanis vient d'établir d'après un individu recueilli à Loanda par le dr. Falkenstein; nous y remarquons également que l'espace noirâtre à l'extrémité des rectrices est plus étroit que chez notre individu de Loanda.

Le sexe de notre spécimen de Benguella nous est inconnu, aussi bien que celui de l'individu décrit par M. Cabanis. Cette circonstance et la coexistence des deux formes dans la même localité, nous portent à croire que la distinction spécifique admise par cet auteur est au moins prématurée.

Habit. *Loanda* et *Benguella*. Nom indigène à Benguella—*Kissandombungi*.

S. Galtoni se trouve fort répandue dans l'Afrique australe. Andersson dit qu'elle est l'espèce la plus commune du genre dans le pays des Damaras et des Grands Namaquas. Au nord du Cunene c'est seulement sur la région littorale, à Benguella et à Loanda, qu'elle a pu être remarquée.

254. Saxicola pileata

Syn. *Motacilla pileata*, Gm., Syst. Nat., I, p. 965.
Campicola pileata, Boc., Jorn. Acad. Sc. Lisboa, n.º II, 1867, p. 150.
Saxicola pileata, Boc., Jorn. Acad. Sc. Lisboa, n.º XVIII, 1874, p. 51; Gurney in Anderss. B. Damara, p. 108; Blanf. & Dress., Proc. Z. S. L., 1874, p. 239; Sharpe in Layard's B. S.–Afr., p. 238.

Fig. *Levaillant, Ois. d'Afr.*, IV, pls 181 et 182.

Caract. Adulte. En dessus d'un brun-roussâtre, tirant au roux-cannelle sur le bas du dos et le croupion; bande frontale et raie supraciliaire blanches; vertex noirâtre; lorum, côtés de la tête et du cou et un large plastron recouvrant la poitrine d'un noir foncé; couvertures supérieures de la queue blanches; en dessous blanc, teint de roux sur les flancs, le bas ventre et les sous-caudales. Couvertures alaires et rémiges d'un brun foncé; celles-là largement bordées de roux; les deux rectrices médianes noires, les autres avec la moitié basale blanche et le reste noir. Bec noir; pieds noirâtres; iris brun.

Dimens. L. t. 160 m.; aile 97 m.; queue 65 m.; bec 16 m.; tarse 29 m.

Les dimensions varient beaucoup chez des individus provenant des mêmes localités.

Habit. M. d'Anchieta nous a envoyé plusieurs individus de cette espèce, les uns recueillis au *Dombe*, dans la région littorale au sud de Benguella, les autres au *Humbe*, sur les bords du Cunene. Les indigènes de la première localité l'appelent *Kissandombungi*, ceux du Humbe *Himba*. Notre voyageur a toujours rencontré des débris d'insectes dans l'estomac des individus qu'il a examinés.

255. Saxicola infuscata

Syn. *Saxicola infuscata*, Smith, Ill. S.-Afr. Zool. Aves, pl. 28; Monteiro, Proc. Z. S. L., 1865, p. 94; Gurney in Anderss. B. Damara, p. 107; Sharpe in Layard's B. S.-Afr., p. 233.

Fig. *Smith, Ill. S.-Afr. Zool. Aves, pl.* 28.

Caract. «Coloration générale d'un brun-roussâtre; menton et gorge blanc-sale; parties inférieures grises, plus ou moins teintes de brun-jaunâtre; rémiges et rectrices nuancées de brun foncé; les rectrices et les couvertures alaires plus ou moins bordées de blanc-sale; queue carrée; iris noir. L. t. 7″ 6‴; aile 4‴ 9″; queue 3″ 6‴.»

Cette espèce nous étant inconnue, nous en reproduisons la description sommaire publiée par M. Sharpe.

Habit. Un seul individu de cette espèce a été rapporté de *Benguella* par M. Monteiro en 1863. Elle se trouve abondamment dans le pays des Grands Namaquas, suivant Andersson, qui l'a également observée dans quelques localités méridionales du pays des Damaras; mais elle ne doit pas se répandre regulièrement au nord du Cunene, car M. d'Anchieta ne l'a jamais recueillie dans le *Humbe* ni dans l'intérieur de *Mossamedes*.

18

256. Pratincola torquata

Syn. *Muscicapa torquata*, L. Syst. Nat., i, p. 328.
Pratincola rubicola, Hartl., Orn. West-Afr., p. 66; Boc., Jorn. Acad. Sc. Lisboa, n.° viii, 1870, p. 340; ibid. n.° xii, 1871, p. 274.
Pratincola rubricola sybilla, Heugl., Orn. N. O.-Afr., p. 340.

Fig. *Levaillant, Ois. d'Afr.*, iv, pl. 180.

Caract. Mâle ad. Tête, dos, gorge et devant du cou noirs; poitrine et flancs d'un roux-cannelle, plus pâle sur le ventre; couvertures supérieures et inférieures de la queue blanches; de chaque côté de la base du cou une large tache d'un blanc pur; les couvertures plus rapprochées du bord de l'aile noires, les autres blanches formant une bande longitudinale; rémiges d'un brun-noirâtre; rectrices noires avec un espace blanc à la base et lisérées de blanc à l'extrémité, la rectrice externe bordée de blanc en dehors. Sous-alaires variées de blanc et de noir; plumes axillaires blanches. Bec et pieds noirs; iris brun.

Dimens. L. t. 140 m.; aile 70 m.; queue 49 m.; bec 12 m.; tarse 22 m.

Chez deux individus mâles de notre collection les plumes de la tête et du dos sont frangées de roux, et les rémiges secondaires portent en dehors et à l'extrémité un étroit liséré blanc. Ces individus ont été pris à *Caconda* en janvier 1869, tandis que le mâle adulte décrit ci-dessus a été recueilli à *Huilla* en août 1870.

Nos individus d'Angola sont faciles à distinguer du *P. rubicola* par la teinte plus foncée et tirant à couleur de cannelle de la poitrine et des flancs, et surtout à cause d'un espace blanc assez étendu qu'on remarque sur la base de leurs rectrices. Ce dernier caractère manque chez tous les individus du *P. rubicola* que nous avons pu examiner.

Habit. *Caconda* et *Huilla* (Anchieta).

Andersson fait mention de cette espèce dans le pays des *petits Namaquas;* mais il ne l'a pas rencontrée dans la région qui demeure au sud du Cunene.

M. Reichenow comprend la *Ruticilla phaenicura* dans sa liste des oiseaux recueillis sur la côte de Loango par le dr. Falkenstein[1]. C'est la première fois, ce nous semble, que cette espèce a pu être observée en Afrique au sud de l'équateur.

FAM. SYLVIIDAE

257. Ædon leucophrys

Syn. *Sylvia leucophrys,* Vieill., N. Dict. H. N. xı, p. 191.
Ædon leucophrys, Finsch & Hartl., Vög. Ost.-Afr., p. 863; Gurney in Anderss. B. Damara, p. 92; Boc., Jorn. Acad. Sc. Lisboa, n.° xvıı, 1870, p. 36; ibid. n.° xx, 1876, p. 252; Sharpe in Layard's B. S.-Afr., p. 252; Sharpe & Bouvier, Bull. S. Z. France ı, p. 305.

Fig. *Levaillant, Ois. d'Afr.,* ııı, *pl.* 118.
Smith, Ill. S.-Afr. Zool. Aves, pl. 49.

Caract. Adulte. Dessus de la tête d'un brun-cendré pâle; cou et partie antérieure du dos d'un roux terne, qui prend sur le croupion et les couvertures supérieures de la queue une teinte ferrugineuse plus accentuée; raie sourcilière et rebord palpébral blancs; un trait noir de la base du bec à l'œil; un autre plus étroit et moins apparent au-dessous de l'œil; tâche auriculaire roux-cendré pâle. En dessous blanc à la gorge et sur le milieu du ventre, d'un blanc lavé de roux sur la poitrine et les flancs, les sous-caudales à peine teintes de cette couleur; une série de taches brunes bordant le blanc de la gorge à partir de la base de la mandibule; quelques traits d'un brun plus pâle, souvent peu distincts, sur le devant de la poitrine. Petites couvertures des ailes de la couleur du dos; moyennes et grandes couvertures noirâtres; celles-là terminées de blanc, celles-ci bordées de cette couleur. Rémiges noirâtres lisérées de blanc en dehors, les dernières secondaires avec des bords plus larges d'un blanc teint de roux; rectrices intermédiaires noirâtres avec l'extrême pointe blanche, les autres noires et portant à l'extrémité une tâche blanche dont les dimensions vont en augmentant jusqu'à la plus extérieure. Bec brun-noirâtre avec la base de la mandibule jaune; pieds pâles; iris châtain.

Dimens. L. t. 155 m.; aile 70 m.; queue 73 m.; bec 13 m.; tarse 25 m.

Les individus marqués comme femelles sont semblables aux mâles.

[1] V. Reichenow, Journ. f. Ornith. 1877, p. 30, n.° 237.

Nos individus d'Angola comparés à un mâle adulte recueilli par M. Atmore à *Eland's Post* (Afrique australe) sont d'un roux plus vif en dessus et d'un blanc plus lavé de roussâtre en dessous.

Habit. M. d'Anchieta a rencontré cette espèce au *Humbe* et à *Caconda*. Elle est assez commune dans la première de ces localités et connue des indigènes sous le nom d'*Elequete*. Andersson l'avait précédemment observée dans le pays des *Damaras* et dans le vaste territoire au sud du *Cunene*. M. L. Petit vient de la découvrir à *Molembo*, sur la côte de Loango, au nord du Zaïre [1].

Nous n'osons pas comprendre l'*Ædon poena*, parmi les espèces d'Angola. M. Sharpe fait mention, il est vrai, d'un individu capturé à *Catumbella,* qu'il a cru pouvoir rapporter à cette espèce malgré quelques différences de coloration qu'il présentait par rapport à d'autres exemplaires du pays des *Damaras* [2]; mais dernièrement le même auteur semble avoir oublié tout-à-fait cet individu, car il ne le cite plus à propos de l'habitat de l'espèce [3].

258. Drymoica ruficapilla

Syn. *Drymoica ruficapilla*, Fras. Proc. Z. S. L. 1843, p. 16; Hartl., Orn. West-Afr., p. 57; Sharpe & Bouv., Bull. S. Z. France I, p. 306; Reichenow, Journ. f. Orn., 1877, p. 30.
Drymoica Strangei, Boc., Jorn. Acad. Sc. Lisboa, n.° II, 1867, p. 136.

Fig. *nulla.*

Caract. Mâle adulte. En dessus d'un brun-cendré, avec les tiges des plumes marquées de brun sur le dos; couvertures alaires d'un brun plus foncé au centre; tête nuancée de roux en dessus et sur les joues; lorum et tour des yeux d'un blanc-fauve; parties inférieures blanches, lavées de fauve, tirant au cendré sur les côtés de la poitrine et sur les flancs; les cuisses rousses. Rémiges brunes, bordées en dehors de roussâtre. Rectrices de la couleur du dos, peu distinctement rayées de brun, et portant à l'extrémité une tache blanche précédée d'une bande noire. Mâchoire brune, mandibule jaunâtre; pieds jaunes; iris châtain.

Dimens. L. t. 140 m.; aile 63 m.; queue 54 m.; bec 14 m.; tarse 24 m.

[1] V. Sharpe & Bouv., Bull. S. Z. France I, p. 305.
[2] V. Sharpe, Proc. Z. S. L. 1870, p. 142.
[3] V. Sharpe in Layard's B. S.-Afr., p. 258.

Nous avions d'abord publié sous le nom de *D. Strangei* les deux individus de notre collection que nous faisons maintenant paraître sous celui de *D. ruficapilla*. Malheureusement nous ne connaissons ces espèces que par des descriptions fort incomplètes; mais la teinte rousse de la tête et la coloration uniforme du dos nous semblent plus favorables à notre détermination actuelle, d'après ce que MM. Sharpe et Bouvier ont écrit dernièrement au sujet des caractères différentiels de la *D. Strangei*[1].

Habit. Nos deux individus, les seuls que nous ayons jamais reçus d'Angola, ont été pris aux environs de Loanda à l'occasion du voyage de S. M. le Roi D. Louis. M. J. A. de Sousa, qui les a rapportés de Loanda, nous informe que l'espèce y semble assez commune.

D. ruficapilla a été envoyée de la côte de Loango par M. L. Petit et par le Dr. Falkenstein; *D. Strangei* y a été observée par le premier naturaliste[2].

259. Drymoica chiniana

Syn. *Drymoica chiniana*, Smith, Ill. S.–Afr. Zool. Aves, pl. 79; Gurney in Anderss. B. Damara, p. 87; Boc., Jorn. Acad. Sc. Lisboa, n.º XVII, 1874, p. 51; Sharpe in Layard's B. S.–Afr., p. 268.

Fig. *Smith, Ill. S.–Afr. Zool. Aves, p. 79.*

Caract. Mâle. Dessus de la tête d'un roux terne varié de stries plus foncées sur le centre des plumes; manteau brun-cendré, lavé de roux, avec des taches allongées brunes; croupion et sus-caudales d'un cendré-roussâtre pâle sans tâches; espace entre le bec et l'œil, tour des yeux et une courte raie sourcilière d'un blanc-isabelle; régions inférieures blanches légèrement teintes de fauve; la gorge d'un blanc plus pur; les flancs, la poitrine et les cuisses lavées de fauve-ocracé. Sous-alaires de la couleur des flancs. Rémiges brun-foncé bordées de roussâtre; rectrices brun-cendré, nuancées de roux et traversées de raies foncées étroites et peu distinctes, avec un espace blanchâtre à l'extrémité précédé d'une tâche noire. Mâchoire d'un brun livide, mandibule jaunâtre; pieds couleur de chair; iris châtain.

Dimens. L. t. 145 m.; aile 68 m.; queue 63 m.; bec 15 m.; tarse 23 m.

[1] V. Sharpe & Bouvier, Bull. S. Z. France I, p. 306.
[2] V. Sharpe & Bouv., loc. cit., p. 306; Reichenow, Journ. f. Orn. 1877, p. 30.

Notre description est faite d'après un individu mâle envoyé d'Angola par M. d'Anchieta. Il ressemble beaucoup, sauf les dimensions qui sont plus fortes, à une femelle de *Objimbinque*, provenante du voyage d'Andersson, que nous avons reçu de M. Sharpe sous le nom de *D. chiniana*.

Habit. *Humbe* (Anchieta). C'est la seule espèce du genre que nous ayons reçue de cette localité, tandis que le voyageur Andersson a pu découvrir dans les pays qui demeurent au sud du *Cunene* une dizaine d'espèces[1], parmi lesquelles se trouvent *D. subruficapilla* et *D. rufilata*, dont il nous est impossible de bien saisir, d'après les descriptions qui ont été publiées, les caractères différentiéls par rapport à *D. chiniana*.

Le pays du Congo, au nord du Zaire, semble aussi plus riche en espèces de *Drymoica*: le Dr. Falkenstein y a rencontré *D. ruficapilla* et deux autres réputées nouvelles, que M. Cabanis a décrites sous les noms de *D. tenella* et *D. leucopogon*[2]; les collections envoyées de *Landana* par M. L. Petit contenaient, d'après M. Sharpe et Bouvier, 5 espèces, *D. ruficapilla*, *D. Strangei*, *D. naevia*, *D. cursitans* et *D. Landanae*, cette dernière nouvelle[3].

260. Drymoica angolensis

Syn. *Drymoica angolensis*, Boc., Jorn. Acad. Sc. Lisboa, n.° xxµ, 1877, p. 160.

Fig. *nulla.*

Diagn. *Supra rufescente-cinerea fortiter fusco maculata; pileo cerviceque vivide rufis, plumis medio obscurioribus; subtus fulvescente albida, abdomine, cruribus tectricibusque caudae inferioribus magis fulvescentibus; tectricibus alarum remigibusque fuscis, rufescente marginatis; cauda valde gradata; rectricibus nigricantibus, marginibus rufescentibus, macula anteapicali nigra notatis et rufescente-albo terminatis. Rostro robusto nigro, mandibulae basi flava; pedibus pallidis; iride fusca.*

♂ L. t. 150 m.; alae 74 m.; caudae 60 m.; rostri 14 m.; tarsi 27 m.
♀ L. t. 125 m.; alae 60 m.; caudae 49 m.; rostri 13 m.; tarsi 25 m.

Caract. ♂ Adulte. En dessus fortement tacheté de brun sur un fond roux-cendré; les plumes du dessus de la tête d'un roux vif avec le centre plus

[1] V. Gurney in Anderss. B. Damara, pp. 82 à 89.
[2] V. Reichenow, Journ. f. Ornith. 1877, p. 30.
[3] V. Sharpe & Bouvier, Bull. S. Z. France), pp. 305 et 306.

foncé; en dessous blanc-fauve, tirant davantage au fauve sur l'abdomen, les cuisses et les sous-caudales; couvertures des ailes et rémiges brunes avec les bords roussâtres, marquées d'une tache noire près de l'extrémité, qui est d'un blanc roussâtre. Bec fort et noir, la mandibule jaunâtre à la base; pieds brun-clair; iris brun.

La femelle a les mêmes couleurs que le mâle, mais elle est plus petite.

Cette espèce est voisine des *D. natalensis* et *D. curvirostris*; mais son bec est sensiblement moins fort. La figure publiée par Smith de sa *D. Levaillantii* pourrait servir à donner une idée du système de coloration de nos deux indi-vidus; mais ils dépassent tellement les dimensions attribuées à cette espèce qu'il est impossible de les lui rapporter[1].

Habit. Nos deux individus nous ont été envoyés récemment de *Ca-conda* par M. d'Anchieta.

261. Melocichla mentalis

Syn. *Drymoica mentalis*, Fras., Proc. Z. S. L., 1843, p. 16.
Melocichla mentalis, Hartl., Orn. West.-Afr., p. 58; Boc., Jorn. Acad. Sc. Lis-
    boa, n.° VIII, 1870, p. 340; Reichenow, Corr. Afrik. Gesellsch. n.° 10,
    1874, p. 177; id. Journ. f. Orn., 1877, p. 30; Sharpe & Bouvier Bull.
    S. Z. France I, p. 42.
Melocichla pyrrhops, Cab., Journ. f. Orn., 1875, p. 236; Sharpe in Layard's
    B. S.-Afr., p. 282; Reichenow, Journ. f. Orn., 1877, p. 30.

Fig. *Jardine, Contrib. to Ornithology*, 1849, *pl.* 13.

Caract. Adulte. En dessus d'un brun-roux légèrement nuancé de gris, le croupion tirant davantage au roux; le front d'un roux-marron vif; lo-rum, tour des yeux et une courte raie sourcilière d'un blanc-fauve; région auriculaire striée de fauve sur un fond roux-brun; parties inférieures rousses, avec le menton blanc, la poitrine et le milieu du ventre d'un blanc lavé de roux; un petit trait noir s'étend de la base de la mandibule sur les côtés de la gorge. Couvertures alaires de la couleur du dos, bordées de gris-roussâtre; rémiges brun-foncé, bordées en dehors de roux-marron; rectrices noirâtres, les plus extérieures terminées de gris-roussâtre pâle. Mâchoire noire avec les bord jaunâtres, la mandibule jaune; pieds d'un brun-rougeâtre; iris châtain (Anchieta).

[1] V. Smith. Illustr. S.-Afr. Zool, Aves, pl. 73, fig. 2.

Dimens. L. t. 180 m.; aile 74 m.; queue 85 m.; bec 15 m.; tarse 28 m.

L'individu qui vient d'être décrit, une femelle adulte envoyée de *Caconda* par M. d'Anchieta, comparé à un mâle adulte de la Côte d'Or *(Fanti)*, en diffère à peine par des couleurs un peu plus ternes. Il doit ressembler sans doute à l'individu envoyé par le Dr. Falkenstein de la côte de Loango, que M. Cabanis a décrit sous le nom de *M. pyrrhops* [1]; mais ces différences de coloration, qui consistent à peine dans le ton plus ou moins fort d'une même teinte, s'expliquent d'une manière si naturelle par des variations d'âge, de sexe ou de saison, qu'il nous semble plus sage d'attendre la confirmation des faits sur lesquels repose la séparation des deux espèces. Notre hésitation trouve sa meilleure justification dans ce fait que M. Reichenow, dans sa dernière publication sur les oiseaux recueillis au Congo par le Dr. Falkenstein, cite l'une et l'autre espèce de *Melocichla* comme faisant partie des collections envoyées par le voyageur prussien [2]. Nous pouvons encore ajouter que l'individu, de la côte de Loango, d'après lequel M. Sharpe a établi la diagnose de *M. pyrrhops*, est comme le notre une femelle [3].

Habit. La *Côte de Loango* et *Angola. Caconda*, dans l'intérieur de Benguella, est jusqu'à présent la station la plus méridionale de cette espèce.

262. Camaroptera brevicaudata

Syn. *Sylvia brevicaudata*, Cretzsch. in Rüpp., Atlas., tab. 35.
Camaroptera brevicaudata, Hartl., Orn. West-Afr., p. 72; Finsch & Hartl., Vög. Ost.-Afr., p. 241; Heugl., Orn. N. O.-Afr., p. 281; Reichenow, Journ. f. Orn., 1877, p. 29; Sharpe & Bouv., Bull. S. Z. France I, p. 307.
Camaroptera olivacea, Sundev. OEfvers. Vet. Akad. Forhandl., 1850, p. 103; Boc., Jorn. Acad. Sc. Lisboa, n.° VIII, 1870, p. 340; ibid., n.° XVII, 1874, p. 51; Gurney in Anderss. B. Damara, p. 94; Sharpe in Layard's B. S.-Afr., p. 293.

Fig. *Rüppell, Atlas, tab. 35.*

Caract. Dessus de la tête et du cou d'un cendré-roussâtre, plus pâle sur les joues; le reste des parties supérieures d'une teinte olivâtre; lorum, rebord des paupières et raie sourcilière, courte et peu distincte, d'un blanc-roussâtre; parties inférieures blanches nuancées de fauve avec les cuisses

---

[1] V. Cabanis, Journ. f. Orn. 1875, p. 236.
[2] V. Reichenow Journ. f. Orn. 1877, p. 30.
[3] V. Sharpe in Layard's B. S.-Afr., p. 282.

d'un fauve ocracé plus vif. Rémiges brunes, bordées en dehors de jaune-olivâtre; rectrices d'un cendré-brun, légèrement rayées de brun en travers. Couvertures inférieures de l'aile blanches, lavées de jaune; celles du bord de l'aile
d'un jaune plus vif. Bec d'un brun livide avec la base de la mandibule plus
claire; pieds couleur de chair; iris brun-olivâtre.

Dimens. L. t. 112 m.; aile 53 m.; queue 40 m.; bec 12 m.; tarse
20 m.

Habit. Nos individus d'Angola ont été recueillis par M. d'Anchieta à
Capangombe et au *Humbe*. Les indigènes de la première localité l'appelent
Catete, ceux de la seconde *Kaivakmahanga*.

Andersson rencontra dans le pays des Damaras une espèce de *Camaroptera* que MM. Gurney et Sharpe rapportent à la *C. olivacea*, Sundev.; elle doit
être identique à notre espèce d'Angola.

Les individus envoyés de la côte de Loango par M. L. Petit sont regardés
par MM. Sharpe & Bouvier comme appartenant à la *C. brevicaudata*, tandis
que M. Reichenow prétend avoir trouvé parmi les oiseaux envoyés de cette
même partie de l'Afrique par le Dr. Falkenstein non seulement la *C. brevicaudata*, mais aussi la *C. tincta*, Cass.

Sans nier absolument qu'on puisse arriver à bien caractériser ces espèces, admises par quelques auteurs, nous nous avouons incapable de bien saisir leurs différences: en comparant nos individus d'Angola à un spécimen
d'Abyssinie provenant du voyage de von Heuglin, nous ne découvrons pas
aucun moyen de les distinguer. Quant à la *C. tincta*, elle nous est inconnue.

263. Sylvietta rufescens

Syn. *Dicaeum rufescens*, Vieill. N. Dict. H. N. IX, p. 407.
Sylvietta microura, Hartl., Orn. West–Afr., p. 63; Boc., Jorn. Acad. Sc. Lis-
    boa, n.º II, 1867, p. 136; ibid. n.º V, 1868, pag. 42.
Oligocercus rufescens part. Finsch & Hartl., Vög. Ost.–Afr., p. 227; Heugl.
    Orn. N. O.–Afr., p. 236; Boc., Jorn. Acad. Sc. Lisboa, n.º XX, 1876,
    pp. 252 et 262.
Sylvietta rufescens, Gurney in Anderss. B. Damara, p 77.

Fig. *Levaillant, Ois. d'Afr.*, IV, pl. 135.

Caract. Adulte. Plumage en dessus d'un cendré pâle, plus ou moins
lavé de roussâtre, en dessous blanc teint de roux-fauve, plus pâle sur la gorge
et le milieu du ventre, et plus vif sur les cuisses et les couvertures inférieu-

res de la queue; un trait brun entre le bec et l'œil; raie sourcilière et région
auriculaire d'un roussâtre pâle; couvertures alaires de la couleur du dos; rémiges brunes lisérées en dehors de gris, les dernières secondaires d'un brun-
cendré pâle; rectrices brun-cendré. Bec brun avec la base de la mandibule
plus pâle; tarse couleur de chair livide; iris d'un brun briqueté (Anchieta).

Dimens. L. t. 94 m.; aile 57 m.; queue 22 m.; bec 12 m.; tarse
21 m.

Nous avons pu comparer nos individus d'Angola à un mâle d'Abyssinie
provenant du voyage de von Heuglin: chez les premiers la taille et les dimensions de toutes les parties sont plus fortes, le bec est aussi sensiblement plus
long. Nous croyons qu'il faut maintenir la séparation des deux espèces.

Habit. *Golungo-Alto* (Welwitsch); *Benguella, Biballa* et *Humbe* (Anchieta).

Noms indigènes: *Kaningini*, à Benguella; *Kikuandiata*, à Biballa.

Andersson rencontra cette espèce fort répandue au sud du *Cunene*.

264. Sylvietta ruficapilla

Syn. *Sylvietta ruficapilla*, Boc., Jorn. Acad. Sc. Lisboa, n.º xxII, 1877,
p. 160.

Fig. *nulla.*

Diagn. *Supra fuscescente-grisea, uropygio vix olivaceo tincto; subtus pallidior, gutture, abdomine medio tectricibusque caudae inferioribus
albidis; capite, torque jugulari cruribusque rufescentibus, regione parotica
intensius rufa; fronte et spatio ante-oculari albicantibus; alis caudaque bre-
vissima pallide fuscis; tectricibus alae, remigibus secundariis rectricibusque
olivaceo marginatis, remigibus primariis margine externo anguste albicante;
subalaribus flavescente-albis. Rostro nigricante, mandibulae basi cornea; pedibus rubentibus; iride helvola.*

L. t. 100 m.; alae 68 m.; caudae 24 m.; rostri 13 m.; tarsi 20 m.

Caract. Mâle ad. D'une taille supérieure à *S. rufescens*. Plumage
gris-brunâtre clair, plus pâle en dessous; croupion teint légèrement d'olivâtre;
un capuchon roussâtre couvrant le dessus et les côtés de la tête, mais laissant

à decouvert le front et les lores, qui sont d'un gris-blanchâtre; la région auriculaire d'un roux plus vif; au-devant de la poitrine un collier roux, dont les extrémités touchent en haut à la région auriculaire; ailes et queue d'un brun pâle; les couvertures alaires, les rémiges secondaires et les rectrices bordées d'olivâtre; les rémiges primaires lisérées en dehors de blanchâtre; sous-alaires blanches lavées de jaune. Bec noirâtre avec la base de la mandibule d'un brun de corne; pieds rougeâtres; iris rouge-brun.

D'après les proportions de la queue et la conformation du bec, de l'aile et des pieds, nous n'hésitons pas à rapporter cet oiseau au genre *Sylvietta*. Voici le résumé de ses caractères génériques: Bec long et arqué, un peu déprimé à la base; aile obtuse, 3ᵉ, 4ᵉ e 5ᵉ rémiges presque égales et les plus longues, la 1ᵉ courte et étroite, mais dépassant le milieu de la 2ᵉ, qui est beaucoup plus courte que la 3ᵉ; queue très courte et égale; tarses allongés, doigts antérieurs courts et grêles, doigt postérieur long, fort et armé d'un ongle fort et crochu.

Habit. Cette intéressante espèce a été récemment découverte à *Caconda* par M. d'Anchieta. Il nous a envoyé un seul individu, un mâle adulte, pris en juillet 1877. Son nom indigène est—*Goma-caxaca*.

265. Phylloscopus trochilus

Syn. *Motacilla trochilus*, Linn. Syst. Nat. I, p. 338.
Phyllopneuste trochilus, Sharpe, Proc. Z. S. L., 1869, p. 565; Boc., Jorn. Acad. Sc. Lisboa, n.º xxi, 1877, p. 68.
Phyllopseuste trochilus, Heugl. Orn. N. O.-Afr., p. 298; Gurney in Anderss. B. Damara, p. 101.
Phylloscopus trochilus, Sharpe in Layard's B. S.-Afr., p. 296.

Fig. *Werner, Atlas des Ois. d'Europe, pl.*

Caract. Adulte. En dessus cendré, nuancé de jaune-olivâtre; raie sourcilière et tour des paupières d'un blanc jaunâtre; une petite raie brune au travers de l'œil; joues et parties inférieures blanches, lavées de jaunâtre, avec des flammèches jaunes sur la poitrine; gorge et milieu du ventre d'un blanc plus pur, les flancs teints de brunâtre et les cuisses de jaune-verdâtre. Rémiges brunes, lisérées en dehors de jaune-olivâtre; queue brun-cendré. Bec brun avec la base de la mandibule jaunâtre; pieds d'un brun-terreux; iris châtain.

Dimens. L. t. 120 m.; aile 63 m.; queue 49 m.; bec 10 m.; tarse 20 m.

Habit. Cette espèce doit être rare en Angola car elle n'y a été observée que deux fois; la première à *Columbo,* sur les bords du *Quanza,* par M. Monteiro, la seconde à *Quillengues,* dans l'intérieur de *Benguella,* par M. d'Anchieta. C'est au mois de novembre, en 1868 et en 1876, qu'elle s'est laissé prendre par l'un et l'autre de ces voyageurs.

Elle s'est dérobée jusqu'à présent aux recherches des explorateurs de la côte de Loango; mais elle visite l'Afrique australe pendant l'hiver, et, vers les limites de nos possessions, Andersson l'a rencontrée à *Okavango* et dans le pays des Damaras [1].

266. Sylvia hortensis

Syn. *Motacilla hortensis,* Gm. Syst. Nat., 1788, I, p. 955.
Curruca hortensis, Boc., Jorn. Acad. Sc. Lisboa, n.° VIII, 1870, p. 340.
Sylvia hortensis, Heugl. Orn. N. O.-Afr., p. 310; Gurney in Anderss. B. Damara, p. 100.
Sylvia salicaria, Sharpe in Layard's B. S.-Afr., p. 304.

Fig. *Werner, Atlas des Ois. d'Europe, pl.*
Dresser, Birds of Europe, Part 53, pl.

Caract. Adulte. Parties supérieures d'un brun grisâtre, d'une teinte plus rembrunie sur les ailes et la queue; rémiges et rectrices brunes lisérées de gris; parties inférieures blanches, nuancées de brun-pâle et de fauve sur les côtés du cou, le devant de la poitrine et les flancs; sous alaires d'un fauve pâle. Un trait de la base du bec à l'œil et rebord des paupières blancs; région auriculaire brune. Bec brun avec la base de la mandibule jaunâtre; pieds couleur de plomb; iris brun.

Dimens. L. t. 140 m.; aile 79 m.; queue 57 m.; bec 11 m.; tarse 21 m.

Habit. Nous avons reçu de M. d'Anchieta deux individus de cette espèce, tous les deux marqués comme femelles, l'un pris à *Biballa* et l'autre à *Huilla,* dans l'intérieur de Mossamedes. M. Sharpe cite deux individus de sa collection envoyés par Andersson du pays des Damaras [2]. Il reste donc bien avéré que notre fauvette des jardins se répand plus ou moins accidentellement jusqu'à l'Afrique australe.

[1] V. Gurney in Anderss. B. Damara, p. 102, et Sharpe in Layard's B. S.-Afr., p. 296.
[2] V. Sharpe, Cat. Afric. B. p. 35 ; id. in Layard's B. S.-Afric., p. 304.

D'après les résultats des plus récentes recherches sur l'ornithologie de la côte de Loango, nous avons à ajouter à notre liste quelques espèces de *Sylviidae*, dont l'existence.dans le pays qui demeure au sud du Zaïre n'a pu encore être constatée :

1. *Dryodomas caniceps*, Cass. Proc. Acad. Philad., 1859, p. 38; Sharpe & Bouvier, Bull. S. Z. France i, p. 306.
   Habit. *Landana* (L. Petit).
2. *Ihylia prasina*, Cass., Proc. Acad. Philad., 1859, p. 40; Sharpe & Bouvier, Bull. S. Z. France i, p. 306.
   Habit. *Landana* (Dr. Lucan).
3. *Baeocerca virens*, (Cass.) Proc. Acad. Philad., 1859, p. 39; Sharpe & Bouvier, Bull. S. Z. France i, p. 306; Reichenow, Journ. f. Ornith., 1877, p. 29.
   Habit. *Landana* (L. Petit); *Côte de Loango* (Dr. Falkenstein).
4. *Stiphrornis alboterminata*, Cab. Journ. f. Ornith., 1874, p. 103; Reichenow, ibid. 1877, p. 30.
   Habit. *Côte de Loango* (Dr. Falkenstein).
5. *Bradypterus rufescens*, Sharpe & Bouvier, Bull. S. Z., France i, p. 307.
   Habit. *Landana* (L. Petit).
6. *Acrocephalus schoenobaenus* (L.) Syst. Nat. i, p. 329; Sharpe & Bouvier, Bull. S. Z. France i, p. 43.
   Habit. *Chinchonxo* (L. Petit).
7. *Acrocephalus fulvolateralis*, Sharpe & Bouvier, Bull. S. Z , France i, p. 307.
   Habit. *Massabe* (L. Petit).

FAM. PARIDAE

267. Paruş niger

Syn. *Parus niger*, Vieill., Enc. méth., p. 508; Gurney in Anderss., B. Damara, p. 81; Sharpe in Layard's B. S. -Afr., p. 331.
Parus leucopterus, Monteiro, Ibis, 1862, p. 338; Boc., Jorn. Acad. Sc. Lisboa, n.° xx, 1876, p. 253.
Melaniparus leucopterus, Boc., Jorn. Acad. Sc. Lisboa, n.° iv, 1867, p. 333; ibid., n.° v, 1868, p. 22; ibid., n.° xvii, 1874, p. 51.

Fig. *Levaillant, Ois. d'Afrique*, iii, pl. 137.

Caract. Mâle adulte. Plumage d'un noir lustré de bleu; une partie des petites couvertures alaires d'un blanc pur, les autres de la couleur du dos

avec des bordures blanches; rémiges noires lisérées de blanc, les dernières
secondaires avec des bordures blanches, plus larges. Rectrices d'un noir lustré de bleu, la plus extérieure lisérée en dehors et à l'extrémité de blanc, l'immédiate à peine terminée de blanc. Bec et pieds noirs; iris brun.

Dimens. L. t. 150 m.; aile 77 m.; queue 67 m.; bec 11 m.; tarse
19 m.

La femelle a des couleurs plus ternes et la gorge plus rembrunie; chez le
jeune le plumage est d'un noir-cendré sans éclat, plus pâle en dessous.

Habit. M. d'Anchieta nous a envoyé à diverses reprises des individus
de cette espèce de *Biballa*, de *Kiulo*, près du *Humbe*, et des bords du *Cunene*.
M. Monteiro a pu observer une seule fois le *P. niger* dans le territoire d'Angola, à *Cambambe* sur la rive droite du *Quanza*. Au nord du *Zaire*, il se trouve
remplacé par le *P. leucopterus*, Swains., dont le seul caractère différentiel paraît être l'absence de tout liséré blanc sur les rectrices externes. Chez la plupart de nos individus d'Angola la 1e rectrice de chaque côté porte en effet une
étroite bordure blanche en dehors et à l'extrémité; mais chez un de nos individus de Biballa ce caractère n'existe que d'un seul côté, et un autre individu
de la même localité a toutes les rectrices noires, comme le *P. leucopterus*.

Au sud du Cunene, c'est dans les pays les plus rapprochés de ce fleuve que
le voyageur Andersson l'a trouvé plus abondant; il devient plus rare chez les
Grands Namaquas.

268. Parus afer

Syn. *Parus afer*, Gm. Syst. Nat. 1, p. 1:010; Monteiro, Proc. Z. S. L., 1865,
p. 95; Gurney in Anderss., B. Damara, p. 81; Sharpe in Layard's B. S.-
Afr., p. 329.

Fig. *Levaillant, Ois. d'Afrique* III, *pls.* 138 *et* 139, *fig.* 2.

Caract. Adulte. Parties supérieures d'un cendré bleuâtre; un capuchon noir sur la tête, qui couvre aussi les joues; couvertures supérieures
de la queue noires; une large bande d'un blanc pur de la base du bec à la région temporale, passant au-dessous de l'œil, et une tache de la même couleur sur la nuque; parties inférieures d'un cendré pâle; menton, gorge et
partie antérieure de la poitrine couverts d'un plastron noir bordé de blanc-
grisâtre; le milieu de l'abdomen et les cuisses de cette couleur; couvertures
de l'aile noirâtres frangées de blanc; rémiges d'un noir rembruni lisérées en
dehors de blanc; rectrices noires, la plus extérieure blanche sur les barbes

externes, celles qui la suivent terminées de blanc. Bec noir; pieds couleur de plomb; iris brun.

Dimens. L. t. 140 m.; aile 77 m.; queue 66 m.; bec 11 m.; tarse 17 m.

Chez la femelle le blanc des côtés de la tête et de la nuque est remplacé par du gris teint légèrement de roux; les parties inférieures sont partout d'un ton plus gris.

Habit. *Benguella* (Monteiro); *Caconda* (Anchieta). Nous avons reçu tout récemment un seul individu, une femelle, de cette dernière localité. Cet oiseau y serait connu sous le nom de *Caxitico*.

Il doit être rare en Angola. Au sud de nos possessions, il se montre plus fréquemment sur le vaste territoire compris entre le fleuve Okavango, le lac Ngami et le fleuve Orange, où le voyageur Andersson a pu l'observer.

269. Parus rufiventris

Tab. X. Fig. 1

Syn. *Parus rufiventris*, Boc., Jorn. Acad. Sc. Lisboa, n.° XXII, 1877, p. 161.

Diagn. *Supra caerulescente-cinereus, capite toto colloque antico nigris nitore nonnullo caerulescente; pectore hypochondriisque dorso concoloribus; abdomine et subcaudalibus rufis; tectricibus alae remigibusque tertiariis nigris late albo-marginatis, primariis et secundariis fuscis margine externo albo-limbatis; cauda nigra, rectricibus externis margine externo et apice albis, reliquis vix albo-terminatis. Rostro et pedibus nigris: iride fusca.*

L. t. 150 m.; alae 86 m.; caudae 68 m.; rostri 12 m.; tarsi 20 m.

Caract. Mâle ad. Plumage d'un cendré bleuâtre; la tête toute entière et le devant du cou d'un noir lustré de bleu; poitrine et flancs de la couleur du dos; ventre et sous-caudales d'un roux terne; couvertures des ailes et rémiges tertiaires noires largement frangées de blanc; un étroit liséré de cette couleur sur le bord externe des rémiges primaires et secondaires, d'un brun foncé; queue noire, la rectrice externe bordée en dehors et à l'extrémité de blanc, les autres blanches à la pointe. Bec et pieds noirs; iris brun.

Il dépasse en dimensions ses deux congénères d'Afrique, *P. niger* et *P.*

afer ; par la coloration spéciale du ventre et des sous-caudales il est bien facile à reconnaître.

Les teintes de la femelle sont plus ternes; elle a la tête d'un noir fuligineux, le dos et la poitrine d'un cendré légèrement roussâtre, les bordures des rémiges et des couvertures alaires blanc-sale et le roux du ventre plus délayé.

Habit. *Caconda.* Son nom indigène est *Caxito*, d'après M. d'Anchieta, qui nous a envoyé deux individus, mâle et femelle, capturés en juillet et septembre 1877.

270. Zosterops senegalensis

Syn. *Zosterops senegalensis*, Bp. Consp. Av. i, p. 399; Hartl. Orn. West.-Afr., p. 71; Boc., Jorn. Acad. Sc. Lisboa, n.° v, 1868, p. 42; Gurney in Anderss., B. Damara, p. 76; Sharpe in Layard's B. S.-Afr., p. 325.

Fig. *Swainson, B. West.-Afr.* ii, *pl.* 3.

Caract. Adulte. D'un jaune-verdâtre en dessus; croupion tirant davantage au jaune; front et parties inférieures jaunes; espace entre le bec et l'œil noirâtre; cercle orbitaire d'un blanc pur; couvertures alaires de la couleur du dos; rémiges brunes, bordées en dehors de jaune-verdâtre et en dedans de blanchâtre; rectrices d'un brun-noir, lisérées de verdâtre. Sous-alaires blanches lavées de jaune. Bec noir; pieds couleur d'ardoise; iris brun-clair.

Dimens. L. t. 105 m.; aile 62 m.; queue 44 m.; bec 10 m.; tarse 16 m.

Habit. C'est seulement dans l'intérieur de Benguella et de Mossamedes, à *Caconda* et à *Biballa*, que cette espèce a pu être observée par M. d'Anchieta. L'exemplaire de Caconda porte le nom indigène — *Iloio*.

Andersson a rencontré cette espèce au sud du Cunene près d'Okavango; mais elle a toujours échappée à ses recherches dans les pays des Damaras et des Grands Namaquas. Elle vit dans l'Afrique occidentale au nord de l'équateur.

Les dimensions de nos individus d'Angola sont plus fortes que celles données par M. Sharpe d'après des individus de l'Afrique australe; mais elles restent au-dessous des chiffres indiqués par M. Hartlaub [1].

---

[1] V. Sharpe in Layard's B. S.-Afr., p. 325, et Hartl. Orn. West.-Afr., p. 71.

FAM. CERTHIIDAE

271. Hylypsornis Salvadori [1]

Tab. X. Fig. 2

Diagn. *Supra rufescente-albo nigroque varius; gutture sordide albicante, maculis parvis nigris; pectore abdomineque magis rufescentibus, nigro squamatis; tectricibus caudae superioribus et inferioribus albis, nigro-
fasciatis; tectricibus alarum remigibusque nigris, maculis rufescente-albis
in utroque margine notatis; rectricibus nigris, fasciis interruptis maculaque
apicali albis ornatis. Rostro pedibusque nigricantibus; iride fusca.*

L. t. 150 a 160 m.; alae 96 m.; caudae 60 m.; rostri a fr. 19 m.; tarsi
15 m.; dig. med. 16 m.; poll. 13 m.

Caract. Plumage varié de blanc-roussâtre et de noir; les plumes
du dos et les scapulaires barrées de noir et bordées à l'extrémité de cette couleur; le fond des parties inférieures d'un blanc lavé de roussâtre, marqué de
petites taches noires sur la gorge et écaillé de noir sur la poitrine et l'abdomen; couvertures supérieures et inférieures de la queue d'un blanc plus pur,
barrées de noir; couvertures alaires et rémiges noires, marquées sur les bords
de taches arrondies d'un blanc roussâtre; les trois premières rémiges portant
en dehors un étroit liséré interrompu de cette couleur; rectrices noires, traversées de bandes blanches, souvent incomplètes sur les barbes externes, et
avec une tache terminale blanche. Bec et pieds noirâtres; iris brun.

Notre première diagnose avait été faite d'après un individu jeune et en
mauvais état [2]. Plus tard nous avons reçu par M. d'Anchieta d'autres individus
adultes.

Habit. C'est à *Caconda*, dans l'intérieur de Benguella, que M. d'Anchieta a tout récemment découvert cette intéressante espèce appartenant à
une famille qui ne comptait pas encore des représentants dans la région éthiopienne [3].

---

[1] Caract. du genre: *Bec long déprimé à la base, légèrement arqué, à pointe obtuse; narines basales, recouvertes en dessus par une membrane; ailes allongées; la première rémige
très courte, la seconde égale à la septième, les quatrième et cinquième égales et les plus longues; queue dépassant l'extrémité des ailes, arrondie, composée de pennes larges avec des
baguettes souples; tarses courts, de la longueur à peu-près du doigt médian; doigt externe
plus long que l'interne, tous les deux réunis au médian jusqu'à la première articulation;
pouce long, égalant presque le doigt médian, armé d'un ongle fort et arqué.*
[2] V. Boc., Jorn. Acad. Sc. Lisboa, n.º XXIII, 1878, p. 211.
[3] M. Sharpe place dans la famille *Paridae* le *Hypherpes corallirostris*, Newt., de Madagascar, qu'on avait d'abord rapporté aux *Certhiidae*. Toutefois cet auteur avoue qu'il est fort
difficile de marquer sa véritable place à ce genre singulier, qui se trouverait peut-être mieux
entre les *Paridae* et le genre *Sitta*. (Sharpe. Proc. Z. S. L. 1871. p. 318.)

Les indigènes de Caconda, nous écrit M. d'Anchieta, donnent à cet oiseau le nom de *Kamundeluquira*[1], par suite de l'habitude qu'il a de grimper en spirale autour des troncs d'arbres.

FAM. MOTACILLIDAE

272. Motacilla capensis

Syn. *Motacilla capensis*, Linn. Syst. Nat. 1, p. 333; Layard, B. S.-Afr., p. 118; Finsch & Hartl., Vög. Ost.-Afr., p. 266; Gurney in Anderss. B. Damara, p. 111; Boc., Jorn. Acad. Sc. Lisboa, n.° XXII, 1877, p. 155.

Fig. *Buffon, Pl. Enl., pl. 28, fig. 2.*

Caract. Parties supérieures d'un cendré-brunâtre, avec la tête d'un cendré plus pur et les sus-caudales brunes; lorum noirâtre; raie sourcilière étroite et cils blancs; en dessous d'un blanc lavé de jaunâtre sur le ventre et de gris sur les flancs; un collier noirâtre sur la poitrine; ailes brunes; les couvertures alaires et les rémiges secondaires frangées de gris-roussâtre; les primaires avec un étroit liséré blanc et, à compter de la 3e, avec un espace blanc sur les barbes internes, vers la base. Les deux rectrices externes blanches, bordées de noir sur la moitié basale de leurs barbes internes; les autres noirâtres, lisérées de grisâtre en dehors. Bec noir; pieds brun-ardoisé; iris brun.

Dimens. L. t. 180 m.; aile 83 m.; queue 86 m.; bec 14 m.; tarse 24 m.; doigt méd. s. ongle 15 m.

Notre description a été faite d'après un individu du Cap, qui nous semble adulte ou bien près de l'être. Elle se trouve d'accord avec la description de Layard et avec les diagnoses publiées par Ch. Bonaparte et M. Cabanis[2].

Suivant Ch. Bonaparte la véritable *M. capensis* a dans tous les états l'apparence du jeune âge; mais MM. Finsch et Hartlaub, dans leur ouvrage sur les oiseaux d'Afrique orientale, prétendent que le mâle de cette espèce en plumage parfait ressemble à celui de la *M. vidua*. Ces auteurs vont même jusqu'à supposer que la pl. 178 de Levaillant pourrait bien représenter cet état du plumage de la *M. capensis*.

---

[1] Ce mot signifie — *tourner, faire des tours.*
[2] V. Layard, B. S.-Africa, p. 118. Ch. Bonaparte, Notes sur les collections Delattre, p. 47; Cabanis, Museum Heineannm, 1, p. 13.

Nous n'avons pas de faits positifs à opposer à une telle manière de voir; il nous semble cependant fort étrange que M. Layard, pendant son long séjour au Cap, où cette espèce est fort commune, n'ait jamais rencontré l'adulte de *M. capensis* comme il se trouve décrit par MM. Finsch et Hartlaub[1].

Les individus que nous avons reçu d'Angola sont évidemment des jeunes: ils portent à la poitrine quelques taches brunes à la place du collier, la teinte des parties supérieures est plus rembrunie, et les parties inférieures d'un blanc isabelle sale, avec les flancs et les côtés de la poitrine lavés de brun. Ils ressemblent du reste à notre individu du Cap.

Habit. *Caconda:* trois individus par M. d'Anchieta, capturés en juillet 1877: ce sont les premiers recueillis au nord du Cunene. Leur nom indigène est *Oquicecenebanene.*

Andersson a observé cette espèce dans le pays des Damaras.

273. Motacilla vidua

Syn. *Motacilla vidua,* Sundev. OEfv. Vetensck. Akad. Förhandl., 1850, p. 128; Finsch & Hartl., Vög. Ost.-Afr., p. 263; Heugl., Orn. N. O.-Afr., p. 317; Sharpe, Proc. Z. S. L., 1869, p. 567; ibid., 1870, pp. 143 et 148; Boc., Jorn. Acad. Sc. Lisboa, n.º IX, 1876, p. 153; ibid., n.º XX, 1876, p. 257; Reichenow, Journ. f. Orn., 1877, p. 30.
Motacilla capensis, Monteiro, Ibis, 1862, p. 334.
Motacilla Vaillantii, Gurney in Anderss., B. Damara, p. 112.
Motacilla aguimp, Layard, B. of S.-Afr., p. 119; Sharpe, Cat. Afric. Birds, p. 73.

Fig. *Levaillant. Ois. d'Afrique* IV, pl. 178.

Caract. Adulte. En dessus d'un noir brillant, avec le croupion teint légèrement de cendré; en dessous blanc; au-devant de la poitrine un large collier d'un noir brillant, dont les deux pointes remontent sur les côtés de la gorge jusqu'à la région auriculaire; une large raie sourcilière, une tache de chaque côté du cou et une bande longitudinale sur l'aile d'un blanc pur. Rémiges primaires noires, lisérées de blanc à l'extrémité, et portant, à compter de la 2e, un espace blanc des deux côtés de la base, apparent et formant miroir sur l'aile; les secondaires blanches à la base et largement bordées de blanc en dehors. Les deux rectrices extérieures de chaque côté blanches, la 2e bordée de noir en dedans, les autres noires; un étroit liséré blanc sur le bord externe des deux médianes. Bec noir; pieds noirâtres; iris châtain.

[1] V. Finsch & Hartl., op. cit., p. 267

Dimens. L. t. 190 m.; aile 93 m.; queue 95 m.; bec 15 m.; tarse 24 m.; doigt m. saus l'ongle 16 m.

Habit. Cette espèce, très répandue sur le continent africain, a été observée dans plusieurs localités d'Angola, depuis le Cunene jusqu'au Zaire. Nous possédons des individus recueillis sur les bords du *Quanza* et au *Hum-be;* M. Monteiro l'a rencontrée à *Cambambe,* et Sala à *Catumbella* et au *Dande.* Cette bergeronnette faisait également partie des oiseaux rapportés de la côte de Loango par le dr. Falkenstein.

Nous avons reçu de *Biballa* par M. d'Anchieta un exemplaire d'une es-pèce de *Motacilla,* dont les caractères s'accordent bien avec ceux de la M. *longicauda,* mais dont la taille est plus petite. Voici le résumé de ses princi-paux caractères:

Parties supérieures d'un gris-cendré, plus foncé sur la tête; raie sourci-lière étroite et peu distincte, et cercle orbitaire d'un blanc pur; lorum noir; couvertures alaires et rémiges d'un brun-noirâtre; les grandes couvertures terminées de blanc, les tertiaires bordées en dehors de cette couleur; sur la base des primaires, à compter de la 3ᵉ, un espace blanc qui occupe les barbes internes. Les 4 rectrices externes de chaque côté blanches, la 3ᵉ teinte de noir sur une petite étendue de son bord externe, la 4ᵉ noire sur les barbes exter-nes; les 4 rectrices intermédiaires d'un brun-noir uniforme. Parties inférieu-res blanches avec un collier pectoral étroit noir et les flancs lavés de cendré. Bec noir; pieds brun-clair; iris brun. L. t. 165 m.; aile 76 m.; queue 87 m.; bec 14 m.; tarse 21 m.; doigt méd. s. ongle 13 m [1].

Le plumage de cet individu présente un degré d'usure fort avancé et qui se fait surtout remarquer sur les couvertures alaires et les pennes des ailes et de la queue.

274. Anthus campestris

Syn. *Anthus campestris,* Bechst. Nat. Deuts. III, p. 722; Hartl., Orn. West.-Afr., p. 73; Heugl., Orn. N. O.-Afr., p. 325; Gurney in Anderss. B. Da-mara, p. 114; Bocage, Jorn. Acad. Sc. Lisboa, n.º XVII, 1874, p. 51.

Fig. *Werner, Atlas Ois. d'Europe, pl.* 85.
Dresser, B. of Europe, Part. XXVI, *pl.*

Caract. Adulte. Gris-roussâtre en dessus, avec le centre des plu-mes brun; croupion et couvertures supérieures de la queue d'un gris-rous-

---

[1] D'après von Heuglin les dimensions de la *M. longicauda* seraient: L. t. 216 m.; aile 84 m.; queue 110 m.; bec 15 m.; tarse 19 m.

sâtre sans taches; raie sourcilière blanc-isabelle; en dessous blanc, lavé de
fauve-jaunâtre, avec la gorge, le milieu du ventre et les sous-caudales d'un
blanc plus pur; le devant de la poitrine varié de quelques petites taches brunes; un trait brun se prolongeant de la base de la mandibule sur les côtés de
la gorge; tache auriculaire brun-fauve cerclé de brun; petites couvertures
alaires de la couleur du dos; moyennes et grandes couvertures et rémiges
brunes, bordées de fauve-jaunâtre, les primaires lisérées de blanchâtre en dehors; rectrices brunes, bordées de fauve; la plus extérieure blanche sur les
barbes externes et sur une grande partie des internes, l'immédiate blanche
sur les barbes externes et avec une tache triangulaire de cette couleur à l'extrémité. Bec noirâtre en dessus et à la pointe, jaunâtre en dessous; pieds
pâles; iris brun.

Dimens. L. t. 165 m.; aile 87 m.; queue 66 m.; bec 14 m.; tarse
26 m.

Par ses dimensions et ses couleurs, l'individu dont nous avons donné ci-
dessus les caractères ressemble parfaitement à plusieurs spécimens de l'*A.
campestris*, d'Europe, avec lesquels nous l'avons comparé. Cet individu nous
vient du *Humbe;* il porte la marque de femelle.

D'autres individus recueillis à Loanda et à Benguella, qui se trouvent
inscrits dans une de nos publications sur l'ornithologie d'Angola sous le nom
de *A. campestris*[1], nous semblent maintenant, après un examen plus attentif,
d'une espèce différente. Ils sont plus petits, plus lavés de fauve partout et
marqués sur la poitrine de taches plus nombreuses d'un brun plus foncé.
Comparés à un individu de l'Afrique australe, que nous avons reçu de M.
Shelley sous le nom de *A. caffer*, c'est avec celui-ci qu'ils nous semblent avoir
des rapports plus intimes. Voici la moyenne de leurs dimensions; L. t. 150 m.;
aile 82 m.; queue 60 m.; bec 12 m.; tarse 24 m.

Nous possédons encore un autre individu recueilli au Humbe par M. d'Anchieta qu'il nous est impossible de rapporter à l'*A. campestris* ni à l'*A. caffer*.
Son plumage en dessus est plus fortement tacheté de brun et plus lavé de
roussâtre; en dessous d'un blanc teint de roux, tirant au blanchâtre à la gorge
et sur le milieu du ventre, et avec un grand espace sur la poitrine parsemé de
tâches allongées d'un brun-noirâtre; la rectrice externe ressemble à celle de
l'*A. campestris*, mais l'immédiate a à peine un étroit liséré blanc à l'extrémité
sur les barbes externes et une tache triangulaire blanche sur les barbes internes. Sa taille est inférieure à celle de l'*A. campestris*: L. t. 156 m.; aile 80 m.;
queue 60 m.; bec 14 m.; tarse 25 m.[2]

[1] V. Boc., Jorn. Acad. Sc. Lisboa, n.° II, 1867, p. 136.
[2] V. *Anthus* sp., Boc., Jorn. Acad. Sc. Lisboa, n.° XVII, 1874, p. 52.

Habit. L'*A. campestris* se trouve au Humbe, d'où M. d'Anchieta nous a envoyé un seul individu. M. Sharpe possède un individu de cette espèce recueilli par Andersson dans le pays des Damaras. On ne l'a jamais rencontrée dans aucun autre endroit d'Angola ni dans nos possessions du Congo, au nord du Zaire.

275. Anthus pallescens

Tab. VIII. Fig. 2

Syn. *Anthus pallescens*, Boc., Jorn. Acad. Sc. Lisboa, n.º XVII, 1874, p. 52.

Diagn. *Supra fulvescente-griseus, fusco maculatus; subtus albus, fulvescente tinctus; regione parotica fusca; loris, stria superciliari, mento, gula, abdomine imo et subcaudalibus pure albis; stria mystacali fusca; pectore conspicue, sed sparsim, fusco maculato; alis rufescente-fuscis, tectricibus remigibusque secundariis late albo-limbatis; primariis pallide fuscis, pogonio externo albo-limbatis, limbo interno albicante; rectricibus ⁴/₁ mediis nigricantibus albo-marginatis, extima alba pogonio interno versus basin fusca, secunda fusca pogonio externo et apice albis, reliquis fuscis; subalaribus albis; maxilla fusca, mandibula flava apice fusco; pedibus flavidis; iride fusca.*

L. t. 159 m.; alae 80 m.; caudae 66 m.; rostri 18 m.; tarsi 26 m.

Caract. Plus petit que l'*A. campestris*, auquel il ressemble, mais avec des teintes plus blanchâtres; la poitrine variée d'un plus grand nombre de taches brunes; les rémiges secondaires bordées de blanc au lieu de fauve; les rectrices frangées de blanc au lieu de roussâtre.

Habit. M. d'Anchieta nous a envoyé du *Humbe* un seul individu de cette espèce, qui nous semble inédite. Cet individu se trouve maintenant au pouvoir de M. Sharpe, qui s'occupe de faire la révision des espèces africaines du genre *Anthus*. Nous sommes sur que notre savant ami s'acquitera heureusement, comme c'est son habitude, de cette tâche assez difficile.

276. Anthus erythronotus

Syn. *Alauda erythronotus*, Steph. Gen. Zool., xiv, p. 24.
Alauda pyrrhonota, Vieill. N. Dict. H. N., i, p. 361.
Anthus leucophrys, Vieill. N. Dict. H. N., xxvi, p. 502.
Anthus erythronotus, Sharpe, Cat. Afr. Birds, p. 72; Boc., Jorn. Acad. Sc. Lisboa, n.º xxii, 1877, p. 155.
Anthus pyrrhonotus, Gurney in Anderss. B. Damara, p. 113.
Anthus caffer? Boc., Jorn. Acad. Sc. Lisboa, n.º viii, 1870, p. 340.

Fig. *Levaillant, Ois. d'Afr.* iv. *pl.* 197 ?

Caract. Ad. En dessus brun-cendré lavé de roussâtre, avec les bords des plumes d'une teinte plus pâle; croupion et sus-caudales d'une teinte roussâtre plus accentuée; le dessus de la tête plus rembruni; région auriculaire roussâtre, nuancée de brun; raie sourcilière et tour orbitaire blanc-roussâtre; parties inférieures d'un blanc-roussâtre sale, tirant au blanc sur la gorge et nuancées de brun sur les flancs et la poitrine; celle-ci variée de petites taches, plus ou moins distinctes, d'un brun clair; une raie brune formant moustache sur les côtés de la gorge. Couvertures alaires et rémiges secondaires brunes, frangées de roussâtre; primaires d'un brun plus pâle, lisérées de blanchâtre sur les bords externes. Rectrices d'un brun-noirâtre avec les bords d'un brun-terreux; la plus extérieure d'un blanc-roussâtre sur les barbes externes et à l'extrémité. Bec brun avec la base de la mandibule jaunâtre; pieds d'un brun-pâle; iris brun.

Dimens. L. t. 180 m.; aile 100 m.; queue 77 m.; bec 15 m.; tarse 28 m.

Deux individus, dont les caractères sont conformes à notre diagnose, se trouvent dans nos collections d'Angola: l'un vient d'*Ambaca*, au nord du Quanza, l'autre de *Caconda*, dans l'intérieur de Benguella. Ils ressemblent à un individu de *Durban*, dans le Natal, que nous devons à l'obligeance de M. Shelley; l'étiquette de cet individu porte le nom de *A. pyrrhonotus*, sous lequel M. Gurney inscrit cette espèce dans la liste des oiseaux observés par Andersson dans le pays des Damaras.

Les avis se partagent parmi les ornithologistes quant à considérer comme parfaitement distincts l'*A. erythronotus*, l'*A. sordidus*, Rüpp, et l'*A. Gouldi*, Fras., ou à les réunir tous dans une seule espèce. Malheureusement il nous est défendu d'entrer dans ce débat, car l'*A. sordidus* nous est inconnu, et de l'espèce de l'Afrique occidentale nous possédons à peine un individu en très mauvais état, faisant partie des collections rapportées d'Angola par Welwitsch, et dont l'étiquette porte le nom d'*A. Gouldi* écrit de la main de M. Finsch. Cet individu diffère des nôtres par sa taille, qui est sensiblement plus petite, et, à ce qu'il paraît, par ses teintes d'un roux plus ardent, surtout dans les parties inférieures; il présente quelques taches brunes sur la poitrine et un grand espace d'un blanc-roussâtre sur la rectrice latérale, occupant non seulement les barbes externes, mais aussi une bonne partie de barbes internes, à l'instar de ce qui a lieu chez l'*A. campestris* et plusieurs autres espèces.

L'opinion de Sundevall en faveur de l'identité spécifique de l'*A. leucophrys*, Vieill. et de l'*Alauda erythronota*, Steph., représentée par la pl. 197 des Ois. d'Afr. de Levaillant, (dont l'*Al. pyrrhonota*, Vieill. serait encore un synonyme) est aujourd'hui généralement admise. Il faut cependant avouer que d'après la figure de Levaillant il serait impossible de se faire une idée exacte de l'*A. erythronotus*.

Habit. *Ambaca* et *Caconda* (Anchieta). Dans la première localité le nom indigène de l'espèce est *Karapala*, dans la seconde *Catemdebipanga*.

Andersson a trouvé cet oiseau largement répandu dans les pays des *Damaras* et des *Grands Namaquas*.

Suivant M. Reichenow l'*A. Gouldi* existe sur la *Côte de Loango*, où il aurait été recueilli par le dr. Falkenstein[1]. L'individu, dont nous avons parlé, recueilli par Welwitsch à *Loanda*, et un autre individu capturé au *Bembe* par M. Monteiro et rapporté avec une certaine hésitation par M. Hartlaub à l'*A. Gouldi*[2], ne peuvent servir, selon nous, de preuves décisives en faveur de l'existence de cette espèce en Angola. En tout cas il faudrait pouvoir résoudre auparavant la question de l'identité ou de la non-identité de l'*A. Gouldi* et de l'*A. erythronotus*.

277. Anthus lineiventris

Syn. *Anthus lineiventris*, Sundev. OEfv. Vetensk. Akad. Förhandl., 1850, p. 100; Boc., Jorn. Acad. Sc. Lisboa, n.° XII, 1870, p. 275.
Anthus angolensis, Boc., Jorn. Acad. Sc. Lisboa, n.° VIII, 1870, p. 341.

Fig. *nulla*.

Caract. Mâle ad. Parties supérieures d'un gris-brun, nuancées d'olivâtre et tachetées de brun; raie sourcilière d'un blanc-isabelle; tache auricu-

---

[1] V. Reichenow, Corresp. der Afrik. Gesellschaft, n.° 10, 1874, p. 177; id. Journ. f. Orn., 1877, p. 30.
[2] V. Monteiro & Hartl., Proc. Z. S. L., 1860, p. 110.

laire brune; en déssous d'un blanc lavé de fauve, avec la gorge et la poitrine variées de taches brunes et l'abdomen strié de brun; gorge, bas ventre et couvertures inférieures de la queue sans taches; couvertures alaires et rémiges d'un brun foncé frangées de jaune-olivâtre; rectrices noirâtres, les deux intermédiaires bordées d'olivâtre, la plus extérieure blanche sur les barbes externes et marquée sur la pointe d'une tache blanche, qui devient de plus en plus petite sur les deux rectrices immédiates. Sous-alaires jaunâtres. Bec brun en dessus et à l'extrémité, d'une teinte plus pâle à la base de la mandibule; pieds jaunâtres; iris brun.

Dimens. L. t. 180 m.; ailes 85 m.; queue 70 m.; bec 15 m.; tarse 28 m.

Habit. Nous possédons un seul individu de cette espèce envoyé par M. d'Anchieta de *Pungo-Andongo*, au nord du Quanza.

Cette espèce vit dans l'Afrique australe. Elle fut découverte à *Limpopo*, dans la Cafrerie supérieure, par Wahlberg. Elle ne figure pas dans la liste des oiseaux observés par Andersson dans les pays des Damaras et des Grands Namaquas; mais on doit à ce voyageur un individu recueilli dans la Colonie du Cap, qui est pour MM. Finsch et Hartlaub le type d'une espèce distincte, quoique voisine de l'*A. lineiventris*. A juger d'après la diagnose de ces auteurs, la nouvelle espèce, *A. crenatus*, n'aurait pas l'abdomen strié de brun comme l'*A. lineiventris* [1].

278. Macronyx croceus

Syn. *Alauda crocea*, Vieill. N. Dict. H. N. I, p. 365.
Macronyx croceus, Hartl., Orn. West.-Afr., p. 73; Monteiro, Ibis, 1862, p. 334; Boc., Jorn. Acad. Sc. Lisboa, n.° II, 1867, p. 136; Finsch & Hartl., Vög. Ost.-Afr., p. 276; Heugl., Orn. N. O.-Afr., p. 331; Reichenow, Corr. Afrik Gesellsch., n.° X, 1874, p. 177; id., Journ. f. Orn., 1877, p. 30; Sharpe & Bouvier, Bull. S. Z. France I, p. 43.
Macronyx flavigaster, Boc., Jorn. Acad. Sc. Lisboa, n.° V, 1868, p. 48.

Fig. *Jardine & Selby, Ill. Ornith. nov. ser., pl. 22.*

Caract. Ad. Plumes des parties supérieures brunes bordées de gris-roussâtre, celles du dos noirâtres avec des bordures plus larges rousses; tâche auriculaire brun-pâle strié de blanchâtre; raie sourcilière jaune-jonquille; gorge de la même couleur, entourée d'un hausse-col noir, large sur la poitrine et dont les pointes remontent, en passant au-dessous des yeux, jusqu'à

[1] V. Finsch & Hartl. Vög. Ost.-Afr. p. 275.

la base de la machoire; abdomen d'un jaune plus vif; côtés du cou, flancs et couvertures inférieures de la queue nuancés d'un fauve terne; couvertures des ailes brunes bordées de roussâtre, à l'exception des petites couvertures du pli de l'aile dont les bords sont jaunes. Rémiges brunes, les primaires lisérées de jaune, les secondaires bordées de roussâtre. Rectrices noirâtres, lisérées de blanc-jaunâtre, les 4 latérales portant au bout une tache blanche dont les dimensions vont en diminuant de la 1e à la 4e. Sous-alaires blanches variées de brun, celles du bord de l'aile jaune-jonquille. Bec couleur de plomb, plus pâle sur les bords et à la base de la mandibule; pieds d'un jaune-rougeâtre; iris brun.

Dimens. L. t. 218 m.; aile 103 m.; queue 77 m.; bec 19 m.; tarse 38 m.

Ces caractères sont ceux de nos individus adultes originaires des districts méridionaux d'Angola, au sud du *Quanza*. Si on les compare à d'autres individus, également adultes, d'Afrique occidentale, on s'aperçoit bien vite de quelques différences qu'il importe sans doute de signaler: ils sont plus grands; les ailes, la queue et les tarses sont plus développés; le bec aussi est sensiblement plus fort; ils ont l'abdomen teint d'un jaune plus vif que la gorge, et nuancé de fauve sur les côtés de la poitrine, les flancs et les sous-caudales, ce qui ne s'observe pas chez nos individus d'Afrique occidentale, lesquels présentent, par contre, sur les côtés de la poitrine et sur les flancs des stries brunes ou noirâtres, qui font complétement défaut chez les autres.

Von Heuglin avait déjà fait la remarque que les individus de l'Afrique centrale ne s'accordaient pas entièrement avec ceux d'Afrique occidentale, surtout quant à la taille. A juger cependant par la diagnose publiée par cet auteur, le système de coloration des individus de l'Afrique centrale ne serait pas absolument identique à celui de nos individus de la partie méridionale d'Angola.

Nous avons aussi dans nos collections quelques individus recueillis dans la partie septentrionale d'Angola, au nord du Quanza, et dans la côte de Loango. Tous ces individus ressemblent parfaitement, sous le rapport des dimensions et des couleurs, à ceux d'Afrique occidentale.

On serait donc tenté de croire que deux ou trois races géographiques se trouvent confondues sous le nom de *Macronyx croceus;* mais pour bien caractériser ces formes supposées distinctes, il faudrait pouvoir comparer des séries nombreuses d'individus de diverses provenances, et d'âges et de sexes différents.

Nous ajouterons à titre de renseignemen tqu'un individu jeune de ce que nous appelerons la *variété méridionale,* a les plumes des parties supérieures frangées de blanchâtre au lieu de roux, la gorge teinte d'un roux terne, au lieu de jaune, et de nombreuses taches brunes remplaçant le hausse-col noir;

les parties inférieures portent déjà la couleur jaune propre à l'adulte, mais elles sont beaucoup moins nuancées de fauve sur les côtés de la poitrine et les flancs; pas de stries sur ces régions.

Habit. *Côte de Loango* (Anchieta, Petit, Falkenstein); *Cambambe* (Monteiro); *Ambaca* (Anchieta); *Caconda* et *Huilla* (Anchieta).

Nom indigène à Cambambe, suivant M. Monteiro, *Dibaquela*.

M. Gurney ne comprend pas cette espèce dans la liste des oiseaux observés par Andersson dans les contrées de l'Afrique australe au sud du *Cunene;* de même, au nord de ce fleuve, M. d'Anchieta ne semble pas l'avoir trouvée sur le vaste territoire compris entre le parallèle de *Huilla* et celui du *Humbe*. Elle a été signalée au Natal, à Moçambique et dans le Zambeze, ainsi que dans l'Afrique centrale et dans la côte occidentale.

FAM. BUPHAGIDAE

279. Buphaga africana

Syn. *Buphaga africana*, Linn. Syst. Nat. i, p. 154; Hartl., Orn. West.-Afr., p. 120; Monteiro, Proc. Z. S. L., 1865, p. 94; id. Ang. & Congo, ii, p. 204; Boc., Jorn. Acad. Sc. Lisboa, n.º ii, 1867, pp. 138 et 153; ibid, n.º iv, 1867, p. 334; ibid., n.º xix, 1876, p. 152; Finsch & Hartl., Vög. Ost.-Afr., p. 385; Heugl., Orn. N. O.-Afr., p. 716; Gurney in Anderss. B. Damara, p. 163.

Fig. *Levaillant, Ois. d'Afrique* ii, *pl.* 97.
Gray & Mitch., Gen. of Birds, pl. 82.

Caract. Ad. Plumage brun-cendré; croupion, bas de la poitrine, abdomen et couvertures de la queue d'un fauve-ocracé pâle; rémiges d'une teinte plus rembrunie que le dos; les 4 rectrices intermédiaires d'un brun-cendré uniforme, les autres d'un roux ardent sur les barbes internes. Bec jaune, rouge de corail à l'extrémité; pieds bruns; iris orange.

Dimens. L. t. 240 m.; aile 130 m.; queue 108 m.; bec 17 m.; tarse 23 m.

Les femelles et les jeunes ont le croupion et le ventre d'une teinte plus pâle, nuancée de gris. Chez les jeunes la poitrine est d'un brun-cendré, comme la gorge, l'iris brunâtre et le bec d'un jaune sale.

Habit. *Angola* (Toulson); *Benguella* (Monteiro); *Benguella, Catum-bella, Capangombe* et *Humbe* (Anchieta).

Nos exemplaires de Benguella et Capangombe portent l'indication du nom indigène, *Loando*.

Andersson rencontra la *B. africana* dans la partie centrale du pays des Damaras.

L'autre espèce, *B. erythrorhyncha*, Stanl., observée en Afrique occiden-tale, de la Sénégambie au Gabon, n'a pas encore été recueillie en Angola ni dans la côte de Loango. Indépendamment de la taille, qui est plus petite, cette es-pèce présente quelques différences de coloration qui la rendent suffisamment distincte : le croupion et les sus-caudales de la couleur du dos ; les rectrices latérales à peine bordées en dedans et vers l'extrémité d'un roux terne ; et le bec, plus faible, d'une seule couleur, rouge-corail de la base à la pointe. Il faut cependant observer que chez les exemplaires gardés longtemps dans les collections et exposés à la lumière, la teinte rouge du bec vient à disparaître, de sorte que les individus de l'une et de l'autre espèce se présentent avec des becs d'une même couleur, jaune-sale, mais de dimensions différentes.

FAM. CORVIDAE

280. Corvus scapulatus

Syn. *Corvus scapulatus*, Daud. Tr. d'Ornith II, p. 233; Monteiro, Proc. Z. S. L., 1865, p. 90; Boc., Jorn. Acad. Sc. Lisboa, n.º IV, 1867, p. 325; ibid., n.º VIII, 1870, p. 315; ibid., n.º XVII, 1874, p. 53; Finsch & Hartl., Vög. Ost.-Afr., p. 374; Heugl., Orn. N. O.-Afr., p. 500; Gurney in Anderss., B. Damara, p. 154; Sharpe & Bouv., Bull. S. Z. France, I, p. 46; Reichenow, Journ. f. Orn., 1877, p. 26; Sharpe, Cat. B. Mus., III, p. 22.
Corvus curvirostris, Hartl., Orn. West.-Afr., p. 114; Boc., Jorn. Acad. Sc. Lisboa, n.º II, 1867, p. 138.

Fig. *Levaillant, Ois. d'Afrique*, II, *pl.* 53.
Swainson, Birds West.-Afr., I, *pl.* 5.

Caract. Ad. Noir à reflets bleus d'acier ; nuque, côtés du cou et ré-gion inter-scapulaire, ainsi qu'une large bande sur la poitrine, d'un blanc pur. Bec et pieds noirs ; iris châtain.

Dimens. L. t. 485 m.; aile 370 m.; queue 180 m.; bec 54 m.; tarse 60 m.

Habit. Ce corbeau est fort commun en Angola. Nous avons des individus de *Loanda*, provenant du voyage de Sa Majesté le Roi D. Luiz, du *Duque de Bragança*, par M. Bayão, d'*Ambaca*, de *Benguella*, de *Rio Coroca* et du *Humbe*, par M. d'Anchieta.

Ses noms indigènes, signalés par M. d'Anchieta, varient suivant les localités : à Benguella *Kiquela*, à Ambaca et à Rio Coroca *Kilambalambe*, au Humbe *Equala*.

Il est assez répandu au sud et au nord de nos possessions : au nord il se trouve sur la côte de Loango, d'où il remonte jusqu'à la Sénégambie ; il se laisse voir également au sud du Cunene, dans les pays des Damaras et des Grands Namaquas et, vers l'intérieur, dans la région des lacs.

281. Corvus capensis

Syn. *Corvus capensis*, Licht. Verz. Doubl. Mus. Berl., p. 20; Boc., Jorn. Acad. Sc. Lisboa, n.º VIII, 1870, p. 345; ibid., n.º XIII, 1872, p. 67; ibid., n.º XXII, 1877, p. 156; Gurney in Anderss., B. Damara, p. 155.
Corvus capensis minor, Heugl., Orn. N. O.-Afr., p. 409.
Heterocorax capensis, Sharpe, Cat. Birds B. Mus., III, p. 12.

Fig. *Levaillant, Ois. d'Afrique*, II, pl. 52.

Caract. Ad. Plumage tout entier noir à reflets bleus et violets ; rémiges et rectrices lustrées de vert de bronze. Bec et pieds noirs ; iris brun.

Dimens. L. t. 470 m.; aile 340 m.; queue 180 m.; bec 60 m.; tarse 68 m.

Chez un individu jeune d'Angola le plumage est d'un brun-fuligineux terne, à l'exception des ailes et de la queue, qui sont lustrées de vert de bronze, et de quelques plumes du dos et des flancs d'un noir brillant à reflets violets.

Habit. Nous avons reçu ce corbeau seulement de deux localités : *Rio Coroca*, au sud de Mossamedes, sur le littoral, et *Caconda*, dans l'intérieur. Il manque, à notre grande surprise, dans tous les envois que M. d'Anchieta nous a fait du *Humbe*, sur la rive droite du *Cunene* ; et cependant Andersson l'a trouvé abondant à *Ondonga* et assez répandu dans les pays des Damaras et des Grands Namaquas.

C'est sans doute à cette espèce que M. Monteiro a voulu faire allusion lorsqu'il parle d'un corbeau différent du *C. scapulatus,* tout noir, de la taille du corbeau d'Europe, ou peut-être plus petit, qu'il avait eu l'occasion de re- marquer une fois à Benguella et plusieurs fois à Mossamedes [1].

Les indigènes de *Caconda* l'appelent *Kiquamanga.*

FAM. STURNIDAE

282. Dilophus carunculatus

Syn. *Gracula carunculata,* Gm. Syst. Nat., i, p.
Dilophus gallinaceus, Vieill. N. Dict. H. N., ix, pag. 442.
Dilophus carunculatus, Layard, B. of S.-Afr., p. 177; Monteiro, Proc. Z. S. L., 1865, p. 93; Sharpe, Proc. Z. S. L., 1871, p. 133; Boc., Jorn. Acad. Sc. Lisboa, n.° xiii, 1872, p. 67; ibid., n.° xvi, 1873, p. 292; ibid., n.° xvii, 1874, p. 56; ibid., n.° xx, 1876, p. 254; Heugl., Orn. N. O.-Afr., p. 529; Gurney in Anderss., B. Damara, p. 162.

Fig. *Levaillant, Ois. d'Afr.,* ii, *pls.* 93 *et* 94.

Caract. Ad. (plum. imparf.) Plumage gris légèrement teint de bru- nâtre, plus pâle sur la tête et en dessous; bas ventre et couvertures du des- sus et du dessous de la queue blancs; couvertures alaires de la couleur du dos; une partie des couvertures des primaires blanches; rémiges et rectri- ces noirâtres à reflets verts métalliques; sous-alaires grises nuancées de brun, bord de l'aile blanchâtre. Espace nu au-dessous et derrière l'œil et deux lar- ges raies sans plumes sur le menton et la gorge d'un jaune-verdâtre; bec d'un rougeâtre livide avec une tache plus foncée couvrant les narines; pieds d'un brun pâle; iris châtain.

Dimens. L. t. 215 m.; aile 120 m.; queue 70 m.; bec 22 m.; tarse 30 m.

Les auteurs qui ont eu l'occasion d'observer cet oiseau en vie ne sont pas d'accord quant à la couleur des parties nues de la tête et des caroncules chez l'adulte, en plumage parfait. Levaillant décrit et fait représenter son *Porte- lambeaux* comme ayant les caroncules et la face de couleur noire, et le der- rière de la tête d'une teinte roussâtre [2]; Layard prétend que la peau nue de la tête est d'un jaune vif et les caroncules noires [3]; von Heuglin affirme que tou-

[1] V. Monteiro, Proc. Z. S. L., 1865, p. 90.
[2] V. Levaill., Ois. d'Afr., ii, texte des pls. 93 et 94.
[3] V. Layard, Birds S.-Afr., p. 177.

tes ces parties sont d'un jaune vif *(caruncula regioneque nuda faciei flavis-simis)*[1]. Nous n'avons pas d'individus à tête ornée de caroncules; mais chez ceux dont le plumage se rapproche davantage de l'état définitif, la peau nue sur les côtés de la tête, au-dessous et derrière l'œil, et la double raie guttu-rale seraient, d'après M. Anchieta, d'un jaune verdâtre.

Les individus jeunes se font remarquer par leurs teintes plus rembrunies, par leurs rémiges et rectrices brunes sans reflets métalliques et par l'absence de tout espace nu sur les côtés de la tête.

Habit. On doit à M. Monteiro la découverte de cette espèce en An-gola; il l'a rencontrée en 1865 à *Equimina,* dans le district de *Benguella.* Quelques années plus tard Sala recueillit à *Golungo-alto,* au nord du *Quanza,* quelques spécimens que M. Sharpe a pu examiner. Tous nos exemplaires nous viennent par M. d'Anchieta des contrées méridionales de nos possessions d'An-gola, *Rio Coroca* et surtout *Humbe,* où l'espèce est assez commune. Elle y re-çoit des indigènes le nom du *Virindongo.* Andersson rencontra le *D. carun-culatus* dans le pays des Damaras, où il fait son apparition vers le commence-ment de la saison des pluies. C'est également à cette époque de l'année qu'il se trouve plus abondamment dans le *Humbe.*

Cet oiseau se nourrit habituellement de termites, de sauterelles et d'au-tres insectes.

FAM. LAMPROTORNIDAE

283. Lamprotornis Mewesi

Syn. *Juida Mewesi,* Wahlb. Œfv. Vetensk. Akad. Forhandl., 1856, p. 174; id., Journ. f. Orn., 1857, p. 1; Gurney in Anderss., B. Damara, p. 159.
Lamprotornis Mewesi, Hartl. Glanzst. Afrika's, p. 49; Boc., Jorn. Acad. Sc., Lisboa, n.° xx, 1876, p. 254.

Fig. *nulla.*

Caract. Adulte. D'un vert-métallique, à reflets bleus et violacés sur la tête, les petites couvertures des ailes, le dos et la gorge; croupion, sus-caudales et abdomen d'un violet-pourpre à reflets de cuivre-doré; crissum et sous-caudales noirâtres nuancées de violet. Moyennes et grandes couvertures et rémiges vert de bronze, à peine lustrées de bleu et de violet. Queue longue et très étagée; les rectrices d'un bleu d'acier à reflets violacés, avec les bords

[1] Heuglin, Orn. N. O.-Afr., p. 259.

et l'extrémité d'un vert-doré, rayées de noir sous l'incidence de la lumière. Bec et pieds noirs; iris brun.

Dimens. L. t. 370 m.; aile 158 m.; queue 228 m.; bec 18 m.; tarse 38 m.

Chez un individu jeune le plumage d'un noir-brun commence à se recouvrir de la teinte métallique, qui présente des reflets bleus sur la tête et violacés sur le croupion et le ventre; les rémiges ont à peine une légère couche de vert sur les barbes externes, et les rectrices, noires en dedans, sont d'un bleu-violacé sur les barbes externes.

Les couleurs de l'adulte en plumage parfait ont plus d'éclat que celles de l'individu décrit par M. Hartlaub.

Habit. *Humbe* (Anchieta).

Nous avons reçu seulement deux exemplaires de cette espèce intéressante découverte par Wahlberg dans le centre de l'Afrique australe vers les bords du fleuve Teoughe ou Doughe. M. Sharpe possède trois spécimens recueillis par Andersson à *Ovaquenyama*.

284. Lamprotornis Burchelli

Syn. *Lamprotornis Burchelli*, Smith, Ill. S.-Afr. Zool. Aves, pl. 47; Chapman, Trav. in. S.-Afr. App., p. 403; Boc., Jorn. Acad. Sc. Lisboa, n.º xvii, 1874, p. 56; Hartl. Glanzst. Afrika's, p. 50.
Juida australis, Gurney in Anderss., B. Damara, p. 158.

Fig. *Smith, Ill. S.-Afr. Zool. Aves, pl. 47.*

Caract. Mâle ad. D'un vert-métallique nuancé de bleu; une large tache d'un violet-pourpre sur la région auriculaire; face supérieure du cou lustrée de bleu à reflets violacés; croupion, milieu du ventre et sous-caudales d'un violet-pourpre; tache cubitale de cette même couleur à reflets de cuivre-doré, grandes couvertures des ailes d'un noir-pourpre au centre, bordées de vert-doré; petites et moyennes couvertures de la couleur du dos, celles-ci marquées d'une tache sous-terminale d'un noir-velouté. Rémiges primaires d'un noir lustré de vert avec les bords externes vert-doré; les plus internes et les secondaires plus ou moins distinctement nuancées de violet-pourpre et rayées de noir. Queue très étagée; les rectrices latérales bleu d'acier avec les barbes externes violacées et rayées de noir; les rectrices intermédiaires d'un violet-pourpre à reflets de cuivre. Sous-alaires noires bordées de bleu et de violet; celles du bord de l'aile d'un vert-bleu. Bec et pieds noirs; iris brun (Anchieta).

Dimens. L. t. 330 m.; aile 190 m.; queue 165 m.; bec 19 m.; tarse 47 m.

Habit. Nous avons reçu deux individus adultes du *Humbe*, capturés en mai 1874. M. d'Anchieta nous écrit que cet oiseau est un des plus communs dans cette localité et qu'il se nourrit de fruits et de termites. Il n'a jamais été observé au nord du Cunene. Dans l'Afrique australe Andersson et Chapman l'ont rencontré aux environs du lac Ngami.

285. Lamprotornis purpurea

Tab. VII

Syn. *Lamprotornis purpureus*, Bocage, Jorn. Acad. Sc. Lisboa, n.º IV, 1867, p. 334; ibid., n.º VIII, 1870, p. 345; Finsch & Hartl., Vög. Ost.-Afr., p. 382; Hartl. Glanzst. Afrika's, p. 49.

Diagn. *Ad. Splendide violaceo-purpureus, fronte et loris nigricantibus; pileo, nucha, tergo, uropygio tectricibusque alae minoribus caudaeque superioribus aureo-chalceo resplendentibus; abdomine olivascente-fusco nitore aureo-chalceo; sub-caudalibus fuscis purpurascente marginatis; remigibus cubitalibus et tectricibus alarum mediis majoribusque chalybeo-violaceis, fasciolatis; remigibus primariis caeruleo-nigris, pogonio externo laete violaceo-purpureis; cauda longa, valde gradata; rectricibus distincte fasciolatis, intermediis totis pogoniisque externis reliquarum violaceo-purpureis splendore chalceo; subalaribus chalybeo-violaceis; rostro pedibusque nigris; iride fusca. L. t. 370 m.; alae 163 m.; caudae 230 m.; rostri 18 m.; tarsi 40 m.*

Juv. Pallide fuscescente griseus, nitore nonnullo violascente; loris et regione parotica obscurioribus; remigibus cubitalibus rectricibusque sub certa luce fasciolatis; remigibus primariis fuliginosis, apice pallidioribus. L. t. 350 m.; alae 150 m. caudae 220 m.; rostri 17 m.; tarsi 37 m.

Caract. Ad. Plumage d'un beau violet d'améthyste, à reflets de cuivre-doré sur la partie supérieure de la tête et les petites couvertures des ai-

20

les; des reflets identiques, mais plus accentués, sur la partie postérieure du dos, le croupion et les couvertures supérieures de la queue, les plumes de ces régions marquées de raies transversales sombres; une bande étroite frontale et lorum noirâtres, moyennes et grandes couvertures des ailes et rémiges cubitales rayées de noir sur un fond bleu d'acier à reflets d'un violet-pourpre; rémiges primaires noires lustrées de bleu, avec les barbes externes d'un violet-pourpre, les trois premières exceptées. Queue longue, très étagée et rayée en travers; les rectrices intermédiaires et les barbes externes des latérales d'un violet-pourpre à reflets de cuivre-doré, plus distincts sur les bords; les barbes internes des rectrices latérales et la queue en dessous d'un brun-noir. Sous-alaires d'un bleu-violacé. Bec et pieds noirs; iris brun.

Chez un individu jeune le fond du plumage d'un brun-clair légèrement cendré laisse apercevoir en l'exposant contre la lumière quelques reflets violacés sur la tête, le dos, les ailes, la queue et la poitrine; les rémiges primaires d'un brun fuligineux sont bordées en dehors de violacé; les rectrices, de la couleur du dos, sont rayées de brun sombre, de même que les rémiges cubitales et les grandes couvertures des ailes.

L'âge opère des changements qui suivent une curieuse gradation: le plumage prend d'abord un ton général violacé à reflets bleus d'acier partout, excepté sur l'abdomen qui reste d'un brun fuligineux à peine nuancé de violet; plus tard le bas du dos, le croupion et les sus-caudales commencent à présenter des reflets de cuivre-doré, en attendant que cette teinte y devienne uniforme; le bleu d'acier à reflets pourpres envahit les rectrices intermédiaires et couvre les bords externes des rectrices latérales, ainsi que les couvertures alaires et les rémiges cubitales; les rémiges primaires passent au noir lustré de bleu sur les barbes internes et au violacé en dehors. Le ton général d'un beau violet d'améthyste à reflets pourpre et or en dessus et sur la poitrine, et la teinte uniforme d'un bronze-doré sur l'abdomen marquent le terme définitif de ces changements.

Habit. L'habitat de cette espèce paraît être peu étendu; nous l'avons reçue seulement de *Capangombe* et de *Quillengues*. C'est dans la première de ces localités que M. d'Anchieta l'a découverte en 1867. Suivant notre courageux voyageur elle y abonde dans toutes les saisons, même pendant l'époque des grandes pluies, qui coïncide avec la disparition de la plupart des oiseaux.

Quelques exemplaires recueillis à Rio Chimba (Capangombe) portent sur leurs étiquettes l'indication du nom indigène — *Melombe-anganza*. Sous ce nom y est connu également le *Lamprocolius bispecularis*, Strickl.

286. Lamprocolius splendidus

Syn. *Turdus splendidus*, Vieill., Enc. Méth., p. 653.
Lamprocolius splendidus, Hartl., Orn. West.-Afr., p. 117; Monteiro, Proc. Z.
S. L., 1860, p. 112; Bocage, Jorn. Acad. Sc. Lisboa, n.º VIII, 1870, p.
345; ibd., n.º XVII, 1874, p. 63; Hartl., Glanzst. Afrika's, 1874, p. 54;
Reichenow, Corresp. Afrik. Gesellsch., n.º 10, 1874, p. 180; id., Journ.
f. Orn., 1877, p. 26.

Fig. *Buffon*, Pl. Enl., pl. 561.

Caract. Ad. Plumage d'un vert-doré sur les parties supérieures, à
l'exception du milieu du dos d'un bleu d'acier à reflets violets; front et lorum
d'un noir-velouté; faces latérales de la tête bleu d'acier, bordées au-dessous
de la région parotidienne d'une tache allongée violacée à reflets de cuivre-
doré; de grandes taches d'un noir-velouté sur les couvertures alaires, qui sont
vertes; en dessous bleu-violet-pourpre, avec des reflets de cuivre-doré sur le
milieu du ventre; crissum, cuisses et couvertures inférieures de la queue d'un
vert-doré, plus ou moins lustré de bleu. Rémiges secondaires traversées d'une
large bande noir-velouté, noires en dedans et nuancées de bleu-violet sur les
barbes externes et à l'extrémité; primaires d'un vert-bronze en dehors et à
l'extrémité, d'un noir lustré de bleu et de vert sur les barbes internes. Queue
d'un noir-velouté à reflets violets avec une large bande terminale d'un vert
lustré de bleu; la rectrice externe vert-doré sur les barbes externes. Sous alaires bleu d'acier, le bord de l'aile vert. Bec et pieds noirs; iris blanc.

Dimens. L. t. 280 m.; aile 150 m.; queue 110 m.; bec 22 m.; tarse
30 m.

Telle est la livrée de l'adulte dans tout l'éclat de son plumage.
Nos individus d'Angola ressemblent parfaitement à deux individus de la
même espèce, l'un du Gabon, l'autre de provenance incertaine, qui existent
dans nos collections.
Deux autres espèces très voisines, à ce qu'il paraît du *L. splendidus*, ont
été admises par M. Hartlaub dans son excellente monographie de cette famille [1].
L'une, *L. Lessonii*, établie par M. Pucheran en 1858 d'après un exemplaire unique de Fernão do Pó, vient d'être rencontrée à *Landana* (Côte de
Loango) par le dr. Lucan. Suivant MM. Sharpe et Bouvier, la coloration des
parties inférieures, d'un bleu-pourpre sans mélange de violet, et surtout l'ab-

[1] V. Hartl., Glanzst. Afrika's, Abhand. Nat. Ver. zu Bremen, 1874, pp. 56 et 57.

sence de reflets de cuivre-doré sur la tache de la région auriculaire serviraient à la bien distinguer du *L. splendidus*[1].

L'autre espèce, *L. Defilippii*, Salvad., dont il existe au Muséum de Turin un seul exemplaire recueilli en Angola, à ce que l'on prétend, serait d'une taille plus petite et de couleurs moins vives et en partie différentes. Il paraît cependant, d'après ce que dit M. Hartlaub, que l'état de conservation de cet individu laisse beaucoup à désirer pour qu'on puisse se former une idée exacte de ses véritables caractères.

Ces deux espèces nous sont inconnues.

Habit. Le *L. splendidus* se trouve en Angola, mais seulement dans sa partie septentrionale, au nord du Quanza: M. Monteiro l'a recueilli dans le *Bembe*, en 1859, et nous possédons deux individus rapportés de *Cazengo* par M. A. da Fonseca et un troisième envoyé de Loanda par M. Toulson, mais également originaire de *Cazengo*.

Depuis le voyage de Perrein, le *Congo* se trouvait compris par les auteurs dans l'habitat de cette espèce, et dernièrement M. Reichenow cite un individu de la côte de *Loango* faisant partie des collections du Dr. Falkenstein.

Cette espèce est fort répandue en Afrique occidentale depuis le *Gabon* jusqu'à la *Sénégambie*.

287. Lamprocolius sycobius

Syn. *Lamprotornis sycobius*, Licht. Nomencl. av. Mus. Berol., p. 53.
Lamprocolius sycobius, Hartl., Journ. f. Orn., 1859, p. 19; Finsch & Hartl., Vög. Ost.-Afr., p. 380; Bocage, Jorn. Acad. Sc. Lisboa, n.° XIV, 1873, p. 199; ibid., n.° XVII, 1874, p. 54; Hartl., Glanzst. Afrika's, p. 71.
Lamprocolius chalybaeus? Bocage, Jorn. Acad. Sc. Lisboa, n.° VIII, 1870, p. 346.

Fig. *nulla.*

Caract. Coloration d'un vert-brillant à reflets dorés; le croupion et la queue nuancés de bleu d'acier; une tache circonscrite de cette couleur à reflets violacés sur la région auriculaire; lorum d'un noir-velouté; tache cubitale violet-pourpre à reflets de cuivre et cerclée de bleu; une petite tache noir-velouté sur l'extrémité des moyennes et grandes couvertures; flancs, milieu du ventre et cuisses d'un bleu d'acier à reflets violacés très accentués. Rémiges d'un vert métallique à reflets dorés, comme le dos; les primaires

[1] V. Sharpe & Bouv. Bull., S. Z. F., I, p.

bordées de noir en dedans. Sous-alaires d'un beau violet-pourpre; celles du bord de l'aile d'un bleu d'acier. Bec et pieds noirs; iris jaune-orangé.

Dimens. L. t. 250 m.; aile 142 m.; queue 103 m.; bec 18 m.; tarse 33 m.

Notre diagnose est faite d'après un magnifique mâle adulte dans tout l'éclat de son plumage; il se fait remarquer par ses rémiges primaires entièrement recouvertes de la teinte verte métallique, à l'exception de leurs bords internes, et par de reflets violacés plus prononcés sur quelques endroits où règne d'ordinaire une teinte bleu d'acier.

Chez d'autres individus dans un état moins parfait du plumage, la coloration générale est d'un vert moins brillant et moins doré, les rémiges primaires sont d'un brun-noirâtre avec les barbes externes vertes, et les rémiges cubitales sont noires sur les bords internes et à l'extrémité.

Par ses caractères cette espèce se rapproche du *L. acuticaudus;* elle en diffère cependant par la forme de sa queue régulièrement arrondie et par la coloration violacée des flancs et du milieu du ventre. Ce dernier caractère lui est commun avec le *L. chalybaeus,* de l'Afrique orientale; mais celui-ci porte sur la région auriculaire une tache moins distincte et diffuse, qui se confond avec la teinte bleue des côtés de la tête.

Habit. Le *L. sycobius,* découvert à *Moçambique* par le Dr. Peters, habite la partie la plus méridionale des possessions portugaises d'Angola: M. d'Anchieta en a recueilli des spécimens à *Huilla,* à *Gambos* et au *Humbe;* il est très commun dans la seconde de ces localités, et il porte au *Humbe* le nom indigène de *Quire.*

Andersson ne le comprend pas parmi les oiseaux qu'il a pu observer dans les pays limitrophes au sud du Cunene.

288. Lamprocolius acuticaudus

Tab. VI

Syn. *Lamprocolius acuticaudus,* Bocage, Jorn. Acad. Sc. Lisboa, n.° VIII, 1870, p. 345; ibid., n.° XXII, 1877, p. 156; Hartl., Glanzst. Afrika's, p. 66.

Diagn. *Ad. Splendide aeneo-viridis, nitore nonnullo chalceo; cauda, hypochondriis tectricibusque remigum primariarum magis caerulescen-*

*tibus; macula regionis paroticae circumscripta caerulescente-chalybaea; lo-
ris nigris; tectricibus alarum macula parva holosericea apice notatis; remigibus cubitalibus splendide viridibus; primariis supra pallide fuscis, margine
pogonii interni pallidioribus, pogonio externo et apice nitide viridibus, subtus
canescentibus; macula cubitali violaceo-purpurascente, nitore cupreo; cauda
elongatula, gradata, rectricibus lateralibus margine interno nigricantibus;
rostro gracili, arcuato, pedibusque nigris; iride aurantiaca. L. t. 250 m.;
alae 130 m.; caudae, rect. interm. 113 m.; rect. ext. 76 m.; rostri 22 m.; tarsi
29 m.*

Caract. Ad. Coloration générale d'un vert-doré, légèrement nuancé
de bleu sur la queue, les flancs et les couvertures des primaires; lorum noir;
tache de la région auriculaire circonscrite bleue; tache cubitale d'un violet-
pourpre à reflets de cuivre-doré et bordée de bleu; des petites taches d'un
noir-velouté sur l'extrémité des couvertures alaires. Rémiges cubitales de la
couleur du dos; rémiges primaires d'un vert-doré sur les barbes externes et à
l'extrémité, brun-pâle en dedans et brun-grisâtre en dessous. Queue longue et
étagée; le bord interne des rectrices latérales noir. Sous-alaires teintes de violacé, celles du bord de l'aile vertes. Bec faible, arqué, assez long et noir;
pieds noirs; iris orangée.

Chez deux individus jeunes, en livrée de transition, les plumes des parties supérieures commencent à se nuancer de vert à reflets cuivreux sur un
fond brun-olivâtre, mais sur les ailes et la queue ce glacis métallique est répandu d'une manière plus uniforme; les plumes de la tête et du croupion, une
partie des couvertures alaires et les rémiges portent à l'extrémité un liséré
blanchâtre; sur les parties inférieures les plumes d'un brun-olivâtre terne sont
largement bordées de fauve-pâle; à la poitrine et à la gorge on remarque sur
l'extrémité des plumes un petit trait blanchâtre, qui rappelle la coloration de
ces parties chez quelques espèces du genre *Crateropus*; sur les côtés de la
poitrine et vers le milieu du ventre il y a déjà quelques plumes d'un vert-métallique; les sous-caudales commencent aussi à se teindre de cette couleur tout
en conservant de larges bordures d'un fauve pâle; la tache auriculaire est, de
même que le lorum, d'un brun-noir; celle du fouet de l'aile commence à se
couvrir d'une teinte bleue sans reflets violacés; enfin l'iris est d'un brun-grisâtre.

Habit. Le *L. acuticaudus* découvert par M. d'Anchieta sur les hauts
plateaux de *Huilla*, dans l'intérieur de Mossamedes, fut ensuite rencontré par
notre intrépide voyageur à *Caconda*, dont l'altitude est aussi fort remarquable. On ne l'a jamais observé ailleurs.

Nous ne pensons pas que cette espèce puisse avoir rien de commun avec

le *Merle vert d'Angola,* décrit et figuré par Brisson d'après un individu du cabinet de Réaumur rapporté d'Angola par Castellan. Non seulement la description et la figure de Brisson ne nous donnent pas aucune idée des principaux
caractères de notre *L. acuticaudus,* la forme spéciale de sa queue et la tache
circonscrite de la région auriculaire, mais les conditions particulières de son
habitat semblent protester contre une telle assimilation. Il est fort peu probable qu'à l'époque où Castellan a visité Angola, il ait pu se procurer sur le littoral un oiseau qui se trouve exclusivement dans deux localités de l'intérieur,
fort éloignées de la côte et d'un accès difficile. Il serait sans doute plus raison-
nable de chercher le *Merle vert* de Brisson parmi les espèces de *Lamprocolius*
qui se trouvent plus répandues sur la côte d'Angola, s'il n'était encore plus
sage d'effacer une bonne fois de nos catalogues le nom du *L. nitens,* Linn [1].

Nous n'ignorons pas que notre ami le Dr. Pucheran découvrit en 1858
dans les galéries du Muséum de Paris un exemplaire, fort ancien et de provenance inconnue, dans lequel il crut reconnaitre les caractères attribués par
Brisson à son *Merle vert d'Angola;* mais la description sommaire de cet individu ne nous semble pas contenir des preuves suffisantes en faveur de cette
assimilation [2]. On ne peut pas attacher une grande importance à de légères
différences de coloration, surtout lorsqu'il s'agit d'un vieux spécimen exposé
depuis de longues années à l'action de la lumière et à plusieurs autres causes
de détérioration.

M. d'Anchieta nous écrit que le *L. acuticaudus* se nourrit principalement
de fruits et que les indigènes de Caconda l'appelent *Eïabairo.*

289. Lamprocolius bispecularis

Syn. *Spreo bispecularis,* Strickl. Contr. Ornith., 1852, p. 149.
Lamprocolius nitens, Boc., Jorn. Acad. Sc. Lisboa, n.º II, 1867, p. 138; ibid.,
    n.º IV, 1867, p. 334.
? *Lamprocolius phaenicopterus,* Monteiro, Proc. Z. S. L., 1865, p. 92; Gurney
    in Anderss., B. Damara, p. 158; Reichenow, Journ. f. Orn., 1877, p. 26.
Lamprocolius decoratus, Hartl. Ibis, 1862; id. Glanzst. Afrika's, p. 69; Boc.,
    Jorn. Acad. Sc. Lisboa, n.º XX, 1876, p. 255; ibid., n.º XXII, 1877,
    p. 148.

Fig. *nulla.*

Caract. Ad. D'un vert-brillant; la partie postérieure et latérale de
la tête, les côtés du cou, le croupion, la queue et les couvertures caudales ti-

---

[1] M. Monteiro qui a parcouru la zone littorale d'Angola sur une grande étendue, n'y a
jamais remarqué le *L. acuticaudus.*
[2] V. Pucheran. Rev. et Magaz. de Zool., 1858, p. 247; Hartl., Glanzst. Afrika's, p. 65.

rant au bleu d'acier; des reflets violacés sur les rectrices intermédiaires, moins
prononcés sur les rectrices latérales et sur les couvertures supérieures de la
queue; lorum noir; des petites taches peu distinctes d'un noir-velouté sur
l'extrémité des couvertures alaires; tache cubitale d'un violet-pourpre à reflets de cuivre-doré; couvertures des primaires bleu d'acier à reflets violets.
Rémiges noires, à peine lustrées de vert sur les barbes internes, d'un vert-
métallique en dehors et à l'extrémité; les barbes externes des 4 dernières
primaires d'une teinte bleue qui tranche sur le vert de l'aile. Sous-alaires violacées; celles du bord de l'aile d'un vert-bleu. Bec et pieds noirs; iris jaune-
orangé.

Dimens. L. t. 220 m.; aile 122 m.; queue 84 m.; bec 18 m.; tarse
31 m.

Les caractères indiqués dans notre courte diagnose conviennent parfaitement à une nombreuse suite d'individus qui se trouvent dans le Muséum de
Lisbonne; ces individus nous ont été envoyés de plusieurs localités d'Angola
fort éloignées entre elles, les unes situées au nord du Quanza, les autres sur
les limites méridionales de notre colonie, et différant aussi quant à leur position par rapport à la côte. Parmi eux il y en a dont l'origine exacte nous est
inconnue; mais les ayant reçus de Loanda, nous avons tout lieu de supposer
qu'ils auraient été recueillis non loin de cette ville.

Les particularités de coloration dont l'ensemble donne à cette espèce une
physionomie assez distincte, varient d'intensité chez ces individus; la taille
présente aussi des écarts sensibles, les dimensions étant en général plus fortes chez les individus pris dans les districts plus méridionaux.

Comme l'a fort bien remarqué M. Hartlaub, le *L. phoenicopterus* est,
parmi ses congénères, celui dont le *L. bispeculaires* se rapprocherait davantage, sans qu'il soit cependant permis de les confondre[1]. La comparaison que
nous avons pu faire de nos spécimens d'Angola avec un individu adulte du
L. phaenicopterus d'Afrique australe, acquis de la maison Verreaux, nous
amène aux mêmes résultats. La taille de ce dernier est plus forte; les ailes, la
queue, le bec et les pieds dépassent sensiblement en dimensions les parties
correspondantes chez nos plus grands individus du *L. bispecularis*. Chez celui-ci, l'intensité des teintes violacés peut varier; mais tous les individus, ceux
même dont les teintes sont moins vives, ont toujours les couvertures des rémiges primaires bleues à reflets violacés et les bords de leurs 4 dernières primaires d'un bleu, nuancé parfois de violacé, qui tranche sur le vert du reste
de l'aile. Par ces caractères le *L. bispecularis* reste suffisamment distinct du
L. phoenicopterus.

M. Hartlaub rapporte au *L. phoenicopterus* deux individus recueillis par

------

[1] V. Hartlaub, Glanzst. Afrika's, p. 68.

M. d'Anchieta, l'un à *Ambaca* et l'autre à *Capangombe*, et provenant de notre collection [1]. Il se peut que cette détermination soit parfaitement exacte ; mais il est au moins fort singulier que tous nos individus d'Angola, parmi lesquels il y en a plusieurs envoyés par M. d'Anchieta de ces deux localités, nous présentent les caractères différentiels du *L. bispecularis*.

Nous nous sommes permis de remplacer par ce nom celui de *L. decoratus*, parce que la diagnose publiée par Strickland d'après un individu du pays des Damaras contient, selon nous, des indications suffisantes pour qu'on puisse reconnaître dans le *L. bispecularis* l'espèce qui a reçu plus tard de M. Hartlaub le nom de *L. decoratus*. Des renseignements que nous devons à l'extrême obligeance de M. O. Salvin, au sujet de l'individu décrit par Strickland et actuellement déposé au Muséum de Cambridge, confirment cette manière de voir.

Habit. *Angola*, environs de *Loanda?* (Toulson) ; *Ambaca, Capangombe, Rio Coroca, Quillengues, Humbe* (Anchieta). Les indigènes de Capangombe l'appelent *Melombeonganza*, ceux de Quillengues *Janja*.

M. Monteiro comprend le *L. phoenicopterus* dans sa liste des oiseaux de Benguella, en ajoutant que cet oiseau est fort répandu en Angola [2] ; mais nous pensons, précisément à cause de cette indication, que l'espèce de Benguella serait plutôt le *L. bispecularis*.

Il est aussi fort à désirer que l'on pût comparer les individus recueillis sur la côte de Loango et au sud du Cunene, dont quelques publications récentes nous parlent sous le nom de *L. phoenicopterus* [3], à des individus authentiques de cette espèce et du *L. bispecularis*, de manière à bien constater leurs véritables affinités.

———————

Dans une petite collection d'oiseaux rapportée d'Angola par le Dr. Welwitsch, dont nous avons publié la liste ailleurs [4], nous avons rencontré un *Lamprocolius* provenant de *Loanda* et portant sur l'étiquette le nom de *L. chloropterus* écrit de la main de M. Finsch. Les couleurs de cet individu se trouvent tellement altérées par suite d'un long séjour dans l'alcool qu'il nous semble impossible d'arriver par son examen à une détermination exacte. Ses dimensions sont en effet d'accord avec celles du *L. chloropterus*, mais les détails de coloration qui caractérisent cette espèce ne s'y laissent pas apercevoir avec assez de netteté : nous n'y trouvons aucun vestige de tache bleue sur la région auriculaire, ni de taches d'un noir-velouté sur les couvertures des ailes ; à

[1] V. Hartlaub, Glanzst. Afrika's, p. 68.
[2] V. Monteiro, Proc. Z. S. L., 1865, p. 62.
[3] V. Reichenow, Journ. f. Orn. 1877, p. 26; Gurney in Anderss. B. Damara. p. 158.
[4] V. Boc., Jorn. Acad. Sc. Lishoa. n.º xx. 1876, p. 262.

peine la tache cubitale est encore distincte, mais d'un bleu nuancé de violet sombre. Le plumage a pris une teinte générale bronzée avec des reflets rougeâtres. Il a à peu-près les dimensions de deux individus, envoyés de Loanda par M. Toulson, que nous avons rapportés au *L. bispecularis*, et ses changements de couleurs ne seraient pas plus difficiles à comprendre s'il s'agissait en effet d'un individu de cette espèce soumis longtemps à l'action de alcool.

290. Pholidauges Verreauxii

Tab. V

Syn. *Pholidauges Verreauxi*, Boc. in Finsch & Hartl., Vög. Ost.-Afr., p. 867; Boc., Jorn. Acad. Sc. Lisboa, n.° VIII, 1870, p. 346; ibid., n.° XII, 1871, p. 274; ibid., n.° XVI, 1873, p. 284; ibid., n.° XVII, 1874, p. 38; ibid., n.° XIX, 1876, p. 152; ibid., n.° XX, 1876, p. 254; ibid., n.° XXI, 1877, p. 68; ibid., n.° XXII, 1877, p. 148; Sharpe Cat. Afr. B., p. 54; Reichenow, Journ. f. Orn., 1877, p. 26; Sharpe & Bouv., Bull. S. Z. France I, p. 47.
Pholidauges leucogaster, Boc., Jorn. Acad. Sc. Lisboa, n.° V, 1868, p. 44; Gurney, Proc. Z. S. L., 1864, p. 3.
Lamprotornis leucogaster, Chapm. Trav. in S.-Afr. App., p. 404.
Cinnyricinclus Verreauxi, Gurney in Anderss., B. Damara, p. 156.

Diagn. ♂ ad. *Splendide violaceo-purpureus, nitore chalybaeo, colli postici, dorsi et uropygii plumis macula anteapicali nitide chalybaeo-cyanea, marginibus violaceo-purpureis; pectore et abdomine albis; loris holosericeo-nigris; remigibus primariis nigricantibus; cubitalibus margine externo et apice violaceo purpureis, ultimis totis splendentibus; rectricibus intermediis violaceo purpureis, sequentibus nigris pogonio externo tantum violaceo-purpureis, duabus extimis pogonio externo, parte apicali excepta, albis; subalaribus nigricantibus violaceo indutis alboque terminatis. Rostro pedibusque nigris, iride dilute flava. L. t.* 180 *m.; alae* 110 *m.; caudae* 68 *m.; rostri* 12 *m.; tarsi* 20 *m.*

♀ ad *Supra fusca, plumis pallide ferrugineo marginatis; capite colloque intense ferrugineis nigricante striatis; subtus rufescente-albida fusco maculata, mento juguloque magis rufescentibus; remigibus fuscis, pogonio interno versus basin rufis; rectricibus fuscis rufescente fimbriatis, externis margine externo albicante. Iride pallide fusca.*

Caract. Mâle ad. Plumage d'un violet-pourpre à reflets bleus d'acier, les plumes de la base du cou, du dos et du croupion marquées près de l'extrémité d'une tache transversale bleue et terminées de violet-pourpre;

poitrine et abdomen blancs; lorum d'un noir profond. Rémiges primaires
d'un brun noirâtre; secondaires de cette même couleur avec les barbes externes et l'extrémité d'un violet-pourpre, les dernières entièrement de cette
couleur. Rectrices intermédiaires violet-pourpre, celles qui les suivent noirâtres sur les barbes internes et d'un violet-pourpre en dehors, les deux paires
latérales avec les barbes externes blanches depuis la base jusqu'à une certaine distance de la pointe. Sous-alaires noirâtres nuancées de violet et, en
partie, terminées de blanc. Bec et pieds noirs; iris d'un jaune pâle.

Chez la femelle, les plumes des parties supérieures sont brunes bordées
de roux-pâle, à l'exception de la tête et du cou, qui sont fortement striés de noir
sur un fond roux-ferrugineux; en dessous elle est d'un blanc légèrement lavé
de roussâtre et varié de taches triangulaires noirâtres, avec le menton et la
gorge striés de brun sur un fond roussâtre; rémiges d'un brun-noirâtre en
dehors et à l'extrémité, avec les barbes internes d'un roux vif; les rectrices
d'un brun foncé lisérées de roussâtre, les plus extérieures bordées de blanc
sur les barbes externes. L'iris d'un brun-pâle.

· Le jeune en premier plumage ressemble à la femelle. C'est sur le dos, le
croupion et les ailes que commencent à se montrer les premières plumes d'un
violet-pourpre du plumage parfait.

Habit. Cette espèce remplace le *Ph. leucogaster* sur toute l'étendue
des possessions portugaises d'Angola. M. d'Anchieta nous l'a envoyé d'un grand
nombre de localités: *Cazengo, Ambaca* et *Pungo-Andongo*, au nord du Quanza,
Biballa, Quillengues, Caconda et *Huilla*, dans l'intérieur de Benguella, et
Humbe, sur les bords du Cunene. Au sud de ce fleuve, Andersson et Chapman
la rencontrèrent dans le pays des Damaras et dans la région des lacs. Au nord
du Zaire, MM. Falkenstein et Lucan l'ont recueillie à Landana et Chinchonxo,
sur la côte de Loango.

Suivant M. d'Anchieta la nourriture de cet oiseau consisterait surtout en
fruits. Ses noms indigènes varient beaucoup: à *Biballa* il est connu sous le
nom de *Giroé;* à Quillengues de *Quria-musole*, qui signifie—mangeur de fruits
de *Musole;* au Humbe de *Sue-Sue*, en imitation de son chant, qui serait mé-
lodieux et agréable; enfin les individus que nous venons de recevoir de *Caconda* portent le nom de *Donga*.

291. Amydrus caffer

Syn. *Coracias caffra*, Linn. Syst. Nat., I, p. 159.
Spreo fulvipennis, Hartl., Orn. West.-Afr., p. 116.
Juida fulvipennis, Monteiro, Proc. Z. S. L., 1865, p. 96.
Amydrus fulvipennis, Boc., Jorn. Acad. Sc. Lisboa, n.° XIII, 1872, p. 67.
Pyrrhocheira caffra, Hartl., Glanzst. Afrika's, p. 96.
Amydrus caffer, Boc., Jorn. Acad. Sc. Lisboa, n.° XVII, 1874, p. 64.

Fig. *Levaillant, Ois. d'Afrique,* II, *pl.* 91.

Caract. Adulte. D'un noir brillant à reflets verts et violets; rémiges primaires d'un blanc-fauve à la base, bordées de roux sur les barbes externes et brunes à l'extrémité; secondaires noires nuancées de vert-métallique; queue arrondie, avec les rectrices noires lustrées de vert sur les bords. Sous-alaires noires teintes de vert et de violet. Bec et pieds noirs; iris couleur de safran (Anchieta).

Dimens. L. t. 260 m.; aile 136 m.; queue 100 m.; bec 22 m.; tarse 30 m.

Habit. L'*A. caffer* vit en Angola sur la région littorale au sud du Quanza. M. Monteiro l'a trouvé fort commun sur la côte de Benguella, de *Novo-Redondo* à *Mossamedes;* plus au sud, vers l'embouchure de la rivière *Coroca*, M. d'Anchieta en a pris deux individus, les seuls de notre collection, en novembre 1871. Andersson le dit assez répandu dans le pays des Damaras, ainsi que chez les Grands et les Petits Namaquas, où il fut primitivement découvert par Levaillant. On doit à Henderson la première connaissance de son existence en Angola.

292. Onychognathus Hartlaubii

Syn. *Onychognathus Hartlaubii*, Gray, Proc. Z. S. L., 1858, p. 191; Hartl., Glanzst. Afrika's, p. 88; Boc., Jorn. Acad. Sc. Lisboa, n.° XVII, 1874, p. 64; Reichenow, Corresp. Afrik. Gesellsch., n.° X, 1874, p. 180; id. Journ. f. Orn., 1877, p. 26.
Lamprotornis morio, Reichenow, Journ. f. Orn., 1873, p. 214.
Amydrus Reichenowi, Cab. Journ. f. Orn., 1874, p. 232.

Fig. *nulla.*

Caract. Mâle ad. Plumage splendide d'un noir-violacé; tête et gorge d'un vert-métallique à reflets bleus, les plumes effilées de la nuque tirant davantage au vert; espace entre le bec et l'œil d'un noir de velours; petites et moyennes couvertures alaires de la couleur du dos; grandes couvertures et rémiges cubitales noires, lustrées de vert métallique sur les bords; rémiges primaires d'un roux-ardent sur plus de leur moitié basale, le reste noir, la plus extérieure noire sur les barbes externes; queue étagée, les rectrices noires avec les bords teints de vert; sous-alaires noires variées de bleu d'acier et de violet. Bec brun de corne; pieds noirs; iris rouge.

Dimens. L. t. 295 m.; aile 130 m.; queue 133 m.; bec 30 m.; tarse 26 m.

Habit. Cette remarquable espèce n'a jamais été rencontrée en Angola; mais le Dr. Falkenstein l'a récemment recueillie pour la première fois sur les possessions portugaises de la côte de Loango [1]. Un individu mâle de notre collection, originaire de Fernão do Pó, nous a fourni les caractères de notre diagnose.

FAM. PLOCEIDAE

293. Textor erythrorhynchus

Syn. *Textor erythrorhynchus*, Smith, Ill. Zool. S.-Afr., Aves pl. 64; Sharpe, Cat. Afr. Birds, p. 58; Boc., Jorn. Acad. Sc. Lisboa, n.° xiv, 1873, p. 199; ibid., n.° xvi, 1873, p. 292; ibid., n.° xvii, 1874, pp. 39 et 56; ibid., n.° xx, 1876, p. 255; ibid, n.° xxi, 1877, p. 68; ibid. n.° xxii, 1877, p. 149.
Textor alecto, Sharpe, Proc. Z. S. L., 1869, p. 566.
Bubalornis erythrorhynchus, Gurney in Anderss. B. Damara, p. 165.

Fig. *Smith, Ill. S.-Afr. Zool. Aves, pl. 64.*

Caract. Mâle ad. Plumage noir; la base des plumes blanche, se montrant plus ou moins à découvert sur la base du cou; scapulaires variées de blanc; rémiges noires, les primaires lisérées de blanc en dehors et avec la moitié basale des barbes internes blanche; queue noire. Bec rouge; pieds couleur de corail-rose; iris brun (Anchieta).

Dimens. L. t. 235 m.; aile 123 m.; queue 100 m.; bec 21 m.; tarse 32 m.

La femelle est d'un noir plus rembruni; le jeune d'un cendré-fuligineux,

[1] V. Reichenow. Journ. f. Orn.. 1877, p. 26.

varié de blanchâtre sur la gorge et les couvertures alaires, avec les rémiges
secondaires bordées de roussâtre. Chez celui-ci le bec a une teinte livide.

Le *T. alecto* d'Afrique orientale, dont on cite aussi des spécimens recueillis à la Sénégambie et à Bissao, possède un bec plus fort et diversement colorié, blanc-rougeâtre avec les bords et l'extrémité bleus, et n'a pas de blanc
sur les barbes internes des rémiges. Une troisième espèce découverte par l'infortuné van der Decken dans l'Afrique centrale, le *T. intermedius*, Cab., se
rapproche davantage du *T. erythrorhynchus*, dont il diffère à peine par cette
circonstance que les rémiges n'ont pas la moitié basale des barbes internes
blanche, mais d'un brun-pâle.

Habit. Contrée du *Quanza* et *Golungo-Alto* (Monteiro); *Quillengues,
Caconda, Gambos* et *Humbe* (Anchieta).

M. d'Anchieta nous écrit que le *T. erythrorhynchus* est surtout abondant
au Humbe et à Quillengues. Dans la première de ces localités les indigènes
l'appelent *Zembo-Zembo*, dans la seconde *Quicengue-cengue*. Notre voyageur
confirme les observations d'Andersson quant à l'habitude que possède cet oiseau de construire un nid commun à plusieurs paires et dont le diamètre dépasse 50 centimètres.

Suivant les notes qui se trouvent sur les étiquettes de plusieurs de nos
exemplaires, leur estomac contenait d'ordinaire des larves d'insectes, des insectes divers et des graines.

294. Plocepasser mahali

Syn. *Plocepasser mahali*, Smith, Ill. S.-Afr. Zool. Aves, pl. 65; Boc., Jorn.
Acad. Sc. Lisboa, n.º IV, 1867, p. 335; ibid., n.º V, 1868, p. 44; ibid.,
n.º XVII, 1874, p. 56; ibid., n.º XXII, 1877, p. 140; Sharpe, Cat. Afr.
Birds, p. 61; Gurney in Anderss., B. Damara, p. 166.
Philagrus mahali, Heugl., Orn. N. O.-Afr., p. 537.

Fig. *Smith, Ill. S.-Afr. Zool. Aves, pl.* 65.

Caract. Ad. En dessus d'un brun-roussâtre pâle; partie supérieure
de la tête, lorum et bord inférieur des joues noirs; une large raie sourcilière
blanche; croupion, couvertures supérieures de la queue et toutes les parties
inférieures blanches; la poitrine et l'abdomen légèrement teints de fauve;
sous-alaires d'un blanc-sale; ailes brunes, les moyennes et grandes couvertures terminées de blanc, les rémiges avec un étroit liséré blanc sur les barbes
externes, à l'exception des dernières secondaires qui portent de larges bordures de cette couleur; rectrices noirâtres, terminées de blanc, les latérales bor-

dées en dehors de cette couleur. Bec et pieds d'un brun rougeâtre; iris brun-roux.

Dimens. L. t. 185 m.; aile 104 m.; queue 67 m.; bec 17 m.; tarse 24 m.

Chez la femelle et le jeune le blanc est moins pur, plus lavé de fauve.

Le *P. melanorhynchus* d'Afrique orientale ressemble beaucoup à cette espèce, mais il est plus petit et à bec noir; une troisième espèce d'Abyssinie et des pays voisins, *P. superciliosus*, en diffère davantage par la coloration du dessus de la tête, d'un roux-cannelle au lieu de noir. Celle-ci a été obser-vée aussi en l'Afrique occidentale [1]. A *Inhambane* notre ami le Dr. Peters a découvert une quatrième espèce, *P. pectoralis*, semblable au *P. mahali* et au *P. melanorhynchus* quant à la couleur du vertex, à bec noir comme celui-ci, mais distinct de l'un et de l'autre par la présence de taches allongées brunes sur la région jugulaire [2].

Habit. Commun sur les plateaux de *Capangombe;* se montrant éga-lement à *Quillengues*, à *Kiulo* et au *Humbe*. Les noms indigènes varient sui-vant les localités: *Embolio*, à Capangambe; *Quiçoçoria* à Quillengues; *Bala-matete* à Kiulo; *Kitungambela* au Humbe. Andersson l'a trouvé abondamment dans le pays des Damaras et assez répandu dans les environs du Lac Ngami et de la rivière Okavango.

Sa nourriture consiste principalement, suivant M. d'Anchieta, en graines et en termites, et son nid a une forme allongée qui rappelle le fruit de certai-nes cucurbitacées.

295. Ploceus erythrops

Syn. *Ploceus erythrops*, Hartl., Rev. Zool., 1848, p. 109; Finsch & Hartl., Vög. Ost.-Afr., p. 407 (note); Boc., Jorn. Acad. Sc. Lisboa, n.º xx, 1876, p. 257; Reichenow, Corr. d. Afrik. Gesellsch., n.º 10, 1874, p. 181; id. Journ. f. Orn., 1877, p. 28.
Hyphantica erythrops, Heugl., Orn. N. O.-Afr., p. 546.

Fig. *Hartlaub, Beitr. Orn. West-Afr., tab. 8.*

Caract. Mâle ad. Un capuchon rouge de sang couvrant le tête toute entière et la gorge; celle-ci variée de noir; dos et ailes brun-fauve avec le

---

[1] V. Heuglin, Orn. N. O.-Afr., p. 537.
[2] V. Finsch & Hartl., Vög. Ost.-Afr., p. 387.

centre des plumes noirâtre; en dessous plus pâle, sans taches, le milieu du
ventre et les sous-caudales blanchâtres. Sous-alaires fauves. Rémiges brunes
lisérées en dehors de jaunâtre; queue brune, les bords des rectrices pâles.
Bec noirâtre; pieds brun-pâle.

Dimens. L. t. 110 m.; aile 62 m.; queue 35 m.; bec 14 m.; tarse
18 m.

Habit. Nous possédons un seul individu du *Quanza*, acquis en 1876
de M. Whitely. L'espèce n'a jamais été observée au sud de cette rivière; mais
au nord du Zaire le Dr. Falkenstein l'a recueillie à *Chinchonxo* sur la côte de
Loango.

296. Ploceus sanguinirostris

Syn. *Loxia sanguinirostris*, Linn. Amoen. Acad. iv, p. 243.
Ploceus sanguinirostris, Finsch & Hartl., Vög. Ost. Afr., p. 407; Sharpe, Cat.
    Afr. B., p. 61.
Quelea sanguinirostris, Boc., Jorn. Acad. Sc. Lisboa, n.° xx, 1876, p. 255;
    Gurney in Anderss. B. Damara, p. 173.
Quelea occidentalis, Hartl., Orn. West-Afr., p. 129.
Hyphantica sanguinirostris, Heugl., Orn. N. O.-Afr., p. 544.

Fig. *Vieillot, Ois. chanteurs, pl. 22, 23 et 24.*

Caract. Mâle ad. en nôces. Un large bandeau sur le front, joues et
gorge noirs; dessus de la tête et côtés du cou d'un jaune-pâle teint de rose;
dos et ailes brun-grisâtre avec le centre des plumes brun; parties inférieures
gris-fauve clair, la poitrine lavée de roux vif, le milieu du ventre blanchâtre
et les flancs plus rembrunis; rémiges brunes, lisérées de jaune en dehors;
rectrices de la même couleur, bordées de grisâtre. Sous-alaires d'un blanc-
fauve. Bec rouge-corail; pieds couleur de brique; cercle palpébral rouge-orangé; iris brun-clair (Anchieta).

Dimens. L. t. 115 m.; aile 64 m.; queue 37 m.; bec 13 m.; tarse
18 m.

Chez la femelle il n'y a pas de masque noir; sa tête est, comme le dos,
d'un gris-brun clair tacheté de brun au centre des plumes; les parties inférieures gris-fauve avec le milieu du ventre et la gorge blanchâtres; la poitrine et les flancs tachetés de brun-pâle; bec blanchâtre teint de rouge avec
l'extrémité brune; au-dessus de l'œil une strie pâle peu distincte.
Le jeune ressemble à la femelle.

Le plumage de nos individus mâles d'Angola a des couleurs un peu ternes : il y a à peine un peu de rose à la poitrine, la tête et le cou étant d'un fauve-jaunâtre clair ; le front est noir, mais les joues et la gorge sont d'un brun noirâtre.

Malgré ces légères différences, que nous croyons pouvoir attribuer à l'influence de la saison, ces individus appartiennent sans doute à l'espèce qui habite le pays des Damaras et d'autres localités de l'Afrique australe.

Suivant quelques auteurs les individus provenant d'Afrique occidentale appartiendraient à une espèce ou à une race géographique distincte *(Emberiza quelea*, Linn.), qui se ferait surtout remarquer par l'infériorité de sa taille, et les individus d'Afrique orientale constitueraient encore une troisième espèce mieux caractérisée sans doute par l'absence du bandeau noir. L'insuffisance de nos moyens de comparaison ne nous permet pas d'émettre aucun avis làdessus ; mais il nous semble toutefois que la séparation du *P. aethiopicus* s'appuie sur de meilleurs arguments.

Habit. *Capangombe* et *Humbe* (Anchieta). Cette espèce n'a jamais été observée en Angola au nord du parallèle de Benguella. Andersson l'a trouvée abondamment dans le pays des Damaras et dans la région du Lac Ngami.

297. Sporopipes squamifrons

Syn. *Amadina squamifrons*, Smith, Ill. S. Afr. Zool. Aves, pl. 95; Boc., Jorn. Acad. Sc. Lisboa, n.° xix, 1876, p. 152.
Estrelda squamifrons, Layard, B. S.-Afr., p. 199.
Sporopipes lepidopterus, Monteiro, Proc. Z. S. L., 1865, p. 95; Heugl., Orn. N. O.-Afr., p. 540.
Sporopipes squamifrons, Gurney in Anderss. B. Damara, p. 177.

Fig. *Smith, Ill. S.-Afr. Zool. Aves, pl. 95.*

Caract. Ad. Cendré-brun pâle en dessus, d'un blanc presque pur en dessous ; vertex noir finement écaillé de blanc ; lorum et menton noirs, celui-ci se prolongeant de chaque côté de la gorge en une strie noire formant moustache ; moyennes et grandes couvertures alaires et rémiges secondaires noires bordées de blanc ; rémiges primaires brunes avec un liséré plus étroit et peu distinct blanchâtre ; rectrices noires bordées de blanc, la plus latérale blanche sur les barbes externes. Bec jaunâtre ; pieds pâles ; iris brun.

Dimens. L. t. 102 m.; aile 56 m.; queue 37 m.; bec 10 m.; tarse 15 m.

21

Les individus de notre collection marqués comme femelles ne diffèrent pas en couleurs du mâle.

Habit. Les exemplaires que nous possédons de cette espèce ont été recueillis au *Humbe* par M. d'Anchieta; M. Monteiro l'avait déjà observée à *Benguella*.

298. Nigrita canicapilla

Syn. *Æthiops canicapillus*, Strickl. Proc. Z. S. L., 1841, p. 30.
Nigrita canicapilla, Hartl., Orn. West.-Afr., p. 130; Sharpe, Proc. Z. S. L., 1871, p. 133; Sharpe & Bouvier, Bull. S. Z. France I, p. 48.
Nigrita cinereicapilla, Reichenow, Journ. f. Orn., 1877, p. 28.

Fig. *Fraser, Zool. typica, pl.* 48.

Caract. Adulte. Un large bandeau frontal, les joues, toutes les parties inférieures, les ailes et la queue d'un noir lustré; parties supérieures gris-cendré, tirant au blanc sur le vertex et le croupion: couvertures supérieures de la queue cendré de plomb; couvertures alaires terminées de blanc; sous-alaires blanches. Bec et pieds noirs; iris jaune (Petit).

Dimens. L. t. 115 m.; aile 64 m.; queue 57 m.; bec 11 m.; tarse 20 m.

Habit. *Côte de Loango* (Falkenstein); *Landana* (Petit); *Golungo-alto* et *Cazengo* Hamilton). Cet oiseau n'a jamais été observé au sud du Quanza.

Chez un individu de Fanti, que nous devons à l'obligeance de M. Sharpe, le croupion est d'un gris plus pâle et les couvertures supérieures de la queue sont en partie noires terminées de cendré; cet individu est l'un des types de *N. Emiliae*, Sharpe [1].

299. Nigrita fusconota

Syn. *Nigrita fusconota*, Fraser, Proc. Z. S. L., 1842, p. 145; Hartl., Orn. West–Afr., p. 130; Sharpe & Bouv., Bull. S. Z. France I, p. 48; Reichenow, Journ. f. Orn., 1877, p. 28.

Fig. *Fraser, Zool. typica, pl.* 49.

Caract. Mâle ad. Dessus et côtés de la tête jusqu'à la base du cou, croupion et queue d'un noir lustré de bleu; dos et scapulaires roux-marron;

[1] V. Sharpe, Ibis 1869, p. 348, pl. XI.

ailes noirâtres; le dessous du corps d'un blanc sale, lavé légèrement de cendré et de fauve. Bec et pieds noirs; iris brun (Petit).

Dimens. L. t. 100 m.; aile 56 m.; queue 50 m.; bec 11 m.; tarse
13 m.

Habit. Cette espèce habite avec la précédente la *Côte de Loango*, où
MM. Falkenstein et Petit l'ont recueillie. Elle doit probablement se répandre
aussi en Angola, au moins sur le territoire compris entre le Zaire et le
Quanza.

Suivant MM. Sharpe et Bouvier, l'exemplaire envoyé par M. Petit de *Chinchonxo* représenterait parfaitement le type de *N. fusconota*, bien différente de
N. uropygialis, Sharpe. La présence chez cette dernière d'une bande d'un
roux pâle sur le croupion, qui n'existe pas chez l'autre, aiderait à les bien
distinguer [1].

300. Hyphantornis cincta

Syn. *Hyphantornis cinctus,* Cass. Proc. Acad. Philad., 1859, p. 133; Mont.,
Proc. Z. S. Lond., 1865, p. 93; Boc., Jorn. Acad. Sc. Lisbon, n.º ii, 1867,
p. 139; Sharpe & Bouv., Bull. S. Z. France i, p. 47, Reichenow, Journ. f.
Orn., 1877, p. 26.
Hyph. gambiensis, Reichenow, Corr. Afrik. Gesellsch., n.º 10, 1874, p. 181.

Fig. *Cassin, Journ. Acad. Philad.* v, *pl.* xxiii, *fig.* 2.

Caract. Mâle ad. Un capuchon noir couvrant la tête, le cou et la
gorge, et se prolongeant en pointe vers la poitrine; dos jaune jonquille avec
le centre des plumes noir; croupion et couvertures supérieures de la queue
d'un jaune-verdâtre; toute la poitrine d'un beau marron, et une étroite bande
de cette couleur, quelquefois absente, séparant le noir du cou du jaune du dos;
l'abdomen jaune; couvertures alaires noires largement bordées de jaune; rémiges brunes avec un liséré jaune en dehors; queue d'un brun-olivâtre, les
bords des rectrices jaune-verdâtre. Bec noir; pieds couleur de chair; iris rouge.

Dimens. L. t. 150 m.; aile 82 m.; queue 51 m.; bec 20 m.; tarse
22 m.

Le jeune est en dessus cendré-olivâtre, varié de brun sur le centre des
plumes; la gorge jaune; les parties inférieures d'un blanc sâle, nuancées de

[1] V. Sharpe, Ibis, 1869. p. 384. pl. xi.

brun-cendré sur les flancs; bec brunâtre avec la base de la mandibule plus pâle.

La femelle ressemble au jeune, mais elle a le ventre plus lavé de jaune.

Habit. Cet oiseau se trouve répandu depuis le Cap de Lopo Gonçalves jusqu'à Benguella. Nous possédons deux spécimens rapportés en 1865 de *Molembo* par M. d'Anchieta et un individu recueilli au sud du Zaire, à *Cazengo,* par M. A. da Fonseca. M. Monteiro dit qu'il n'est pas rare à *Benguella.*

301. Hyphantornis nigriceps

Syn. *Hyphantornis nigriceps*, Layard's B. S.-Afr., p. 180; Boc., Jorn. Acad. Sc. Lisboa, n.° VIII, 1870, p. 346; Finsch & Hartl., Vög. Ost.-Afr., p. 392.
Hyph. cucullatus, Boc., Jorn. Acad. Sc. Lisboa, n.° IV, 1867, p. 334.

Fig. *nulla.*

Caract. Mâle ad. Plumage jaune, varié de noir sur le dos; la tête toute entière couverte d'un capuchon noir bordé de jaune sur la région cervicale et formant pointe sur la gorge; couvertures alaires et rémiges secondaires noires bordées de jaune; primaires d'un noir plus rembruni avec un étroit liséré jaune; rectrices brun-olivâtre avec les bords verdâtres. Bec noir; pieds rougeâtres; iris rouge.

Dimens. L. t. 180 m.; aile 86 m.; queue 56 m.; bec 19 m.; tarse 23 m.

Chez une femelle de notre collection toutes les parties supérieures sont d'un vert-olivâtre tacheté de brun; gorge et poitrine d'un jaune-pâle, nuancé d'olivâtre, le milieu de l'abdomen blanc; sous-caudales de la même couleur, à peine teintes de jaune; flancs d'un brun-olivâtre; bec brun-pâle; tarses brun-rougeâtre; iris jaune-pâle (Anchieta). Elle est plus petite que le mâle et a un bec plus court.

Habit. *Capangombe,* où cet oiseau est connu sous le nom de *Dicole,* et *Caconda* sont les seuls endroits marqués sur les étiquettes des exemplaires de cette espèce envoyés par M. d'Anchieta. Elle vit dans l'Afrique australe et à Moçambique, où le capitaine Sperling l'a observée en 1867 [1]. Dans

___
[1] V. Ibis, 1868, p. 290.

sa distribution géographique elle se rapproche donc de la côte occidentale à mesure qu'elle avance vers l'équateur. On ne l'a jamais recueillie dans les pays des Damaras ni dans les contrées du Cunene.

302. Hyphantornis velata

Syn. *Ploceus velatus*, Vieill., N. Dict. H. N. xxxiv, p. 132.
Hyphantornis velatus, Gurney in Anderss. B. Damara, p. 169; Boc., Jorn. Acad. Sc. Lisboa, n.° xvii, 1874, p. 39; ibid., n.° xix, 1876, p. 152; ibid., n.° xx, 1876, p. 255; ibid., n.° xxi, 1877, p. 69.
Hyphantornis mariquensis, Boc., Jorn. Acad. Sc. Lisboa, n.° viii, 1870, p. 346.
Hyphantornis Cabanisi, Sharpe, Cat. Afr. Birds, p. 58.
Hyph. capitalis et mariquensis, Layard's B. S.-Afr., pp. 180 et 182.

Fig. *? Gurney, Ibis, 1868, pl. 10.*

Caract. Mâle ad. Un capuchon noir couvrant le front, les côtés de la tête jusqu'à derrière l'œil et la gorge, et se prolongeant en pointe sur la poitrine; dos jaune verdâtre strié de brun; couvertures alaires et rémiges secondaires brunes largement bordées de jaune; rémiges primaires de la même couleur avec un liséré jaune plus étroit sur les barbes externes; rectrices brun-olivâtre bordées de jaune-pâle; le reste du plumage jaune, teint de roux-marron sur le vertex derrière le bandeau frontal, lavé plus légèrement de la même couleur sur les bords du plastron guttural et sur la poitrine, sans mélange de roux et d'un ton plus pâle sur le croupion et le milieu du ventre. Bec noir; pieds brun-pâle; iris rouge.

Dimens. L. t. 130 m.; aile 75 m.; queue 50 m.; bec 15 m.; tarse 20 m.

Nous ne sommes pas à même de décider si, comme le prétend M. Gurney, cette espèce est réellement distincte du *H. mariquensis*, Smith; mais en tout cas nos individus d'Angola sont spécifiquement identiques à ceux recueillis par Andersson dans le pays des Damaras et que M. Gurney rapporte avec raison au *H. velatus*, Vieill.

Habit. *Benguella, Quillengues* et *Humbe*. Il paraît abonder surtout dans cette dernière localité, d'où nous sont parvenus la plupart de nos individus.

Les exemplaires de Benguella se font remarquer par une taille plus petite et par des couleurs plus vives; chez eux la tête et la poitrine sont plus distinctement teintes de roux-marron.

M. d'Anchieta a souvent rencontré leur estomac rempli d'insectes, mais leur principale nourriture consiste en graines.

Noms indigènes: *Dicole* et *Janja*.

303. Hyphantornis intermedia

Syn. *Ploceus intermedius*, Mus. Brit.; Rüpp. Syst. ueb. d. Vög. N. O.-Afr., p. 71.
Hyphantornis intermedia, Heugl., Orn. N. O.-Afr., p. 450.

Fig. *Heugl., Orn. N. O.-Afr., pl. xviii, fig. a* (la tête).

Caract. Mâle ad. Un capuchon noir couvrant la tête, depuis le front jusqu'à derrière les yeux, les joues, la région auriculaire et la gorge, où il termine par un bord arrondi; la partie postérieure de la tête, la poitrine et les flancs teints de roux-marron; le bas de la nuque, les côtés du cou et les parties inférieures jaune-jonquille; dos d'un jaune-verdâtre, marqué de stries brunes peu distinctes sur le centre des plumes; croupion et sous-caudales plus lavés de jaune; petites couvertures des ailes de la couleur du dos avec de taches brunes, les autres couvertures et les rémiges d'un brun foncé, bordées de jaune; rectrices brun-olivâtre avec les bords plus pâles et teints de jaune. Bec noir; pieds brunâtres; iris jaune.

Dimens. L. t. 130 m.; aile 71 m.; queue 50 m.; bec 15 m.; tarse 21 m.

Chez un individu marqué comme femelle le plumage est en dessus d'un jaune verdâtre strié de brun, avec le croupion et les sus-caudales d'une teinte plus jaune; en dessous blanc sur l'abdomen, avec la gorge et la poitrine jaunes, nuancées légèrement de roux, et les flancs cendrées; un trait bien distinct jaune de la base du bec au-dessus de l'œil; moitié supérieure du bec brun-pâle, l'inférieure blanchâtre.

Habit. Ce Tisserin est assez répandu sur le territoire d'Angola. Nous possédons un mâle adulte du *Quanza*, acquis de M. Whitely, deux individus, mâle et femelle, envoyés de *Loanda* par M. Toulson, deux mâles adultes recueillis à *Benguella* par M. d'Anchieta, enfin un mâle adulte que notre infatigable voyageur nous a fait récemment parvenir de *Quillengues*.

La teinte roux-marron se fait bien remarquer derrière la tête, sur la gorge et à la poitrine chez tous nos individus, à l'exception de celui de Quillengues, qui a à peine un léger glacis de cette couleur derrière la tête et en bas du plastron guttural.

Les individus de Benguella et Quillengues portent sur leurs étiquettes le même nom indigène *Janja*.

————————

M. Cabanis vient de créer une espèce nouvelle, *H. subpersonata*, d'après des individus recueillis à la côte de Loango, et MM. Sharpe et Bouvier ont aussi rencontré cette espèce parmi les oiseaux envoyées de *Chinchonxo* par M. Petit. A juger d'après ce que nous disent de ses caractères les auteurs qui se sont occupés de cette espèce, nos individus d'Angola en seraient parfaitement distincts non seulement par la taille, qui est plus petite chez eux, comme sous le rapport des couleurs, car le capuchon de *H. subpersonata* serait plus étendu sur le vertex, à l'instar de ce qui a lieu chez *H. capitalis*. L'espèce de Loango aurait aussi un bec beaucoup plus long mesurant 19 à 20 millimètres du front à la pointe [1]. Du reste les caractères de nos individus s'accordent parfaitement avec ceux de *H. intermedia*, telle qu'elle se trouve décrite et figurée par Heuglin.

304. Hyphantornis xanthops

Syn. *Hyphantornis xanthops*, Hartl. Ibis, 1862, p. 342; Boc., Jorn. Acad. Sc. Lisboa, n.º iv, 1867, p. 334; ibid., n.º viii, 1870, p. 346; ibid., n.º xx, 1876, p. 257; ibid., n.º xxi, 1877, p. 69; ibid , n.º xxii, 1877, p. 149; Sharpe, Proc. Z. S. L., 1873, p. 717; Sharpe & Bouv., Bull. S. Z. France i, p. 47.

Fig. *nulla*.

Caract. Mâle ad. Parties supérieures d'un jaune-verdâtre, tirant au jaune sur le croupion; front, côtés de la tête et parties inférieures d'un beau jaune-jonquille; la gorge teinte de roux-orangé; petites couvertures alaires de la couleur du dos, les autres couvertures et les rémiges brunes, bordées de jaune; queue vert-olivâtre; sous-alaires et bord de l'aile jaunes. Bec noir; pieds couleur de chair; iris jaune.

[1] V. Cabanis, Journ. f. Orn. 1876, p. 92; Sharpe & Bouvier, Bull. S. Z. France i, p. 47. Voici la diagnose de *H. subpersonata* publiée par ces derniers auteurs: «*Similis H. lacteolae sed multo major.*»

Dimens. L. t. 182 m.; aile 90 m.; queue 74 m.; bec 19 m.; tarse 25 m.

Chez la femelle le dessus de la tête est d'un jaune-verdâtre et la gorge n'est pas teinte de roux-orangé.

Cette espèce ressemble beaucoup, comme l'a fort bien remarqué le Dr. Hartlaub, à *H. aurifrons* (= *H. capensis*): mais ses dimensions sont plus fortes et son bec est plus court et plus gros.

Habit. *Cabinda* et *Côte de Loango* (Sperling et L. Petit); *Quanza* (Whitely); *Cambambe* et *Massangano* (Monteiro); *Duque de Bragança* (Bayão); *Capangombe, Quillengues* et *Caconda* (Anchieta).

Le nom indigène varie suivant les localités: quelques uns de nos individus portent le nom *Dicole*, déjà signalé par M. Monteiro, tandis que sur les étiquettes de plusieurs autres nous lisons—*Janja* et *Lujanja*. Ces mêmes noms servent à désigner d'autres espèces de *Hyphantornis*.

Parmi nos individus d'Angola un mâle du Quanza, acheté à M. Whitely, se fait remarquer par la coloration de sa gorge d'un roux-marron plus vif.

305. Hyphantornis ocularia

Syn. *Ploceus ocularius*, Smith, Proc. S.-Afr. Inst., 1828, Novemb.
Hyphantornis ocularius, Hartl., Orn. West-Afr., p. 122; Boc., Jorn. Acad. Sc. Lisboa, n.º VIII, 1870, p. 346; ibid. n.º XVII, 1874, p. 56; Finsch & Hartl., Vög. Ost.-Afr., p. 397; Reichenow, Journ. f. Orn., 1877, p. 27.
Hyph. brachypterus, Sharpe & Bouv. Bull. S. Z. France I, p. 309.

Fig. *Smith, Ill. S.-Afr. Zool. Aves, pl. 30, fig. 2.*

Caract. Mâle ad. Parties supérieures d'un vert-jaunâtre à l'exception du dessus de la tête qui est d'un jaune d'or; croupion et sus-caudales plus lavées de jaune; joues, côtés du cou et poitrine de cette dernière couleur; le reste des parties inférieures jaune-jonquille; une bande oculaire étroite et une tâche allongée sur la gorge noires; couvertures alaires et rémiges secondaires de la couleur du dos; primaires brunes, bordées en dehors de jaune-verdâtre; queue vert-olivâtre. Bec noir; pieds bruns; iris jaune.

Dimens. L. t. 155 m.; aile 74 m.; queue 60 m.; bec 17 m.; tarse 22 m.

La femelle a des couleurs moins vives; le plastron guttural manque et la bande oculaire est remplacée par une trait brun peu distinct.

Habit. *Pungo-Andongo, Capangombe* et *Humbe* (Anchieta).

Nom indigène — *Janja.*

Les ornithologistes ne sont pas d'accord quant à l'identité spécifique de *H. ocularia* et *H. brachyptera.* Ceux qui les regardent comme distinctes s'appuient sur quelques différences de coloration, que nous avons pu constater sur deux individus de notre collection provenant de l'Afrique occidentale (*Côte d'Or* et *Casamance*): chez ces individus la bande oculaire et le plastron guttural nous semblent en effet plus développés que sur nos spécimens d'Angola, et le jaune de la tête, des joues et de la poitrine est chez les premiers plus distinctement nuancé de roux-marron.

M. Reichenow cite *H. ocularia,* qu'il considère identique à *H. brachyptera,* comme l'une des espèces rapportées par Falkenstein de la côte de Loango; tandis que MM. Sharpe et Bouvier, paraissant maintenir la séparation des deux espèces, inscrivent sous le nom de *H. brachyptera* les exemplaires envoyés de la même localité par L. Petit. Nous ne savons pas si ces exemplaires présentent les différences de coloration dont nous nous sommes occupé; mais ce qui est certain c'est que nous trouvons chez un mâle adulte du Gabon tous les caractères de nos individus d'Angola.

306. Hyphantornis Grayi

Syn. *Hyphantornis Grayi,* Revue et Mag. de Zool., 1851, p. 514; Hartl., Orn. West-Afr., p. 122; Sharpe & Bouv., Bull. S. Z. France i, p. 47. *Ploceus flavigula,* Hartl., Rev. Zool., 1845, p. 46.

Fig. *nulla.*

Caract. Mâle ad. Ressemble au mâle adulte de *H. ocularia* sauf la couleur du dos et des ailes, qui est d'un brun-noir; croupion teint de vert-olivâtre; bords des rémiges de cette même couleur; gorge et une bande oculaire étroite noires; tête et parties inférieures d'un jaune vif lavé de roux-orangé sur la tête et la poitrine; rectrices brun-foncé, lisérées de vert-olivâtre. Bec noir; pieds brun; iris noir (Petit).

Dimens. L. t. 150 m.; aile 76 m.; queue 56 m.; bec 16 m.; tarse 21 m.

La femelle est d'un vert-olivâtre en dessus, avec la tête d'une teinte jaunâtre; gorge et parties inférieures d'un jaune-pâle.

Habit. *Côte de Loango* (L. Petit).

Cette espèce n'a été observée jusqu'à présent au sud du Zaïre. Nous possédons une paire d'individus adultes recueillis à Landana par M. L. Petit.

On cite encore, comme appartenant à la circonscription géographique dont nous nous occupons, plusieurs espèces de *Hyphantornis*, que nous n'avons jamais reçues de nos correspondants:

1. *Hyphantornis textor*, Gm.
M. Hartlaub prétend que cette espèce se trouve en Angola et invoque le témoignage de Henderson [1], mais les recherches des plus récents explorateurs de notre colonie n'ont pas encore abouti à des preuves décisives en faveur d'une telle opinion. M. d'Anchieta nous a envoyé, il est vrai, de *Capangombe* deux individus en premier plumage que M. Finsch considère comme des jeunes de cette espèce; toutefois nous attendons avant de rien affirmer la capture authentique d'individus adultes bien caractérisés.

2. *Hyphantornis collaris*, Vieill.
Décrite par Vieillot, qui la dit originaire du Sénégal et du royaume d'Angola, elle n'a plus été retrouvée. Sauf un seul caractère, la couleur noire des pennes intermédiaires de la queue, elle doit ressembler à *H. cincta* [2].

3. *Hyphantornis subpersonata*, Cab.
Recueillie sur la côte de Loango d'abord par le Dr. Falkenstein, ensuite par M. L. Petit [3]. Elle nous est inconnue.

4. *Hyphantornis superciliosa*, Shelley.
Le type de l'espèce était originaire de la Côte d'Or, mais elle vient d'être recueillie sur la côte de Loango (Falkenstein et L. Petit). Ce qui rend surtout cette espèce bien distincte de ses congénères c'est la présence d'une raie surcilière jaune qui tranche sur le noir du capuchon [4].

[1] Hartlaub, Orn. West-Afr., pp. 124 et 125.
[2] V. Vieillot, N. Dict. H. N. 34, p. 129.
[3] V. Cabanis, Journ. f. Ornith., 1876, p. 92; Sharpe & Bouvier, Bull. S. Z. France 1, p. 47.
[4] V. Shelley, Ibis, 1873, p. 140.

5. *Hyphantornis aurantia*, Vieill.

L'exemplaire décrit par Vieillot aurait été rapporté du Congo par Perrein[1]. Parmi les oiseaux recueillis à Chinchonxo par le Dr. Falkenstein se trouvait un individu que M. Reichenow a cru pouvoir rapporter à cette espèce; mais plus tard M. Cabanis l'a décrit sous le nom de *H. aurantiigula*[2].

6. *Hyphantornis aurantiigula*, Cab.

«Parties supérieures d'un vert jaunâtre; ailes brun-foncé; couvertures alaires et rémiges bordées de jaune-verdâtre; tête et parties inférieures d'un jaune vif; une tâche semi-circulaire d'un marron-orangé sur le milieu de la gorge. Bec noir; pieds couleur de chair. L. t. 189 m.; aile 93 m.; queue 66 m.; bec 17 1/2 m.; tarse 24 m.[3] Voisin par la forme du bec et par son système de coloration de *H. Bojeri*, Finsch. & Hartl., mais la dépassant beaucoup en dimensions. Sous le rapport de la taille elle se rapprocherait davantage de *H. xanthops*, Hartl.»

307. Sycobius cristatus

Syn. *Malimbus cristatus*, Vieill. Ois. Chant., pl. 42; Elliot, Ibis, 1876, p. 459.
Sycobius cristatus, Hartl., Orn. West.-Afr., p. 132; Boc., Jorn. Acad. Sc. Lisboa, n.º xx, 1876, p. 264.

Fig. *Vieillot, Ois., Chant., pl. 42, fig. ♂.*

Caract. Mâle ad. Plumage d'un noir lustré; plumes de la tête longues et soyeuses formant une huppe écarlate; cette même couleur couvre les joues, la gorge et le haut de la poitrine; bande frontale, lorum, tour de l'œil et menton noirs; ailes de la couleur du dos, mais les rémiges primaires plus rembrunies; queue d'un noir brillant. Bec et pieds noirs; iris brun.

Dimens. L. t. 155 m.; aile 90 m.; queue 66 m.; bec 17 m.; tarse 21 m.

M. Hartlaub décrit la femelle comme semblable au mâle, mais plus petite, d'un noir plus terne, sans huppe et avec le bec couleur de chair; M. Elliot, dans sa récente monographie du genre *Sycobius*, n'ajoute rien à cette description.

[1] V. Vieillot, Oiseaux chanteurs, pl. 44.
[2] Reichenow, Corresp. d. Afrik. Gesellsch., n.º 10, 1874, p. 181.
[3] V. Cabanis, Journ. f. Orn., 1875, p. 238; Reichenow, ibid., 1877, p. 27.

D'après les mêmes auteurs, le jeune aurait des teintes d'un noir fuligineux, plus ou moins nuancées de gris, surtout en dessous; il se ferait remarquer en outre par l'absence de tout vestige de huppe et par le ton moins vif du capuchon rouge. Le front serait chez lui noir ou noirâtre suivant l'âge.

En présence de ces indications nous n'osons pas rapporter au *S. cristatus* un jeune individu, qui existe depuis longtemps dans nos collections, rapporté par M. d'Anchieta en 1865 de *Rio Quilo* (côte de Loango). Cet individu, dont nous avons publié une courte description dans une de nos premières publications sur l'ornithologie d'Angola [1], quoique se rapprochant davantage du *S. cristatus* que de ses autres congénères par son système de coloration, présente cependant quelques différences qu'on ne peut accepter comme de simples variations d'âge sans avoir des faits positifs en faveur d'une telle conjecture. Le plumage de cet individu est d'un noir de jais, comme l'adulte du *S. cristatus*; mais à l'exception de la région frontale, qui est d'un rouge pâle et terne, tout le dessus de la tête et les joues sont noirs. Le menton, la gorge et le haut de la poitrine sont d'un rouge-orangé; la base des plumes de ces régions et de celles du front est blanche. *Dimens:* aile 86 m.; queue 55 m.; bec 15 m.; tarse 21 [2].

Habit. On doit à Perrein le premier individu sur lequel a été établie l'espèce; il l'avait rapporté de la côte de *Molembo*. M. Reichenow l'a rencontré récemment parmi les oiseaux envoyés de la côte de Loango par le Dr. Falkenstein. On ne l'a jamais aperçu au sud du Zaïre.

308. Sycobius rubricollis

Syn. *Textor rubricollis*, Swains. Anim. in Menag., p. 306.
Sycobius malimbus, Hartl., Orn. West–Afr., p. 132.
Malimbus rufovelatus, Sharpe, Cat. Afr. Birds, p. 60.
Sycobius nuchalis, Elliot, Ibis, 1859, p. 393.
Malimbus rubricollis, Elliot, Ibis, 1876, p. 462.

Fig. *Fraser Zool. typica, pl.* 46.

Carat. Adulte. Plumage noir de jais; un capuchon écarlate couvrant le dessus de la tête, la nuque et les côtés du cou. Bec et pieds noirs.

Dimens. [3] L. t. 180 m.; aile 105 m.; queue 67 m.; bec 20 m.; tarse 23 m.

---

[1] V. Boc., Jorn. Acad. Sc. Lisboa, n.º II, 1867, p. 140.
[2] V. au sujet de cet individu — Boc., Jorn. Acad. Sc. de Lisboa, n.º xx, p. 243.
[3] Ces dimensions ont été prises sur un individu de la Côte d'Or provenant de la col-

Habit. Le premier individu de cette espèce parvenu en Europe a été décrit comme originaire de *Molembo*, d'où il aurait été rapporté par Perrein. Daudin et Vieillot l'avaient pris pour la femelle du *S. cristatus*, dont un individu mâle faisait également partie des collections rapportées par Perrein.

Les récents explorateurs de la côte de Loango et Cabinda n'ont pas encore réussi à y retrouver cette espèce, qui n'a jamais été observée au sud du Zaïre.

309. Sycobius nigerrimus

Syn. *Ploceus nigerrimus*, Vieill. Enc. méth. Orn., p. 700.
Sycobius nigerrimus, Hartl., Orn. West.-Afr., p. 133.
Hyphantornis nigerrimus, Reich. Corr. Afr., Gesellsch., n.° x, 1874, p. 181;
    id. Journ. f. Orn., 1877, p. 26.
Malimbus nigerrimus, Elliot, Ibis, 1876, p. 464.

Fig. *nulla.*

Caract. Adulte. Tout le plumage d'un noir de jais; bec noir: pieds bruns.

Dimens. L. t. 150 m.; aile 84 m., queue 55 m.; bec 19 m.; tarse 22 m.

Suivant M. Elliot le jeune a les caractères suivants: «Tête et dos d'un brun olivâtre sombre, chaque plume étant marquée au centre d'un trait noir; croupion brun-roussâtre; joues, gorge, haut de la poitrine et flancs d'un jaune-olivâtre; le reste des parties inférieures jaunes, à l'exception des sous-caudales d'un brun-roussâtre; ailes et queue brun-pourpre foncé; les bords des rémiges secondaires jaunes».

Habit. *Cabinda* et *Loango* (Perrein, Falkenstein et Petit). On ne l'a jamais recueilli au sud du Zaïre. Nous possédons un des individus envoyés par M. Petit de *Landana;* c'est d'après lui que nous avons donné les dimensions de l'espèce. Il est plus petit que deux autres individus de notre collection originaires du Gabon.

lection de M. Usher; elles sont plus fortes que celles données par M. Elliot et d'autres auteurs. Ce sont aussi des individus de la même provenance qui nous ont fourni les caractères du *S. cristatus*; ils sont plus petits.

310. Sycobius rubriceps

Syn. *Hyphantornis rubriceps*, Sundev. Oefv. K. Vetensk. Akad. Förhandl.,
1850, p. 97.
Sycobius rubriceps, Boc., Jorn. Acad. Sc. Lisboa, n.° XII, 1877, p. 275; ibid.
XVII, 1874, p. 39; ibid., n.° XIX, 1876, p. 152; ibid., n.° XXII, 1877,
p. 149..
Malimbus rubriceps, Elliot, Ibis, 1876, p. 466.

Fig. *Elliot, Ibis*, 1876, *pl.* 13, *fig.* 1.

Caract. Adulte. Brun-cendré pâle en dessus, tirant davantage au
cendré sur le croupion et nuancé de rouge sur le dos; en dessous blanc grisâtre; un capuchon rouge-orangé couvrant toute la tête, le cou, la gorge et le
haut de la poitrine; lorum, un petit espace entre les branches de la mandibule
et la région auriculaire noirâtres; ailes brunes, les couvertures alaires et les
rémiges bordées de jaune en dehors; rectrices brun-cendré avec un étroit liséré jaune sur les barbes externes. Bec jaune-orangé; tarse rougeâtre; iris
brun-rouge.

Dimens. L. t. 142 m.; aile 82 m.; queue 53 m.; bec 16 m.; tarse
20 m.

Le *S. melanotis* de la Sénégambie nous est inconnu; mais les descriptions des auteurs et en particulier celle de Lafresnaye nous le présentent bien
distinct de l'espèce d'Angola par la teinte du capuchon d'un rouge plus vif et
moins orangé, et par la couleur des bordures externes des rémiges, qui est
également rouge au lieu de jaune.

Habit. Nos individus d'Angola ont été recueillis par M. d'Anchieta à
Capangombe, à *Quillengues* et au *Humbe*. Noms indigènes: au Humbe *Qui-
cengo*, à Quillengues *Ulojanja*.

Nos individus se trouvent en mue plus ou mois avancée. Nous avons décrit celui qui nous semble plus prés de l'état définitif. La figure de M. Elliot
s'accorde mieux avec ceux de nos individus dont le plumage est plus arriéré;
la teinte trop orangée du capuchon céphalique et l'absence de tache auriculaire noirâtre sont des indices certains du plumage imparfait.

311. Euplectes oryx

Syn. *Emberiza oryx*, Linn. Syst. Nat. i, p. 309.
Euplectes oryx, Hartl., Orn. West-Afr., p. 128; Heugl., Orn. N. O.-Afr., p. 569;
  Boc., Jorn. Acad. Sc. Lisboa, n.º xvi, 1873, p. 284.
Euplectes Sundevalli, Boc., Jorn. Acad. Sc. Lisboa, n.º ii, 1867, pp. 139 et 153.
Pyromelana oryx, Finsch & Hartl., Vög. Ost.-Afr., p. 410; Gurney in Anderss.
  Damara, p. 172.

Fig. *Buffon, Pl. Enl., pls.* 6, *fig.* 2 *et* 309, *fig.* 2.
  Reichenbach, Singvög. tab. 23, *fig.* 200 *et* 202.

Caract. ♂ Adulte. Plumage d'un rouge-orangé, teint de roux-marron sur le dos; dessus de la tête jusqu'au milieu du vertex, joues, région auriculaire, menton et abdomen d'un noir de velours; crissum et sous-caudales rouge-orangé; ailes noirâtres, avec les bords des couvertures et des rémiges d'un fauve-pâle; queue de la même couleur, les rectrices également lisérées de fauve. Bec et pieds noirs; iris brun-foncé.

Dimens. L. t. 130 m.; aile 70 m.; queue 42 m.; bec 14 m.; tarse 20 m.

Habit. *Angola* (Toulson); *Catumbella, Capangombe* et *Humbe* (Anchieta).

Nom indigène à Catumbella *Quisengo*.
Commun dans la région du lac Ngami et à Ondonga, plus rare dans les pays des Damaras et des Grands Namaquas (Andersson).

312. Euplectes flammiceps

Syn. *Euplectes flammiceps*, Swains. West.-Afr. i, p. 186, pl. 13; Hartl., Orn.
  West-Afr., p. 127; Monteiro, Proc. Z. S. L., 1860, p. iii; id. Ibis, 1862,
  p. 338; Boc., Jorn. Acad. Sc. Lisboa, n.º ii, 1867, p. 139; ibid., n.º xx,
  1876, pp. 257 et 263; Heugl. Orn. N. O.-Afr., p. 567; Sharpe et Bouv.,
  Bull. S. Z. France i, p. 47.
Pyromelana flammiceps, Finsch & Hartl., Vög. Ost.-Afr., p. 414; Reichenow,
  Journ. f. Orn., 1877, p. 28.

Fig. *Swainson, West-Afr.* i, *pl.* 13.

Caract. ♂ adulte. Plumage rouge-orangé; dos et scapulaires roux-marron; joues, région auriculaire, menton et abdomen noir de velours; crissum et sous-caudales fauve-isabelle, plus pâle sur les cuisses; un espace teint de rouge marquant la région anale; ailes et queue d'un noir terne; une partie des couvertures alaires, les rémiges secondaires et les rectrices lisérées de fauve. Bec et pieds noirs; iris brun.

Dimens. L. t. 140 m.; aile 75 m.; queue 45 m.; bec 15 m.; tarse 21 m.

Le jeune en première livrée est fortement strié de noirâtre sur un fond gris-fauve en dessus, et d'un blanc sale, teint de fauve, en dessous avec quelques stries brunes; il porte une raie sourcilière blanchâtre assez distincte; le bec est également blanchâtre avec les bords et la pointe d'une teinte livide.

La femelle ressemble au jeune, et les mâles portent en hiver une livrée identique. Les autres espèces du genre *Euplectes* subissent la même loi.

Habit. *Côte de Loango* (Petit et Falkenstein); *Bembe* et *Cambambe* (Monteiro); *Quanza* (Hamilton); *Golungo-Alto* (Welwitsch); *Angola,* sans indication de localité (Toulson et Furtado d'Antas). Cette espèce n'a jamais été observée au sud du Quanza, où l'*E. oryx* paraît la remplacer.

313. Euplectes minor

Syn. *Euplectes capensis,* var. *minor,* Sundev. Oefv. Akad. Förhandl., 1850, p. 126.
Euplectes capensis, Monteiro, Ibis, 1862, p. 336.
Euplectes xanthomelas, Boc., Jorn. Acad. Sc. Lisboa, n.º VIII, 1870, p. 346.

Fig. *Reichenbach, Singvög. tab.* 24, *figs.* 210 *et* 211.

Caract. ♂ adulte. D'un noir de velours; bas du dos et croupion jaune-jonquille; une grande tâche sur l'aile, formée par les petites couvertures, et bord de l'aile de cette même couleur; les autres couvertures, les scapulaires et les rémiges secondaires noirâtres, bordées de fauve-isabelle; rémiges primaires brun-noir avec un étroit liséré fauve sur les barbes externes; queue noire; cuisses noires variées de fauve; sous-alaires couleur de nankin. Mâchoire noire, mandibule blanchâtre, teinte de noir à la base et à l'extrémité; pieds brun-rougeâtre; iris brun.

Dimens. L. t. 140 m.; aile 74 m.; queue 56 m.; bec 14 m.; tarse 22 m.

Le mâle en plumage d'hiver est fortement strié de noirâtre sur un fond brun-fauve, plus pâle en dessous et avec des stries moins accentuées; milieu du ventre blanchâtre sans tâches, de même que les sous-caudales, d'une teinte isabelle; épaulettes, bas du dos et croupion jaunes; bec blanchâtre.

La femelle adulte et le jeune ressemblent au mâle en plumage d'hiver.

La comparaison de nos spécimens d'Angola à un individu du Cap nous permet de constater que chez celui-ci la taille et les dimensions de toutes les parties sont plus fortes, le bec plus long et plus gros[1]. L'*E. xanthomelas*, de l'Afrique orientale, nous semble se rapprocher beaucoup plus de l'*E. minor*, au point peut-être de se confondre avec lui.

Habit. *Cambambe* (Monteiro); *Caconda* (Anchieta). Les indigènes de la première localité l'appelent *Saco*, ceux de la seconde *Pinine*.

314. Euplectes melanogaster

Syn. *Loxia melanogastra*, Lath. Ind. Orn. I, p. 395.
Euplectes melanogaster, Hartl., Orn. West-Afr., p. 128; Boc., Jorn. Acad. Sc. Lisboa, n.º XX, 1876, p. 257.
Euplectes habessinica, Heugl., Orn. N. O.-Afr., p. 575.

Fig. *Brown, Ill. of Zool., pl. 24, fig. 2.*

Caract. Mâle en nôces. Plumage jaune; plastron guttural couvrant la gorge et les côtés de la tête, et milieu de l'abdomen d'un noir de velours; dos plus ou moins varié de brun entre les épaules; ailes et queue brunes, les couvertures alaires, les rémiges et les rectrices bordées de jaunâtre; le milieu de la poitrine teint de roux-marron. Bec noir; pieds couleur de chair; iris brun.

Dimens. L. t. 100 m.; aile 57 m.; queue 32 m.; bec 11 m.; tarse 17 m.

[1] Le tableau suivant permettra de bien juger ces différences de proportions:

	Aile	Queue	Bec	Tarse
a. ♂ ad. du Cap	89 m.	64 m.	18 m.	24 m.
b. ♂ ad. de Caconda	73 m.	56 m.	14 m.	22 m.
c. ♂ ad. de Caconda	74 m.	57 m.	14 m.	22 m.
d. ♂ ad. de Caconda	75 m.	55 m.	14 m.	22 m.
e. ♂ ad. de Caconda	76 m.	58 m.	14 m.	22 m.

22

En hiver le plumage du mâle est varié de noirâtre sur un fond brun-fauve en dessus, plus pâle et plus uniforme en dessous. La femelle et le jeune ressemblent au mâle en hiver.

Habit. Nous avons été le premier à signaler la présence de cette espèce en Angola, d'après un exemplaire recueilli au *Quanza* et faisant partie d'une petite collection d'oiseaux acquise de M. Whitely en 1876.

315. Euplectes taha

Syn. *Euplectes taha*, Smith, Ill. S.-Afr. Zool. Aves. pl. 7; Gurney in Anderss. B. Damara, p. 171; Boc., Jorn. Acad. Sc. Lisboa, n.° xx, 1876, p. 255. *Ploceus taha*, Layard, B. S.-Afr., p. 184.

Fig. *Smith, Ill. S.-Afr. Zool. Aves, pl.* 7.

Caract. Mâle en nôces. Jaune en dessus; un collier noir à la base du cou; le dos varié de noirâtre; côtés de la tête et du cou, gorge, poitrine et abdomen noirs; une tache sur la région auriculaire, crissum et sous-caudales jaune-pâle; cuisses d'un blanc teint d'isabelle et variées de brun; scapulaires et couvertures alaires noirâtres, celles-là variées de jaune, celles-ci de gris-jaunâtre; rémiges et rectrices brunes, lisérées de gris. Sous-alaires et bord de l'aile couleur de nankin pâle. Bec noir; pieds brunâtres; iris brun.

Dimens. L. t. 110 m.; aile 60 m.; queue 38 m.; bec 12 m.; tarse 18 m.

Les variations de couleurs de cette espèce suivant l'âge et les saisons rappelent exactement celles de l'*E. melanogaster* et, en général, de ses autres congénères. Elle ressemble beaucoup à l'*E. melanogaster,* mais le noir de ses parties inférieures, qui n'est point interrompu sur la poitrine par un espace jaune nuancé de roux, fournit un moyen facile de la distinguer de cette espèce. Sa taille est aussi un peu plus forte.

Habit. *Humbe* (Anchieta); les indigènes l'appelent *Changombi.*
Observé par Andersson dans le pays des Grands Namaquas et au sud des Damaras; il se trouve aussi, d'après ce voyageur, près du Lac Ngami et est abondant à Ondonga.

316. Euplectes aureus

Syn. *Loxia aurea*, Gm. Syst. Nat. i, p. 846.
Euplectes aurinotus, Hartl., Orn. West-Afr., p. 129; Boç., Jorn. Acad. Sc. Lisboa, n.° xii, 1871, p. 275.

Fig. *Brown, Ill. of Zool., pl. 25, fig. 1.*

Caract. Mâle en nôces. D'un noir lustré; dos et croupion d'un beau jaune d'or; couvertures alaires et rémiges noirâtres bordées de fauve; queue noire; cuisses variées de fauve. Bec noirâtre; pieds couleur de chair.

Dimens. L. t. 115 m.; aile 67 m.; queue 44 m.; bec 16 m.; tarse 19 m.

Le plumage de notre individu présente des traces évidentes d'usure; les plumes longues et décomposées du croupion portent à l'extrémité un étroit liséré noirâtre, reste d'une bordure plus large, qui tranche sur le jaune d'or de cette partie.

Habit. Cette espèce doit être fort rare en Angola, car nous avons à peine reçu un individu, celui qui fait le sujet de notre description, dans une collection d'oiseaux rapportée par M. Furtado d'Antas; nous ignorons le lieu exact de sa capture. Il paraît que l'individu figuré par Brown avait été recueilli à Benguella.

317. Symplectes jonquillaceus

Syn. *Ploceus jonquillaceus*, Vieill., N. Dict. H. N., xxxiv, p. 130.
Symplectes jonquillaceus, Hartl., Orn. West-Afr., 134; Boc., Jorn. Acad. Sc. Lisboa, n.° ii, 1867, p. 140; Reichenow, Journ. f. Orn. 1877, p. 26.

Fig. *Guerin, Iconogr. Ois. pl. 18, fig. 8.*

Caract. Mâle ad. Dessus de la tête noir; dos et ailes brun-noirâtre nuancé d'olivâtre, le croupion et les sous-caudales de cette dernière couleur; en dessous jaune-jonquille; les joues tirant à l'orangé; raie sourcilière jaune, bordée en dessous d'une bande noire, qui traverse l'œil; rémiges et rectrices brunes, lisérées d'olivâtre; sous-alaires jaunes. Bec noir; pieds brunâtres; iris gris-bleu (Falkenstein).

Dimens. L. t. 142 m.; aile 73 m.; queue 54 m.; bec 15 m.; tarse 20 m.

Chez des individus jeunes la teinte olivâtre est plus prononcée sur les parties supérieures, même sur la tête, et le jaune des parties inférieures est moins vif, tirant au verdâtre; le bec est d'un brun-pâle.

Habit. Vieillot est le premier ornithologiste qui ait signalé l'existence de cette espèce sur la côte d'Angola. En 1864 M. d'Anchieta nous rapporta de *Cabinda* un individu adulte, et quelques années après M. Toulson nous envoya de Loanda un spécimen jeune. Suivant M. Reichenow une paire d'individus de cette espèce se trouvait parmi les oiseaux recueillis par le Dr. Falkenstein sur la *côte de Loango*. Nous pensons que le *S. jonquillaceus* ne doit se trouver que fort exceptionnellement au sud du Zaïre.

M. Hartlaub fait mention de deux autres espèces de *Symplectes* comme appartenant à la faune d'Angola: l'une, *S. princeps*, Bp., y aurait été observée par Henderson; l'autre, *S. nigricollis*, Vieill., aurait été rapportée par Perrein de Molembo. Ces deux espèces ont cependant échappé aux recherches des plus récents explorateurs de la colonie portugaise.

318. Penthetria macrura

Syn. *Loxia macrura*, Gm. Syst. Nat. i, p. 845.
Vidua macrura, Hartl., Orn. West-Afr., p. 137; Reichenow, Journ. f. Orn., 1877, p. 28.
Penthetria macroura, Finsch & Hartl., Vög. Ost.-Afr., p. 418; Heugl., Orn. N. O.-Afr., p. 579; Boc., Jorn. Acad. Sc. Lisboa, n.° ii, 1867, p. 141; ibid. n.° xii, 1871, p. 275; ibid. n.° xx, 1876, p. 263; Sharpe & Bouv., Bull. Soc. Zool. France, i, p. 49.

Fig. *Reichenbach, Singvög., tab.* xxvii, *fig.* 222.

Caract. Mâle ad. Noir de velours avec les petites couvertures de l'aile, les scapulaires et la région inter-scapulaire d'un jaune-citron; grandes couvertures et rémiges secondaires bordées de jaune pâle; sous-alaires jaune-citron. Bec noir avec les bords et l'extrémité de la mandibule d'un blanc-bleuâtre; pieds bruns.

Dimens. L. t. 200 m.; aile 83 m.; queue 108 m ; bec 15 m.; tarse 22 m.

Habit. Cet oiseau est commun sur la côte de *Loango* et *Cabinda* au nord du Zaire, d'où il si répand jusqu'à la région du Quanza. Sa présence n'a pas encore été signalée au sud de cette rivière. M. d'Anchieta et, après lui, MM. Falkenstein et Petit en ont recueilli des spécimens sur la côte de Loango; Welwitsch rapporta de son voyage à Angola un individu pris à *Golungo-Alto*, qui se trouve actuellement dans les galeries du Muséum de Lisbonne.

819. Penthetria Hartlaubi

Diagn. *Major, holosericea-nigra, alae tectricibus minoribus laete aurantiaco-flavis, medianis pallide cervinis, majoribus nigris fulvescente marginalis; subalaribus partim cervino-flavis, partim nigris; remigibus rectricibusque nitide nigris; cauda longa, gradata; rostro plumbeo, tomiis albicantibus; pedibus nigris; iride fusca.*
Long. tot. 270 m.; alae 110 m.; caudae 160 m.; rostri 18 m.; tarsi 26 m.

Caract. D'une taille sensiblement plus forte que *P. macrura* et portant sur l'aile une grande tache d'un jaune-orangé vif bordée en dessus de fauve-pâle. Plumage noir de velours, avec des bordures fauves sur le bord externe des grandes couvertures alaires. Rémiges et rectrices d'un noir brillant; la queue très longue et étagée. Les couvertures inférieures de l'aile plus rapprochées du bord d'un fauve-jaunâtre, les autres noires. Bec couleur de plomb avec les bords de la machoire et de la mandibule blanchâtres; pieds noirs; iris brun.

Habit. L'exemplaire unique, un mâle adulte, nous vient de *Caconda* par M. d'Anchieta. Par ses dimensions et par la coloration toute particulière de sa tache alaire, il est impossible de la confondre avec *P. macrocerca*, Licht. (=*P. flaviscapulata*, Rüpp) figurée pour le première fois par Brown dans ses *News Illustrations of Zoology*.

320. Penthetria albonotata

Syn. *Vidua albonotata*, Cassin, Proc. Acad. Philad., 1848, p. 65; Reiche-
now, Journ. f. Orn., 1877, p. 28.
Urobrachya albonotata, Monteiro, Ibis, 1862, p. 337.
Penthetria albonotata, Finsch & Hartl., Vög. Ost.-Afr., p. 420; Boc., Jorn. Acad.
Sc. Lisboa, n.° xii, 1871, p. 275; ibid., n.° xxii, 1877, pp. 149 et 156;
Sharpe & Bouvier, Bull. S. Z. France, i, p. 48

Fig. *Cassin, Journ. Acad. Philad.* i, *pl.* 30.

Caract. Mâle ad. Noir de velours; des épaulettes jaune-citron, formées par les petites couvertures; bord de l'aile de la même couleur; un miroir blanc, bien distinct, sur l'aile, formé par les bases des rémiges et les extrémités des premières grandes couvertures; celles-ci et les rémiges secondaires
lisérées de fauve. Sous-alaires blanches, lavées en partie de jaune. Bec gris-
bleu avec les bords blanchâtres; pieds noirs; iris brun-foncé.

Dimens. L. t. 210 m.; aile 72 m.; queue 128 m.; bec 14 m.; tarse
22 m.

Un individu en mue laisse apercevoir en dessus par places le premier
plumage d'un roux-fauve strié de brun; la gorge et les sous-caudales sont
déjà noires, mais la poitrine et l'abdomen sont presque entièrement d'un blanc
sale; les ailes et la queue comme chez l'adulte.

Habit. *Angola* (Furtado d'Antas); commun à *Cambambe* (Monteiro);
Quanza (Whitely); *Quillengues* et *Caconda* (Anchieta). Dans cette dernière localité son nom indigène est *Dunguequilele*.

MM. Falkenstein et Petit l'ont aussi rencontrée au nord du Zaire, à *Landana* et *Chinchonxo*.

321. Penthetria concolor

Syn. *Vidua concolor*, Cassin, Proc. Acad. Phil., 1848, p. 66; Hartl., Orn.
West.-Afr., p. 138.
Coliustruthus concolor, Sundev. Oefv. Vetensk. Akad. Forh., 1849, p. 158.
Penthetria concolor, Boc., Jorn. Acad. Sc. Lisboa, n.° xii, 1871, p. 275.

Fig. *Cassin, Journ. Acad. Philad.* i, *pl.* 30, fig. 1.

Caract. Mâle ad. Plumage entièrement noir; queue très longue; bec
gros, blanchâtre, teint de brun sur le culmen et à l'extrémité; pieds pâles.

Dimens. L. t. 260 m.; aile 72 m.; queue 185 m.; bec 13 m.; tarse
22 m.

Habit. *Angola.* L'exemplaire unique que nous possédons de cette
espèce nous est parvenu dans une petite collection d'oiseaux rapportée d'Angola par M. Furtado d'Antas. Il ne porte pas d'indication précise de localité; mais
nous pensons qu'il doit venir de la partie septentrionale d'Angola, car c'est en
Afrique occidentale, à *Serra Leoa*, que cette espèce a été découverte.

322. Penthetria Bocagei

Syn. *Urobrachya Bocagei*, Sharpe, Cat. Afr. Birds, p. 63.
Urobrachya axillaris, Boc., Jorn. Acad. Sc. Lisboa, n.° ii, 1867, p. 140; ibid.,
n.° v, 1868, p. 48; ibid., n.° viii, 1870, p. 346; Sharpe, Proc. Z. S. Lon-
don, 1869, p. 566.
Penthetria axillaris (part.), Finsch & Hartl., Vög. Ost.-Afr., p. 421; Heugl.,
Orn. N. O.-Afr., p. 581.

Fig. *nulla.*

Caract. Mâle ad. Plumage d'un noir de velours; une tache jaune-
orangé sur l'aile formée par les petites couvertures; moyennes et grandes
couvertures roux-cannelle pâle; les dernières de celles-ci et les rémiges se-

condaires noires avec de larges bordures fauves; rémiges primaires et rectrices d'un noir lustré. Sous-alaires roux-cannelle, le bord de l'aile jaune. Bec d'un blanc-bleuâtre; pieds noirs; iris brun.

Dimens. L. t. 170 m.; aile 92 m.; queue 78 m.; bec 16 m.; tarse 24 m.

Le plumage du jeune est en dessus fortement strié de noirâtre sur un fond roux-fauve; les petites couvertures alaires brunes bordées de jaune-orangé; les parties inférieures d'un blanc-fauve, striées de brun sur la poitrine et les flancs, la gorge et le milieu du ventre d'un blanc sale; les pennes des ailes et de la queue brunes, lisérées de fauve; sous-alaires roux-pâle; bec et pieds brunâtres.

Nos individus d'Angola en plumage de nôces diffèrent de tous ceux d'Abyssinie et d'Afrique australe *(P. axillaris)*, que nous avons pu examiner, par quelques caractères d'une certaine valeur: indépendamment de la taille, qui nous semble plus forte chez la *P. Bocagei*, tous nos spécimens de cette espèce se font remarquer par la teinte jaune-orangée, au lieu de rouge-orangée, de leurs épaulettes, par le ton roux-cannelle beaucoup plus pâle de leurs moyennes et grandes couvertures, et par la teinte jaune assez vive du bord de l'aile. Nos observations confirment pleinement celles qui ont porté M. Sharpe à créer une espèce nouvelle. Le meilleur argument qu'on puisse invoquer en faveur de la séparation des deux espèces, c'est que parmi les mâles adultes recueillis en Angola, et ils sont déjà assez nombreux, pas un seul ne porte des épaulettes rouges.

Habit. Le premier individu que nous ayons reçu de cette espèce nous a été envoyé du *Duque de Bragança* en 1865 par M. Bayão; plus tard M. d'Anchieta en recueillit plusieurs individus à *Huilla* et *Caconda*, et M. Monteiro à *Columbo*, sur les bords du Quanza. Son nom indigène à Huilla est *Lele*.

L'espèce à épaulettes rouges semble appartenir spécialement à l'Afrique australe et orientale (Pays des Cafres, Natal, Moçambique, Abyssinie et Nil-blanc). Ni l'une ni l'autre ne s'est laissée jamais voir sur la côte occidentale au nord d'Angola.

323. Vidua principalis

Syn. *Emberiza principalis*, Linn., Syst. Nat. i, p. 313.
Vidua principalis, Hartl., Orn. West.-Afr., p. 136; Boc., Jorn. Acad. Sc. Lisboa, n.° ii, 1867, p. 140; ibid., n.° viii, 1870, p. 346; ibid., n.° xx, 1876,
  p. 263; Finsch & Hartl., Vög. Ost.-Afr., p. 428; Heugl., Orn. N. O.-Afr.,
  p. 585; Gurney in Anderss. B. Damara, p. 181; Reichenow, Journ. f. Orn.,
  1877, p. 28; Sharpe & Bouvier, Bull. S. Z. France i, p. 48.
Vidua decora, Hartl., Ibis, 1862, p. 340.
Vidua serena, Cabanis, v. d. Decken, Reis. iii, p. 31.

Fig. *Buffon, Pl. Enl., pl. 8, fig. 1.*
  Swainson, B. West.-Afr. i, pl. 12.

Caract. ♂ ad. en nôces. D'un noir brillant en dessus, avec le croupion et les sus-caudales d'un gris-blanc varié de noir au centre des plumes;
collier au dessous de la nuque et parties inférieures blanches; une grande tâche sur l'aile de cette couleur; côtés de la poitrine noirs; rémiges primaires
brun-foncé; queue noire; les quatre rectrices intermédiaires beaucoup plus
alongées, disposées en tuille et terminant en pointe, les latérales bordées de
blanc sur les barbes internes. Une petite tache noire, souvent absente, sur le
menton entre les branches de la mandibule. Bec rouge-carminé; pieds brunâtres; iris brun.

Dimens. L. t. 295 m.; aile 72 m.; queue, rect. ext. 50 m.; rect.
interm. 215 m.; bec 10 m.; tarse 16 m.

Dans une nombreuse suite d'individus d'Angola il y a à peine deux sans
tache noire au menton. Leur taille est inférieure à celle des autres spécimens,
comme M. Hartlaub l'a aussi remarqué chez les individus de *Cambambe*, que
cet auteur avait d'abord considérés comme devant appartenir à une espèce
distincte, *V. decora.*

Habit. *Côte de Loango* et *Cabinda* (Anchieta, Petit et Falkenstein);
Loanda et *Rio Bengo* (Welwitsch); *Benguella, Quillengues* et *Caconda* (Anchieta). Les individus de Quillengues portent sur les étiquettes le nom indigène — *Cahengua.*

324. Vidua regia

Syn. *Emberiza regia*, Linn. Syst. Nat., I, p. 313.
Vidua regia, Hartl., Orn. West.-Afr., p. 136.

Fig. *Buffon, Pl. Enl., pl.* 8.
Reichenbach, Singvög., pl. xxvi, *fig.* 217.

Caract. ♂ ad. en nôces. Parties supérieures, ailes et queue d'un
noir brillant; un collier derrière le cou et parties inférieures d'un beau fauve
isabelle, plus pâle sur les couvertures inférieures de la queue; les quatre rectrices intermédiaires à tiges très alongées et garnies de barbes très courtes
jusqu'à cinq centimètres de leurs extrémités, qui forment des raquettes. Bec
et pieds rouges; iris brun.

Dimens. L. t. 320 m.; aile 76 m.; queue rect. interméd. 240 à
250 m.; bec 10 m.; tarse 17 m.

Habit. Cette espèce nous semble peu commune en Angola; le seul
individu que nous avons pu examiner de cette provenance était originaire
de *Benguella*.

325. Vidua paradisea

Syn. *Emberiza paradisea*, Lin., Syst. Nat. I, p. 312.
Vidua paradisea, Hartl., Orn. West.-Afr., p. 137; Boc., Jorn. Acad. Sc. Lisboa, n.° iv, 1867, p. 326; ibid., n.° viii, 1870, p. 346; ibid., n.° xxii, 1877,
p. 149; Gurney in Anderss. B. Damara, p. 181.

Fig. *Buffon, Pl. Enl., pl.* 194, *fig.* 1 *et* 2.
Swainson, B. West.-Afr. I, *pl.* 11.

Caract. ♂ ad. en nôces. Parties supérieures, gorge, queue et sous-
caudales d'un noir lustré; un demi-collier jaune-doré ou fauve sur le derrière
du cou; poitrine d'un beau-marron; ventre blanc teint de fauve; rémiges primaires brunes; les quatre rectrices disposées verticalement, les deux du centre alongées et terminées par un filet mince, les deux latérales beaucoup
plus longues et de plus en plus étroites vers l'extrémité. Sous-alaires noirâtres variées de blanc. Bec noir; pieds brunâtres; iris brun.

Dimens. L. t. 425 m.; aile 82 m.; queue, rect. ext. 60 m., rect.
5ᵉ. 335 m.; bec 12 m.; tarse 16 m.

Chez cette espèce, comme chez les deux espèces précédentes, la femelle porte un plumage strié de noir sur un fond roux ou roussâtre. Le mâle en hiver et le jeune ressemblent à la femelle.

Habit. *Loanda* (Toulson); *Capangombe* et *Quillengues* (Anchieta).

Cette espèce est assez répandue en Angola entre le parallèle de Loanda et celui de Mossamedes. Nous ne l'avons jamais reçue des confins méridionaux de nos possessions, mais nous pensons qu'elle doit s'y montrer de temps en temps, car Andersson nous dit qu'elle visite le pays des Damaras pendant la saison des pluies.

326. Chera progne

Syn. *Emberiza progne*, Bodd. Table Pl. Enl. Buffon.
Chera progne, Layard, Birds S.-Afr., p. 190.

Fig. *Buffon, Pl. Enl. pl.* 635.
Reichenbach, Singvög., tab. xxix, *fig.* 230 *et* 231.

Caract. ♂ ad. en nôces. D'un noir de velours avec une grande tache sur l'aile, formant épaulette, d'un rouge-orangé, bordée en dessous de blanc ou d'isabelle; grandes couvertures alaires avec des bordures fauves sur les barbes externes; rémiges noires, les plus extérieures marquées sur les barbes externes, vers l'extrémité, d'un liséré blanc-roussâtre; les secondaires terminées de cette même couleur; couvertures de la queue et rectrices fort alongées, celles-ci recourbées dans le sens horisontal. Couvertures exterieures de l'aile noires. Bec blanchâtre teint de bleu, plus rembruni sur le culmen et à la base de la mandibule; pieds brun-pâle; iris brun.

Dimens. L. t. à 550 à 540 m.; aile 146 m.; queue, les plus longues rect. 410 à 420 m.; bec 18 m.; tarse 30 m.

Le jeune mâle est en dessus fortement strié de noir, sur un fonds brun-roussâtre, en dessous d'une teinte plus pâle avec des stries plus étroites brunes sur la gorge, la poitrine et les flancs; le milieu du ventre tirant an blanchâtre; les rémiges noires bordées de fauve et les rectrices d'un brun foncé à bordures plus claires; les épaulettes d'un orangé vif au lieu de rouge.

Habit. Deux mâles adultes en plumâge de nôces et deux jeunes mâles nous ont été envoyés de *Caconda*, où cette remarquable espèce vient d'être observée pour la première fois par M. d'Anchieta. Cette découverte est d'autant plus intéressante qu'on s'était habitué généralement à considérer cet oiseau comme exclusif des régions orientales de l'Afrique australe. C'est surtout au Transvaal qu'il se montre abondamment.

327. Hypochera nitens

Syn. *Fringilla nitens*, Gm. Syst. Nat. i, p. 909.
Hypochera nitens, Hartl., Orn. West.-Afr., p. 149; Finsch & Hartl., Vög. Ost.-Afr., p. 430; Heugl., Orn. N. O.-Afr., p. 588.
Hypochera ultramarina, Hartl., Orn. West.-Afr., p. 149; Boc., Jorn. Acad. Sc. Lisboa, n.º ii, 1867, p. 141; Sharpe, Cat. Afr. B., p. 64; Gurney in Anderss. B. Damara, p. 175.

Fig. *Buffon, Pl. Enl., pl.* 291, *fig.* 1 *et* 2.

Caract. Adulte. Noir, lustré de bleu ou de vert; rémiges et rectrices brun-noirâtres avec les bords plus pâles; sous-alaires blanches variées de noir; bec et pieds rougeâtres.

Dimens. L. t. 110 m.; aile 68 m.; queue 39 m.; bec 9 m.; tarse 14 m.

Habit. Jusqu'à présent cette espèce ne nous est point parvenue d'aucune des nombreuses localités visitées par M. d'Anchieta au sud du Quanza; le seul individu que nous ayons reçu d'Angola est originaire du *Duque de Bragança*, d'où nous l'avons reçu par M. Bayão. Les caractères de cet individu nous semblent s'accorder parfaitement avec ceux de l'*H. nitens.*

M. Sharpe a cru devoir rapporter à une espèce inédite un individu recueilli par M. Hamilton à *Golungo-Alto*, localité assez voisine du *Duque de Bragança*. Voici d'après notre savant ami la diagnose de cette espèce nouvelle, *H. nigerrima*, Sharpe.

«*Similis* H. nitenti, *sed major; omnino nigra; alis et cauda brunneis; margine carpali et hypochondriis albidis; rostro albescente-rubido; pedibus brunneis. L. t.* 4,2, *alae* 2,6, *caudae* 1,4, *tarsi* 0,6 *poll. angl.*»

La coloration générale serait peut-être le plus important des caractères différentiels signalés par M. Sharpe, si par les mots «*omnino nigra*» on doit entendre que le plumage est d'un noir mat, non lustré de bleu ni de vert. Les dimensions de cet individu sont un peu supérieures à celles de la plupart des individus de l'*Il. nitens*, que nous avons examinés, mais non pas autant que le suppose M. Sharpe, l'individu de cette espèce qui lui a servi de terme de comparaison étant d'une taille exceptionnellement petite[1].

328. Spermospiza guttata

Syn. *Loxia guttata*, Vieill. Ois. Chant., pl. 68.
Spermospiza guttata, Hartl., Orn. West-Afr., p. 138; Sharpe & Bouvier, Bull. S. Z. France, p. 49; Reichenow, Journ. f. Orn., 1877, p. 28.

Fig. *Vieillot, Ois. chant., pl.* 68. ♀

Caract. ♂ ad. Plumage noir lustré de bleu avec les couvertures supérieures de la queue terminées de rouge; en dessous d'un rouge éclatant, à l'exception du bas ventre; cuisses, crissum et sous-caudales de la couleur du dos; ailes et queue également noires. Bec bleu avec les bords de la mâchoire et de la mandibule rouges; pieds noirâtres; iris rouge-brique (Petit).

Dimens. L. t. 150 m.; aile 70 m.; queue 56 m.; bec 16 m.; tarse 23 m.

Chez la femelle les teintes sont moins brillantes; le noir des parties supérieures est mélangé de cendré et de roussâtre, et en dessous le rouge est moins vif et plus orangé. Le front et les côtés de la tête autour de l'œil sont d'un rouge sombre, au lieu de noir, et des petites taches blanches arrondies couvrent le bas-ventre et les sous-caudales.

Une paire d'individus de la côte de Loango, provenant des collections envoyées en France par M. L. Petit, nous permettent d'établir les caractères des deux sexes conformément à ce qui est généralement admis par les ornithologistes.

Habit. *Zaïre* (Perrein); *Côte de Loango* (Falkenstein, Petit). Jamais observée au sud du Zaïre.

[1] V. Sharpe, Proc. Z. S. L. 1871, p. 133; Cat. Afr. B., p. 64.

329. Pyrenestes ostrinus

Syn. *Loxia ostrina*, Vieill. Ois. Chant., pl. 48.
Pyrenestes ostrinus, Hartl., Orn. West-Afr., p. 139; Sharpe, Cat. Afr. B., p.
68; Reichenow, Journ. f. Orn., 1877, p. 29.

Fig. *Vieillot, Ois. chant., pl. 48.*
Swainson, Orn. West-Afr. i, pl. 9 ♀.

Caract. ♂ ad. Noir; la tête, le cou, la poitrine et les flancs d'un
rouge éclatant; sus-caudales et queue rouges, mais les rectrices latérales noires sur les barbes internes. Bec noir-bleuâtre; pieds brun-pâle.

Dimens. L. t. 145 m.; aile 75 m.; queue 60 m.; bec 15 m.; tarse
22 m.

La femelle est d'un brun-terreux partout où le mâle est noir.

Habit. Le *P. ostrinus* bien connu comme propre à l'Afrique occidentale, de Serra-Leoa au Gabon, a été observé dans ces derniers temps à *Chinchonxo* (côte de Loango) par le Dr. Falkenstein.

Une autre espèce qui lui ressemble beaucoup sous le rapport des couleurs, mais plus petite, le *P. coccineus*, n'a été rencontrée jusqu'à présent au sud du Gabon; mais les collections recueillies dans la côte de Loango par MM. Petit et Falkenstein contenaient des exemplaires d'une troisième espèce, *P. capitalbus*, Temm, dont on n'a jamais constaté l'existence en Angola[1]. Ce dernier manque au Muséum de Lisbonne.

330. Spermestes cucullata

Syn. *Spermestes cucullata*, Swains. Orn. West-Afr. i, p. 201; Hartl., Orn.
West-Afr., pp. 147 et 274; Monteiro, Ibis, 1826, p. 335; Boc., Journ. Acad.
Sc. Lisboa, n.° ii, 1867, p. 151; ibid., n.° viii, 1870, p. 346; Finsch &
Hartl., Vög. Ost.-Afr., p. 436; Heugl., Orn. N. O.-Afr., p. 592; Sharpe
& Bouvier, Bull. S. Z. France i, p. 49; Reichenow, Journ. f. Orn., 1877,
p. 29.

Fig. *Reichenbach, Singvög. tab. xiii, fig. 114 et 115.*

Caract. ♂ ad. Plumage brun-cendré en dessus; tête, cou et poitrine
d'un brun-noirâtre à reflets vert-bronze, plus distincts sur le vertex d'un noir

---

[1] V. Sharpe & Bouvier, Bull. S. Z. France I, p. 49; Reichenow, Journ. f. Orn., 1877,
p. 29.

plus profond; le milieu de l'abdomen blanc; couvertures inférieures de la queue blanches rayées de noirâtre; une grande tache vert-bronze sur les ailes, une autre de la même couleur sur les côtés de la poitrine; croupion, suscaudales et flancs rayés de brun sur un fond blanchâtre; rémiges primaires brun-pâle, avec un étroit liséré gris en dehors et une large bordure fauve en dedans; queue noire. Bec bleu-noir, la mandibule plus pâle; pieds noirâtres; iris noir.

Dimens. L. t. 88 m.; aile 48 m.; queue 33 m.; bec 10 m.; tarse 12 m.

Un de nos individus marqué comme femelle a des teintes plus pâles, et les reflets vert-bronze sont à peine distincts sur la tête.

Habit. *Cabinda* (Sperling); *Côte de Loango* (Petit et Falkenstein); *Cambambe* et *Quanza* (Monteiro); *Dombe* et *Caconda* (Anchieta).

L'espèce serait connue des indigènes de Cambambe, suivant M. Monteiro, sous le nom de *Canguijambala*.

331. Spermestes poensis

Syn. *Amadina poensis*, Fras. Proc. Z. S. L., 1842, p. 145.
Spermestes poensis, Hartl., Orn. West-Afr., p. 148; Hartl. & Monteiro, Proc. Z. S. L., 1860, p. 111.

Fig. *Fraser, Zool. typ., pl.* 50, *fig.* 1.
     Reichenbach, Singvög., tab. XIII, *fig.* 111.

Caract. ♂ ad. D'un noir lustré de reflets bleus d'acier; milieu de l'abdomen, crissum, et sous-caudales blancs; croupion, couvertures supérieures de la queue et flancs marqués en travers de stries blanches; ailes noires, avec les barbes externes des rémiges rayées de blanc jusqu'à une certaine distance de leurs extrémités; queue de la couleur du dos; sous-alaires d'un blanc pur. Bec bleuâtre; pieds noirs; iris brun.

Dimens. L. t. 90 m.; aile 49 m.; queue 35 m.; bec 11 m.; tarse 12 m.

Un mâle adulte du Gabon nous a fourni les caractères de la diagnose ci-dessus. La femelle et le jeune nous sont inconnus.

Habit. *Bembe* (Monteiro).

332. Amadina erythrocephala

Syn. *Loxia erythrocephala*, Linn. Syst. Nat., I, p. 301.
Amadina erythrocephala, Hartl., Orn. West–Afr., p. 146; Boc., Jorn. Acad.
Sc. Lisboa, n.º II, 1867, p. 141; ibid., n.º XX, 1876, p. 255; Sharpe, Cat.
Afr. B., p. 65.
Sporothlastes erythrocephalus, Heugl., Orn. N. O.-Afr., p. 537.

Fig. *Smith, Ill. S.–Afr. Zool. Aves, pl.* 69.

Caract. ♂ ad. Plumage en dessus d'un brun-cendré pâle, les ailes
et la queue d'un ton plus rembruni; un capuchon rouge couvrant la tête, les
joues et la gorge; croupion et sus-caudales d'un cendré plus pur, celles-ci
rayées de brun et parfois nuancées de rouge; des taches blanches, surmon-
tées d'un trait brun, à l'extrémité des moyennes et grandes couvertures, formant deux bandes étroites sur l'aile; rémiges secondaires et rectrices latérales terminées de blanc; en dessous varié de taches blanches cerclées de noir
sur un fond roussâtre, milieu du ventre et flancs d'un roux-vineux. Bec rougeâtre; pieds couleur de chair; iris brun-pâle.

Dimens. L. t. 135 m.; aile 74 m.; queue 52 m.; bec 12 m.; tarse
16 m.

La femelle est plus petite que le mâle et ne porte pas de capuchon rouge
sur la tête. Le jeune ressemble à la femelle.

Habit. *Angola* (Edwards); *Loanda* (du voyage de Sa Majesté le Roi
D. Louis); *Icolo* et *Bengo* (Welwitsch); *Benguella* et *Humbe* (Anchieta). Le nom
indigène à Benguella est *Xiquerequere*.

333. Ortygospiza polyzona

Syn. *Fringilla polyzona*, Temm. Pl. col. 221, fig. 3.
Ortygospiza polyzona, Sundev. OEfvers. k. Vetensch. Acad. Förhandl., 1850,
p. 98; Hartl., Orn. West–Afr., p. 148; Boc., Jorn. Acad. Sc. Lisboa,
n.º VIII, 1870, p. 346; ibid., n.º XII, 1871, p. 275; ibid., n.º XX, 1876,
p. 263; Heugl., Orn. N. O.-Afr., App., p. CXXXVI.
Ortygospiza atricollis (part.) Heugl., Orn. N. O.-Afr., p. 598.

Fig. *Temminck, Pl. Col., pl.* 221, *fig.* 3.
Reichenbach, Singvög., tab. VII, *fig.* 66.

Caract. ♂ ad. Brun-cendré en dessus; front, joues et gorge noirs;
menton et anneau périophthalmique blanc pur; en dessous rayé transversale

ment de blanc et de noirâtre, à l'exception du milieu de la poitrine et du ventre, d'une teinte fauve uniforme; ailes et queue brunes; les deux premières
rémiges bordées de blanc sur les barbes externes, les autres rémiges et les
rectrices avec des bordures grises moins distinctes. Bec d'un rouge-foncé;
pieds jaunâtres.

Dimens. L. t. 95 m.; aile 53 m.; queue 30 m.; bec 9 m.; tarse
15 m.

Habit. *Golungo-Alto* (Welwitsch). Nous avons reçu aussi de Loanda
par M. Toulson un individu de cette espèce, apporté probablement de l'intérieur.

Suivant M. Finsch l'*O. atricollis*, Vieill., confondue par Heuglin avec cette
espèce, en est au contraire suffisamment distincte par l'absence de blanc au
menton et autour de l'œil. C'est donc à l'*O. polyzona* qu'appartiennent réellement nos individus d'Angola.

334. Uraeginthus granatinus

Syn. *Fringilla granatina*, Linn. Syst. Nat. I, p. 319.
Estrelda granatina, Hartl., Orn. West-Afr., p. 144; Sharpe, Cat. Afr. B., p. 65.
Uraeginthus granatinus, Gurney in Anderss. B. Damara, p. 180.

Fig. *Vieillot, Oiseaux chant.*, pls. 17 et 18.
Reichenbach, Singvög., tab. I, fig. 4 et 5.

Caract. ♂ ad. Plumage d'un roux-cannelle, dos et ailes d'un ton
plus rembruni; front, sourcils, croupion et couvertures de la queue d'un beau
bleu; joues violet-lilas; gorge et bas ventre d'un noir profond; queue noirâtre. Bec rouge; pieds pâles.

Dimens. L. t. 125 m.; aile 58 m.; queue 66 m.; bec 11 m.; tarse
16 m.

La femelle se fait remarquer par ses teintes plus pâles et par l'absence
de noir à la gorge et au bas ventre; ces parties sont roussâtres.

Habit. M. Hartlaub prétend que cette espèce se trouve en Angola
d'après le témoignage de Andersson, qui demande confirmation. Elle est commune dans la partie nord du pays des Damaras et près du Lac Ngami [1].

[1] V. Gurney in Anderss. B. Damara, p. 180.

23

335. Uraeginthus phoenicotis

Syn. *Estrelda phoenicotis*, Swains. B. West–Afr., ɪ, p. 192, pl. 14; Hartl.,
　　　Orn. West-Afr., p. 145; Boc., Jorn. Acad. Sc. Lisboa, n.º ɪɪ, 1867, p. 141;
　　　Reichenow, Journ. f. Orn., 1877, p. 29.
Estrelda benghala, Layard, B. S.-Afr., p. 199.
Estrelda angolensis, Boc., Jorn. Acad. Sc. Lisboa, n.º ᴠ, 1868, p. 44.
Estrelda cyanogastra, Sharpe, Proc. Z. S. L., 1873, p. 717.
Pitelia phoenicotis, Finsch & Hartl., Vög. Ost.-Afr., p. 447.
Uraeginthus phoenicotis, Heugl., Orn. N. O.-Afr., p. 619.
Mariposa cyanogastra, Gurney in Anderss. B. Damara, p. 79.

Fig. *Swainson, B. West–Afr.* ɪ, *pl.* 14.
　　　Reichenbach, Singvög., tab. ɪ, *fig.* 1, 2 *et* 3.

Caract. ♂ ad. D'un gris-brunâtre en dessus; joues, croupion, couvertures supérieures de la queue et parties inférieures bleu-céleste; milieu
du ventre, cuisses et sous-caudales, en partie, gris-brun, d'une teinte plus
claire que le dos; une tache d'un rouge vif sur la région auriculaire; ailes de
la couleur du dos; queue bleu-céleste en dessus, brune en dessous. Bec rougeâtre; pieds couleur de chair; iris gris-de-lin pâle (Anchieta).

Dimens. L. t. 109 m.; aile 52 m.; queue 35 m.; bec 10 m.; tarse
14 m.

La tache rouge sur la région auriculaire manque chez la femelle et le
jeune; leurs teintes sont aussi plus pâles. Chez tous les individus de notre collection ayant l'apparence de jeunes, la teinte bleu-céleste occupe à peine en
dessous la gorge et la poitrine.

M. Gurney, s'appuyant sur le témoignage de Jules Verreaux, admet deux
races géographiques ou espèces distinctes, d'après la présence ou l'absence de
la tache auriculaire rouge, l'*U. phoenicotis* de l'Afrique occidentale et l'*U. cya-
nogaster* (=*E. angolensis*, Bp.) de l'Afrique australe; mais M. Finsch affirme
positivement que les individus du pays des Damaras, qui existent au Muséum
de Bremen, ont exactement les caractères de l'*U. phoenicotis*[1]. Tout ce que
nous pouvons dire à ce sujet c'est que pas un de nos individus d'Angola n'a
la tache auriculaire rouge; mais ils ressemblent tellement aux individus jeunes et aux femelles de l'*U. phoenicotis*, que nous possédons d'autres provenances, qu'il nous est impossible de ne pas les rapporter à cette même espèce.

[1] V. Gurney in Anderss. B. Damara, p. 180; Finsch., Coll. Jesse, Trans. Z. S. L., 1870,
p. 266.

Habit. *Zaire* (Sperling); environs de *Loanda* (du voyage de Sa Majesté le Roi D. Luiz); *Biballa* (Anchieta).

Nom indigène à Biballa — *Kaxexe.* Les portugais de la Colonie l'appelent *Peito-celeste* à cause de sa couleur bleu de ciel.

Andersson le rencontra près de la rivière Okavango et vers le Lac Ngami.

Le nom espécifique *bengala* donné par Linné à cette espèce, d'après Brisson, fut probablement le résultat d'une confusion de mots; on aura pris *Bengala* pour *Benguella*, et de là tout l'équivoque. Les indications que nous donne Brisson quant à l'habitat se résument en ceci: «On le trouve dans le Royaume de Bengala. Du cabinet de M. de Réaumur». Rien de plus facile que d'avoir pris *Bengala* pour *Benguella*. Dans notre colonie africaine Benguella est, en effet, depuis longtemps le centre principal du commerce des petits oiseaux chanteurs, que les indigènes y apportent régulièrement de plusieurs localités de la côte et de l'intérieur [1].

336. Pytelia melba

Syn. *Fringilla melba*, Linn. Syst. Nat. i, p. 319.
Pytelia citerior, Hartl. Orn. West-Afr., p. 145.
Pytelia elegans, Mont. Ibis, 1865, p. 95; Boc., Jorn. Acad. Sc. Lisboa, n.º v, 1868, p. 44; Mont., Angola and Congo ii, 1875, p. 205.
Pytelia melba, Finsch & Hartl., Vög. Ost.-Afr., p. 441; Boc., Jorn. Acad. Sc. Lisboa, n.º xx, 1876, p. 257; Gurney in Anderss. B. Damara, p. 176; Sharpe et Bouvier, Bull. S. Z. France, i, p. 49; Reichenow, Journ. f. Orn., 1877, p. 29.
Zonogastris melba, Heugl., Orn. N. O.-Afr., p. 620.

Fig. *Buffon, Pl. Enl., pl. 203, fig. 1.*
Reichenbach, Singvög., tab. vii, fig. 61.

Caract. Ad. Dos et ailes d'un jaune-olivâtre; dessus de la tête et du cou cendré; un masque d'un rouge vif couvrant le front, les joues et la partie supérieure de la gorge; partie inférieure de celle-ci et poitrine jaune-jonquille; parties inférieures rayées de blanc sur un fond brun-olivâtre, avec le milieu du ventre et les sous-caudales blanches; couvertures supérieures de la queue et les deux rectrices médianes rouge de sang; les autres rectrices de cette couleur sur les barbes externes et avec les barbes internes noires; ré-

---

[1] V. Monteiro, Angola and Congo, vol. ii, p. 205.

miges bruncs, bordées en dehors de jaune-olivâtre. Bec rouge, pieds rougeâtres.

Dimens. L. t. 120 m.; aile 60 m.; queue 48 m.; bec 13 m.; tarse 17 m.

Habit. De cette espèce, largement répandue en Afrique, nous possédons des individus recueillis sur les bords du *Quanza* et à *Biballa*. Monteiro l'a observée en abondance à *Benguella, Catumbella* et *Dombe*, sur le littoral; M. M. Petit et Lucan, et le Dr. Falkenstein l'ont rencontrée sur la côte de *Loango*. Elle ne se trouve pas dans les collections envoyées par M. d'Anchieta des localités situées sur le haut-plateau de l'intérieur d'Angola, qu'il a pu visiter; mais il se peut que cette absence soit le résultat de son extrême abondance partout.

D'après M. d'Anchieta le nom indigène à Biballa serait *Kangungo*. Les colons portugais d'Angola, qui la recherchent beaucoup pour son chant, l'appellent *Maracachão*.

337. Pytelia afra

Syn. *Fringilla afra*, Gm., Syst. Nat., ı, p. 905.
Pytelia afra, Hartl., Orn. West.-Afr., p. 145.
Pytelia elegans, Boc., Jorn. Acad. Sc. Lisboa, n.° ıv, 1867, p. 335.
Pytelia melba, (part.) Finsch & Hartl., Vög. Ost.-Afr., p. 442.

Fig. *Brown, Ill. ornith. tab.* xxv, *fig.* 2.

Caract. Ad. Parties supérieures d'un cendré nuancé d'olivâtre, le dessus de la tête d'un cendré plus pur; un masque rouge-sanguin couvrant le front, les joues et une partie de la gorge; le bas de celle-ci et la poitrine cendrées, sans aucune nuance de jaune; parties inférieures marquées de raies étroites et incomplètes blanches sur un fond brun-olivâtre, le milieu du ventre blanc-sale, les couvertures inférieures de la queue brun-olivâtre terminées de blanchâtre; sous-caudales et queue comme chez *P. melba;* les rémiges et les grandes couvertures alaires bordées largement en dehors d'un orangé-vif tirant au rougeâtre. Bec et pieds d'un rouge pâle.

Dimens. L. t. 110 m.; aile 58 m.; queue 40 m.; bec 11 m.; tarse 15 m.

Notre description a été faite d'après deux individus, identiques sous le rapport des couleurs, l'un provenant de *Capangombe* par M. d'Anchieta, l'autre d'une origine inconnue.

Les différences de coloration signalées dans notre diagnose et l'infériorité de la taille nous semblent plaider en faveur de la séparation de cette forme spécifique.

La figure de Brown, la seule publiée jusqu'à présent, laisse beaucoup à desirer.

Habit. Nous devons à M. d'Anchieta l'exemplaire unique déposé au Muséum de Lisbonne. Il a été pris à *Capangombe* et porte sur l'étiquette le nom indigène — *Kabalacaxungo*.

338. Pytelia Monteiri

Syn. *Pytelia Monteiri*, Hartl. & Mont., Proc. Z. S. London, 1860, p. 111, pl. 161; Sharpe & Bouvier, Bull. S. Z. France 1, p. 309; Reichenow, Journ. f. Orn., 1877, p. 29.

Fig. *Hartl. & Monteiro, Proc. Z. S. London, pl.* 161.

Caract. ♂ ad. «Tête et parties supérieures d'un cendré de plomb, le dos nuancé d'olivâtre; croupion et sous-caudales d'un rouge sombre, variés de quelques tâches arrondies blanches; la gorge teinte longitudinalement de rouge-vif; poitrine et ventre roux-cannelle avec de nombreuses tâches arrondies blanches; sous-caudales rayées de brun et de blanc; ailes et queue brun-cendré; sous-alaires tachetées de roux et de blanc. Bec noirâtre; pieds rougeâtres.» (Hartlaub).

Dimens. L. t. 115 m.; aile 60 m.; queue 41 m.; bec 12 m.; tarse 15 m.

«La femelle est bien caractérisée par l'absence de tâches longitudinales rouges sur la gorge et par la teinte rouge moins vive du croupion.» (Sharpe et Bouvier, loc. cit.)

Habit. Cette espèce a été originairement décrite d'après un individu mâle rapporté du *Bembe* en 1859 par M. Monteiro. Dans ces derniers temps d'autres individus recueillis à *Chinchonxo* par le Dr. Falkenstein et à *Landana* par M. Petit ont été apportés en Europe. Elle n'a jamais été observée au sud du Quanza.

339. Estrelda astrild

Syn. *Loxia astrild*, Linn., Syst. Nat. i, p. 303.
Estrelda occidentalis et *rubriventris*, Hartl., Orn. West.-Afr., pp. 141 et 141.
Estrelda rubriventris, Boc., Jorn. Acad. Sc., Lisboa, n.º ii, 1867, p. 141.
Estrelda astrild, Mont., Proc. Z. S. London, 1865, p. 95; Gurney in Anderss.,
B. Damara, p. 178.
Habropyga astrild, Finsch & Hartl., Vög. Ost.-Afr., p. 439; Heugl., Orn. N.
O.-Afr., p. 603.
Estrelda undulata, Reichenow, Journ. f. Orn., 1877, p. 29.

Caract. Ad. Plumage rayé de brun sur un fond plus clair nuancé
de cendré, plus pâle en dessous; la tête d'une teinte cendrée et à raies plus
fines et plus rapprochées; joues et gorge blanches; une large bande oculaire
d'un rouge de laque; poitrine et milieu du ventre plus ou moins lavés de rose;
sous-caudales noires; rémiges et rectrices brunes. Bec rouge de laque; pieds
bruns; iris brun.

Dimens. L. t. 104 m.; aile 48 m.; queue 40 m.; bec 9 m.; tarse
15 m.

Habit. *Côte de Loango* (Falkenstein); *Loanda, Benguella* (Monteiro
et Furtado d'Antas); *Duque de Bragança* (Bayão).

D'après Monteiro cet oiseau serait fort commun en Angola, particulièrement dans le sud, se montrant souvent en bandes de plusieurs centaines d'individus. C'est probablement à cause de cette extrême abondance que nos correspondants ne se donnent plus la peine de le comprendre dans leurs envois.
Au sud des posséssions portugaises, Andersson l'a rencontré dans la partie méridionale du pays des Damaras, dans quelques localités des Grands Namaquas et dans les abords du Lac Ngami.

340. Estrelda melpoda

Syn. *Fringilla melpoda*, Vieill., Enc. Meth., p. 987.
Estrelda melpoda, Hartl., Orn. West.-Afr., p. 141; Sharpe & Bouvier, Bull.
S. Z. France iii, p. 76.

Fig. *Vieillot, Oiseaux Chanteurs, pl. 7.*
Reichenbach, Singvög, tab. viii, figs. 62, 63 et 64.

Caract. ♂ ad. En dessus brun-roussâtre; la tête gris-cendré; croupion et couvertures supérieures de la queue rouge de sang; parties inférieu-

res d'un blanc-grisâtre avec le milieu du ventre lavé de fauve ; région oculaire et joues rouge-orangé ; rémiges brunes, rectrices noirâtres. Bec et pieds rouges.

Dimens. L. t. 105 m.; aile 48 m.; queue 44 m.; bec 8 m.; tarse 14 m.

Habit. Vieillot prétend que cette espèce se trouve en Angola ; mais elle n'y a jamais été observée au sud du Zaire par les plus récents explorateurs de notre colonie. A *Landana*, sur la côte de Loango, MM. Lucan et Petit en ont recueilli quelques individus. Un de ces individus, grâce à l'obligeance de M. Bouvier, se trouve actuellement dans nos collections.

341. Estrelda Perreini

Syn. *Fringilla Perreini*, Vieill., N. Dict. H. N., xxvi, p. 181.
Estrelda Perreini, Hartl., Orn. West.-Afr., p. 143; Sharpe & Bouvier, Bull. S.
   Z. France i, p. 309.
Habropyga Perreini, Reichenow, Journ. f. Orn., 1877, p. 29.
Pytelia Perreini, Finsck & Hartl., Vög. Ost.-Afr., p. 417.

Fig. *nulla.*

Caract. Ad. Plumage d'un beau cendré-bleuâtre ; gorge et joues gris-pâle ; lorum, crissum et sous-caudales noirs ; dos, croupion et couvertures supérieures de la queue d'un rouge de sang ; rémiges brunes, lisérées en dehors de gris ; rectrices noires. Bec blanchâtre sur le culmen et vers la base de la mandibule, le reste d'un bleu de plomb ; pieds noirâtres.

Dimens. L. t. 100 m.; ailes 46 m.; queue 47 m.; bec 10 m.; tarse 15 m.

Habit. *Congo* (Perrein) ; *côte* de *Loango* (Falkenstein, Lucan et Petit). On ne l'a jamais recueillie au sud du Zaire.

342. Estrelda subflava

Syn. *Fringilla subflava*, Vieill., N. Dict. H. N. xxx, p. 575.
Estrelda subflava, Hartl., Orn. West.-Afr., p. 144.
Habropyga subflava, Heugl., Orn. N. O.-Afr., p. 609; Boc., Jorn. Acad. Sc. Lisboa, n.° xx, 1876, p. 263.

Fig. *Temminck*, Pl. Col., pl. 221, fig. 2.
Reichenbach, Singvög, tab. vii, figs. 57, 58, 59.

Caract. ♂ ad. En dessus brun-olivâtre; raie sourcilière et sous-caudales rouges; en dessous jaune, nuancé de rouge-safran sur la poitrine, le ventre et les sous-caudales; côtés du cou et flancs écaillés de jaune sur un fond olivâtre; rémiges brunes lisérées de cendré; la queue noirâtre, les deux rectrices latérales bordées de blanc en dehors. Bec rouge avec le culmen et les bords noirâtres; pieds rougeâtres.

Dimens. L. t. 85 m.; aile 46 m.; queue 34 m.; bec 9 m.; tarse 13 m.
Chez la femelle, le jaune des parties inférieures est plus pâle et nuancé de jaune-ocracé, au lieu de rouge-safran; la gorge tire au blanchâtre.
Le jeune ressemble à la femelle, mais ne porte pas de raie sourcilière rouge.

Habit. Cette espèce doit être très rare en Angola: elle y a été recueillie seulement par Welwitsch à *Icolo,* au nord du *Quanza,* entre ce fleuve et le *Bengo.*

343. Estrelda Quartinia

Syn. *Estrelda Quartinia*, Bp., Consp. Av. i, p. 461; Boc., Jorn. Acad. Sc. Lisboa, n.° v, 1868, pp. 7 et 48; Finsch, Birds N.-E. Abyss., p. 326.
Habropyga Quartinia, Heugl., Orn. N. O.-Afr., p. 608.

Fig. *nulla.*

Caract. ♂ ad. Tête et cou d'un cendré de plomb; dos et ailes vert-olivâtre rayés de brun; croupion et couvertures supérieures de la queue rouges; joues, menton et haut de la gorge d'un noir profond; bas de la gorge d'un blanc pur se fondant dans le gris-pâle qui couvre la poitrine et les flancs; ventre jaune au milieu et d'un ton plus verdâtre vers les flancs; sous-caudales d'un jaune plus pâle; rémiges brunes, lisérées d'olivâtre sur les barbes exter-

nes; rectrices médianes noires, les latérales brunes distinctement rayées de
noirâtre. Bec à machoire noire et à mandibule rouge; pieds noirâtres.

Dimens. L. t. 80 m.; aile 45 m.; queue 33 m.; bec 8 m.; tarse
12 m.

La femelle diffère du mâle par l'absence du plastron guttural noir. La
gorge est chez elle d'un blanc pur et les joues cendrées; le jaune du milieu
du ventre est à peine un peu plus pâle.

N'ayant pu comparer nos deux individus d'Angola à l'exemplaire type du
Muséum de Paris, c'est seulement d'après la coloration du ventre que nous les
avons rapportés à *E. Quartinia*. Heuglin a décrit sous le nom de *Habropyga Ernesti* une espèce très voisine de celle-ci, mais dont le ventre serait
d'un jaune-orangé; par cette différence de coloration et par ses dimensions
sensiblement plus fortes, elle nous semble en effet suffisamment distincte, malgré l'assertion en contraire de MM. Blanford et Finsch.

Habit. Nos deux individus, mâle et femelle, nous ont été envoyés
par M. d'Anchieta, le premier de *Huilla*, la femelle de *Biballa*, dans l'intérieur de Mossamedes. Ils portent sur leurs étiquettes des noms indigènes différents: *Titi* et *Kaxequengue*.

344. Estrelda Dufresnei

Syn. *Fringilla Dufresni*, Vieill., N. Dict. H. N. XII, p. 181.
Estrelda Dufresnii, Hartl., Orn. West.-Afr., p. 142; Layard, B. S.-Afr., p. 197;
   Sharpe, Cat. Afr. Birds, p. 65.
Habropyga Dufresnei, Heugl., Orn. N. O.-Afr., p. 608.

Fig. *Temminck, Pl. Col., pl. 221, fig. 1.*
   Reichenbach, Singvög. tab. VII, fig. 53, 54.

Caract. ♀ ad. Dessus de la tête et joues d'un cendré bleuâtre; dos
et ailes vert-olivâtre sans aucune apparence de raies transversales; croupion
et sous-caudales d'un rouge briqueté; en dessous d'un gris-cendré pâle, tirant
au blanc sur la gorge et lavé de fauve sur le ventre et les couvertures inférieures de la queue; rémiges brunes lisérées d'olivâtre; rectrices noires. Machoire noire, mandibule rouge; pieds d'un noir profond.

Dimens. L. t. 85 m.; aile 47 m.; queue 38 m.; bec 8 m.; tarse
13 m.

Le mâle est facile à distinguer de la femelle par le plastron noir qui couvre les joues, le menton et le haut de la gorge.

Habit. On prétend que la fig. 2 de la Pl. 29 des «Nouvelles illustrations de Zoologie» de Brown réprésente cette espèce, et c'est d'après le temoignage de cet auteur qu'on la comprend dans la faune de *Benguella*. Cependant nous ne l'avons jamais rencontrée dans aucun des nombreux envois de M. d'Anchieta, et nous ignorons qu'elle ait été observée à Benguella ou dans une localité quelconque de notre colonie d'Angola par les voyageurs qui ont dernièrement parcouru son vaste territoire. Ce qui est incontestable, c'est que cette espèce appartient à l'Afrique australe et qu'elle se trouve surtout dans les régions plus rapprochées de la côte orientale. La courte description que nous présentons de cette espèce a été faite d'après une femelle apportée du *Zambeze* par l'intrépide voyageur portugais le major Serpa Pinto.

345. Lagonosticta rubricata

Syn. *Fringilla rubricata*, Licht., Cat. Doubl. Mus. Berlin, p. 27.
Lagonosticta rubricata, Heugl., Orn. N. O.-Afr., p. 615; Sharpe, Cat. Afr. B., p. 66.
Estrelda rubricata, Reichenow, Journ. f. Orn., 1877, p. 29.

Fig. *Vieillot, Ois. Chanteurs, pl. 9.*

Caract. Ad. En dessus cendré-olivâtre, la tête et le cou nuancés de rouge; une raie sourcilière étroite d'un rouge plus vif; croupion, sus-caudales et régions inférieures rouges, à l'exception du crissum et des sous-caudales d'un noir profond; quelques petits points blancs disséminés sur les flancs; ailes de la couleur du dos, les rémiges d'un brun-olivâtre pâle; queue noire, les rectrices médianes rouges sur une partie des barbes externes. Bec rougeâtre avec le culmen, les bords et la pointe noirâtres; pieds bruns.

Dimens. L. t. 104 m.; aile 46 m.; queue 39 m.; bec 10 m.; tarse 14 m.

Habit. La diagnose ci-dessus contient le résumé des caractères qui nous présentent deux individus, sans désignation de sexe, qui nous ont été envoyés par M. Bouvier sous la désignation de *Lagonosticta minima*. Quant à leur provenance, ils portent sur leurs étiquettes l'indication de *Landana*, sur la côte de Loango, et nous avons tout lieu de croire que ces individus faisaient partie des envois de MM. Petit et Lucan.

M. Reichenow cite également cette espèce parmi celles que le Dr. Falkenstein a pu recueillir aux mêmes endroits.

Suivant M. Scharpe [1] *Lagonosticta minima* aurait été recueillie par Sala à *Catumbella* en 1868. Le voyageur Andersson rencontra cette espèce dans le territoire qu'il parcourut au sud du Cunene. La couleur des plumes du bas ventre et des sous-caudales, noire chez *L. rubricata*, d'un brun-isabelle chez *L. minima*, aide à les bien distinguer.

FAM. FRINGILLIDÆ

346. Passer arcuatus

Syn. *Fringilla arcuata*, Gm., Syst. Nat., i, p. 912.
Passer arcuatus, Layard, Birds S.-Afr., p. 204; Boc., Jorn. Acad. Sc. Lisboa, n.° ii, 1867, p. 152; Sharpe, Cat. Afr. Birds, p. 69; Gurney in Anderss., B. Damara, p. 185.

Fig. *Buffon, Pl. Enl., pl. 230, fig. 1.*

Caract. ♂ ad. Dessus de la tête, joues, gorge et poitrine noirs; derrière la nuque un espace cendré; une large bande blanche partant de l'œil et se dilatant sur le côté du cou pour former une grande tache qui vient entamer le noir de la gorge; dos, petites couvertures alaires et sus-caudales d'un roux-cannelle; au travers de l'aile une étroite bande blanche formée par les petites couvertures du dernier rang; grandes couvertures et rémiges brunes, bordées de grisâtre; rémiges primaires et rectrices brunes avec un étroit liséré gris. Bec noir; pieds brun-clair; iris brun.

Dimens. L. t. 135 m.; aile 73 m.; queue 55 m.; bec 11 m.; tarse 18 m.

Habit. Nous possédons un seul individu de cette espèce, que M. d'Anchieta nous envoya en 1867 de *Benguella;* il est aussi la seule preuve jusqu'à présent de l'existence du *P. arcuatus* au nord du Cunene. Au sud de ce fleuve, Andersson l'a trouvé fort répandu dans les pays des Damaras et des Grands Namaquas.

Les indigènes de Benguella l'appèlent *Kimbolio.*

[1] V. Proc. Z. S. London. 1870, p. 143.

347. Passer diffusus

Syn. *Passer diffusus*, Smith, Rep. S.-Afr. Esped., 1836, p. 50.
Passer diffusus, Hartl., Orn. West.-Afr., p. 151; Sharpe, Proc. Z. S. L., 1870,
   p. 143; Boc., Jorn. Acad. Sc. Lisboa, n.° xvii, 1874, p. 57; Sharpe &
   Bouvier, Bull. S. Z. France i, p. 49; Gurney in Anderss., B. Damara,
   p. 187.
Passer simplex, Boc., Jorn. Acad. Sc. Lisboa, n.° ii, 1867, pp. 141 et 153.
Passer Swainsonii, (part.) Finsch & Hartl., Vög. Ost.-Afr., p. 450; Reichenow,
   Journ. f. Orn., 1877, p. 29.

Fig. *nulla.*

Caract. ♂ ad. D'un cendré plus pur sur la tête, teint de roussâtre
sur le dos, avec le croupion et les sus-caudales d'un roux-cannelle vif; en dessous cendré-pâle, lavé de roussâtre chez quelques individus; gorge, milieu de
l'abdomen et sous-caudales d'un blanc pur; petites couvertures alaires roux-
cannelle, celles du dernier rang terminées de blanc; grandes couvertures et
rémiges secondaires frangées de roussâtre; rémiges et rectrices brunes avec
un étroit liséré plus pâle. Sous-alaires blanches ou grisâtres. Bec noir (brunâtre aussi chez des individus marqués comme mâles); pieds brun-terreux;
iris brun.

Dimens. L. t. 155 m.; aile 86 m.; queue 67 m.; bec 12 m.; tarse
19 m.

Habit. *Cabinda*, côte de *Loango* (Anchieta, Petit et Falkenstein);
Loanda (individus provenant du voyage de S. M. le Roi D. Luiz); *Ambaca* et
Humbe (Anchieta); *Catumbella* (Anchieta et Sala).
   On voit d'après ces citations que ce moineau est fort répandu de l'un à
l'autre extrême de notre colonie d'Angola. Andersson l'observa souvent dans
le pays des Damaras, mais c'est surtout près du fleuve Okavango qu'il le ren-
contra en abondance.
   Nos exemplaires du *Humbe* portent les noms indigènes—*Embolio* et
Ximbolio.

   M. Sharpe admet l'existence de trois espèces ou races géographiques distinctes: —*P. Swainsoni*, de l'Afrique orientale, *Passer simplex*, de l'Afrique
occidentale, et *Passer diffusus*, de l'Afrique australe. Pour celà il s'appuie sur
quelques différences de taille et de coloration qu'il a pu constater sur des in-

dividus de diverses provenances soumis à son examen. [1] M. Gurney semble aussi partager cette manière de voir tout en remarquant que les différences qu'il faut faire valoir en faveur de cette séparation sont assez légères. [2] Chez tous les individus du *P. Swainsoni* que nous avons examinés, les teintes sont en effet plus rembrunies que chez nos exemplaires du *P. diffusus*, et la taille sensiblement plus petite; mais à l'égard du *P. simplex* nous ne pouvons nous prononcer, faute d'éléments suffisants de comparaison.

348. Xanthodira flavigula

Syn. *Xanthodira flavigula*, Sundev., OEfv. Vetensk. Akad. Förhandl., 1850, p. 98; Boc., Jorn. Acad. Sc. Lisboa, n.° XXIV, 1878, p. 277.
Petronia petronella, Gurney in Anderss., B. Damara, p. 185.

Fig. *nulla.*

Caract. ♂ ad. D'un cendré-roussâtre en dessus; la tête d'un brun foncé; le dos varié de noirâtre; une large bande sourcilière blanc-roussâtre; parties inférieures grisâtres, nuancées de brun sur la poitrine; le milieu du ventre et la gorge d'un blanc plus pur; celle-ci marquée au centre d'une tâche jaune-soufre; couvertures alaires de la couleur du dos avec les bords plus pâles; rémiges et rectrices brunes, lisérées de gris. Bec brun-noir à sa moitié supérieure, la mandibule d'un gris-rougeâtre; pieds couleur de zinc; iris châtain-clair.

Dimens. L. t. 160 m.; aile 90 m.; queue 58 m.; bec 14 m.; tarse 21 m.

La femelle diffère du mâle par des teintes plus rembrunies en dessous et par l'absence de la tâche jaune à la gorge, qui est plus lavée de gris.

Habit. M. d'Anchieta nous a envoyé récemment de *Caconda* une paire d'individus de cette intéressante espèce, qui figure pour la première fois dans l'ornithologie d'Angola. Andersson l'avait rencontrée dans le voisinage de la rivière *Okavango*, qui n'est pas fort éloignée des frontières méridionales de nos possessions.

M. d'Anchieta nous écrit qu'il a trouvé dans l'estomac de ces oiseaux des débris d'insectes mélangés à une grande quantité de graines.

Le nom indigène de l'espèce à Caconda serait *Sue-sue*.

[1] V. Sharpe, Proc. Z. S. London, 1870, p. 143.
[2] V. Gurney in Anderss. B. Damara, p. 188.

349. Poliospiza tristiata

Syn. *Serinus tristriatus*, Rüpp., Neue Werb., p. 97, tab. 35, fig. 2.
Poliospiza tristriata, Boc., Jorn. Acad. Sc. Lisboa, n.º XII, 1871, p. 276;
    Heugl., Orn. N. O.-Afr., p. 462.
Fringilla tristriata, Finsch & Hartl., Vög. Ost.-Afr., p. 449.

Fig. *Rüppell, Neue Wirb., tab. 35, fig. 2.*

Caract. ♂ ad. Brun-terreux en dessus, beaucoup plus pâle en dessous; les plumes du vertex marquées au milieu d'une strie noirâtre; une large
bande sourcilière, le menton et le milieu de la gorge d'un blanc pur; côtés de
la tête brun-noirâtre; couvertures inférieures de la queue blanchâtres; rémiges et rectrices brunes, lisérées de grisâtre. Bec brun-rouge, plus foncé à la
pointe; pieds livides; iris brun.

Dimens. L. t. 128 m.; aile 86 m.; queue 60 m.; bec 12 m.; tarse
17 m.

Habit. *Caconda.* Nous pensons que cet oiseau doit y être rare, car
nous avons à peine reçu un exemplaire recueilli par M. d'Anchieta lors de sa
première visite à cette localité, qui nous a fourni un grand nombre d'espèces
intéressantes et inédites. Cette espèce, découverte par Rüppell en Abyssinie,
n'avait jamais été observée en dehors de l'Afrique orientale.

350. Crithagra angolensis

Syn. *Fringilla angolensis*, Gm., Syst. Nat. I, p. 918; Layard, B. South.-Afr,
    p. 203.
Poliospiza angolensis, Hartl., Orn. West-Afr., p. 150.
Crithagra atrogularis, Reichenow, Journ. f. Orn., 1877, p. 29.

Fig. *Edwards, Birds, pl. 129.*

Caract. Adulte. Plumage cendré en dessus avec le centre des plumes brun; croupion jaune de souffre; menton et gorge noirs; le reste des parties inférieures fauves; rémiges et rectrices brunes avec un étroit liséré jaune-
verdâtre sur les barbes externes et terminées de blanchâtre. Bec et pieds brun
pâle; iris brun.

Dimens. L. t. 112 m.; aile 70 m.; queue 50 m.; bec 9 m.; tarse 13 m.

Habit. Cette espèce se trouverait d'après Andersson en Angola. Le Dr. Falkenstein l'a trouvée récemment à *Chinchonxo* sur la côte de Loango.

Le Muséum de Lisbonne possède depuis longtemps un mâle en plumage imparfait d'origine inconnue, et dont les caractères sont d'accord avec ceux de *C. angolensis* en cet état du plumage.

351. Crithagra capistrata

Syn. *Crithagra capistrata*, Finsch & Hartl., Vög. Ost.-Afr., p. 458; Sharpe, Proc. Z. S. L., 1873, p. 717; Boc., Jorn. Acad. Sc. Lisboa, n.° xx, 1876, p. 262; Sharpe & Bouvier, Bull, S. Z. France ı, p. 49; Reichenow, Journ. f. Orn., 1877, p. 29.
Crithagra barbata, Reichenow, Corr. Afr. Gesells., n.° 10, p. 180.

Fig. *nulla.*

Caract. ♂ ad. Plumage vert-olivâtre en dessus avec des stries brunes au centre des plumes; front, joues et menton noirs; une large bande derrière le noir du front, sourcils, croupion et parties inférieures jaune-jonquille; couvertures alaires noirâtres bordées de jaune-verdâtre; rémiges et rectrices brun-foncé, lisérées de jaune en dehors. Bec couleur de corne; pieds brun-clair; iris brun.

Dimens. L. t. 107 m.; aile 62 m.; queue 45 m.; bec 10 m.; tarse 14 m.

Habit. *Golungo-alto* (Welwitsch); *Cabinda* (Sperling); côte de *Loango* (Petit et Falkenstein).

L'espèce a été décrite par M. Finsch d'après un exemplaire rapporté par Welwitsch du *Golungo-alto*. Cet exemplaire aujourdhui déposé au Muséum de Lisbonne est parfaitement identique à l'un des individus, envoyés par M. Petit de *Landana*, que nous devons à l'obligeance de M. Bouvier.

352. Crithagra chrysopyga

Syn. *Crithagra chrysopyga*, Swains., West.-Afr. I, p. 206, pl. 17; Hartl.; Orn.
West.-Afr., p. 154; Layard, B. S.-Afr., p. 219; Boc., Jorn. Acad. Sc. Lisboa, n.° v, 1868, p. 44; Gurney in Anderss., B. Damara, p. 182; Sharpe
& Bouvier, Bull. S. Z. France III, p. 76.
Crithagra butyracea, Finsch & Hartl., Vög. Ost.–Afr., p. 455; Heugl. Orn. N.
O.-Afr., p. 647.
Crithagra ictera, Mont., Angola and Congo, II, p. 205.

Fig. *Swains., B. West.-Africa I, pl. 17.*

Caract. ♂ ad. Parties supérieures d'un vert-olivâtre avec le centre
des plumes d'un brun plus ou moins foncé; front, joues, raie sourcilière, croupion et parties inférieures jaune-jonquille; lorum, région auriculaire et un
trait partant de la base de la mandibule et formant moustâche d'un brun-olivâtre; ailes brun-foncé, les petites couvertures bordées de jaune-verdâtre, les
moyennes et grandes couvertures bordées et terminées de blanc lavé de jaune; rémiges et rectrices brunes lisérées en dehors de jaune-verdâtre, celles-ci
plus ou moins distinctement terminées de blanc. Sous-alaires grisâtres teintes
de jaune. Bec et pieds brun-pâle; iris brun.

Dimens. L. t. 118 m.; aile 71 m.; queue 47 m.; bec 9 m.; tarse
14 m.

Chez la femelle, et surtout chez le jeune, les teintes sont plus pâles; le
gris domine dans les parties supérieures, et en dessous le jaune est remplacé
par du blanc, plus ou moins lavé de jaune.

Habit. *Côte de Loango* (Petit et Lucan); *Biballa* et *Caconda* (Anchieta).
Commune dans les environs d'*Okavango* et se montrant aussi dans le pays
des Damaras (Andersson).
Nos exemplaires de Biballa portent le nom indigène *Kianja;* ceux de
Caconda, *Kabilo*.

353. Crithagra flaviventris

Syn. *Loxia flaviventris*, Gm., Syst. Nat. 1, p. 856.
Crithagra flaviventris, Layard, B. South.-Afr., p. 220; Boc., Jorn. Acad. Sc.
    Lisboa, n.º xx, 1870, p. 346.
Crithagra butyracea, Bp., Comp. Av. 1, p. 522.

Fig. *Edwards, Birds, tab.* 84?

Caract. ♂ ad. Parties supérieures d'un jaune-olivâtre, d'une teinte
plus pure sur le croupion, marquées sur la tête et le dos d'une strie brune au
milieu de chaque plume; front, joues, raie sourcilière et parties inférieures
jaune-jonquille, la poitrine nuancée d'olivâtre; lorum, région auriculaire et
une raie formant moustâche olivâtres; couvertures alaires brun-foncé, largement bordées de jaune-verdâtre; rémiges et rectrices noirâtres, lisérées de
jaune en dehors. Bec pâle, la machoire d'un brun-rougeâtre plus foncé; pieds
brun-rougeâtre; iris brun.

Dimens. L. t. 132 m.; aile 78 m.; queue 58 m.; bec 11 m.; tarse
19 m.

Habit. M. d'Anchieta nous envoya em 1868 un individu mâle de
cette espèce, le seul recueilli jusqu'à présent en Angola; il a été pris à
Huilla.

Cet oiseau ne figure pas dans la liste des espèces observées par Andersson au sud du Cunene.

Aux espèces précédentes il faut encore ajoutter, d'après Monteiro, *Buse-
rinus albigularis* (Smith), rencontré par ce voyageur dans la région littorale
de *Benguella* pendant l'excursion qu'il a réalisée en 1862 et 1863. [1]

---

[1] V. Monteiro, Proc. Z. S. London, 1865, p. 95.

FAM. EMBERIZIDÆ

354. Fringillaria Tahapisi

Syn. *Emberiza tahapisi*, Smith, App. Rep. Lep. S.-Afr., p. 48; Heugl., Orn.
N. O.-Afr., p. 665.
Fringillaria tahapisi, Layard, B. South.-Afr., p. 207; Sharpe & Bouvier, Bull.
S. Z. France III, p. 77.
Fringillaria septemstriata, Hartl., Orn. West.-Afr., p. 152; Boc., Jorn. Acad.
Sc. Lisboa, n.º v, 1868, p. 44; ibid., n.º XIII, 1878, p. 206.

Fig. *Rüppell, Neue Wirb., tab. 30, fig. 2.*

Caract. ♂ ad. En dessus brun-roussâtre strié de noir; en dessous
roux-cannelle sans taches; tête noire ornée de sept bandes longitudinales blanches; menton et gorge noirs variés de cendré; rémiges et rectrices noirâtres
bordées de roux. Mâchoire noire, mandibule d'un rouge-pâle; pieds rougeâtres; iris châtain.

Dimens. L. t. 146 m.; aile 75 m.; queue 60 m.; bec 10 m.; tarse
16 m.

Habit. *Biballa* et *Caconda* (Anchieta); *Santo Antonio*, sur la rive
gauche du Zaire (Petit et Lucan).
Nous avons reçu à peine de M. d'Anchieta deux individus, un mâle adulte
de Biballa et une femelle de Caconda, celle-ci en mauvais état. Le premier
porte le nom indigène *Kangua*, le second *Gungo*.

355. Fringillaria flaviventris

Syn. *Passerina flaviventris*, Vieill., Enc. Meth., p. 929.
Fringillaria flaviventris, Boc., Jorn. Acad. Sc. Lisboa, n.º v, 1868, p. 44;
ibid., n.º VIII, 1870, p. 346; ibid., n.º XIV, 1873, p. 199; ibid., n.º XVII,
1874, p. 57; ibid., n.º XX, 1876, p. 255; ibid., n.º XXII, 1877, p. 156;
Gurney in Anderss., B. Damara, p. 186.
Emberiza flaviventris, Finsch & Hartl., Vög. Ost.-Afr., p. 458; Heugl. Orn. N.
O.-Afr., p. 663.

Fig. *Swainson, B. West-Afr., I, pl. 14.*

Caract. ♂ ad. Plumes du dos et scapulaires roux-marron bordées
de fauve; dessus et côtés de la tête noirs, ornés de cinq bandes longitudina-

les blanches, l'une au milieu du vertex et deux de chaque côté au-dessus et au-dessous de l'œil; croupion et couvertures supérieures de la queue d'un cendré bleuâtre; petites couvertures alaires de cette couleur, à l'exception de celles du dernier rang d'un blanc pur; grandes couvertures noires, largement bordées de roux-marron ou de roussâtre; en dessous jaune-jonquille, nuancé de roux marron sur la poitrine et les flancs; menton, bas-ventre et sous-caudales d'un blanc pur; rémiges noirâtres, lisérées en dehors de gris; rectrices noires marquées, à compter des médianes, d'une tâche terminale blanche de plus en plus grande sur les barbes internes, la plus extérieure bordée en dehors de blanc. Mâchoire brun-rougeâtre, mandibule d'un rouge pâle; pieds rougeâtres.

Dimens. L. t. 160 m.; aile 88 m.; queue 78 m.; bec 13 m.; tarse 18 m.

Chez les femelles de notre collection la teinte roux-marron de la poitrine est presque entièrement effacée. Quelques individus portent des stries brunes sur les plumes du dos et ont les bandes de la tête d'un blanc lavé de roussâtre.

Habit. Cet oiseau est assez répandu en Angola depuis le parallèle de Benguella jusqu'au Cunené, mais il ne se montre pas dans la région littorale et semble habiter exclusivement les hauts plateaux de l'intérieur. Nous possédons des exemplaires nombreux de *Biballa, Caconda, Gambos* et *Humbe,* tous envoyés par M. d'Anchieta.

Au sud du Cunene, Anderson l'a observé souvent au nord du pays des Damaras et vers Okavango.

Son nom indigène varie suivant les localités: *Kianja* à Biballa, *Bendabalamba* à Caconda, *Sapanzoba* au Humbe.

Nous remarquons chez nos individus une certaine supériorité dans la taille par rapport à des spécimens du Transwaal et du Natal.

356. Fringillaria Cabanisi

Syn. *Fringillaria Cabanisi,* Reichenow, Journ. f. Orn., 1875, p. 233; Boc., Jorn. Acad. Sc. Lisboa, n.° xxiii, 1878, p. 206; ibid., n.° xxiv, 1878, p. 278.

Fig. Reichenow, *Journ. f. Orn., tab.* ii, *fig.* 2 et 3.

Caract. ♂ Ad. Tête en dessus noirâtre et variée de gris et de blanc sur le milieu du vertex, d'un noir profond sur les côtés; une étroite bande sourcilière se prolongeant de chaque côté jusqu'au bas de la nuque ; dos marqué de grosses stries noires sur un fond cendré et brun-marron ; croupion et sous-caudales cendré, avec le centre de quelques plumes rembruni ; deux bandes transversales blanches sur l'aile, l'une formée par le dernier rang des petites couvertures, l'autre par les extrémités des grandes couvertures ; en dessous d'un jaune moins brillant que *F. flaviventris,* avec le menton et une bande de chaque côté de la gorge d'un blanc pur ; flancs et crissum cendré-pâle ; sous-caudales blanches ; rémiges brunes, lisérées de gris en dehors ; rectrices noirâtres, terminées de blanc à compter des deux médianes, l'extérieure en dehors de cette même couleur. Machoire noirâtre, mandibule rougeâtre avec la pointe brune ; iris brun.

Dimens. L. t. 170 m.; aile 86 m.; queue 74 m.; bec 13 m.; tarse 18 m.

Habit. Tous les individus de cette espèce que nous possédons ont été recueillis par M. d'Anchieta à *Caconda,* le seul endroit où il l'a observée.

Le type de l'espèce serait originaire des monts *Camarões,* suivant M. Reichenow, qui l'a décrite.

F. Cabanisi, quoique assez voisine de *F. flaviventris,* possède des caractères de coloration assez tranchés pour qu'il soit impossible de les confondre. Sa taille est plus forte.

FAM. ALAUDIDAE

357. Pyrrhulauda verticalis

Syn. *Pyrrhulauda verticalis,* Smith, Ill. S-Af. Zool. Aves pl. 25 ; Layard, B. of S.-Afr., p. 210 ; Boc., Jorn. Acad. Sc. Lisboa, n.º VIII, 1870, p. 347 ; Gurney in Anderss, B. Damara, p. 190 ; Sharpe & Bouv., Bull. S. Z. France I, p. 309.

Fig. *Smith, Ill. S.–Afr. Zool. Aves, pl.* 25.

Caract. ♂ ad. Tête et parties inférieures noires ; vertex, joues, un collier au devant de la nuque, côtés de la poitrine et du ventre d'un blanc plus ou moins pur ; dos d'un gris-brunâtre avec le centre des plumes brun ; couvertures alaires, rémiges et rectrices brunes bordées de blanc-grisâtre ; la rectrice le plus extérieure blanche en dehors et dans le moitié de son tendue, sur les barbes internes. Sous-alaires d'un brun-noirâtre. Bec d'un blanc sale ; pieds couleur de chair ; iris brun.

Dimens. L. t. 118 mm.; aile 75 mm.; queue 45 m.; bec 12 mm.; tarse 17 mm.

La femelle se fait remarquer par des teintes plus pâles et terreuses : tout le dessus de la tête et du cou est chez elle tacheté de brun sur un fond brunâtre ; les joues et la gorge blanches lavées de brun et de gris ; la poitrine plus distinctement tachetée de brun, et le milieu du ventre noirâtre. Le jeune ressemble à la femelle.

Habit. Nous avons reçu à deux reprises d'*Angola* des individus de cette espèce par MM. Toulson et Furtado d'Antas, mais nous ignorons les lieux exacts de leur provenance. MM. Sharpe & Bouvier citent un individu de cette espèce envoyé par le dr. Lucan de la côte de *Loango*.

Le voyageur Andersson l'a rencontrée assez répandue sur le territoire des Damaras et des Grands Namaquas, au sud de la colonie portugaise.

358. Calandritis cinerea

Syn. *Alauda cinerea*, Gm. Syst. Nat. i, p. 798.
Alauda ruficeps, Boc., Jorn. Acad. Sc. Lisboa, n.°ii, 1867, p. 152; ibid., n.°viii, 1870, p. 347.
Megalophonus cinereus, Gurney in Anderss. B. Damara, p. 197.
Megalophonus Anderssoni, Tristr. Ibis 1869, p. 434 ; Gurney, loc. cit., p. 198.
Tephrocoris cinerea, Sharpe, Proc. Z. S. London, 1874, p. 633.

Fig. *Levaillant, Ois. d'Afrique*, iv, pl. 199.

Caract. Adulte. En dessus tacheté de noirâtre sur un fond cendré-roussâtre ; dessus de la tête d'un roux-marron foncé ; couvertures supérieures de la queue d'un roux plus pâle ; couvertures alaires noirâtres au centre et largement bordées de roux ; raie sourcilière et côtés de la tête blancs, avec une grande tache brun-roux sur la région auriculaire ; parties inférieures blanches ; une grande tache roux-marron de chaque côté de la poitrine, se prolongeant plus ou moins sur les flancs ; rémiges brunes avec un étroit liséré roussâtre en dehors, la plus extérieure d'un blanc presque pur sur les barbes externes ; rectrices noirâtres, à l'exception des deux médianes d'un brun-cendré ; les 2 rectrices de chaque côté avec une bordure blanche, qui occupe les barbes externes de la plus extérieure. Sous-alaires brun-clair. Bec brun avec la base de la mandibule jaunâtre ; pieds brun-rougeâtre ; iris brun.

Dimens. L. t. à 140 mm.; aile 90 mm.; queue 62 mm.; bec 12 mm.; tarse 20 mm.

Habit. Nous possédons deux individus de cette espèce, tous les deux marqués comme femelles et envoyés par M. d'Anchieta, l'un de *Benguella,* l'autre d'*Ambaca.*

Comparés à d'autres individus du Cap, du Natal et de Damara, ils s'en distinguent à peine par une taille en peu plus restreinte et par des teintes plus foncées et plus vives. Nous pensons que cette différence de coloration doit être le résultat de la saison, nos individus se trouvant évidemment en plumage d'été. Comparant leurs caractères à ceux qui se trouvent indiqués par M. Tristram dans la diagnose de *M. Anderssoni,* il nous semble qu'ils doivent ressembler parfaitement à l'individu recueilli par Andersson et sur lequel a été établie l'espèce, que M. Sharpe considère identique à *C. cinerea.* Nous nous rangeons complètement à l'avis du savant ornithologiste du Muséum britannique.

Les individus de notre collection sont les seuls jusqu'à présent recueillis en Angola. L'espèce se trouve fort répandue en Afrique australe.

Nos individus portent sur leurs étiquettes le nom indigène *Tioco.*

359. Mirafra africana

Syn. *Mirafra africana,* Smith, Rep. Exp. S.-Afr. App., p. 47 ; Sharpe, Proc. Z. S. London, 1874, p. 642, Boc., Jorn. Acad. Sc. Lisboa, n.º xxii, 1877, p. 275.
Megalophonus africanus, Layard, Birds S.-Afr., p. 213.
Megalophonus occidentalis, Hartl., Orn., West.-Afr., p. 153 ; Boc., Jorn. Acad. Sc. Lisboa, n.º ii, 1868, p. 48.
Megalophonus planicola, Finsch & Hartl., Vög. Ost.-Afr., p. 463.
Megalophonus rostratus, Hartl., Ibis., 1863, p. 327.

Fig. *Smith., Ill. S.-Afr. Zool. Aves, pl. 88.* Hartl., Ibis., 1863, pl. 9.

Caract. ♂ ad. Plumage en dessus fortement strié de noirâtre sur un fond brun-pâle lavé de roux, qui prend un ton roux plus accentué sur la partie antérieure du dos ; vertex d'un roux plus vif strié de noirâtre ; lorum et raie sourcilière d'un blanc-fauve ; joues et région auriculaire roussâtres, variées de brun ; couvertures alaires semblables aux plumes du dos, mais plus lavées de roux ; en dessous d'un fauve pâle, tirant au blanc sur la gorge et teint de roux sur les côtés de la poitrine et les flancs ; le menton sans taches ; la gorge et le haut de la poitrine marquées de taches allongées brunes régulièrement disposées ; rémiges roux-cannelle à la base et en dehors, et brunes sur leur tiers terminal; rectrices brunes lisérées de roussâtre, la plus extérieure d'un blanc fauve sur les barbes externes. Bec couleur de corne avec la base de la mandibule plus pâle; pieds brun-clair; iris brun-noisette.

Dimens. L. t. 180 mm.; aile 100 mm.; queue 70 mm.; bec 17 mm.; tarse 27 m.

Le femelle est plus petite que le mâle, mais ne diffère pas de lui quant aux couleurs.

Habit. *Huilla* et *Quillengues* (Anchieta). Les indigènes de la première localité l'appelent *Kirule*, ceux de la seconde *Kipembe*. Très commun à Quillengues de janvier à mars.

Cette espèce se trouve fort répandue dans l'intérieur de l'Afrique australe, du Natal au pays des Damaras; vers l'équateur elle paraît se rapprocher davantage de la côte, car l'individu décrit par M. Hartlaub sous le nom de *M. occidentalis* était originaire du Gabon. Nos exemplaires d'Angola sont parfaitement identiques à ceux du Natal.

360. Mirafra apiata

Syn. *Alauda apiata,* Vieill., N. Dict. H. N., i, p. 342.
Brachonyx apiata, Smith., Ill. S.-Afr., Zool. Aves, pl. 110, fig. 1.
Megalophonus apiatus, Layard, Birds. S.-Afr., p. 215.
Mirafra apiata, Sharpe, Proc. Z. S. London, 1874, p. 639, Boc., Jorn. Acad. Sc. Lisboa, n.º xxiii, 1878, p. 148; Sharpe & Bouvier, Bull. S. Z. France, iii, p. 77.

Fig. *Levaillant, Ois. d'Afrique* iv, *pl. 194.*
Smith, Ill. S.-Afr. Zool., Aves, pl. 110, fig. 1.

Caract. Ad. En dessus varié de bandes et de taches noires sur un fond roux-cendré; une petite raie sourcilière roussâtre; tache auriculaire de cette couleur, marquée de petites taches noires; petites et moyennes couvertures alaires semblables aux plumes du dos; grandes couvertures et rémiges secondaires brun-roux, ornées de traits irreguliers noirs et d'une large bordure roussâtre garnie en dedans d'un trait noir; en dessous fauve, la gorge et la poitrine tachetées de noir et variées de roux; rémiges primaires brunes, bordées de roux-pâle; les 2 rectrices médianes de la couleur du dos, marquées de traits et de points noirs; la plus extérieure noire vers la base sur les bar-

bes internes, le reste d'un blanc-roussâtre ; l'immédiate de cette couleur sur
les barbes externes. Sous-alaires d'un fauve clair, celles du bord de l'aile tachetées de brun. Bec brun de corne avec la base de la mandibule jaunâtre ;
pieds brun-clair ; iris roux-cannelle.

Dimens. L. t. 155 mm.; aile 83 mm.; queue 57 mm.; bec 14 mm.;
tarse 23 mm.

Notre description est faite d'après un individu envoyé de Caconda par M.
d'Anchieta, qui l'a tué au mois de novembre 1877. Cet individu porte un plumage usé, qui par sa teinte générale rousse rappelle la livrée d'été attribuée
par M. Sharpe à *M. apiata*[1]. Une autre individu de notre collection récemment rapporté du Zambese par notre célèbre voyageur Serpa Pinto se rapproche davantage de *M. rufipilea*, Vieill., par sa coloration générale d'un roux
ardent. Chez ce dernier individu les rémiges sont d'un roux-ardent dans plus
de la moitié de leur étendue, à compter de la base, et tous ses principaux caractères s'accordent assez bien avec ceux du mâle adulte de *M. rufipilea* décrit par M. Sharpe[2].

Habit. On doit à M. d'Anchieta la découverte de cette espèce en Angola ; notre exemplaire a été recueilli à *Caconda*, où il reçoit des indigènes
le nom de *Kitianonhe*. Le dr. Lucan l'a rencontrée à Condé, sur la *côte de
Loango*.

361. Mirafra nigricans

Tab. VIII, fig. 1

Syn. *Alauda nigricans*, Sundev, OEfv. Vetersk. Ak. Förhandl., 1850, p. 99;
     Boc., Jorn. Acad. Sc. Lisboa, n.° XVII, 1874, p. 39.
Mirafra nigricans, Sharpe, Proc. Zool. S. London, 1874, p. 651.

Caract. ♂ ad. En dessus brun-noirâtre avec les bords des plumes
d'une teinte plus pâle ; dessus de la tête noir ; espace ante-orbitaire, cercle
palpebral et raie sourcilière blancs ; une grande tache auriculaire noire avec
le centre blanc ; parties inférieures blanches ; le menton sans taches, mais limité de chaque côté par une ligne noire ; gorge et poitrine ornées de taches
noires, plus confluentes sur la gorge ; couvertures alaires et rémiges secondaires brun-noirâtre, bordées de roussâtre ; rémiges primaires noirâtres ainsi

[1] V. Sharpe, Proc. Z. S. London, 1874, p. 639.
[2] V. Sharpe, loc. cit., p. 641.

que les rectrices, celles-là terminées de blanchâtre et bordées de fauve en dedans, celles-ci lisérées de blanchâtre ; la rectrice extérieure de cette couleur sur les barbes externes. Bec brun de corne avec la base de la mandibule plus pâle ; pieds livides ; iris brun-rougeâtre.

Dimens. L. t. 200 mm.; aile 122 mm.; queue 81 mm.; bec 15 mm.; tarse 28 mm.

Un autre individu portant la marque de femelle ressemble parfaitement au mâle.

Habit. Le type de cette rare espèce décrite par Sundevall en 1850 fut recueilli à *Limpopo*, dans la Cafrérie supérieure, en 1846 par l'infortuné voyageur Wahlberg. Nous possédons 2 individus d'Angola, l'un tué au *Humbe* en 1873 et l'autre à *Quillengues*, en 1878 ; l'un et l'autre nous ont été envoyés par M. d'Anchieta.

Nom indigène à Quillengues — *Kenibange*.

M. Reichenow cite deux autres alouettes, l'une de la Côte de Loango, l'autre d'Angola, rapportées par le dr. Falkenstein de son voyage. L'une de ces espèces est l'*Alauda plebeja*, que M. Cabanis a décrite dans le Journ. f. Ornith. 1875, p. 237 ; l'autre la *Calandrella Buckleyi*, Shelley, dont la description a été publiée dans l'*Ibis* 1873, p. 142. L'une et l'autre nous sont inconnues.

M. Monteiro comprend la *Certhilauda semitorquata*, Smith, dans la liste, publiée par lui en 1865, des oiseaux observés à *Benguella*[1]. Un des exemplaires recueillis par M. Monteiro appartient actuellement aux collections du Muséum britannique[2]. Nous ne l'avons jamais reçue de Benguella, où elle serait assez commune d'après M. Monteiro, ni d'ailleurs.

[1] V. Monteiro, Proc. Z. S. London, 1865, p. 94.
[2] V. Sharpe, Proc. Z. S. London, 1874, p. 623.

ORDO V COLUMBAE

FAM. COLUMBIDAE

362. Treron calva

Syn. *Columba Calva*, Temm. H. N. Pigeon et Gallin., I, pp. 63 et 442;
  Vieill., N. Dic. H. N., XXVI p. 390.
  Treron Calva, Boc., Jorn. Acad. Sc. Lisboa, n.º II, 1817, p. 144; ibid., n.º V,
  1886, p. 46; Sharpe, Proc. Z. S., London, 1869, p. 570; Monteiro, An-
  gola & Congo II, p. 169; Finsch & Hartl., Vög. Ost–Afr., p. 538; ? Gurney
  in Anderss. B. Damara, p. 230; Sharpe, Z. S. London, 1870, p. 147;
  Reichenow, Journ. f. Orn., 1877, p. 14.
  Treron nudifrons, Boc., Jorn. Acad. Sc. Lisboa, n.º II, 1867, p. 144.
  Treron nudirostris, Monteiro, Proc. Z. S. London, 1860, p. 112; Boc., Jorn.
  Acad. Sc. Lisboa, n.º VIII, 1870, p. 349; ? Boc., Jorn. Acad. Sc. Lisboa,
  n.º XX, 1876, p. 255.

Fig. *Temminck et Knip, Pigeons, pl. 7.*

Caract. Adulte. Plumage vert-olivâtre, d'un ton plus sombre et melangé de cendré sur le dos et les ailes, glacé légèrement de jaune sur la tête,
le cou et les parties inférieures; entre la base du cou et le dos un espace,
souvent indistinct, plus lavé de cendré; les flancs tirant à cette couleur; les
petites couvertures du pli de l'aile d'un violacé-vineux, formant une épaulette
assez étendue; rémiges et grandes couvertures, en partie, noires, celles-là
avec un étroit liséré jaune-pâle, celles-ci bordées largement de cette couleur;
couvertures inférieures de la queue variées de vert-cendré et de jaunâtre, les
plus longues d'un roux-cannelle uniforme terminées de roux-pâle; cuisses
jaune-jouquille; queue d'un cendré-bleuâtre en dessus, noire en dessous avec
une large bande terminale grisâtre, à l'exception des deux rectrices médianes
d'un cendré-bleuâtre sur les deux faces. Sous-alaires cendré-bleuâtre, lisérées
de vert. Bec faible, étroit; l'espace nu de la base entamant largement les plumes du front et d'une teinte rouge, la partie terminale cornée d'un gris-bleu
argentin; pieds rouge-orangé; iris cendré-bleu.

Dimens. L. t. 270 à 280 mm.; aile 155 mm.; queue 86 mm.; bec 27 mm.; tarse 22 mm.

Les individus désignés comme femelles sont en général plus petits. Chez les individus jeunes ou imparfaitement adultes la nudité de la base du bec est toujours moins étendue.

Habit. Notre description de *T. calva*, qui se trouve bien d'accord avec la description originale de Temminck, s'applique exactement à plusieurs individus de notre collection dont nous allons indiquer la provenance : 1° deux individus du *Gabon*, du voyage de Marche et Compiègne ; 2° quatre individus da la *côte de Loango* (dr. Lucan et Petit) ; 3° un individu de *Cabinda* (Anchieta) ; 4° trois individus d'*Angola*, sans indication précise de localité (Toulson)[1] ; 5° un individu de *Golungo-alto* (Welwitsch). Ces individus se ressemblent tellement qu'il est impossible de ne pas les rapporter à la même espèce ; on remarque cependant que chez deux des individus de la côte de Loango et chez l'un des trois individus envoyés d'Angola par M. Toulson la nudité de la base du bec est beaucoup moins étendue que chez les autres, dont ils diffèrent aussi par une taille plus petite. Cette circonstance, l'aspect de leur plumage et surtout la couleur de leurs rémiges primaires, d'un brun-noirâtre au lieu de noires, nous les font regarder comme des individus plus jeunes que les autres. La nudité de la base du bec occupant largement le front, comme la décrit Temminck, serait pour nous un caractère propre de l'adulte.

D'autres individus originaires d'Angola, mais provenant de localités plus méridionales, sont bien plus difficiles à déterminer. Nous avons à citer en premier lieu un individu adulte pris par nos intrépides voyageurs Capello et Ivens pendant leur voyage d'exploration du *Quango*, ensuite deux individus de *Biballa* et trois du *Humbe*, tous envoyés par M. d'Anchieta.

Notre exemplaire du *Quango* est plus grand que les autres, ses dimensions dépassent sensiblement celles que nous avons constatées chez les individus de *Loango* et du nord d'*Angola* ; son bec est plus fort et plus haut à son extrémité, dont la coloration est différente, d'une teinte jaunâtre au lieu de gris-bleuâtre ; ses couleurs sont plus gaies, plus mélangées de jaune sur la tête et les parties inférieures, le milieu du ventre étant d'un jaune presque pur ; enfin le front est dégarni de plumes, comme chez nos individus adultes de *T. calva*.

Les individus de *Biballa* et du *Humbe* se ressemblent. Leur taille est inférieure à celle de l'individu du *Quango* ; leurs teintes sont encore plus claires,

---

[1] Nous avons tout lieu de croire que M. Toulson a dû recevoir ces oiseaux de *Cazengo*, de *Golungo-Alto* ou de quelque localité voisine, au nord du Quanza, parceque presque tous les oiseaux qu'il nous a envoyés ont été recueillis dans cette contrée.

tirant davantage au jaune ; la forme et les dimensions du bec n'en diffèrent pas, mais la partie nue de la base, au lieu d'entamer le front, le laisse presque intact. De l'examen de ces individus résulte pour nous l'impression qu'ils sont jeunes, ou, tout au moins, qu'on ne peut pas juger d'après eux des caractères définitifs de l'espèce.

Nous pensons former une idée exacte de *T. nudirostris* d'après des individus de *Bissao* et de *Casamance* de notre collection, auxquels s'applique parfaitement la description originale de Swainson, établie sur un individu du Sénégal. Or il est hors de doute que nos exemplaires de *Biballa* et du *Humbe,* sous le rapport des couleurs et des dimensions, et surtout d'après la conformation du bec et le peu d'étendue de la nudité rostrale, ressemblent mieux à ces représentants authentiques de *T. nudirostris* qu'à nos individus du *Congo* et d'*Angola,* dont les caractères sont conformes à ceux de *T. calva.* Cependant nous osons demander si l'on peut tenir pour définitivement démontré que l'étendue de l'espace nu de la base du bec est, à lui seul, un caractère d'une application facile et sure pour la séparation de ces deux espèces.

Nous n'ignorons pas que des auteurs très compétents se prononcent pour l'affirmative, mais l'autorité des faits nous impose davantage. Chez quelques uns de nos individus de la côte de Loango et d'Angola, l'espace nu de la base du bec n'entame nullement les plumes du front, tandis que d'autres individus des mêmes provenances, tellement semblables aux premiers que personne ne s'aviserait de les séparer spécifiquement, portent le front largement nu de *T. calva.* L'aspect du plumâge des individus à petite nudité rostrale et leur taille inférieure nous ont laissé l'impression qu'ils pourraient bien être des jeunes ou des individus plus jeunes que les autres ; d'où il faudrait conclure que chez *T. calva* la nudité rostrale varie avec l'âge ; restreinte à la base du bec chez les jeunes, elle prend un développement considérable à l'âge adulte ou chez les vieux.

A-t-on dûment constaté que la même chose n'arrive point chez *T. nudirostris ?*

On admet d'un commun accord que l'espace nu de la base du bec est plus petit chez cette espèce ; mais est-ce bien sur que ce caractère reste invariable, en dépit de l'âge et de toutes les circonstances capables de déterminer chez l'autre espèce congénère le changement dont nous avons rendu compte ?

En faveur de l'opinion contraire nous avons une simple présomption, il est vrai, mais une présomption de quelque valeur. L'une et l'autre espèce sont généralement considérées comme se trouvant ensemble dans plusieurs localités depuis le Sénégal jusqu'au Gabon, et ce fait singulier ne peut pas être toujours le résultat d'une méprise, car des auteurs, qui se trouvent à l'abri d'un tel reproche, admettent l'existence simultanée de *T. calva* et de *T. nudirostris* en plusieurs endroits de l'Afrique occidentale et notamment au Sénégal. Si la confusion des deux espèces existe réellement, la manière la plus naturelle de l'expliquer, ce serait d'admettre que des individus vieux de *T. nudirostris*, à front nu, auraient été rapportés à *T. calva*. On arriverait du même coup à reconnaître un habitat distinct pour chacune des deux espèces.

En conclusion, ce qui nous semble incontestable c'est que de nouvelles observations sont absolument nécessaires pour qu'on puisse formuler les diagnoses exactes de *T. calva* et *T. nudirostris* et acquérir des notions précises sur leur distribution géographique.

363. Columba guineensis

Syn. *Columba guinea*, Linn., Syst. Nat. i, p. 282; Vieill., Dict. H. N., xxvi, pl. 353; Hartl., Orn. West–Afr., p. 194.
Columba guineensis, Briss., Orn. i, p. 132; Boc., Jorn. Acad. Sc. Lisboa, n.º xiii, 1872, p. 67; Heugl., Orn. N.-O. Afr., p. 822; Finsch & Hartl., Vög. Ost.-Afr., p. 539.
Columba trigonigera, Boc., Jorn. Acad. Sc. Lisboa, n.º v, 1868, p. 49.

Fig. *Edwards, Aves, tab.* 75.

Caract. Ad. Plumage d'un cendré pâle; dessus de la tête d'un ton plus foncé; menton blanchâtre; un large collier, formé de plumes étroites et lancéolés d'un rouge de cuivre nuancé de gris-lilacin, couvrant la gorge et le haut de la poitrine; région interscapulaire, scapulaires et couvertures alaires, en partie, d'un marron pourpre; les couvertures plus rapprochées du bord de l'aile cendrées; des taches triangulaires blanches nombreuses et assez dévelloppées occupant l'extrémité des couvertures alaires; rémiges et rectrices d'un cendré-ardoisé, celles-là tirant au brun-foncé vers la pointe et lisérées de brun en dehors, celles-ci ornées de deux bandes noires, l'une large et terminale, l'autre plus étroite, séparées par un intervalle d'un centimètre à peu-près. Sous-alaires cendrées. Espace nu autour des yeux et pieds rouges; bec noirâtre; cire grisâtre; iris jaune (Anchieta).

Dimens. L. t. 340 mm.; aile 230 mm.; queue 115 m.; bec 23 mm.; tarse 26 mm.

Habit. Notre description a été faite d'après deux individus envoyés par M. d'Anchieta, l'un de *Huilla*, l'autre de *Capangombe* (rio *Coroca*). Par ses teintes et par le nombre et les dimensions des taches blanches sur les couvertures des ailes ils ressemblent parfaitement à un individu mâle d'*Abyssinie* de notre collection, acquis à la maison Verreaux. Un autre mâle, que nous avions également reçue de la maison Verreaux et dont l'étiquette porte l'indication de «Cap de Bonne Esperance», est d'une taille plus forte et diffère sensiblement de ces trois individus par ses couleurs plus foncées, cendré-ardoisé et marron-vineux, et par les taches blanches des couvertures alaires, plus petites et moins nombreuses. Ces différences, qui ne permettent pas de les confondre, semblent plaider en faveur de la séparation, admise par plusieurs ornithologistes, de deux races géographiques ou espèces sous les noms de *C. guineensis* et *C. trigonigera*. Quoiqu'il en soit nos individus d'Angola ont bien certainement tous les caractères de la *C. guineensis*, qui habite la zone équatoriale.

Cette espèce n'a pas encore été observée dans les pays qui limitent au nord et au sud les possessions portugaises d'Angola ; dans celles-ci on ne l'a jamais rencontrée au nord du parallèle de Benguella.

364. Columba arquatrix

Syn. *Columba arquatrix*, Temm & Kuip, Pigeons ɪ, tab. 5 ; Layard, B. S.-Afr., p. 257 ; Monteiro, Proc. Z. S. London, 1864, p. 18 ; Boc., Jorn. Acad. Sc. Lisboa, n.º ɪɪ, 1867, p. 144 ; Heugl., Orn. N.-O. Afr., p. 825.

Fig. *Levaillant, Ois. d'Afrique, ɪv, pl. 264.*

Caract. Adulte. Front, dos, scapulaires et petites couvertures de l'aile, bas de la poitrine et abdomen d'un rouge-brun vineux ; dessus de la tête et nuque gris-bleuâtre ; région cervicale, côtés du cou et haut de la poitrine d'un gris-vineux à irisations nacrées, les plumes de ces parties d'un brun-rouge foncé à la base et largement bordées de gris-vineux ; menton et joues d'une teinte vineuse plus foncée ; couvertures du bord de l'aile, bas du dos et croupion cendré de plomb ; rémiges et grandes couvertures alaires brun-marron foncé ; couvertures supérieures et inférieures de la queue d'un brun nuancé de cendré ; flancs et sous-alaires cendrés ; rectrices d'un noir violacé ; des taches triangulaires blanches sur l'extrémité des petites couvertures alaires et des plumes de la poitrine et du ventre. Bec, pieds et espace nu peri-ophthalmique d'un jaune vif ; iris grisâtre.

Dimens. L. t. 370 mm.; aile 234 mm.; queue 150 m.; bec 21 mm.; tarse 26 mm.

Habit. M. Monteiro présenta en 1864 dans une séance de la société zoologique de Londres un individu vivant reçu de Benguella. Deux individus également vivants nous furent envoyés de Loanda en 1867 par M. E. Pinto de Balsemão. Enfin deux individus ayant appartenu à une intéressante collection ornithologique du Roi D. Pedro V, se trouvent actuellement dans les galéries du Muséum de Lisbonne ; d'après une note écrite sur l'étiquette de ces individus, ils seraient originaires de *Golungo-Alto*.

En présence de ces preuves matérielles il est permis d'affirmer l'existence de cette espèce en Angola ; mais des données positives sur leur habitat nous font complètement défaut.

De ce que des individus vivants ont été envoyés de temps en temps de Loanda ou de Benguella, il n'en résulte pas nécessairement que l'espèce s'y trouve ou visite régulièrement la région littorale, d'autant plus que les résultats négatifs de l'exploration de M. d'Anchieta rendent peu probable une telle conjecture. Il suffit qu'elle se rapproche dans ses migrations des confins intérieurs du territoire d'Angola pour que des individus vivants puissent avoir été amenés par les caravanes à des localités de la côte. Il n'est pas impossible que des individus isolés se laissent voir plus ou moins accidentellement à *Golungo-Alto ;* mais il nous semble qu'il faut chercher plus en avant vers l'intérieur les véritables stations de l'espèce. M. Layard[1] nous apprend que ce pigeon vit principalement de fruits et qu'il nidifie sur les arbres ; c'est donc dans des régions boisées qu'il doit se trouver habituellement.

365. Turtur semitorquatus

Syn. *Columba semitorquata*, Rüpp., N. Wirb., p. 66, tab. 23, fig. 2.
Turtur erythrophrys, Boc., Jorn. Acad. Sc. Lisboa, n.° IV, 1867, p. 237 ;
    ibid., n.° VIII, 1870, p. 349 ; Monteiro, Proc. Z. S. London, 1865, p. 94 ;
    Sharpe, Proc. Z. S. L., 1870, p. 150.
Turtur semitorquatus, Finsch & Hartl., Vög. Ost.-Afr., p. 541 ; Heugl., Orn.
    N.-O.-Afr., p. 450, p. 830 ; Boc., Jorn. Acad. Sc. Lisboa, n.° XXIII, 1878,
    p. 207 ; Reichenow, Journ. f. Orn., p. 13.
Streptopelia semitorquata, Gurney in Anderss. B. Damara, p. 234 ; Boc., Jorn.
    Acad. Sc. Lisboa, n.° XVII, 1874, p. 57 ; ibid., n.° XXII, 1877, p. 156 ;
    ibid., n.° XXIV, p. 278.
Turtur capicola, Sharpe & Bouv., Bull. S. Z. France, p. 312.

Fig. *Rüppell, Neue Wirbelthiere, tab.* XXIII, *fig. 2.*

Caract. Adulte. En dessus brun-olivâtre, glacé de cendré sur le croupion et les couvertures supérieures de la queue : dessus de la tête cen-

[1] V. Layard, Birds S.-Afr., p 258.

dré-bleuâtre; front et menton d'un blanc roussâtre; nuque, côtés de la tête
et du cou, gorge, poitrine et abdomen d'une teinte vineuse assez intense; bas
ventre, crissum et sous-caudales cendrés; les couvertures voisines du bord de
l'aide plus ou moins nuancées de cendré-ardoisé; au-dessous de la nuque un
large croissant noir, bordé de gris en dessus; rémiges brunes avec un étroit
liséré pâle sur les barbes externes, plus distinct sur les trois premières rémiges; les deux rectrices médianes de la couleur du dos, les autres noires à la
base avec le tiers terminal cendré lavé de brun-terreux. Sous-alaires couleur
d'ardoise. Bec noir; pieds rouge-foncé; espace nu autour des yeux de cette
même couleur; iris rouge entouré d'un anneau brun (Anchieta)[1].

Dimens. L. t. 340 à 360 mm.; aile 1?0 à 230 mm.; queue 135 à
140 mm.; bec 19 mm.; tarse 2? mm.

La femelle ressemble au mâle.

Habit. Cette espèce est très répandue en Angola, où elle fait de
grands dégâts dans les plantations. M. Monteiro l'a observée à *Benguella* et
au *Dande;* M. d'Anchieta nous a envoyé des exemplaires recueillis en plusieurs localités, tant du littoral que de l'intérieur, *Pungo-Andongo, Caconda,
Novo-Redondo, Capangombe, Benguella* et *Humbe.* Suivant notre voyageur
son nom indigène à *Caconda* serait *Ecuti* et au Humbe *Filafila.*

M. Reichenow comprend cette espèce dans la liste des oiseaux de la
côte de Loango envoyés par le Dr. Falkenstein; MM. Sharpe et Bouvier rapportent à *T. capicola* des individus recueillis aux mêmes endroits par M. Petit[2].
A juger d'après un individu de *Landana*, envoyé en 1877 par MM. Lucan et
Petit, que nous avons devant nous, grâce à l'obligence de M. Bouvier, nous
pouvons affirmer que c'est réellement *T. semitorquatus* l'espèce de la côte de
Loango. Cet individu ressemble complètement à nos individus d'Angola, sauf
la taille qui est un peu plus petite. Un individu du Gabon provenant du voyage
de Marche et Compiègne présente encore de plus faibles dimensions, sans qu'il
nous soit possible de le regarder autrement que comme un représentant de
cette même espèce. On a déjà remarqué chez plusieurs espèces communes à
l'Afrique occidentale et à l'Afrique australe que les individus provenant des
contrées méridionales sont en général d'une taille plus forte.

Au sud d'Angola, Andersson a pu observer cette espèce vers les bords
du *Cunene* et à *Okavango.*

[1] Sur l'étiquette de quelques uns des individus envoyés par M. d'Anchieta nous lisons:
«iris rouge entouré d'un anneau brun»; mais d'autres individus portent d'indications différentes: «iris rouge avec un anneau interne brun», «iris brun avec un anneau interne jaune», et
«iris rouge». Chez un individu de Landana les yeux seraient, d'après la note écrite qui l'accompagne par MM. Lucan et Petit, «bruns avec un cercle rouge autour».

[2] V. Sharpe & Bouvier, loc. cit., p. 312.

366. Turtur damarensis

Syn. *Turtur damarensis*, Finsch & Hartl., Vög. Ost.-Afr., p. 560; Heugl.,
Orn. N.-O.-Afr., p. 838; Finsch, B. from Abyss. and Bogos, Trans. Z. S.
London, 1877, p. 289.
Turtur semitorquatus, Boc., Jorn. Acad. Sc. Lisboa, n.º II, 1867, p. 144; ibid.
n.º VIII, 1870, p. 349; Schlegel, Mus. Pays-Bas, *Columbae*, 1873, p. 124.
Turtur erythrophrys, Boc., Jorn. Acad. Sc. Lisboa, n.º V, 1877, p. 46.
Streptopelia damarensis, Boc., Jorn. Acad. Sc. Lisboa, n.º XVII, 1874, p. 57;
ibid., n.º XXIII, 1878, p. 207; Gurney in Anderss. B. Damara, p. 233.

Fig. *Levaillant, Ois. d'Afrique*, VI, pl. 268.

Caract. Adulte. En dessus d'un brun-roussâtre pâle, lavé de gris
sur le bas du dos et le croupion; dessus de la tête et couvertures du pli et du
bord de l'aile d'un gris-bleuâtre; un trait noir de la base du bec à l'œil; front
blanchâtre; nuque, joues, côtés du cou, gorge et poitrine d'un vineux-rose
pâle; abdomen légèrement teint de gris; crissum et sous-caudales d'un blanc
pur; au dessous de la nuque un croissant noir bordé de gris; flancs et sous-
alaires gris-bleuâtre; rémiges brunes lisérées de gris; les quatre rectrices intermédiaires cendrées, plus ou moins lavées de brun, les autres d'un noir
glacé de cendré sur leur moitié basale, d'autre moitié d'un blanc nuancé de
cendré et d'un blanc pur vers l'extrémité, la plus extérieure noire à la base
et blanche sur les barbes externes et dans sa moitié terminale; la queue regardée en dessous se montre mi-partie noire et blanche. Bec noir; pieds rouge-foncé; espace nu autour de l'œil cendré ou gris-verdâtre; iris brun (Anchieta).

Dimens. L. t. 280 à 285 mm.; aile 155 mm.; queue 112 mm.;
bec 15 mm.; tarse 22 mm.

Les sexes ne présentent aucune différence ni quant aux couleurs, ni
quant aux dimensions.
La description de *T. damarensis* par MM. Finsch et Hartlaub s'applique
fort bien à nos exemplaires, et les observations que M. Finsch a publiées plus
tard sur les caractères différentiels de cette espèce viennent à l'appui de notre
détermination spécifique [1]. Chez tous nos individus d'Angola, la tête est d'un
gris-bleuâtre, l'abdomen nuancé de cette couleur sur un fond vineux très pâ-

---

[1] V. Finsch & Hartl., loc. cit., p. 560; Finsch, Birds from Abyss. and Bogos, Trans. Z. S.
London VII, Part. IV, 1870, p. 289.

le, le crissum et les sous-caudales d'un blanc pur. Ces caractères ne permettent pas de les rapporter à *T. albiventris*, Gray, de l'Afrique occidentale. Sous le rapport de la distribution des couleurs ils ressemblent mieux à *T. capicola*, Sundev.; mais les teintes ont chez celle-ci beaucoup plus d'intensité.

Nous pensons que la figure de la pl. 268 de Levaillant a dû être faite d'après un individu de *T. damarensis*, dont elle reproduit assez bien les caractères essentiels. Andersson, qui a pu examiner des individus de cette espèce, a été du même avis [1]. Nous avouons ne pas comprendre l'hostilité systématique de quelques auteurs contre le célèbre voyageur français, qui par ses publications a rendu à la science et spécialement à l'ornithologie d'Afrique de services nombreux et importants.

Habit. *Benguella, Capangombe, Caconda, Huilla* et *Humbe* (Anchieta).

Noms indigènes : à Benguella *Bango*, au Humbe *Cocolumbua*.

Jusqu'à présent on ne l'a jamais observée au nord du Quanza. Au sud du Cunène, Andersson l'a rencontrée à proximité de ce fleuve et abondamment répandue dans le pays des Damaras et les territoires adjacents.

367. Turtur ambiguus

Syn. *Turtur erythrophrys*, Boc., Jorn. Acad. Sc. Lisboa, n.° II, 1867, p. 152. *Turtur sp.?*, Boc., Jorn. Acad. Sc. Lisboa, n.° XII 1872, p. 67.

Fig. *nulla*.

Diagn. *Ad. Medius; supra olivascente-fuscus, tergo et uropygio cinerascentibus; pileo et capitis lateribus distincte cinereis, fronte pallidiori; mento albo; nucha, collo laterali, gutture pectoreque pallide vinaceis; torque cervicali nigro, supra albicante marginato; alarum tectricibus marginem alae versus cinerascentibus; abdomine medio albicante; hypochondriis, subalaribus et subcaudalibus cinereis, his apice albis; cauda longiuscula, rectricibus duabus mediis dorso concoloribus, lateralibus a basi ultra demidium nigricantibus, dein spurce cinereis, apice albidis, rectrice extima pallide limbata. Rostro nigro; pedibus rubris; iride fusca. Long. tota 295 mm.; alae 164 mm.; caudae 115 mm.; rostri 18 mm.; tarsi 22 mm.*

[1] V. Gurney in Anderss. B. Damara, p. 233.

Caract. Adulte. D'une taille inférieure à celle de *T. semitorquatus* et à couleurs plus pâles. Une teinte cendrée couvre non seulement le dessus, mais aussi les côtés de la tête; les flancs sont d'un cendré pâle qui s'étend plus ou moins sur le ventre; celui-ci au milieu est d'un blanc presque pur; les couvertures inférieures de la queue d'un cendré clair portent des bordures blanches à l'extrémité.

La coloration cendrée de la tête et des sous-caudales suffit à bien faire distinguer cette espèce de *T. albiventris*, Gray. Par sa taille plus petite, par ses couleurs plus pâles et, surtout, par ses joues cendrées, au lieu de couleur de vin, il est également facile de ne pas la confondre avec *T. semitorquatus*. Ce dernier caractère et la couleur des sous-caudales la séparent également de *T. capicola*, Sund, et de *T. damarensis*, Finsch & Hartl. Chez celle-ci les teintes du plumage sont aussi sensiblement plus pâles.

T. decipiens, que nous connaissons à peine d'après la description publiée par MM. Finsch et Hartlaub [1], est peut-être l'espèce dont elle se rapproche davantage; mais outre la différence de taille, la couleur des joues, très distinctement cendrées chez notre espèce, s'opposerait à leur assimilation, car ce caractère, qui n'aurait pas échappé facilement à l'examen des auteurs précités, ne figure pas dans la diagnose de *T. decipiens*.

L'excellent travail de révision accompli par MM. Finsch et Hartlaub sur les espèces africaines du genre Treron nous a été d'un grand secours dans l'étude de ces espèces; c'est grâce à ce travail que nous avons pu déterminer plus sûrement nos exemplaires d'Angola; c'est aussi grace à lui que nous nous décidons à ajouter une nouvelle espèce à la liste des Tourterelles africaines.

Habit. Le premier exemplaire de cette espèce, que nous avons reçu d'Angola, nous a été envoyé en 1867 par M. d'Anchieta; c'est un mâle recueilli au *Dombe*, au sud de Benguella, que nous avons publié sous le nom de *T. erythrophrys*, Swains. (— *T. semitorquatus*, Rüpp), dont il se rapproche en effet par ses teintes. Un autre individu, une femelle, que nous devons également à M. d'Anchieta, nous est parvenu en 1872; il vient d'un autre point de la région littorale au sud de Mossamedes, près des bords de la rivière *Coroca (Rio Coroca)*. Enfin un troisième individu semblable aux précédents existe depuis longtemps dans les galéries du Muséum de Lisbonne; il porte sur l'étiquette — *Sénégal*, mais nous avons de bonnes raisons pour considérer cette indication comme inexacte; son origine nous est donc inconnue.

L'étiquette de l'exemplaire du Dombe contient l'indication du nom indigène; nous y lisons — *Dindié*, écrit de la main de M. d'Anchieta.

[1] V. Finsch & Hartl., Vög. Ost.-Afr., p. 544.

368. Turtur senegalensis

Syn. *Columba senegalensis*, Linn. Syst. Nat. I, p. 213.
Turtur senegalensis, Hartl., Ort. West-Afr., p. 195; Boc., Jorn. Acad. Sc. Lisboa, n.° II, 1867, p. 144; ibid, n.° IV, 1867, p. 337; ibid, n.° XVII, 1874,
p. 57; ibid, n.° XXIV, 1878, p. 278; Finsch & Hartl., Vög. Ost.-Afr., p. 551;
Heugl., Ost. N.-O.-Afr, p. 841; Gurney in Anderss. B. Damara, p. 232.

Fig. *Levaillant, Ois. d'Afrique* VI, *pl.* 270.
Temminck & Knip, Pigeons, pl. 45.

Caract. Adulte. Tête, cou et poitrine d'une teinte vineuse, qui
prend sur cette dernière partie un ton plus pâle et roussâtre; sur la gorge
un large collier d'un roux-ocracé, varié de noir; plumes du dos, scapulaires
et couvertures des ailes d'un cendré plus ou moins lavé de brun, bordées de
roux-ferrugineux pâle; croupion, sus-caudales, couvertures du pli et du bord
de l'aile, flancs et sous-alaires d'un cendré bleuâtre; ventre blanc ou très
légèrement lavé de vineux et de roussâtre; crissum et sous-caudales d'un
blanc pur; rémiges noirâtres lisérées de gris; les 4 rectrices médianes d'un
cendré lavé de brun, les autres cendrées à la base, puis noires jusqu'au milieu et le reste blanc nuancé de cendré. Bec noirâtre; pieds rouge-foncé; espace nu autour des yeux rouge-corail; iris brun (Anchieta).

Dimens. L. t. 265 mm.; aile 144 mm.; queue 120 m.; bec 15;
mm.; tarse 22 mm.

Habit. Nos individus d'Angola sont de diverses provenances au sud
du Quanza: *Benguella, Capangombe, Caconda* et *Humbe.* Ils nous ont été envoyés tous par M. d'Anchieta, et portent sur leurs équiquettes des noms indigènes différents: ceux de Caconda — *Cutundrucuto*, ceux de Benguella —
Nendi, ceux du Humbe — *Kalungumbo.*

Andersson a trouvé cette tourterelle fort répandue et abondante au sud
du Cunene, aux environs du Lac Ngami et à Okavango, et dans les pays des
Damaras et des Grands et Petits Namaquas.

369. Chalcopelia afra

Syn. *Columba afra*, Linn., Syst. Nat. i, p. 284.
Chalcopelia afra, Hartl., Orn. West–Afr., pp. 197 et 275; Boc., Jorn. Acad. Sc.
  Lisboa, n.° viii, 1870, p. 349; ibid., n.° xx, 1876, p. 263; ibid., n.° xxii,
  1877, p. 156; ibid., n.° xxiii, 1878, p. 206; ibid., n.° xxiv, 1878, p. 278;
  Finsch & Hartl., Vög. Ost.-Afr., p. 554; Heugl., Orn. N.-O.-Afr., p. 845;
  Gurney in Anderss. B. Damara, p. 236.
Chalcopelia chalcospilos, Boc., Jorn. Acad. Sc. Lisboa, n.° xvii, 1874, p. 58;
  ibid., n.° xx, 1876, p. 257.
Peristera afra, Sharpe, Proc. Z. S. L., 1870, p. 150; Sharpe & Bouv., Bull.
  S. Z. France i, p. 52; Reichenow, Journ. f. Orn., 1877, p. 13.

Fig. *Levaillant Oiseaux d'Afrique*, vi, *pl. 271.*

Caract. Ad. Plumage d'un brun-cendré en dessus et d'un vineux-lilacin pâle en dessous, ou d'un brun-roussâtre en dessus avec la gorge d'un roux-vineux pâle, qui prend graduellement une nuance isabelle sur la poitrine et le ventre; dessus de la tête d'un gris-bleu plus ou moins intense; front, joues et menton d'un blanc pur; croupion traversé d'une bande isabelle bordée de noir en dessous; couvertures supérieures de la queue de la couleur du dos avec une bordure terminale noire; crissum blanc; sous-caudales noires, les plus latérales en partie cendrées ou d'un gris-bleuâtre; ailes de la couleur du dos; des taches métalliques d'un vert à reflets dorés, ou d'un violacé d'amethyste, sur quelques unes des grandes couvertures et sur les deux dernières rémiges secondaires; les autres rémiges d'un roux-ardent, terminées de brun, les quatre premières brunes sur les barbes externes; les quatre rectrices intermédiaires de la couleur du dos, les autres d'un cendré plus ou moins pâle, toutes largement terminées de noir, les plus extérieures avec les barbes externes blanches et bordées de gris à l'extrémité. Bec tantôt noirâtre à la base et noir à la pointe, tantôt rouge-foncé à la base et orangé à l'extrémité; pieds liés de vin ou rouge-corail; iris brun (Anchieta).

Dimens. L. t. 195 mm.; aile 106 mm.; queue 81 mm.; bec 13 mm.; tarse 18 mm.

Les teintes du plumage varient beaucoup de ton et d'intensité. Parmi nos individus adultes il y en a à teintes foncées, brun-foncé en dessus et vineux en dessous, et à teintes pâles, roussâtres; mais nous devons ajouter que tous nos individus jeunes portent des teintes foncées. Chez tous les individus à teintes foncées le bec est noirâtre à pointe noire, chez ceux à teintes pâles il est rouge à la base et orangé à l'extrémité. Les taches alaires varient du bleu à reflets d'amethyste au vert à reflets dorés; et cette différence de coloration se trouve aussi en rapport avec celle des teintes du plumage, car les taches bleues se trouvent exclusivement sur des individus à teintes pâles.

Andersson, tout en se rangeant à l'opinion de ceux qui n'admettent pas de distinction spécifique d'après la couleur des taches alaires, prétendait cependant que ce caractère pourrait servir à distinguer les séxes, les taches vertes appartenant aux mâles et les taches bleues aux femelles. Nos observations sont loin de confirmer celles du célèbre voyageur suédois: non seulement nous avons reçu de M. d'Anchieta des individus désignées comme femelles à taches bleues et à taches vertes, mais, ce qui est plus décisif, nous avons trouvé l'ovaire plein d'œufs chez un individu en chair, mort en captivité, dont les taches alaires étaient d'un beau vert à reflets dorés. Selon nous, ces variations de couleur, que semblent garder entre elles un rapport constant, seraient plutôt des changements déterminées par l'âge et auxquels les saisons ne seraient peut-être indifférentes.

Nos individus jeunes conservent encore sur la tête, les ailes et la gorge des vestiges de leur prémier plumage, varié de bandes transversales brunes et roussâtres; chez eux, les taches alaires sont d'un noir sombre ou laissent apercevoir déjà quelques reflets d'un vert doré sous une certaine incidence de la lumière.

En confirmation de ce que nous avons dit, nous présentons ci-après la liste des exemplaires de cette espèce que nous avons pu examiner, en l'accompagnant de l'indication de leurs principaux caractères :

A. Individus à têintes pâles, roussâtres.

a. ♂ *Casamance* (Verreaux) Taches alaires bleues; bec rouge, orangé à la pointe, pieds rouges.

b. Sans désignation de sexe. *Gabon*. (Marche et Compiègne) Taches bleues; bec noirâtre ; pieds rouge-foncé.

c. ♂ *Landana* (Lucan). Taches bleues ; bec et pieds rouges.

d. ♀ *Pungo-Andongo* (Anchieta) Taches bleues; bec et pieds rouges.

e. ♀ *Caconda* (Anchieta) Taches bleues ; bec et pieds rouges.

f. ♀ *Caconda* (Anchieta) Identique au précédent.

B. Individus à teintes foncées d'un brun-cendré.

g. ♀ *Landana* (Lucan) Taches vertes; bec et pieds noirâtres.

h. ♂ *Landana* (Petit) Taches vertes ; bec et pieds noirâtres.

i. ♀ jeune. *Chinchouxo* (Petit) Taches noires sans reflets métalliques ; bec et pieds noirâtres.

j. ♀ jeune. *Landana* (Petit) Taches noires avec quelques reflets verts; bec noirâtre, pieds rouge-brun.

k. jeune. *Landana* (Lucan) Semblable au précédent.

l. adulte. *Quanza* (Hamilton) Taches vertes; bec et pieds noirâtres.

m. Adulte. *Loanda* (Welwitsch) Taches vertes; bec et pieds noirâtres.

n. Adulte. *Loanda* (Toulson) Taches vertes; bec et pieds noirâtres.

o. ♀ *Caconda* (Anchieta) Taches veries; bec et pieds noirâtres.

p. ♀ jeune. *Caconda* (Anchieta) Taches noires; bec et pieds noirs.

q. ♂ *Humbe.* (Anchieta) Taches vertes; bec et pieds noirâtres.

r. ♂ *Humbe* (Anchieta) Semblable au précédent.

s. Adulte. *Knysna.* Taches vertes; bec noirâtre; pieds brun-rougeâtre.

t. ♀ Patrie? Taches vertes; bec rouge-foncé avec la pointe noirâtre; pieds lie-de-vin. (Reçu en chair; l'ovaire plein d'oeufs. Avril 1879).

Habit. *Côte de Loango* (Lucan et Petit, Falkenstein); *Angola:* — *Loanda* (Welwitsch, Toulson); *Pungo-Andongo, Caconda, Humbe* (Anchieta); *Quanza* (Hamilton); *Dande* (Sala).

Noms indigènes: *Ebobo* et *Bobo* à Caconda, *Kutiambobolo* au Humbe.

Au sud du *Cunene* cette espèce ne se répandrait pas, suivant Andersson, au-delà de la partie septentrionale du pays des Damaras; elle se montrerait principalement sur le territoire compris entre *Omanbondé* et le fleuve *Okavango.*

370. Chalcopelia Brehmeri

Syn. *Chalcopelia Brehmeri,* Hartl., Ibis., 1865, p. 236; Finsch, Ibis., 1875, p. 467.

Peristera Brehmeri, Sharpe & Bouvier, Bull. S. Z. France I, p. 52; Reichenow, Journ. f. Orn., 1878, p. 13.

Fig. *nulla.*

Caract. ♂ ad. Plumage d'un roux-brun ardent, tirant au roux-ferrugineux sur le croupion et la queue, l'abdomen d'une teinte plus pâle; la gorge et le haut de la poitrine teints légèrement de vineux; tête d'un gris-bleu, plus pâle sur le front et sur le menton; un trait noirâtre de la base du bec à l'œil; ailes de la couleur du dos; de grandes taches métalliques à reflets rouges de cuivre et verts sur quelques unes des grandes couvertures alaires et sur les dernières rémiges secondaires; rémiges primaires brunes bordées en dedans de roux-marron; queue étagée, les trois rectrices latérales grises ornées d'une large bande noire près de extrémité, qui est rousse. Sous-alaires roux-marron. Bec noirâtre; pieds rouges; iris brun-foncé (Petit).

Dimens. L. t. 290 mm.; aile 135 mm.: queue 123 mm.; bec 16 mm.; tarse 25 mm.

Habit. Cette espèce, d'abord découverte au *Gabon*, a été dernièrement rencontrée sur la côte de *Loango* par le Dr. Falkenstein et par MM. Lucan et Petit. Nous avons devant nous deux exemplaires recueillis par ces derniers voyageurs, l'un à *Condé*, l'autre près du *Rio Loessima*. C'est d'après un
de ces individus, un mâle adulte en parfait état de conservation, que nous
avons donné la diagnose sommaire de l'espèce.

Chez ces deux individus que nous devons à l'obligeance de M. Bouvier,
les taches métalliques des ailes sont en effet d'un beau rouge de cuivre à peine nuancé de quelques reflets verts. Ce caractère sur lequel parait reposer
exclusivement la distinction de *C. Brehmeri*, par rapport à *C. puella*, dont les
taches alaires seraient d'un vert métallique, confirme la détermination spécifique des individus de la côte de Loango par MM. Bouvier, Sharpe et Reiche-
mow [1].

C. puella, Schleg., semble avoir une aire d'habitation plus septentrionale. Elle manque aux collections du Muséum de Lisbonne.

371. OEna capensis

Syn. *Columba capensis*, Linn. Syst. Nat. I, p. 286.
Oena capensis, Hartl., Orn. West-Afr., p. 198; Boc., Jorn. Acad. Sc. Lisboa,
n.° II, 1867, p. 44; ibid, 1862, n.° VIII, 1870, p. 349; ibid., n.° XVII, 1874,
p. 58.

Fig. *Levaillant, Ois. d'Afr.*, pls. 273, 274 et 275.

Caract. ♂ ad. Cendré-brun en dessus, blanc en dessous; la tête et
les ailes d'un cendré-bleu pâle; front, gorge et haut de la poitrine d'un noir
profond; deux bandes noires sur le croupion, séparées par un espace grisâtre;
des taches métalliques à reflets verts, bleus et violacés sur les deux dernières
rémiges secondaires et sur quelques unes des grandes couvertures; rémiges
roux-ardent, bordées et terminées de noirâtre; queue longue et très étagée;
les rectrices intermédiaires brun-cendré, plus rembrunies vers l'extrémité, les
autres noires avec un espace irrégulier cendré à la base, les deux latérales
blanches sur la portion basale des barbes externes. Sous-alaires roux-ardent;
plumes axillaires noires. Bec rouge, teint d'orangé à la pointe; pieds rouge-
pourpre; iris brun (Anchieta).

Dimens. L. t. 240 mm.; aile 106 mm.; queue 144 mm.; bec 13
mm.; tarse 22 mm.

[1] V. Sharpe & Bouvier, Bull. S. Z. France I, p. 52; Reichenow, Journ. f. Orn., 1878, p. 13.

Chez la femelle le front, les joues et la gorge sont de la couleur du dos; sa taille est plus petite. Quelques individus jeunes ont le dessus de la tête, la gorge et les ailes ornées de bandes transversales brunes et blanchâtres sur un fond gris-roussâtre; ils ont le dos plus nuancé de roux et ne portent pas de taches métalliques sur les ailes. Une femelle recueillie à *Loanda* par Welwitsch présente des teintes uniformes d'un roux pâle et à la queue en dessus distinctement barrée de brun sur un fond gris.

Habit. *Côte de Loango* (Lucan et Petit, Falkenstein); Angola (Toulson); Loanda (Welwitsch); *Capangombe, Humbe* (Anchieta).

Noms indigènes: à Capangombe *Kagolulo*, au Humbe *Tundulo*.

Elle se trouve fort répandue sur la vaste contrée parcourue par Andersson qu'on commence maintenant à désigner sous le nom de *Cimbebasia*.

372. Peristera tympanistria

Syn. *Columba tympanistria*, Temm. & Knip, H. N. des Pig., pl. 36.
Peristera tympanistria, Hartl., Orn. West.-Afr., pp. 197 et 275; Finsch & Hartl.,
    Vög. Ost.-Afr., p. 558; Sharpe & Bouvier, Bull. S. Z. France I, p. 52;
    Reichenow, Journ. f. Orn., 1874, p. 13.
Tympanistria bicolor, Boc., Jorn. Acad. Sc. Lisboa, n.° VIII, 1877, p. 349.

Fig. *Levaillant, Ois. d'Afr.*, VI., pl. 272.

Caract. Ad. D'un brun foncé olivâtre en dessus; blanc en dessous, à l'exception des sous-caudales de la couleur du dos; front et raie sourcilière, fort étendue, blancs; le reste du dessus de la tête tirant au noirâtre; un trait noir de la base du bec à l'œil; croupion d'une teinte plus grisâtre, traversé de deux bandes noirâtres; côtés de la poitrine et flancs brunâtres; de grandes taches métalliques à reflets verts et bleus sur quelques unes des grandes couvertures des ailes et sur les deux dernières rémiges secondaires; rémiges roux-ardent, bordées en dehors et terminées de brun; les six rectrices intermédiaires brun-marron, les latérales grises à la base, avec un espace noir à l'extrémité bordé de gris; le dessous de la queue noir. Sous-alaires roux-ardent. Bec noirâtre; pieds rougeâtres; iris brun-foncé (Petit).

Dimens. L. t. 220 mm.; aile 110 mm.; queue 83 mm.; bec 15 mm., tarse 22 mm.

Habit. Nos exemplaires d'Angola, envoyés par M. d'Anchieta de *Pungo-Andongo*, sont les premiers individus de cette espèce recueillis au sud de *Zaire*. Fort répandue en Afrique occidentale, elle a été souvent observée au *Gabon* et à la côte de *Loango*. Deux individus recueillis à *Landana* par MM. Lucan et Petit se trouvent actuellement en notre possession.

Sur l'étiquette d'un de nos individus de *Pungo-Andongo* nous lisons, écrit de la main de M. d'Anchieta, le nom indigène—*Kahuhembe*.

ORDO VI GALLINAE

FAM. PTEROCLIDAE

373. Pterocles bicinctus

Syn. *Pterocles bicinctus*, Temm. Hist. nat. Pig. & Gallin. III, p. 247; Boc.,
Jorn. Acad. Sc. Lisboa, n.º v, 1868, p. 46; ibid., n.º xvi, 1873, p. 286;
Layard, B. S.-Afr., p. 278; Gurney in Anderss. B. Damara, p. 241; El-
liot, Proc. Z. S. London, 1878, p. 25.

Fig. *Reichenbach, Hühnervög., tab.* ccviii, *fig.* 1819.

Caract. ♂ ad. Partie antérieure du vertex blanche traversée d'une
large bande noire, le reste du dessus de la tête strié de brun et de roux; un
trait arqué noir au-dessus de l'œil; côtés de la tête et gorge d'un fauve pâle;
cou et partie supérieure de la poitrine gris jaunâtre, passant au fauve en se
rapprochant d'un double collier blanc et noir qui traverse la poitrine; petites
couvertures alaires gris-jaunâtre; les autres couvertures plus foncées, d'un
cendré-brunâtre, et marquées à l'extrémité d'un tache triangulaire blanche;
plumes du dos et scapulaires variées de bandes brunes et fauves sur un fond
gris-brunâtre, et terminées de blanc; croupion et couvertures supérieures de
la queue brunes barrées de fauve; abdomen et cuisses d'un fauve-grisâtre avec
des raies transversales brunes; sous-caudales fauves avec des raies brunes
plus espacées; plumes du devant du tarse d'un fauve clair; rémiges primaires
brunes, liserées de blanc à l'extrémité; secondaires de la même couleur, celles plus rapprochées du corps variées de blanc et de fauve et terminées de
blanc; rectrices rayées de brun et de fauve et terminées de cette couleur. Bec
jaune teint de rouge en dessus; partie postérieure du tarse et doigts jaunâtres; iris brun (Anchieta).

Dimens. L. t. 245 m.; aile 165 m.; queue 80 m.; bec 15 m.; tarse
26 m.

Le double collier n'existe point chez la femelle. Elle est partout rayée de brun sur un fond fauve, plus pâle en dessous et tirant au roux sur la poitrine ; le dessus de la tête strié de brun ; les joues et la gorge d'un fauve pâle sans taches.

Habit. Nos exemplaires sont originaires de *Biballa*, *Capangombe* et *Humbe*. Ceux de la première de ces localités portent sur leurs étiquettes l'indication du nom indigène — *Kambanjo*.

Andersson cite cette espèce comme très commune dans les pays des Damaras et des Grands Namaquas.

On doit à M. d'Anchieta sa découverte dans la colonie d'Angola.

374. Pterocles namaqua

Syn. *Tetrao namaqua*, Gm. Syst. Nat. ɪ, p. 754.
Pterocles tachypetes, Layard, B. S.–Afr., p. 277.
Pterocles namaqua, Monteiro & Hartl., Proc. Z. S. London, 1865, p. 90 ; Boc., Jorn. Acad. Sc. Lisboa, n.º xɪɪɪ, 1872, p. 68 ; Gurney in Anderss. B. Damara, p. 242 ; Elliot, Proc. Z. S. London, 1878, p. 252.

Fig. *Reichenbach, Hühnervög.*, tab. ccɪx, *fig.* 1825–26.

Caract. ♂ ad. Tête et cou d'une gris-brun pâle teint de jaune ; haut de la poitrine d'une teinte plus foncée, nuancée légèrement de roux-vineux ; joues et gorge fauve-ocracé vif ; un double collier blanc et roux-marron sur la poitrine ; derrière le collier, un grand espace cendré plus ou moins melangé de brun et de roux ; bas-ventre, cuisses et sous-caudales fauves, celles-ci d'une teinte plus pâle tirant au blanchâtre ; plumes du dos, scapulaires, couvertures de l'aile et rémiges secondaires d'un brun-grisâtre, marquées vers l'extrémité d'une grande tache fauve et bordées de brun et de marron ; quelques unes de ces plumes portent sur les taches fauves et en contact de la bordure terminale une tache plus petite d'un gris argentin ; croupion et couvertures supérieures de la queue d'un gris-brun marbré de jaunâtre ; rémiges brunes, les dernières largement terminées de blanc ; les deux rectrices médianes longues et effilées d'un cendré-jaunâtre à la base, rembrunies vers la pointe, les autres noires avec un espace blanc lavé de fauve à l'extrémité. Bec brun de corne ; pieds grisâtres ; iris brun (Anchieta).

Dimens. L. t. 290 m. ; aile 165 m. ; queue 117 m. ; bec 13 m. ; tarse 25 m.

La femelle est rayée tranversalement de brun sur un fond fauve, qui prend en dessus un ton plus pâle; les couvertures inférieures de la queue sans raies ni taches, comme chez le mâle.

Habit. Un seul individu de cette espèce, un mâle imparfaitement adulte, nous a été envoyé d'Angola par M. d'Anchieta, qui l'a pris en 1871 à *Rio Coroca,* au sud de Mossamedes, sur le littoral.

Suivant M. Layard cette espèce se trouverait abondamment dans le pays des Grands Namaquas.

Quelques années avant M. d'Anchieta, elle avait été observée à *Benguella* par Monteiro.

FAM. MELEAGRIDÆ

375. Numida coronata

Syn. *Numida coronata,* Gray, List B. Brit. Mus. III, pag. 29; Finsch & Hartl., Vög. Ost.-Afr., p. 568; Boc., Jorn. Acad. Sc. Lisboa, n.º XII, 1871, p. 276; ibid., n.º XIV, 1873, p. 199; Heugl. Orn. N. O.-Afr., p. 876.
Numida mitrata, Boc., Jorn. Acad. Sc. Lisboa, n.º IV, 1867, p. 326; ibid., n.º VIII, 1870, p. 349; Layard B. S.-Afr., p. 266.
Numida cornuta, Finsch & Hartl., Vög. Ost.-Afr., p. 569 (note); Gurney in Anderss. B. Damara, p. 238; Boc., Jorn. Acad. Sc. Lisboa, n.º XVII, 1874, p. 40; ibid., n.º XXIV, 1878, p. 278.

Fig. *Elliot, Monogr. Phasian., Part III, pl.*

Caract. Adulte. Plumage varié, sur un fond cendré, de taches orbiculaires blanches cerclées de noir; les plumes qui recouvrent la partie inférieure du cou et le jabot rayées transversalement de noir et de blanc; rémiges noirâtres tachetées de blanc, des bandes transversales blanches occupant les barbes externes des primaires et les bords externes des secondaires; rectrices noires variées de taches blanches comme les plumes du dos. Casque et face supérieure de la tête d'un rouge sombre; faces latérales de la tête et cou d'un bleu-cendré-violacé; caroncules infra-oculaires de la même couleur avec la pointe rouge; bec rougeâtre vers la base, le reste d'un jaune-sale; pieds noirâtres; iris brun (Anchieta).

Dimens. L. t. 680 m.; aile 330 m.; queue 190 m.; bec 29 m.; tarse 85 m.

Les individus de notre collection qui portent l'indication de femelles sont plus petits.

Habit. Le principal caractère pouvant servir, suivant quelques auteurs, à séparer la *N. coronata,* Gray, de la *N. cornuta,* Finsch & Hartl., —
la présence de raies transversales blanches sur les plumes du cou et du jabot,
existe réellement chez quelques uns de nos individus d'Angola, ceux originaires de *Caconda* et de *Huilla;* chez les autres individus, au contraire, les raies
blanches y sont remplacées par des taches de cette couleur semblables à celles
du reste du plumage. Ces derniers individus ont été recueillis au sud de Mossamedes sur la région littorale *(Rio Coroca)* et au *Humbe,* sur le bord droit du
Cunene; comparés à des individus du Cap, ils leur ressemblent complètement.

Ces résultats de notre observation sont en quelque sorte favorables à
l'opinion de ceux qui admettent l'existence de deux formes spécifiques, ayant
chacune d'elles une aire géographique distincte: *N. coronata,* habitant l'Afrique orientale et se répandant sur le plateau central jusqu'aux points les plus
avancés vers l'Afrique occidentale; *N. cornuta,* essentiellement australe, pouvant traverser le *Cunene* vers le nord et se rapprochant dans la région littorale du parallèle de Mossamedes.

Il nous semble cependant que la séparation de ces deux espèces repose
à peine sur de légères différences de coloration, dont la valeur peut être con-
testée. MM. Finsch et Hartlaub prétendent, il est vrai, que la *N. coronata* est
distincte de la *N. cornuta,* non seulement par l'existence de raies blanches,
au lieu de taches, sur les plumes du cou et du jabot, mais aussi parceque chez
la première le casque serait beaucoup plus élevé et les barbillons plus larges
et plus courts. Malheureusement l'examen de nos exemplaires ne confirme pas
ces assertions; le casque est plus droit et plus élevé précisément chez plusieurs de nos individus appartenant au type *cornuta,* plus incliné en arrière
et moins élevé chez nos individus de Caconda et de Huilla, qui par leurs plumes rayées au cou et au jabot appartiennent au type *coronata;* et quant aux
dimensions et à la forme des barbillons, ce caractère, souvent difficile à constater, se montre chez nos individus extrémément variable et indépendant du
dessin des plumes du cou et du jabot[1].

Ce qui nous empêche surtout de regarder comme bonne et légitime la
séparation des deux espèces, c'est que nous avons constaté chez quelques uns
de nos individus du Humbe l'existence de raies blanches sur quelques plumes
du cou, ce qui nous porte à conclure que ce caractère pourrait bien être le
résultat d'un de ces changements de coloration dont le plumage des oiseaux
nous donne si souvent l'exemple, la présence de raies au lieu de taches sur une
plus grande étendue du cou denonçant à peine une phase plus avancée et
plus parfaite de la livrée chez la même forme spécifique. L'examen de suites

---

[1] MM. Finsch et Hartlaub citent dans leur diagnose de *N. coronata* un 4e caractère différentiel:—«*remigibus secundariis albo-fasciatis*»; mais nous trouvons que ce caractère convient aussi bien à nos individus du Cap *(N. cornuta)* qu'à ceux de Caconda et de Huilla *(N. coronata).*

plus complètes d'individus de diverses provenances permettra plus tard de décider si nous avons tort.

D'après M. d'Anchieta, dans la plupart des localités où elle se trouve, cette espèce est connue des indigènes sous le nom de *Hanga*.

376. Numida cristata

Syn. *Numida cristata*, Specil. Zool., p. 15, tab. 2; Boc., Jorn. Acad. Sc. Lisboa, n.° II, 1867, p. 145; Hartl., Orn. West.–Afr., p. 199; Finsch & Hartl., Vög. Ost.–Afr., p. 572.
Numida Edwardii, Verr. Hartl., Journ. f. Orn., 1867, p. 36; Boc., Jorn. Acad. Sc., Lisboa, n.° XII, 1871, p. 275; Finsch & Hartl., Vög. Ost.–Afr., p. 752.

Fig. *Elliot, Monogr. Phasian., Part IV, pl.*

Caract. Adulte. Plumage d'un noir brillant varié de petites taches arrondies blanches cerclées de bleu-pâle; le vertex orné d'une huppe de plumes noires; peau nue de la tête et de la partie supérieure du cou d'un bleu-violacé; gorge rouge-foncé; plumes de la partie inférieure du cou et du jabot noires; rémiges primaires brunes avec quelques petites taches blanches peu distinctes et disposées en séries; les secondaires ornées de plusieurs rangs de taches semblables à celles du dos, et de bandes transversales blanches sur les bords externes; les 3 ou 4 plus extérieures largement bordées de blanc ou d'isabelle; queue noire avec des taches nombreuses plus petites que celles du dos, plus effacées ou nulles vers l'extrémité des rectrices et vers les bords des barbes internes. Bec jaune, noirâtre à la base; pieds noirâtres; iris brun.

Dimens. L. t. 530 m.; aile 300 m.; queue 150 m.; bec 27 m.; tarse 78 m.

Habit. Nous devons à MM. Freitas Branco et Viegas do Ó trois individus de cette espèce apportés vivants de *Benguella* et qui ont vécu quelque temps dans la petite ménagerie du Muséum de Lisbonne. D'après les renseignements que nous avons obtenus, ces individus seraient originaires de l'intérieur de Benguella, mais nous ignorons les localités où la *N. cristata* a pu être observée. Cette espèce n'a jamais fait partie des nombreux envois de M. d'Anchieta.

377. Phasidus niger

Syn. *Phasidus niger*, Cass., Proc. Acad. Philad., 1856, p. 322; Hartl., Orn.
West.-Afr., p. 268; Reichenow, Journ. f. Orn., 1877, p. 13.

Fig. *Elliot, Monogr. Phasian. Part* III, *pl.*

Caract. Mâle. «Tête et gorge nues; sur le vertex une bande étroite
de plumes courtes et noires de la base du bec à l'occiput; partie antérieure
du cou et jabot à peine recouverts de quelques rares plumes noires; tout le
plumage noir, indistinctement marqué de points et de vermiculations; le milieu
du ventre d'une teinte plus claire. Bec corné avec les bords blanchâtres; tarses
et doigts d'une teinte de corne foncée. L. t. 17''; aile 8''; queue 6''. (Cassin).»

Habit. Cette espèce, que nous connaissons à peine d'après la description publiée par Cassin, a été découverte par Du Chaillu au *Cap de Lopo
Gonçalves*, à quelques milles du rivage. M. Reichenow la comprend dans la
liste des oiseaux rapportés de la côte de Loango par le Dr. Falkenstein, sans
indiquer toutefois la localité précise où cette intéressante capture a pu s'effe-
ctuer.

FAM. TETRAONIDAE

378. Pternistes rubricollis

Syn. *Tetrao rubricollis*, Gm. Syst. Nat. I, p. 758.
Pternistes Sclateri, Boc., Jorn. Acad. Sc. Lisboa, n.° IV, 1867, p. 327, pl. VI;
ibid., n.° V, 1868, p. 49; ibid., n.° VIII, 1870, p. 350.
Pternistes rubricollis, Boc., Jorn. Acad. Sc. Lisboa, n.° XI, 1871, p. 177; ibid.,
n.° XIV, 1873, p. 199; ibid., n.° XXI, 1877, p. 69; ibid., n.° XXII, 1878,
p. 149; ibid., n.° XXIII, 1878, p. 207.
Francolinus afer, Gray ex Müll., Hand-List II, p. 264.

Fig. *Buffon, Pl. Enl., pl.* 180.
Bocage, Jorn. Acad. Sc. Lisboa, n.° IV, pl. VI.

Diagn. ♂ ad. *Supra cum pectore cinerascente-fuscus, maculis scapalibus fuscis; pileo obscuriore; fronte nigra; superciliis capitisque lateribus albis; regione parotica fuscescente, immaculata; collo nigro alboque
striato; subtus albus, maculis magnis longitudinalibus nigricantibus vel ni-*

gris; crisso et subcaudalibus spurcé albis, maculis rarioribus; remigibus pallide fuscis, pogonio interno unicolori; cauda pallide fusca, obsolete vermiculata, scapis obscurioribus; periophtalmis guttureque late nudis, rubris; rostro pedibusque rubris; iride dilute fusca.

L. t. 360 m.; alæ 190 m.; caudae 73 m.; rostri 29 m.; tarsi 52 m.

Caract. ♂ ad. Brun-cendré en dessus et à la partie supérieure de la poitrine, avec des stries plus foncées sur la tige des plumes; croupion et sus-caudales d'un ton plus roussâtre; raie sourcilière et joues blanches; tache auriculaire brune; cou strié de noir et de blanc; en dessous blanc varié de grandes taches longitudinales noires ou noirâtres, qui occupent le centre des plumes; crissum et sous-caudales d'un blanc lavé d'isabelle, avec des taches plus étroites; rémiges d'un brun-pâle uniforme, lisérées de gris en dehors et avec les tiges brun-marron; queue brun-pâle uniforme chez les vieux, vermiculée de brun chez les individus jeunes; les tiges des rectrices d'un brun plus foncé. Bec, peau nue autour de yeux, gorge et pieds rouges; iris brun. Deux éperons sur le tarse.

Habit. Le premier individu que nous avons reçu de cette intéressante espèce a été recueilli par M. d'Anchieta sur la région littorale au sud de Mossamedes *(Rio Coroca);* ensuite notre infatigable explorateur nous l'a envoyée de plusieurs localités de l'intérieur, *Huilla, Gambos, Quillengues* et *Caconda,* et aussi d'un endroit du littoral au nord du Quanza, la *Barra do Dande*. Nous ne l'avons jamais rencontrée dans les nombreux envois que M. d'Anchieta nous a faits du *Humbe*, mais dans une de ses lettres écrites de cette localité notre ami nous disait à propos du *F. adspersus,* que ce Francolin y etait, quoique assez commun, moins abondant que le *Unguari*. Or ce nom étant employé généralement par les indigènes pour désigner la *Pt. rubricollis,* nous en concluons que ce dernier est l'oiseau désigné par M. d'Anchieta comme se trouvant abondamment au *Humbe*. Si notre conjecture est exacte, l'aire d'habitation de cette espèce en Angola serait assez étendue, les points extrêmes sur le littoral étant le Zaire au nord et le Cunene au sud. L'absence de toute indication à propos du *Pt. rubricollis* dans la liste des oiseaux observés par Andersson dans le pays des Damaras, nous fait supposer qu'il ne se répand pas au sud du Cunene.

379. Pternistes Lucani

Syn. *Pternistes Lucani*, Boc., Jorn. Acad. Sc. Lisboa, n.° xxv, 1879, p. 68.

Fig. *nulla.*

Diagn. ♂. *Pt. Cranchi* simillimus, differt: *pectore abdomineque te-nuissime nigro fasciolatis et vermiculatis, maculis scapalibus nullis; fron-tis lateribus, genis et superciliis nigris; spatio lato periophthalmico gutture-que nudis rubentibus; rostro rubro, apice tomiisque pallidioribus; pedibus aurantiaco-rubris.*

L. t. 300 m.; alae 175 m.; caudae 69 m.; rostri 29 m.; tarsi 53 m.

Caract. ♂. Dessus de la tête jusqu'à la nuque, dos, croupion et ailes d'un brun-olivâtre avec une strie brune, plus ou moins distincte, sur la tige des plumes, pointillés et vermiculés de brun; côtés du front, joues et strie sourcilière noires, finement striés de gris; région auriculaire d'un brun-pâle uniforme; plumes des faces postérieure et latérales du cou striées de brun sur la tige et ornées de vermiculations noires sur un fond gris-blanc; parties inférieures variées de petites bandes alternes, concentriques ou en zigzag, blanc-grisâtres et noires; de larges taches roux-marron sur les bords de quel-ques plumes de l'abdomen; crissum et sous-caudales lavés de brunâtre et avec des bandes et vermiculations brunes plus effacées; rémiges brunes avec des points et des vermiculations plus pâles sur les barbes externes, lisérées de gris sur les barbes externes; couvertures supérieures de la queue et re-ctrices de la couleur du dos, pointillées et fasciolées de brun. Espace pério-phthalmique nu et gorge conservant encore les vestiges d'une teinte rouge; bec rouge avec les bords et la pointe d'un ton plus pâle et tirant à l'orangé; pieds d'un rouge-pâle orangé.

L'individu dont nous nous sommes servi pour notre description est un mâle en livrée d'adulte, mais encore jeune, comme le prouve le peu de déve-loppement de ses éperons. Le *Pt. Cranchi*, auquel il ressemble par ses cou-leurs, nous est à peine connu d'après la description et la figure, publiées par MM. Finsch et Hartlaub (Vög. Ost.–Afr., p. 579, tab. ix.); c'est donc en nous rapportant à cette description et à cette figure que nous nous sommes décidé à établir une espèce nouvelle, nous appuyant pour cela dans les différences signalées dans notre diagnose.

Le type du *Pt. Cranchi*, qui existe au Muséum Britannique, a été recueilli au Zaire par Cranch, l'infortuné naturaliste de l'expédition du Capitaine Tuckey, et décrit très sommairement par Leach [1]. Cet individu se trouve représenté sur le pl. 19, fig. 2, des *Ill. of Ind. Zool.* par Gray et Hardwich, ouvrage qu'il nous a été impossible de consulter ; mais nous connaissons la reproduction de cette figure par Reichenbach, que MM. Finsch et Hartlaub déclarent très mauvaise. Avec les matériaux dont nous pouvons disposer et dans l'ignorance où nous sommes des véritables caractères de l'individu type, qui se trouverait actuellement selon M. Finsch [2] dans un assez mauvais état, ce que nous avions de mieux à faire c'était d'accepter le *Pt. Cranchi* tel qu'il est décrit et figuré par MM. Finsch et Hartlaub, de le comparer à nos spécimens et d'en conclure, par suite des différences notables que ceux-ci nous présentent, la nécessité de les décrire sous un nom différent. Cependant si l'on venait à reconnaître que les différences que nous avons signalées sont propres à tous les individus du Congo et caractéristiques du véritable *Pt. Cranchii*, Leach, il faudrait alors établir sous un nouveau nom le Pternistes rapporté par le Capitaine Speke des environs de Victoria Nyanza, celui que MM. Finsch et Hartlaub ont décrit et figuré sous le nom de *Pt. Cranchi.*

Une jeune femelle, qui nous semble appartenir à cette même espèce parceque quelques plumes de la poitrine présentent le dessin si caractéristique chez l'adulte, est très remarquable par un système de coloration fort différent de celui que nous avons décrit : — Parties supérieures d'un brun-pâle tirant au roussâtre, variées de bandes transversales brunes et jaunâtres, avec quelques grandes taches triangulaires brunes vers l'extrémité des plumes ; le dessus et les côtés de la tête comme chez le mâle, mais le noir du front et de la raie sourcilière moins distinct ; le cou plus grossièrement tacheté de brun et de gris sur ses faces postérieure et latérales ; sur la poitrine quelques plumes couvertes de zigzags bruns sur un fond gris, comme chez l'adulte, mais la plupart des plumes de cette région, celles de l'abdomen et du crissum brunes, traversées de bandes blanchâtres et terminées de blanc, avec le centre des espaces intermédiaires aux bandes d'un brun plus foncé ; crissum légèrement lavé de brunâtre ; couvertures supérieures de la queue brun-pâle, traversées de bandes très-étroites brunes bordées de blanchâtre ; sous-caudales barrées de brun et de blanc sâle. Gorge, commençant à se dénuder, et espace nu autour des yeux d'une teinte terreuse pâle ; bec brun avec les bords et la pointe blanchâtres ; pieds jaune-pâle, mais conservant quelques vestiges de rouge sur la partie supérieure du tarse.

Habit. Nos deux individus, que nous devons à l'obligeance de M. Bouvier, faisaient partie des collections envoyées de la *Côte de Loango* par MM. Lu-

---

[1] Voici la description de Leach : «*Perdix Cranchi* (new species). Cinereous-brown, beneath whitish, freckled with dark brown ; the spots on the belly elongate and inclining to ferruginous ; throat naked.»
[2] V. Finsch & Hartl., Vög. Ost.-Afr., p. 580.

can et Petit. Le mâle porte sur l'étiquette ces indications: «n.° 1574 — *Landana*, 5 janvier 1879. Sur l'étiquette de la femelle nous lisons à peine: «n.° 1268 — *Landana*.»

380. Francolinus gariepensis

Syn. *Francolinus gariepensis*, Smith, Ill. S.-Afr. Zool., Aves, pls. 83 et 84; Monteiro, Proc. Z. S. London, 1865, p. 91; Boc., Jorn. Acad. Sc. Lisboa, n.° XII, 1871, p. 376; Finsch &, Hartl., Vög. Ost.-Afr., p. 582.

Fig. *Smith, Ill. S.-Afr. Zool., Aves, pls. 83 et 84.*

Caract. ♂. En dessus gris-brunâtre, varié de grandes taches marron et de bandes transversales brunes et fauves, avec les plumes marquées sur la tige d'un strie jaunâtre bordée de noir; dessus de la tête et du cou tacheté de brun et de roux; gorge blanche encadrée d'une bande de taches confluentes noires; une autre bande également formée de taches noires commence derrière l'œil et vient terminer sur la base du cou; entre ces deux bandes, sur les côtés du cou, un espace blanc varié de petites taches noires; région auriculaire roussâtre; haut de la poitrine blanc, irrégulièrement teint de fauve clair, varié et écaillé de noir à sa région moyenne, d'une teinte isabelle sur les côtés et avec de grandes taches marron; le reste des parties inférieures fauve-clair avec quelques taches oblongues brunes sur la poitrine et les côtés de l'abdomen; les plumes des flancs et les couvertures inférieures de la queue rayées de brun; rémiges primaires brunes, bordées de fauve pâle dans la portion basilaire des barbes internes; queue brune rayée de fauve. Bec brunâtre avec la base de la mandibule plus pâle; pieds brun-jaunâtre; iris brun-rougeâtre (Anchieta).

Dimens. L. t. 320 m.; aile 160 m.; queue 62 m.; bec 27 m.; tarse 37 m.

Habit. L'individu décrit ci-dessus nous vient de *Capangombe* par M. d'Anchieta; c'est un mâle imparfaitement adulte, dont le tarse est armé de courts éperons.

Monteiro prétend que ce Francolin est très répandu en Angola, mais nous avons quelque peine à l'admettre. Andersson ne l'a observé que dans les plus hauts plateaux des pays des Damaras et des Grands Namaquas, ce qui permet de supposer qu'il doit aussi rechercher en Angola les lieux placés à une certaine altitude.

381. Francolinus pileatus

Syn. *Francolinus pileatus*, Smith, Ill. S.-Afr. Zool., Aves, pl. 14; Layard,
  B. S.-Afr., p. 272; Finsch & Hartl., Vög. Ost.-Afr., p. 586; Heugl., Orn.
  N. O.-Afr., p. 890; Boc., Jorn. Acad. Sc. Lisboa, n.º xvii, 1874, p. 59;
Scleroptera pileata, Gurney in Anderss., B. Damara, p. 247.

Fig. *Smith, Ill. S.-Afr., Zool., Aves, pl. 14.*

Caract. ♂. Dos et ailes d'un brun-cendré nuancé de roux, avec des
bandes transversales rousses et brunes, et des stries blanches bordées de brun
sur les tiges des plumes; dessus de la tête brun-cendré varié de noir; une
large bande sourcilière blanche, bordée de noir, de la base du bec à la nuque; région auriculaire brun-roussâtre; gorge blanche; joues et côtés du cou
variés sur un fond blanc de petites taches triangulaires d'un roux pâle; à la
base du cou et à la partie supérieure de la poitrine des taches plus grandes et
plus foncées roux-marron, sur un fond fauve-clair; parties inférieures fauve-
clair, sans taches sur le milieu du ventre et les sous-caudales, variées de fines
raies transversales et de vermiculations brunes sur le bas de la poitrine et les
flancs; croupion et sus-caudales d'une teinte plus pâle et plus cendrée que le
dos, avec des raies étroites et onduleuses, plus ou moins apparentes, brunes
et jaunâtres; rémiges primaires brunes, plus pâles et tirant au cendré sur les
barbes externes; les 4 rectrices médianes roux-cendré avec des vermiculations brunes, les latérales noirâtres vers l'extrémité, d'un roux marron à la
base sur les barbes externes, où l'on aperçoit quelques bandes transversales
incomplètes noirâtres. Bec brun avec le pointe et la base de la mandibule plus
pâles; pieds jaunes; iris brun.

Dimens. L. t. 290 m.; aile 155 m.; queue 85 m.; bec 22 m.; tarse
40 m.

Habit. Les nombreux envois de M. d'Anchieta ne nous ont fourni
jusqu'à présent qu'un seul individu de cette espèce, pris au nord du *Humbe*
dans une contrée couverte de broussailles. C'est aussi sur des coteaux pier-
reux et boisés dans le nord du pays des Damaras que ce Francolin a été rencontré par Andersson.

Kalangue est le nom que lui donnent les indigènes du Humbe.

382. Francolinus Finschi

Syn. *Francolinus*, sp.? Boc., Jorn. Acad. Sc. Lisboa, n.° XXIV, 1878, p. 278.

Fig. *nulla.*

Diagn. ♂. *F. gutturali* similis, sed diversus: *major, rostro robus-
tiore; pileo colloque postico griseo-fuscis, plumis medio obscurioribus; frontis
lateribus, superciliis, loris, genis, collo laterali juguloque lacte rufescente-
fulvis, immaculatis; regione parotica fuscescente; gula pure alba; abdomine
hypochondriisque aurantiaco-fulvis, maculis magnis ferrugineis, plumarum
marginibus pallidioribus griseis.*
  L. t. 350 m.; *alae* 165 m.; *caudae* 90 m.; *rostri* 28 m.; *tarsi* 40 m.

Caract. ♂. Le système de coloration du dos et des ailes ressemble
à celui du *F. gutturalis*, mais les teintes noires y dominent davantage et les
stries transversales fauves sont moins distinctes; le dessus de la tête et du cou
d'un cendré brun avec le centre des plumes plus foncé et sans aucun mélange
de roux; front, raie sourcilière, côtés de la tête, à l'exception de la région auriculaire d'un gris-brunâtre, côtés et partie inférieure du cou entourant la
gorge, d'un roux-fauve absolument sans taches; la gorge d'un blanc pur; le
haut de la poitrine et les flancs conservent encore les plumes de la première
livrée, d'un gris-brun pâle avec les bords grisâtres et des bandes transversales d'un fauve pâle, mais on y aperçoit déjà quelques plumes entremelées
fauves avec de grandes taches ferrugineuses; l'abdomen est revêtu de plumes d'un roux fauve, bordées de grisâtre et avec une grande tache roux-
ferrugineux; les couvertures inférieures de la queue d'un gris-brun sont traversées de raies étroites et sinueuses gris-fauve. Rémiges d'un roux ardent,
pointillées de brun à la base, brunes vers l'extrémité, avec un liséré grisâtre
en dehors; rectrices brunes, marbrées de noirâtre et vermiculées en travers
de gris. Sous-alaires roux-ferrugineux. Bec, assez fort, noirâtre, plus pâle sur
les bords et à la base de la mandibule; pieds, armées d'un petit éperon obtus,
brun-jaunâtre, à ce qu'il paraît.

  L'examen d'un individu, comme celui que nous avons sous les yeux, dont
le plumage n'a pas encore atteint son état définitif, laisse beaucoup à désirer
lorsqu'il s'agit d'établir une espèce nouvelle; il est cependant possible de pré-
voir d'après notre individu la livrée de l'adulte et d'éviter de le confondre
avec les espèces que nous connaissons. Il n'y a qu'une seule espèce, le *F. albigularis*, Gray, dont il semble se rapprocher par la coloration des parties inférieures; mais, si la description publiée par Hartlaub de cette espèce est

exacte, la teinte fauve des côtés de la tête et du cou, autour de la gorge blanche, chez le *F. Finschi,* suffirait à éviter toute confusion, indépendamment d'autres détails de coloration particuliers à chacune de ces espèces [1].

Habit. Notre exemplaire nous vient de *Caconda* par M d'Anchieta. Il faut espérer que notre intrépide explorateur, qui se trouve de nouveau dans cette intéressante localité, ne tardera pas beaucoup à nous procurer d'autres individus en meilleurs conditions.

383. Francolinus Schelgeli

Syn. *Francolinus Schlegeli,* Heugl.', Journ. f. Orn., 1863, p. 275; ibid., Orn. N. O.-Afr., p. 898; Boc., Jorn. Acad. Sc. Lisboa, n.° xxvi, 1879, p. 94.

Fig. *Heuglin, Orn. N. O.-Afr., tab.* xxx.

Caract. ♂ ad. Manteau et ailes d'un cendré nuancé de roux par places, ornés de bandes transversales rousses et noires, et striés de fauve sur la tige des plumes; côtés de la tête et partie supérieure du cou d'un fauve-ocracé, qui prend sur la gorge une teinte plus pâle tirant au blanchâtre; moitié inférieure du cou, poitrine et abdomen rayées transversalement de noir sur un fond blanc lavé de gris, la largeur des raies noires inférieure à celle des intervalles; crissum et sous-caudales rayés en travers de brun sur un fond fauve; rectrices barrées de cendré et de fauve-ocracé, les bandes fauves lisérées de noir. Bec jaune avec le culmen et l'extrémité noirâtres; pieds jaunes; iris brun.

Dimens. L. t. 245 m.; queue 62 m.; bec 18 m.; tarse 32 m.

Notre individu est incomplet, les pennes des ailes lui manquent. En le comparant aux descriptions et figures, que nous avons pu consulter, du *F. subtorquatus,* Sm., et du *F. Schlegeli,* Heugl., nous inclinons à croire qu'il se rapproche davantage de celui-ci, comme il sera facile de juger d'après ses caractères de coloration et ses dimensions. Nous regrettons ne pouvoir le comparer directement à des individus bien caractérisés de ces deux espèces.

---

[1] Prenant à la lettre les mots dont se sert M. Hartlaub: «*nucha, pectore et abdomine pallide fulvis, lateribus ferrugineo variis*», non seulement ces couleurs ne se trouveraient pas distribuées de la même manière chez les deux espèces, mais la nuance du fauve serait différente, d'un ton pâle chez le *F. albigularis* et d'un fauve vif tirant au roux-orangé chez le *F. Finschi.*

Habit. Nous devons à MM. Capello et Ivens l'individu que nous possédons de cette espèce, un mâle adulte. Il fait partie d'une intéressante collection de mammifères, oiseaux et reptiles, recueillis par ces intrépides voyageurs, pendant leur exploration de la région du *Quango*, sur le territoire compris entre les 10° et 13° parallèles sud et les 16° et 17° méridiens à l'E. de Greenwich. Nous lisons sur l'étiquette attachée à notre exemplaire : — Nom indigène *Cambango*.

384. Francolinus Hartlaubi

Syn. *Francolinus Hartlaubi*, Boc., Jorn. Acad. Sc. Lisboa, n.° VIII, 1870, p. 350; Gadow, Journ. f. Orn., 1876, p. 285; Gray, Hand List of Bords, II, p. 265.
Francolinus, sp.? Boc., Jorn. Acad. Sc. Lisboa, n.° IV, 1867, p. 337.

Fig. *nulla*.

Caract. ♂. *Supra cinerascente-fuscus, fulvo nigroque maculatus et irroratus, plumarum scapis fulvis; fronte nigra, postice albo-marginata; pileo nigricante-fusco; superciliis protractis albis; macula auriculari rufescente-fusca; capitis lateribus, collo toto, pectore abdomineque albis maculis longitudinalibus nigricante-fuscis, abdomine imo hypochondriisque fulvescentibus; subcaudalibus albidis, fasciis latis transversalibus nigris; remigibus fuscis, pogonio externo et margine interno fulvescente adspersis; rectricibus nigricantibus albo-fasciolatis, apice albo. Rostro robustissimo nigricante, apice tomiisque flavidis; pedibus flavis; iride helvola.*

L. t. 250 m.; alae 135 m.; caudae 70 m.; rostri 24 m.; tarsi 33 m.

♀ jun. *Pileo colloque grisescente-fuscis, fulvo striolatis; frontis lateribus, superciliis, loris genisque rufescente-fulvis, gula pallidiori; subtus lacte fulva; jugulo pectoreque cinerascente adumbratis; subcaudalibus abdomine concoloribus; cauda fusca, albo irregulariter fasciolata et irrorata. Iride fusco.*

Caract. ♂ imparf. ad. Dos et ailes d'un gris-brun pâle irrégulièrement variés de taches et de points fauves et bruns; ces taches sont moins apparentes sur le croupion; dessus de la tête brun-foncé avec un petit espace sur le front noir, derrière lequel il y a une étroite bande blanche, qui se prolonge de chaque côté du vertex en une raie sourcilière blanche; région auriculaire roux-brunâtre; côtés de la tête, cou et régions inférieures fortement striées de brun-noir sur un fond blanc, à peine lavé de fauve à la partie postérieure de l'abdomen et sur les flancs; couvertures inférieures de la queue blanches, traversées de larges bandes noirâtres; rémiges brun pâle, pointillées de fauve sur les barbes externes et vers le bord interne ; rectrices noirâtres barrées et terminées de blanc. Bec extrèmement fort, brun avec les bords et la pointe jaunâtres; pieds pâles nuancés de jaune; iris rougeâtre.

Chez un autre individu marqué comme femelle, les sourcils sont roux, au lieu de blancs, et les parties inférieures d'un roux-fauve sans taches ; la gorge d'une teinte, plus pâle. Les côtés du cou et le haut de la poitrine sont variés de fauve sur un fond gris, mais ces vestiges du premier plumage doivent disparaître plus tard, car la teinte fauve qui occupe le centre des plumes tend à les envahir entièrement.

Nos deux individus sont à peu-près du même âge. Le mâle porte un tubercule arrondi sur le tarse à la place où doit se développer l'éperon. Malgré ses différences considérables de coloration, ils appartiennent évidemment à la même espèce; il suffit de les regarder pour s'en convaincre. Chez eux les dimensions du bec sont hors de proportion avec leur taille et, quoique ces individus n'aient pas encore atteint leur développement normal, nous pensons que ce caractère se fera toujours rémarquer même chez les individus parfaitement adultes.

Habit. M. d'Anchieta nous envoya en 1867 la femelle de Capangombe *(Rio Chimba)*, où il paraît que l'espèce doit être commune, car son étiquette porte l'indication du nom indigène *«Muhele»*, ce qui n'est jamais le cas pour les spécimens d'espèces rares ou que se montrent accidentalement dans le pays. Une année plus tard nous avons rencontré le mâle dans une collection d'oiseaux recueillis par M. d'Anchieta à *Huilla ;* mais depuis cette époque, quoique nous l'ayons signalée à l'attention de notre zélé naturaliste, elle n'a plus fait partie des ses nombreux envois.

385. Francolinus squamatus

Syn. *Francolinus squamatus*, Cassin, Proc. Acad. Nat. Sc. Philad., 1856, p. 321; Hartl., Orn. West.-Afr., p. 286; Sharpe & Bouv., Bull. Soc. Zool. France, i, p. 52.
Francolinus Petiti, Boc., Jorn. Acad. Sc. Lisboa, n.º xxv, 1879, p. 68.

Fig. *nulla.*

Caract. ♂ ad. En dessus d'un brun-olivâtre rubigineux très finement vermiculé de brun, avec les tiges des plumes d'une teinte plus foncée ; plus pâle en dessous, d'un cendré-brun satiné, glacé légèrement d'isabelle sur la poitrine et le milieu de l'abdomen, avec la tige des plumes et une étroit liséré sur leurs bords d'un brun plus foncé ; sous-caudales et plumes des flancs de la couleur du dos, celles-là bordées de roussâtre ; dessus de la tête brun-rubigineux uniforme ; joues brun-pâle ; espace auriculaire brun-roussâtre ; plumes du cou largement bordées de gris, avec le centre brun et une tache plus foncée près de l'extrémité; gorge en partie dénudée et en partie couverte de plumes d'un blanc sale; rémiges primaires d'un brun-rubigineux pâle, uniforme; rectrices d'une teinte plus foncée, pointillées de roux sur les barbes externes; les rectrices intermédiaires semblables aux sus-caudales. Bec rouge-orangé, tirant au violacé vers la base de la machoire autour des narines; pieds rouge-foncé; iris brun. Deux éperons sur le tarse.

Dimens. L. t. 340 m.; aile 185 m.; queue 98 m.; bec 30 m.; tarse 55 m.

Chez un deuxième individu, plus petit et désigné comme femelle, les parties supérieures sont marquées de grandes taches noires et variées de stries et de raies fauves; non-seulement les plumes du cou, mais aussi celles de la partie antérieure du dos sont largement bordées de gris. La coloration des parties inférieures est identique à celle du mâle. Cet individu a toute l'apparence de jeune. Ses dimensions sont sensiblement inférieures à celles du mâle: L. t. 310 m.; aile 160 m.; queue 76 m.; bec 25 m.; tarse 50 m.

Il est maintenant pour nous hors de doute que ces individus appartiennent au *F. squamatus*. Lors de notre première description sous le nom de *F. Petiti*[1], nous avions oublié de les comparer à la description originale de Cassin du *F. squamatus*. Cette espèce nous est inconnue, mais ses caractères sont tellement accentués que toute méprise nous semble impossible.

Habit. Le *F. squamatus* recueilli pour la première fois par Du Chaillu au *Cap de Lopo Gonçalves* (Cap Lopes des auteurs anglais) se trouve répandu sur la côte de Loango; M. Bouvier en a vu à deux reprises des individus tués à *Landana* et à *Chinchonxo*, et envoyés de ces localités par MM. Lucan et Petit. Nos deux spécimens faisaient partie d'un de ces envois.

386. Francolinus adspersus

Syn. *Francolinus adspersus*, Waterh. Alex. Exp. Discov. II, p. 267; Layard, B. S.-Afr., p. 269; Boc., Jorn. Acad. Sc. Lisboa, n.° xvi, 1877, p. 226; ibid., n.° xvii, 1874, pp. 42 et 59.
Scleroptera adspersa, Gurney in Anderss. B. Damara, p. 247.

Fig. *nulla.*

Caract. ♂ ad. Dessus de la tête, dos, ailes, croupion et couvertures supérieures de la queue d'un gris-brunâtre finement ponctué et linéolé de

[1] V. Jorn. Acad. Sc. Lisboa, n.° xxv, 1879, p. 68.

brun; le reste du plumage rayé transversalement de brun et de blanc sâle, ces raies beaucoup plus fines et plus irrégulières sur les côtés de la tête, la gorge et le cou; côtés du front et lorum noirs; rémiges brun-pâle pointillées de roussâtre-clair; rectrices brunes également pointillées de roussâtre. Bec rouge-corail avec la base de la mandibule plus pâle; espace autour des yeux jaune-pâle; pieds d'un rouge-orangé; iris brun.

Dimens. L. t. 340 mm.; aile 180 mm.; queue 35 mm.; bec 27 mm.; tarse 50 mm.

La femelle a les mêmes couleurs que le mâle.

Habit. Cette espèce parait se trouver exclusivement vers les confins méridionaux des possessions portugaises d'Angola; tous nos exemplaires nous viennent du *Humbe*. Suivant M. d'Anchieta ce Francolin y serait assez commun, mais pas autant que le *Unguari (Pt. rubricollis*, Gm.). Au sud du Cunene, dans le pays des Damaras et des Grands Namarquas il serait, d'après Andersson, le plus commun et abondant de tous les Francolins indigènes.

M. d'Anchieta nous indique deux noms différents dont les noirs du Humbe se serviraient pour désigner cette espèce, — *Muelle* et *Angi*.

387. Francolinus Lathami

Syn. *Francolinus Lathami*, Hartl., Journ. f. Orn. 1854, pag. 210; Sharpe & Bouvier, Bull. S. Z. France III, p. 79; Reichenow, Journ. f. Orn., 1877, p. 13.

Fig. *Temminck, Bydr. tot de Dierk. I, pl.* 15.

Caract. ♂ ad Parties supérieures vermiculées de brun sur un fond brun-roussâtre, nuancées par places de roux-marron, avec une strie médiane blanche bordée de noir sur les plumes du manteau et les scapulaires; dessus de la tête cendré-brun, le front d'un cendré plus pur; une strie sourcilière blanche, bordée de noir en dessous, de la base du bec à la nuque; une grande tache d'un cendré-pâle couvrant les joues, la région auriculaire et une partie de la face latérale du cou; gorge et côtés du cou d'un noir profond; base du cou, poitrine et abdomen variés de taches blanches cordiformes sur un fond noir; flancs, crissum et sous-caudales brun-noirâtre, variés de stries blanches bordées de noir et de taches blanches et noires; rémiges primaires brunes, les quatre qui suivent la première avec la moitié basilaire des barbes externes blanche; rectrices brunes vermiculées de roux. Bec noir; pieds jaunes; iris brun.

Dimens. L. t. 275 mm.; aile 148 mm.; queue 76 mm.; bec 17 mm.; tarse 43 mm.

Chez la femellè la taille est plus petite et les couleurs moins vives; la base du cou, la poitrine et l'abdomen sont ornées de taches blanches cerclées de noir sur un fond brun-roussàtre.

Habit. Ce Francolin n'a jamais été aperçu sur la partie la mieux explorée des possessions portugaises au sud du Zaire; mais au nord de ce fleuve le dr. Falkenstein et MM. Lucan et Petit en ont recueilli des exemplaires sur plusieurs localités de la *Côte de Loango.* Notre description a été faite d'après deux individus, mâle et femelle, envoyés par les deux derniers voyageurs.

388. Coturnix Delegorguei

Syn. *Coturnix Delegorguei,* Delegorgue, Vög. Afr. Austr. II, p. 615; Hartl., Vög. Ost.-Afr., p. 591; Heugl., Orn. N. O.-Afr., p. 907, Gurney in Anderss. B. Damara, p. 249.
Coturnix histrionica, Hartl., Orn. West.-Afr., p. 204; Boc., Jorn. Acad. Sc. Lisboa, n.º 11, 1867, p. 145; ibid., n.º v, 1868, p. 46; ibid, n.º viii, 1870, p. 350; Sharpe, Proc. Z. S., Lond., 1870, p. 147.
Cot. Fornasini, Bianconi, Sp. Zool. Mossamb., p. 399.

Fig. *Bianconi, Spec. Zool. Mossamb., pl. 1., fig. 2.*

Caract. ♂ ad. Brun-cendré en dessus, varié de bandes transversales noirâtres et de raies blanches; plumes du dos et des ailes et sus-caudales avec une strie médiane jaunâtre bordée de noir; dessus de la tête brun-noirâtre; sourcils et une bande longitudinale au milieu du vertex d'un blanc-jaunâtre; petite raie blanchâtre bordée de noir couvrant le lorum et se prolongeant au dessous de l'œil; derrière l'œil une bande noirâtre acompagne le sourcil jusqu'à derrière la nuque; gorge blanche encadrée de noir et portant au milieu un dessin noir en forme d'ancre; côtés du cou et parties inférieures roux-marron; une grande tache noire sur la poitrine et la partie antérieure de l'abdomen, de grosses stries noires sur les flancs; rémiges brun-pâle, tirant au blanchâtre sur les bords internes; rectrices finement rayées et terminées de blanc sur un fond brun-cendré, sous-alaires blanches. Bec noir; pieds couleur de chair; iris brun-terreux (Anchieta).

Dimens. L. t. 250 m.; aile 142 m.; queue 103 m.; bec 18 m.; tarse 33 m.

Chez le jeune les teintes des parties inférieures sont plus pâles, d'un fauve nuancé de gris, avec la poitrine et l'abdomen de cette même couleur, marqués à peine d'une petite tache brune en forme de croissant vers l'extrémité des plumes; la gorge blanche sans la tache en forme d'ancre, les côtés du cou jaunâtres variés de brun; les parties supérieurs comme chez l'adulte, mais les couleurs plus ternes.

Le femelle ressemble au jeune.

Habit. Nous avons reçu cette espèce de deux localités assez distinctes: *Rio Chimba* (Capangombe), dans l'intérieur de Mossamedes, et *Ambaca* au nord du *Quanza*; elle est assez abondante dans ces deux endroits, où elle est connue sous deux noms différents, *Dixoxolo* à Capangombe et *Dinguianguia* à Ambaca. C'est un des oiseaux plus largement répandus sur la région éthiopienne.

Le Muséum de Lisbonne possède un individu de la Caille d'Europe, *Coturnix communis*, Bonn., rapporté d'Angola par Welwitsch en 1861. Nous ignorons la localité où il aurait été pris. Cet individu est jusqu'à présent la preuve matérielle unique de l'existence de cette espèce dans les possessions portugaises d'Angola. Les voyageurs qui se sont occupés plus récemment de l'ornithologie de cette partie du territoire africain et des pays limitrophes ne semblent pas l'avoir aperçue, à l'exception de Andersson, qui l'a trouvée suffisamment répandue dans les parties centrale et méridionale du pays des Damaras[1].

389. Turnix lepurana

Syn. *Ortygis lepurana*, Smith, Rep. of Exped. App., p. 55.
Turnix lepurana, Boc., Jorn. Acad. Sc. Lisboa, n.° viii, 1870, p. 350; ibid., n.° xxiii, 1878, p. 207; ibid., n.° xxiv, 1878, p. 278. Finsch & Hartl., Vög. Ost.-Afr., p. 593; Heugl., Orn. N. O.-Af., p. 910; Gurney in Anderss., B. Damara, p. 249; Sharpe & Bouv. Bull. S. Z. France III, p. 79; Reichenow, Mittheil. Afrik. Gesellsch. I., 1879, p. 2.

Fig. Smith, Ill. S.-Afr. Zool. Aves, pl. 16.

Caract. ♂ ad. En dessus rayé de noir sur un fond roux-briqueté, les plumes du manteau avec de larges bordures grises doublées en dedans d'un trait noir; couvertures alaires largement bordées et terminées d'isabelle, marbrées de roux et avec une tache allongée noire sur les barbes externes; dessus de la tête roux tacheté de noir; une bande médiane longitudinale blanc-isabelle du front à la nuque; sourcils de cette même couleur pointillés de brun; gorge et abdomen blancs, lavés d'isabelle; haut de la poitrine fauve-ocracé; des taches noires en croissant ou en chevron sur les côtés de la

[1] V. Gurney in Anderss., B. Damara, p. 248.

poitrine; les flancs et les couvertures inférieures de la queue plus lavés de fauve; rémiges primaires brunes, les deux premières distinctement bordées de blanchâtre; rectrices semblables aux sus-caudales, rousses rayées de noir. Bec couleur de zinc légèrement teint de rougeâtre; pieds livides; iris jaune-clair (Anchieta).

Dimens. ♂ L. t. 125 mm.; aile 73 mm.; queue 28 mm.; bec 10 mm.; tarse 20 mm.

♀ L. t. 145 mm.; aile 82 mm.; queue 33 mm.; bec 11 mm.; tarse 22 mm.

Outre la différence de taille, la femelle diffère du mâle par des teintes plus sombres et surtout par le ton roux-ferrugineux de la poitrine.

Comparés à une série d'individus des deux sexes de *T. sylvatica* de Portugal, nos individus d'Angola leur ressemblent tellement sous le rapport des couleurs qu'on serait tenter de les rapporter à cette espèce; mais leur taille sensiblement inférieure permet de les distinguer [1]. Un individu mâle provenant d'*Accra* (Afrique occidentale), que nous devons à l'obligeance de M. Shelley, est parfaitement identique à nos individus du même sexe.

Habit. La *Turnix lepurana* a été observée par M. d'Anchieta dans deux localités assez éloignées entre elles: *Ambaca*, au nord du Quanza, et *Caconda* dans l'intérieur de Benguella.

Le dr. Reichenow rapporte à la *T. lepurana* deux individus, mâle et femelle, recueillis à *Malange* par M. Schütt, et MM. Sharpe et Bouvier citent également cette espèce comme faisant partie des envois de MM. Lucan et Petit de la *côte de Loango*. Elle est fort répandue sur toute la région éthiopienne.

---

[1] Voici les dimensions de deux individus, mâle et femelle, de la *Turnix sylvatica* de Portugal:

♂ L. t. 144 mm.; aile 81 mm.; queue 38 mm.; bec 11 mm.; tarse 22 mm.
♀ L. t. 158 mm.; aile 88 mm.; queue 42 mm.; bec 12 mm.; tarse 24 mm.

ORDO VII GRALLAE

FAM. OTIDAE

390. Otis kori

Syn. *Otis kori*, Burch. Trav. in Afr. II, p. 393; Finsch & Hartl., Vög. Ost.-
Afr., p. 611; Boc., Jorn. Acad. Sc. Lisboa, n.º xvii, 1874, p. 42.
Eupodotis cristata, Layard, B. S.-Afr., p. 283.
Eupodotis kori, Gurney in Anderss., B. Damara, p. 258.

Fig. *Rüppell, Monogr. der Gatt. Otis, Mus. Senckenberg. ii, tab. xiii.*

Caract. ♂ ad. Parties supérieures fauves, rayées et vermiculées
de brun; les couvertures du bord inférieur de l'aile en partie blanches et
marquées de grandes taches noires, front et partie médiane du vertex vermiculés de brun sur un fond gris, côtés du vertex et huppe occipitale noirs;
sourcils et joues blanchâtres pointillés de brun; gorge blanche; cou d'un blanc-
grisâtre, rayé en travers de brun; parties inférieures blanches; de chaque côté
de la poitrine une grande tache noirâtre, formant un collier interrompu, qui
sépare la coloration rayée du cou du blanc uniforme des régions inférieures;
les deux premières rémiges brunes, les autres brunes vers l'extrémité, variées de blanc à la base; rectrices vermiculées de brun sur un fond fauve-pâle, les latérales traversées de quelques bandes blanches et noires et bordées
de blanc à l'extrémité.

Dimens. ♂ L. t. 1:350 mm.; aile 830 mm.; queue 400 mm.;
bec 103 mm.; tarse 225 mm.
♀ L. t. 950 mm.; aile 630 mm.; queue 300 mm.; bec 90
mm.; tarse 180 mm.

La femelle ressemble au mâle, mais elle est facile à reconnaitre par sa
taille beaucoup plus petite.
Nos deux individus ne nous semblent pas encore arrivés à la dernière

phase de leur plumage; l'état incomplet du collier pectoral et leur aspect général nous le prouve suffisamment. Ils ont été tués, l'un en février, l'autre au commencement de mars 1874.

Habit. C'est seulement au *Ihumbe* que M. d'Anchieta a pu se procurer une paire d'individus de cette espèce. M. d'Anchieta nous écrit que cette Outarde se montre généralement isolée par paires, très rarement en bandes, et qu'elle recherche les lieux découverts, stériles et peu abondants d'eaux.

Dilua est le nom que lui donnent les habitants du Humbe.

391. Otis caffra

Syn. *Otis caffra*, Licht. Verz. Doubl. Mus. Berl., p. 69; Layard. B. S.-Afr.,
p. 283.
Otis Denhami, Bcc., Jorn. Acad. Sc. Lisboa, n.° xii, 1870, p. 376; ibid.,
n.° xvii, 1874, p. 43.

Fig. *Reichenbach, Hühnervög., pl. cclviii, fig. 2182.*

Caract. ♂ ad. Dos, scapulaires et premiers rangs des couvertures alaires ondulés et vermiculés de fauve sur un fond noirâtre; le reste du dessus de l'aile noir avec de grandes taches blanches; dessus de la tête noir avec une raie longitudinale blanche sur le milieu du vertex; sourcils blancs; côtés de la tête de cette couleur, variés de brun, la région auriculaire brunâtre; un espace au-dessous de la nuque blanc, lavé de cendré; face postérieure du cou roux-ferrugineux; gorge blanche; faces antérieure et latérales du cou et haut de la poitrine d'un cendré ardoisé, nuancé de noirâtre; parties inférieures d'un blanc-sale; rémiges primaires noires, les quatre premières entièrement de cette couleur, la 5° variée de grandes taches blanches sur les barbes internes, les suivantes irrégulièrement barrées de blanc; les secondaires avec un espace blanc varié et nuancé de brun sur les barbes internes et terminées de blanc; rectrices barrées de noir et de blanc, avec l'extrémité de cette couleur, les intermédiaires sans tache blanche à la pointe, vermiculées de brun et de blanc-sale et traversées de bandes irrégulières blanches et noires. Bec brun avec la mandibule jaunâtre; pieds jaune-verdâtre; iris brun-jaunâtre (Anchieta).

Dimens. L. t. 950 mm.; aile 610 mm.; queue 320 mm.; bec 72 mm.; tarse 170 mm.; espace nu de la jambe 67 mm.

La femelle, beaucoup plus petite, a la partie antérieure du cou et le haut de la poitrine finement rayés et vermiculés de brun sur un fond gris-blanc.

Nous avions d'abord rapporté nos individus d'Angola à l'*O. Denhami*, Child. [1], et notre regretté ami Verreaux, à qui nous les avions envoyés en communication, avait partagé notre manière de voir; mais en les examinant de nouveau, leurs dimensions et leur système de coloration nous semblent mieux d'accord avec les caractères généralement attribués à l'*O. caffra*. L'*O. Denhami*, suivant Henglin, à qui l'on doit l'indication minutieuse de ses caractères différentiels [2], est d'une taille plus petite que l'*O. caffra*, et diffère de cette espèce par ses tarses proportionnellement plus longs et moins forts, par un espace plus grand nu au bas de la jambe et par quelques particularités de coloration, dont les plus remarquables sont: toute la face postérieure du cou, depuis la nuque, d'une teinte plus pâle, couleur de cannelle au lieu de roux-ferrugineux; les faces antérieure et latérales du cou et le haut de la poitrine d'un cendré-pâle, au lieu de cendré-ardoisé.

En faisant application à nos exemplaires du critérium différentiel établi par Heuglin, leur assimilation à l'*O. caffra* nous semble parfaitement justifiée.

Habit. Les deux premiers individus de l'*O. caffra* recueillis en Angola nous ont été envoyés de *Huilla* par M. d'Anchieta; plus tard nous avons reçu trois autres tués au *Humbe* par notre zélé correspondant.

Andersson ne comprend pas cette espèce dans la liste des oiseaux aperçus par lui au sud du *Cunene*; mais sa présence sur le bord droit de ce fleuve nous porte à conclure qu'elle ne doit pas être étrangère aux territoires parcourus par l'infortuné voyageur suédois.

392. Otis melanogaster

Syn. *Otis melanogaster*, Rüpp. Neue Wirb., p. 16, tab. 7; Finsch & Hartl., Vög. Ost.-Afr., p. 614; Heugl., Orn. N. O.-Afr., p. 951.
Eupodotis melanogastra, Hartl., Orn. West.-Afr., p. 207; Layard, B. S.-Afr., p. 286; Boc., Jorn. Acad. Sc. Lisboa, n.º 11, 1868, p. 145; ibid., n.º VIII, 1870, p. 350.

Fig. *Rüppell, Neue Wirbelth., tab. 7, ♂.*
Rüppell. System Uebers., tab. 41, ♀.

Caract. ♂ ad. Parties supérieures rayées et vermiculées de brun sur un fond fauve, avec de grandes taches triangulaires noirâtres; dessus de la tête plus rembruni et encadré d'une bande noire bordée de blanc, qui com-

---

[1] V. Boc., Jorn. Acad. Sc. Lisboa, n.º XII, 1870, p. 376; ibid., n.º XVII, 1874, p. 43.
[2] V. Heugl. Orn. N. O.-Afr., p. 940.

mence derrière l'œil et finit à la nuque; côtés de la tête et sourcils gris variés de brun; région auriculaire blanchâtre; faces postérieure et latérales du cou d'un fauve pâle, pointillées de brun; gorge noirâtre nuancée de gris-argentin; face antérieure du cou blanche avec une bande étroite longitudinale noire depuis la gorge jusqu'à la poitrine; parties inférieures de cette dernière couleur; dessus de l'aile ressemblant au dos, mais d'un fauve plus clair, encadré d'une large bordure blanche formée par les couvertures des bords supérieur et inférieur de l'aile; la plus extérieure des rémiges primaires toute noire, les 2e et 3e blanches sur les barbes internes avec les barbes externes et l'extrémité noires, les autres blanches avec l'extrémité noire; couvertures supérieures de la queue et queue vermiculées de noir sur un fond gris-fauve, et traversées de bandes étroites noires bordées de fauve; les 2 ou 3 rectrices de chaque côté à teintes plus foncées et à bandes moins distinctes. Sous-alaires noires. Bec brun sur le culmen, le reste jaune; pieds jaune-terreux; espace peri-ophthalmique et iris jaune-paille (Anchieta).

Dimens. L. t. 640 mm.; aile 370 mm.; queue 195 mm.; bec 45 mm.; tarse 130 mm.

Chez la femelle le noir des parties inférieures est remplacé par une teinte fauve-pâle, tirant au blanchâtre sur le crissum; le cou tout entier est pointillé de brun; la gorge blanche; les flancs en partie noirs et vermiculés de brun; iris brun. Elle est plus petite que le mâle.

Habit. *Angola* (Toulson); *Duque de Bragança* (Bayão); *Huilla* et *Caconda* (Anchieta).

Tua est le nom dont se servent les habitants du littoral d'Angola pour désigner non seulement cette espèce, mais en général les Outardes qu'ils connaissent; mais les individus envoyés de *Caconda* par M. d'Anchieta portent sur leurs étiquettes, au lieu de ce nom, celui de — *Quela*.

Aux espèces précédentes du genre *Otis* il faut encore ajouter deux, qui manquent à nos collections, quoiqu'elles soient, d'après Monteiro[1], assez communes dans toute la région littorale d'Angola:

1. *Otis ruficrista*, Smith, Ill. S. Afr. Z. Aves, pl. 4.

Caract. ♂ Manteau et ailes vermiculés de noir sur un fond fauve et variés de taches lancéolées noires bordées d'isabelle; dessus de la tête noir; la nuque pourvue d'une huppe de plumes soyeuses d'un roux-marron; raie sourcilière grise pointillée de noir et bordée en dessous de cette couleur; cou gris-roussâtre, passant vers

---

[1] V. Monteiro, Proc. Z. S. London. 1865, p. 90.

la base au gris-bleuâtre ; une raie médiane sur la gorge et parties inférieures noires.
Aile 275 mm.; queue 140 mm.; bec 50 mm.; tarse 96 mm. (Sm.)

2. *Otis Rüppellii*, Wahlb. Journ. f. Orn. 1857, p. 1.
Otis picturata, Hartl. Proc. Z. S. London, 1865, p. 88, pl. vi.

Caract. ♂ En dessus d'un fauve clair vermiculé de noirâtre ; vertex cendré-bleuâtre rayé de brun ; bande sourcilière, une strie sur la région malaire, nuque, milieu de la gorge et une bande médiane longitudinale sur la face antérieure
du cou noirs ; côtés de la tête blancs ; régions inférieures d'un blanc sale ; 1ᵉ et 2ᵉ
rémiges noirâtres, d'un blanc-roussâtre vers la base, les autres d'un blanc-fauve avec
l'extrémité noirâtre. Aile 320 mm.; queue 152 mm.; bec 38 mm.; tarse 80 mm.
(Wahlberg).

FAM. CHARADRIIDAE

393. Cursorius senegalensis

Syn. *Tachydromus senegalensis*, Licht. Verz. Doubl. Mus. Berl., 72.
Cursorius senegalensis, Hartl. Orn. West-Afr., p. 209 ; Monteiro, Ibis, 1862.,
p. 335 ; Hartl. Synops. Curs. Proc. Z. S. L., 1866, p. 61 ; Boc., Jorn.
Acad. Sc. Lisboa, n.º ii, 1867, p. 146 ; ibid., n.º xiv, 1873, p. 199 ; ibid.,
n.º xvii, 1874, p. 59 ; ibid., n.º xxi, 1877, p. 69 ; ibid., n.º xxii, 1877,
p. 150 ; n.º ibid., n.º xxiv, 1878, p. 279 ; Sharpe, Proc. Z. S. London,
1869, p. 570 ; Gurney in Anderss., B. Damara, p. 261.
Fig. Swainson, *Birds West-Africa*, ii, pl. 24.

Caract. Ad. Dessus du corps et ailes d'un brun-cendré pâle nuancé
de fauve ; dessus de la tête d'un roux vif ; deux bandes blanches bordées de
noir derrière la tête se réunissant à la nuque ; gorge, ventre et couvertures
de la queue blanches ; cou et poitrine cendré-fauve, tirant au roux-ardent vers
le bas de la poitrine ; une grande tache allongée noire sur le milieu de l'abdomen ; rémiges noires ; secondaires brunes, terminées de blanc, les dernières
de la couleur du dos ; les rectrices, à l'exception des deux intermédiaires, marquées d'une tache sous-apicale noire et terminées de blanc, la plus extérieure
avec les barbes externes blanches. Bec noir avec la base de la mandibule
jaunâtre ; pieds gris-de-lin clair ; iris châtain (Anchieta).

Dimens. L. t. 210 mm.; aile 122 mm.; queue 50 mm.; bec 20 mm.;
tarse 42 mm.

Habit. Très répandu en Angola. Monteiro l'a observé à *Cambambe*
et aux environs de *Loanda*, où il le dit abondant ; nous avons un individu rapporté par Welwitsch du *Bengo* et plusieurs individus envoyés par d'Anchieta

de *Novo Redondo, Quillengues, Caconda, Gambos* et *Humbe*. Il est fort singulier qu'on ne l'aie pas encore rencontré au nord du Zaire sur la *côte de Loango*. Un exemplaire recueilli par Andersson à *Ondonga* prouve son existence
au sud de nos possessions[1].

Les noms que lui donnent les indigènes d'Angola semblent varier suivant
les localités: les habitants de Cambambe, d'après Monteiro, l'appelleraient *Can-
gola ;* sur les étiquettes de nos exemplaires de Quillengues M. d'Anchieta a mis
deux noms différents, *Chipembe* et *Angombe,* et ceux de Caconda portent encore
un autre nom, *Cangombo*[2]. Leur nourriture consiste surtout en termites.

394. Cursorius chalcopterus

Syn. *Cursorius chalcopterus,* Temm. Pl. Col. 298; Hartl., Orn. West-Afr.,
p. 210; Hartl. Synops. Curs. Proc. Z. S. L., 1866, p. 62; Finsch & Hartl.,
Vög. Ost.-Afr., p. 629; Heugl., Orn. N. O.-Afr., p. 970; Boc., Jorn. Acad.
Sc. Lisboa, n.º XII, 1871, p. 277; ibid., n.º XXVII, 1874, p. 43; Gurney
in Anderss. B. Damara, p. 263; Reichenow, Mittheil. Afrik. Gesellsch. I,
p. 1.

Fig. *Temminck, Pl. Col. pl. 298.*

Caract. Ad. Parties supérieures et cou d'un brun-cendré pâle mélangé de roussâtre ; front et bande sourcilière blanc-fauve ; une autre bande
de la même couleur derrière l'œil, séparée de l'extrémité de la bande sourcilière par un trait roux-marron ; joues et région auriculaire variées de noir
et de roux ; gorge blanche portant de chaque côté une bande brune écaillée
de fauve ; au bas du cou un collier noir surmonté d'une bande fauve ; sus-caudales et régions inférieures blanches, celles-ci lavées de fauve ; rémiges primaires noires, la première entièrement de cette couleur, les autres blanches
à la base et avec une tache apicale d'un violet d'amethyste, précédée d'un
trait vert et bleu à reflets métalliques ; rectrices intermédiaires brun-cendré
avec quelques reflets verts métalliques, les autres tirant au noir vers l'extrémité, blanches à la base et terminées de blanc, la plus extérieure bordée de
blanc en dehors. Bec noirâtre, d'un rouge foncé à la base ; pieds rouges avec
la face antérieure des doigts d'un ton plus sombre ; iris brun (Anchieta).

Dimens. L. t. 275 mm.; aile 190 mm.; queue 85 mm.; bec 20 mm.;
tarse 73 mm.

---

[1] V. Gurney in Anderss. B. Damara, p. 261.
[2] Ce nom signifie, suivant M. d'Anchieta, *pâtre de bœufs,* et l'oiseau le mérite parce qu'il
accompagne les bœufs dans les prairies marécageuses.

Chez les individus jeunes les taches couleur d'améthyste à l'extrémité des rémiges manquent entièrement. La femelle ressemble au mâle. La planche citée de Temminck ne rend pas bien exactement la coloration de cette espèce; le ton fauve ocracé de la figure ne répond pas à ce que l'on observe chez l'oiseau.

Habit. Nos individus d'Angola nous viennent de *Capangombe* et du *Humbe* par M. d'Anchieta, qui a toujours rencontré cette espèce tout près des cours d'eaux et des marais. M. O. Schütt vient de rapporter un exemplaire de *Malange*, au nord du Quanza. Suivant Andersson, elle se montre régulièrement dans le pays des Damaras par petites bandes pendant la saison des pluies.

395. Cursorius cinctus

Syn. *Hemerodromus cinctus*, Heugl. Ibis, 1863, p. 31, pl. I.
Cursorius cinctus, Hartl. Synops. Curs. Proc. Z. S. L., 1866, p. 62; Heugl., Orn. N. O.-Afr., p. 972; Boc., Jorn. Acad. Sc., Lisboa, n.° XVII, 1874, p. 43; ibid., n.° XX, 1866, p. 256; Gurney in Anderss., B. Damara, p. 262.

Fig. *Heuglin, Ibis*, 1863, *pl. 1.*

Caract. Ad. Dessus de la tête brun foncé avec les bords des plumes teints de fauve; front, lorum et tache auriculaire d'un blanc lavé de fauve; les plumes du dessus du corps brunes avec de larges bords gris lavés de roux ou de fauve et tirant au blanc sur les couvertures des ailes; sus-caudales blanches; une bande blanche bordée de noir de chaque côté de la tête, commençant au-dessus de l'œil et se réunissant en pointe à celle du côté opposé; gorge, faces latérales et antérieure du cou et parties inférieures blanches; une bande brun-marron, partant derrière l'œil, contourne la tache auriculaire et vient former un V avec celle du côté opposé sur la face antérieure du cou; derrière cette bande, gardant avec elle un certain parallélisme, une bande noire vient se perdre sur les côtés de la poitrine dans un espace varié de brun et de fauve; deux bandes transversales sur la poitrine, l'une noire, l'autre rousse, séparées par un intervalle blanc; rémiges primaires noirâtres; queue d'un brun-pâle nuancé de roux, marquée vers l'extrémité d'une bande noire peu distincte et terminée de blanc, la rectrice le plus extérieure blanche, l'immédiate avec les barbes externes variées de blanc. Bec noirâtre, jaune à la base; pieds grisâtres; iris brun.

Dimens. L. t. 250 mm.; aile 184 mm.; queue 85 mm.; bec 18 mm.; tarse 66 mm.

Les caractères du plumage de nos individus d'Angola, ♂ et ♀, présentent un certain désaccord avec ceux de l'individu décrit et figuré par Heuglin: chez nos individus il n'y a pas aucun vestige d'une large bande isabelle qui d'après cet auteur se trouverait le long du vertex chez l'individu qu'il a examiné, et il y a aussi des différences quant à la coloration des rectrices. Nous pensons cependant que ces différences appartiennent au nombre de celles que la diversité d'âge ou de saison peut facilement expliquer.

Habit. Le type de l'espèce était originaire de *Gondokoro*, Nil Blanc. Nos exemplaires ont été recueillis par M. d'Anchieta au *Humbe*, sur les bords du Cunene. La dernière collection envoyée par Andersson en Europe contenait aussi deux individus pris à *Ondonga* dans le territoire de l'*Ovampo* ou de l'*Ovambo*, au sud du Cunene.

Une quatrième espèce de Cursorius, *C. bisignatus*, Hartl., découverte par Monteiro à Benguella en 1864, ne se trouve pas encore dans nos collections africaines, ayant echappée jusqu'ici aux laborieuses et intelligentes recherches de M. d'Anchieta. Elle serait, d'après M. Hartlaub, semblable au *C. bicinctus*, Temm., mais parfaitement distincte par plusieurs caractères, que cet auteur indique dans sa diagnose différentielle.

Voici la diagnose publiée par M. Hartlaub:

C. bisignatus. *Affinis C. bicincto Temm., sed diversus: 1.°, statura multo minore; 2.°, torque colli postici nigro vix conspicuo; 3.°, notaei coloribus multo pallidioribus; 4.°, remigibus secundariis omnibus primariisque 5° — 10ᵐ pro maxima parte dilute rufis; 5.°, gastraeo a gutture inde, subalaribus et sub-caudalibus pure albis; 6.°, remigum pogoniis internis subtus rufescenti-albis, axillaribus albis; 7.°, rectrice extima tota alba. L. t. 6¹/₂", rostri a fr. 5'", alae 5", caudae 1", 10''', tarsi 1", 9''', dig. med. c. ung. 8'''¹.*

396. Glareola cinerea

Syn. *Glareola cinerea*, Fras., Proc. Z. S. L., 1843, p. 26; Hartl., Orn. West-Afr., p. 211; Reichenow, Journ. f. Orn., 1877, p. 11.

Fig. *Gray, Genera of Birds, pl.* 144.

Caract. ♂ Ad. En dessus d'un gris de perle, le vertex teint légèrement de fauve; sourcils, joues, région parotique et parties inférieures blanches; un large collier au-dessous de la nuque d'un roux-pâle; la poitrine la-

---

¹ V. Proc. Z. S., London, 1865, p. 87. Le *C. bisignatus* n'a pas encore été figuré. Heuglin se trompe lorsqu'il cite par rapport à cette espèce la pl. vi des Proc. Z. S. L., 1865, laquelle représente l'*Otis pictarata*, Hartl. (— *O. Ruppellii*, Wahlb.) V. Heugl., Orn. N. O.-Afr., p. 976.

vée de cette couleur; lorum noir, bordé en dessus de blanc, et en continuité
avec une ligne noire qui contourne l'œil en dessous et descend sur la face latérale du cou; les plus externes des rémiges primaires avec une large bordure blanche en dedans, les autres noires à la base et à l'extrémité, le reste
blanc; secondaires blanches terminées de noir; queue blanche avec une bande noire à l'extrémité des rectrices, les 4 ou 6 intermédiaires bordées de blanc
à la pointe. Sous-alaires noirâtres variées de blanc. Bec jaune à la base, noir
à la pointe; pieds jaunes.

Dimens. L. t. 175 mm.; aile 130 mm.; queue 56 mm.; bec 13 mm.;
tarse 22 mm.

Les caractères ci-dessus sont ceux d'un individu adulte faisant partie de
la collection rapportée par Magne et Compiègne de leur voyage au Gabon et
à l'Ogôoué. Il porte l'indication d'avoir été pris sur un confluent de l'Ogôoué.

Sur l'autorité de MM. Sharpe et Reichenow nous avons à ajouter deux
autres espèces de *Glareola* à la liste des oiseaux qui habitent la circonscription
géographique dout nous nous occupons:

1. *Glareola pratincola* (Linn.). Un individu jeune que M. Sharpe rapporte à cette espèce faisait partie d'une petite collection d'oiseaux recueillis
par M. Monteiro en 1868 dans l'*Ambriz*, au nord de Loanda, sur la région
littorale. (Sharpe, Proc. Z. S. London, 1869, p. 571).

2. *Glareola nuchalis*, Gray. Reichenow comprend cette espèce dans sa
liste des oiseaux de la *Côte de Loango* d'après des individus provenant du
voyage du Dr. Falkenstein. (Reichenow, Journ. f. Orn., 1877, p. 11).

397. Œdicnemus vermiculatus

Syn. *Œdicnemus vermiculatus*, Cabanis, v. d. Decken's Reis. III, p. 46, tab.
xvi; Finsch & Hartl., Vög. Ost-Afr., p. 622; Boc., Jorn. Acad. Sc. Lisboa, n.° xii, 1871, p. 275; ibid., n.° xiii, 1872, p. 68; ibid., n.° xvii,
1874, p. 59; ibid., n.° xxii, 1877, p. 149; Gurney in Anderss. B. Damara, p. 266; Reichenow, Journ. f. Orn., 1877, p. 11.
Œdicnemus senegalensis, Boc., Jorn. Acad. Sc. Lisboa, n.° ii, 1867, p. 228;
ibid, n.° viii, 1870, p. 350; Sharpe & Bouvier, Bull. S. Z. France I, p. 52.

Fig. *Cabanis. v. d. Decken's Reis.*, III, tab. xvi.

Caract. Ad. Plumage en dessus brun-cendré pâle, strié de noirâtre
et varié de vermiculations brunes plus distinctes sur les plumes du dos et les
scapulaires; les stries de la partie antérieure du dos plus accentuées et plus
grosses; gorge et une bande au-dessous de l'œil, de la base du bec à la région

auriculaire, blanches; parties inférieures d'un blanc sâle, lavé de fauve, la poitrine et les flancs striés de noirâtre; couvertures inférieures de la queue roussâtres; une bande oblique noire sur les couvertures des ailes, bordée en dessous de blanchâtre et suivie d'un large espace cendré-clair strié de noir; rémiges noires, les trois premières traversées d'une bande complète blanche; rectrices médianes semblables aux plumes du dos, les latérales rayées de brun et de blanc avec l'extrémité noirâtre. Bec brun-foncé, jaune à la base, pieds jaune-verdâtre; iris jaune pointillé de brun (Anchieta).

Dimens. L. t. 360 mm.; aile 205 mm.; queue 110 mm.; bec 40 mm.; tarse 75 mm.

La taille et les couleurs de la femelle adulte sont celles du mâle.

Habit. Cette espèce est très répandue sur la côte occidentale précisément entre les limites des possessions portugaises d'Angola. Nous avons pu examiner des individus de *Rio Quilo* et de *Landana* sur la *Côte de Loango*, ainsi qu'un grand nombre d'exemplaires provenant de localités comprises entre l'embouchure du Zaire et celle du Cunene, *Barra do Dande, Loanda, Rio Coroca, Quillengues* et *Humbe;* ces deux dernières localités sont les plus avancées vers l'intérieur. L'aire d'habitation de cette espèce, qui comprend les régions au nord et au sud du Zambeze, dans l'Afrique orientale, le Natal, les pays d'Orange et des Namaquas, est donc énorme.

Dans les localités plus méridionales d'Angola, c'est-à-dire à *Quillengues* et au *Humbe*, l'*O. vermiculatus* se montre généralement en compagnie d'une autre espèce, l'*O. capensis*. Les indigènes appliquent le même nom à ces deux espèces; il varie cependant suivant les localités: à Quillengues on les appele *Lungungua*, au Humbe *Kilubio* et *Soca-soca*.

398. Œdicnemus capensis

Syn. *Œdicnemus capensis*, Licht. Vers. Doublet. Mus. Berlin, p. 69; Boc., Jorn. Acad. Sc. Lisboa, n.° VIII, 1870, p. 350; ibid., n.° XII, 1871, p. 266.

Fig. *Temminck, Pl. Col. pl.* 229 (médiocre).

Caract. Ad. Plumage d'un fauve-roussâtre, varié de stries brunes sur la tête, le cou et les parties inférieures, rayé et tacheté de brun en dessus; gorge et une bande au-dessous de l'œil d'un blanc pur; le ventre tirant au blanchâtre, sans taches à la partie moyenne; les couvertures inférieures de la queue lavées de roux; rémiges noirâtres; les trois premières marquées d'une bande transversale blanche; queue rayée et terminée de noir sur un fond blanc-cendré, les rectrices médianes semblables aux sus-caudales. Bec noirâtre, d'un jaune verdâtre à la base; pieds jaune-verdâtre; iris jaune.

Dimens. L. t. 430 mm.; aile 250 mm.; queue 125 mm.; bec 50 mm.; tarse 98 mm.

Habit. *Angola* (Toulson); *Quillengues, Huilla, Caconda* et *Humbe* (Anchieta). Un individu qui nous a été envoyé dans le temps par Toulson ne portait pas aucune indication de provenance, mais nous pensons qu'il doit venir comme les autres de quelque localité au sud du Quanza; au nord de ce fleuve, il ne s'est montré jusqu'à présent.

MM. Finsch & Hartlaub à propos d'une autre espèce, l'*OEd. affinis*, citent notre nom à l'appui de l'existence de cette espèce en Angola[1]. Nous pensons qu'il doit y avoir quelque méprise de la part de ces savants, car nous ne nous rappelons pas d'avoir jamais rien écrit à ce sujet, les preuves en faveur d'une telle opinion nous faisant complètement défaut.

Il règne encore, ce nous semble, beaucoup d'incertitude relativement à une troisième espèce de ce genre, qui habite plus particulièrement l'Afrique occidentale, de la *Sénégambie* au *Gabon*. Cette espèce tantôt régardée comme distincte, *OEd. senegalensis*, tantôt assimillée a l'*OEd. crepitans* ou à l'*OEd. affinis*, nous est inconnue.

L'*OEd. senegalensis* dont nous avons fait mention dans nos premières *Listes* est l'*OEd. vermiculatus*[2].

399. Chettusia inornata

Syn. *Vanellus inornatus*, Swains. B. West-Afr. II, p. 239; Hartl., Orn. West-Afr. pl., 212.
Chettusia inornata, Reichenow, Journ. f. Orn. 1887, p. 11; Sharpe & Bouvier, Bull. S. Z. France III, p. 79.

Fig. *nulla.*

Caract. Ad. Parties supérieures d'un brun-roux pâle glacé d'olivâtre; le dessus de la tête d'une teinte plus foncée, entamée par une tache circonscripte blanche sur le front; couvertures supérieures de la queue blanches; un plastron d'un cendré pâle, passant au noir à son bord inférieur, couvrant les joues, la gorge et la poitrine; menton blanchâtre; le reste des parties infé-

[1] Finsch & Hartl., Vög. Ost.-Afr., p. 627.
[2] Boc., Jorn. Acad. Sc. Lisboa, n.° ii, p. 228 et n.° viii, p. 350.

rieures d'un blanc pur; rémiges primaires noires, celles plus rapprochées du corps avec une bordure terminale blanche; secondaires noires à la base et blanches à l'extrémité; rectrices blanches, les 1e et 2° de chaque côté entièrement de cette couleur, les autres marquées d'une bande apicale noire dont la largeur augmente succéssivement vers les plus internes. Bec noir; pieds brun-rougeâtre; iris brun.

Dimens. L. t. 235 mm.; aile 177 m.; queue 70 mm.; bec 22 mm.; tarse 67 mm.

Habit. La *Chettusia inornata* n'a pu être encore observée au sud du Zaire, quoiqu'elle ne semble pas rare au nord de ce fleuve sur la *côte de Loango,* où sa présence a été constatée par MM. Petit et Lucan et par le Dr. Falkenstein. Un des exemplaires recueillis à *Landana* par les deux premiers voyageurs se trouve actuellement en notre possession et nous a fourni les caractères de notre diagnose.

400. Chettusia coronata

Syn. *Charadrius coronatus,* Gm. Syst. Nat. I, p. 691.
Chettusia coronata, Finsch & Hartl., Vög. Ost-Afr., p. 636; Gurney in Anderss. B. Damara, p. 268; Boc., Jorn. Acad. Sc. Lisboa, n.° XVI, 1873, p. 287; ibid., n.° XVII, 1874, p. 59.

Fg. *Buffon, Pl. Enl. pl.* 800

Caract. Ad. D'un cendré-brun pâle en dessus; un plastron de cette couleur, bordé de noir à son bord inférieur, couvrant la base du cou et la poitrine; joues, gorge, sus-caudales et parties inférieures blanches; un trait noir de chaque côté du menton bordant les branches de la mandibule; front et une large bande sourcilière, se réunissant sur la nuque à celle du côté opposé, d'un noir profond; une grande tache blanche sur le vertex avec le centre noir; une bande longitudinale blanche sur l'aile, formée par les extrémités des grandes couvertures; rémiges primaires noires avec un espace blanc vers la base des barbes internes; secondaires blanches terminées de noir; queue blanche terminée de noir. Bec rouge à la base, le reste noir; pieds d'un rouge-orangé pâle; iris brun cerclé de jaune (Anchieta).

Dimens. L. t. 300 mm.; aile 205 mm.; queue 105 m.; bec 31 mm.; tarse 73 mm.

Habit. Cette espèce fort répandue et très commune sur tout le territoire au sud du Cunene visité par Andersson, se montre aussi en grandes bandes au *Humbe* sur le bord droit du Cunene. M. d'Anchieta nous écrit que la principale nourriture de cet oiseau consiste en insectes, ce qui confirme les observations du voyageur suédois que nous venons de nommer. D'après les données actuelles cette espèce appartiendrait plus particulièrement à l'Afrique australe.

Les indigènes du Humbe l'appelent — *Kilokuenke*.

401. Hoplopterus speciosus

Syn. *Charadrius speciosus*, Licht. in Mus. Berol.
Hoplopterus speciosus, Finsch & Hartl., Vög. Ost–Af., p. 639 ; Boc., Jorn. Acad. Sc. Lisboa, n.° XII, 1871, p. 277 ; ibid., n.° XVI, 1873, p. 287 ; ibid., n.° XVII, 1874, p. 59 ; Gurney in Anderss., B. Damara, p. 267.
Hoplopterus armatus, Boc., Jorn. Acad. Sc. Lisboa, n.° II, 1867, p. 146 ; ibid., n.° IV, 1867, p. 328 ; ibid., n.° V, 1868, p. 49.

Fig. *Jardine & Selby, Ill. Orn. II, pl. 54.*
Temminck, Pl. Col. pl. 526.

Caract. ad. Noir avec les ailes d'un cendré pâle ; front et vertex, face postérieure du cou, croupion, abdomen et couvertures supérieures et inférieures de la queue d'un blanc pur ; une bande longitudinale sur l'aile, plus ou moins distincte, de cette couleur ; rémiges noires avec un petit espace blanc à la base ; secondaires blanches terminées de noir ; rectrices blanches avec une bande terminale noire, les latérales lisérées de blanc à la pointe. Bec et pieds noirs ; iris rouge (Anchieta).

Dimens. L. t. 290 mm.; aile 200 mm.; queue 92 mm.; bec 27 mm.; tarse 74 mm.[1]

Habit. Nous ignorons la provenance d'un individu de notre collection rapporté d'Angola par Welwitsch ; ceux envoyés par M. d'Anchieta ont été recueillis tant sur la région littorale, *Rio Coroca*, au sud de Mossamedes, comme dans l'intérieur, à *Huilla* et au *Humbe*, mais toujours dans des localités qui se trouvent au sud du parallèle de *Benguella*.

Nos exemplaires du Humbe portent l'indication du nom indigène *Kukolekole*.

M. d'Anchieta nous dit qu'il est fort commun dans cette localité, mais difficile à tuer, car il est très défiant, s'apercevant à de grandes distances de la présence des chasseurs et des chiens qui les acompagnent, et en donnant avis par ses cris d'alarme non seulement aux oiseaux de la même espèce mais à tous les oiseaux aquatiques.

[1] Aucun de nos exemplaires n'atteint pas les dimensions indiquées par MM. Finsch & Hartlaub (loc. cit.).

402. Lobivanellus lateralis

Syn. *Vanellus lateralis*, Smith, Ill. S-Afr., Zool., Aves, pl. 23.
Lobivanellus lateralis, Hartl. & Mont. Proc. Zool. S., London, 1865, p. 90;
    Boc., Jorn. Acad. Sc. Lisboa, n.° VIII, 1870, p. 350; ibid., n.° XIV,
    1873, p. 287; ibid., n.° XXIV, 1878, p. 279; Gurney in Anderss. B. Da-
    mara, p. 267.

Fig. *Smith, Ill. S.-Afr., Zool. Aves, pl. 23.*

Caract. Ad. D'un cendré-brunâtre, plus pâle en dessous et sur les
ailes; bord inférieur de celles-ci et extrémités des grandes couvertures blancs;
front et partie antérieure du vertex d'un blanc pur encadré par du noir; joues,
région auriculaire et faces antérieure et latérales du cou striées de blanc et
de noir; croupion et couvertures supérieures et inférieures de la queue d'un
blanc pur; bas ventre et flancs teints de noir; rémiges primaires noires avec
un espace blanc à la base; secondaires blanches largement terminées de noir;
queue blanche à la base et à l'extrémité avec une bande intermédiaire noire.
Bec jaune-verdâtre avec la pointe noire; caroncule pré-orbitaire rouge dans
son lobe supérieur, le reste jaune; pieds jaunes nuancés de verdâtre; iris
jaune-pâle (Anchieta).

Dimens. L. t. 330 mm.; aile 240 mm.; queue 115 mm.; bec 34 mm.;
tarse 90 mm.

Habit. Le premier exemplaire de cette espèce recueilli en Angola a
été envoyé en Europe par Monteiro en 1864, il etait originaire de *Benguella;*
plus tard nous en avons reçu plusieurs individus tués par M. d'Anchieta à *Caconda*, à *Huilla*, et au *Humbe*. Dans une petite collection d'oiseaux, qui nous
est parvenue tout récemment, envoyée de la région du *Quango* par nos intrépides compatriotes MM. Capello et Ivens, nous avons rencontré un exemplaire
de cette espèce. L'étiquette de cet individu porte, parmi d'autres indications,
celle du nom indigène — *Mocó.*

Le *Sarciophorus albiceps*, Gould, a été rencontré tout récemment sur la
côte de Loango. Par la conformation de sa caroncule et par ses couleurs il est
bien différent de l'espèce précédente. Ses caractères peuvent se résumer
ainsi: Dos brunâtre, lustré de pourpre; le dessus de l'aile noir encadré de blanc;
faces latérales de la tête et du cou cendrées; le reste du plumage blanc lavé
de cendré sur les flancs; les trois rémiges externes et la moitié terminale de la
queue noires, les autres rémiges et l'extrémité de la queue blanches. Caroncule, sans lobe supérieur libre, jaune-verdâtre, plus foncé vers la pointe; bec

jaune de chrome avec le bout noir; pattes vert d'eau clair; yeux vert-pâle (Dr. Lucan).

Cette espèce précédemment observée à *Fernão do Pó* et dans d'autres lieux sur la côte occidentale dépasse vers le sud le 5° parallèle, car M. Lucan et le Dr. Falkenstein l'ont recueillie, le premier au *Rio Quilo*, le second à *Chinchonxo*[1] ; mais elle n'a pas encore été aperçue au sud du Zaire.

403. Squatarola helvetica

Syn. *Tringa helvetica*, Linn. Syst. Nat. I, p. 250.
Squatarola helvetica, Hartl., Orn. West.-Afr., p. 212; Boc., Jorn. Acad. Sc. Lisboa, n.° XIII, 1872, p. 68.
Charadrius varius, Finsch & Hartl., Vög. Ost.-Afr., p. 644; Heugl., Orn. N.-O. Afr., p. 1012; Reichenow, Journ. f. Orn., 1867, p. 11.
Squatarola varia, Gurney in Anderss., B. Damara, p. 270.
? *Charadrius megalorhynchus*, Reichenow, Journ. f. Orn., p. 11.

Fig. *Sharpe & Dresser, Birds of Europe, part* VI, *pl.*

Caract. Ad. en plumage d'hiver. Parties supérieures brunes tachetées de blanc; front, sourcils et côtés de la tête blancs marqués de petits traits bruns; sous-caudales blanches; en dessous blanc, strié de brun sur le cou et varié de taches brunes de formes différentes à la poitrine et aux flancs; rémiges primaires noirâtres, les plus extérieures avec une large bordure blanche sur les barbes internes, les autres ornées d'une tache allongée blanche sur les barbes externes; queue blanche rayée de brun, les rectrices latérales presque entièrement blanches. Bec et pieds noirâtres; iris brun foncé.

Dimens. L t. 280 mm.; aile 196 mm.; queue 77 mm.; bec 28 mm.; tarse 56 mm.

Habit. Les nombreux envois de M. d'Anchieta ne nous ont fourni que deux individus de cette espèce cosmopolite, tous les deux en plumage d'hiver; ils ont été recueillis sur le littoral, à *Rio Coroca*, au sud de Mossamedes. M. Reichenow cite cette espèce et le *Ch. megalorhynchus*, Brehm, comme faisant partie des collections rapportées par le Dr. Falkenstein de la *côte de Loango*. Au sujet de cette dernière espèce nous avons quelques doutes, que le fait même de sa découverte sur la côte de Loango en compagnie de la *Squatarola helvetica* vient en quelque sorte renforcer.

[1] V. Sharpe & Bouvier, Bull. S. Z. France III, p. 79; Reichenow, Journ. f. Orn. 1877, p. 11.

404. Charadrius asiaticus

Syn. *Charadrius asiaticus*, Pall. Reise II, p. 715; Finsch & Hartl., Vög.Ost.-
Afr., p. 649 (note); Finsch, Coll. Jesse, Trans. S. Z. London, 1870,
p. 328.
Charadrius caspius, Boc., Jorn. Acad. Sc. Lisboa, n.º II, 1867, p. 146; et 153.
Charadrius damarensis, Strickl & Sclat. Con. Orn. 1852, pag. 158; Heuglin,
Orn. N. O.–Afr., p. 1018.
Eudromias asiaticus, Gurney in Anderss, B. Damara, p. 271; Harting, Ibis,
1870, p. 202.

Fig. *Harting, Ibis*, 1870, *pl.* 5.

Caract. Ad. en plumage d'été. En dessus brun-cendré mélangé
d'olivâtre; front, sourcils, joues, gorge, abdomen et couvertures de la queue
blancs; devant du cou et haut de la poitrine d'un roux cannelle separé du
blanc des parties inférieures par une bordure noire; rémiges primaires brunes, noires sur les barbes externes et à l'extrémité; la tige de la première rémige blanche, chez les suivantes blanche avec un espace médian brun; rectrices brun-pâle, d'une teinte plus-foncée vers l'extrémité, qui est bordée de
blanchâtre, la plus extérieure avec une bordure de cette couleur sur les barbes externes. Bec noirâtre; pieds d'un jaune sale; iris brun.

Dimens. L. t. 200 mm.; aile 142 mm.; queue 50 mm.; bec 21 mm.;
tarse 39 mm.

Chez un individu jeune le roux de la poitrine est remplacé par du gris-
brunâtre et les plumes de cette partie et celles du dos portent des bordures
plus pâles, grisâtres ou roussâtres.

Habit. Nous possédons deux individus de cette espèce; un mâle
adulte des bords du *Rio Bengo*, où il a été pris par Welwitsch, et un jeune
mâle qui nous vient de *Benguella* par M. d'Anchieta.
Monteiro cite le *Ch. Geoffroyi* parmi les oiseaux observés par lui à *Benguella*, en ajoutant qu'il s'y trouve sur les plages sablonneuses de la mer;
mais jusqu'à présent nous ne l'avons pas encore reçu de nos correspondants
d'Angola.

405. Ægialitis hiaticula

Syn. *Charadrius hiaticula*, Linn., Syst. Nat. ı, p. 253; Finsch & Hartl.
Vög. Ost.-Afr., p. 657; Hengl. N. O.-Afr., p. 1025; Reichenow, Journ.
f. Orn., 1877, p. 11.
Ægialitis hiaticula, Gurney in Anderss. B. Damara, p. 276; Sharpe & Bouvier,
Bull. S. Z. France ı, p. 52.

Fig. *Buffon, Pl. Enl. pl.* 920.
Dresser, Birds of Europe, part XLVII & XLVIII, *pl.*

Caract. ♂ Jeune. Parties supérieures et un plastron échancré sur
le haut de la poitrine d'un brun-cendré ; front, sourcils, un collier sur la nuque
et parties inférieures blancs ; rémiges primaires brunes avec une portion
médiane de la tige blanche, une tache allongée de cette couleur sur la 5ᵉ et
suivantes ; la rectrice la plus extérieure blanche, l'immédiate de cette couleur
et marquée d'un tache brune sur les barbes internes, les autres brun-cendré,
rembrunies vers l'extrémité et terminées de blanc, à l'exception des deux
intermédiaires qui ne portent pas de bordure apicale blanche. Bec jaune à la
base, le reste noir ; pieds jaune-orangé.

Dimens. L. t. 180 mm. ; aile 126 mm. ; queue 59 mm. ; bec 16 mm. ;
tarse 25 mm.

L'adulte porte sur le vertex une large bande noire qui se réunit de chaque côté à une autre bande qui se rend de la base du bec à la nuque, en passant au dessous des yeux ; un large plastron noir couvre presque toute l'étendue de la poitrine.

Habit. L'exemplaire dont nous nous sommes servi pour notre description a été envoyé de *Landana* par MM. Lucan et Petit ; Le Dr. Falkenstein l'a
également rencontré sur la côté de Loango. Il n'existe, pas jusqu'à présent,
aucune preuve matérielle de la présence de cette espèce sur tout le vaste territoire d'Angola depuis le Zaïre jusqu'au Cunene. Andersson l'a observée au
sud du Cap Frio, sur la région littorale, à *Walwich Bay*[1].

[1] V. Gurney in Anderss. B. Damara p. 276.

406. Ægialitis pecuarius

Syn. *Charadrius pecuarius*, Temm. Pl. Col. 183.; Finsch. Coll. Jesse, Trans.
Z. S. London, 1870, p. 297; Heugl. Orn. N. O.–Afr., p. 1083; Reiche-
now, Journ. f. Orn. 1877, p. 11.
Ægialites pecuarius, Hartl. Orn. West.–Afr., p. 215; Boc., Jorn. Acad. Sc. Lis-
boa, n.° ii, 1867, pp. 146 et 153; Gurney in Anderss. B. Damara, p. 274;
Sharpe & Bouvier, Bull. S. Z. France 1, p. 313.

Fig. *Temminck, Pl. Col., pl.* 183.
Heuglin, Orn. N. O.–Afr. tab. xxxiv, *fig.* 7 *(la tête).*

Caract. Ad. Plumage en dessus brun-cendré avec des bordures
fauves aux plumes; les petites couvertures près du bord supérieur de l'aile
noirâtres; front blanc, limité en arrière par une bandelette transversale noire
sur le vertex; strie sourcilière blanche se confondant sur la nuque avec celle
du côté opposé; une strie noire couvrant le lorum, contournant derrière l'oeil
le bord inférieur de la strie sourcilière; parties inférieures blanches, lavées
de fauve sur la poitrine; rémiges primaires brunes, tirant an noir sur les barbes externes et à la pointe, la plus extérieure avec la tige blanche dans sa
portion médiane; les quatre rectrices intermédiaires noirâtres, les latérales
blanches nuancées de brun, la plus extérieure d'un blanc pur. Bec noir; pieds
brunâtres.

Dimens. L. t. 150 mm.; aile 103 mm.; queue 48 mm.; bec 18 mm.;
tarse 30 mm.

Habit. *Côte de Loango* (Falkenstein, Lucan et Petit); *Benguella* (Anchieta).

Nom indigène à Benguella — *Kanhiapraïa.*
Andersson l'a trouvé assez répandu dans le pays des Damaras.

407. Ægialitis marginatus

Syn. *Charadrius marginatus*, Vieill. N. Dict. H. N. xxvii, p. 138; Hartl.,
Orn. West-Afr., p. 216; Finsch & Hartl., Vög. Ost.-Afr., p. 654; Heugl.
Orn. N. O.-Afr., p. 1031.
Ægialitis marginatus, Gurney in Anderss., B. Damara, p. 272; Sharpe & Bou-
vier, Bull. S. Z. France iii, p. 53.
Charadrius nivifrons, Strickl. & Sclat. Cont. Orn., 1852, p. 158; Cabanis,
v. d. Decken's Reis. iii, p. 46.

Fig. *Heuglin, Orn. N. O-Afr. tab. xxxiv, fig. 6 (la tête).*

Caract. Ad. en été. En dessus brun-cendré, nuancé et varié de roux
pâle sur les bords des plumes; en dessous blanc, légèrement teint de roux
sur les côtés de la poitrine; front d'un blanc pur; lorum et une bandelette
sur le vertex noirs, encadrant le blanc du front; rémiges brunes, bordées de
blanc en dedans et lisérées de gris à l'extrémité; les quatre rectrices intermédiaires brunes, les deux plus extérieures blanches, les autres blanches avec
une tache brune sur les barbes internes près de la pointe. Bec noirâtre; pieds
pâles; iris noir.

Dimens. L. t. 155 mm.; aile 100 mm.; queue 43 mm.; bec 15 mm.;
tarse 24 mm.

Habit. *Côte de Loango* (Dr. Lucan). Deux individus envoyés de *Lan
dana* nous ont permis d'indiquer les principaux caractères de l'espèce. Ce petit Pluvier n'a jamais été observé en Angola, du Zaire au Cunene; mais plus
au sud, à Walwich Bay, il serait fort commun suivant Andersson.

408. Ægialitis tricollaris

Syn. *Charadrius tricollaris*, Vieill N. Dict. H. N. xxvii, p. 147; Hartl. Orn.
West.-Afr., p. 216; Finsch & Hartl., Vög. Ost.-Afr., p. 655; Heugl. Orn.
N. O.-Afr., p. 1027; Reichenow, Journ. f. Orn., 1877, p. 11.
Ægialitis tricollaris, Boc., Jorn. Acad. Sc. Lisboa, n.° ii, 1867, p. 146; ibid.,
n.° xvii, 1874, p. 59; ibid., n.° xxi, 1877, p. 69; Gurney in Anderss. B.
Damara, p. 274.

Fig. *Heugl. Orn. N. O.-Afr. tab. xxxiv, fig. 5 (la tête).*
Reichenbach, Grallat. tab. xcviii, fig. 724.

Caract. Ad. En dessus cendré-brun lustré d'olivâtre, plus foncé
sur le vertex; front et larges sourcils blancs, ceux-ci se réunissant à la nuque;
28

côtés de la tête et du cou d'un brun-cendré ; parties inférieures blanches ; deux colliers noirs, séparés par un intervalle, au travers de la poitrine ; grandes couvertures de l'aile et secondaires terminées de blanc ; rémiges primaires brunes lisérées de blanc à la pointe ; les deux rectrices intermédiaires de la couleur du dos, les trois immédiates de chaque côté d'une teinte plus pâle, rembrunies vers l'extrémité et terminées de blanc, les latérales blanches avec une tache noirâtre vers la portion terminale des barbes internes. Bec rouge à la base, avec la pointe noirâtre ; bords des paupières rouges ; pieds d'un jaune-livide ; iris brun (Anchieta).

Dimens. ♂ L. t. 175 mm.; aile 110 mm.; queue 62 mm ; bec 16 mm.; tarse 25.

Ceux de nos individus qui portent la marque de femelles sont sensiblement plus petits.

Habit. Cette espèce vit sur la *côte de Loango* et en *Angola*. Au Muséum de Lisbonne se trouvent des individus de *Landana,* provenant des envois de MM. Lucan et Petit à M. Bouvier, et des individus assez nombreux envoyés par M. Anchieta de *Benguella*, de *Quillengues* et du *Humbe*. Les noms indigènes varient suivant les localités. Nos exemplaires de Benguella portent celui de *Kanhiapraia,* tandis que sur les étiquettes de ceux de Quillengues et du Humbe nous lisons: *Quicobequelababa.*

Le nourriture principale de cet oiseau consisterait, d'après M. d'Anchieta, en insectes aquatiques.

409. Strepsilas interpres

Syn. *Tringa interpres*, Linn. Syst. Nat., p. 248.
  Strepsilas interpres, Hartl. Orn. West.-Afr., p. 217; Boc., Jorn. Acad. Sc.
    Lisboa, n.° ii, 1867, p. 146.
  Cinclus interpres, Heugl. Orn. N. O.-Afr., p. 1037; Gurney in Anderss. B. Damara, p. 276.

Fig. *Dresser, Birds of Europe, Part* xxxv & xxxvi, *pl.*

Caract. Ad. en été. Dessus de la tête et du cou blanc strié de noir au vertex et à l'occiput ; partie supérieure du dos, scapulaires et ailes variées de noir et de roux-ferrugineux ; deux bandes longitudinales blanches sur l'aile ; bas du dos, croupion et sus-caudales (en partie) blancs, les sus-caudales plus courtes noires ; côtés de la tête, gorge, abdomen et sous-caudales blancs ; un large plastron noir recouvrant les faces antérieure et latérales du cou et la poitrine; une tache noire au dessous de l'œil en continuité avec le plastron; un trait noir du front à l'œil, un autre plus large de la base de la mandibule à la tache sous-oculaire, les deux encadrant un espace blanc au devant de l'œil; rémiges primaires noirâtres avec les tiges blanches, à l'exception d'un petit espace brun au bout; rectrices blanches, les médianes terminées de noirâtre, les autres avec une bande sous-apicale noirâtre, de plus en plus étroite, et terminées de blanc. Bec noir; pieds jaune-orangé; iris noirâtre.

Dimens. L. t. 220 mm.; aile 145 mm.; queue 60 mm.; bec 22 mm.; tarse 24 mm.

Habit. Observé depuis longtemps déjà au Gabon, il vient d'être découvert par M. Lucan à *Chiloango* (Côte de Loango). Un individu mâle en plumage d'été, rapporté d'Angola par Welwitsch, se trouve il y a plusieurs années dans les galéries du Muséum de Lisbonne. Cet exemplaire ne porte aucune indication précise de localité, mais il vient très probablement de cette partie du territoire d'Angola au nord du Quanza plus particulièrement explorée par Welwitsch. Andersson le dit assez commun sur toute la côte sudouest de l'Afrique qu'il a parcourue.

FAM. GRUIDAE

410. Balearica regulorum

Syn. *Grus regulorum*, Licht. Verz. Vög. Kafferl., p. 19; Finsch & Hartl. Vög. Ost.-Afr., p. 669.
Balearica regulorum, Gurney in Anderss., B. Damara, p. 279; Boc., Jorn. Acad. Sc. Lisboa, n.º xiv, 1873, p. 198; ibid., n.º xvi, 1873, p. 287.

Fig. *Gray, Knowsley Menagerie, pl.* 13.
Reichenbach, Grallatores, tab. 216, *fig.* 2855-56.

Caract. Ad. Plumage noir-ardoisé; front et vertex couverts d'un duvet noir et velouté; une touffe de longs brins jaune-paille à anneaux bruns sur l'occiput; peau nue des côtés de la tête d'un rouge vif sur la région temporale et blanche sur les joues; un fanon pendant sous la gorge rouge; plumes du cou, du jabot et du haut de la poitrine d'un cendré-bleuâtre; couvertures alaires blanches, celles plus rapprochées du corps à barbes décomposées d'un jaune ocracé; rémiges primaires et rectrices noires, secondaires brun-marron. Bec et pieds noirs; iris blanc-grisâtre (Anchieta).

Dimens. L. t. 1.000 mm.; aile 570 mm.; queue 270 mm.; bec 72 mm.; tarse 200 mm.

Habit. En Angola cette espèce parait habiter exclusivement les con fins méridionaux de nos possessions: les individus envoyés par M. d'Anchieta ont été pris au *Humbe,* sur les bords du Cunene. C'est aussi vers la région des lacs, sur les bords du lac *Ngami* et de ses affluents, que le voyageur Andersson a pu l'observer.

L'autre espèce du genre, *B. pavonina,* se trouve en plusieurs localités de la côte occidentale au nord de l'équateur, et notamment à *Bissau,* où elle est fort connue; mais des documents bien authentiques de son existence au sud de l'équateur nous manquent entièrement. Dans un de nos précédents écrits nous avions cité un individu originaire d'Angola, ou du moins envoyé de Loanda, comme appartenant à cette espèce[1], mais aujourdhui, après un examen plus attentif, nous sommes d'avis que cet individu, atteint d'albinisme, manque pour cela même de plusieurs caractères différentiels indispensables à une bonne détermination spécifique et qu'il se rapproche davantage par les proportions des diverses parties, et surtout par les dimensions du tarse et des doigts, de la *B. regulorum*[2].

En l'Afrique orientale les deux espèces semblent se rapprocher davantage, ou peut-être même vivre ensemble: la *B. pavonina* a été observée à Moçambique par notre ami le Dr. Peters, tandis que nous avons reçu du Zambeze deux individus de la *B. regulorum*.

411. Laomedontia carunculata

Syn. *Grus carunculata,* Gm. Syst. Nat. I., p. 643; Finsch & Hartl., Vög. Ost.-Afr., p. 670; Heugl., Orn. N.-O. Afr., p. 1253; Monteiro, Angola & Congo, II, p. 203.
Laomedontia carunculata, Boc., Jorn. Acad. Sc. Lisboa, n.° II, 1867, p. 147; ibid., n.° XVII, 1874, p. 59.
Bugeranus carunculatus, Gurney in Anderss. B. Damara, p. 278.

Fig. *Gray & Mitch, Genera of Birds* III, *pl.* 149.
Guerin, Icon. regne animal, Oiseaux, pl. 31.

Caract. Ad. Dessus de la tête, haut du dos et ailes d'un cendré-bleu, plus pâle sur les ailes; bas du dos, croupion, queue et dessous du corps noirs; cou et haut de la poitrine d'un blanc pur; rémiges noires, les tertiaires très allongées, terminant en pointe, nuancées de cendré à la base et noires vers l'extrémité; un grand lobe pendant au bas de la joue, couvert de plumes

---

[1] Boc., Journ. Acad. Sc. Lisboa, n.° II, 1867, p. 146.
[2] La tarse est rélativement plus long et les doigts plus courts chez la *B. regulorum.*

blanches; base du bec et devant des joues revetus d'une peau rouge et couverte de papilles. Pieds noirs; bec roux-brun pâle; iris jaune-orangé.

Dimens. L. t. 1.450 mm.; aile 580 mm.; queue 260 mm.; bec
170 mm.; tarse 280 mm.

Habit. Cette espèce, bien connue dans notre colonie d'Angola sous
le nom de *Panda*, est commune dans l'intérieur de Benguella, d'où l'apportent
fréquemment, suivant Monteiro, les caravanes qui viennent commercer au littoral. L'un des individus de notre collection nous a été apporté vivant d'Angola par M. Freitas Branco; les autres nous viennent du *Humbe* par M. d'Anchieta.

Cet oiseau appartient à la faune du sud de l'Afrique: Andersson dit qu'il
se montre partout dans le pays des Damaras pendant la saison des pluies; il
visite également la vaste contrée plus au nord, que ce voyageur désigne sous
le nom de région des lacs, et se répand encore au nord du Cunene dans l'intérieur des posséssions portugaises. On ne l'a jamais observé au nord du
Quanza.

FAM. ARDEIDAE

412. Ardea goliath

Syn. *Ardea goliath*, Rüpp. p. 39, tab. 28; Hartl. Orn. Afr. occ., p. 219;
  Finsch & Hartl., Vög. Ost.-Afr., p. 674; Heugl., Orn. N. O.-Afr., p. 1048;
  Boc., Jorn. Acad. Sc. Lisboa, n.º xiv, 1873, p. 198; ibid., n.º xvi, 1873,
  pp. 288 et 294; Gurney in Anderss. B. Damara, p. 285.
Ardea nobilis, Reichenow, *Gressores*, Journ. f. Orn., 1877, p. 268; ibid.,
  p. 13.

Fig. *Rüppell, Atlas, tab. 26.*
Temminck, Pl. Col., pl. 474.

Caract. Ad. Parties supérieures d'un cendré-bleuâtre; dessus de
la tête et huppe occipitale, poitrine, abdomen et cuisses roux-marron nuancé
de pourpre; gorge blanche; joues et faces latérales et postérieure du cou
roux-cannelle; face antérieure du cou et haut de la poitrine striés de blanc et
de noir; rémiges primaires et rectrices d'un cendré-ardoisé avec les tiges noires; sous-alaires roux-marron. Bec noir en dessus et à la pointe, le reste jaune-
verdâtre; pieds noirs; iris jaune-paille (Anchieta).

Dimens. L. t. 1.350 mm.; aile 430 mm.; queue 230 mm.; bec 200 mm.; tarse 240 mm.

Le plumage du jeune est d'un cendré plus pâle en dessus avec des bordures fauves sur les couvertures des ailes; le vertex et le cou roux-pâle; les parties inférieures blanches avec de grandes taches noirâtres ou brunes disposées régulièrement sur les bords des plumes; les sous-alaires variées de blanc et de noir; l'iris brun.

Habit. Le Héron-géant n'est pas rare au *Ihumbe;* d'où M. d'Anchieta nous a fait parvenir plusieurs exemplaires. Nous ne croyons pas qu'il visite régulièrement la zone littorale comprise entre le Cunene et le Zaire, car il ne paraît pas y avoir été observé par aucun voyageur; cependant, au nord du Zaire il se rapproche davantage de la côte; M. Reichenow cite l'*A. goliath* parmi les espèces faisant partie des collections rapportées de *Chinchonxo* par le dr. Falkenstein. Plus au nord, le *Gabon* et le *Sénégal* sont encore des localités comprises dans l'habitat de cet oiseau.

Dans l'Afrique australe, comme en Angola, les stations de cette espèce se trouvent en général plus ou moins éloignées de la côte.

413. Ardea purpurea

Syn. *Ardea purpurea*, Linn. Syst. Nat. I, p. 236; Hartl., Orn. West.-Afr., p. 220; Finsch & Hartl., Vög. Ost.-Afr., p. 676; Heugl., Orn. N. O.-Afr., p. 1051; Boc., Jorn. Acad. Sc. Lisboa, n.º XVI, 1873, pp. 288 et 294; Gurney in Anderss. B. Damara, p. 286; Sharpe & Bouvier, Bull. S. Z. France I p. 313; Reichenow, Journ. f. Orn., 1877, p. 13; ibid., p. 266.

Fig. *Dresser, Birds of Europe, Part.* XLIII & XLIV, *pl.*

Caract. Ad. En dessus d'un cendré lavé de roussâtre; des scapulaires longues et effilées, en partie, d'un roux-vif; vertex noir; quelques plumes subulées et pointues sur l'occiput; cou roux, marqué à sa face postérieure d'une bande médiane noire et d'une autre bande plus étroite et de la même couleur à ses faces latérales; devant du cou d'un roux plus pâle varié de noir; joues roux-clair, traversées d'un trait noir de la base du bec à l'occiput; dessous du corps roux-marron nuancé de pourpre, le milieu du ventre noir; cuisses roussâtres; rémiges brunes nuancées de cendré; queue cendrée. Pieds d'un brun verdâtre; bec jaune, noir sur le culmen; iris jaune-vif.

Dimens. L. t. 850 mm.; aile 350 mm.; queue 135 mm.; bec 130 mm.; tarse 132 mm.

Habit. Comme le précédent, ce Héron, qui est assez répandu en Afrique et a été récemment observé en plusieurs endroits de la côte de Loango, ne s'est fait remarquer jusqu'à présent sur le vaste territoire d'Angola que dans l'intérieur et vers les confins méridionaux des possessions portugaises; les exemplaires de notre collection ont été recueillis au *Humbe* par M. d'Anchieta.

414. Ardea cinerea

Syn. *Ardea cinerea*, Linn. Syst. Nat. I, p. 143; Hartl., Orn. West-Afr., p. 219; Boc., Jorn. Acad. Sc. Lisboa, n.° II, 1867, pp. 146 et 153; ibid., n.° XIII, 1872, p. 68; ibid., n.° XVI, 1873, pp. 287 et 294, ibid., n.° XXII, 1877, p. 149; Finsch & Hartl., Vög. Ost.-Afr., p. 678; Heugl. Orn. N. O.-Afr., p. 1053; Gurney in Anderss., B. Damara, p. 284; Reichenow, *Gressores*, Journ. f. Orn. 1877, p. 265.

Fig. *Dresser, Birds of Europe, Part.* XLI & XLII, *pl.*

Caract. Ad. Plumage cendré en dessus; cou d'un blanc pur légèrement nuancé de gris, varié de noir à sa face antérieure; en dessous blanc avec les flancs cendrés et les côtés de la poitrine et du ventre noirs; rémiges noires nuancées de cendré; queue cendré-bleuâtre pâle; sous-alaires cendrées. Pieds brunâtres lavés de jaune; bec jaune, rembruni sur le culmen; iris jaune.

Dimens. L. t. 1.100 mm.; aile 480 mm.; queue 180 mm.; bec 130 mm.; tarse 160 mm.

Habit. Cette espèce a été rencontrée partout en Angola, dans la zone littorale et dans l'intérieur, au nord et au sud du Quanza. Nous pouvons citer comme ayant fourni à M. d'Anchieta des exemplaires de cet oiseau les localités suivantes: *Bengo, Duque de Bragança, Benguella, Rio Coroca, Quillengues* et *Humbe*. Les individus de Quillengues portent sur leurs étiquettes l'indication du nom indigène, *Londera-angundo*, composé de deux mots qui signifient *monter* et *crocodile*, et ayant rapport d'après M. d'Anchieta à l'habitude qu'ont ces oiseaux de se placer sur le dos des crocodiles qui se trouvent sur les bords des fleuves.

415. Ardea melanocephala

Syn. *Ardea melanocephala*, Vig. & Childr. in Denh. & Clapp., Narr. Afr.
App., p. 201; Finsch & Hartl. Vög. Ost.-Afr., p. 680; Heugl., Orn.
N. O.-Afr., p. 1055; Gurney in Anderss. B. Damara, p. 284; Boc., Jorn.
Acad. Sc. Lisboa, n.° xvi, 1873, p. 288; ibid., n.° xvi, 1874, p. 60;
Reichenow, *Gressores*, Journ. f. Orn. 1877, p. 264.
Ardea atricollis, Hartl. Orn. West.-Afr., p. 219; Monteiro, Proc. Z. S. Lon-
don, 1865, p. 89; Boc., Jorn. Acad. Sc. Lisboa, n.° viii, 1870, p. 351;
ibid., n.° xiii, 1872, p. 68.

Fig. *Smith, Ill. S.-Afr., Zool. Aves, pl. 86 (ad. & juv.).*

Caract. Ad. Cendré en dessus, d'un gris pâle en dessous; vertex,
joues, huppe occipitale et cou d'un noir brillant; gorge blanche, devant du
cou tacheté de blanc; haut du dos lavé de noir; scapulaires longues et effilées
d'un gris-blanchâtre; rémiges et rectrices noires, nuancées de bleuâtre. Pieds
noirs; bec brun, la mandibule jaune; iris jaune-pâle.

Dimens. L. t. 900 mm.; aile 420 mm.; queue 170 mm.; bec 105
mm.; tarse 145 mm.

Habit. Ce Héron est assez répandu sur le territoire d'Angola. Monteiro l'a recueilli pour la première fois à *Benguella;* M. d'Anchieta nous l'a
envoyé de *Rio Coroca, Quillengues* et *Humbe*. Il est connu des indigènes du
Humbe sous le nom de *Kilubio*.

416. Ardea ardesiaca

Syn. *Ardea ardesiaca*, Wagl. Syst. av. sp. 20; Hartl., Orn. West-Afr., p.
222; Boc., Jorn. Acad. Sc. Lisboa, n.° xiii, 1872, p. 69; ibid., n.° xvi,
1873, p. 293; ibid., n.° xx, 1876, p. 256; Finsch & Hartl. Vög. Ost.-
Afr., p. 682; Heugl., Orn. N. O.-Afr., p. 1057; Reichenow, *Gressores*,
Journ. f. Orn., 1877, p. 261.
Ardea calceolata, Dubus, Bull. Acad. Brux., iv, p. 39; Hartl., Orn. West-Afr.,
p. 222; Boc., Jorn. Acad. Sc. Lisboa, n.° iv, 1867, p. 328.
Ardea flavimana, Sundev. Oefv. Akad. Förhandl., 1850, p. 111.

Fig. *Dubus, Bull. Acad. Bruxelles, IV, pl. 3.*

Caract. Ad. Plumage d'un noir ardoisé; sur l'occiput une huppe de
plumes longues et effilées; sur le dos et sur la face antérieure du cou des plu-

mes longues et subulées noires, nuancées de gris; rémiges et rectrices noires. Bec et tarses noirs; doigts et espace nu pré-oculaire jaunes; iris brun.

Dimens. L. t. 500 mm.; aile 270 mm.; queue 100 mm.; bec 70 mm.; tarse 80 à 85 mm.

Le plumage du jeune se fait remarquer par ses teintes d'un brun-noirâtre, au lieu de noir-ardoisé, et par l'absence de plumes longues et effilées au dos et au devant du cou.

Habit. Nos individus d'Angola nous viennent de deux localités différentes: *Rio Coroco*, au sud de Mossamedes, sur la zone littorale, et *Humbe*, dans l'intérieur, sur le bord droit du Cunene.

417. Ardea rufiventris

Syn. *Ardea rufiventris*, Sundev. Oefv. Akad. Förh., 1850, p. 110; Gurney in Anderss. B. Damara, p. 287; Boc., Jorn. Acad. Sc. Lisboa, n.º xvi, 1873, p. 288; ibid., n.º xxvi, 1879, p. 95; Reichenow, *Gressores*, Journ. f. Orn., 1877, p. 259.
Ardea semirufa, Schleg., Mus. Pays Bas, *Ardeae*, p. 35.

Fig. *Ayres, Ibis*, 1871, *pl.* 9.

Caract. ♂ ad. Plumage d'un noir-ardoisé lustré de vert; couvertures des ailes, ventre, cuisses, sous-caudales et queue d'un roux marron pourpre. Espace nu périophthalmique et pieds jaunes; bec jaune à la base, d'un brun-noir à l'extrémité; iris jaune.

Dimens. L. t. 420 mm.; aile 230 mm.; queue 90 mm.; bec 62 mm.; tarse 55 mm.
Chez un individu qui porte la marque de femelle, le noir-ardoisé du plumage est remplacé par du cendré légèrement bleuâtre.

Habit. A juger d'après les résultats de l'intelligente exploration de M. d'Anchieta, cette espèce ne doit pas visiter la zone littorale. C'est seulement au *Humbe* que notre zélé naturaliste a pu se la procurer. Parmi les oiseaux recueillis par MM. Capello et Ivens pendant leur récent voyage dans l'intérieur d'Angola se trouve un individu adulte de l'*A. rufiventris* pris sur les bords du Quango. Cet individu porte sur l'étiquette le nom indigène *Bouda*.

Ce Héron n'a jamais été observé au nord du Quanza. Au sud du Cunene Andersson paraît l'avoir rencontré seulement dans l'intérieur vers le lac Ngami.

418. Herodias alba

Syn. *Ardea alba*, Linn. Syst. Nat. I, p. 239; Finsch & Hartl., Vög.Ost.-Afr.,
p. 683; Hartl., Orn. N. O.-Afr., p. 1063; Reichenow, Journ. f. Orn.,
1877, p. 13; ibid., p. 272.
Herodias flavirostris, Hartl., Orn. West.-Afr., p. 220.
Herodias melanorhyncha, Hartl. Orn. West.-Afr., p. 221.
Ardea flavirostris, Boc., Jorn. Acad. Sc. Lisboa, n.º II, 1867, p. 147; Sharpe
& Bouvier, Bull. S. Z. France III, p. 80.
Herodias alba, Gurney in Anderss., B. Damara, p. 289; Boc., Jorn. Acad. Sc.
Lisboa, n.º XVI, 1873, p. 288.

Fig. *Buffon, Pl. Enl.*, pl. 886.

Caract. Ad. Plumage blanc; une petite huppe pendante à l'occiput;
des plumes longues, à tige raide et à barbes décomposées, rares et filiformes
sur le dos. Espace nu autour des yeux d'un jaune-verdâtre; pieds noirs; bec
jaune ou noirâtre; iris jaune-vif.

Dimens. L. t. 940 mm.; aile 410 mm.; queue 170 mm.; bec
110 mm.; tarse 160 mm.

Habit. Cette espèce est assez répandue en Angola tant à l'intérieur
que sur le littoral. Nous avons des spécimens recueillis à *Benguella*, au *Lobito*
et au *Humbe*; M. d'Anchieta nous dit qu'elle abonde surtout dans cette dernière
localité, où elle se montre en bandes nombreuses pendant les grandes pluies.
Les indigènes de Benguella l'appelent *Nhanhé*. –

Sur la côte de Loango elle est encore plus commune que sur le littoral
d'Angola; elle faisait partie des collections rapportées en Europe par le Dr. Falkenstein et de plusieurs envois de MM. Lucan et Petit.
M. Gurney cite un individu de l'*H. alba* trouvé dans la dernière collection
envoyée par Andersson, mais on ignore s'il était originaire du pays des Damaras ou de l'intérieur[1].

[1] V. Gurney in Anderss. B. Damara, p. 289.

419. Herodias intermedia

Syn. *Ardea intermedia*, Wagl. Isis, 1829, p. 659; Finsch & Hartl., Vög.
Ost-Afr., p. 686; Heugl. Orn. N. O.-Afr., p. 1065; Reichenow, *Gresso-
res*, Journ. f. Orn., 1877, p. 273.
Herodias intermedia, Gurney in Anderss, B. Damara, p. 289; Boc., Jorn.
Acad. Sc. Lisboa, n.º xvi, 1873, p. 288.
Egretta flavirostris, Bp. Consp. Av. II, p. 116.

Fig. *Temminck & Schleg., Fauna jap., pl.* 69.

Caract. Ad. Blanc; une petite huppe occipitale constituée par des
plumes longues et effilées; les plumes du bas du cou très longues, décomposées et à tiges faibles. Pieds noirs; bec et iris jaunes.

Dimens. L. t. 670 mm.; aile 310 mm.; queue 120 mm.; bec 72 mm.;
tarse 110 mm.

Habit. Nos individus de cette espèce nous viennent du *Humbe*. Suivant M. d'Anchieta elle s'y montre abondamment à l'époque des grandes pluies
en compagnie de l'*H. alba* et d'autres Hérons.

Elle ne doit pas être rare sur la côte de Loango, car nous avons trouvé
deux individus dans une collection d'oiseaux de cette provenance qui nous a
été envoyée récemment en communication par M. Bouvier.

Andersson l'a observée à *Objimbingue*, dans le pays des Damaras et aux
environs du lac *Ngami*.

420. Herodias garzetta

Syn. *Ardea garzetta*, Linn., Syst. Nat. i, p. 237; Hartl., Orn. West.-Afr.,
p. 221; Monteiro Proc. Z. S., Lond., 1865, p. 89; Boc., Jorn. Acad. Sc.
Lisboa, n.º ii, 1867, p. 147; ibid., n.º xiii, 1872, p. 69; Finsch & Hartl.,
Vög. Ost-Afr., p. 687; Heugl. Orn. N. O.-Afr., p. 1067; Reichenow,
Journ. f. Orn., 1877, pp. 13 et 271; Sharpe & Bouvier, Bull. S. Z. France
III, p. 80.
Herodias garzetta, Gurney in Anderss. B. Damara, p. 290; Boc., Jorn. Acad.
Sc. Lisboa, n.º xvi, 1873, p. 288.

Fig. *Werner, Atlas, Ois. d'Europe, pl.*
Reichenb. Grallatores, pl. 164, *figs.* 1033-35.

Caract. Ad. Plumage blanc; une petite huppe occipitale composée
de quelques plumes longues et subulées; sur le bas du cou, à sa face anté-

rieure, d'autres plumes semblables, étroites et lustrées; haut du dos orné de longues plumes à barbes décomposées, rares et effilées. Espace nu périophthalmique jaune-verdâtre; bec noir, d'un jaune verdâtre à la base de la mandibule; pieds noir-olivâtre avec le dessus des doigts jaune; iris jaune vif.

Dimens. L. t. 600 mm.; aile 280 mm.; queue 95 mm.; bec 85 mm.; tarse 90 mm.

Habit. Nos individus d'Angola sont assez nombreux; ils nous viennent de *Benguella*, où Monteiro avait déjà observé cette espèce en 1864, de l'*île de Loanda*, de *Rio Coroca* et du *Humbe*. Elle se trouve également à *Landana* et *Chinchonxo* (côte de Loango). Au sud du Cunene elle serait plus commune dans l'intérieur que sur le littoral (Andersson).

Nos spécimens portent de noms différents suivant les localités: ceux du Humbe *Nanhé* et ceux de Rio Coroca *Dila*.

421. Bubulcus ibis

Syn. *Tantalus ibis* (part.) Linn. Syst. Nat. i, p. 241.
Ardea bubulcus, Hartl., Orn. West.-Afr., p. 222; Finsch & Hartl., Vög. Ost.-
Afr., p. 694; Sharpe & Bouvier, Bull. S. Z. France iii, p. 78.
Bubulcus ibis, Boc., Jorn. Acad. Sc. Lisboa, n.° ii, 1867, p. 147; ibid., n.° iv,
1867, p. 328; ibid., n.° viii, 1870, p. 351; ibid., n.° xxi, 1877, p. 69;
Gurney in Anderss. B. Damara, p. 288.
Ardea ibis, Heugl., Orn. N. O.-Afr., p. 1069; Reichenow, *Gressores*, Journ. f.
Orn., 1877, p. 258.

Fig. *Werner, Atl. d'ois. d'Europe, pl.*
Reichenbach, Grallatores, tab. 167, *fig.* 1073.

Caract. Ad. Blanc; front, vertex et occiput couverts de plumes longues et décomposées d'un roux-fauve formant une huppe pendante; au bas du cou des plumes effilées de la même teinte; scapulaires longues, décomposées, à barbes filamenteuses d'un roux-isabelle. Espace nu périophthalmique, bec et pieds jaunes; iris jaune-paille.

Dimens. L. t. 480 mm.; aile 250 m.; queue 82 mm.; bec 60 mm.; tarse 80 mm.

La livrée du jeune est caractérisée par l'absence de plumes décomposées rousses au dos et au bas du cou.

Habit. C'est un des Hérons les plus répandus sur le territoire d'Angola. Nous l'avons reçu de *Benguella*, de *Rio Coroca*, du *Duque de Bragança*, de *Quillengues* et de *Caconda*; il y vit donc tant sur le littoral qu'à l'intérieur.

MM. Sharpe et Bouvier citent plusieurs individus de cette espèce envoyés de *Boma*, sur le bord droit du Zaire, par MM. Lucan et Petit.

Les indigènes de Rio Coroca l'appellent *Cangula*, ceux de Caconda *Nhangue* (Anchieta).

422. Ardeola comata

Syn. *Ardea comata*, Pall. Reise II, p. 715; Hartl., Orn. West.-Afr., p. 223; Heugl., Orn. N. O.-Afr., p. 1074; Finsch & Hartl., Vög. Ost.-Afr., p. 697. .
Ardeola comata, Gurney in Anderss. B. Damara, p. 288.
Ardea ralloides, Reichenow, *Gressores*, Journ. f. Orn., p. 256.

Fig. *Werner, Atlas Ois. d'Europe, pl.*
Reichenbach, Grallatores, tab. 150, *fig.* 493-4.

Caract. Ad. Blanc; dessus de la tête et du cou jaune d'ocre, les plumes du vertex rayées longitudinalement de brun; une huppe occipitale formée de longues plumes blanches bordées de noir; les plumes filamenteuses du haut du dos et les scapulaires d'un fauve nuancé de rougeâtre, celles des côtés et du devant du cou d'une teinte plus claire et ocracée; ailes et queue blanches. Espace péri-ophthalmique jaune-verdâtre; bec bleuâtre, noir vers la pointe; pieds jaunes; iris jaune vif.

Dimens. L. t. 460 mm.; aile 210 mm.; queue 85 mm.; bec 60 mm.; tarse 55 mm.

La livrée du jeune est en dessus d'un brun lavé de roux avec de grandes taches longitudinales d'une teinte plus foncée sur la tête, le cou et les couvertures alaires; dos et scapulaires d'un brun nuancé de roux et d'olivâtre; rémiges blanches terminées de cendré; bec jaunâtre, nuancé de brun sur le culmen. Il ne porte point de huppe occipitale, ni de plumes filamenteuses au dos.

Habit. Ce Héron doit être rare en Angola: il n'y avait jamais été observé avant M. d'Anchieta, à qui nous devons un seul individu pris à *Mossamedes* en 1870. Il serait, d'après Andersson, beaucoup plus commun au sud du Cunene.

423. Butorides atricapillus

Syn. *Ardea atricapilla*, Afzel, Acta Holm., 1804; Hartl., Orn. West-Afr., p. 223; Finsch & Hartl., Vög. Ost.-Afr., p. 701; Heugl., Orn. N. O.-Afr., p. 1080; Reichenow, Journ. f. Orn., 1877, pp. 13 et 254.
Butorides atricapillus, Boc., Jorn. Acad. Sc. Lisboa, n.° II, 1867, p. 147; ibid, n.° IV, 1867, p. 328; ibid, n.° XIV, 1873, p. 199; Sharpe, Proc. Z. S., Lond., 1869, p. 570; Gurney in Anderss. B. Damara, p. 292; Sharpe & Bouvier, Bull. S. Z. France I, p. 313.

Fig. *nulla.*

Caract. Ad. Vertex et huppe occipitale d'un noir lustré de vert; cou cendré en arrière et sur les côtés; gorge et face antérieure du cou blanches, celle-ci marquée d'une bande longitudinale brun-fauve; dos cendré-ardoisé nuancé de vert métallique; couvertures alaires à reflets verts plus accentués et bordées de blanc; parties inférieures cendrées, le milieu du ventre et les sous-caudales tirant au blanchâtre; rémiges cendré-bleu; queue de la couleur du dos. Bec en dessus noirâtre, le reste jaune; pieds et iris jaunes.

Dimens. L. t. 400 mm.; aile 175 mm.; queue 65 mm.; bec 62 mm.; tarse 50 mm.

Chez le jeune, les parties inférieures sont fortement striées de brun et d'isabelle et les couvertures alaires bordées de roux et marquées à l'extrémité d'une tache triangulaire blanche.

Habit. Assez répandu sur la côte de Loango et en Angola. Ce Héron faisait partie des collections d'oiseaux récueillies dans ces derniers temps à *Landana*, *Chiloango* et autres endroits de la côte de Loango par MM. Lucan, Petit et Falkenstein; nous en avons des individus originaires du *Rio Bengo* (Welwitsch), du *Rio Coroca* et de *Gambos* (Anchieta). Andersson l'a observé dans la contrée des lacs, au sud et à l'est du Cunene.

424. Botaurus Sturmi

Syn. *Ardea Sturmi*, Wagl. Syst. Avium, *Ardea* sp. 37; Hartl., Orn. West–
Afr., p. 1078.
Ardetta Sturmi, Boc., Jorn. Acad. Sc. Lisboa, n.° v, 1868, p. 46.
Ardeiralla Sturmi, Gurney in Anderss. B. Damara, p. 291.
Botaurus Sturmi, Reichenow, *Gressores*, Jorn. f. Orn., 1877, p. 245.

Fig. *Smith, Ill. S.-Afr. Zool. Aves, pl.* 91.

Caract. Ad. En dessus d'un noir-ardoisé foncé, lustré de vert sur
le dos et les couvertures des ailes; en dessous et sur la face antérieure du cou
strié de noir sur un fond fauve-ocracé; la gorge blanche, marquée au centre
d'un trait longitudinal noir; rémiges et rectrices noirâtres. Bec noirâtre avec
la base de la mandibule plus pâle; pieds jaune verdâtre; iris orangé.

Dimens. L. t. 330 mm.; aile 170 mm.; queue 55 mm.; bec 48 mm.;
tarse 44 mm.

Habit. M. d'Anchieta nous a envoyé à peine un individu de cette espèce, un mâle adulte pris à *Biballa;* mais M. Sharpe fait mention d'un autre
mâle récueilli à *Rio Dande,* par Sala en 1869. Dans une collection d'oiseaux
de la côte de Loango, que M. Bouvier nous a envoyée en communication, nous
avons rencontré un individu jeune de cette même espèce provenant de *Landana* par MM. Lucan et Petit.

425. Botaurus pusillus

Syn. *Ardea pusilla*, Vieill., N. Dict. H. N., xiv, p. 432.
Ardea podiceps, Hartl., Orn. West–Afr., p. 224; Finsch & Hartl., Vög. Ost.–
Afr., p. 708.
Ardetta podiceps, Sharpe, Proc. Z. S. L., 1871, p. 135.
Ardeola podiceps, Sharpe & Bouvier, Bull. S. Z. France I, p. 313.
Ardetta minuta, Gurney in Anderss. B. Damara, p. 292.
Ardeola minuta, Boc., Jorn. Acad. Sc. Lisboa, n.° xiii, 1872, p. 69; ibid., n.°
xxvi, 1879, p. 95.
Botaurus minutus, Reichenow, Journ. f. Orn., 1877, p. 13.
Botaurus pusillus, Reichenow, Mittheill. Afrik. Gesellsch. I, pag. 1.

Fig. *Reichenbach, Grallatores, tab.* 152, *figs.* 2665-66.

Caract. ♂ ad. Vertex, occiput, dos et queue d'un noir lustré de
vert; joues et cou d'un roux ardent, tirant à l'ocracé sur la face antérieure du

cou et sur le jabot; couvertures alaires gris de perle, les petites couvertures lavées de roux; parties inférieures roux-ocracé, le milieu du ventre et les sous-caudales blancs. Bec jaune rembruni sur le culmen; pieds jaune-verdâtre; iris jaune-orangé (Anchieta).

Dimens. L. t. 350 mm.; aile 135 mm.; queue 48 mm.; bec 50 mm.; tarse 44 mm.

Chez la femelle, le dos est d'un brun-marron foncé, au lieu de noir, avec d'étroits lisérés jaunes sur les bords des plumes.

Habit. Nos individus d'Angola nous viennent de *Rio Coroca* et de *Mossamedes*, par M. d'Anchieta, et des bords du *Quango*, dans l'intérieur, par MM. Capello et Ivens. Nous devons à l'obligeance de M. Bouvier deux individus de cette espèce recueillis sur la côte de Loango, à *Landana* et *Chiloango*, par le Dr. Lucan et M. Petit. M. Reichenow cite deux individus, ♂ et ♀, rapportés par M. O. Schütt de *Malange*[1]. Nous pensons que les individus recueillis à *Benguella* par M. Monteiro[2] et ceux faisant partie des collections envoyées du *Congo* par le Dr. Falkenstein[3] appartiennent également au type africain remarquable par ses teintes d'un roux plus intense, généralement regardé comme devant constituer une espèce ou une variété distincte de notre *B. minutus* d'Europe.

426. Tigrisoma leucolophum

Syn. *Tigrisoma leucolophum*, Jard. Ann. & Mag. Nat. Hist., xvii, 1846, p. 51; Hartl. Orn. West.-Afr., p. 225; Sharpe & Bouv., Bull. S. Z. France 1, p. 313.
Botaurus leucolophus, Reichenow, *Gressores*, Journ. f. Orn., 1877, p. 251; ibid., p. 12.

Fig. *nulla*.

Caract. ♀ Plumage noirâtre à reflets verts, orné transversalement de bandes étroites rousses; le ventre d'un blanc-roussâtre, nuancé et tacheté de brun; sur la tête une huppe de plumes allongées, noires sur le front, ensuite blanches; rémiges noirâtres, terminées de blanc, avec une ou deux bandes étroites blanches sur les barbes internes près de l'extrémité, et quelques taches rousses sur le bord externe de la plus extérieure; rectrices de la cou-

[1] V. Reichenow, Mitth. Afrik. Gesellsch. in Deutsch. 1, p. 1.
[2] V. Monteiro, Proc. Z. S. Lond., 1865, p. 90
[3] V. Reichenow, Journ. f. Orn., 1877, p. 13; Corr. Afr. Gesellsch., n.º 10, 1874, p. 186.

leur du dos, barrées de trois bandes étroites et incomplètes rousses. Bec brun avec la partie inférieure de la mandibule jaunâtre; pieds brun-clair.

Dimens. L. t. 660 mm.; aile 280 mm.; queue 130 mm.; bec 98 mm.; tarse 82 mm.

Habit. La courte description ci-dessus a été faite d'après un individu, une femelle imparfaitement adulte, que nous devons à l'obligeance de M. Bouvier[1]. Cet individu envoyé de la côte de Loango par M. Petit, et deux individus faisant partie d'une collection ornithologique rapportée aussi de la côte de Loango par le Dr. Falkenstein[2], sont les seuls documents que nous pouvons produire en faveur de l'existence de cette espèce dans les limites géographiques des possessions portugaises d'Angola.

Cette espèce, qui appartient plus particulièrement à l'Afrique occidentale, n'a jamais été aperçue au sud du Zaïre.

427. Nycticorax griseus

Syn. *Ardea grisea*, Linn., Syst. Nat. I, p. 239.
Nycticorax europaeus, Hartl., Orn. West.–Afr., p. 225; Boc., Jorn. Acad. Sc. Lisboa, n.º IV, 1867, p. 328; ibid., n.º XII, 1871, p. 277; Sharpe & Bouvier, Bull. S. Z. France, III, p. 78.
Ardea nycticorax, Finsch & Hartl., Vög. Ost–Afr., p. 709; Heugl. Orn. N. O.–Afr., p. 1086.
Nycticorax griseus, Boc., Jorn. Acad. Sc. Lisboa, n.º XVI, 1873, p. 288; Reichenow., Journ. f. Orn. 1877, p. 12; ibid., p. 237.
Nycticorax aegyptius, Gurney in Anderss., B. Damara, p. 293.

Fig. *Werner, Atlas Ois. d'Europe, pl.*
Reichenbach, Grallatores, tab. 151, fig. 482–3.

Caract. Ad. Vertex, occiput, dos et scapulaires noirs à reflets verts quelques plumes longues et subulées blanches sur l'occiput; face postérieure du cou, ailes, croupion et queue gris-perle; rémiges et rectrices d'une teinte plus foncée, bleuâtre. Bec noir; pieds jaunes; iris rouge.

Dimens. L. t. 570 mm.; aile 275 mm.; queue 110 mm.; bec 73 mm.; tarse 75 mm.

[1] C'est l'individu cité par MM. Sharpe & Bouvier, Bull. S. Z. France, I, p. 313. Il a été pris à *Rio Loucmba*.
[2] V. Journ. f. Orn. 1877, p. 12.

29

Le jeune est en dessus d'un cendré-brunâtre, plus rembruni sur la tête, avec des traits longitudinaux blanchâtres au centre des plumes; en dessous blanc sale, fortement striée de brun clair; sur la tige des couvertures alaires un trait blanchâtre se dilatant à l'extrémité en une tache oblongue; rémiges et rectrices brun-cendré pâle, celles-ci terminées de blanc. Bec brun en dessus et à l'extrémité, le reste jaune-verdâtre; pieds de cette même couleur; iris brun-jaunâtre.

Habit. *Chinchonxo* sur la côte de Loango (Falkenstein) et *Boma* sur le bord droit du Zaire (Lucan & Petit). *Mossamedes, Rio Coroca* et *Humbe* (Anchieta).

Dans la saison des pluies cette espèce se montre abondamment, suivant Andersson, à Ondonga et dans les abords du lac Ngami.

428. Nycticorax leuconotus

Syn. *Ardea leuconotus,* Wagl. Syst. Av. *Ardea* sp. 33; Finsch & Hartl., Vög. Ost.-Afr., p. 713; Hartl., Orn. N. O.-Afr., p. 1068.
Nycticorax cucullatus, Hartl., Orn. West.-Afr., p. 225.
Nycticorax leuconotus, Boc., Jorn. Acad. Sc. Lisboa, n.° xvi, 1873, p. 289; ibid., n.° xvii, 1874, p. 47; Reichenow, Journ. f. Orn., 1877, p. 12; ibid., p. 239.

Fig. *Cabanis, von der Decken Reis. Aves, pl. xviii (juv.).*

Caract. Ad. Tête et joues noires; une petite tache au-dessous de l'œil, gorge et sous-caudales blanches; ailes, croupion, sus-caudales et queue noirâtres, plus ou moins lavés de roux; le milieu du dos blanc; cou et parties inférieures roux-ardent, le ventre d'une teinte plus pâle. Bec noirâtre avec la base de la mandibule jaune; pieds jaunâtres; iris rouge (Anchieta).

Dimens. L. t. 550 mm.; aile 260 mm.; queue 100 mm.; bec 65 mm.; tarse 74 mm.

La figure publié par M. Cabanis dans la partie ornithologique du voyage de von der Decken réproduit assez bien les caractères d'un de nos individus d'Angola sauf la couleur du bec, qui est jaune-verdâtre à la base de la mandibule. Notre individu adulte a aussi la mandibule jaune à la base, mais nous pensons que chez les individus en plumage parfait le bec doit présenter une teinte noire plus uniforme.

Habit. Nos deux individus ont été pris par M. d'Anchieta au *Humbe*, la seule localité d'Angola où l'espèce a pu être observée. Elle y est assez commune et connue des indigènes sous le nom de *Xicongo*.

Les deux espèces de Nycticorax se trouvent sur la *côte de Loango*.

FAM. CICONIIDÆ

429. Ciconia Abdimii

Syn. *Ciconia Abdimii*, Licht. Verz. Doubl. Mus. Berl., p. 76; Hartl. Orn. West.-Afr., p. 227; Finsch & Hartl., Vög. Ost.-Afr., p. 721; Heugl., Orn. N. O.-Af., p. 1105; Boc., Jorn. Acad. Sc. Lisboa, n.º xii, 1871, p. 277; ibid., n.º xvi, 1873, p. 287; ibid., n.º xvii, 1874, p. 45; ibid., n.º xix, 1876, p. 153, Reichenow, Journ. f. Orn., *Gressores*, 1877, p. 169.

Sphenorrhynchus Abdimii, Gurney in Anderss., B. Damara, p. 280.

Fig. *Rüppell, Atlas, tab.* 9.

Caract. Ad. Noir à reflets métalliques verts, violets et pourpres, plus accentués sur le cou et les ailes; bas du dos, croupion et dessous du corps blancs; rémiges et rectrices noires lustrées de vert. Peau nue des joues bleu-foncé; front, paupières et menton rouge-vif; bec verdâtre, nuancé de rouge vers la pointe; pieds rouge-brun; iris brun-cendré avec un anneau interne brun (Anchieta).

Dimens. L. t. 770 mm.; aile 440 mm.; queue 190 mm.; bec 125 mm.; tarse 120 mm.

Habit. Observé par M. d'Anchieta en trois localités différentes de l'intérieur au sud du Quanza: *Capangombe, Quillengues* et *Humbe*. Les indigènes de ces deux dernières localités l'appellent *Humbi-humbi*. En Angola, comme l'a remarqué Andersson dans le pays des Damaras, cet oiseau se montre surtout pendant la saison des pluies. Il ne paraît pas se répandre dans la région littorale.

430. Ciconia episcopus

Syn. *Ardea episcopus*, Bödd. Tabl. Pl. enl. d'Aud., n.° 906.
Ciconia leucocephala, Hartl., Orn. West.-Afr., p. 227.
Ciconia episcopus, Boc., Jorn. Acad. Sc. Lisboa, n.° xii, 1871, p. 276; ibid.,
n.° xxi, 1877, p. 69; Finsch & Hartl. Vög. Ost.-Afr., p. 722; Heugl.
Orn. N. O.-Afr., p. 1108; Reichenow, *Gressores*, Journ. f. Orn., 1877,
p. 168; ibid., p. 12; Sharpe & Bouvier, Bull. S. Z. France III, p. 78.

Fig. *Gray & Mitch. Genera of Birds*, iii, *l.* 78.
Buffon, Pl. enl., pl. 906.

Caract. Ad. Noir à reflets verts et violets; bas-ventre, crissum et
couvertures inférieures de la queue blancs; front, gorge et cou de cette même
couleur; le vertex noir, les joues variées de noirâtre; rémiges noires lustrées
de vert; rectrices blanches, à l'exception des latérales de la couleur des rémiges. Bec brun-rougeâtre; iris rouge.

Dimens. L. t. 800 mm.; aile 480 mm.; queue 190 mm.; bec 130
mm.; tarse 150 mm.

Habit. Au contraire de l'espèce précédente, celle-ci est fort répandue dans le nord de notre colonie africaine et se rapproche davantage du littoral. Nous en avons quelques individus capturés par M. d'Anchieta à *Quillengues* et à *Huilla*, et les plus récents explorateurs de la côte de Loango, le
Dr. Falkenstein, le Dr. Lucan et M. Petit, ont envoyé en Europe des individus
pris à *Chinchonxo*, à *Chiloango* et à *Rio Lucula*.
Nom indigène à Quillengues — *Hombo*.

431. Mycteria senegalensis

Syn. *Mycteria senegalensis*, Shaw, Trans. Linn., Soc. V, p. 32; Hartl., Orn.
West.-Afr., p. 228; Finsch & Hartl., Vög. Ost.-Afr., p. 723; Heugl., Orn,
N. O.-Afr., p. 110; Boc., Jorn. Acad. Sc. Lisboa, n.° xxiii, 1878, p.
200; Reichenow, *Gressores*, Journ. f. Orn. 1877, p. 167.
Ephippiorhynchus senegalensis, Gurney in Anderss., B. Damara, p. 281; Boc.,
Jorn. Acad. Sc. Lisboa, n.° xvi, 1873, p. 293.

Fig. *Rüppell, Atlas, tab* 3.
Temminck, Pl. Col., pl. 64.

Caract. ♂ ad. Blanc; tête, cou, couvertures alaires, scapulaires et
queue d'un noir à reflets verts métalliques; les petites couvertures alaires à

reflets violets; rémiges blanches. Espace nu triangulaire couvrant la base du bec et le front d'un jaune vif, séparé par une ligne de duvet noir de la peau nue rougeâtre qui revêt les côtés de la base du bec; une caroncule pendante de la base de la mandibule et l'intervalle des branches mandibulaires d'un rouge-vif; bec rouge avec une large bande noire couvrant son tiers basal; pieds noirâtres, les doigts d'une teinte plus pâle, rougeâtre; iris brun-marron.

Dimens. L. t. 1.400 mm.; aile 670 mm.; queue 300 mm.; bec 305 mm.; tarse 340 mm.

Habit. Deux individus que nous avons reçu de M. d'Anchieta, l'un nous vient des bords du *Cunene*, l'autre de *Caconda*. Ils portent le même nom indigène que la *C. episcopus*, —*Hombo*. On ne l'a jamais observé au nord du Quanza.

Andersson nous dit à peine, dans ses notes, que la *M. senegalensis* visite accidentellement le pays des Damaras.

432. Leptoptilus crumenifer

Syn. *Ciconia crumenifera*, Cuv., Mus. de Paris.
Leptoptilos crumenifer, Hartl., Orn. West.-Afr., p. 228; Boc., Jorn. Acad. Sc. Lisboa, n.° II, 1867, p. 147; Finsch & Hartl., Vög. Ost.-Afr., p. 725; Heugl., Orn. N.-O.-Afr., p. 1114; Gurney in Anderss. B. Damara, p. 282; Reichenow, *Gressores*, Journ. f. Orn., 1877, p. 164.

Fig. *Pl. Col., pl.* 301.
Reichenbach, Grallatores, tab. 166, *fig.* 448.

Caract. ♂ ad. Plumage en dessus d'un noir-ardoisé lustré de vert; base du cou et parties inférieures blanches; tête, cou et sac jugulaire nus couleur de chair, tachetés de noir; occiput et dessus du cou revêtus d'un duvet brun-cendré; grandes couvertures des ailes bordées de blanc; rémiges et rectrices noires à reflets verts. Bec blanchâtre, teint de noir à la base; pieds noirs; iris brun.

Dimens. L. t. 1.250 mm.; aile 620 mm.; queue 270 mm.; bec 260 mm.; tarse 200 mm.; doigt méd. 110 mm.

Habit. Un individu mâle envoyé vivant de Loanda, en 1867, par M. A. P. de Carvalho, secrétaire général de notre colonie d'Angola, fait actuellement partie de nos collections. Cet individu avait été reçu de l'intérieur, mais on ignore la localité exacte de sa provenance. Les récents explorateurs d'Angola ne nous ont pas signalé la présence de cette espèce dans la partie assez étendue du territoire soumis à la domination portugaise qu'ils ont parcourue.

On a voulu ajouter au genre *Leptoptilus* une deuxième espèce africaine, *L. Burchelli*, dont les caractères différentiels par rapport au *L. crumenifer* seraient le plus grand développement du sac jugulaire et la présence de bordures blanches plus larges aux grandes couvertures alaires; ces caractères se font justement remarquer chez notre individu d'Angola.

433. Tantalus ibis

Syn. *Tantalus ibis*, Linn., Syst. Nat. I, p. 241; Hartl., Orn. West.-Afr., p. 230; Boc., Jorn. Acad. Sc. Lisboa, n.° IV, 1867, p. 328; ibid., n.° XIII, 1872, p. 69; ibid., n.° XVI, 1873, p. 289; ibid., n.° XXII, 1877, p. 150; Finsch & Hartl., Vög. Ost-Afr., p. 729; Heugl., Orn. N.-O. Afr., p. 1129; Gurney in Andèrss. B. Damara, p. 296; Sharpe & Bouvier, Bull. S. Z. France, I, p. 313; Reichenow, *Gressores*, Journ. f. Orn., 1877, p. 162.

Fig. *Buffon, Pl. Enl., pl.* 389.
Reichenbach, Grallatores, tab. 446, *fig.* 516.

Caract. Ad. Blanc, légèrement teint de rose, les couvertures alaires d'un rose-pourpre, bordées de blanc; rémiges et rectrices noires, lustrées de vert métallique et de violet-pourpre. Peau nue de la tête et de la gorge et pieds rouges; iris brun.

Dimens. L. t. 1000 mm.; aile 490 mm.; queue 160 mm.; bec 210 mm.[1]

Chez un individu jeune les plumes du cou, du dos et des ailes sont brun-cendré bordées de blanchâtre; le croupion et les parties inférieures blanches; les rémiges et les rectrices noires. L'espace nu de la tête et de la gorge augmente avec l'âge.

Habit. Très répandu sur la *côte de Loango* et en *Angola*. MM. Sharpe et Bouvier l'ont rencontré parmi les oiseaux envoyés de *Landana* par le dr.

[1] Ces dimensions sont prises sur un mâle adulte d'Angola; mais elles varient considérablement suivant les individus.

Lucan, et nous l'avons reçu de M. d'Anchieta de plusieurs localités d'Angola : *Rio Coroca, Quillengues* et *Humbe*. A ces localités il faut encore ajouter *Duque de Bragança*, d'où M. Bayão nous a fait parvenir la tête d'un individu jeune.

D'après Andersson cette espèce serait difficile à rencontrer dans le pays des Damaras, mais elle se montrerait en toutes les saisons dans la région des lacs, vers l'intérieur.

Nos exemplaires de *Rio Coroca* portent le nom indigène *Gangula*, ceux de Quillengues *Humbo*.

434. Anastomus lamelligerus

Syn. *Anastomus lamelligerus*, Temminck, Pl. Col., pl. 236; Finsch & Hartl., Vög. Ost.-Afr., p. 726; Heugl., Orn, N. O.-Afr., p. 1119; Gurney in Anderss., B. Damara, p. 283; Boc., Jorn. Acad. Sc. Lisboa, n.º xiv, 1873, p. 198 & 199, ibid., n.º xvi, 1873, p. 287; Reichenow, *Gressores*, Journ. f. Orn., 1877, p. 164.

Fig. *Temminck, Pl. Col. pl. 236.*

Caract. Ad. Plumage noir, d'un noir mat au cou et sur les parties inférieures, le reste plus ou moins nuancé de reflets verts et pourpres; les tiges des plumes du dos, du jabot et du dessus des ailes aplaties et luisantes, d'un noir de jai ou lustrées de reflets verts et cuivreux; à l'abdomen une partie des tiges des plumes s'allongent en une lamelle contournée d'un noir luisant. Espace nu autour des yeux et menton d'un cendré-rougeâtre; bec couleur de corne blanchâtre, plus foncé au milieu; pieds noirs; iris brun.

Dimens. L. t. 800 mm.; aile 410 mm.; queue 190 mm.; bec 180 mm.; tarse 140 mm.

Chez un individu en plumage imparfait les plumes du dos, des ailes et du jabot sont d'un brun-terreux mat, sans les reflets verts et pourpres, qui donnent à la livrée de l'adulte tout son éclat. Un autre individu en premier plumage est d'un brun-terreux, avec les tiges des plumes non aplaties d'un brun plus clair et sans lamelles contournées aux plumes du thorax et de l'abdomen.

Habit. Nous devons à M. d'Anchieta une belle suite d'individus de cette espèce recueillis à *Gambos* et au *Humbe*. M. Bayão nous a aussi envoyé du *Duque de Bragança* la tête d'un individu en alcool. L'espèce vit donc dans l'intérieur d'Angola au nord et au sud du Quanza, mais sa présence n'a pas encore été signalée dans les pays limitrophes au nord du Zaire.

M. d'Anchieta nous écrit que l'*A. lamelligerus* est fort commun au *Humbe*. Andersson l'a trouvé aussi abondant au sud du Cunene, à *Ondonga* et dans la région des lacs.

FAM. PLATALEIDAE

435. Platalea tenuirostris

Syn. *Platalea tenuirostris*, Temminck, Man. d'Orn. I., p. cui; Hartl., Orn. West.-Afr., p. 226; Monteiro, Proc. Z. S. London, 1865, p. 89; Finsch & Hartl., Vög. Ost.-Afr., p. 718; Heugl., Orn. N. O.-Afr., p. 1126; Boc., Jorn. Acad. Sc. Lisboa, n.° xii, 1871, p. 277; ibid., n.° xvi, 1873, pp. 289 et 294; Gurney in Anderss. B. Damara, p. 295.
Platalea cristata, Reichenow, *Gressores*, Journ. f. Orn., 1877, p. 158.

Fig. *Reichenbach, Grallatores, tab. 167, fig. 435 et 436.*

Caract. Ad. Blanc; une huppe occipitale formée de plumes longues à barbes décomposées; peau nue du front, des joues et de la gorge d'une teinte rougeâtre; bec vert-jaunâtre, tirant au rouge sur les bords; pieds rouges; iris jaune (Anchieta).

Dimens. L. t. 800 mm.; aile 370 mm.; queue 120 mm.; bec 215 mm.; tarse 149 mm.

Chez deux mâles en plumage parfait d'adultes les pieds sont distinctement rouges, et c'est la couleur que nous indique M. d'Anchieta; mais un autre individu plus jeune, sans huppe à l'occiput, a les pieds noirâtres.

Habit. *Benguella* (Monteiro); *Mossamedes* et *Humbe* (Anchieta). Pas encore observée dans la partie septentrionale d'Angola, ni dans la côte de Loango, quoiqu'elle existe au Gabon.

Visite accidentellement Damara, surtout pendant les pluies; moins fréquente chez les Grands Namaquas; plus abondante vers le lac Ngami (Andersson).

FAM. SCOPIDÆ

436. Scopus umbretta

Syn. *Scopus umbretta*, Gm., Syst. Nat. II, p. 618; Hartl., Orn. West-Afr., p. 229; Monteiro, ibis, 1862, p. 333; Boc., Jorn. Acad. Sc. Lisboa, n.° v, 1868, p. 47; ibid., n.° xvii, 1874, p. 60; Finsch & Hartl., Vög. Ost.-Afr., p. 727; Heugl., Orn. N. O.-Afr., p. 1091; Gurney in Anderss. B. Damara, p. 294; Monteiro, Angola & Congo, II, p. 73; Sharpe & Bouvier, Bull. S. Z. France, I, p. 53; Reichenow, Journ. f. Orn., 1877, p. 12; ibid., 1877, p. 231.

Fig. *Shaw, Gen. Zool. XI, pl. 50.*
Reichenbach, Grallatores, tab. 148, fig. 513.

Caract. Ad. Plumage brun; joues et gorge d'une nuance plus claire; une huppe occipitale comprimée, formée de plumes larges et obtuses à la pointe; rémiges brun-foncé à reflets pourprés; rectrices marquées de bandes étroites anguleuses brun-foncé et largement terminées de cette couleur. Bec et pieds noirs; iris brun.

Dimens. L. t. 500 mm.; aile 330 mm.; queue 170 mm.; bec 80 mm.; tarse 75 mm.

Habit. Le *Scops umbretta* est très répandu en Angola et à la côte de Loango. Monteiro l'a recueilli dans le territoire du Quanza, vers l'intérieur; M. d'Anchieta nous a envoyé des individus pris à *Mossamedes*, sur le littoral, et à *Capangombe*, *Caconda* et *Humbe*, dans l'intérieur. A la côte de Loango, où son existence était conue depuis le voyage de Tuckey, il a été récemment observé à *Landana* (Lucan et Petit) et à *Rio Quilo* (Falkenstein).

M. d'Anchieta nous signale deux noms indigènes pour cette espèce; *Kahumba* à Capangombe et *Nagine-Ankine* au Humbe.

Andersson le rencontra partout et en toute saison dans les pays des Damaras et des Grands Namaquas.

A propos des mœurs de cet oiseau, Monteiro nous dit, d'après ce que lui ont raconté les indigènes de *Cambambe*, qu'il ne construit pas de nid, mais profite de celui d'autres oiseaux[1]. Ce renseignement a cependant besoin de confirmation.

[1] V. Monteiro, Angola and the river Congo, II, p. 74.

FAM. IBIDAE

437. Falcinellus igneus

Syn. *Numenius igneus*, Gm., Nov. Comm. Petrop. xv, p. 460.
Ibis falcinellus, Hartl., Orn. West-Afr., p. 230; Finsch & Hartl., Vög. Ost.–
   Afr., p. 730; Heugl., Orn. N. O.–Afr., p. 1132.
Falcinellus igneus, Boc., Jorn. Acad. Sc. Lisboa, n.° xvi, 1873, pp. 289 et
   294; Elliot, *Ibidinae*, Proc. Z. S. London, 1877, p. 503.
Falcinellus rufus, Reichenow, *Gressores*, Journ. f. Orn., 1877, p. 146.

Fig. *Temminck, Pl. Col. pl.* 511.
Reichenbach, Grallatores, tab. 139, *fig.* 521-3 *& tab.* 143, *fig.* 1012-14.

Caract. Ad. Vertex, dessus du corps, queue, crissum et sous-caudales vert-bronze à reflets d'un violet-pourpre; cou, petites couvertures alaires et parties inférieures roux-marron; rémiges lustrées de vert-doré. Peau
nue des joues d'un noir-violacé avec une étroite bordure bleu-clair; bec brun-
foncé; pieds brun olivâtre; iris brun (Anchieta).

Dimens. L. t. 520 mm.; aile 260 mm.; queue 95 mm.; bec 115
mm.; tarse 80 mm.

Le jeune est d'un vert-bronze terne, tirant au brun-noirâtre sur les parties inférieures; le cou et la tête striés de blanc.

Habit. On doit à M. d'Anchieta la découverte de cette espèce en
Angola. Les individus que nous devons à ses intelligentes recherches ont été
pris à *Huilla* et au *Humbe*. Le grand nombre d'individus reçus de cette dernière localité nous fait croire que cet oiseau y est fort commun. Andersson ne
le comprend pas dans la liste des espèces observées au sud du Cunene; il parait marquer également à la côte de Loango et à la zone littorale d'Angola.

438. Ibis aethiopica

Syn. *Tantalus aethiopicus*, Lath., Ind. Orn., II, p. 706.
Ibis religiosa, Hartl., Orn. West–Afr., p. 231; Boc., Jorn. Acad. Sc. Lisboa,
n.º IV, 1867, p. 329.
Ibis aethiopica, Finsch & Hartl., Vög. Ost.–Afr., p. 733; Heugl., Orn. N. O.-
Afr., p. 1135; Gurney in Anderss. B. Damara, p. 297; Boc., Jorn. Acad.
Sc. Lisboa, n.º XIV, 1873, p. 198; ibid, n.º XVI, 1873, p. 389; Reichenow,
Gressores, Journ. f. Orn., 1877, p. 151; Elliot, *Ibidinae*, Proc. Z. S.
Lond., 1877, p. 485.

Fig. *Reichenbach, Grallatores, tab.* 141, *fig.* 539 & 540.

Caract. Ad. Blanc; tête et cou nus, noirs; rémiges primaires blanches terminées d'une large bande vert-doré; les secondaires et les scapulaires allongées, grises vers l'extrémité, à barbes décomposées d'un noir-violet
brillant; queue blanche. Bec et pieds noirs; iris marron (Anchieta).

Dimens. L. t. 710 mm.; aile 370 mm.; queue 145 mm.; bec 160
mm.; tarse 100 mm.

Dans le jeune âge la tête et le cou, à l'exception à peine des joues et du
menton, sont revêtus de plumes, grises dans la première année, blanches et
noires plus tard. C'est à compter de la seconde année que commencent à se
montrer les rémiges secondaires à barbes décomposées.

Habit. *Rio Coroca* et *Humbe* (Anchieta). Pour cette espèce, comme
pour la précedente, on doit à M. d'Anchieta les seules preuves acquises en faveur de son existence en Angola. *Deleca* serait son nom indigène à Rio Coroca.

Jamais observée sur la région littorale d'Angola au nord de Benguella,
ni dans la côte de Loango. Très commune au sud du Cunene dans la région des
lacs et à *Ondonga* (Andersson).

439. Geronticus hagedash

Syn. *Tantalus hagedash*, Lath., Ind. Orn. ii, p. 708.
Geronticus hagedash, Hartl., Orn. West-Afr., p. 231; Boc., Jorn. Acad. Sc. Lisboa, n.° ii, 1867, p. 147; Sharpe & Bouv., Bull. S. Z. France, iii, p. 79.
Ibis hagedash, Finsch & Hartl., Vög. Ost.-Afr., p. 735; Heugl. Orn. N. O.-Afr., p. 1141.
Ibis caffrensis, Reichenow, Journ. f. Orn., 1877, p. 12; ibid., 1877, p. 155.
Hagedashia caffrensis, Gurney in Anderss. B. Damara, p. 298.
Hagedashia chalcoptera, Elliot, Proc. Z. S. London, 1877, p. 500.

Fig. *Vieillot, Gal. des Ois., pl.* 246.
Reichenbach, Grallatores, tab. 140, *fig.* 539.

Caract. Ad. Plumage brun-cendré, lustré de vert sur le dos, à reflets métalliques verts et pourpres sur les ailes; une bande blanche au-dessous de l'œil et de la région temporale; rémiges et rectrices noires à reflets bleus et violacés. Peau nue du lorum et de la base du bec rouge-carmin; bec noir avec la moitié basale du culmen rouge; pieds noirs, doigts rouges; iris rouge-foncé (Anchieta).

Dimens. L. t. 680 mm.; aile 370 mm.; queue 170 mm.; bec 125 mm.; tarse 70 mm.

Habit. Le *G. hagedash* paraît commun dans la zone littorale des posséssions portugaises au nord du Zaire: M. d'Anchieta nous a apporté un mâle adulte de *Cabinda;* Falkenstein, le Dr. Lucan et Petit l'ont observé en d'autres localités de la côte de Loango, *Chinchonxo, Landana* et *Rio Quilo.* Jamais recueilli en Angola au sud du Zaire. Plus au sud et dans l'intérieur très abondant, suivant Andersson, dans la région des lacs.

FAM. SCOLOPACIDAE

440. Numenius arquatus

Syn. *Scolopax arquata*, Linn. Syst. Nat. 1, p. 242.

Numenius arquata, Hartl., Orn. West.–Afr., p. 232; Heugl., Orn. N. O.–Afr.,
p. 1146; Finsch & Hartl., Vög. Ost.–Afr., p. 736; Gurney in Anderss. B. Damara,
p. 299; Boc., Jorn. Acad. Sc. Lisboa, n.° xiii, 1872, p. 69; Reichenow, Journ. f.
Orn., 1877, p. 12.

? *Numenius madagascariensis*, Sharpe, Proc. Z. S. London, 1869, pag. 571.

Fig. *Dresser, Birds of Europe, part* xviii, *pl.*

Caract. Ad. en hiver. En dessus brun, avec les bords des plumes
d'un gris-noirâtre sur le dos et tirant au blanchâtre sur les ailes; tête, cou
et poitrine striés de brun sur un fond blanc-noirâtre, les stries du dessus de
la tête plus foncées et confluentes; bas du dos, croupion et suscaudales blanches, les plus longues de celles-ci marquées d'une strie brune sur les baguettes; gorge et parties inférieures blanches, les plumes de la partie antérieure du ventre marquées sur les baguettes d'un trait brun plus ou moins
apparent; joues et bande sourcilière blanches, pointillées de brun; rémiges
brunes largement dentelées de blanc; queue blanche lavée de roussâtre, avec
des bandes transversales brunes. Iris brun; bec brun avec la base de la mandibule plus pâle et rougeâtre; pieds couleur de plomb.

Dimens. ♂ L. t. 550 mm.; aile 300 mm.; queue 112 mm.; bec 148
mm.; tarse 80 mm.

♀ L. t. 580 mm.; aile 310 mm.; queue 120 mm.; bec 161 mm.; tarse 85
mm.

Nos individus d'Angola, un mâle et deux femelles en plumage d'hiver, n'atteignent pas les dimensions des individus adultes du Portugal qui se
trouvent au Muséum de Lisbonne, tandis que leurs becs sont proportionnellement plus longs. Ils en diffèrent aussi par quelques détails de coloration: les
teintes du plumage sont plus pâles, les stries du cou et de la poitrine sensiblement plus étroites, celles de l'abdomen réduites à un simples trait et occupant à peine la partie antérieure de cette région; le croupion, les sus-caudales et le crissum d'un blanc pur sans taches, et les-sous caudales, en partie,
marquées d'une strie brune.

M. Sharpe a rapporté au *N. madagascariensis* un individu envoyé de
l'*Ambriz* par Monteiro, sans cependant rien ajouter au sujet de ses cara-

462 NUMENIUS PHAEOPUS

ctères[1]. Si, comme le prétendait Brisson, le principal, sinon l'unique, caractère différentiel du *N. madagascariensis* consiste dans un certain mode particulier de coloration des couvertures supérieures de la queue, «*les couvertures supérieures de la queue sont d'un gris noirâtre marqué de bandes
brunes*[2]», il est évident que l'absence de ce caractère chez nos individus ne
permet pas qu'on accepte pour eux la détermination spécifique que M. Sharpe
admet pour l'exemplaire de l'*Ambriz*, s'appuyant sans doute sur des détails
de coloration qui manquent aux premiers.

Habit. Nos trois individus ont été recueillis par M. d'Anchieta à *Rio
Coroca*, sur la zone littorale, au sud de Mossamedes. Ces individus et celui
envoyé de l'*Ambriz* par Monteiro sont les seuls observés jusqu'à présent en
Angola. M. Reichenow comprend le *N. arquatus* dans la liste des oiseaux rapportés de *Chinchoxo* (côte de Loango) par le Dr. Falkenstein. Andersson dit
qu'il est assez répandu dans les pays des Damaras et des Grands-Namaquas,
mais qu'il est surtout commun sur la côte et dans les îles.

441. Numenius phaeopus

Syn. *Scolopax phaeopus*, Linn., Syst. Nat., I, p. 243.
Numenius phaeopus, Hartl., Orn. West.–Afr., p. 232; Finsch & Hartl., Vög.
  Ost.–Afr., p. 739; Heugl., Orn. N. O.–Afr., p. 1150; Gurney in Anderss.
  B. Damara, p. 300; Sharpe & Bouv., Bull. S. Z. France I, p. 53.
Numenius haesitatus, Hartl., Orn. West-Afr., p. 233.

Fig. *Dresser, Birds of Europe, part* XVII, *pl.*

Caract. Ad. Plus petit et à couleurs plus foncées que le *N. arquatus:* parties supérieures brunes avec les bords des plumes d'une teinte plus
claire; dessus de la tête brun avec une raie médiane longitudinale noirâtre;
cou et poitrine tachetés de brun; bas du dos et sus-caudales blancs, celles-ci
traversées de bandes brunes; parties inférieures blanches, barrées de brun
sur les flancs et les sous-caudales; joues et sourcils blancs, pointillés de brun;
gorge blanche; rémiges noirâtres, barrées de blanc sur les bords internes; rectrices d'un brun cendré pâle, traversées de bandes étroites brunes et portant à l'extrémité un étroit liséré blanc. Bec noir avec la base de la mandibule
rougeâtre; pieds couleur de plomb.

Dimens. ♂ L. t. 420 mm.; aile 240 mm.; queue 96 mm.; bec 80
mm.; tarse 61 mm.

[1] V. Sharpe, Proc. Z. S. Lond., 1869, p. 571.
[2] V. Brisson, Ornith., V, p. 321, pl. XXVIII.

Habit. Un seul individu, d'après lequel nous avons établi la diagnose de l'espèce, un ♂ tué à *Chinchonxo* et envoyé par MM. Lucan et Petit, atteste l'existence de cette espèce dans les limites géographiques de notre ouvrage. Toutefois la présence bien constatée de ce Courlis au nord et au sud de nos possessions d'Afrique occidentale, nous amène à supposer qu'il doit se montrer aussi sur le vaste territoire compris entre le *Zaïre* et le *Cunene,* partout où il pourra trouver des conditions favorables à son existence.

442. Terekia cinerea

Fig. *Scolopax cinerea,* Guldenst., N. Comm. Acad. Petrop. xix, pag. 473, tab. xix.

Limosa cinerea, Layard, B. S.-Afr., pag. 323; Heugl., Orn. N. O.-Afr., p. 1157.

Terekia cinerea, Gurney, Ibis, 1863, p. 330; Gurney in Anderss. B. Damara, p. 304.

Fig. *Dresser, Birds of Europe, part* iv*, pl.*

Caract. Ad. en hiver. Plumage cendré-pâle en dessus, nuancé de brunâtre sur le dos et les ailes, avec les tiges de plumes d'une teinte plus foncée; front, joues et parties inférieures d'un blanc pur, les plumes du devant du cou marquées sur les baguettes de petites stries brunes; une petite tache cendrée au-devant de l'œil; rémiges brunes, lisérées de blanc à la pointe à compter de la 4°; queue d'un cendré pâle. Iris brun; bec long et retroussé noir, jaunâtre à la base; pieds jaunes.

Dimens. L. t. 230 mm ; aile 133 mm.; queue 55 mm.; bec 48 mm.; tarse 26 mm.

Les individus en plumage d'été portent de larges mèches noirâtres au centre des plumes du dos et des ailes, et des stries plus fortes sur le haut de la poitrine.

Habit. *Landana* (côte de Loango): un seul individu en plumage d'hiver envoyé par MM. Lucan et Petit. Cet individu que nous devons à l'obligeance de M. Bouvier vient prouver l'existence de cette espèce dans l'Afrique tropicale occidentale. Heuglin cite deux individus recueillis dans la côte orientale, l'un dans le golphe d'Adulis, l'autre sur la côte d'Arabie. Le *T. cinerea* se trouve aussi dans l'Afrique australe de l'un et de l'autre côté, au *Natal* (Ayres) et au pays des *Damaras* (Andersson), et elle se répand encore jusqu'à *Madagascar.*

443. Totanus canescens

Syn. *Scolapax canescens*, Gm. Syst. Nat. I, p. 668.
Totanus glottis, Hartl., Orn. West.-Afr., p. 235; Boc., Jorn. Acad. Sc. Lisboa,
     n.º II, 1867, pp. 147 et 153; ibid., n.º XIII, 1872, p. 69; ibid., n.º XIX,
     1874, p. 153; Heugl. Orn. N. O.-Afr., p. 1169; Gurney in Anderss. B.
     Damara, p. 301.
Totanus canescens, Finsch & Hartl., Vög. Ost.-Afr., p. 745; Boc., Jorn. Acad.
     Sc. Lisboa, n.º XXII, 1877, p. 150; ibid., n.º XXVI, 1879, p. 102; Sharpe
     & Bouvier, Bull. S. Z. France I, p. 53; Reichenow, Journ. f. Orn., 1877,
     p. 12.

Fig. *Dresser, Birds of Europe, part* v, *pl.*

Caract. Ad. en hiver. Dessus de la tête et du cou strié de blanc et
de brun; haut du dos et ailes brun-cendré pâle, les baguettes des plumes d'un
brun plus foncé et les bords lisérés de blanc et marqués de petites taches
brunes; les petites couvertures alaires d'un brun plus foncé; milieu et bas
du dos blancs; sus-caudales en partie de cette couleur, en partie rayées de
brun; front, joues et parties inférieures blanches; rémiges brunes; rectrices
médianes blanches nuancées de cendré et rayées de brun, les autres blanches,
variées sur les barbes externes de traits et de taches brunes. Bec brun-foncé;
pieds gris-verdâtre; iris brun.

Dimens. L. t. 340 mm.; aile 195 mm.; queue 90 mm.; bec 57 mm.;
tarse 62 mm.

L'adulte en plumage d'été est plus rembruni sur le manteau, où les
plumes sont d'un brun plus foncé au centre; les côtés du cou, le haut de la
poitrine et les flancs sont variés de taches noirâtres.

Habit. Très répandu et fort commun en hiver sur le littoral de
Loango et d'Angola. Observé d'abord par M. d'Anchieta à *Rio Quilo* et plus
tard par MM. Lucan, Petit et Falkenstein à *Landana* et à *Chinchonxo*. Nos exemplaires d'Angola nous viennent de *Novo Redondo, Benguella, Rio Coroca,
Humbe* et *Quillengues*.

Kaniaprúia est le nom indigène que nous trouvons plus constamment
écrit sur les étiquettes des individus de cette espèce et de ses congénères
envoyés par M. d'Anchieta.

Au sud du Cunene le *T. canescens* est aussi très abundant et, d'après

Andersson. il se montrerait fréquemment non-seulement sur la zone littorale, mais aussi dans l'intérieur.

Nos individus d'Angola et du Congo, à une exception près, sont tous en plumage d'hiver.

444. Totanus stagnalis

Syn. *Totanus stagnatilis*, Bechst., Orn. Taschenb. II, 292; Hartl., Orn. West.-Afr., p. 233; Heugl., Orn. N. O.-Afr., p. 1159; Boc., Jorn. Acad. Sc. Lisboa, n.° XIX, 1876, p. 153; Gurney in Anderss., B. Damara p. 302; Sharpe & Bouvier, Bull. S. Z. France I, p. 53.

Fig. *Dresser, Birds of Europe, part I, pl.*

Caract. Adulte en été. En dessus cendré, légèrement teint de rousssâtre, les plumes de la tête et du cou striées de brun, celles du dos marquées au centre de taches angulaires brunes; front, joues et raie sourcilière blancs, pointillés de brun; croupion et partie inférieures d'un blanc pur, avec les côtés de la poitrine et les flancs variés de brun; sus-caudales en partie blanches, en partie rayées de brun; petites et moyennes couvertures alaires d'un brun-foncé; rémiges brunes avec les barbes externes et l'extrémité noirâtres; les deux rectrices médianes grisâtres rayées de brun, les autres blanches marquées de traits longitudinaux ou en zig-zag bruns. Bec noir; pieds d'un brun-olivâtre; iris brun.

Dimens. L. t. 230 mm.; aile 136 mm.; queue 56 mm.; bec 50 mm.; tarse 60 mm.

La livrée d'hiver se fait remarquer par ses teintes cendrées en dessus, sans taches.

Habit. Cette espèce paraît visiter habituellement la côte de Loango, car MM. Lucan et Petit en ont envoyée à plusieurs reprises des individus pris en divers endroits. *Landana, Chinchonxo* et *Massabe:* elle serait beaucoup plus rare au sud du Zaire, où elle a été recueillie sur les bords du Cunene par M. de Anchieta, à qui nous devons le seul exemplaire d'Angola qui soit parvenu en Europe. Au sud du Cunene. Andersson la rencontra souvent dans le pays des Damaras, d'où elle se répand vers l'intérieur.

445. Totanus calidris

Syn. *Scolopax calidris*, Linn., Syst. Nat. I, p. 245.
Totanus calidris, Hartl., Orn. West.-Afr., p. 234; Heugl. Orn. N. O.-Afr., p. 1165; Gurney in Anderss. B. Damara, p. 300.

Fig. *Dresser, Birds of Europe, part* xxxix & xl, *pl.*

Caract. Ad. en hiver. En dessus gris-brunâtre avec les bords des plumes plus pâles et un trait brun sur les baguettes; milieu du dos d'un blanc pur, sus-caudales blanches rayées de noir; en dessus blanc; gorge, devant du cou et poitrine légèrement nuancés de brun et variés de petits traits de cette couleur; flancs et sous-caudales marqués de quelques stries et zig-zags noirâtres; rémiges primaires brunes, les secondaires blanches sur leur moitié terminale; les deux rectrices médianes lavées de brun-grisâtre, les autres blanches, toutes ornées de raies étroites noirâtres. Bec rougeâtre à la base, brun vers la pointe; pieds d'un rouge pâle; iris brun.

Dimens. L. t. 290 mm., aile 165 mm.; queue 70 mm.; bec 48 mm.; tarse 50 mm.

En été le *T. calidris* porte une livrée à teintes plus vives, variée de brun sur un fond brun-cendré pâle, lavé de rougeâtre; les taches du cou, de la poitrine et des flancs plus développées et plus foncées; les pieds d'un rouge plus vif.

Habit. On cherche en vain le nom du *T. calidris* dans les publications parues jusqu'à ce moment sur l'ornithologie des contrées dont nous nous occupons particulièrement; mais un individu en plumage d'hiver et à rémiges incomplètement développées, recueilli à *Quitta*, sur la côte de Loango, par M. Lucan nous met à même de pouvoir remplir cette lacune. Cet individu, qui nous a été envoyé dernièrement en communication par notre ami M. Bouvier, porte sur l'étiquette ces notes: « — 10.275, — *Totanus fuscus*, Dr. Lucan, *Quitta*, 4–76.» Un individu de cette provenance figure sous le nom de *T. fuscus* dans la 2e liste des oiseaux du Congo publiée par MM. Sharpe et Bouvier; c'est probablement le même individu, dont les teintes un peu foncées et l'état incomplet des rémiges l'auraient fait accepter au premier abord pour un individu du *T. fuscus*, mais qui appartient en réalité au *T. calidris*.

L'existence du *T. fuscus* à la côte de Loango et en Angola reste encore à vérifier.

446. Totanus glareola

Syn. *Tringa glareola*, Linn., Faun. Suec., pag. 65.
Totanus glareola, Hartl., Orn. West-Afr., p. 234; Boc., Jorn. Acad. Sc. Lisboa,
n.º xiii, 1872, p. 69; ibid., n.º xxiii, 1878, p. 200; Finsch & Hartl.,
Vög. Ost.-Afr., p. 750; Heugl., Orn. N. O.-Afr., p. 1163; Gurney in Anderss. B. Damara, p. 302; Reichenow, Journ. f. Orn., 1877, p. 12.

Fig. *Dresser, Birds of Europe, part* lxii *y* lviii, *pl.*

Caract. Ad. en été. Tête et cou rayés de brun et de blanc-roussâtre; gorge blanche; dos et ailes variées de noirâtre et de blanc sur un fond
brun à reflets olivâtres; couvertures supérieures de la queue blanches, les
plus longues barrées de brun; haut de la poitrine et flancs tachetés de brun,
le reste des parties inférieures blanches, à l'exception des sous-caudales, qui
sont en partie variées de taches ou de bandes brunes; raie sourcilière et joues
blanches pointillées de brun; petites couvertures alaires d'une teinte brune
foncée presque uniforme. Rémiges brun-noirâtre; rectrices rayées en travers
de brun sur un fond blanc, les deux médianes lavées de cendré-fauve. Iris brun;
bec brun-verdâtre à la base, noir vers la pointe; pieds d'une jaune nuancé
d'olivâtre.

Dimens. L. t. 210 mm.; aile 130 mm.; queue 54 mm.; bec 31 mm.;
tarse 37 mm.

Le plumage d'hiver est d'un brun plus pâle et uniforme, varié de taches
roussâtres sur le dos et les ailes; les stries de la tête et du cou sont moins
accentuées, et le haut de la poitrine, lavé de brun-cendré pâle, porte aussi
des taches moins apparentes.

Dans certains états du plumage il est possible de confondre cette espèce
avec le *T. ochropus;* mais en faisant attention aux dimensions inverses du bec
et des pieds chez l'une et l'autre espèce et au mode différent de coloration de
la queue, entièrement blanche à la base et traversée dans sa moitié apicale
de bandes plus larges et plus foncées chez le *T. ochropus*, en parviendra toujours à éviter une telle méprise.

Habit. Cette espèce assez répandue en Angola paraît aussi commune
dans la côte de Loango: le Dr. Falkenstein la recueillit à *Chinchonxo* et nous
avons sous les yeux un individu de cette localité envoyé par MM. Lucan et
Petit. Nos individus d'Angola nous viennent du littoral et de l'intérieur, du
Rio Coroca et de *Caconda*.

Notre courte diagnose ci-dessus a été faite d'après l'individu de *Chinchonxo*. Cet individu, que nous avons reçu de M. Bouvier, porte sur une petite étiquette ces indications: «— n.º 319, ♀ *Chinchonxo*, 20 avril 1876, *Helodromus ochropus*—», indications identiques à celles d'un des individus que MM. Sharpe et Bouvier rapportent au *T. ochropus* dans leur premièr article sur l'ornithologie du Congo (V. Sharpe et Bouvier, Bull. S Z. France 1, p. 53). D'un autre côté, le *T. glareola* ne figure pas dans aucune des listes publiées par ces auteurs. Il nous semble donc fort probable que c'est le *T. glareola*, et non pas le *T. ochropus*, qui a été récueilli à *Chinchonxo* par MM. Lucan et Petit, de même que par le Dr. Falkenstein, et qu'il faut encore attendre de nouveaux faits plus authentiques avant d'admettre l'existence de la dernière espèce sur la côte de Loango.

Malgré les recherches de M. d'Anchieta, le *T. ochropus* n'a pu être observé en Angola, et cette espèce paraît également absente des vastes contrées au sud du Cunene qui ont été visitées par Andersson.

Un individu de notre collection, rapporté de *Cabinda* par M. d'Anchieta en 1865, ressemble en général comme coloration, au *T. glareola*, mais par l'ensemble de ses caractères il appartient évidemment à une espèce voisine du continent américain, le *T. chloropygius*, Vieill. Sa taille un peu plus petite, ses tarses proportionnellement plus courts, la teinte particulière de ses couvertures supérieures de la queue, la couleur du dos, et les bandes brunes de la queue, plus larges et moins nombreuses, nous fournissent des caractères différentiels sûrs et décisifs. Nous regardons cependant l'apparition du *T. chloropygius* sur la côte africaine au nord du Zaire comme un fait purement accidentel [1].

447. Actitis hypoleucus

Syn. *Tringa hypoleucos*, Linn. Syst. Nat. 1, pag. 250.
Actitis hypoleucus, Hartl., Orn. West-Afr., p. 235; Finsch & Hartl., Vög. Ost.-Afr., p. 752; Gurney in Anderss. B. Damara, p. 303; Sharpe & Bouv., Bull. S. Z. France 1, p. 53; Reichenow, Journ. f. Orn., 1877, p. 11; Boc., Jorn. Acad. Sc. Lisboa, n.º XXVI, 1879, p. 102.
Tringoides hypoleucos, Heugl., Orn., N. O.-Afr., p. 1172.

Fig. *Dresser, Birds of Europe, parts* LXI & LXII, *pl.*

Caract. Ad. en hiver. Parties supérieures brun-cendré pâle lustré d'olivâtre, variées de fines raies en zig-zag d'un brun plus foncé et striées de

[1] George Gray publia en 1870 une courte notice sur la capture authentique d'un individu de cette espèce sur les bancs de la Clyde, en Ecosse (Ibis, 1870, p. 292).

brun sur les tiges des plumes; le dessus de la tête et du cou d'un brun plus uniforme; sus-caudales de la couleur du dos; raie sourcilière et joues finement pointillées et rayées de brun; gorge, abdomen et sous-caudales blancs, faces antérieure et latérales du cou et haut de la poitrine marqués de stries brunes sur un fond lavé de brunâtre; rémiges brunes portant, à compter de la 2ᵉ, un espace blanc au milieu du bord interne et un liséré blanc à l'extrémité; rectrices médianes de la couleur du dos avec des raies incomplètes brunes plus distinctes sur les bords, les latérales blanches barrées de brun. Bec noirâtre, plus pâle et d'une teinte rougeâtre à la base; pieds cendré-verdâtre; iris brun.

Dimens. L. t. 190 à 200 mm.; aile 110 mm.; queue 63 mm.; bec 25 mm.; tarse 24 mm.

En été les stries et les raies du plumage sont plus nettement indiquées et les reflets olivâtres plus apparents.

Habit. Observé par MM. Lucan et Petit dans plusieurs endroits de la côte de Loango: *Laudana, Chinchonxo, Rio Loemma, Chiloango*. Nos individus d'Angola ont été recueillis par M. d'Anchieta à *Benguella* et à *Novo-Redondo*, sur le littoral. Tous les individus que nous avons pu examiner de ces diverses provenances portent la livrée d'hiver.

L'*A. hypoleucus* est un des oiseaux les plus largement répandus sur le continent africain.

448. Recurvirostra avocetta

Syn. *Recurvirostra avocetta*, Linn., Syst. Nat. I, p. 256; Tuckey, Exp. Zaire, App. p. 407; Hartl., Orn. West.-Afr., p. 236; Finsch & Hartl., Vög. Ost.-Afr., p. 755; Heugl., Orn. N. O.-Afr., p. 1175; Gurney in Anderss. B. Damara, p. 314.

Fig. Dresser, *Birds of Europe*, part. XLVI, *pl.*

Caract. Ad. D'un blanc pur, avec le dessus de la tête et du cou, les scapulaires plus rapprochées du corps, une partie des couvertures alaires et les rémiges d'un noir lustré; queue blanche. Bec noir; pieds couleur de plomb; iris d'un roux-brun.

Dimens. L. t. 460 mm.; aile 225 mm.; queue 84 mm.; bec 95 mm.; tarse 88 mm.

Chez la femelle le noir est plus terne et moins profond.

Habit. Dans un des envois que M. d'Anchieta nous a fait parvenir de Mossamedes en 1870 se trouvaient deux individus de *R. avocetta,* lesquels ne figurent pas dans aucune de nos *Listes* par suite d'un oubli dont nous ne pouvons actuellement nous rendre bien compte. Ces deux individus et un autre rapporté, il y a bien longtemps, du *Congo* par les naturalistes du voyage de Tuckey, sont encore aujourd'hui les seules preuves authentiques dont on puisse se servir en faveur de l'existence de cet espèce ou de son apparition, pendant le saison des pluies, sur les côtes de Loango et d'Angola. Suivant Andersson, cet oiseau se montrerait occasionnellement dans la côte sudouest de l'Afrique et encore moins fréquemment dans l'intérieur.

449. Himantopus autumnalis

Syn. *Charadrius autumnalis,* Hasselq., It. Palaest, p. 253.
Himantopus melanopterus, Hartl., Orn. West-Afr., p. 236; Boc., Jorn. Acad. Sc. Lisboa, n.° IV, 1867, p. 329; ibid., n.° XIII, 1872, p. 69; Sharpe, Proc. Z. S. Lond., 1870, p. 147.
Himantopus autumnalis, Finsch & Hartl., Vög. Ost.-Afr., p. 758; Heugl., Orn. N.-O. Afr., p. 1177; Gurney in Anderss. B. Damara, p. 315; Reichenow, Journ. f. Orn., 1877, p. 12.

Fig. *Dresser, Birds of Europe, part.* LXIII & LXIV, *pl.; part.* LV & LVI, *pl.*

Caract. Ad. en été. Plumage blanc nuancé de rose à la poitrine; nuque noire variée de blanc; dos et ailes noires à reflets verts; queue blanche lavée en dessus de gris; pieds d'un rouge-vermillon; bec noir; iris rouge.

Dimens. L. t. 390 mm.; aile 240 mm.; queue 80 mm.; bec 69 mm.; tarse 128 mm.

Le noir de la nuque et la teinte rose de la poitrine disparaissent en hiver.

Habit. Trois individus de cette espèce, les seuls que nous ayons reçus d'Angola, nous viennent de la région littorale au sud de Mossamedes *(Rio Coroca)* par M. d'Anchieta. Il faut ajouter à ces individus un autre recueilli à *Calumbela* par Sala et cité par M. Sharpe dans une de ses listes d'oiseaux d'Angola. Au nord du Zaire, l'*H. autumnalis* se montre peut-être plus souvent, car il a été pris à *Landana* par MM. Lucan & Petit et à *Chinchonxo* par le Dr. Falkenstein. Andersson l'a observé dans le pays des Damaras, mais, d'après ce voyageur, il est plus abondant dans l'intérieur vers la région des lacs et le fleuve *Okavango.*

450. Machetes pugnax

Syn. *Tringa pugnax*, Linn., Syst. Nat. I, p. 247.
Philomachus pugnax, Hartl., Orn.West.-Afr., p. 236; Heugl., Orn. N.-O. Afr.,
    p. 1180; Gurney in Anderss. B. Damara, p. 304.
Machetes pugnax, Boc., Jorn. Acad. Sc. Lisboa, n.º XXI, 1867, p. 69; ibid.,
    n.º XII, 1877, p. 150.

Fig. *Dresser, Birds of Europe, parts* LXIX & LXX *pl.,* et *parts* LXXIII & LXXIV
pl.

Caract. Ad. en hiver. Brun-cendré en dessus, avec le centre des
plumes plus rembruni et les bords plus clairs; devant du cou et poitrine d'une
teinte plus pâle que le dos, les plumes plus largement bordées de grisâtre;
menton, abdomen et couvertures inférieures de la queue blancs. Bec brun-
foncé; pieds brun-jaunâtre; iris brun.

Dimens. L. t. 330 mm.; aile 185 mm.; queue 70 mm.; bec 37
mm.; tarse 51 mm.

Le mâle en été a la face couverte de papilles jaunes ou rougeatres. Sa
livrée de noces est très distincte et fort bien caractérisée par l'allongement et la
coloration variée, à teintes plus ou moins brillantes, des plumes des côtes de
la nuque et du devant du cou et de la poitrine; ces plumes forment deux sortes
d'oreillons relevés des deux côtés de la tête et une large fraise ou collerette
recouvrant le cou et la poitrine.

La femelle, plus petite que le mâle, ne porte point de collerette ni d'o-
reillons en été.

Habit. Tous nos individus d'Angola sont en plumage d'hiver. Ils ont
été recueillis par M. d'Anchieta en plusieurs endroits, tant de la côte que de l'intérieur: *Benguella, Mossamedes, Huilla* et *Quillengues.* Suivant notre hardi
voyageur, le *M. pugnax* se montrerait habituellement pendant l'hiver dans
cette dernière localité en bandes nombreuses. Chacun de nos deux individus
de Quillengues porte sur l'étiquette un nom indigène différent: *Cangombe* et
Quicobequelababa. Au nord de Benguella cette espèce n'a encore été observée,
ni dans la région du Quanza, ni sur la côte de Loango. Pendant la saison des
pluies elle est fort commune dans les pays des Damaras (Anderson).

451. Tringa subarquata

Syn. *Scolopax subarquata*, Güldenst., N. Comm. Petrop., xix, p. 671, tab. 18.
Tringa subarquata, Hartl., Orn. West.-Afr., p. 237; Boc., Jorn. Acad. Sc.
Lisboa, n.° II, 1867, p. 152; Finsch & Hartl., Vög. Ost.-Afr., p. 761;
Heugl., Orn. N. O.-Afr., p. 1193; Gurney in Anderss, B. Damara, p.
306; Sharpe & Bouvier, Bull. S. Z. France I, p. 313; Reichenow,. Journ.
f. Orn., 1877, p. 11.

Fig. *Dresser, Birds of Europe, parts* LVII & XLVIII, *pl.*

Caract. Ad. en hiver. En dessus d'un cendré-brunâtre, les plumes marquées d'un trait brun sur la tige et plus pâles sur les bords; front, sourcils, joues et sus-caudales blancs; en dessous de cette couleur, les côtés du cou et de la poitrine lavées de cendré et finement striés de brun; rémiges brunes d'une teinte plus pâle en dedans; queue cendrée, les bords des rectrices blanchâtres, les plus externes blanches en dedans. Bec, long et arqué, noirâtre; pieds brun-olivâtre; iris brun.

Dimens. L. t. 180 mm.; aile 123 mm.; queue 50 mm.; bec 40 mm.; tarse 28 mm.

L'adulte en été a un plumage bien différent, roux-marron, varié de noir, de roux-vif et de gris en dessus, légèrement marqué de petits traits bruns et écaillé de grisâtre en dessous; croupion cendré; sus-caudales blanches lavées de roussâtre avec de zig-zags bruns sur les bords; crissum et sous-caudales d'un roussâtre pâle, tachetées de brun.

Habit. Dans la côte de Loango cette espèce a été rencontrée à *Chinchonxo* (Falkenstein) et à *Banana* (Lucan et Petit). L'exemplaire unique recueilli jusqu'à présent en Angola nous a été envoyé par M. d'Anchieta de *Benguella*. Andersson l'a trouvée très abondante dans la baie de Walwich.

452. Tringa minuta

Syn. *Tringa minuta*, Leisl., Nachtr. Beebst. Nat. Deutsch. I, p. 74; Hartl., Orn. West-Afr., p. 238; Boc., Jorn. Acad. Sc. Lisboa, n.° II, 1867, p.
147; Finsch & Hartl., Vög. Ost-Afr., p. 764; Heugl., Orn. N. O.-Afr.,
p. 1189; Gurney in Anderss. B. Damara, p. 310; Sharpe & Bouvier, Bull.
S. Z. France I, p. 53; Reichenow, Jorn. f. Orn., 1877, p. 11.

Fig. *Dresser, Birds of Europe, part* VII. *pl.*

Caract. Ad. en hiver. Gris-brun en dessus, strié et tacheté de brun ; sus-caudales latérales blanches ; front, sourcils, gorge et parties inférieures blancs, les côtés de la poitrine nuancés de cendré ; rémiges brunes, les baguettes presque entièrement blanches ; rectrices médianes brunes, les autres blanches lavées de brun-cendré et liserées de blanc. Bec et pieds noirâtres ; iris brun.

Dimens. L. t. 140 mm.; aile 96 mm.; queue 40 mm.; bec 18 mm.; tarse 20 mm.

En été le plumage prend des teintes plus vives : les parties supérieures sont plus fortement tachetées de noir sur un fond roux ; sourcils, gorge et dessous du corps d'un blanc pur ; devant et côtés du cou gris-roussâtre, variés de petites taches brunes ; rectrices médianes noires bordées de roux, les autres cendrées avec un liseré blanc.

Habit. *Chinchonxo* (Petit et Falkenstein) ; *Benguella* (Anchieta).

La *T. minuta* se trouverait, d'après Andersson, assez répandue dans les pays des *Damaras* et des *Grands Namaquas*. Ce voyageur cite une troisième espèce, *T. canutus*, dont la présence dans le pays au nord du Cunene n'a pu encore être constatée.

453. Caladris arenaria

Syn. *Tringa arenaria*, Linn., Syst. Nat. i, p. 255.
Calidris arenaria, Hartl., Orn. West-Afr., p. 238 ; Monteiro, Proc. Z. S., Lond., 1865, p. 65 ; Finsch & Hartl., Vög. Ost.-Afr., p. 767 ; Heugl., Orn. N.-O. Afr., p. 1196 ; Gurney in Anderss. B. Damara, p. 311 ; Reichenow, Journ. f. Orn. 1877, p. 11.

Fig. *Dresser, Birds of Europe, parts* LIX & LX, *pls.*

Caract. Ad. en hiver. Parties supérieures d'un cendré pâle avec une strie brune au centre de chaque plume ; couvertures alaires brunes, les grandes couvertures bordées et terminées de blanc ; front, raie sourcilière, joues, gorge et parties inférieures d'un blanc pur ; rémiges brun-foncé sur les barbes externes et à l'extrémité, les barbes internes d'une teinte plus pâle tirant au grisâtre ; les baguettes des primaires blanches ; rectrices médianes brunes bordées de blanc, les autres d'un brun pâle sur les barbes externes et blanches en dedans. Bec et pieds noirâtres ; iris brun.

Dimens. L. t. 180 mm.; aile 124 mm.; queue 53 mm.; bec 26 mm.; tarse 25 mm.

Chez l'adulte en été, le fond du plumage est d'un roux vif sur la tête, le cou, la poitrine et le dos, avec le centre des plumes noir et les bords gris; l'abdomen et les sous-caudales d'un blanc pur.

Habit. Cette espèce visite, au moins en hiver, la côte de Loango et le littoral d'Angola, car le Dr. Falkenstein l'a recueillie à *Chinchonxo* et Monteiro à *Benguella*; mais ce sont les seules preuves authentiques qui existent de sa présence dans cette partie de l'Afrique. Au sud du Cunene, cependant, Andersson nous dit qu'elle est fort commune sur la côte dans le pays des Damaras, tandis que dans l'intérieur elle se montre en petit nombre. Tous les individus envoyés par Andersson, que M. Gurney a pu examiner, se trouvaient en plumage d'hiver, à l'exception d'un seul, capturé dans la baie de Walwich, qui commençait à prendre la livrée de nôces[1].

454. Gallinago major

Syn. *Scolopax major*, Gm., Syst. Nat. i, p. 661.
Gallinago major, Boc., Jorn. Acad. Sc. Lisboa, n.° ii, 1867, p. 148; Gurney in Anderss. B. Damara, p. 312; Gurney, Ibis, 1873, p. 283.

Fig. *Dresser, Birds of Europe, parts* LVI *&* LVII, *pl.*

Caract. Ad. Plumage varié de brun, de noir et de roux-fauve; deux larges bandes longitudinales noires sur la tête, séparées par un intervalle roux; le cou de cette couleur tacheté de brun; les parties inférieures rayées transversalement de brun sur un fond roux plus pâle, le milieu du ventre blanc sans taches; de chaque côté du dos, une bande longitudinale roux-fauve, formée par les bords des plumes de cette couleur; couvertures alaires brunes ou noirâtres, terminées de gris et de blanc, les grandes couvertures noires, barrées de roux clair et terminées de blanchâtre; les quatre rectrices médianes noires à la base, rousses rayées de noir à sa moitié terminale, les trois paires externes blanches marquées de quelques petites bandes noires sur la moitié basale des barbes externes, les autres d'un blanc lavé de roussâtre irrégulièrement rayées de noir. Sous-alaires et axillaires blanches rayées de noir. Bec rougeâtre, brun à la pointe; pieds cendré olivâtre.

Dimens. L. t. 270 mm.; aile 137 mm.; queue 62 mm.; bec 65 mm. tarse 38 mm.; doigt méd. s. l'ongle 36 mm.
La rectrice externe de 8 à 9 mm. de largueur.

Habit. Un seul individu, en mauvais état, envoyé en 1864 du *Duque*

[1] V. Gurney in Anderss., B. Damara, p. 302.

de Bragança par M. Bayão, nous a permis de comprendre cette espèce dans notre première liste d'oiseaux d'Angola, publiée en 1867. Cet individu reste encore unique par rapport non-seulement à Angola, mais aussi à l'Afrique tropicale, car la double Bécassine n'y a jamais été observée, ce nous semble, ni avant ni après l'intéressante capture de M. Bayão.

L'exemplaire du *Duque de Bragança* ressemble parfaitement aux individus d'Europe avec lesquels nous l'avons comparé; nous remarquons à peine que sa taille est peut-être un peu moins forte et ses teintes rousses d'un ton plus vif, tirant moins à l'ocracé. La coloration de la queue et la forme des rectrices latérales la séparent de la *G. scolopacina* et de la *G. nigripennis*.

D'après M. Gurney, un individu de cette espèce recueilli par Andersson à *Ondonga* faisait partie du dernier envoi de ce voyageur. C'est aussi le seul document connu de cette provenance authentique. La double Bécassine se montre plus régulièrement an Transvaal et surtout au Natal.

455. Gallinago nigripennis

Syn. *Gallinago nigripennis*, Bp., Icon. Fauna ital.; Finsch & Hartl., Vög. Ost-Afr., p. 769; Gurney in Anderss. B. Damara, p.
Gallinago angolensis, Boc., Jorn. Acad. Sc. Lisboa, n.° v, 1868, p. 49.
G. aequatorialis, Rüpp., Syst. Uebers., p. 123; Layard, B. S.-Afr., p. 333; Boc., Jorn. Acad. Sc. Lisboa, n.° viii, 1870, p. 351; ibid., n.° xiv, 1878, p. 279.
G. macrodactyla, Heugl., Orn. N.-O-Afr., p. 1205.
G. atripennis, Hartl., Orn. West.-Afr. p. 239.

Fig. *Reichenbach, Grallatores, pl.* CCCLV, *fig.* 2782-3.

Caract. Ad. Semblable à la *G. major*; d'une taille moins forte, mais le bec et les doigts proportionnellement plus longs; les trois paires externes de rectrices blanches, la plus extérieure sans taches et très étroite, les autres marquées de petites taches noires sur tout le bord externe; une bordure blanche bien nette sur le bord externe de la première rémige; sous-alaires, en partie, et plumes axillaires blanches sans raies.

Dimens. L. t. 322 mm.; aile 131 mm.; queue 60 mm.; bec 92 mm.; tarse 37 mm.; doigts méd. sans l'ongle 39 mm.

Habit. *Huilla* et *Caconda* (Anchieta).

Le premier individu envoyé d'Angola par M. d'Anchieta nous sembla suffisamment distinct de deux exemplaires de *G. nigripennis* de notre collection pour qu'il nous fût permis de le décrire sous un nom spécifique différent, *G. ango-lensis*[1]; sa taille un peu plus forte, la longueur considérable du bec et la coloration blanche uniforme des plumes axillaires et d'une partie des sous-alaires, tels étaient ses principaux caractères différentiels. Plus tard l'examen de deux autres individus, l'un provenant de *Huilla*, comme le premier, l'autre de *Caconda*, vint ébranler nos premières convictions. Nous avons pu constater chez eux que la taille varie et que le bec n'atteint pas toujours la longueur trouvée chez le premier individu. Il y a cependant un caractère différentiel qui reste debout, la couleur des sous-alaires (en partie) et des axillaires, ces plumes étant d'un blanc pur chez tous nos trois individus d'Angola, tandis qu'elles sont rayées très regulièrement de blanc et de noir chez nos deux individus de *G. nigripennis*, l'un d'Abyssinie, l'autre du Cap; mais se seul caractère nous semble insuffisant pour maintenir la distinction des deux espèces, parcequ'il est de ceux qui peuvent changer avec l'âge. Nos individus d'Angola sont des individus adultes, plutôt même des individus vieux; chez des individus plus jeunes nous trouverions peut-être les sous-alaires et les axillaires rayées de blanc et de noir. Ce raisonnement nous amène à rapporter provisoirement la *Becassine d'Angola* à la *G. nigripennis*.

456. Rhynchaea capensis

Syn. *Scolopax capensis*, Linn., Syst. Nat. I, p. 246.
Rhynchaea capensis, Hartl., Orn. West.-Afr., p. 239; Boc., Jorn. Acad. Sc. Lisboa, n.º II, 1867, pp. 148 et 153; ibid., n.º V, 1868, pp. 46 et 49; ibid., n.º XXI, 1877, p. 69; ibid., n.º XXII, 1878, p. 150; Finsch & Hartl., Vög. Ost. Afr., p. 774; Heugl., Orn. N.-O.-Afr., p. 1211; Gurney in Anderss. B. Damara, p. 313; Reichenow, Journ. f. Orn., 1877, p. 11.

Fig Shelley, *Birds of Egypt, pl.* XI.

Caract. Mâle ad. Tête et cou brun cendré, plus rembruni sur la tête; joues et gorge variées de blanc; une bande longitudinale au milieu du vertex et un anneau autour de l'œil, se prolongeant en arrière en une bande au dessus de la région temporale, d'un fauve-ocracé; dos cendré-brun, rayé et vermiculé de noir, marqué de grands taches noires et d'un bande longitudinale fauve-ocracé sur les scapulaires; ailes ornées de séries regulières de taches oblongues fauve-ocracé, cerclées de noir; rémiges cendrées, lineolées de noir et portant de grands taches fauves cerclées de noir sur les barbes externes; parties inférieures blanches légèrement teintes de fauve; sur le haut de la poitrine un espace noir, plus ou moins distinct, séparant le cendré du cou du blanc des parties inférieures. Bec rougeâtre plus rembruni sur la base; pieds gris-olivâtre; iris brun.

Dimens. L. t. 240 mm.; aile 140 mm.; queue 40 mm.; bec 50 mm.: tarse 45 mm.

La femelle adulte est bien distincte du mâle: le cou est chez elle d'un roux-marron uniforme; la cercle oculaire et le bande post-oculaire d'un blanc pur; le haut de la poitrine est marqué d'une bande transversale noire bien distincte, bordée d'une autre bande blanche qui remonte vers le dos; les ailes et le dos sont nuancés de vert-bronze et les couvertures alaires rayées de brun sans taches fauves.

Habit. La *Rh. capensis* se trouve assez répandue en Angola, tant sur le littoral qu'à l'intérieur. Welwitsch á été le premier à constater la présence de cette espèce sur le territoire traversé par le Quanza, qui a été le principal théâtre de ses recherches scientifiques; plus tard M. d'Anchieta nous a envoyé plusieurs individus recueillis à *Benguella*, à *Capangombe*, à *Huilla* et à *Quillengues*. Les exemplaires provenant de Huilla portent le nom indigène *Xiahula*.

Cet oiseau serait, d'après Andersson, très commun dans le pays des Damaras et se montrerait également, mais moins souvent, plus au sud dans le pays des *Grands-Namaquas*. Il visite aussi la côte de Loango, car Falkenstein en a rapporté des individus pris à *Chinchonxo*.

FAM. PARRIDAE

457. Parra africana

Syn. *Parra africana*. Gm., Syst. Nat. i, p. 709; Hartl., Orn. West.-Afr., p. 240; Monteiro, Proc. Z. S. London, 1865, p. 90; Boc., Jorn. Acad. Sc. Lisboa, n.° ii, 1867, p. 148; ibid., n.° xiii, 1872, p. 69; ibid., n.° xx, 1876, p. 255; Sharpe, Proc. Z. S. London, 1870, p. 150; Finsch & Hartl., Vög. Ost.-Afr., p. 781; Heugl., Orn. N.-O.-Afr., p. 1216; Gurney in Anderss. B. Damara, p. 328; Reichenow, Journ. f. Orn., 1877, p. 12.

Fig. *Reichenbach, Fulicariae*, tab. xci, fig. 1121.

Caract. Ad. Plumage d'un beau roux-cannelle, d'une teinte plus vive, rubigineuse, au croupion et sur les parties inférieures; nuque et dessus du cou d'un noir à reflets bleus d'acier; gorge et côtés du cou d'un blanc pur; bas du cou jaune d'or, séparé du roux de la poitrine par une ou deux bandes étroites noires, plus ou moins distinctes, souvent absentes; rémiges primaires noires; rectrices de la couleur du dos, plus rembrunies vers l'extrémité. Plaque frontale très étendue et bec bleuâtres, celui-ci couleur de corne à la pointe; pieds ardoisés; iris brun (Anchieta).

Dimens. ♂ L. t. 285 mm.; aile 150 mm.; queue 47 mm.; bec (de la plaque frontale à la pointe) 54 mm.; tarse 57 mm.; doigt méd. sans l'ongle 61 mm.

La femelle ressemble au mâle, mais elle est plus forte de taille; L. t. 325 mm.; aile 162 mm.; queue 58 mm.; bec 58 mm.; tarse 67 mm.; doigt méd. sans l'ongle 69 mm.

Chez le jeune les teintes sont plus pâles en dessus, brun-roussâtre sur la tête et le cou, roux-olivâtre pâle sur le dos et les ailes; en dessous d'un blanc sale, avec les flancs plus ou moins lavés de roussâtre et la poitrine nuancée de jaune; plaque rostrale et bec brunâtre; pieds brun-olivâtre; iris brun.

Habit. Très répandue sur la côte de Loango et le littoral d'Angola. La liste des localités où elle a été observée est déjà assez nombreuse: *Rio Quilo* (Anchieta); *Landana* et *Chinchonxo* (Lucan et Petit, Falkenstein); *Rio Dande* (Sala); *Benguella* (Monteiro); *Rio Coroca, Mossamedes* et *Humbe* (Anchieta).

Au sud du Cunène cette espèce devient rare sur la zone littorale, mais elle est assez abondante sur les régions de l'*Okavango* et du *Lac Ngami* (Andersson).

FAM. RALLIDAE

458. Rallus coerulescens

Syn. *Rallus coerulescens*, Lath., Ind. Orn. II, p. 758; Layard, B. S.-Afr., p. 337; Boc., Jorn. Acad. Sc. Lisboa, n.° II, 1867, p. 148; ibid., n.° XXIV, 1878, p. 279; Finsch & Hartl., Vög. Ost.-Afr., p. 777; Gurney in Anderss. B. Damara, p. 316; Reichenow, Mitth. Afrik. Gesellsch. I, 1880, p. 1.

Fig. *Reichenbach, Rallidae, pl.* CCCVI, *fig.* 2473-4.

Caract. Adulte. En dessus brun-marron vif; dessus de la tête tirant au noir; menton blanchâtre; joues, devant et côtés du cou et poitrine d'un cendré-bleuâtre; le reste des parties inférieures noires, traversées de raies étroites blanches, à l'exception des sous-caudales latérales d'un blanc pur; rémiges et rectrices d'un brun-marron plus foncé que le dos. Bec rougeâtre, plus rembruni sur le culmen et les bords des machoires; pieds d'un brun-ferrugineux; iris brun-roux.

Dimens. L. t. 260 mm.; aile 120 mm.; queue 40 mm.; bec 47 mm.; tarse 43 mm.

Habit. Nos individus sont originaires de l'intérieur d'Angola : du *Duque de Bragança*, par M. Bayão, de *Caconda*, par M. d'Anchieta. M. O. Schütt dans son récent voyage au pays du Quango l'a rencontré à *Malange*. Andersson le dit fort commun dans les parties centrale et septentrionale du pays des Damaras, et surtout à *Omanbondé*. Pas encore observé au nord du Zaire.

Le nom indigène inscrit sur les étiquettes de nos exemplaires varie suivant leurs provenances : *Cambonja* (Duque de Bragança) et *Xitenguetengue* (Caconda).

459. Ortygometra egregia

Syn. *Crex egregia*, Peters, Monatsb. Acad. Berlin., 1854, pag. 134.
Ortygometra fasciata, Heugl., Journ. f. Orn., 1863, p. 27.
Ortygometra angolensis, Hartl., Ibis., 1862, pag. 340; Monteiro, ibid., p. 335; Boc., Jorn. Acad. Sc. Lisboa, n.º II, 1867, p. 148; Sharpe, Proc. Z. S. London, 1870, p. 147.
Ortygometra egregia, Finsch & Hartl., Vög. Ost.-Afr., p. 778; Heugl., Orn, N. O.-Afr., pag. 1240; Boc., Jorn. Acad. Sc. Lisboa, n.º XXII, 1877, p. 150; Sharpe & Bouvier, Bull. S. Z. France III, p. 79.

Fig. *nulla*.

Caract. Tête et cou vert-olivâtre strié de noir ; plumes du dos, couvertures alaires et sus-caudales noires largement bordées de vert-olivâtre ; strie sourcilière et gorge blanches ; joues, côtés et devant du cou et poitrine cendré-bleuâtre ; abdomen, crissum et sous-caudales rayés de blanc et de noir ; rémiges brunes ; rectrices noirâtres bordées de vert-olivâtre ; sous-alaires brunes rayées de blanc. Cercle périophthalmique nu rouge-corail ; bec bleu-noirâtre avec le bout de la mandibule d'un brun-rougeâtre ; pieds brun-rouge pâle ; iris rouge de minium.

Dimens. L. t. 224 mm. ; aile 126 mm. ; queue 53 mm. ; bec 22 mm. ; tarse 39 mm.

Habit. Cette espèce se montre plus particulièrement au nord du Quanza. Un exemplaire recueilli sur les bords de ce fleuve nous a été envoyé par nos hardis voyageurs MM. Capello et Ivens pendant leur récent voyage d'exploration dans l'intérieur d'Angola. Nous l'avons reçue, dans le temps, du *Duque de Bragança* par M. Bayão. Dans une collection d'oiseaux du Congo, qui nous a été envoyée en communication par M. Bouvier, nous avons trouvé un individu de l'*O. egregia* pris à *Boma*, sur le bord droit du Zaire, par MM. Lucan et Petit.

Au sud du Quanza, Sala l'a rencontrée à *Calumbella* et M. d'Anchieta a pu se procurer deux individus à *Quillengues*.

Nos individus de cette dernière localité portent le nom indigène *Dombuela;* mais celui du Quanza porte un nom tout différent — *Munzoe.*

460. Ortygometra Bailloni

Syn. *Rallus Bailloni,* Vieill., N. Dict. H. N. xxviii, p. 548.
Ortygometra minuta, Layard, B. S.-Afr., p. 338.
Ortygometra pygmaea, Gurney in Anderss. B. Damara, p. 317; Heugl., Orn.
  N. O.-Afr., p. 1235.
Crex Bailloni, Chapm., Trav. in. S.-Afr., App., p. 431.

Fig. *Dresser, Birds of Europe, parts* lxv & lxvi, *pl.*

Caract. Ad. Parties supérieures d'un roux-olivâtre, strié de noir sur la tête et le cou, varié de noir et de blanc sur le dos et les ailes ; joues, côtés et devant du cou et abdomen cendré-bleu ; crissum et couvertures inférieures de la queue noirs, rayés de blanc ; rémiges brun-roussâtre, la première avec un liséré blanc bien distinct sur les barbes externes ; rectrices noirâtres, bordées de roux-olivâtre. Bec noirâtre, nuancé de vert à l'extrémité et à la base ; pieds d'un gris-rougeâtre ; iris rouge de brique.

Dimens. L. t. 170 mm. : aile 84 mm. ; queue 48 mm. ; bec 18 mm.; tarse 26 mm.

Habit. Un seul individu, un mâle adulte, envoyé en 1867 de *Rio Chimba* (Capangombe) par M. d'Anchieta nous permet d'ajouter cette espèce à la liste des oiseaux d'Angola. Elle ne figure pas dans le remarquable ouvrage de M. Hartlaub sur l'ornithologie de l'Afrique occidentale, ni dans un grand nombre de publications plus récentes sur la partie du continent africain qui nous intéresse plus particulièrement.

Au sud du parallèle du Cunene, Andersson l'a observée dans le pays des Damaras; mais c'est surtout dans l'intérieur, à proximité de lac *Ngami* et dans la vaste contrée arrosée par le *Cubango* que le voyageur suédois l'a rencontrée plus abondante.

461. Limnocorax niger

Syn. *Rallus niger*, Gm. Syst. Nat. I, p. 717.
Limnocorax flavirostris, Hartl., Orn. West.-Afr., p. 244; Monteiro, Proc. Z.
    S. London, 1865, p. 95; Boc., Jorn. Acad. Sc. Lisboa, n.° II, 1867, p.
    148; ibid., n.° v. 1868, p. 46.
Limnocorax niger, Boc., Jorn. Acad. Sc. Lisboa, n.° XIII, 1872, p. 70; ibid.,
    n.° XX, 1876, p. 256; Gurney in Anderss. B. Damara, p. 321; Sharpe &
    Bouv., Bull. S. Z. France I., pag. 314; Reichenow, Mitth. Afr. Gesellsch.
    p. 1.
Ortygometra nigra, Finsch & Hartl., Vög. Ost.-Afr., p. 421; Heugl., Orn. N.
    O.-Afr., p. 1237; Reichenow, Journ. f. Orn., 1877, p. 12.

Fig. *Swainson, B. West-Afr.* II, *pl.* 28.

Caract. Ad. Noir, nuancé de cendré-bleuâtre au cou et à la poitrine, de brun-olivâtre au dos et sur les ailes; rémiges brunes lisérées de gris
en déhors; rectrices noires. Bec jaune-verdâtre; pieds d'un rouge vif; iris
rouge.

Dimens. L. t. 225 mm.; aile 112 mm.; queue 48 mm.; bec 26
mm.; tarse 43 mm.

Nous possédons une belle suite d'individus de cette espèce, les uns à plumage noir nuancé de cendré-bleuâtre, sans aucun mélange de brun-olivâtre
sur le dos et les ailes (*L. senegalensis*, Peters), les autres avec le dos et les
ailes lavés de cette couleur *(L. capensis*, Peters). La teinte brun-olivâtre se
fait surtout remarquer chez ceux de nos individus qui ont été recueillis au
sud du *Quanza*.

Habit. Le *L. niger* se trouve assez répandu au nord et au sud du
Zaire, tant sur le littoral que dans l'intérieur. Des individus recueillis en plusieurs endroits de la côte de Loango, *Rio Quilo, Landana, Chinchonxo*, fai-
saient partie des collections envoyées en Europe par MM. d'Anchieta, Dr. Lucan et
Falkenstein. Welwitsch et Monteiro ont été les premiers à le découvrir en
Angola, Welwitsch dans le pays intermédiaire au Bengo et au Quanza, Monteiro
à *Benguella;* après eux, M. d'Anchieta nous a envoyé à plusieurs reprises des
exemplaires capturés à *Rio Coroca, Capangombe, Biballa, Quillengues* et
Humbe; dernièrement M. O. Schütt l'a observé à *Malange*.
D'après M. d'Anchieta, les indigènes de Biballa l'appelent *Kakulixixi* et
ceux du Humbe *Kakulicuanxi*.

31

462. Corethrura dimidiata

Syn. *Gallinula dimidiata*, Temm, in Smith, Ill. S.-Afr. Zool. Aves, pl. 20.
Crex ruficollis, Gray, Zool. Miscel., pag. 13.
Corethrura dimidiata, Layard, B. S.-Afr., p. 339; Boc., Jorn. Acad. Sc. Lisboa, n.º xxiv, 1878, p. 278.
Alecthelia dimidiata, Gurney in Anderss. B. Damara, p. 320.

Fig. *Smith, Ill. S.-Afr. Zool., Aves, pl. 20.*

Caract. Ad. Tête, cou et haut de la poitrine d'un roux-marron vif; le reste du plumage noir, varié de petits traits blancs; le milieu de l'abdomen tirant au blanchâtre; rémiges noirâtres; queue noire et marquée comme le dos de petites taches blanches. Bec brun légèrement rougeâtre; pieds couleur d'ardoise; iris brun (Anchieta).

Dimens. ♂ L. t. 166 mm.; aile 82 mm.; queue 55 mm.; bec 13 mm.; tarse 25 mm.; doigt méd. sans l'ongle 23 mm.
♀ L. t. 155 mm.; aile 75 mm.; queue 48 mm.; bec 12 mm.; tarse 23 mm.; doigt méd. sans l'ongle 22 mm.

Habit. Cette espèce, regardée jusqu'ici comme exclusive de l'Afrique australe, a été rencontrée par M. d'Anchieta à *Caconda* dans l'intérieur d'Angola. L'altitude considérable de cet endroit, 1679 m., lui permet d'y vivre dans de conditions climatologiques semblables à celles des localités plus méridionales où elle se trouve habituellement. Dans le pays des Damaras elle vit dans l'intérieur; Andersson l'a observée seulement à *Omanbondé*.

M. d'Anchieta nous dit qu'elle n'est pas commune à Caconda, et que les indigènes l'appèlent *Xilingue-tingue*, en imitation de son chant.

463. Gallinula chloropus

Syn. *Fulica chloropus*, Linn., Syst. Nat., 1, p. 258.
Gallinula chloropus, Hartl., Orn. West.-Afr., p. 244; id. Proc., Z. S. London 1865, p. 88; Boc., Jorn. Acad. Sc. Lisboa, n.º iv, 1867, p. 329; ibid., n.º xiii, 1872, p. 69: Finsch & Hartl., Vög. Ost.-Afr., p. 787: Heugl., Orn. N.-O.-Afr., p. 1224; Gurney in Anderss. B. Damara, p. 323.

Fig. *Dresser, Birds of Europe, parts* lxxv *§* lxxvi, *pl.*

Caract. Ad. Plumage d'un bleu-ardoisé noirâtre avec le dos et les

ailes d'un brun plus ou moins nuancé d'olivâtre; flancs variés de blanc; une
partie des sous-caudales noires, les autres blanches; tête et gorge tirant au
noir; rémiges brunes; rectrices noirâtres. Plaque frontale à contour arrondi,
rouge-vif; bec également rouge, mais à pointe jaune-vif; pieds d'un vert-jaunâtre; la portion dénudée de la jambe entourée en dessus d'un cercle rouge;
iris rouge.

Dimens. L. t. 330 mm.; aile 160 mm.; queue 70 mm.; bec 45
mm.; tarse 49 mm.; doigt méd. 69 mm.

D'après M. Hartlaub la *G. chloropus* d'Angola se ferait remarquer par
les teintes plus foncées, noirâtres, du dos, sans aucun mélange de brun-olivâtre[1]. C'était le cas de l'individu observé par M. Hartlaub et c'est aussi ce
qu'on observe chez un de nos individus; mais en général ils ressemblent parfaitement aux individus d'Europe.

Habit. La poule d'eau ordinaire n'est pas rare en Angola; elle
abonde surtout dans la région littorale de Benguella jusqu'à l'embouchure du
Cunène, mais elle visite aussi la côte au nord du Quanza et se montre dans
quelques endroits de l'intérieur. Quelques uns de nos exemplaires, envoyés
dans le temps par Toulson ou rapportés par Welwitsch, ne portent pas aucune
indication de leur provenance; mais ceux, en grand nombre, que nous
avons reçus de M. d'Anchieta ont été pris à *Rio Coroca*, à *Mossamedes* et à
Quillengues, dans l'intérieur. Au nord du Zaire, cette espèce n'a pas encore été observée sur la côte de *Loango;* il serait cependant fort prématuré
d'en conclure qu'elle n'y existe pas, car elle se trouve à *Bissau,* au *Sénégal*
et dans l'île de *Saint Thomé.* Andersson la déclare commune et assez répandue dans le pays des Damaras et dans les contrées voisines.

464. Gallinula angulata

Syn. *Gallinula angulata,* Sundev., Oefv. Vetensk. Acad. Förh., 1850, p.
110; Bor., Jorn. Acad. Sc. Lisboa, n.° vii, 1870, p. 351; ibid., n.° xvi,
1873, pp. 289 e 294; Gurney in Anderss. B. Damara, p. 321; Sharpe
& Bouvier, Bull. Z. S. France iii, p. 79.
Gallinula pumila, Sclater, Ibis, 1859, p. 249.

Fig. *Sclater, Ibis, 1859, pl. 7 (le jeune).*

Caract. ♂ Ad. Plumage bleu-ardoisé avec le dos et les ailes d'un
marron-olivâtre; poitrine et abdomen d'un cendré plus clair; les flancs variés

[1] V. Hartlaub. Proc. Z. S. London. 1865, p. 88.

de blanc; dessus de la tête, joues et menton tirant au noir ; les sous-caudales plus courtes noires, les autres blanches; sus-caudales et rectrices noirâtres; rémiges brunes, la première bordée en dehors de blanc. Sous-alaires cendrées, le rebord de l'aile blanc. Plaque frontale, formant sur le front un angle aigu, d'un rouge vif; bec de cette couleur sur le culmen, le reste jaune; pieds rouges; iris brun.

Dimens. L. t. 250 mm.; aile 135 mm.; queue 58 mm; bec (de l'extrémité de la plaque frontale à la pointe du bec)31 mm.; tarse 39 mm.; doigt méd. 60 mm.

Chez la femelle adulte les teintes sont plus pâles, gris-clair sur la face antérieure du cou et sur les parties inférieures, brun-olivâtre sur le dos; les couleurs de la plaque frontale et du bec comme chez le mâle adulte. Le jeune ressemble à la femelle, mais il a la plaque frontale et le bec bruns et les pieds brun-olivâtre. Ces caractères d'âge fournis par nos exemplaires sont d'accord avec les observations d'Andersson [1].

Habit. La *G. angulata* a été rencontrée sur la côte de *Loango* par MM. Lucan et Petit; un individu pris à *Landana* par ces naturalistes nous a été envoyé récemment en communication par M. Bouvier. Nous avons dans notre collection un individu d'Angola (localité indéterminée) par Toulson, et plusieurs du *Humbe* envoyés par M. d'Anchieta. Andersson fait mention de cette espèce comme se trouvant abondamment à *Ondonga*, dans le pays d'*Ovampo*.

465. Porphyrio smaragnotus

Syn. *Porphyrio smaragnotus*, Temm. Man. d'Orn. II, p. 700; Finsch & Hartl. Vög. Ost-Afr., p. 783; Heugl., Orn. N.-O.-Afr., p. 1230; Gurney in Anderss. B. Damara, p. 325.
Porphyrio madagascariensis, Boc., Jorn. Acad. Sc. Lisboa, n.° IV, 1867, p. 329.
Porphyrio erythropus, Layard, B. S.-Afr., p. 341.

Fig. *Buffon, Pl. Enl., pl.* 810.

Caract. Ad. Plumes du dos, scapulaires et rémiges tertiaires d'un vert-olivâtre, plus claires sur les bords; dessus de la tête, faces supérieure et latérales du cou, couvertures alaires et abdomen d'un bleu-violet; joues, face antérieure du cou et haut de la poitrine d'un bleu-clair tirant au verdâtre; rémiges noires avec les barbes externes lavées de bleu-violet; rectrices

[1] Gurney in Anderss. B. Damara, p. 322.

intermédiaires de la couleur du dos, les autres noires. Plaque frontale et bec rouge-vif; pieds d'un rouge plus pâle; iris rouge (Anchieta).

Dimens. L. t. 450 mm.; aile 250 mm.; queue 90 mm.; bec (de la plaque frontale à la pointe) 66 mm.; tarse 90 mm.; doigt méd. sans l'ongle 97 mm.

Habit. Le *P. smaragnotus* fréquente régulièrement la côte de Mossamedes; nos exemplaires assez nombreux nous viennent par M. d'Anchieta de *Mossamedes* et de *Rio Coroca*.

Nous ne connaisons pas d'observations anthentiques constatant sa présence au nord du parallèle de *Benguella*. Il se montre dans le pays des Damaras, mais c'est surtout dans la région des Lacs *(Lac Ngami* et ses affluents) que le voyageur Andersson le dit fort abondant.

Nos individus de Rio Coroca portent le nom indigène — *Kukulxixi*, le même dont les noirs de Biballa se servent pour désigner le *L. niger*.

466. Porphyrio Alleni

Syn. *Gallinula Alleni*, Thomps., Ann. & Mag. N. H. x, 1842, p. 204.
Gallinula mutabilis, Sund., Oefv. Vetensk. Akad. Forh., 1850, p. 132.
Caesarornis Alleni, Boc., Jorn. Acad. Sc. Lisboa, n.º ii, 1867, p. 148.
Porphyrio Alleni, Hartl., Orn. West.-Afr., p. 243; Finsch & Hartl., Vög. Ost.-
    Afr., p. 785; Heugl., Orn. N. O.-Afr., p. 1229; Gurney in Anderss. B.
    Damara, p. 327; Boc., Jorn. Acad. Sc. Lisboa, n.º xvi, 1873, p. 294;
    ibid., n.º xvii, 1874, p. 45; Journ. f. Orn., 1877, p. 12.

Fig. *Gray & Mitch., Genera of Birds, pl.* 162.

Caract. Ad. Parties supérieures d'un brun-olivâtre nuancé de vert; cou et poitrine bleu-violet; tête, ventre et cuisses d'un noir profond; sous-caudales blanches, les plus courtes noires; rémiges noirâtres avec les barbes externes vert-olivâtre; rectrices médianes de la couleur du dos, les autres noires bordées de vert-olivâtre. Bec rouge; plaque frontale noirâtre; pieds rouge-brique; iris rouge-foncé (Dr. Lucan).

Dimens. L. t. 280 mm.; aile 160 mm.; queue 64 mm.; bec (de la plaque frontale à la pointe) 40 mm.; tarse 55 mm.; doigt méd. sans l'ongle 57 mm.

Le jeune (*G. mutabilis*, Sundev.) a le dessus de la tête et du cou d'un brun-roussâtre; les plumes des ailes et du dos olivâtres, bordées de roux; la face antérieure du cou et les parties inférieures d'un blanc sale, lavé de roussâtre à la gorge et au ventre; le bec et les pieds, à ce qu'il paraît, d'un brun clair.

Habit. Les individus du *P. Alleni* de notre collection sont originaires de la côte de Loango et du Humbe. On doit à M. d'Anchieta la découverte de cette espèce à *Loango;* plus tard notre zélé naturaliste l'a trouvée aussi au *Humbe*, où elle se trouve assez répandue dans les rivières et les marécages. Elle figure aussi parmi les oiseaux rapportés de *Chinchonxo* par le Dr. Falkenstein, et nous possédons un individu adulte recueilli à *Landana* par MM. Lucan et Petit, qui nous a été envoyé en communication par M. Bouvier.

M. d'Anchieta nous parle dans une de ces lettres de la singulière habitude qu'aurait cet oiseau de chanter pendant qu'il se trouve plongé dans l'eau, ayant à peine la tête et le cou à découvert. Les habitants du *Humbe* l'appèlent *Canbonja-anganga.*

A juger d'après les notes d'Andersson le *P. Alleni* doit être rare dans le pays des Damaras.

467. Fulica cristata

Syn. *Fulica cristata,* Gm., Syst. Nat. I, p. 704; Layard, B. S.-Afr., p. 343; Chapm. Trav. in. S.-Afr. App., p. 421; Gurney in Anderss. B. Damara, p. 327.
Lupha cristata, Boc., Jorn. Acad. Sc. Lisboa, n.º IV, 1867, p. 329.

Fig. *Dresser, Birds of Europe, parts* LXXIII *&* LXXIV, *pl.*

Caract. Ad. Plumage d'un noir bleuâtre. Plaque rostrale jaunâtre surmontée de deux caroncules rouges; bec blanchâtre; pieds noirs; iris rouge-sombre.
Dimens. L. t. 440 mm.; aile 215 mm.; queue 60 mm.; bec (de la plaque frontale à la pointe) 55 mm.; tarse 65 mm.; doigt méd. sans l'ongle 85 mm.

Habit. La *F. cristata* visite le littoral d'Angola; elle se trouve surtout au sud de Benguella. Nos individus nous viennent de *Mossamedes* et de *Rio Coroca* par M. d'Anchieta.
Kitudi est son nom indigène à Rio Coroca.

Commune dans les pays des Damaras et des grands Namaquas; plus abondante dans la région des Lacs (Andersson).

FAM. HELIORNITHIDAE

468. Podica senegalensis

Syn. *Heliornis senegalensis*, Vieill. N. Dict. H. N. xiv, p. 277.
Podica senegalensis, Hartl., Orn. West-Afr., p. 249; Sharpe & Bouvier, Bull.
S. Z. France i, p. 314 ; Reichenow, Journ. f. Orn., 1877, p. 12.
Podoa josephina, Bp. Consp. Av. ii, p. 182.

Fig. *Gray & Mitch., Genera of Birds, pl.* 172 (*la femelle*).

Caract. Femelle ad. Plumage en dessus roux-marron, nuancé de
vert olivâtre, avec quelques reflets verts sur la tête, la face supérieure du
cou et le haut du dos ; de grandes taches blanc-isabelle, bordées de noir, sur
les plumes du manteau ; parties inférieures blanches, nuancées de fauve au bas
du cou et à la poitrine ; côtés de la poitrine, flancs, crissum, sous-caudales et
cuisses barrés de roux-marron et de blanc ; une strie sourcilière blanche se
prolongeant sur les côtés du cou, séparée du blanc de cette région par une
bande brunâtre pointillée de brun ; rémiges et rectrices brun-marron, celles-ci
glacées de gris en dessus. Bec rougeâtre, plus rembruni sur l'arête ; pied,
rose foncé ; iris marron (Lucan et Petit).

Dimens. L. t. 425 mm. ; aile 178 mm. ; queue 130 mm. ; bec 40
mm. ; tarse 35 mm. ; doigt méd. 51 mm.

Le mâle nous est inconnu, mais d'après M. Hartlaub il serait plus grand
que la femelle et facile à distinguer d'elle par quelques particularités de coloration : ainsi la gorge serait chez lui, au lieu de blanche, d'un bleu d'acier ;
les taches du manteau blanches, irrégulières et plus nombreuses ; la partie
inférieure du cou et le haut de la poitrine d'un fauve plus accentué.

Habit. Des individus de cette espèce ont été recueillis récemment
dans plusieurs endroits de la côte de Loango, *Landana*, *Chinchonxo*, *rio Loemma*, par MM. Lucan, Petit et Falkenstein. Une femelle de *Landana*, que nous
devons à l'obligeance de M. Bouvier, nous a fourni les caractères de notre diagnose. Cet individu ressemble parfaitement à un autre du Sénégal, de sexe
indéterminé, qui existe depuis long-temps au Muséum de Lisbonne.

469. Podica Petersi

Syn. *Podica Petersi*, Hartl., Beitr. Orn. West-Afr., pp. 62 et 68; id., Orn.
West-Afr., p. 250 (note); Finsch & Hartl., Vög. Ost-Afr., p. 790; Gur-
ney in Anderss. B. Damara, p. 345 (note); Sharpe & Bouvier, Bull. S. Z.
France III, p. 80.
Podica mossambicana, Layard, B. S.-Afr., p. 375.

Fig. *n u a.*

Caract. Mâle ad. Parties supérieures brun-marron foncé; dessus de
la tête et cou noirs à reflets verts de bronze; haut du dos et scapulaires nuancés de cette même couleur et marqués de quelques petites taches linéaires
fauves; joues, gorge et faces antérieure et latérales du cou d'un cendré-bleuâtre; une raie longitudinale blanche variée de noir, sépare, à partir de l'oeil
et sur toute la longueur du cou, le noir du cendré; poitrine d'un brun-noirâtre irrégulièrement barrée et variée de blanc; flancs, crissum et couvertures
inférieures de la queue traversés de bandes blanches sur un fond brun-marron, plus rembruni sur les flancs; milieu de l'abdomen blanc avec quelques
taches et raies d'un brun pâle; rémiges de la couleur du dos; rectrices tirant
au noirâtre avec les baguettes marron et terminées de blanc. Bec rouge, rembruni sur le culmen; pieds rouge-orangé.

Dimens. L. t. 500 mm.; aile 220 mm.; queue 170 mm.; bec 47
mm.; tarse 44 mm.; doigt méd. 62 mm.

Habit. Un seul individu, un mâle adulte dont nous avons donné ci-
dessus une courte description, a été pris en juillet 1877 à *Insonné* (rio Chiloango) par MM. Lucan et Petit. Cet individu fait maintenant partie de nos collections.
Cette espèce n'a jamais été observée en Angola.
M. Gurney cite un individu, un mâle en plumage de nôces, rencontré dans la
dernière collection d'oiseaux envoyée par Andersson de Damara, mais comme
ce voyageur n'en a fait aucune mention dans ses notes, le savant ornithologiste
anglais hésite à comprendre la *Podica Petersi* dans la liste des oiseaux de
cette partie de l'Afrique. [1]

---

[1] V. Gurney in Anderss. B. Damara, p. 345 (note).

ORDO VIII ODONTOGLOSSAE

FAM. PHOENICOPTERIDAE

470. Phoenicopterus erythraeus

Syn. *Phoenicopterus erythraeus*, Verr. Rev. et Mag. H. N., 1855, p. 221;
Hartl., Orn. West-Afr., pag. 245; Anderss, Ibis, 1865, p. 64; Gray,
Ibis, 1869, p. 439; Boc., Jorn. Acad. Sc. Lisboa, n.° xii, 1871, p.
277; Finsch & Hartl., Vög. Ost-Afr., p. 795; Gurney in Anderss. B. Damara, p. 331.

Fig. *Gray, Ibis*, 1869, *pl.* xiv, *fig.* 6 (la tête).

Caract. Ad. en hiver. Blanc lavé de rose; ailes et queue d'une
teinte rose plus vive; rémiges primaires d'un noir profond; sous-alaires de la
couleur du dessus des ailes. Plumes du front avançant en pointe obtuse sur la
base du bec: espace nu au-devant de l'oeil et bec rouge-pâle, l'extrémité de
celui-ci noire; iris jaune.

Dimens. L. t. 1:000 à 1:100 mm.; aile 380 mm.; queue 130 mm.;
bec 138 mm.; tarse 265 mm.; doigt méd. 80 mm.

Habit. M. d'Anchieta nous envoya en 1871 un individu de cette espèce tué à *Mossamedes*; un autre individu provenant d'Angola, mais sans aucune indication précise de localité, faisait partie d'une collection d'oiseaux que
M. Furtado d'Antas a offert au Muséum de Lisbonne. Le *Phoenicopterus erythraeus* se trouve au nord et au sud de nos possessions, au *Gabon* et au pays
des *Damaras*. Au sud du Cunène il est très commun en plusieurs endroits de
la côte jusqu'à l'embouchure du fleuve Orange, et se trouve encore à l'intérieur dans la région des Lacs (Andersson).

471. Phoenicopterus minor

Syn. *Phoenicopterus minor*, Is. Geoffr. Saint Hilaire, Bull. Soc. Philom., II,
p. 97 ; Hartl., Orn. West-Afr., p. 246 ; Anderss., Ibis, 1865, p. 65 ;
Gray, Ibis, 1869, p. 442 ; Boc., Jorn. Acad. Sc. Lisboa, n.º XII, 1871,
p. 277 ; Finsch & Hartl., Vög. Ost-Afr., p. 798 ; Heugl., Orn. N. O.-Afr.,
p. 1272 ; Gurney in Anderss. B. Damara, p. 333.

Fig. *Temminck*, *Pl. Col.*, *pl.* 419.
Gray, Ibis, 1869, *pl.* xv, *fig.* 8 (la tête).

Caract. Ad. en hiver. Plus petit et d'une teinte rose plus intense
que le *Phoenicopterus erythraeus* ; couvertures alaires d'un rose-carminé vif
avec des bordures blanches ; rémiges noires. Espace nu au-devant de l'oeil
brun-rouge pourpre ; le bec de cette même couleur à la base, ensuite rouge,
noir à la pointe ; pieds d'un rose intense ; iris jaune.

Dimens. L. t. 850 mm. ; aile 350 mm. ; queue 110 mm. ; bec 128
mm. ; tarse 212 mm. ; doigt méd. 75 mm.

Habit. Nos individus de cette espèce sont originaires de *Mossamedes ;* M. de Anchieta nous en envoya cinq en 1871. Notre zélé naturaliste a été
le premier à constater l'existence des deux espèces de *Phoenicopterus* dans la
région littorale d'Angola.

Le *Phoenicopterus minor* est, comparativement à l'autre espèce, rare
sur la côte du pays des Damaras ; il est plus commun dans le voisinage du
lac Ngami (Andersson).

ORDO IX ANSERES

FAM. ANATIDAE

472. Plectropterus gambensis

Syn. *Plectropterus gambensis*, Layard, B. of S.-Afr., p. 346; Boc., Jorn.
Acad. Sc. Lisboa, n.° ii, 1867, p. 148; ibid., n.° xii, 1871, p. 277; ibid.,
n.° xiv, 1873, p. 198; ibid., n.° xvi, 1879, p. 289; ibid., n.° xix, 1876,
p. 153; Gurney in Anderss. B. Damara, p. 334.
Anser gambensis, Chapm., Trav. in S.-Afr., App., p. 422.
Plectropterus gambiensis, (part.) Heugl., Orn. N. O.-Afr., p. 1275.

Fig. *Sclater, Proc. Z. S. London*, 1859, *pl.* cliii, *fig.* 2.

Caract. Mâle ad. Parties supérieures noires à reflets métalliques
verts et pourprés; le cou d'une teinte plus rembrunie; haut et côtés de la
poitrine et flancs noirs; côtés de la tête, gorge, petites et moyennes couvertures des ailes, milieu de la poitrine, abdomen, sous-caudales et cuisses d'un
blanc pur; rémiges et rectrices noires lustrées de vert et de pourpre. Front,
espace de la base du bec à l'oeil et joues recouverts d'une peau nue d'un
rouge-violet; bec rouge-violet avec l'onglet blanc; pieds jaune-sâle marbrés
de rouge; iris brun (Anchieta).

Dimens. L. t. 1:010 mm.; aile 54 mm.; queue 230 mm.; bec 92
mm; tarse 115 mm.; doigt méd. 125 mm.

Les caractères de notre diagnose sont ceux que nous présentent plusieurs
mâles adultes envoyés par M. d'Anchieta de *Huilla* et du *Humbe*. Nous constatons à peine entre eux de très légères différences, qui consistent dans la con-

vexité plus ou moins prononcée du front, sans jamais constituer une tubérosité bien distincte, dans l'étendue plus ou moins considérable de l'espace nu
des joues, toujours en rapport avec la forme plus ou moins bombée du front,
dans l'existence chez quelques uns, chez ceux apparemment plus agés, d'un
petit espace nu, de forme irregulière, sur les côtés du cou.

Les femelles reçues des mêmes localités d'Angola sont d'une taille moins
forte que les mâles, mais leurs couleurs sont les mêmes à une exception près :
chez une femelle du *Humbe*, il n'y a pas l'espace blanc sur les côtés de la
tête et la gorge, formant une espèce de collerette qui termine en pointe, ces
parties sont d'un brun-noir terne, comme le cou, avec quelques mouchetures
blanches. La dénudation des joues est moins complète que chez les mâles. Les
individus jeunes de l'un et de l'autre sexe ont non-seulement les joues, mais
aussi le front, entièrement couverts de plumes. La dénudation de ces parties
s'opère successivement à mesure que l'oiseau avance en âge.

L'absence d'un tubercule ou protubérance conique au front et l'ensemble
des caractères dont nous avons donné le résumé rapprochent certainement nos
individus d'Angola du *P. gambensis,* tel qu'il se trouve représenté par
M. Sclater dans les Proceedings de la Société Zoologique de Londres, 1869, pl.
CLIII, fig. 2 ; il y a à peine à signaler comme différence d'une certaine valeur
chez nos individus d'Angola la supériorité de leur taille, car ils égalent et dépassent même en dimensions les individus de l'Afrique orientale *(P. Rüppelli),*
qui existent dans nos collections.

Les ornithologistes ne se trouvent pas d'accord quant au nombre d'espèces du genre *Plectropterus :* pour quelques uns, parmi lesquels il faut compter
Heuglin et Schlegel, il n'y a qu'une seule espèce à laquelle appartient par droit
de priorité le nom de *P. gambensis ;* pour M. Sclater et pour quelques autres
ornithologistes à sa suite, trois espèces distinctes par leurs caractères se font
également remarquer par leurs différents habitats ; *P. gambensis* de l'Afrique
occidentale et australe, *P. Rüppelli* de l'Afrique orientale et *P. niger* du Zanzibar. [1] Sans vouloir nous prononcer sur cette difficile question, nous désirons
à peine soumettre à la considération de ceux qui s'occupent de l'ornithologie
africaine les résultats de nos observations, qui ne nous semblent pas absolument denués d'intérêt.

La représentation la plus authentique du *P. Rüppelli* est sans doute la
figure publiée par Ruppell dans ses *Ornithol. Miscellen., Mus. Senkerb,* III,
tab. I. Nous avons au Muséum de Lisbonne un individu, dont nous ignorons la
provenance, qui ressemble exactement au type de Ruppell ; tous les détails
de coloration, la nudité très étendue sur le cou, la grande tubérosité conique
à la base du bec, tout s'y trouve. Un autre individu du *Soudan,* provenant du
voyage de Heuglin, ressemble assez exactement au premier sous le rapport

---

[1] V. Sclater, Proc. Z. S. London, 1859, p. 131, pl. CLIII, ibid., 1860, p. 38 ; ibid., 1877,
p. 47, pl. VII.

des couleurs, mais celui-ci n'a pas de protuberance bien marquée au front, et son cou est revêtu de plumes sauf sur un petit espace irrégulier nu de chaque côté. Ces individus appartiennent à la même forme typique ; mais l'un est évidemment un vieux mâle, tandis que l'autre doit être une femelle adulte ou plutôt un mâle moins vieux, car il a les mêmes dimensions.

Á côté de ces individus se trouvent dans nos galéries trois autres un peu plus forts de taille et ayant le dessous du corps noir sur une plus grande étendue, le haut de la poitrine, les flancs et les cuisses (en partie) étant de cette couleur. Chez un de ces individus, dont nous ignorons l'origine et le sexe, le front est nu et convexe, mais sans tubérosité apparente, et des espaces nus irreguliers existent sur les côtés du cou ; les deux autres, originaires de l'Afrique centrale [1] et désignés comme mâles, portent une grande tubérosité conique et papilleuse au front et un espace nu irrégulier d'un seul côté du cou. A ces trois individus s'applique assez bien la figure du *P. niger*, publiée par M. Sclater, sauf l'existence de la tubérosité frontale et les espaces nus au cou, que le savant Secrétaire de la société zoologique de Londres n'a pas rencontrés chez les individus soumis à son examen. L'individu sans tubérosité frontale a une taille aussi forte, que les autres ; ses dimensions permettent de le considérer comme mâle et adulte, mais moins âgé que les autres.

Enfin, nous avons encore devant nous deux individus, mâle et femelle, reçus en 1865 de *Bissau* (Afrique occidentale), et gardés vivants pendant quelque temps dans notre petite *Ménagerie*. Ces individus ont été le sujet d'une courte notice publiée en 1869 par M. J. A. de Sousa, qui les a considérés comme devant constituer une espèce nouvelle *(P. Sclateri)*[2].

Ceux-ci sont les plus petits de notre collection. Le mâle ressemble à la fig. 2 de la pl. CLIII des *Proc. Z. S. L.* 1859, dans laquelle M. Sclater a fait figurer son *P. Rüppelli* d'après un individu vivant de l'Afrique orientale ; il porte comme celui-ci une tubérosité au front, quoique moins développée ; ses joues sont également nues et d'une belle teinte bleu-clair ; de chaque côté du cou il existe une nudité de forme irrégulière, d'un rouge de sang. La femelle, d'une taille encore plus petite que le mâle, en diffère aussi par plusieurs particularités : elle ne porte pas de tubérosité au front, qui est entièrement revêtu de plumes, ni de nudités au cou ; ses joues sont également couvertes de plumes ; l'espace blanc qui se trouve chez le mâle sur les côtés de le tête et la gorge n'y existe point, toutes ces parties étant d'un brun-noir avec quelques mouchetures blanches. Elle ressemble extrêmement, sauf la taille, à une de nos femelles d'Angola et à l'individu du Soudan.

Le tableau suivant, dans lequel nous avons réuni les dimensions princi-

[1] Ces individus ont été rapportés par le voyageur italien Piaggia du pays du roi M'Teza, au nord du *lac Tanganika*. Nous devons à la bienveillance de M. Bouvier d'avoir pu les examiner.

[2] V. Sousa, Jorn. Acad. Sc. Lisboa, n.° VI, 1869, p. 157.

pales de ceux de nos individus qu'il importait surtout de comparer, rendra plus facile leur comparaison, sous ce rapport :

	Aile	Queue	Tarse	Bec
a. ♂ ad. Humbe (P. gambensis?).......	540 mm.	230 mm.	115 mm.	92 mm.
b. ♀ ad. Humbe (P. gambensis?).......	480 mm.	200 mm.	100 mm.	84 mm.
c. ♀ jeune, Humbe (P. gambensis?).....	470 mm.	190 mm.	90 mm.	80 mm.
d. ♂ vieux, Patrie ? (P. Rüppelli)	500 mm.	210 mm.	96 mm.	90 mm.
e. ad. Soudan (P. Rüppelli)	490 mm.	210 mm.	95 mm.	90 mm.
f. ♂ vieux, Afr. centr. (P. niger ?)	520 mm.	220 mm.	105 mm.	90 mm.
g. ad. Patrie? (P. niger?).............	530 mm.	220 mm.	108 mm.	91 mm.
h. ♂ vieux, Bissau (P. Sclateri)........	470 mm.	200 mm.	80 mm.	75 mm.
i. ♀ ad. Bissau (P. Sclateri)...........	450 mm.	180 mm.	73 mm.	70 mm.

Ce tableau montre qu'à l'exception des individus de *Bissau*, sensiblement plus petits, ceux des autres provenances ont à peu près la même taille.

Quant aux autres particularités dont on prétend se servir pour l'établissement d'espèces distinctes, elles ne nous semblent pas avoir toute la valeur qu'on a bien voulu leur attribuer.

Les couleurs du plumage varient dans de certaines limites ; mais ces variations se présentent indifféremment chez des individus qu'on aurait du regarder, d'après leur origine, comme appartenant à des espèces différentes ; ainsi nous constatons l'absence de blanc sur les côtés de la tête et à la gorge chez une femelle de *Bissau*, chez une autre femelle du *Humbe*, chez l'individu du *Soudan*, et chez les deux individus de l'Afrique centrale qui ressemblent au *P. niger*, Sclater. Nous remarquons aussi que l'extension plus ou moins grande de la couleur noire sur la poitrine, les flancs et les cuisses est un fait purement individuel. Ces différences de coloration, qui ne semblent pas même soumises à l'influence du sexe ni de l'âge, ne peuvent être employées comme caractères spécifiques.

Les joues et le front se présentent tantôt revêtus de plumes, tantôt nus dans une étendue plus ou moins grande, mais ces différences gardent un rapport constant avec l'âge et semblent aussi dépendre du sexe : les jeunes ont ces parties entièrement couvertes de plumes ; les femelles et mâles adultes les présentent plus ou moins dégarnies ; chez les vieux mâles la dénudation atteint son maximum.

Des espaces irréguliers nus, d'une étendue variable, se font remarquer au cou de quelques individus. Chez le mâle adulte de *Bissau*, il y en a deux, un de chaque côté, confluents sur la ligne médiane ; un vieux mâle, dont nous ignorons l'origine, a la gorge et une partie de la face antérieure et des côtés du cou entièrement dégarnies de plumes ; un individu du Soudan présente un espace nu de chaque côté du cou ; chez deux mâles du Humbe, et chez deux individus, également mâles, de l'Afrique centrale, l'espace nu se montre à peine sur l'un des côtés du cou. Ce caractère nous semble essentiellement dépendant du sexe et de l'âge des individus, et pour cela même incapable de servir à leur différentiation spécifique.

Il nous reste encore à considérer la présence ou l'absence d'une tubérosité sur le front. Ce caractère semble au premier abord d'une plus grande valeur, et il le serait en effet s'il était prouvé qu'il est bien certainement un caractère spécifique et non pas un caractère, comme ceux dont nous venons de parler, dépendant du sexe et de l'âge, et se présentant indifféremment chez les vieux mâles de toute provenance. Ce qu'il reste pour nous bien avéré c'est que les vieux mâles de l'Afrique orientale (*P. Rüppelli*), ceux de l'Afrique centrale (*P. niger*), ceux enfin de *Bissau* (*P. Sclateri*) portent une tubérosité ou protubérance conique sur le front. Tous nos individus d'Angola en sont privés, et il nous est impossible de trouver la moindre allusion a ce caractère dans les publications que nous avons pu consulter sur l'ornithologie de l'Afrique australe, où l'on parle de *Plectropterus* qui habite cette région.

Les individus de l'Afrique occidentale, s'ils ressemblent à nos individus de *Bissau*, appartiennent certainement à une race géographique ou à une espèce distincte par sa taille plus petite; mais il faudrait éliminer de la liste de ses caractères différentiels l'absence de protubérance frontale, car ce caractère se rencontre chez les vieux mâles de cette espèce. Le nom de *P. gambensis* doit leur être conservé.

Le *P. niger*, Sclater, serait à peine distinct du *P. Rüppelli* par quelques détails de coloration. L'infériorité de taille par rapport à celui-ci n'existe pas chez nos individus de l'Afrique centrale, et l'absence de protubérance frontale est encore un caractère à supprimer, car elle se montre bien développée chez ces mêmes individus. Il en reste donc pour tous caractères différentiels la teinte noirâtre des côtés de la tête et de la gorge, et l'espace plus grand occupé par le noir sur la poitrine et les flancs; mais ces caractères de coloration se trouvent à peu près au même degré chez un individu du *Soudan* et chez un de nos individus d'Angola.

Les individus d'Angola ressemblent tellement au *P. Rüppelli* qu'il serait impossible de les séparer si on ne les comparait à des vieux mâles de cette dernière espèce. Ceux-ci ont une grosse protubérance au front, qui n'a jamais été remarquée, à ce qu'il semble, chez les mâles adultes de l'Afrique méridionale. Ce qu'il y a donc de mieux à faire dans l'état actuel de nos connaissances, c'est de maintenir provisoirement nos individus d'Angola et ceux d'Afrique méridionale séparés de tous les autres sous un nom spécial.

Nous avons conservé à nos individus d'Angola le nom de *P. gambensis* sous lequel ont été généralement désignés les individus observés en diverses localités de l'Afrique méridionale. Nous avons suivi l'usage, tout en reconnaissant que, s'ils étaient considérés distincts du *P. Rüppelli*, il faudrait les placer sous un nom nouveau, car celui de *gambensis* nous semble appartenir exclusivement à ceux de l'Afrique occidentale, identiques selon toute probabilité à nos individus de *Bissau*.

Habit. Tous nos individus d'Angola nous viennent de trois endroits au sud du Quanza, *Benguella*, *Huilla* et *Humbe*. Le nom indigène *Janda* se trouve écrit de la main de M. d'Anchieta sur les étiquettes des exemplaires du Humbe ; les colons portugais l'appellent *Pato-ferrão* à cause de l'éperon qu'il porte au pli de l'aile.

Andersson cite le *P. gambensis* comme n'étant pas rare dans l'intérieur du pays qu'il a parcouru, dans le voisinage du lac Ngami et de la rivière Okavango. Les dimensions d'un mâle et d'une femelle que nous a laissées dans ses notes le voyageur suédois sont parfaitement d'accord avec celles de nos individus adultes du *Humbe*.

473. Sarcidiornis africana

Syn. *Sarkidiornis africana*, Eyton, Monogr. Anat., p. 103 ; Hartl., Orn.
     West-Afr., p. 246 ; Layard, B. S.-Afr., p. 347.
Sarcidiornis africana, Boc., Jorn. Acad. Sc. Lisboa, n.º XII, 1871, pag. 278 ;
     n.º XIV, 1873, p. 199 ; ibid., n.º XVI, 1873, pp. 289 et 294 ; Sclater,
     Proc. Z. S. Lond., 1876, p. 695 ; Trimen, Proc. Z. S. Lond., 1877, p. 683.
Sarcidiornis melanotus, Finsch & Hartl., Vög. Ost.-Afr., p. 799 ; Boc., Jorn.
     Acad. Sc. Lisboa, n.º XX, 1876, p. 256.
Sarkidiornis melanotus, Gurney in Anderss. B. Damara, p. 335.

Fig. *Nulla.*

Caract. Mâle ad. En dessus d'un noir brillant à reflets métalliques verts, bleus et violacés ; tête, cou et parties inférieures d'un blanc pur, les flancs lavés de cendré ; dessus de la tête et cou variés de petites taches d'un noir-violacé ; sur la face dorsale du cou des plumes crépues de cette couleur formant une bande de la nuque au dos ; rémiges et rectrices noirâtres. Sous-alaires noires, en partie bordées de blanc. Bec et pieds noirs ; une caroncule adipeuse de cette couleur sur le bec ; iris brun.

Dimens. L. t. 680 mm. ; aile 370 mm. ; queue 150 mm. ; bec 55 mm. ; tarse 60 mm.
La femelle est plus petite que le mâle et ne porte pas de caroncule sur le bec ; ses couleurs sont moins brillantes. L. t. 670 mm. ; aile 290 mm. ; queue 130 mm. ; bec 50 mm. ; tarse 49 mm.
Le jeune est d'un brun-noirâtre sur le dos sans reflets métalliques ; le

blanc des parties inférieures est nuancé de fauve, les flancs d'un cendré pâle avec des raies et des marbrures brunes, les sous-alaires brunes.

Habit. Cette espèce se trouve assez répandue dans l'intérieur d'Angola au sud du Quanza. M. d'Anchieta l'a observée à *Caconda, Huilla, Gambos* et *Humbe.* Une belle suite de quinze exemplaires pris dans des localités différentes nous permet de faire une idée exacte des caractères de l'espèce. Pas un seul de ces individus ne présente pas le plus léger vestige de jaune aux couvertures inférieures de la queue, et l'absence de ce caractère nous semble favorable à la séparation de *S. africana* de l'espèce asiatique avec laquelle elle est généralement confondue. Nous ne pensons pas que la couleur blanche des sous-caudales chez tous nos individus puisse être le résultat de la décoloration de ces parties, car tous ou presque tous ces exemplaires nous sont parvenus à peine quelques semaines après leur capture ; dans un si court espace de temps des peaux non exposées à l'action de la lumière n'auraient pu subir aucune altération sensible dans leurs couleurs.

Dans quelques localités, la *S. africana* est assez commune pour qu'elle ait pu recevoir des habitants un nom particulier : ainsi on l'appele *Violo* à Caconda et *Eculo* au Humbe.

Au sud du Cunene, elle est commune dans le pays des Damaras et des Grands Namaquas pendant la saison des pluies ; mais à l'intérieur, vers le lac Ngami et le fleuve Okavango, on la rencontre en toute saison (Andersson).

474. Chenalopex aegyptiacus

Syn. *Anas ægyptiaca*, Linn., Syst. Nat. I, p. 197.
Chenalopex ægyptiacus, Layard, B. S.–Afr., p. 347 ; Boc., Jorn. Acad. Sc. Lisboa n.º IV, 1867, p. 329 ; ibid., n.º XIV, 1873, p. 198 ; ibid., n.º XVI, 1873, pp. 289 et 294 ; ibid., n.º XVII, 1874, p. 45 ; Finsch & Hartl., Vög. Ost.-Afr., p. 803 ; Heugl., Orn. N.–O.–Afr., p. 1285 ; Gurney in Anderss. B. Damara, p. 335.

Fig. *Buffon, Pl. Enl., pl.* 379.
Reichenbach, Lamellirostres, tab. LIX, *fig.* 236-7.

Caract. Mâle ad. Parties supérieures rayées en zig-zag de brun sur un fond roux-cendré clair ; les scapulaires roux-cendré avec des raies moins distinctes, lavées de roux-marron sur les barbes externes ; croupion, sus-caudales et queue d'un noir lustré de vert ; couvertures alaires d'un blanc pur, les grandes couvertures traversées d'une bande étroite noire près de leurs extrémités : rémiges primaires noires, secondaires d'un vert-doré en dehors, celles plus rapprochées du corps roux-cendré avec les barbes externes roux-marron ; vertex, joues et gorge blanches ; bande frontale, tour des yeux et une petite bande de la base du bec à l'œil roux-marron ; dessus du cou teint

32

de cette même couleur et un collier également roux-marron à la base du cou ; parties inférieures d'un blanc-grisâtre finement rayées de brun ; milieu de la poitrine et du ventre d'une teinte blanchâtre ; une large tache marron sur la poitrine ; sous-caudales teintes de roux. Sous alaires brun-noir, axillaires blanches. Bec rougeâtre, plus rembruni vers la base, sur les bords et sur l'onglet ; pieds couleur de chair avec quelques marbrures livides ; iris jaune (Anchieta).

Dimens. L. t. 680 mm:; aile 410 mm.; queue 140 mm.; bec 46 mm.; tarse 80 mm.

La femelle ressemble au mâle, mais elle est plus petite. Chez nos jeunes individus il n'y a pas de collier roux au cou ni de tache marron à la poitrine.

Habit. Nos individus d'Angola ont été recueillis par M. d'Anchieta à *Rio Coroca,* sur la région littorale au sud de Mossamedes, et au *Humbe,* sur la rive droite du Cunene. D'après Andersson le *C. ægyptiacus* serait la plus commune de toutes les espèces d'Oies dans les pays des Damaras et des Grands Namaquas ; il s'y trouverait pendant toute l'année, soit par couples, soit par petites bandes.

475. Nettapus auritus

Syn. *Anas aurita,* Bodd.
Nettapus madagascariensis, Hartl., Orn. West-Afr., p. 247; Layard, B. S.-Afr., p. 348.
Nettapus auritus, Boc., Jorn. Acad. Sc. Lisboa, n.° XII, 1871, p. 278; ibid., n.° XVII, 1874, p. 45 ; Finsch & Hartl. Vög. Ost.-Afr., p. 804 ; Gurney in Anderss. B. Damara, p. 336.

Fig. *Buffon. Pl. Enl., pl.* 770.

Caract. Mâle ad. Front et côté de la tête, devant du cou et une bande longitudinale sur l'aile d'un blanc pur ; occiput, ligne médiane du cou, dos et ailes d'un noir à reflets bleus d'acier et verts ; une grande tache vert-tendre bordée de noir de chaque côté du cou ; haut de la poitrine et flancs roux ; le reste des parties inférieures blanches, à l'exception du crissum et des sous-caudales d'un brun-noir ; rémiges et rectrices noires ; bec jaune avec l'onglet brun, d'une teinte livide sur les bords de la machoire ; pieds noirs ; iris brun (Anchieta).

Dimens. L. t. 310 mm.; aile 152 mm.; queue 75 mm.; bec 27 mm.; tarse 27 mm.
Les femelles et les jeunes ne portent pas de chaque côté du cou la tache vert-tendre cerclée de noir.

Habit. Cette petite espèce, bien remarquable par ses caractères, se trouve répandue sur la côte occidentale d'Afrique de la Sénégambie au Gabon; mais elle n'a pas été observée jusqu'à présent sur la côte de Loango, et nous devons à M. d'Anchieta les seuls individus que aient été recueillis en Angola, un mâle tué à *Huilla* et une femelle envoyée du *Humbe*. Au sud du Cunene c'est seulement aux abords du Lac Ngami qu'elle a été aperçue par Andersson; là elle ne serait pas rare.

476. Dendrocygna viduata

Syn. *Anas viduata*, Linn., Syst. Nat. I, p. 205.
Dendrocygna viduata, Hartl., Orn. West-Afr., p. 247; Boc., Jorn. Acad. Sc. Lisboa, n.º XIII, 1872, p. 69; ibid., n.º XVI, 1873, pp. 290 et 294; ibid., n.º XVII, 1874, p. 46; ibid., n.º XXII, 1877, p. 150; Finsch & Hartl., Vög. Ost.-Afr., p. 806; Heugl., Orn. N.-O.-Afr., p. 1298; Gurney in Anderss. B. Damara, p. 338; Reichenow, Jorn. f. Orn., 1877, p. 11.

Fig. *Buffon, Pl. Enl. pl. 808.*

Caract. Mâle ad. Vertex, joues, gorge et une grande tache à la face inférieure du cou d'un blanc pur; occiput et cou noirs; partie inférieure du cou, haut du dos et de la poitrine roux-cannelle foncé; manteau noirâtre avec les bords des plumes fauves; croupion et sus-caudales noires; petites couvertures de l'aile roux-marron, les autres noires lustrées de vert-bronze; milieu de l'abdomen, crissum et sous-caudales noires, les flancs rayés de noir et de blanc-fauve; rémiges, rectrices et sous-alaires noires. Bec noir; pieds couleur d'ardoise; iris noirâtre.

Dimens. L. t. 470 mm.; aile 236 mm.; queue 74 mm.; bec 48 mm.; tarse 52 mm.
La femelle a une taille moins forte. Chez le jeune les couleurs sont plus ternes; il n'a pas de noir au cou ni à l'abdomen; le dessus de la tête et du cou est d'un brun-foncé; la tête et le devant du cou d'un blanc-roussâtre.

Habit. Cette espèce a été observée par M. d'Anchieta dans un seul endroit du littoral, *Rio Coroca*, au sud de Mossamedes, et dans deux localités de l'intérieur, *Quillengues* et *Humbe*. Au nord du Zaire le Dr. Falkenstein l'a recueillie à *Chinchonxo*. Andersson ne l'a jamais vue dans les pays des Damaras et des Grands Namaquas, mais il l'a rencontrée par bandes considérables dans la région des Lacs.
Les indigènes de Quillengues l'appèlent *Imbanteque*. M. d'Anchieta nous écrit que ce canard se nourrit de poissons, d'insectes aquatiques et de végétaux.

477. Dendrocygna fulva

Syn. *Anas fulva*, Gm., Syst. Nat. I, p. 530.
Dendrocygno fulva, Finsch & Hartl., Vög. Ost. Afr., p. 808 (note); Heugl., Orn.
　　N.-O.-Afr., p. 1301.

Fig. *Baird, Birds Amer.*, *pl.* 63, *fig.* 1.

Caract. Adulte. En dessus noirâtre avec les plumes du dos et les
scapulaires largement bordées de roux; les sus-caudales latérales blanches;
petites couvertures alaires terminées de roux-marron, les autres noirâtres;
dessus de la tête roux-brun; une bande longitudinale noire de la nuque à la
base du cou; côtés de la tête et du cou et parties inférieures fauves, à l'exception de la gorge, du crissum et des sous-caudales qui sont d'un blanc plus ou
moins pur; un demi-collier blanc strié de brun sur le cou à sa face inférieure;
les plumes des flancs marquées au milieu d'une large strie blanchâtre bordée
de brun; rémiges et rectrices brun-noirâtre. Sous-alaires d'un noir fuligineux.
Bec et pieds noirs.

Dimens. L. t. 460 mm.; aile 220 mm.; queue 60 mm.; bec 50 mm.;
tarse 52 mm.

Habit. Nous devons à l'obligeance de M. Bouvier un individu de
cette espèce, de sexe indéterminé, recueilli à Landana par le Dr. Lucan. C'est,
si nous ne nous trompons pas, le premier échantillon authentique de cette espèce américaine recueilli sur la côte occidentale d'Afrique. Dans la partie orientale du continent africain et à Madagascar on avait déjà signalé à plusieurs reprises le présence de la *D. major*, de l'Inde, assez difficile de séparer par de
caractères suffisamment distincts de la *D. fulva*. L'individu de la côte de
Loango ressemble parfaitement à ceux de l'Amérique qui existent au Muséum
de Lisbonne.

478. Anas xanthorhyncha

Syn. *Anas xanthorhyncha*, Forst., Descr. Anim., p. 45, n.° 51; Schleg., Mus.
　　Pays-Bas, Anseres, p. 43; Heugl., Orn. N.-O.-Afr., p. 1316; Gurney in
　　Anderss. B. Damara, p. 342.
Anas flavirostris, Layard, B. S.-Afr., p. 352.; Boc., Jorn. Acad. Sc. Lisboa,
　　n.° v, 1868, p. 50; ibid., n.° viii, 1870, p. 351.

Fig. *Smith, Ill. S.-Afr, Zool., Aves pl.* 96.

Caract. Mâle ad. Plumage brun; tête et cou finement striés de
blanc; plumes du dos et des ailes bordées de blanc et de gris; en dessous blanc,

avec le centre des plumes brun; un grand miroir sur l'aile à reflets vert-doré, bordé en avant et en arrière par une bande étroite noire suivie d'une autre bande blanche; rémiges et rectrices brunes, celles-ci lisérées de gris. Bec jaune-vif avec une grande tache en dessus et l'onglet noirs; iris brun.

Dimens. L. t. 530 mm.; aile 230 mm; queue 105 mm.; bec 53 mm.; tarse 37 mm.

La femelle est plus petite que le mâle.

Habit. Nos exemplaires de cette espèce ont été recueillis à *Huilla* et à *Caconda*, dans l'intérieur d'Angola, par M. d'Anchieta. Au sud du Cunene c'est aussi dans l'intérieur, près du Lac Ngami, qu'elle a été rencontrée par Andersson. Dans la colonie du Cap elle serait, suivant M. Layard, la plus commune de toutes les espèces de canards qui s'y trouvent.

479. Poecilonetta erythrorhyncha

Syn. *Anas erythrorhyncha*, Gm., Syst. Nat. i, p. 517; Layard B. S.-Afr., p. 351; Finsch & Hartl., Vög. Ost-Afr. p. 808.
Poecillonetta erythrorhyncha, Boc., Jorn. Acad. Sc. Lisboa, n.° iv, 1867, p. 329; ibid., n.° xii, 1871, p. 277; ibid., n.° xiii, 1872, p. 70; Gurney in Anderss. B. Damara, p. 339.
Querquedula erythrorhyncha, Heugl. Orn. N.-O.-Afr., p. 1325.

Fig. *Smith, Ill. S.-Afr. Zool., Aves, pl.* 104.

Caract. Mâle ad. Dessus de la tête brun-foncé, joues et gorge blanchâtres; cou brun-clair tacheté de brun; plumes du manteau brunes bordées d'isabelle; bas du dos, sus-caudales et ailes brun-foncé avec quelques reflets vert-bronze; un étroit miroir sur l'aile noir à reflets verts peu sensibles, limité en avant et en arrière par un espace couleur de saumon: en dessous blanchâtre avec le centre des plumes brun clair; rémiges et rectrices brunes. Bec rouge, noirâtre en dessus et sur l'onglet, la mandibule livide; pieds rougeâtres; iris brun.

Dimens. L. t. 440 mm.; aile 210 mm.; queue 80 mm.; bec 44 mm.; tarse 33 mm.

La femelle ressemble au mâle: elle est à peine un peu plus petite.

Habit. Commune sur le littoral de *Mossamedes* et à *Rio Coroca;* nous en avons reçu plusieurs individus des deux sexes par M. d'Anchieta. Elle est aussi très abondante au sud du Cunene dans les pays des Damaras et des

Grands Namaquas (Andersson), mais ne semble pas se répandre au nord du parallèle du Benguella.

Nos individus de *Rio Coroca* portent sur leurs étiquettes l'indication du nom indigène *Deleca* que les naturels emploient indifféremment pour la *Spatula capensis* et les autres espèces de canards.

480. Querquedula capensis

Syn. *Anas capensis*, Gm., Syst. Nat. i, p. 527.
Mareca capensis, Layard, B. S.-Afr., p. 351; Gurney in Anderss. B. Damara, p. 339.
Anas larvata, Cuv., Mus. Par. Lesson, Tr. d'Orn., p. 634;
Anas assimilis, Schleg., Mus. Pays-Bas, Anseres, p. 59.
Querquedula larvata, Boc., Jorn. Acad. Sc. Lisboa, n.º xii, 1871, p. 278; ibid. n.º xiii, 1872, p. 70.

Fig. *Nulla.*

Caract. Mâle ad. Tête et cou variés de petites taches brunes sur un fond gris-blanc nuancé de roussâtre; gorge blanche; manteau brun, avec les bords des plumes d'un roux-clair; plumes du croupion et couvertures supérieures de la queue brunes bordées de fauve; ailes brun-noirâtre à reflets bronzés avec un large miroir noir lustré de vert-doré à sa partie centrale et bordé de blanc en avant et en arrière; poitrine et parties inférieures marquées de bandes brunes incomplètes et nuancées par places de roux-ocracé; rémiges et rectrices brunes. Bec rouge avec un espace noir à la base de la machoire recouvrant les narines et contournant le front des deux côtés; pieds rougeâtres, les palmures d'une teinte plus foncée et les ongles noirs; iris jaune-orangé (Anchieta).

Dimens. L. t. 460 mm.; aile 215 mm.; queue 72 mm.; bec 45 mm; tarse 40 mm.

La femelle ressemble au mâle.

Habit. Cette espèce a été observée par M. d'Anchieta aux mêmes endroits que la précédente, sur la côte de *Mossamedes* et à *Rio Coroca*. Au sud du Cunene elle devient plus rare sur le littoral (Andersson).

481. Querquedula hottentota

Syn. *Querquedula hottentota*, Smith, Ill. S. Afr. Zool. Aves, pl. 105; Layard, B. S.-Afr., p. 353; Boc., Jorn. Acad. Sc. Lisboa, n.º iv, 1867,
p. 329; ibid., n.º xiii, 1872, p. 70.
Nettion hottentota, Gurney in Anderss. B. Damara, p. 340.

Fig. *Smith, Ill. S.-Afr. Zool., Aves, pl.* 105.

Caract. Mâle ad. Plumage brun-foncé en dessus, les plumes du
manteau bordées de roux pâle; bas du dos, croupion et ailes d'un brun plus
foncé et lustré de vert-sombre; un miroir sur l'aile vert, limité en arrière
par une bande étroite noire suivie d'une autre blanche; joues et une bande
étroite qui se prolonge en arrière jusqu'à la nuque d'un blanc fauve; rémiges
et rectrices brunes; parties inférieures fauves, variées de taches brunes sur
le cou et la poitrine, plus distinctement barrées de brun sur l'abdomen. Bec
d'un cendré bleuâtre marbré de noir; pieds brun-rougeâtre; iris brun.

Dimens. L. t. 335 mm.; aile 150 mm.; queue 70 mm.; bec 39 mm.
tarse 28 mm.

La femelle ressemble au mâle; ses couleurs sont plus ternes.

Habit. *Mossamedes* et *Rio Coroca* (Anchieta). Abondante dans ces
parages. Rare dans le pays des Damaras et des Grands Namaquas; plus répandue à l'intérieur, à Omanbondé et dans la région des Lacs (Andersson). On ne
l'a jamais observée au nord du Quanza.

482. Querquedula Hartlaubi

Syn. *Querquedula Hartlaubi*, Cassin, Proc. Acad. N. Sc. Philadelphia, 1858,
p. 175; Sharpe & Bouvier, Bull. S. Z. France i, p. 314; Oustalet, Ois. de
l'Ogôoué, N. Arch. Mus. Paris, 1879, p. 120.
Anas cuprea, Schleg., Mus. Pays-Bas, Anseres, p. 62.
Querquedula cyanoptera, Hartl., Orn. West-Afr., p. 248.

Fig. *Oustalet, Nouv. Arch. Mus. Paris, 1879, pl.* 6.

Caract. Mâle ad. Plumage roux-marron, d'une teinte plus foncée
à la tête et au cou; une grande tache gris-bleu aux ailes, pas de miroir distinct; rémiges noirâtres, queue brune. Bec noir, traversé près de l'onglet
d'une bande gris-bleu; pieds noirâtres; iris jaune-vert (L. Petit).

Dimens. L. t. 450 mm.; aile 250 mm.; queue 70 mm.; bec 50 mm.; tarse 48 mm.

Habit. Deux individus, mâle et femelle, ont été capturés en 1876 à *Chissambo* (côte de Loango) par M. L. Petit.

Cette espèce est tres commune au Gabon. Elle n'a jamais été observée au sud du Zaire.

483. Spatula capensis

Syn. *Rhyncaspis capensis*, Smith., Ill. S.-Afr. Zool, Aves, pl. 98; Layard, B. S.-Afr., p. 354; Boc., Jorn. Acad. Sc. Lisboa, n.° iv, 1867, p. 330; ibid., n.° xiii, 1872, p. 70.
Spatula capensis, Gurney in Anderss. B. Damara, p. 341.

Fig. *Smith, Ill. S.-Afr. Zool, Aves, pl. 98.*

Caract. Mâle ad. Plumage brun-foncé écaillé de fauve; plumes du dessus de la tête noirâtres avec les bords fauves; côtés de la tête et cou fauves finement striés du brun; bas du dos et croupion brun-noir avec quelques reflets verts; couvertures des ailes gris-bleu pâle, les grandes couvertures, en partie, terminées de blanc; un grand miroir à reflets vert-doré; rémiges et rectrices brunes, celles-ci bordées de fauve. Bec noirâtre; pieds jaunes.

Dimens. L. t. 530; aile 250 mm; queue 100 mm.; bec 65 mm.; tare 38 mm.

Chez la femelle les couleurs sont moins vives. Le jeune a les couvertures alaires de la couleur des plumes du dos et manque de miroir aux ailes.

Habit. C'est seulement à *Rio Coroca* que M. d'Anchieta a pu obtenir trois individus de cette espèce, qui se trouvent au Muséum de Lisbonne. La *Spatula Capensis* et la plupart des *Anatidae* observées en Angola sont propres à l'Afrique australe; elles semblent s'arrêter dans leur dispersion à cette partie du pays située au sud du Quanza.

484. Aythia capensis

Syn. *Anas capensis*, Cuv.

Nyroca brunnea, Layard, B. S.-Afr., p. 355; Boc., Jorn. Acad. Sc. Lisboa,
n.° xii, 1871, p. 278; ibid., n.° xiii, 1872, p. 70.

Aythia capensis, Gurney in Anderss., B. Damara, p. 342; Boc., Jorn. Acad. Sc.
Lisboa, n.° xvi, 1873, p. 290.

Fig. *Eyton, Mon. Anatidae, pl. p.* 61 *(mâle et fem.)*

Caract. Mâle ad. Plumage brun, tirant au noir sur le vertex, le dessus du cou, la face inférieure du cou et la poitrine; côtés de la tête et du cou
d'un marron-rubigineux; manteau finement pointillé de roux; ailes noirâtres
lustrées de vert, marquées d'une tache blanche; en dessous d'un brun plus
foncé que le dos avec quelques bandes incomplètes roux-marron sur l'abdomen; les flancs roux-marron; rémiges et rectrices brunes. Bec et pieds couleur
de plomb; l'onglet du bec noirâtre; iris rouge.

Dimens. L. t. 410 mm.; aile 225 mm.; queue 70 mm.; bec 48
mm.; tarse 32 mm.

Les teintes de la femelle sont plus pâles. Elle est plus nuancée de roux
en dessous; les côtés de la tête et du cou présentent sur un fond brun-noirâtre
deux bandes blanches, l'une en forme de croissant adossée à la base du bec;
l'autre commençant derrière l'œil et contournant le côté du cou pour se réunir
sur la gorge à celle du côté opposé; pas de tache blanche apparente aux ailes.
Le jeune ressemble à la femelle.

Habit. *Mossamedes, Rio Coroca* et *Humbe* (Anchieta).

Cette espèce visite le pays des Damaras sans y être commune; elle est
abondante à *Ondonga*, dans l'intérieur, pendant la saison des pluies (Andersson).

485. Thalassornis leuconota

Syn. *Clangula leuconota*, Smith, Ill. S. Afr. Zool., Aves, pl. 107.

Thalassornis leuconota, Layard, B. S.-Afr., p. 356; Boc., Jorn. Acad. Sc.
Lisboa, n.° xiii, 1872, p. 70; Finsch & Hartl., Vög. Ost.-Afr., p. 810,
Gurney in Anderss., B. Damara, p. 343; Reichenow, Journ. f. Orn., 1877,
p. 11.

Erismatura leuconota, Monteiro, Proc. L. S. London, 1865, p. 89.

Fig. *Smith, Ill. S.-Afr. Zool., Aves, pl.* 107.

Caract. Mâle ad. Tête et dessus du cou variés de brun et de fauve; une tache oblongue fauve sur les joues près de la base du bec; gorge

noire; côtés et devant du cou roux-fauve; bas du cou, poitrine et manteau rayés de brun-noir et de fauve; bas du dos et croupion d'un blanc pur; parties inférieures rousses, d'une teinte uniforme au milieu du ventre, plus ou moins distinctement barrées de brun sur les flancs et aux sous-caudales; couvertures alaires brun-foncé bordées de roux; rémiges et rectrices brunes. Bec brun noirâtre, varié de jaune sur les bords; pieds noirâtres; iris brun.

Dimens. L. t. 390 mm.; aile 180 mm.: queue 65 mm.; bec 44 mm.; tarse 40 mm.

La femelle est plus petite.

Habit. *Benguella* (Monteiro), *Rio Coroca* (Anchieta). Depuis 1872 nous n'avons pu rencontrer cette espèce dans aucun des nombreux envois de M. d'Anchieta. Le dr. Falkenstein l'a rencontrée á la côte de Loango. Andersson dit qu'elle est comparativement rare dans les pays des Damaras et des Grands Namaquas.

ORDO X GAVIAE

FAM. LARIDAE

486. Larus phaeocephalus

Syn. *Larus poiocephalus*, Sw., Birds W.-Afr., ii, p. 245, pl. 29; Layard, B.
S.-Afr., p. 368; Boc., Jorn. Acad. Sc. Lisboa, n.º xvi, 1833, p. 293;
ibid., n.º xx, 1876, p. 256.
Larus phaeocephalus, Hartl., Orn. West.-Afr., p. 252; Finsch & Hartl., Vög.
Ost.-Afr., p. 825; Saunders, Proc. Z. S. Lond., 1878, p. 204.
Cirrhocephalus poiocephalus, Gurney in Anderss, B. Damara, p. 358.

Fig. *Swainson, Birds W.-Afr.* ii, *pl.* 29.
Reichenbach, Longipennes, pl. xxiv, *fig.* 838.

Caract. Ad. en été. Blanc; capuchon cephalique et manteau d'un
gris-bleu pâle; rémiges noires, la première et la seconde marquées d'une tache blanche près de l'extrémité, les trois suivantes avec un grand espace
blanc, de plus en plus étendu, à la base des barbes internes; bec et pieds
d'un rouge-orangé.

Dimens. L. t. 430 mm.; aile 320 mm.; queue 125 mm.; bec 40
mm.; tarse 49 mm; doigt méd. 43 mm.

Chez deux femelles en plumage de transition, les couvertures alaires
sont en partie d'un brun-pâle et la tête est blanche à peine nuancée de brun-
clair autour des yeux et sur la nuque.

Habit. Nos exemplaires, un mâle adulte en été et deux femelles en
plumage imparfait, nous ont été envoyées du *Humbe* par M. d'Anchieta.
Le *L. phaeocephalus* n'a été observé jusqu'à présent dans aucune autre
localité d'Angola. Il se trouve, d'après Andersson, à *Walwich Bay*, où il serait
cependant rare, et plus abondant aux abords du *Lac Ngami*.
Trois autres individus du genre *Larus* recueillis en Angola se trouvent
au Muséum de Lisbonne; mais malheureusement ils portent la livrée de jeunes,

ce qui rend leur détermination très difficile. Un de ces individus rapporté par Welwitsch de son voyage d'exploration botanique, sensiblement plus petit que les autres, nous semble appartenir au *L. fuscus;* ses dimensions, ses couleurs et, surtout, les dimensions du bec et les proportions des doigts par rapport au tarse favorisent une telle détermination, que la comparaison directe à des individus du *L. fuscus* vient encore confirmer.

Les deux autres individus, l'un tué dans le port de *Loanda*, l'autre à *Port Alexandre* au sud de *Mossamedes*, ressemblent aux jeunes du *L. argentatus* et du *L. leucophaeus*, et ont été d'abord rapportés par nous à la première de ces espèces; mais la forme et les dimensions du bec, plus fort que chez ces deux espèces, rendent plus probable leur assimillation au *L. vetula*, Bruch, que M. Saunders considère identique au *L. dominicanus* Licht[1]. Celui-ci serait, d'après Andersson, fort commun sur la côte sudouest d'Afrique depuis le Cap de Bonne Espérance jusqu'à Walwich Bay, d'où l'on peut conclure qu'il doit se montrer aussi plus ou moins fréquemment sur la côte d'Angola, tandis que *L. argentatus* et *L. leucophaeus* n'ont jamais été observés sur la côte occidentale d'Afrique au sud de l'équateur.

487. Stercorarius crepidatus

Syn. *Larus crepidatus*, Banks in Hankesw. Voy. II, p. 15.
Stercorarius parasiticus, Auct. nec Linn.; Gurney in Anderss. B. Damara, p. 357.
Lestris cephus, Hartl., Orn. West.-Afr., p. 253.
Stercorarius spinicauda, Layard, B. S.-Afr., p. 366.

Fig. *Werner, Atlas Orn. d'Europe* II, pl.
Dresser, Birds of Europe, parts LV & LVI, *pl.*

Caract. Imparf. ad. Plumage brun; gorge et côtés du cou variés de blanc-cendré; les plumes du dos, les scapulaires et les couvertures alaires bordées de roux et de cendré; en dessous d'un brun-fuligineux presque uniforme sur la poitrine et la partie antérieure du ventre, plus distinctement rayé de blanc roussâtre et de brun sur le crissum et les couvertures inférieures de la queue; rémiges et rectrices brunes avec la base et les tiges blanches; les deux rectrices intermédiaires pointues, dépassant les autres de 35 millimètres. Bec couleur de plomb, noir à la pointe; pieds bleu-noirs; iris brunnoirâtre.

Dimens. L. t. 370 mm.; aile 300 mm.; queue 110 mm.; rect. méd. 145 mm.; tarse 35 mm.; doigt méd. s. o. 35 mm.

[1] V. Saunders, Proc. Z. S. Lond., 1878, p. 180.

Notre individu d'Angola ressemble parfaitement à des individus du même âge de notre collection capturés à l'embouchure du Tage et dans la baie de Cascaes.

Le plumage définitif de l'adulte en diffère beaucoup: la gorge, le devant du cou et les parties inférieures sont d'un blanc plus ou moins pur, avec les flancs lavés de brun et les sous-caudales brun-foncé; les côtés du cou teints de jaune d'ocre; les deux rectrices médianes plus longues et plus pointues.

Habit. *Mossamedes.* M d'Anchieta y a recueilli en 1867 l'individu unique de notre collection, un jeune mâle dont nous donnons ci-dessus la description.

Suivant Andersson, ce Stercoraire ne serait point rare en plusieurs endroits de la côte sudouest d'Afrique et particulièrement à *Walwich Bay.*

488. Sterna maxima

Syn. *Sterna maxima*, Bodd., Tabl. des Pl. Enl., p. 58; Saunders, Proc. Z. S. London, 1876, p. 655; Reichenow, Journ. f. Orn., 1877, p. 11.
Sterna galericulata, Licht., Cat. Doubl. Mus. Berlin, p. 81; Hartl., Orn. West.-Afr., p. 254; Layard, B. S.-Afr., p. 371; Boc., Jorn. Acad. Sc. Lisboa, n.° II, 1867, p. 149.
Sterna Bergii, Hartl., Orn. West.-Afr., p. 254; Irby, Orn. Straits of Gibraltar, p. 209.

Fig. *Swainson, Birds West.-Afr.* II, *pl.* 30.

Caract. Ad. en hiver. Front, cou et parties inférieures d'un blanc pur; manteau gris de perle très pâle; dessus de la tête blanc varié de noir; nuque, une tache au devant de l'œil et un trait au dessus de l'œil noirs; rémiges primaires d'un gris satiné en dehors et à l'extrémité, noires sur les barbes internes avec une large bordure blanche; sus-caudales et queue blanches, à peine lavées de gris; les rectrices les plus extérieures nuancées de gris et de brun vers l'extrémité. Bec jaune-vif ou jaune orangé; pieds et membranes interdigitales noirs, variés de jaune; iris brun.

Dimens. L t. 500 mm.; aile 350 mm.; queue 170 mm.; bec 64 mm.; tarse 27 mm.

Tous les individus d'Angola et de la côte de Loango que nous avons pu examiner se trouvent en plumage d'hiver, ce qui rend leur détermination plus incertaine, car en cet état la *St. maxima* est plus difficile à distinguer de la *St. Bergii* avec laquelle on l'a souvent confondue. Toutefois, après les avoir comparés avec des individus authentiques de cette dernière espèce également en plumage d'hiver, nous sommes arrivés à nous convaincre qu'ils appartiennent réellement à la *St. maxima*: la teinte sensiblement plus pâle du manteau d'un gris-perle presque blanc, la couleur du bec d'un jaune-vif, même chez des individus conservées depuis longtemps, et les dimensions un peu supérieures des tarses et des doigts nous semblent des preuves décisives en faveur de notre détermination.

Après l'excellent travail de révision publié dernièrement par M. Saunders[1], l'identité de *St. maxima*, Bodd. et *St galericulata*, Licht. nous semble bien établie.

Habit. La *St. maxima* figure dans la liste publiée par M. Reichenow des oiseaux recueillis par le Dr. Falkenstein à la *côte de Loango*. Un individu de cette provenance, faisant partie des collections envoyées de *Landana* par MM. Lucan et Petit, existe actuellement au Muséum de Lisbonne. Nous possédons encore deux autres individus de *Loanda*, l'un envoyé par M. Toulson, l'autre provenant du voyage de Sa Majesté le Roi D. Luiz à Angola.

La *St. maxima*, largement répandue dans les côtes atlantiques de l'Amérique du nord et du Brésil, serait donc la grande hirondelle de mer qu'on a observé de temps en temps dans l'Afrique occidentale depuis le détroit de Gibraltar, où elle se montre très accidentellement[2], jusqu'au parallèle de Loanda; tandis que la *St. Bergii* se répandrait de l'Afrique australe, qu'elle visite régulièrement, sur la côte sudouest jusqu'à la baie de Walwich et sur la côte orientale jusqu'à la mer rouge.

489. Sterna macroptera

Syn. *Sterna macroptera*, Blasius, Journ. f. Orn., 1866, p. 76 ; Heugl., Orn. N.-O.-Afr., p. 1423 ; Finsch, B. Abyss. and Bogos, p. 303 ; Reichenow, Journ. f. Orn., 1877, p. 10.
Sterna senegalensis, Boc., Jorn. Acad. Sc. Lisboa, n.° ɪɪ, 1867, p. 149; ? Schleg., Mus. Pays-Bas, *Sternae*, p. 16.
? *St. Dougalli*, Layard, B. S.-Afr., p. 369.
St. fluviatilis (part.) Saunders, Proc. Z. S. London, 1876, p. 649 ; Dresser, B. of Europe, part. ᴠɪɪɪ.
? *St. fluviatilis*, Gurney in Anderss, B. Damara, p. 361.

Fig. *Nulla.*

Caract. Ad. en été. Tout le dessus de la tête d'un noir profond ; manteau cendré-bleuâtre ; croupion et sus-caudales blancs ; parties inférieures blanches, légèrement lavées de gris sur la poitrine et l'abdomen ; le blanc des

---

[1] V. Saunders, Proc. Z. S, London, 1876, p. 138.
[2] V. Irby, loc. cit., p. 209. D'après M. Saunders, l'individu cité par M. Irby sous le nom de *St. Bergii* appartient certainement à *St. maxima* (Saunders. Proc. Z. S. L., 1876, p. 656).

joues se prolongeant en une étroite bande blanche sur les côtés du front ; rémiges noires, largement bordées de blanc en dedans et glacées de gris sur les barbes externes, la première rémige exceptée ; queue blanche, les rectrices latérales avec les barbes externes cendrées. Bec d'un noir violacée avec la base de la mandibule tirant au rouge-brun et la pointe rougeâtre ; pieds rouge violacée ; iris brun-noir.

Dimens. L. t. 320 mm.; aile 260 mm.; queue 152 mm.; bec 38 mm.; tarse 19 à 20 mm.; doigt méd. 18 à 19 mm.

Notre diagnose contient l'indication sommaire des caractères que nous présentent deux individus de Benguella envoyés par M. d'Anchieta en 1866.

Chez trois individus de la côte de Loango, en plumage imparfait, il y a quelques différences à signaler ; le front et une partie du vertex sont blancs, celui-ci varié de noir ; le cou et les parties inférieures blanches sans aucun mélange de gris ; les parties supérieures d'une teinte cendré plus sombre que chez les adultes en été, les petites couvertures du bord supérieur de l'aile brunes et l'extrémité des scapulaires marquée d'un bande brune bordée de blanchâtre ; les barbes externes des rectrices latérales brunes au lieu de grises ; le bec est noir, excepté à la base de la mandibule où l'on aperçoit un espace rouge, et l'extremité pâle ; les pieds brunâtres. Leurs dimensions sont à peu-près les mêmes ; le tarse dépasse à peine le doigt médian (sans l'ongle).

Tous nos individus ressemblent sans doute à la *St. fluvialilis*, Naum. dans ses états correspondants de plumage ; mais la coloration particulière du bec chez les individus d'Afrique en plumage d'été ne permet par de confondre les deux espèces.

Nous n'ignorons pas que des ornithologistes d'une incontestable autorité sont d'un avis contraire. On prétend que la couleur foncé du bec chez les individus d'origine africaine pourrait bien être le résultat de l'influence de la saison et des changements qui ont lieu après la mort. A ce raisonnement nous nous permettons d'opposer une simple question : Si la coloration particulière du bec chez les individus recueillis en Afrique ne se retrouve pas chez les individus de *St. fluvialilis* de provenance non africaine, porquoi les confondre ensemble au lieu d'établir sous un nom différent une forme suffisamment distincte ?

En attendant de nouvelles observations c'est, ce nous semble, ce qu'il y a de mieux à faire.

Habit. M. d'Anchieta nous envoya en 1866 de *Benguella* deux individus de cette espèce, les seuls que nous ayons reçus d'Angola. D'autres individus ont été récemment recueillis à *Landana* et à *Chiloango* par MM. Lucan et Petit et par le Dr. Falkenstein.

490. Sterna cantiaca

Syn. *Sterna cantiaca*, Gm., Syst. Nat. 1, p. 606; Hartl., Orn. West.-Afr.,
p. 255; Boc., Jorn. Acad. Sc. Lisboa, n.° 11, 1867, p. 152; Hengl.,
Orn. N-O.-Afr., p. 1429; Sharpe & Bouvier, Bull. S. Z. France 1, p. 314;
Reichenow, Journ. f. Orn., 1877, p. 10; Gurney in Anderss. B. Damara,
p. 361; Saunders, Proc. Z. S. London, 1876, p. 653.

Fig. *Dresser, Birds of Europe, part.* LIX & LX, *pl.*

Caract. Ad. en hiver. Front blanc; vertex et nuque noirs variés de
blanc; un croissant noir au-devant de l'œil; dos et ailes d'un gris-bleuâtre
pâle; croupion, couvertures supérieures de la queue et parties inférieures
d'un blanc pur; rémiges noires, glacées de cendré et bordées de blanc en
dedans; queue blanche. Bec noir avec la pointe jaune; pieds noirs; iris
brun.

Dimens. L. t. 380 mm.; aile 340 mm.; queue 125 mm.; bec 50
mm.; tarse 25 mm.

Le plumage d'été en diffère par la présence d'un capuchon noir complet, du front à la nuque, et descendant de chaque côté de la tête jusqu'aux
yeux inclusivement.

Habit. *Benguella* (Anchieta); *côte de Loango* (Lucan et Petit, Falkenstein).
Non indigène à Benguella — *Kamakundi*. Ce nom est commun à d'autres
oiseaux de mer.
Cette hirondelle de mer se trouve, suivant Andersson, sur toute la côte
sudouest de l'Afrique de *Walwich Bay* au *Cap de Bonne Espérance*.

491. Sterna balaenaram

Syn. *Sternula balaenarum*, Strickl., Cont. Orn. 1852, p. 160; Gurney in
Anderss, B. Damara, p. 363.
Starna balaenarum, Saunders, Proc. Z. S. London, 1876, p. 664; Reichenow,
Journ. f. Orn., 1877, p. 11; Sharpe & Bouvier, Bull. S. Z. France, 1,
p. 314.

Fig. *Nulla.*

Caract. Ad. en été. Dessus de la tête, du front à la nuque, noir;
lorum et joues de la même couleur; une tache blanche sur la paupière infé-

rieure; manteau d'un beau gris de perle; parties inférieures et bord supérieur de l'aile d'un blanc pur; rémiges primaires gris de perle sur les barbes
externes et à l'extrémité, d'un cendré-noirâtre sur les barbes internes avec
une large bordure blanche; la 1° rémige noire en dehors; les tiges de toutes
les rémiges blanches; queue blanche légèrement lavée de gris. Bec noir;
pieds brun rougeâtre; iris brun.

Dimens. L. t. 210 à 220 mm.; aile 170 mm.; queue 75 mm.; bec
28 mm.; doigt méd. 14 mm.

La livrée d'hiver diffère à peine en ce que le front, le vertex et le lorum
sont blancs, et le vertex est varié de quelques taches noires; il y aussi du noir
autour de l'oeil.

Habit. Plusieurs individus de cette espèce ont été recueillis par MM.
Lucan et Petit et par le dr. Falkenstein sur la *côte de Loango*. On n'a jamais signalé sa présence sur le littoral d'Angola, au sud du Zaire; mais il est fort
probable qu'elle s'y trouve aussi, car Andersson l'a rencontrée fort abondante
à la baie de Walwich.

Nous devons à l'obligeance de M. Bouvier d'avoir pu examiner quelques
uns des exemplaires envoyés de *Landana* et de *Massabe* par MM. Lucan et Petit.
C'est d'après ces exemplaires que nous avons décrit l'espèce.

492. Hydrochelidon nigra

Syn. *Sterna nigra*, Linn., Syst. Nat. I, p. 227.
Sterna fissipes, Linn., Syst. Nat. t. p. 228.
Hydrochelidon fissipes, Degl. & Gerbe, Orn. europ. II, p. 465; Heuglin., Orn.
N.-O.-Afr., p. 1445.
Hydrochelidon nigra, Saunders, Proc. Z. S. London, 1876, p. 642; Sharpe &
Bouvier, Bull. S. Z. France I, p. 314.

Fig. *Dresser, Birds of Europe, part* LIV. *pl.*

Caract. Ad. en hiver. Front, espace entre le bec et l'œil, base du
cou et parties inférieures d'un blanc pur; vertex, nuque et région temporale
noirs; manteau et ailes d'un cendré de plomb, croupion et sus-caudales d'une
teinte plus pâle; une tache cendrée de chaque côté de la poitrine; rémiges
brunes largement bordées de blanc en dedans; queue cendrée; sous-alaires
blanches légèrement lavées de gris. Bec noir; pieds brun-rouge; iris noirâtre.

Dimens. L. t. 250 mm.; aile 210 mm.; queue 81 mm.; bec 27
mm.; tarse 16 mm.

33

Chez l'adulte en livrée de nôces la tête, le cou, la poitrine et le ventre sont noirâtres, le manteau est d'un cendré de plomb plus accentué et les sous-caudales d'un blanc pur.

En plumage d'hiver cette espèce ressemble à la *H. leucoptera*, Meisn. & Schinz., (=*H. nigra*, auct. nec Linn.); mais on arrive toujours à bien distinguer celle-ci d'après la couleur de son croupion, d'un blanc presque pur, et surtout à cause de son bec plus fort, de ses tarses et de ses doigts sensiblement plus longs.

Habit. La *H. nigra* a été observée à la *côte de Loango* par MM. Lucan et Petit. Plusieurs des individus recueillis par eux à *Landana* et *Chiloango* nous ont été envoyés en communication par M. Bouvier. Tous ces individus se trouvent en plumage d'hiver.

493. Hydrochelidon hybrida

Syn. *Sterna hybrida*, Pall., Zoogr. Rosso-As. II, p. 338.
Pelodes hybrida, Gurney in Anderss. B. Damara, p. 362.
Hydrochelidon hybrida, Saunders, Proc. Z. S. London, 1876, p. 640.

Fig. *Dresser, Birds of Europe, parts* LIX & LX, *pls.*

Caract. Ad. en hiver. Tête, cou et parties inférieures blanches; une tache noire sur la région auriculaire; dos, ailes, couvertures supérieures de la queue et queue d'un gris-cendré; sous-alaires blanches. Bec et pieds rouges; iris noirâtre.

Dimens. L. t. 285 mm ; aile 223 mm.; queue 82 mm.; bec 27 mm.; tarse 23 mm.

L'adulte en été porte un capuchon noir couvrant le dessus de la tête et la nuque, mais laissant sur les côtés, entre la base du bec et le front, une bande étroite blanche. Le cendré des parties supérieures est d'une teinte plus foncée, la poitrine et le ventre sont nuancés de cendré.

Chez le jeune de l'année le dessus de la tête est d'un roussâtre varié de brun, l'occiput tirant au noirâtre ainsi que la région temporale: les parties supérieures brunes avec de larges bordures roux-jaunâtre à l'extrémité des plumes; couvertures alaires et rémiges secondaires semblables aux plumes du dos; rémiges et rectrices d'un cendré-foncé, terminées de noirâtre, celles-ci avec une bordure blanche à l'extrémité.

Habit. Nous avons reçu du *Ihumbe* par M. d'Anchieta deux jeunes

individus en mue. Cette espèce n'a jamais été observée sur le littoral d'Angola. Dans le pays des Damaras c'est aussi dans l'intérieur, à *Ondonga*, qu'Andersson a pu se procurer des individus de cette espèce (Gurney, loc. cit.).

La liste publiée par Leach des oiseaux recueillis au Zaïre par Cranch pendant le voyage de Tuckey comprend une hirondelle de mer insuffisamment décrite sons le nom de *St. senex*, qui appartient sans doute un genre *Anous*.
M. Hartlaub, dans son Ornithologie de l'Afrique occidentale rapporte cet individu à l'*A. tenuirostris*, Temm., tandis que M. Saunders le considère identique à
l'*A. stolidus*, Linn. Malheureusement depuis le voyage de Tuckey ni l'une ni
l'autre de ces espèces n'a été retrouvée dans cette partie de l'Afrique[1].

494. Rhyncops flavirostris

Syn. *Rhyncops flavirostris*, Vieill., N. Dict. H. N. III, p. 358; Finsch & Hartl.,
Vög. Ost.-Afr., p. 837; Heugl., Orn. N.-O.-Afr., p. 1464; Boc., Jorn.
Acad. Sc. Lisboa, n.° XVI, 1873, p. 290; ibid., n.° XVII, 1874, p. 60,
ibid., n.° XIX, 1876, p. 153; Gurney in Anderss. B. Damara, p. 365;
Reichenow, Journ. f. Orn. 1878, p. 11.
Rhyncops orientalis, Hartl., Orn. West.-Afr. p., 257.

Fig. *Rüppell, Atlas. tab.* 24.
Shelley, Birds of Egypt, pl. XIV.

Caract. Ad. Brun-noir en dessus; front et parties inférieures blanches; rémiges secondaires terminées de blanc; queue fourchue, rectrices brunes largement bordées de blanc; bec rouge, transparent et tirant au jaune
vers la pointe; pieds rouges; iris brun.

Dimens. L. t. 430 mm.; aile 350 mm.; queue (rect. ext.) 130 mm.;
bec (mandib.) 75 mm.; tarse 25 mm.; doigt méd. s. o. 20 mm.

Chez le jeune les plumes du dos sont d'un brun terne avec les bords
roussâtres, et le bec jaunâtre nuancé de brun à l'extrémité.

Habit. *Humbe* et *Rio Cunene* (Anchieta): les indigènes l'appellent
Bamba. Au nord du Zaïre il été rencontré à la *côte de Loango* par le dr. Falkenstein et par MM. Lucan et Petit. Andersson fait mention de cet oiseau pour
l'avoir observé à *Ondonga* et au *Lac Ngami*, les plus méridionales de ses stations à ce qu'il paraît.

---

[1] V. Tuckey, Voy. Expl. River Congo. App. IV. p. 408; Hartl. Orn. West-Afr., p. 256; Saunders, Proc. Z. S. London, 1876, p. 660

ORDO XI

FAM. PROCELLARIDAE

495. Puffinus griseus

Syn. *Procellaria grisea*, Gm., Syst. Nat. i, p. 564.
Puffinus griseus, O. Salvin in Rowley's Orn. Misc. iv, p. 236 ; Dresser, B. of
 Europe, parts LXI & LXII.
Puffinus cinereus, Smith, Ill. S.-Afr. Zool., pl. 56 ; Layard, B. S.-Afr., p. 358.
Puffinus major, Gurney in Anderss. B. Damara., p. 350.

Fig. *Smith, Ill. S.-Afr. Zool., Aves pl. 56.*
Dresser, B. of Europe, parts LXI & CXII, pl.

Caract. Ad. Brun-noirâtre en dessus; plus pâle et lavé de cendré
en dessous; ailes et queue noirâtres; sous-alaires blanches, nuancées de cendré, marbrées et rayées de brun, avec les baguettes brunes; bec noir avec la
base de la mandibule brune; face extérieure du tarse et doigt externe noirâtres, le reste du tarse, les autres doigts et les palmures brun-clair; iris noir.

Dimens. L. t. 420 mm.; aile 290 mm.; queue 95 mm.; bec 45 mm.;
tarse 52 mm.; doigt méd. s. o. 60 mm.

Habit. *Côte de Loango.* Nous devons à l'obligeance de M. Bouvier
d'avoir pu examiner un individu de cette espèce, une femelle adulte, envoyée
de *Landana* en 1867 par MM. Lucan et Petit. Cet examen nous a permis
d'ajouter à notre liste cette espèce souvent confondue avec les *P. major* et *P.
fuliginosus*, et rencontrée pour la première fois dans ces parages.

M. Reichenow rapporte au *P. chlororhynchus*, Less., un individu, dont il
donne les dimensions, recueilli sur la côte de Loango par le dr. Falkenstein[1].

[1] V. Reichenow, Journ. f. Orn., 1877, p. 11. Un individu de cette espèce du Cap de
Bonne Espérance existe au Muséum de Leyde (Schleg. Mus. des Pays Bas, Procell., p. 35).

496. Daption capensis

Syn. *Procellaria capensis*, Linn., Syst. Nat. I, p. 213; Layard, B. S.-Afr., p. 361.
Daption capensis, Boc., Jorn. Acad. Sc. Lisboa, n.° II, 1867, p. 149; Finsch & Hartl., Vög. Ost.-Afr., p. 816; Gurney in Anderss. B. Damara, p. 353.

Fig. *Buffon, Pl. Enl. pl. 964.*
Reichenbach, Novit. tab. cccxxviii, fig. 2300-1.

Caract. Ad. Tête et dessus de cou d'un noir ardoisé; le reste du plumage blanc varié sur le dos, les couvertures alaires et les sus-caudales de grandes taches triangulaires noirâtres; la gorge tachetée de noir; rémiges primaires noires avec les barbes internes blanches jusqu'à près de l'extrémité; rectrices blanches avec une large bordure terminale noire. Bec noir; pieds brun-foncé: iris brun.

Dimens. L. t. 380 mm.; aile 280 mm.; queue 98 mm.; bec 32 mm.; tarse 44 mm.; doigt med. 55 mm.

Habit. Le Damier du Cap a été observé deux fois en Angola sur la région littorale; Welwitsch en a rapporté de son voyage un individu tué à l'embouchure du *Bengo;* plus tard, M. d'Anchieta nous envoya un autre individu de *Mossamedes.* L'un et l'autre sont adultes. C'est une espèce australe, fort répandue, suivant Andersson, sur la côte sudouest de l'Afrique.

497. Ossifraga gigantea

Syn. *Procellaria gigantea*, Gm., Sys,. Nat. I, p. 562; Layard, B. S.-Afr., p. 360.
Ossifraga gigantea, Boc., Jorn. Acad. Sc. Lisboa, n.° II, 1867, p. 149; Gurney in Anderss. B. Damara, p. 354.

Fig. *Gould, B. of Australia, VII, pl. 45.*
Reichenbach, Novit. tab. cccxxviii, fig. 2612.

Caract. Ad. Plumage brun-fuligineux; rémiges et rectrices brunes; bec d'un jaunâtre-livide; pieds brunâtres; iris brun.

Dimens. L. t. 830 mm.; aile 420 mm.; queue 200 mm.; bec 100 mm.; tarse 90 mm.; doigt méd. 130 mm.

Habit. Tous nos individus d'Angola ont été pris dans la baie de *Mossamedes ;* nous les devons à MM. Welwitsch et Anchieta.

Andersson a observé cette espèce entre les 26e et 35e parallèles ; mais elle se répand bien plus au nord, comme le prouvent nos exemplaires.

L'*O. gigantea* est bien connue des marins portugais sous le nom de *Manga de velludo*.

ORDO XII STEGANOPODES

FAM. PELECANIDAE

498. Plotus Levaillanti

Syn. *Plotus Levaillanti*, Licht., Cat. doubl. Mus. Berlin, p. 87; Hartl., Orn. West.-Afr., p. 258; Monteiro, Proc. Z. S. London, 1865, p. 89; Boc., Jorn. Acad. Sc. Lisboa, n.° xiii, 1872, p. 70; ibid., n.° xiv, 1873, p. 198; ibid. n.° xvi, 1873, p. 294; ibid., n.° xvii, 1874, p. 46; ibid., n.° xix, 1876, p. 153; ibid., n.° xxiv, 1878, p. 777; Heugl., Orn. N.-O.-Afr., p. 1473; Finsch & Hartl., Vög. Ost.-Afr., p. 841; Gurney in Anderss, B. Damara, p. 367; Sharpe & Bouvier, Bull. S. Z, France iii, p. 80; Reichenow, Journ. f. Orn, 1877, p. 10.
Plotus congensis, Leach in Tuckey Voy. Expl. Zaire, App. iv, p. 407.

Fig. *Buffon, Pl. Enl. pl. 107.*
Temminck, Pl. Col. pl. 380.

Caract. Ad. Plumage d'un noir brillant avec les scapulaires, les couvertures des ailes et les rémiges tertiaires marquées d'une strie blanche sur les baguettes; dessus de la tête roux-brun varié de noir; gorge d'un roux-pâle, faces antérieure et latérales du cou d'un roux plus intense; derrière l'œil une large strie blanche se prolongeant sur les côtés du cou; rémiges et rectrices d'un noir brillant, celles-ci et les tertiaires marquées en travers de sillons ondulés; grandes couvertures des ailes nuancées de roux-marron et de brun. Bec brun-verdâtre pâle, rougeâtre à la base; iris brun-roux.

Dimens. L. t. 940 mm.; aile 350 mm.; queue 260 mm.; bec 77 mm.; tarse 40 mm.

Les individus jeunes de notre collection sont d'un roux-pâle sur la tête, le cou et les parties inférieures, d'un brun-foncé varié de roux sur le dos, d'un roux-vif sur la poitrine. Chez quelques uns on remarque déjà des stries d'un blanc-grisâtre sur les scapulaires et les couvertures des ailes et une strie blanche, plus ou moin distincte, sur les côtés du cou à partir de l'œil.

Habit. *Côte de Loango* (Falkenstein) ; *Boma* ou *M'Boma*, dans le *Zaire* (Lucan et Petit) ; *Benguella* (Monteiro) ; *Rio Coroca, Mossamedes, Humbe* et *Cunene* (Anchieta) ; *Cazengo* (Alberto da Fonseca).

Le *P. Levaillanti* se trouve donc au nord et au sud du Zaire, tant sur le littoral qu'à l'intérieur. Dans les pays limitrophes au sud du Cunene, Andersson ne l'a observé qu'à l'occasion de son voyage au *Lac Ngami*.

499. Sula capensis

Syn. *Dysporus capensis*, Licht. Cat. doubl. Mus. Berlin, p. 86 ; Finsch & Hartl. Vög. Ost.-Afr., p. 842 ; Boc., Jorn. Acad. Sc. Lisboa, n.º XIII, 1872, p. 70.
Sula capensis, Monteiro, Proc. Z. S. Lond., 1860, p. 112 ; Boc., Jorn. Acad. Sc. Lisboa, n.º II, 1867, p. 149 ; Layard, B. S.-Afr., p. 379 ; Gurney in Anderss, B. Damara, p. 365. ; Sharpe & Bouvier, Bull. S. Z. France I, p. 314 ; Reichenow, Journ. f. Orn., 1877, p. 10.

Fig. *Reichenbach, Novit. tab. CCCXXVI, fig.* 2292-3.

Caract. Ad. Blanc ; la tête et le dessus du cou d'une fauve-ocracé pâle ; grandes couvertures des ailes, rémiges et rectrices noirâtres ; espace nu de la face et membrane gutturale, qui se prolonge jusqu'au milieu du cou, d'un noir-bleuâtre ; bec d'un bleuâtre livide ; iris gris de-lin.

Dimens. L. t. 850 mm. ; aile 470 mm. ; queue 220 mm. ; bec 90 mm. ; tarse 52 mm.

Les individus en premier plumage ressemblent aux jeunes de notre *S. bassana* d'Europe ; mais on peut toujours éviter de les confondre en faisant attention à la différente étendue de leurs membranes gutturales.

Habit. Très répandue sur la côte de Loango et sur littoral des possessions portugaises d'Angola ; elle a été observée à *Chinchonxo* et *Landana* (Falkenstein, Lucan et Petit), à *Ambriz* (Monteiro), à *Loanda* (Toulson) et à *Rio Coroca* (Anchieta). Andersson la déclare fort commune sur toute la côte sud-ouest de l'Afrique (Gurney, loc. cit.)

500. Sula fiber

Syn. *Pelecanus fiber*, Linn, Syst. Nat. ı, p. 218.
Sula fiber, Heugl., Orn. N.-O.-Afr., p. 1483; Sharpe & Bouvier, Bull. S. Z.
France ııı, p. 80.

Fig. *Buffon*, *Pl. Enl. pl.* 974.
Reichenbach, *Novit. tab.* xıv, *fig.* 2296-7.

Caract. Ad. Plumage brun légèrement nuancé de rougeâtre avec la poitrine, le ventre, les cuisses et les sus-caudales d'un blanc pur; sous-alaires en partie blanches; rémiges et rectrices d'un teinte plus foncé que le dos; peau nue de la tête et bec jaunâtres; pieds d'un jaune-verdâtre pâle.

Dimens. L. t. 640 mm.; aile 410 mm.; queue 200 mm.; bec 95 mm.; tarse 42 mm.

Dans la livrée imparfaite les parties inférieures sont plus pâles que le reste du plumage d'un brun terne.

Habit. Une jeune femelle de cette espèce, envoyée de *Landana* par MM. Lucan et Petit, se trouve actuellement au Muséum de Lisbonne. C'est la première fois, ce nous semble, que cette espèce a été observée dans la côte occidentale de l'Afrique.

501. Graculus lucidus

Syn. *Haliaeus lucidus*, Licht., Cat. doubl. Mus. Berlin, p. 86; Reichenow,
   Journ. f. Orn., 1877, p. 10.
Graculus lucidus, Boc., Jorn. Acad. Sc. Lisboa, n.° xıı, 1872, p. 70; Heugl.,
   Orn. N.-O.-Afr., p. 1490; Finsch & Hartl., Vög. Ost.-Afr., p. 846; Gur-
   ney in Anderss, B. Damara, p. 308 (note).
Phalacrocorax melanogaster, Hartl., Orn. West.-Afr., p. 260; Boc., Jorn.
   Acad. Sc. Lisboa, n.° ıı, 1867, p. 150.
Phalacrocorax lugubris, Rüpp., Syst. Uebers, p. 134.
Graculus carbo, Layard, B. S.-Afr., p. 380.

Fig. *Rüppell*, *Syst. Uebers*, *pl.* 50.
Reichenbach, *Novit. tab.* cccxxx, *fig.* 2313-5.

Caract. Ad. en été. Noir à reflets verts, les plumes du manteau d'un cendré-brun, bordées de noir; parties latérales et inférieures de la tête et du cou d'un blanc pur; une huppe de plumes étroites et allongées sur la nuque. Bec noirâtre; pieds noir; iris vert.

Dimens. L. t. 830 mm.; aile 340 mm.; queue 170 mm.; bec 72 mm.; tarse 57 mm.

L'adulte en hiver a toutes les parties inférieures blanches à l'exception des flancs.

Habit. Ce Cormoran se trouve représenté au Muséum de Lisbonne par plusieurs exemplaires d'Angola. Un de nos individus, faisant partie d'une petite collection d'oiseaux que nous devons à la libéralité de M. Furtado d'Antas, ne porte pas aucune indication précise de localité; mais les autres nous ont été envoyés par M. d'Anchieta de *Loanda* et de *Rio Coroca*. Le Dr. Falkenstein a également rapporté de son voyage un individu de cette espèce pris à Loanda.

502. Graculus africanus

Syn. *Pelecanus africanus*, Gm., Syst. Nat. i, p. 577.
Graculus africanus, Heugl., Orn. N-O.-Afr., p. 1495; Finsch & Hartl., Vög. Ost.-Afr., p. 847; Boc., Jorn. Acad. Sc. Lisboa, n.° xiii, 1872, p. 70; ibid., n.° xviii, 1873, pp. 290 & 294; Gurney in Andersss. B. Damara, p. 370.
Phalacrocorax africanus, Hartl., Orn. West.-Afr., p. 260; Monteiro, Proc. Z. S. Lond., 1865, p. 89; Boc., Jorn. Acad. Sc. Lisboa, n.° ii, 1867, p. 150; ibid., n.° viii, 1870, p. 351.
Graculus coronatus, Wahlberg, Journ. f. Orn., 1857, p. 4.

Fig. *Swainson, Birds West.-Afr.* ii, *pl.* 31.
Reichenbach, Steganopodes, tab. xxxiv, *fig.* 867.

Caract. Ad. en été. Noir à reflets verts; scapulaires et couvertures des ailes gris-brunâtre, terminées par une grande tache noire : espace nu de la face et de la gorge jaune; bec de cette même couleur, mais plus rembruni sur le culmen; pieds noirâtres; iris rouge foncé.

Dimens. L. t. 550 mm.; aile 220 mm.; queue 180 mm.; bec 36 mm.; tarse 30 mm.

En hiver le plumage a des teintes plus ternes d'un brun-foncé en dessus et d'un brun-pâle en dessous avec la gorge blanche et l'abdomen blanchâtre.

Habit. Trés répandu surtout dans la partie méridionale d'Angola; observé à *Benguella* par Monteiro et d'Anchieta, à *Rio Coroca, Huilla, Quillengues* et *Humbe* par ce dernier voyageur. Nos individus de Benguella portent dans leurs étiquettes l'indication du nom indigène *Kamakundi*.

Au sud du Cunene, observé par Wahlberg dans le littoral du pays des Grands Namaquas et par Andersson dans le lac Ngami et ses affluents.

503. Pelecanus rufescens

Syn. *Pelecanus rufescens*, Gm., Syst. Nat. i, p. 571; Hartl., Orn. West.-Afr., p. 259; Boc., Jorn. Acad. Sc. Lisboa, n.º iv, 1867, p. 330; ibid., n.º x, 1870, p. 172; Layard, B. S.-Afr., p. 382; Elliot, Proc. Z. S. Lond., 1871, p. 633; Finsch & Hartl., Vög. Ost.-Afr., p. 849; Heugl., Orn. N.-O.-Afr., p. 1503.

Fig. *Rüppell, Atlas, tab.* 21.

Caract. Ad. en nôces. Plumage blanc lavé de gris en dessus, d'un blanc pur en dessous, le milieu du dos et le croupion teints de rose-lilacin vif; une huppe occipitale formée de plumes longues et étroites blanches et cendrées; le jabot recouvert de plumes effilées nuancés de jaune-paille; couvertures alaires striées de noir sur les baguettes; rémiges primaires noirâtres; rectrices blanc-grisâtre avec les baguettes noires. Plumes du front formant une ligne légèrement concave. Bec blanc-jaunâtre, la base de la mandibule d'une rose vif et l'onglet blanc; poche gutturale jaune-vif rayée en travers de rouge; pieds couleur de chair; iris jaune-verdâtre pâle (Anchieta).

Dimens. L. t. 1.370 mm.; aile 560 mm.; queue 190 mm.; bec 315 mm.; tarse 90 mm.; doigt méd. s. l'ongle 110 mm.

En hiver les teintes roses du bec et du dos disparaissent; la poche gutturale prend une teinte jaunâtre sâle. Le jeune en premier plumage est d'un cendré-brunâtre plus pâle en dessous. Chez les individus en plumage de transition la tête et le cou sont d'un blanc-grisâtre, le milieu du dos et les parties inférieures blanches, le reste du plumage et la queue d'un cendré-brunâtre; en cet état, les plumes du jabot se présentent tantôt effilées, tantôt de forme ordinaire et nuancés ou non de jaunâtre.

Nous persistons à considérer cette espèce absolument distincte du *P. philippensis* malgré l'avis contraire de quelques ornithologistes; l'existence de taches brunes régulièrement imprimées sur le bec du *P. philippensis* et dont on ne trouve aucun trace chez le *P. rufescens* nous semble plaider en faveur de leur séparation.

Habit. Nos individus d'Angola ont été pris à *Mossamedes* et à *Rio Coroca* par M. d'Anchieta. Ce Pelican se trouve assez répandu sur la côte occidentale, du *Sénégal* au *Cunene*, mais il ne figure pas dans la liste des oiseaux observés par Andersson dans les pays des Damaras et des Grands Namaquas.

Layard prétend qu'il a été tué à plusieurs reprises près de la ville du Cap en compagnie du *P. onocrotalus* on plutôt du *P. mitratus*.

A Rio Coroca ce Pelican est connu des indigènes sous le nom de *Kicúa*.

504. Pelecanus mitratus

Syn. *Pelecanus mitratus,* Lich., Abh. Akad. Wissensch. Berlin, 1838, tab. 3, fig. 2; Sclater (part.), Proc. Z. Soc. Lond., 1871, p. 420; Heugl., Orn. N.-O.-Afr., p. 1500.

Pelecanus minor, (part.) Elliot, Proc. Z. S. Lond., 1869, p. 580; Boc., Jorn. Acad. Sc. Lisboa, n.° xvi, 1873, p. 293; Gurney in Anderss, B. Damara, p. 371.

Pelecanus megalolophus, Heugl., Syst. Uebers, n.° 750.

Pelecanus onocratalus, Layard, B. S. Afr., p. 381.

Fig. *Reichenbach, Steganopodes, tab.* xxxviii, *fig.* 879--880?

Caract. Ad. Plumage blanc; front légèrement renflé; une huppe occipitale formée de plumes longues et effilées; plumes du jabot grises avec une légère teinte jaune-pâle; rémiges primaires noirâtres; rectrices blanches. Plumes du front formant un angle aigu. Bec jaune avec les bords et l'onglet teints de rouge, marbré de brun sur le culmen et sur les côtés de la mandibule; peau nue de la tête et poche gutturale jaunâtres; pieds jaune-clair; iris rose-pâle (Anchieta).

Dimens. L. t. 1.400 mm.; aile 650 mm.; queue 180 mm.; bec 310 mm.; bec 310 mm.; tarse 110 mm.; doigt méd. s. o. 120 mm.

Les caractères ci-dessus sont ceux d'un individu mâle recueilli au *Humbe*, sur les bords du Cunene, par M. d'Anchieta, en 1873.

Cet individu ressemble beaucoup à un Pelican de notre collection provenant de voyage de von Heuglin, qui l'a recueilli à Bahr-el-Abiad (Nil blanc), et portant sur l'étiquette le nom de *P. megalolophus* écrit de la main du savant naturaliste de Stuttgard.

Chez celui-ci, le plumage est d'un blanc pur sans aucun mélange de rose et la huppe occipitale de plumes effilées manque entièrement; mais ces différences sont évidemment le résultat de la saison: l'individu du Humbe a été tué en été, celui du Nil blanc en hiver.

Le *P. mitratus* n'est pas généralement admis comme une bonne espèce. Quelques ornithologistes le considèrent identique au *P. minor,* Rüpp., lequel à son tour est porté par les uns au rang d'espèce distincte, tandis que d'autres le relèguent dans la synonimie du *P. onocrotalus*. Parmi les ornithologistes favorables à la séparation du *P. mitratus* nous devons citer von Heuglin, qui le déclare sufisamment distinct du *P. onocrotalus* et du *P. minor*, regardés par lui comme une seule espèce.

Cet auteur prétend que le *P. mitratus* possède un bec comparativement plus large, plus aplati sur la base de la machoire et avec le culmen plus distinct, séparé de la machoire par un sillon plus profond. Nous ne sommes pas à même de pouvoir vérifier les observations de von Heuglin parceque nous n'avons pas à notre disposition des individus authentiques du *P. onocrotalus* et du *P. minor*, cependant il nous est impossible d'attacher une grande importance à ces différences ayant constaté chez des individus d'une même espèce de Pelican des changements considérables dans la forme et les proportions du bec en rapport avec l'âge.

Notre intention en inscrivant sous le titre de *P. mitratus* le Pelican recueilli sur les confins méridionaux d'Angola, se réduit à établir le parfait accord des caractères de cet individu avec ceux des spécimens d'Afrique orientale et australe, examinés et décrits par les auteurs sous le même nom.

Habit. Notre individu est le premier et, jusqu'à présent, le seul individu de cette espèce recueilli en Angola. M. d'Anchieta l'a tué sur les bords du Cunene. Plus au sud, à *Walwich Bay*, Anderson l'a trouvé en abondance ; il a pu également l'observer dans l'intérieur du pays, vers la région des Lacs.

505. Pelecanus Sharpei

Syn. *Pelecanus Sharpei*, Boc., Proc. Z. S. Lond., 1870, pp. 173 et 409 ; ibid., Jorn. Acad. Sc. Lisboa, n.º XI, 1871, p. 166 ; Sclater, Proc. Z. S. London, 1871, p. 663, pl. 51 ; Heugl., Orn. N.-O.-Afr., p. 1502.

Fig. *Sclater, Proc. Zool. Soc. London, 1871, pl. 51.*

Caract. Mâle ad. en nôces. Blanc nuancé de rose ; front renflé ; pas de huppe occipitale pendante, à peine les plumes cervicales forment, à compter de la nuque, une petite crête relevée ; couvertures de l'aile lancéolées et uniformement blanches ; plumes du jabot d'un brun-ferrugineux vif ; une legère couche de cette couleur très délayée couvrant tout l'abdomen et les couvertures inférieures de la queue ; rémiges primaires noires, secondaires noirâtres bordées de blanc-grisâtre ; queue blanche légèrement teinte en dessus et en dessous de jaune-ferrugineux pâle. Plumes du front formant un angle très aigu. Bec noirâtre sur le culmen et sur les côtés de sa moitié basale, le reste d'un jaune-vif avec les bords de la machoire et l'onglet rouges ; partie nue de la face couleur de chair ; poche gutturale jaunâtre, lavée de rouge à proximité du bec et du cou ; tarse et doigts d'un jaune-rougeâtre.

Dimens. ♂ L. t. 1.680 mm.; aile 710 mm.; queue 190 mm.; bec 410 mm.; tarse 130 mm.; doigt méd. s. o. 130 mm.

La femelle adulte ressemble au mâle quant aux couleurs, mais elle est plus petite: L. t. 1.400 mm.; aile 640 mm.; queue 180 mm.; bec 310 mm.; tarse 115 mm.; doigt méd. s. o. 120 mm.

Le jeune en premier plumage est d'un brun-foncé, noirâtre sur la tête, tirant à couleur de chocolat sur le cou et le jabot, d'un ton plus clair sur le dos, le croupion, l'abdomen et les couvertures inférieures de la queue; petites et moyennes couvertures des ailes d'un brun-marron sur les bords; rémiges primaires noires, secondaires noirâtres glacées en dessus de gris-argenté; couvertures inférieures de l'aile d'un brun-cendré; queue lavé en dessus de gris. Bec brun-pâle sur le culmen, le reste d'un brun plus foncé, l'onglet noirâtre; poche gutturale et partie nue de la face d'une teinte brunâtre; tarses et doigts d'un brun pâle. L. t. 1.420 mm.; aile 670 mm.; queue 180 mm.; bec 320 mm.; tarse 120 mm.; doigt méd. s. o. 125 mm.

Par l'ensemble de ses caractères, et surtout par ses particularités de coloration, le *P. Sharpei* nous semble une espèce suffisamment distincte, ou, ce qui pour nous revient au même, une race géographique bien caractérisée. M. Sclater après avoir examiné la femelle adulte du notre collection a partagé notre manière de voir, et M. Heuglin quoique moins explicite, considère ce Pelican comme une forme à part et lui attribue pour habitat non-seulement l'Afrique, mais aussi l'Inde et la Chine, ce qui à notre avis demande confirmation. Selon nous, le *Pelecanus Sharpei* habite les grands lacs du centre d'Afrique, d'où il se répand dans ses migrations vers les côtes, pouvant même se rapprocher plus ou moins du littoral.

Outre nos trois individus d'Angola, tués à *Casengo* au nord du Quanza, d'autres individus semblables aux notres se trouveraient dans quelques musées d'Europe. Nous pouvons citer d'après M. Sclater un individu que ce savant a examiné au Muséum de Strasbourg et qu'il déclare identique au *P. Sharpei;* malheureusement l'origine de cet exemplaire était inconnue. [1] Un autre individu, celui-ci de l'Afrique australe, examiné par M. Heuglin au Muséum de Munich se rapprocherait aussi de l'espèce d'Angola, sauf une légère différence dans la couleur de la partie inférieure du ventre, d'un jaune d'argile. Le même auteur prétend que le Pelican décrit par Brehm sous le nom de *P. giganteus*, d'après un individu tué dans le voisinage du Nil Bleu supérieur, ressemble encore mieux que le specimen de Munich au *P. Sharpei*[2].

Dans l'état actuel de nos connaissances relativement aux espèces du genre *Pelecanus*, nos individus d'Angola nous semblent avoir droit à un nom spécifique distinct. Si l'on venait à reconnaître plus tard que les particularités dont

[1] V. Sclater, Proc. zool. soc. London, 1871, p. 632.
[2] V. Heugl., Orn. N. O.-Afr., p. 1503.

nous nous sommes servi pour établir la diagnose différentielle de l'espèce rentrent dans le série naturelle des changements que l'âge et les saisons apportent au plumage d'une autre espèce, le *P. onocrotalus* ou le *P. mitratus*, on n'aurait alors qu'à supprimer le nom que nous lui avons imposé.

Habit. *Cazengo*, au nord du Quanza. Les deux individus adultes nous ont été envoyés de Loanda par M. Toulson, qui les avait reçus de *Cazengo*. Cette circonstance nous était inconnue lors de la publication de notre premier article sur le P. Sharpei, dans le n.º xi du Journal de l'Académie des sciences de Lisbonne, 1871 ; c'est pourquoi nous avons déclaré alors que nous ignorions la provenance exacte de ces individus [1]. L'individu jeune a été rapporté de *Cazengo* par M. Alberto da Fonseca, à qui le Muséum de Lisbonne est redevable de plusieurs autres spécimens intéressants de la faune d'Angola.

[1] V. Boc., loc.. cit p 167

ORDO XIII PYGOPODES

FAM. COLYMBIDAE

506. Podiceps nigricollis

Syn. *Podiceps nigricollis*, Brehm, Vög. Deutschl., p. 963; Heugl., Orn. N.-O.-Afr., p. 1361; Sharpe, Proc. Z. S. Lond., 1870., p. 147; Gurney in Anderss, B. Damara, p. 346.

Fig. *Werner, Atlas Ois. d'Eur.* II, *pl.*
Dresser, Birds of Europe, part LXXV & LXXVI, *pl.*

Caract. Ad. en été. Tête, cou et dos d'un noir brillant à reflets verdâtres; parties inférieures blanches, à l'exception des flancs d'un roux-marron; une touffe de plumes effilées jaune-clair s'épanouissant derrière l'oeil sur la région auriculaire; rémiges primaires noires, secondaires blanches nuancées de brun en dehors. Bec noir; tour des yeux rouge-vermillon; pieds brun-verdâtre foncé.

Dimens. L. t. 320 mm.; aile 130 mm.; bec 25 mm.; tarse 40 mm.

En hiver les teintes sont plus ternes; le cou est d'un brun-cendré clair, la région auriculaire cendrée, la gorge blanche et les flancs nuancés de brun cendré.

Habit. Un individu de cette espèce en plumage d'hiver recueilli à *Calumbella* en 1869 par le voyageur naturaliste Sala a été examiné par M. Sharpe, qui en fait mention dans son 2° article sur l'ornithologie d'Angola (Proc. Z. S. Lond. 1870, p. 147). Cet oiseau se trouve à *Walwich Bay*, où il est cependant rare (Andersson).

507. Podiceps minor

Syn. *Podiceps minor,* Lath., Ind. Orn. II, p. 784 ; Hartl., Orn. West.-Afr.,
p. 249; Monteiro, Proc. Zool. S. Lond., 1865, p. 90; Layard, B. S.-Afr.,
p. 374 ; Boc., Jorn. Acad. Sc. Lisboa, n.° VIII, 1870, p. 351 ; Finsch
& Hartl.,Vög. Ost.-Afr., p. 811 ; Heugl., Orn. F.-O.-Afr., p. 1363; Gurney in Anderss, B. Damara, p. 347.

Fig. *Werner, Atlas Ois. d'Eur.* II, *pl.*
Dresser, Birds of Europe, Parts LXXVII — LXXIX.

Caract. Ad. en été. Brun-noir lustré d'olivâtre ; dessus de la tête
et gorge noirs ; région auriculaire, devant et côtés du cou d'un roux-marron ;
haut de la poitrine et flancs brun foncé ; le reste des parties inférieures blanches ; rémiges primaires noires, les secondaires blanches à la base et sur les
barbes externes. Bec noir, blanchâtre à la base et à la pointe ; pieds brun-
cuivré ; iris châtain.

Dimens. L. t. 260 mm. : aile 95 mm. ; bec 21 mm. ; tarse
31 mm.

Habit. Le *P. minor* vit sur le littoral d'Angola au sud du Quanza ;
Monteiro et M. d'Anchieta l'ont rencontré à *Benguella* et à *Mossamedes.* Au
sud du Cunene il est assez répandu et très commun dans l'intérieur, dans
le pays d'*Ondonga* (Andersson`.

34

APPENDICE

Pendant l'impression de cet ouvrage, l'ornithologie de la côte de Loango et d'Angola s'est enrichie d'un grand nombre d'espèces, grâce aux fructueuses recherches de MM. Lucan, Petit et Falkenstein, pour la première de ces régions, et de M. d'Anchieta, pour la seconde.

Dans l'espoir de rendre notre travail plus utile à ceux qui s'occupent de l'ornithologie africaine, nous nous sommes décidé à publier dans un appendice la liste des espèces qui n'ont pu être mises à leurs places dans le corps de l'ouvrage.

Les noms des espèces nouvelles sont précédés d'un astérisque.

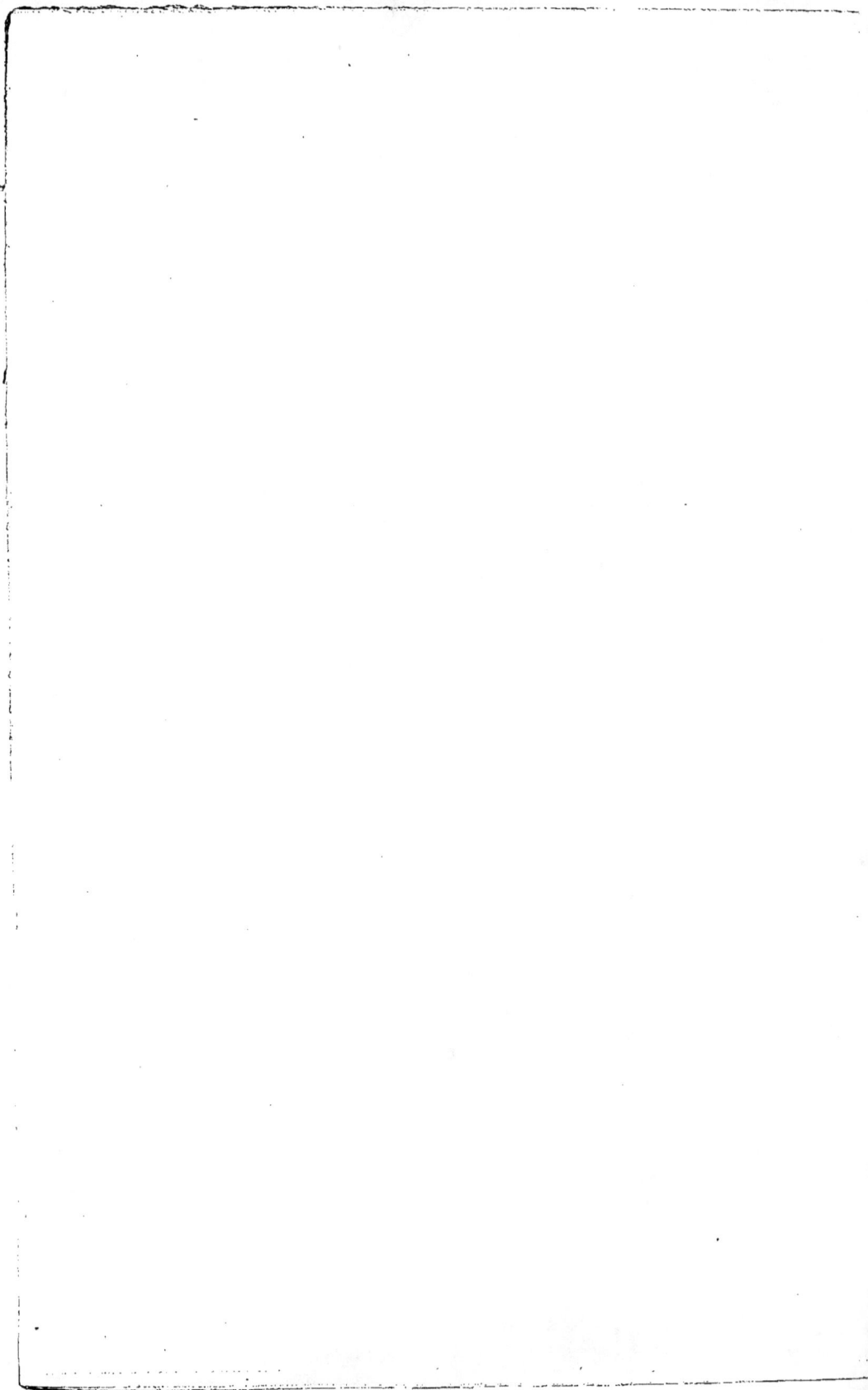

ORDO I ACCIPITRES

FAM. FALCONIDAE

508. Scelospizias Toussenelli.

Nisus Toussenellii, Verr., Rev. et Mag. Zool., 1854, p. 538; Hartl., Orn. West-Afr., p. 538; Sharpe, Cat. B. Brit Mus. I, p. 101, pl. VI, fig. 1.; Sharpe et Bouvier, Bull. S. Z. France II, p. 470.

Habit. *Côte de Loango* (Lucan et Petit.)

509. Scelospizias zonarius.

Astur zonarius, Temm., Reichenow, Journ. f. Orn., 1877, p. 14.

Il nous est impossible de faire une idée bien nette de l'espèce que M. Reichenow prétend désigner sous ce nom. Est-ce qu'il s'agit de *l'A. macroscelides*, qui d'après M. Gurney ne se trouve qu'à la côte d'Or, ou plutôt de *l'A. castanilius*, propre au Gabon, ou encore de *l'A. tachiro*, le plus méridionale des trois?

Habit. *Chinchonxo*, côte de Loango (Falkenstein).

* 510. Lophotriorchis Lucani.

L. Lucani, Sharpe et Bouvier, Bull. S. Z. France II, p. 471.

Habit. *Landana* (Lucan et Petit). MM. Sharpe et Bouvier publièrent la diagnose de cette espèce d'après une femelle en plumage imparfait. C'est le seul individu rapporté en Europe.

511. Spizaetus bellicosus.

Falco bellicosus, Daud., Tr., d'Orn. I, p. 1, pl. I; *Spizaetus bellicosus*, Boc., Jorn. Acad. Sc. Lisboa, n.° XXIV, 1878, p. 262; ibid., n.° XXVIII, 1880, p. 230. Levaillant, Ois. d'Afr. I, pl. 1.

Habit. *Caconda*. Nom indigène *Gonga* (Anchieta).

512. Milvus migrans.

Falco migrans, Bodd., Tabl. Pl. Enl., p. 28; Finsch & Hartl., Vög. Ost.-Afr., p. 61; *M. korschum*, Sharpe et Bouvier, Bull. S. Z. France II, p. 472. Buffon, Pl. Enl., pl. 472.

Habit. *Banana* (Lucan et Petit.)

513. Machaeramphus Anderssoni.

Stringonyx Anderssoni, Gurney, Proc. Zool. Soc. Lond., 1865, p. 618; ibid.,
Trans. Z. S. Lond. vi, pl. 29; Reichenow, Jorn. f. Orn., 1877, p. 14.

Habit. *Côte de Loango* (Falkenstein).

514. Pernis apivorus.

Falco apivorus, Linn., Syst. Nat. i, p. 130; Sharpe, Cat. Brit. Mus. i, p. 344;
Sharpe et Bouvier, Bull. S. Z. France ii, p. 472; Levaill., Ois. d'Afr. i, pl. 19.

Habit. *Chiloango* (Lucan et Petit).

515. Baza cuculoides.

Avicida cuculoides, Sw., B. West.-Afr. i, p. 104, pl. i; Sharpe, Cat. B. Brit.
Mus. i, p. 354, pl. xi, fig. 2; Sharpe & Bouvier, Bull. S. Z. France i, p. 301;
Reichenow, Mitth. Afr. Gesellsch. Deutsch. i, 1880, p. 2.

Habit. *Côte de Loango* (Lucan et Petit,; *Malange* (Schütt).

516. Falco tanypterus.

F. tanypterus, Licht., (Mus. Berol.); Sharpe, Cat. B. Brit. Mus. i, p. 391;
Reichenow, Journ. f. Orn., 1877, p. 14.

Habit. *Côte de Loango* (Falkenstein).

517. Falco Cuvieri.

F. Cuvieri, Smith, S.-Afr. Quart. Jorn. i, 1830, p. 392; Sharpe, Cat. B. Brit.
Mus. i, p. 400; Reichenow, Journ. f. Orn., 1877, p. 14.

Habit. *Côte de Loango* (Falkenstein).

FAM. STRIGIDAE

518. Scotopelia Bouvieri.

S. Bouvieri, Sharpe, Ibis, 1875, p. 261; id., Cat. B. Brit. Mus. ii, pl. i;
Sharpe & Bouvier, Bull. S. Z. France ii, p. 473.

Habit. *Côte de Loango* (Lucan et Petit). Un mâle adulte de la côte de Loango est le second exemplaire connu de cette espèce, rencontrée d'abord à *Lopé* (haut Ogôoué) par Marche et Compiègne.

ORDO III. PICARIAE

FAM. PICIDAE

519. Yunx pectoralis.

Yunx pectoralis, Vig., Proc. Z. S. Lond., 1831, p. 93; Gray, Gen. Birds, pl. 112; Sharpe et Bouvier, Bull. S. Z. France III, p. 73.

Habit. *Côte de Loango* (Lucan et Petit).

520. Dendrobates Hartlaubi.

Dendropicus Hartlaubi, Malh., Monogr. Pic. I, pl. 44 ; Boc., Jorn. Acad. Sc. Lisboa, n.º XX, 1876, pp. 256 et 261 ; ibid., n.º XXVIII, 1880, p. 228.
Espèce, selon nous, assez douteuse.

Habit. *Quanza; Caconda* (Anchieta); *Golungo-alto* (Welwitsch).

521. Dendrobates Lafresnayei.

Dendropicus Lafresnayei, Malh., Rev. et Mag. Zool., 1849, p. 532; Hartl., Orn. West.–Afr., p. 177: Sharpe et Bouvier, Bull. S. Z. France I, p. 50; Reichenow, Journ. f. Orn., 1877, p. 18; Boc., Jorn. Acad. Sc. Lisboa, n.º XXIX, 1880, p. 49; Reichenow, Mitth. Afrik. Gesellsch. I, p. 3. .

Habit. *Landana* (Lucan et Petit); *Côte de Loango* (Falkenstein); *Angola* (Mus. de Lisbonne); *Malange* (Schütt).

* 522. Dendrobates congicus.

D. congicus, Boc., Jorn. Acad. Sc. Lisboa, n.º XXIX, p. 50.
Très voisin du *P. pardinus*, Temm., mais plus petit; d'une teinte vert-jaune plus vive sur le dos et les ailes; des bandelettes bien distinctes blanc-roussâtre, au lieu de taches rondes, sur le ventre, les sous-caudales et les flancs; de grandes taches blanc-roussâtre sur le bord interne des primaires. L. t. 137, aile 80, queue 40, bec 17, tarse 16 mm.

Habit. *Rio Loemma*, côte de Loango (Lucan et Petit).

523. Dendrobates Goertan.

P. Goertan, Syst. Nat. I, p. 434; Hartl., Orn. West. Afr., p. 179; *Dendrocopus poliocephalus*, Reichenow, Journ. f. Orn., 1877, p. 18.

Habit. *Côte de Loango* (Falkenstein).

524. Dendrobates africanus.

Picus africanus, J. E. Gray, Zool. Misc., p. 18; Cass., Proc. Acad. Philad.,
1863, p. 322; Sundev., Consp. Av. Pic., p. 42; Boc., Jorn. Acad. Sc. Lisboa,
n.º xx, 1876, p. 259.

Habit. *Angola; Golungo-alto?* (Welwitsch); *Rio Loemma*, côte de Loango,
(Lucan et Petit). Une femelle de cette dernière localité se trouve au Muséum de Lisbonne; nous l'avons reçue de M. Bouvier.

* 525. Campethera permista.

C. permista, Reichenow, Journ. f. Orn., 1876, p. 98; Sharpe et Bouvier, Bull.
S. Z. France i, p. 312; *C. maculosa*, Sharpe et Bouvier, loc. cit., p. 51; *Dendromus
brachyrhynchus*, Malh. (nec Swains.) Mon. Pic., p. 152.

Habit. *Landana* (Petit); *Ponta-negra* (Lucan et Petit). L'individu cité par
MM. Sharpe et Bouvier, Bull. S. Z. France i, p. 51, une femelle adulte, fait maintenant partie de nos collections.

526. Campethera Caroli.

Chloropicus Caroli, Malh., Rev. et Mag. Zool., 1852, p. 550; Hartl., Orn. West.-
Afr., p. 183; Boc., Jorn. Acad. Sc. Lisboa, n.º xx, 1876, p. 256.

Habit. *Quanza* (Mus. de Lisbonne). Un individu acquis à M. Whitely.

FAM. CORACIDAE

527. Coracias garrula.

C. garrula, Linn., Syst. Nat. i, p. 159; Hartl., Orn. West.-Afr., p. 29; Dress.
B. Europe Part i, pl.

Habit. *Landana* (Lucan et Petit).
Un individu, le premier recueilli sur les possessions portugaises d'Angola, en
plumage imparfait, remarquable par ses teintes fort pâles. Nous l'avons reçu récemment en communication de M. Bouvier. L'étiquette porte ces indications:
«N.º 1760, pattes jaune-foncé, yeux bruns. Landana, Octobre 1877, dr. Lucan et Petit.»

* 528. Coracias spatulata.

C. spatulata, Trimen, Proc. Z. S. Lond., 1880, p. 31; Boc., Jorn. Acad. Sc.
Lisboa, n.º xxix, 1880, p. 52; *C. dispar*, Boc., Jorn. Acad. Sc. Lisboa, n.º xxviii,
1880, p. 227.
Voisine de *C. garrula*, mais distincte de toutes ses congénères par la forme de
ses rectrices latérales, qui terminent en spatule.

Habit. *Caconda* (Anchieta). Découverte par Bradshaw dans le haut Zambeze.

FAM. MEROPIDAE

* 529. Merops cyanostictus.

M. cyanostictus, Cab., Journ. f. Orn., 1875, p. 340; Reichenow, ibid., 1877, p. 21; Boc., Jorn. Acad. Sc. Lisboa, n.° xxvii, 1880, p. 187; ibid., n.° xxviii, 1880, p. 233. *Merops pusillus*, Sharpe & Bouvier, Bull. S. Z. France i, p. 40; *M. eryhropterus*, Boc., *Orn. d'Angola*, p. 92.

Habit. Très répandu sur la côte de Loango et en Angola. Tous les individus de ces deux provenances portent en effet à l'extrémité des remiges secondaires et des rectrices une bande terminale noire plus large que chez le véritable *M. erythropterus*. Il faut remplacer ce nom par celui de *M. cyanostictus*, p. 92.

530. Merops nubicoides.

M. nubicoides, O. des Murs, Icon. ornith., pl. 35; Boc., Jorn. Acad. Sc. Lisboa, n.° xxix, 1880, p. 63.

Habit. *Caconda* (Anchieta). C'est le premier individu de cette espèce observé en Angola.

531. Merops Breweri.

Meropogon Breweri, Cass., Journ. Acad. Nat. Sc. Philad. iv, pl. 49.
Merops Breweri, Sharpe & Bouvier, Bull. S. Z. France i, p. 40; *Bombilonax Breweri*, Reichenow, J. f. O., 1877, p. 21.

Habit. *Côte de Loango, Chinchonxo* (Dr. Falkenstein, Petit).

FAM. ALCEDINIDAE

532. Alcedo quadribrachys.

A. quadribrachys, Bp., Consp. Av., p. 158; Sharpe, *Mon. Alced.*, pl 6; Sharpe & Bouvier, Bull. S. Z. France i, p. 39.

Habit. *Landana* (Petit).

533. Ceryle Sharpei.

C. Sharpii, Gould., Ann. Nat. Hist., 1869, p. 269; Sharpe, *Mon. Alced.*, p. 71, pl. 21; Boc., *Orn. d'Angola*, p. 98; Reichenow, Journ. f. Orn., 1877, p. 20; Sharpe et Bouvier, Bull. S. Z. France ii, p. 474.

Habit. *Côte de Loango* (Falkenstein); *Landana* (Lucan et Petit).

* 534. Halcyon cyanescens.

H. cyanescens, Cab. & Reichenow, Journ. f. Orn., 1877, p. 103; Reichenow, ibid., p. 20; ? *H. malimbica*, Boc., *Orn. d'Angola*, p. 104.

Cette espèce a été établie d'après un individu à tête bleue et à plumage d'un bleu vif, très ressemblant ou identique à l'exemplaire figuré par Sharpe dans sa *Monogr. des Alcedinidae*, pl. 72, comme l'adulte en plumage parfait de l'*H. malimbica*. Un individu unique d'Angola dans notre collection lui ressemble également.

Habit. *Côté de Loango* (Falkenstein).

* 535. Halcyon pallidiventris.
H. pallidiventris, Cab. Journ. f. Orn., 1880, p. 349.

D'après M. Cabanis, variété ou race géographique de la *H. semicaerulea*, distincte de celle-ci par son bec plus faible, par la teinte lilas tirant au bleu outremer, au lieu de bleu de cobalt, du dos, des ailes et de la queue, et par la coloration roux-pâle du ventre. Nos individus d'Angola appartiennent à cette variété.

Habit. *Pays de Talla Mogongo*, intérieur d'Angola (Schütt); *Angola*.

536. Halcyon orientalis.
H. orientalis, Peters, Journ. f. Orn., 1868, p. 134; Sharpe, *Mon. Alced.*, pl. 66; Reichenow, Corr. Afrik. Gesellsch, n.° 10, 1874, p. 183; ibid., Journ. f. Orn., 1877, p. 20; Sharpe & Bouvier, Bull. S. Z. France I, p. 39; Boc., Jorn. Acad. Sc. Lisboa, n.° XXIX, 1880, p. 64.

Habit. *Chinchonxo* et *Landana* (Falkenstein, Petit); *Caconda* (Anchieta).

537. Halcyon badia.
H. badia, Verr., Rev. Mag. Zool., 1851, p. 254; Sharpe, *Monogr., Alced.*, pl. 58; Sharpe & Bouvier, Bull. S. Z. France II, p. 474.

Habit. *Chissambo*, côte de Loango (Lucan et Petit).

FAM. CAPITONIDAE

538. Pogonorhynchus dubius.
Bucco dubius, Gm., Syst. Nat. I, p. 109; Marshall, *Bucconidae*, pl. 4; Sharpe & Bouvier, Bull. S. Z. France I, p. 311.

Habit. *Landana* (Lucan).

539. Pogonorhynchus Levaillanti.
Pogonius Levaillantii, Leach, Zool. Misc. pl. 117; Levaill., Barbus, pl. A.; *Pogonorh. bidentatus*, juv.; Boc., Orn. d'Angola, p. 105; *P. eogaster*, Cab., Journ. f. Orn., 1876, p. 92, tab. 2; Bouvier, Bull. S. Z. France I, p. 229, pl. VI; fig. 2; ibid., II, p. 311; Reichenow, Journ. f. Orn., 1877, p. 18.

Habit. *Landana, Chinchonxo* (Lucan, Falkenstein).

* 540. Pogonorhynchus leucogaster.

P. leucogaster, Boc., Jorn. Acad. Sc. Lisboa, n.º XXI, 1877, p. 63.

«*P. leucocephalo* similis, sed diversus: abdomine et subalaribus albis, dorso et tectricibus alarum mediis majoribusque fuscis, immaculatis.»

Habit. *Quillengues* Anchieta).

Une troisième espèce à tête blanche, *P. albicauda*, Shelley, récemment découverte à *Ugogo* Afrique orientale), est facile à distinguer par sa queue toute blanche.

* 541. Pogonorhynchus frontatus.

P. frontatus, Cab., Journ. f. Orn., 1880, p. 351, pl. II, fig. 1.

Cette espèce nous est à peine connue d'après la diagnose et la figure que M. Cabanis vient de publier dans la 2e livraison (avril, 1880) du Journ. fur Ornith., elle se rapprocherait surtout du *Pog. diadematus*, de l'Afrique orientale.

Habit. *Angola. pays du Talla Mogongo* (Schütt).

542. Trachyphonus purpuratus.

T. purpuratus, Verr., Rev. et Mag. Zool., 1851, p. 260; Marshall, *Bucconidae*, pl. 60; Reichenow, Journ. f. Orn., 1877, p. 18.

Habit. *Côte de Loango* Falkenstein ; *Landana* Lucan).

543. Barbatula leucolaema.

B. leucolaema, Verr., Rev. & Mag. Zool., 1851, p. 262; Marshall, *Bucconidae*, pl. 51, f. 2; Sharpe & Bouvier, Bull. S. Z. France I, p. 50; *Megalaema bilineata*, Reichenow, Journ. f. Orn., 1877, p. 17.

Habit. *Landana. Chinchonxo* Lucan & Petit, Falkenstein).

544. Barbatula atroflava.

Bucco atroflavus, Blum., Abb. nat. Geg., tab. 65; Marshall, *Bucconidae*, pl. 50; Reichenow, Journ. f. Orn., 1877, p. 17; Sharpe & Bouvier, Bull. S. Z. France I, p. 311.

Habit. *Côte de Loango* (Falkenstein); *Molembo* (Petit).

545. Tricholaema hirsuta.

Pogonias hirsutus, Sw.; Sharpe & Bouvier, Bull. S. Z. France III, p. 78; *Trich. flavipunctata*, Reichenow, Journ. f. Orn., 1877, p. 17.

Habit. *Landana, Chinchonxo, R. Lucula* (Falkenstein, Lucan & Petit).

546. Barbatula subsulphurea.

B. subsulphureus, Fras., Proc. Z. S. London, 1843, p. 3; Marshall, *Bucconidae*, pl. 51, fig. 1; Sharpe & Bouvier, Bull. S. Z. France III, p. 78.

Habit. *Landana. Condé* Lucan & Petit).

547. Xylobucco Duchaillui.

Barbatula Duchaillui, Cass. Proc. Acad. Philad., 1855, p. 324 ; Marshall, *Bucconidae,* pl. 46 ; *Cladurus Duchaillui,* Reichenow, Journ. f. Orn., 1877, p. 17.

Habit. *Côte de Loango* (Falkenstein).

548. Gymnobucco calvus.

Bucco calvus, Lafresn., Rev. Zool., 1841, p. 241 ; Marshall, *Bucconidae,* pl. 54 ; *Gymnocranus calvus,* Reichenow, Journ. f. Orn., 1877, p. 17.

Habit. *Côte de Loango* (Falkenstein).

FAM. BUCEROTIDAE

549. Buceros buccinator.

B. buccinator, Temm., Pl. Col., pl. 284 ; Elliot, *Bucerotidae,* VIII, pl. ; Boc., Jorn. Acad. Sc. Lisboa, n.º XXVII, 1880, p. 188.

Un individu mâle du voyage de M. Schütt, que nous devons à la libéralité de ce voyageur, ressemble bien à un individu du même sexe, de l'Afrique australe, acquis à la maison Verreaux de Paris ; ils diffèrent à peine en ce que chez le premier la couleur du bec est plus foncée et l'espace blanc à l'extrémité des rectrices latérales plus étendu.

Habit. Angola, *pays de Talla Moyongo* (Schütt).

* 550. Buceros subquadratus.

B. subquadratus, Cab. Journ. f. Orn., 1880, p. 350, tab. I, fig. 1 et 2 (pas de description).

Cette espèce nouvelle rappelle par ses couleurs le *B. buccinator,* mais la forme et les dimensions de son casque ne permettent point de la confondre avec aucune autre espèce du genre.

Habit. Angola, *pays de Talla Moyongo* (Schütt).

* 551. Buceros albotibialis.

B. albotibialis, Cab. & Reichenow, Journ. f. Orn., 1877, p. 103 ; ibid., 1878, tab. I ; Reichenow, Journ. f. Orn., 1877, p. 19.

Distinct par la forme du casque des *B. buccinator* et *B. subquadratus,* desquels cependant il se rapproche sous le rapport des couleurs.

Habit. *Côte de Loango* (Falkenstein).

552. Buceros albocristatus.

B. albocristatus, Cass., Journ. Acad. Philad. I, p. 135, pl 15 ; Sharpe & Bouvier, Bull. S. Z. France I, p. 310.

Habit. *Louemba, Chissambo* (Lucan & Petit).

553. Tockus Nagtglasii.

T. Nagtglasii, Schleg., Nederl. Tydsch. v. de Dierk. I, pag. 56, tab. 2; *Buceros Hartlaubi*, Reichenow, Journ. f. Orn., 1877, p. 18.

Habit. *Côte de Loango* (Falkenstein).

554. Tockus camurus.

T. camurus, Cass. Proc., Acad. Philad., 1856, p. 319; *B. camurus*, Reichenow, Journ. f. Orn, 1877, p. 18.

Habit. *Côte de Loango* (Falkenstein).

FAM. UPUPIDAE

* 555. Upupa africana major.

U. africana major, Reichenow, Orn. Centralblat, n.° 9, 1879; id., Mitth. Afrik. Geselsch. Deutsl. I, p. 3.

«Caract: U. africanae *quoad colores simillima, sed intensius tincta et alis longioribus*. L. t. 270, ala 153, cauda 105, rost. à fr. 55, rictus 60, tarsus 20 mm.»

Habit. *Malange* (Schütt).

FAM. MUSOPHAGIDAE

556. Corythaix Buffoni.

Opaethus Buffoni, Vieill., Enc. meth., p. 1297; Jard., Ill. Orn., pl. 122; Sharpe & Bouvier, Bull. S. Z. France I, p. 50.

Habit. *Landana et Chinchonxo* (Petit).

557. Corythaix persa.

Cuculus persa, Linn., Syst. Nat., p. 171; Edwards, Birds, pl. VII; Reichenow, Journ. f. Orn., 1877, p. 14.

Habit. *Côte de Loango* (Falkenstein).

558. Corythaix Meriani.

C. Meriani, Rüpp., Wiegm. Arch. XVII, p. 319; Reichenow, Journ. f. Orn., 1877, p. 14.

Habit. *Côte de Loango* (Falkenstein).

* 559. Corythaix Schuetti.

C. Schuetti, Cab., Orn. Centralbl. n.° 23, dec. 1879, p. 180; id., Journ. f. Orn. 1879, p. 445.

D'après M. Cabanis elle serait la plus petite espèce du genre, bien caractérisée par la teinte bleu-violet des ailes et de la queue.

Habit. Angola, *pays de Talla Mogongo* (Schütt).

560. Indicator exilis.
I. exilis, Cass., Proc. Acad. Philad., 1856, p. 157; ibid., 1859, p. 142, pl. I, fig. 1; Sharpe in Rowley's Orn. Misc. I, p. 198; Sharpe et Bouvier, Bull. S. Z. France I, p. 51.

Habit. *Landana* et *Chinchonxo* (Petit).

561. Indicator maculatus.
I. maculatus, Gray, Gen. Birds, pl. CXIII; Sharpe in Rowley's Misc. I, p. 200; Boc., Jorn. Acad. Sc. Lisboa, n.° XXIX, 1880, p. 54.

Habit. *Rio Loemma* (Lucan et Petit).

562. Prodotiscus regulus.
P. regulus, Sundev., Vet. Akad. Forhandl. Stock., 1850, p. 109; Sharpe in Rowley's Orn. Misc. I, p. 208, pl. 26, fig. 2; Boc., Jorn. Acad. Sc. Lisboa, n.° XXVIII, 1880, p. 235.

Habit. *Caconda* (Anchieta).

FAM. CUCULIDAE

563. Coccystes afer.
C. afer, Leach., Zool. Misc., pl. 31; Reichenow, Mitth. Afrik. Gesellsch. Deuts. I, p. 2; *C. cafer*, Boc., Jorn. Acad. Sc. Lisboa, n.° XXIII, 1878, p. 195.

Habit. *Caconda* (Anchieta); *Malange* (Schütt).

564. Cuculus gabonensis.
C. gabonensis, Lafresn., Rev. et Mag. Zool., 1853, p. 60; Hartl., Orn. West-Afr., p. 189; Sharpe et Bouvier, Bull. S. Z. France, III, p. 73.

Habit. *Landana* (Lucan & Petit); *Chinchonxo* (Falkenstein).

565. Centropus Anselli.
C. Anselli, Sharpe, Proc. Z. S. Lond., 1834, p. 204, pl. XXXIII, fig. 1; Sharpe & Bouvier, Bull. S. Z. France I, p. 312; Reichenow, Journ. f. Orn., 1877, p. 15.

De la taille du *C. Francisci*, auquel il ressemble aussi par les couleurs, mais à gorge d'un roux-fauve, au lieu de noire.

Habit. *Louemba-Chissambo* (Lucan et Petit ; *Chinchonxo* (Falkenstein).

566. Centropus nigrorufus.

Cuculus nigrorufus, Cuv., Regne anim. i, p. 426; Levaill., Ois. d'Afr. v, pl. 220; Sharpe, Proc. Z. S. Lond., 1873, p. 623 ; Boc., Jorn. Acad. Sc. Lisboa, n.° xxii, 1877, p. 146.

? *C. Grilli*, Hartl. Journ. f. Orn., 1861, p. 13.

Habit. *Quillengues* (Anchieta).

* 567. Caprimulgus Shelleyi.

C. Shelleyi, Boc., Jorn. Acad. Sc. Lisboa, n.° xxiv, p. 266, ibid, n.° xxvi, 1879, p .93; *C. pectoralis*, Boc., nec Vieill., Jorn. Acad. Sc. Lisboa, n.° xxii, 1877, p. 152.

Voisin du *C. pectoralis*, mais à teintes plus vives; la poitrine rayée de noir sur un fond roux.

Habit. *Caconda*, N. indig. *Quimbamba* (Anchieta). *Pays de Talla Mogongo*; N. indig. *Huicumbamba* (Capello et Ivens).

568. Caprimulgus rufigena.

C. rufigena, Smith. Ill. S.-Afr. Zool., Aves pl. 100; Boc., *Orn. d'Angola*, p. 154; ibid., Jorn. Acad. Sc. Lisboa, n.° xxiv, 1878, p. 266; ibid., n.° xxviii, 1880, p. 235.

Habit. *Caconda* (Anchieta).

* 569. Cypselus Sharpei.

C. Sharpei, Bouvier, Bull. S. Z. France i, p. 228, pl. vi, fig. 1 ; Sharpe & Bouvier, ibid., p. 303.

«*C. cafro similis, cauda minus furcata, facie laterali gulaque tota albidis, et hypochondriis imis albis.* L. t. 140, rost. 17, alae 138, caudae 55, tarse 8 mm.»

Habit. *Banana* (Dr. Lucan).

570. Chaetura Sabinei.

Acanthylis Sabinei, Gray in Griff. An., Kingd., Birds ii, p. 70; *Chaetura Sabinei*, Hartl., Orn. West-Afr., p. 25; Reichenow, Journ. f. Orn., 1877, p. 21.

Habit. *Côte de Loango* (Falkenstein).

ORDO PASSERES

FAM. NECTARINIDAE

571. Nectarinia obscura.

C. obscura, Jardine, *Mon. Cinnyr.*, p. 253; Shelley, *Mon. Cinnyr*, p. 291, pl. 92; Sharpe et Bouvier, Bull. S. Z. France I, p. 304.

Habit. *Landana* (Lucan et Petit).

* 572. Nectarinia intermedia.

N. intermedia, Boc., Jorn. Acad. Sc. Lisboa, n.° XXVIII, 1880, p. 236; ibid., n.° XXIX, p. 65; *N. chalybea?* ibid., n.° XXIII, 1878, p. 196.

Nos individus ressemblent à *N. chalybea,* mais les couvertures supérieures de la queue sont chez eux d'un vert doré au lieu de bleu d'acier; l'abdomen est d'un brun plus pâle et plus cendré, tirant au blanc-jaunâtre sur le crissum et les sous-caudales.

Habit. *Caconda* (Anchieta).

573. Nectarinia Reichenbachi.

N. Reichenbachi, Hartl., Orn. West.-Afr., p. 50; Sharpe et Bouvier, Bull. S. Z. France I, p. 304; Shelley, *Cinnyr.*, p. 299, pl. 96.

Habit. *Landana* (Lucan).

* 574. Nectarinia Bouvieri.

Cinn. Bouvieri, Shelley, *Cinnyr.*, p. 227, pl. 70; Sharpe et Bouvier Bull. S. Z. France II, p. 475.

«Distincte de *N. bifasciata* par ses reflets de cuivre plus marqués, par ses joues et front nuancés de reflets bleus-violacés et par ses touffes axillaires jaune et rouge.

Habit. *Landana* (Lucan et Petit).

575. Nectarinia affinis.

N. affinis, Rüppell, Neue Wirb. Vög., p. 87, tab. 31, fig. 1; Shelley, *Cinnyr.*, p. 239, pl. 74, f. 2; Reichenow, Mitth. Afrik. Gesellsch. Deutsch, I, p. 4.

Habit. *Malange* (Schütt).

* **576. Nectarinia Oustaleti.**

N. Oustaleti, Boc.. Jorn. Acad. Sc. Lisboa, n.º xxiv, pp. 254 et 268; ibid., n.º xxviii, p. 236; Shelley, *Mon. Cinnyr*, p. 231, pl. 72, fig. 1.

Voisine de *N. talatala* et *N. albiventris*, mais avec une bordure rouge sur les plumes bleu-violet du haut de la poitrine; les touffes axillaires jaune et rouge.

Habit. *Caconda*, où elle est fort commune (Anchieta).

* **577. Nectarinia Bocagei.**

N. Bocagei, Shelley, *Mon. Cinnyr*, p 21, pl. 6, fig. 2; *N. tacazze*, Boc., Jorn. Acad. Sc. Lisboa, n.º xxiii, 1878, p. 196; ibid., n.º xxiv, 1878, p. 269.

De la taille de la *N. tacaze*, mais distincte par sa coloration d'un bleu-vert au dos, aux sus-caudales et à la gorge.

Habit. *Caconda;* rare Anchieta .

578. Anthreptes Longmari.

Cinnyris Longmarii, Less., Bull. S. Nat. xxv, p. 242; *Anthreptes Longmarii*, Shelley, *Mon. Cinnyr*, p. 335, pl. 108; Boc., Jorn. Acad. Sc. Lisboa, n.º xxiii, 1878, p. 196; ibid., n.º xxiv, 1878, p. 268; ibid., n.º xxviii, 1880, p. 235.

Habit. *Caconda* Anchieta .

* **579. Anthreptes Anchietae.**

Nect. Anchietae, Boc., Jorn. Acad. Sc. Lisboa, n.º xxiii, p. 208; ibid., n.º xxiv, p. 268: ibid., n.º xxviii, p. 236: Shelley, *Mon. Cinnyr*, p. 329, pl. 106.

Remarquable par la couleur rouge de sa poitrine et de ses couvertures inférieures de la queue.

Habit. *Caconda;* commune Anchieta .

FAM. HIRUNDINIDAE

* **580. Hirundo rufigula.**

H. rufigula, Boc., Jorn. Acad. Sc. Lisboa, n.º xxiv, 1878, p. 256 et 269.

Par son système de coloration rappelle l'*H. semirufa*, Sundev., mais à taille sensiblement plus petite.

Habit. *Caconda, Miapia* N. indig. (Anchieta).

581. Hirundo semirufa.

H. semirufa, Sundev., Oefv. Vetensk. Akad. Förhandl., 1850, p. 107; Sharpe et Bouvier, Bull. S. Z. France ii, p. 474.

Habit. *Santo Antonio* et *Boma, Zaire* (Lucan et Petit).

35

* 582. Hirundo nigrorufa.

H. nigrorufa, Boc., Jorn. Acad. Sc. Lisboa, n.º xxii, 1877, p. 158; ibid., n.º xxiv, 1878, p. 269, ibid., n.º xxviii, 1880, p. 236.

D'un noir à reflets bleus d'acier en dessus, roux-cannelle en dessous avec le croupion de la couleur du dos. L. t. 135, aile 104, rect. lat. 54, rect. méd. 40, culm. 6, tarse 9 mm.

Habit. *Caconda* (Anchieta).

583. Hirundo dimidiata.

H. dimidiata, Sundev., Œfv. K. Vekensch. Akad. Förh., 1850, p. 107; Boc., Jorn. Acad. Sc. Lisboa, n.º xxii, 1877, p. 153; ibid., n.º xxiii, 1878, p. 203.

Habit. *Caconda*, N. indig. *Miapia* (Anchieta).

584. Hirundo griseopyga.

H. griseopyga, Sundev., Œfv. Vetensk. Akad. Förhandl., 1850, p. 107; Boc., Jorn. Acad. Sc. Lisboa, n.º xxiv, p. 269.

Habit. *Caconda* (Anchieta).

FAM. MUSCICAPIDAE

585. Artomyias fuliginosa.

A. fuliginosa, Verr., Journ. f. Orn., 1855, p. 104; Hartl., Orn. West.-Afr., p. 93; Sharpe et Bouvier, Bull. S. Z. France ii, p. 479.

Habit. *Rio Quilo, Rio Chiloango* (Lucan et Petit).

* 586. Elminia albicauda.

E. albicauda, Boc., Jorn. Acad. Sc. Lisboa, n.º xxii, 1878, p. 159; ibid., n.º xxiv, 1878, p. 269.

Similis *E. minori*, ex Afr. orientali, sed diversa: capite cristato; abdomine albo roseo induto, rectricibus extimis albis, tribus sequentibus late et gradatim albo terminatis. L. t. 150, alae 63, caudae 84, rostri 9, tarse 15 mm.

Habit. *Caconda*, N. indig. *Okicecene* (Anchieta).

587. Terpsiphone atrochalybea.

Muscipeta atrochalybea, Thoms., Ann. & Mag. N. H. x, p. 104; Hartl., Orn. West-Afr., p. 92; Boc., Orn. d'Angola, p. 194 (note); Reichenow, Journ. f. Orn., 1877, p. 22.

Cette espèce avait été observée à *Fernão do Pó* et à l'*île Saint Thomé*.

Habit. *Côte de Loango* (Falkenstein).

588. Terpsiphone tricolor.

Muscipeta tricolor, Fras., Ann & Mag. Nat. H. xii, p. 411 ; Hartl., Orn. West-Afr., p. 90; Sharpe, Cat. Birds Brit. Mus. iv, p. 359; Reichenow, Journ. f. Orn., 1877, p. 22.

Habit. *Côte de Loango* Falkenstein .

* 589. Terpsiphone rufo-cineracea.

T. rufo-cineracea, Cab., Journ. f. Orn., 1875, p. 326; Reichenow, Journ. f. Orn., 1877, p. 22; *T.* sp. ? Boc., Jorn. Acad. Sc. Lisboa, n.º xxvii, 1880, p. 190.

Habit. *Côte de Loango* Falkenstein ; *Landana* Lucan et Petit ; *Cazengo* (A da Fonseca ; *Novo Redondo* Anchieta .

* 590. Platystira mentalis.

P. mentalis. Boc., Jorn. Acad. Sc. Lisboa, n.º xxiv, 1878, pp. 256 et 270; Sharpe, Cat. B. Brit. Mus. iv, p. 472.

Cette espèce nous est à peine connue d'après une femelle, qui ressemble à la femelle de *P. pellata*, mais à taille sensiblement plus forte.

Habit. *Caconda* Anchieta.

591. Batis senegalensis.

Muscicapa senegalensis, Linn., Syst. Nat. i, p. 327 ; Buffon, Pl. Enl. pl. 567, fig. 1 et 2 ; *Platystira senegalensis*, Hartl., Orn. West.-Afr., p. 93 ; *P. senegalensis*, Sharpe et Bouvier, Bull. S. Z. France ii, p. 479 ; Sharpe, Cat. B. Brit. Mus. iv, p. 134.

Habit. *Landana* Lucan & Petit. Une femelle que M. Sharpe rapporte à cette espèce.

592. Erythrocercus maccalli.

Pycnosphrys maccallii. Cassin, Proc. Acad. Phil., 1855, p. 326 ; Sharpe et Bouvier, Bull. S. Z. France ii, p. 479; Sharpe, Cat. B. Brit. Mus. iv, p. 298, pl. ix, fig. 1.

Habit. *Ivindo*, côte de Loango Lucan et Petit.

593. Butalis grisola.

Muscicapa grisola, Linn., Syst. Nat. i, p. 328 ; Buffon, Pl. Enl., pl. 565, fig. 1 ; Sharpe & Bouvier, Bull. S. Z. France i, p. 479; Boc., Jorn. Acad. Sc. Lisboa, n.º xxviii, 1880, p. 238; Sharpe, Cat. B. Brit. Mus. iv, p. 151.

Habit. *Boma*, Rio Zaire Lucan et Petit ; *Caconda* (Anchieta).

594. Butalis Finschi.

Muscicapa Finschi. Boc., Jorn. Acad. Sc. Lisboa, n.º xxiv, 1878, pp. 257 et 270; ibid., n.º xxviii, p. 236; ibid., n.º xxix, p. 65.

De la taille de *B. grisola*, la gorge et la poitrine marquées de tâches brunes en chévron.

Habit. *Caconda* (Anchieta).

595. Alseonax minima.

Muscicapa minima, Heugl., Orn. N.-O.-Afr., p. 435, tab. xviii, fig. 1; Finsch & Hartl., Vög. Ost.-Afr., p. 303; Sharpe, Cat. B. Brit. Mus. iv, p. 129; Boc., Jorn. Acad. Sc. Lisboa, n.º xxv, 1880, p. 238.

Habit. *Caconda* (Anchieta).

596. Campephaga azurea.

Graucalus azureus, Cass., Proc. Acad. Philad., 1851, p. 348; Sharpe, Cat. B. Brit. Mus. iv, p. 27; *Campephaga azurea*, Sharpe et Bouvier, Bull. S. Z. France ii, p. 479.

Habit. *Ungomango, Haut-Chissambo* (Lucan et Petit).

597. Chloropeta natalensis.

Chloropeta natalensis, Smith., Ill. S.-Afr. Zool. Aves, pl. 112, f. 2; Reichenow, Journ. f. Orn., 1877, p. 30; Sharpe, Cat. B. Brit. Mus. iv, p. 272.

Habit. *Côte de Loango* (Falkenstein).

598. Chloropeta icterina.

C. icterina, Sundev., Oefv. K. Vekensch. Akad. Förhandl., 1850, p. 105; Boc., Jorn. Acad. Sc. Lisboa, n.º xxiii, 1878, p. 203; Sharpe, Cat. B. Brit. Mus. iv, p. 273.

Habit. *Caconda* (Anchieta).

599. Dicrurus coracinus.

D. coracinus, Verr., Rev. et Mag. Zool., 1849, p. 495; Reichenow, Journ. f. Orn., 1877, p. 22; Boc., Orn. d'Angola, p. 212; *D. modestus* (part.) Sharpe, Cat. B. Brit. Mus. iii, p. 232.

Habit. *Côte de Loango* (Falkenstein).

FAM. LANIIDAE

600. Chaunonotus Sabinei.

Thamnophilus Sabinei, Gray, Zool. Mus. i, p. 6; *Ch. sabinei,* Hartl., Orn. West.-Afr., p. 113; Jard., Ill. Orn. ii, ser. pl. 27; Sharpe et Bouvier, Bull. S. Z. France ii, p. 480.

Habit. *Condé* (Lucan et Petit).

* **601. Fiscus Capelli.**

F. Capelli, Boc., Jorn. Acad. Sc. Lisboa, n.º xxvi, 1879, p. 93.

«F. collari *simillimus, vix minor, spatio ante-oculari albo*. L. t. 220 mm.; alae 92 mm.; caudae 112 mm.; rostri 16 mm.; tarsi 25 mm.»

Habit. *Cassange;* N. indig. *Quiquecuria* et *Quimbimbe* (Capello et Ivens).

* **602. Fiscus Souzae.**

Lanius Souzae, Boc., Jorn. Acad. Sc. Lisboa, n.º xxiii, 1878, p. 213; ibid., n.º xxiv, p. 270; ibid., n.º xxviii, p. 239; Cab., Journ. f. Orn., 1880, p. 220.

Espèce appartenant réellement au genre *Fiscus*, très remarquable par ses teintes cendrées et rousses, qui rappellent en quelque façon l'*Enneoctonus collurio*.

Habit. *Caconda* Anchieta ; N. indig. *Numbotue.*

* **603. Nilaus affinis.**

N. brubru? Boc., Jorn. Acad. Sc. Lisboa, n.º xxii, p. 154; ibid., n.º xxiii, 1878, p. 196; *N. affinis*, Boc., Jorn. Acad. Sc. Lisboa, n.º xxiii, pp. 204 et 213; ibid., n.º xxiv, 1878, p. 271; ibid., n.º xxviii, 1880, p. 239.

En dessous d'un blanc pur, sans les taches roux-marron que le *N. brubru* porte à la poitrine.

Habit. *Caconda;* N. indig. *Caxingo-anguluvi* et *Kitikenene* (Anchieta).

604. Dryoscopus gambensis.

Lanius gambensis, Licht., Cat. Doubl. Mus. Berl., p. 48; Hartl., Orn. West.-Afr., p. 110; Sharpe et Bouvier, Bull. S. Z. France ii, p. 481; *Laniarius gambensis*, Reichenow, Journ. f. Orn., 1877, p. 24.

Habit. *Côte de Loango* (Falkenstein); *Landana, Condé* (Lucan et Petit).

605. Dryoscopus affinis.

Dryoscopus affinis, Gray, Ann. & Mag. N. H., 1837, p. 449; Hartl., Orn. West.-Afr., p. 111; Sharpe et Bouvier, Bull. S. Z. France ii., p. 481.

Habit. *Chissambo, Rio Massabé* (Lucan et Petit).

606 Dryoscopus bicolor.

D. bicolor, Hartl., Orn. West-Afr., p. 112; Reichenow, Journ. f. Orn., 1877, p. 24.

Habit. *Côte de Loango* Falkenstein).

* **607. Dryoscopus tricolor.**

D. tricolor, Cab. & Reichenow, Journ. f. Orn., 1877, p. 103; Reichenow, ibid., p. 24.

Le *D. tricolor* nous est inconnu. D'après MM. Cabanis et Reichenow, il serait de la taille du *D. cubla*, mais avec moins de blanc aux ailes; vertex et nuque d'un noir brillant; rémiges et rectrices noirâtres; parties supérieures du dos et couvertures alaires cendré-foncé, bas du dos et croupion blancs; lorum noirâtre, bordé en dessous d'une large strie blanche; parties inférieures blanches.

Habit. *Côte de Loango* (Falkenstein).

608. Nicator chloris.
Lanius chloris, Valenc., Dict. Sc. N. XL, p. 226; Reichenow, Journ. f. Orn., 1877, p. 24; Sharpe et Bouvier, Bull. S. Z. France II, p. 480; *Nicator Peli*, Hartl., Orn. West.-Afr., p. 109.

Habit. *Côte de Loango* (Falkenstein); *Rio Quilo, Condé* (Lucan et Petit).

609. Nicator vireo.
N. vireo, Cab., Journ. f. Orn., 1876, p. 333, tab. II; Reichenow, Journ. f. Orn., 1877, p. 24; Sharpe et Bouvier, Bull. S. Z. France II, p. 480.

Distinct du *N. chloris* par ses joues et son menton gris, par sa raie sourcillière jaune et par une tache de cette couleur à la gorge. L. t. 200, aile 71, queue 72, bec 21, tarse 23 mm.

Habit. *Côte de Loango* (Falkenstein); *Chissambo, Rio Massombé* (Lucan et Petit).

FAM. PYCNONOTIDAE

610. Criniger simplex.
C. simplex, Temm., Hartl., Orn. West.-Afr., p. 83; Sharpe et Bouvier, Bull. S. Z. France I, p. 44; Reichenow, Journ. f. Orn., 1877, p. 25.

Habit. *Landana* et *Chinchonxo* (Petit); *Côte de Loango* (Falkenstein).

611. Criniger calurus.
Trichophorus calurus, Cass., Proc. Acad. Philad., 1856, p. 158; Hartl., Orn., West.-Afr., p. 86.

Habit. Une femelle de cette espèce, reçue de M. Bouvier, porte sur l'étiquette ces indications: *Rio Loemma*, mars 1878, par MM. Lucan et Petit.

612. Criniger notatus.
C. notatus, Cass., Proc. Acad. Philad., 1856, p. 159; Reichenow, Journ. f. Orn., 1877, p. 25; Sharpe et Bouvier, Bull. S. Z. France I, p. 44.

Habit. *Landana* (Petit); *Côte de Loango* (Falkenstein).

613. Criniger serinus.
C. serinus, Verr., Journ. f. Orn., 1855, p. 105; Sharpe et Bouvier, Bull. S. Z. France II, p. 478; *Trichophorus xanthogaster*, Hartl., Orn. West.-Afr., p. 83.

Habit. *Condé, Côte de Loango* (Lucan et Petit).

* 614. Criniger Falkensteini.

C. Falkensteini, Reichenow, Journ. f. Orn., 1874, p. 458; Reichenow, ibid., 1877, p. 25; *Andropadus Falkensteini*, Sharpe et Bouvier, Bull. S. Z. France 1, p. 305 (descr.)

«Voisin de *C. olivaceus*, Sw., à gorge d'un jaune vif, poitrine et flancs cendrés.»

Habit. *Chinchonxo* (Falkenstein); *Landana* (Lucan et Petit).

Un des individus décrits par MM. Sharpe et Bouvier se trouve maintenant dans nos collections.

* 615. Criniger (Xenocichla) multicolor.

C. multicolor, Boc., Jorn. Acad. Sc. Lisboa, n.° XXIX, 1880, p. 55.

Habit. *Côte de Loango* (Lucan et Petit).

616. Andropadus gracilirostris.

A. gracilirostris, Strickl., Proc. Z. S. Lond., 1844, p. 100.

Habit. *Condé* (Lucan et Petit).

Un individu de cette espèce nous a été envoyé récemment en communication par M. Bouvier; il faisait partie des derniers envois de MM. Lucan et Petit de la côte de Loango.

* 617. Andropadus minor.

A. minor, Boc., Jorn. Acad. Sc. Lisboa, n.° XXIX, 1880, p. 56.

Brun-olivâtre, lavé de marron sur la queue, les baguettes des rectrices de cette couleur; plus pâle en dessous, la gorge tirant au cendré, l'abdomen teint de jaunâtre. Inférieur en dimensions aux autres espèces. L. t. 135, aile 68, queue 60, bec (culm.) 13, tarse 17 mm).

Habit. *Massabe* (Lucan et Petit).

FAM. CRATEROPODIDAE

* 618. Crateropus hypostictus.

C. hypostictus, Cab. & Reichenow, Journ. f. Orn., 1877, p. 103; ibid., p. 25; Reichenow, Mittl. Afrik. Gesellsch. Deutsch., 1, p. 4.

«Intermédiaire comme coloration et comme dessin aux *C. Jardinei* et *C. plebejus*, mais plus petit que les deux; la queue d'une teinte plus pâle; les parties inférieures d'un brun-olivâtre mélangé de rougeâtre».

Habit. *Côte de Loango* (Falkenstein : *Malange* (Schütt).

619. Trichastoma fulvescens.

Turdirostris fulvescens, Cass. Proc. Acad. Philad., 1859, p. 54; Reichenow, Journ. f. Orn., 1877, p. 25; Sharpe et Bouvier, Bull. S. Z. France II, p. 478.

Habit. *Côte de Loango* (Falkenstein); *Chissambo, Condé* (Lucan & Petit).

620. Alethe castanea.

Napothera castanea, Cass., Proc. Acad. Philad., 1856, p. 158; Hartl., Orn. West.-Afr., p. 73; Reichenow, Journ. f. Orn., 1877, p. 24.

Habit. *Côte de Loango* (Falkenstein).

FAM. TURDIDAE

＊ 621. Cossypha melanonota.

Bessornis melanonota, Cab., Journ. f. Orn., 1875, p. 235; Reichenow, Journ. f. Orn. 1877, p. 30; *C. melanonota*, Sharpe et Bouvier., Bull. S. Z. France II, p. 477.
«Semblable à *C. verticalis*, mais d'une taille plus forte et avec le dos et les petites couvertures alaires noires.»

Habit. *Loango* (Falkenstein); *Rio Chiloango* et *Condé* (Lucan & Petit).

622. Cossypha subrufescens.

C. subrufescens, Boc., Proc. Z. S. Lond., 1869, p. 436; Boc., Jorn. Acad. Sc. Lisboa, n.° XXIV, 1878, p. 273; Reichenow, Mitth. Afrik. Gesellsch. Deutsch., I, p. 6; *C. Heuglini* (part.) Finsch & Hartl., Vög. Ost.-Afr., p. 283; Boc., Orn. d'Angola, p. 258; Sharpe et Bouvier, Bull. S. Z. France I, p. 342; *Bessornis intermedia*, Reichenow, Journ. f. Orn., 1877, p. 30; *Bessornis intercedens*, Cab., Journ. f. Orn. 1878, p. 219.

Habit. *Landana* (Petit); *Côte de Loango* (Falkenstein); *Quillengues, Caconda* (Anchieta); *Malange* (Schütt).

623. Ruticilla phoenicura.

Motacilla phœnicura, Linn.. Syst. Nat. I, p. 335; Hartl., West.-Afr., p. 68; Reichenow, Journ. f. Orn., 1877, p. 30.

Habit. *Côte de Loango* (Falkenstein).

FAM. SYLVIIDAE

624. Drymoica affinis.

D. affinis, Smith, Ill. S.-Afr. Aves, pl. 77 fig: Sharpe et Bouvier, Bull. S. Z. France II, p. 475.

Habit. *Condé, côte de Loango* (Lucan et Petit).

625. Drymoica melanorhyncha.

D. melanorhyncha, Jard., Cont. Orn., 1852, p. 60; Sharpe & Bouvier, Bull. S. Z. France, I, p. 42.

Habit. *Landana* Petit .

626. Drymoica superciliosa.

D. superciliosa, Sw., Birds West-Afr., II, p. 40, pl. 2; Hartl., Orn. West-Afr., p. 55; Boc., Jorn. Acad. Sc. Lisboa, n.° XXVIII, 1880, p. 241.

Habit. *Caconda* Anchieta).

627. Drymoica leucopogon.

D. leucopogon, Cab., Journ. f. Orn., 1875, p. 235; Sharpe & Bouvier, Bull. S. Z. France I, p. 42; Reichenow, Journ. f. Orn., 1877, p. 30.

Suivant MM. Sharpe et Bouvier cette espèce se distingue de toutes les fauvettes de l'Afrique par sa couleur grise presque uniforme avec le menton et les joues antérieures fauve-blanchâtre.

Habit. *Landana* Petit ; *Chinchonxo* Falkenstein).

628. Cisticola grandis.

C. grandis, Boc., Jorn. Acad. Sc. Lisboa, n.° XXIV, 1880, p. 56.

Distincte de ses congénères par sa grande taille et par quelques particularités de coloration: dos d'un brun terreux pâle uniforme; un trait noir formant moustache sur les côtés du menton; parties inférieures blanches lavées de roux terne; pieds d'un brun-ardoisé.

Habit. *Caconda* 'Anchieta).

629. Cisticola modesta.

C. modesta, Boc., Jorn. Acad. Sc. Lisboa, n.° XXIX, 1880, p. 57.

Se rapprochant par ses couleurs de *C. pachyrhyncha*, Heugl., mais à bec moins fort: en dessus brun-roussâtre uniforme, plus foncé sur la tête; tache auriculaire brune, striée de gris; pas de bordures grisâtres aux couvertures alaires et aux rémiges secondaires. L. t. 135, aile 63, queue 55, bec 14, tarse 25 mm.

Habit. *Rio Loemma* (Lucan et Petit).

630. Cisticola erythrops.

C. erythrops, Hartl., Orn. West.-Afr., p. 58; Sharpe et Bouvier, Bull. S. Z. France II, p. 476; Boc., Jorn. Acad. Sc. Lisboa, n.° XXIX, 1880, p. 57.

Habit. *Landana* (Lucan et Petit .

631. Cisticola ferruginea.

C. ferruginea, Heugl., Orn. N.-O.-Afr., p. 266; Sharpe et Bouvier, Bull. S. Z France II, p. 476.

Habit. *Landana* Lucan et Petit).

632. Cisticola Landanae.

C. Landanae, Bouvier, Bull. S. Z. France ı, pp. 228 et 305.

«Voisine de *C. cherina*, mais différant d'elle par ses flancs entièrement fauves, les bordures rousses de l'aile et les couvertures supérieures de la queue également rousses. L. t. 108, aile 49, queue 40, bec 13, tarse 19 mm.»

Habit. *Landana* (Lucan et Petit).

633. Cisticola cursitans.

Prinia cursitans, Frankl., Proc. Z. S. Sund., 1831, p. 118; Temm., Pl. Col. pl. 6 f. 3; Sharpe et Bouvier., Bull. S. Z. France, ı, p. 305.

Habit. *Côte de Loango* (Lucan).

634. Cisticola brachyptera.

Drymoica brachyptera, Sharpe, Ibis, 1870, p. 476, pl. xiv, fig. 1; Sharpe et Bouvier, Bull. S. Z. France ıı, p. 476.

Habit. *Rio Lucula*, côte de Loango (Lucan et Petit).

635. Cisticola naevia.

Drymoica naevia, Hartl., Orn. West.-Afr., p. 56; Sharpe et Bouvier, Bull. S. Z. France ı, p. 305.

Habit. *Landana* (Petit).

636. Bradypterus sylvaticus.

B. sylvaticus, Sundev. in Grill. Vict. Zool. Antekn., p. 30; Hartl., Ibis, 1862, p. 144; Boc., Jorn. Acad. Sc. Lisboa, n.° xxiv, 1878, p. 275.

Habit. *Caconda* (Anchieta).

* 637. Bradypterus rufescens.

B. rufescens, Sharpe et Bouvier, Bull. S. Z. France ı, p. 307.

«Remarquable par ses couleurs rousses: en dessus brun-roux, plus foncé sur le vertex; les ailes brunes bordées de roux; en dessous d'un roux-fauve, avec la poitrine et le milieu du ventre blancs; sous-alaires brunes; bec brun de corne, la mandibule plus pâle; pieds forts, couleur de plomb; iris grise. L. t. 162, aile 73, queue 70, bec 24, tarse 29 mm.

Habit. *Landana* (Lucan et Petit).

638. Baeocerca virens.

Sylvietta virens, Cass., Proc. Acad. Philad., 1859, p. 39; Reichenow, Journ. f. Orn., 1877, p. 29; Sharpe et Bouvier, Bull. S. Z. France ı, p. 306.

Habit. *Côte de Loango* (Falkenstein); *Landana* (Petit).

639. Stiphrornis alboterminata.

St. alboterminata, Reichenow, Journ. f. Orn., 1874, p. 103; ibid., 1877, p. 30; Boc., Jorn. Acad. Sc. Lisboa, n.º xxix, 1880, p. 55.

Habit. *Côte de Loango* Falkenstein); *Landana* (Lucan et Petit). Le type de l'espèce était originaire de *Camarões* (Afrique occidentale).

640. Hylia prasina.

H. prasina, Cass., Proc. Acad. Philad., 1855, p. 325; Sharpe et Bouvier, Bull. S. Z. France i, p. 306.

Habit. *Landana* (Dr. Lucan).

641. Camaroptera tincta.

C. tincta, Cass., Proc. Acad. Philad., 1855, p. 325; Reichenow, Journ. f. Orn., 1877, p. 29; Boc., Jorn. Acad. Sc. Lisboa, n.º xxix, 1880, p. 55.

Habit. *Landana* (Lucan et Petit); *Chinchonxo* (Falkenstein).

642. Dryodromas caniceps.

D. caniceps, Cass.. Proc. Acad. Philad., 1859, p. 38; Sharpe et Bouvier, Bull. S. Z. France i, p. 306.

Habit. *Landana* (Petit).

643. Eremomela flaviventris.

Eremomela flaviventris, Sundev., Oefv. k. Vatensk.-Akad. Förh., 1880, p. 241.

Habit. *Caconda,* N. indig. *Luçando-anjobo* (Anchieta).

644. Ægithalus flavifrons.

Ægithalus flavifrons, Cass., Proc. Acad. Philad., 1855, p. 324; ibid., 1858, pl. 1, fig. 2; Boc., Jorn. Acad. Sc. Lisboa, n.º xxviii, 1880, p. 242.

Habit. *Caconda,* N. indig. *Canopo* (Anchieta).

645. Tricholais pulchra.

T. pulchra, Boc., Jorn. Acad. Sc. Lisboa, n.º xxiv, pp. 257 et 275; ibid., n.º xxviii, 1880, p. 241.

Grise en dessus, nuancée de jaune sur la tête; lorum noir; sourcils, gorge et poitrine jaune-citron; menton et ventre blancs; rémiges et rectrices brunes lisérées de jaune-verdâtre; bec noir; tarses brun-foncé, les doigts plus pâles; iris brun. L. t. 120, aile 64, queue 51, bec 11, tarse 20 mm. D'une taille plus forte que la *T. elegans,* Heugl., et portant les mêmes couleurs, mais distribuées différemment.

Habit. *Caconda* (Anchieta).

646. Acrocephalus fulvolateralis.

A. fulvolateralis, Sharpe in Layard B. S.-Afr., p. 289; Sharpe et Bouvier, Bull. S. Z. France, I, p. 307.

Habit. *Landana* (Lucan et Petit).

647. Hypolais icterina.

Sylvia icterina, Vieill.; Dresser, Birds of Europe, Part. xxviii, pl.; Sharpe et Bouvier, Bull. S. Z. France, II, p. 476.

Habit. *Condé* (Lucan et Petit).

FAM. MOTACILLIDAE

648. Budytes flava.

M. flava, Linn., Syst. Nat. I, p. 331; Dresser, B. Eur. Part. xL, pl.; Reichenow, Journ. f. Orn. 1877, p. 30.

Habit. *Loanda* (Falkenstein).

649 Anthus Raalteni.

A. Raalteni, Temm., Bp. Consp. I, p. 248; Finsch & Hartl., Vög. Ost.-Afr., p. 274; Bocage, Jorn. Acad. Sc. Lisboa, n.º xxviii, 1880, p. 243.

Habit. *Caconda* (Anchieta).

650. Anthus Gouldi?

A. Gouldi, Reichenow, Journ. f. Orn. 1877, p. 30; *A. pyrrhonotus,* Sharpe et Bouvier, Bull. S. Z. France, II, p. 477; *Anthus ps.?* Bocage, Jorn. Acad. Sc. Lisboa, n.º xxviii, 1880, p. 243.

Habit. *Côte de Loango* (Falkenstein, Lucan et Petit); *Caconda* (Anchieta).

FAM. PLOCEIDAE

* 651. Myiopsar cryptopyrrhus.

M. cryptopyrrhus, Cab., Jorn. f. Orn., 1876, pag. 93; Reichenow, Jorn. f. Orn., 1877, p. 26.

Habit. *Côte de Loango* (Falkenstein).

652. Nigrita bicolor.

N. bicolor, Hartl., Orn. West-Afr., p. 130; Sharpe et Bouvier, Bull. S.Z. France, III, p. 75.

Habit. *Landana* et *Condé* (Lucan et Petit).

ь 653. Nigrita Lucieni.

N. Lucieni, Sharpe et Bouvier, Bull. S. Z. France, III, p. 75.

«N. luteifronti *similis, sed subtus cinereus nec niger, et plumis oculorum circumeuntibus tantum nigris.* L. t. 115, culm. 7, 5, alae 59, caudae 42, tarsi 15 m. m.»

Habit. *Ungomoyo, Haut-Chissambo* (Lucan et Petit).

* 654. Hyphantornis aurantiigula.

H. aurantiigula, Cab., Jorn. f. Orn., 1875, p. 238; Reichenow, Jorn. f. Orn., 1877, p. 27; Sharpe et Bouvier, Bull. S. Z. France III, p. 74; Boc., Orn. d'Angola, pag. 331.

Nous avons comparé deux individus de Chinchonxo à nos individus d'Angola du *H. xanthops*, Hartl. Le *H. aurantiigula* nous semble distinct par son bec plus fort, par la teinte d'un roux plus vif à la gorge et au front, et par la présence d'une raie oculaire foncée, qui manque à l'autre espèce.

Habit. *Landana* (Lucan et Petit); *Chinchonxo* (Falkenst.).

655. Hyphantornis superciliosa.

H. superciliosus, Shelley, Ibis, 1878, p. 141; Boc., Jorn. Acad. Sc. Lisboa, n.º XXIII, 1878, p. 205; Reichenow, Jorn. f. Orn., 1877, p. 27; Boc., Orn. d'Angola, p. 330; Boc., Jorn. Acad. Sc. Lisboa, n.º XXIX, 1880, p. 59.

Habit. *Caconda* (Anchieta); *Côte de Loango* (Falkenst., Petit).

* 656. Hyphantornis temporalis.

H. temporalis, Boc., Jorn. Acad. Sc. Lisboa, n.º XXVIII, 1880, p. 244; Reichenow & Schalow, Comp. in Jorn. f. Orn., 1880, p. 323.

«H. Guerini *similis, sed capite et abdomine flavidioribus.* L. t. 155, alae 87, caudae 53, rostri 17, tarsi 24 mm.»

Habit. *Caconda* (Anchieta).

* 657. Hyphantornis subpersonata.

H. subpersonata, Cab. Jorn. f. Orn., 1876, p. 92; Sharpe et Bouvier, Bull. S. Z. France I, p. 47; Reichenow, Jorn. f. Orn., 1877, p. 27; Boc., Orn. d'Angola, p. 330.

«H. personatae *similis, sed multo major, nigredine capitis usque ad verticem producta, nucha colloque postico aurantiacis nec flavis, corpore subtus aurantiaco.* L. t. 154, rostri 22, alae 72, caudae 72, tarsi 23 mm.»

Habit. *Landana* (Lucan et Petit); *Côte de Loango* (Falkenst.).

658. Hyphantornis castaneo-fusca.

Ploceus castaneo-fuscus, Less., Rev. Zool., 1840, p. 99; Hartl., Orn. West–Afr. p. 126; Sharpe et Bouvier, Bull. S. Z. France III, p. 74.

Habit. *Congo* (Mus. Britan., Hartl.); *Landana* (Lucan et Petit).

* 659. Hyphantornis fusco-castanea.

II. fusco-castanea, Boc., Jorn. Acad. Sc. Lisboa, n.º xxix, 1880, p. 58.

«♂ *Dorso, alis caudaque nitide nigris; subtus cum capite colloque rufo-casta-neis.* L. t. 152, rostri 18, alae 84, caudae 54, tarsi 19 mm.»

Habit. *Rio Loema* (Lucan et Petit).

660. Sycobius rubricollis.

Textor rubricollis, Swains., Anim. in Menag., p. 306; *Euplectes rufovelatus,* Fraser, Zool. typ. pl. 46; *S. rufovelatus,* Sharpe et Bouvier, Bull. S. Z. France III, p. 75; *S. rubricollis,* Boc. Orn. de Angola, p. 332.

Habit. *Molembo* (Perrein); *Condé* (Lucan et Petit). Jamais observé au sud du Zaire.

661. Sycobius nitens.

Ploceus nitens, Gray, Zool. Misc. I, p. 6; Reichenow, Jorn. f. Orn., 1877, p. 26.

Habit. *Côte de Loango* (Falkenstein).

* 662. Sharpia angolensis.

Sharpia angolensis, Boc., Jorn. Acad. Sc. Lisboa, n.º xxiv, 1878, pp. 258 et 275; id., n.º xxviii, 1880, p. 245; id., n.º xxix, 1880, p. 67.

Intermédiaire par ses caractères génériques aux g. *Hyphantornis* et *Sycobius.* En dessus brun-foncé, varié de blanc entre les épaules, avec le croupion et les sus-caudales jaune-citrin; moyennes et grandes couvertures alaires terminées de blanc; rémiges bordées de gris et de blanc; queue brune; en dessous blanc, lavé de jaune sur la poitrine et l'abdomen; bec noirâtre; pieds bruns; iris rouge de brique. L. t. 138, aile 85, queue 48, bec 17, tarse 19 mm.

Habit. Trois individus, deux femelles imparfaitement adultes et un jeune sans indication de sexe, nous ont été envoyés de *Caconda* par M. d'Anchieta.

* 663. Symplectes amaurocephalus.

Sycobrotus amaurocephalus, Cab., Jorn. f. Orn. III, 1880, p. 349, pl. III, fig. 1.

Plus petit que le *S. bicolor,* Vieill., avec le dessus de la tête d'une teinte plus foncée.

Habit. Angola, *pays de Talla Mogongo.* (Schütt).

* 664. Euplectes Gierowi.

E. Gierowii, Cab., Jorn. f. Orn. 1880, p. 106, tab. III, fig. 2.

Voici d'après la fig. publiée par M. Cabanis le résumé de ses principaux caractères: front, joues, menton, ailes, poitrine et abdomen noirs; reste de la tête, côtés et devant du cou jaune-orangé nuancé de rouge; dos jaune d'or; bec d'un noir profond; pieds noirâtres. Les couvertures supérieures de la queue sont noires bordées de brun clair.

Habit. Intérieur d'Angola, *pays du Quango* (Schütt).

665. Penthetria ardens.

Emberiza ardens, Bodd., Tabl. pl. enl.; Buffon, pl. Enl. pl. 647; *Penthetria ardens*, Reichenow, Mitt. Afrik. Gesellsch. Deutschl. I, p. 6, n.° 47.

C'est la première fois que cette espèce a été observée dans cette partie de l'Afrique.

Habit. *Malange* Schütt).

666. Pyrenestes coccineus.

P. coccineus, Cass., Proc. Acad. Philad., 1848, p. 67; id., Jorn. Acad. Philad. 1849, I, pl. 31, fig. 2: Boc., Orn. d'Angola, p. 350; Sharpe et Bouvier Bull. S. Z. France, III, p. 76.

Habit. *Condé* Lucan et Petit,.

667. Pyrenestes capitalbus.

P. capitalbus, Temm., Bp., Consp. Av., p. 451; Sharpe et Bouvier, Bull. S. Z. France I, p. 49; Reichenow, Jorn. f. Orn., 1877, p. 29; Boc., Orn. d'Angola, p. 350.

Habit. *Chinchonxo* Petit, Falkenstein;.

FAM. FRINGILLIDAE

668. Passer Swainsoni.

P. Swainsoni, Rüpp., Wirberth., Vög. tab. 33, fig. 2; Reichenow, Jorn. f. Orn., 1877, p. 29.

Suivant MM. Sharpe et Bouvier, ce n'est pas le *P. Swainsoni*, mais le *P. diffusus*, Smith, l'espèce recueillie à *Landana* et *Chinchongo*. (V. Bull. S. Z. France I, p. 49.)

Habit. *Côte de Loango* Falkenstein,.

FAM. EMBERIZIDAE

* 669. Fringillaria major.

F. major, Cab., Jorn. f. Orn. 1880, p. 349, pl. II, fig. 2.

En comparant nos individus de *Caconda*, que nous avions rapportés à *F. Cabanisi*, Reichenow, Orn. d'Angola, p. 372), à la figure que M. Cabanis vient de publier de *F. major*, il nous semble que c'est à celle-ci qu'ils appartiennent en réalité. Il faudrait cependant pouvoir les comparer à des individus de l'une et de l'autre espèce pour en être bien sûr.

Habit. *Angola, pays de Talla Mogongo* Schütt,.

FAM. ALAUDIDAE

670. Alauda plebeja.

A. plebeja, Cab., Jorn. f. Orn., 1875, p. 237; Reichenow, Jorn. f. Orn., 1877, p. 29.

Habit. *Côte de Loango* (Falkenstein).

* 671. Mirafra angolensis.

M. angolensis, nov. sp.? Boc., Jorn. Acad. Sc. Lisboa, n.º XXIX, 1880, pp. 59 et 67.

Habit. *Caconda* (Anchieta).

672. Calandrella Buckleyi.

C. Buckleyi, Shelley, Ibis., 1873, p. 142; Reichenow, Jorn. f. Orn., 1877, p. 29.

Habit. *Côte de Loango* (Falkenstein).

ORDO GALLINAE

FAM. TETRAONIDAE

* 673. Francolinus Schuetti.

F. Schuetti, Cab., Jorn. f. Orn. 1880, p. 351.

Brun; dessus de la tête, bas du dos, ailes et queue d'une teinte uniforme; le reste des plumes avec de larges bordures d'un cendré-olivâtre; ces bordures sont d'un ton plus clair sur les côtés de la tête et les parties inférieures, passant au blanc sur le milieu de l'abdomen; bec rouge-corail; iris brun (Cabanis).

Habit. *Lunda*, dans l'intérieur d'Angola (Schütt).

ERRATA ET ADDENDA

Page 76, nº 58. *Dendrobates cardinalis*. — Il serait plus juste de l'appeler *D. fulviscapus*.
» 162, nº 84. *Halcyon semicaerulea*. — Remplacez ce nom par celui de *H. pallidiventris*. (V. Appendice, p. 538.)
» 131, ligne 21. Au lieu de *Opaethus*, lisez *Opaethus*.
» 163, ligne 11. Au lieu de — dos et croupion, lisez — gorge et croupion.
» 191, nº 177. *Terpsiphone cristata*. — C'est à tort qu'on a désigné sous ce nom l'espèce d'Afrique australe figurée par Levaillant; elle doit porter le nom de *T. perspicillata*, Swains. (V. Sharpe, *Cat. Birds B. Mus.*, iv, p. 357.)
» 193, nº 178. *Terpsiphone melanogastra*. — Ce nom doit être remplacé par celui de *T. cristata, Gm.*
» 208, nº 103. *Melaenornis ater*. — C'est plutôt l'espèce décrite par M. Sharpe sous le nom de *Bradyornis diabolicus*. (V. Sharpe. *Cat. Birds B. Mus.*, iii, p. 314.)
» 211, ligne 14. Au lieu de — L. t. 320 mm., lisez — L. t. 250 mm.
» 258, nº 245. *Cossypha Heuglini*. — L'espèce d'Angola est distincte de celle-ci, comme l'a fort bien remarqué M. Cabanis, qui l'a nommée *Bessornis intercedens*. Le nom que nous lui avions donné de *C. subrufescens* a cependant la priorité. (V. Jorn. Acad. Sc. Lisboa, n.º xxiv, 1878, p. 273.)
» 327, ligne 34. Au lieu de — lacteolac, lisez — luteolac.
» 371, nº 356. *Fringillaria Cabanisi*. — Par leurs dimensions et leurs couleurs nos individus d'Angola nous semblent appartenir plutôt à *F. major*, espèce récemment établie par M. Cabanis d'après des individus rapportés par Schütt de l'intérieur d'Angola. (V. Appendice, p. 559.)
» 407, ligne 8. Au lieu de — *Schelgeli*, lisez — *Schlegeli*.
» 473, ligne 19. Au lieu de — *Caladris arenaria*, lisez — *Calidris arenaria*.
» 501, ligne 16. Au lieu de — *Poecillonetta*, lisez — *Poecilonetta*.

ERRATA DES PLANCHES

Planche — I. Au lieu de — *Crateropus gutturalis*, lisez *Neocichla gutturalis*.
» IV. Au lieu de — *Telephonus Anchietae*, lisez — *Telephonus minutus*.
» IX. Au lieu de — *Gups africanus*, lisez — *Pseudogyps africanus*

TABLE ALPHABÉTIQUE

TABLE DES PLANCHES

Pl.1.

1 CRATEROPUS HARTLAUBI.
2 ,, GUTTURALIS.

Pl. L.

Mintern Bros imp

1. COSSYPHA BOCAGEI.
2.   „   BARBATA.

Pl. III.

Mintern Bros. imp.

PLATYSTIRA MINULLA.

Pl. IV.

J. G. Keulemans del

Mintern Bros. imp

TELEPHONUS ANCHIETÆ.

Pl. V.

J G Keulemans del.

Mintern Bros imp.

PHOLIDAUGES VERREAUXII.

Pl. VI.

LAMPROCOLIUS ACUTICAUDUS.

Pl. VI.

J. G. Keulemans del.

Mintern Bros. imp.

LAMPROTORNIS PURPUREUS.

2.

1.

1. MIRAFRA NIGRICANS.
2. ANTHUS PALLESCENS.

Pl. IX.

J.G. Keulemans del.

Mintern Bros. imp

GYPS AFRICANUS.

Pl. X.

1.

2.

J. G. Keulemans del et lith.

Mintern Bros imp.

1. PARUS RUFIVENTRIS.
2. HYLYPSORNIS SALVADORI.

www.ingramcontent.com/pod-product-compliance
Lightning Source LLC
Chambersburg PA
CBHW060833220326
41599CB00017B/2313